AF900725

Metallurgische Elektrochemie

W. A. Fischer · D. Janke

Metallurgische Elektrochemie

1975

Springer-Verlag Berlin Heidelberg GmbH

Professor Dr.-Ing. habil. Wilhelm Anton Fischer

Leiter der Forschungsstelle für Feuerfeststoffe und Keramik im
Max-Planck-Institut für Eisenforschung GmbH, Düsseldorf

Dr.-Ing. Dieter Janke

Wissenschaftlicher Mitarbeiter in der Forschungsstelle für Feuerfeststoffe und Keramik
im Max-Planck-Institut für Eisenforschung GmbH, Düsseldorf

Mit 412 Abbildungen und 109 Tabellen

ISBN 978-3-642-87477-2   ISBN 978-3-642-87476-5 (eBook)
DOI 10.1007/978-3-642-87476-5

Library of Congress Cataloging in Publication Data. Fischer, Wilhelm Anton. Metallurgische Elektrochemie.
Bibliography: P. Includes index. 1. Electrometallurgy. 2. Electrochemistry, Industrial. 3. Electrolytes.
I. Janke, Dieter, 1936. joint author. II. Title. TN 686. F 57 75-15590 669'. 0284

Originally published by Springer-Verlag Berlin Heidelberg New York in 1975

Softcover reprint of the hardcover 1st edition 1975

Geleitwort

Bei der Beurteilung eines neu erscheinenden wissenschaftlichen Buches stellt man gewöhnlich die Frage: Füllt dieses eine Lücke? Oder wenn dies nicht der Fall ist: Bringt es neue Gesichtspunkte? Nun — das vorliegende Werk füllt definitiv eine Lücke in der physikalisch-chemischen Literatur und, wo es sich zu Beginn in der Darstellung der Grundlagen mit anderen Werken inhaltlich überschneidet, bewahrt es seine Eigenart der Darstellungsweise.

Zugute kommt dem Buch die langjährige Erfahrung des Seniorautors auf dem Gebiet der elektrochemischen Kontrolle der Sauerstoffkonzentration in flüssigen Metallen in Labor und Praxis. Ich erinnere mich, daß Professor Fischer schon Anfang der 50er Jahre auf die Möglichkeit einer solchen Analyse bei der Stahlherstellung mit Nachdruck hinwies. Seitdem war er führend an der Entwicklung der Sauerstoffsonde beteiligt. Die Erforschung stabiler ionenleitender Oxide zur Messung chemischer Aktivitäten in Legierungs- und Oxid-Systemen (z. B. durch Kiukkola und Wagner, 1957) trug ihrerseits erheblich zur Entwicklung der Sauerstoffsonden bei. Heute haben wir Sonden zur Bestimmung der Sauerstoffaktivität in fast allen technisch wichtigen Metallen.

Offensichtlich paart sich in dem vorliegenden Werk die Erfahrung des Senior- mit dem Enthusiasmus des Junior-Autors, das damit zu einer echten Monographie wird. Monographien waren in früheren Jahren, als der Wissenschaftler und der Techniker noch die ihr Fachgebiet betreffende Literatur verfolgen konnten, eine Annehmlichkeit. Heute sind Monographien ebenso wie kritische Tabellenwerke eine Notwendigkeit, denn wie sollte sich der Fachmann anders durch die Fülle der angebotenen, inhaltlich oft mediokeren Publikationen mit all ihren unnötigen Wiederholungen hindurchfinden, wenn ihm nicht aufopfernde Autoren diese Fülle, durch das Sieb der kritischen Erfahrung geläutert, in handlicher Form zugänglich machen.

Im Hinblick hierauf besteht sogar ein Mangel an guten Monographien auf dem Gebiet der physikalischen Chemie. Diesem Mangel versuchen manche Herausgeber durch Multi-Autoren-Bücher abzuhelfen, die aber wegen der ihrer Natur entsprechenden Heterogenität nur als Notbehelf gewertet werden können. Die potentiell beste Monographie wird von zwei Autoren geschrieben. Nach meiner Erfahrung gibt es in jedem Buch Kapitel, die dem Autor besondere Freude machen (deshalb schreibt er ja), und andere, die er der Vollständigkeit halber nur zögernd bearbeitet und die infolgedessen schwächer ausfallen. Bei zwei Autoren reduziert sich die Zahl der letzteren, ohne daß die Einheitlichkeit verlorengeht.

Eines der Prinzipien, das ich beim Schreiben einer Monographie im Interesse der Verleger beachte, ist die Einarbeitung von möglichst viel Zahlenmaterial in der Form von Tabellen. Das ist zwar mühselig, hat aber den prosaischen Hintergedanken, die Zahl der Benutzer des Buches zu erhöhen. Die Autoren des vorliegenden Werkes haben sich ebenfalls an dieses Prinzip gehalten — allerdings wohl ohne Hintergedanken kommerzieller Natur. Die zahlreichen Tabellen mit Daten der elektrischen Leitfähigkeit, Diffusion und thermochemischen Eigenschaften von Oxiden, Doppeloxiden, Halogeniden, metallischen Lösungen etc. dürften für viele Leser sehr nützlich sein, auch für solche, die die deutsche Sprache nur mäßig beherrschen.

Hiermit kommen wir zum Kreis der Interessenten. Die Autoren ziehen diesen Kreis hoffnungsvoll weit. Richtig daran ist, daß jeder, dessen Arbeit in irgend einer Form Probleme der Elektrochemie bei höheren und hohen Temperaturen berührt, die vorliegende Monographie zur Hand haben sollte, besonders experimentelle Thermochemiker sowie praktische Metallurgen, die sich mit der Raffination von Metallen oder Metall-Schlacken-Reaktionen befassen müssen; ferner Keramiker, die physikalisch-chemische Informationen suchen. Auch viele Festkörperphysiker können dem Buch nützliche Auskünfte entnehmen. Es ist nicht so sehr ein Buch, das man von Deckel zu Deckel liest, vielmehr dagegen ein Arbeitsbuch, das man immer wieder zur Hand nimmt.

Aachen, im April 1975 O. Kubaschewski

Vorwort

Das vorliegende Buch befaßt sich mit den physikalisch-chemischen Eigenschaften elektrolytisch leitender Stoffe im festen und schmelzflüssigen Zustand und behandelt daran anschließend die Anwendungsmöglichkeiten solcher Stoffe in galvanischen Hochtemperaturzellen in Technologie und Forschung. Die jüngste Entwicklung dieses Bereichs der modernen Elektrochemie, der hier aus metallurgischer Sicht dargestellt wird, ließ eine ordnende Zusammenfassung des erheblich angewachsenen Schrifttums in Buchform wünschenswert erscheinen. Die Verfasser haben sich bemüht, rund 1000 Veröffentlichungen, die überwiegend dem Zeitraum der letzten fünfzehn Jahre entstammen, zusammen mit den Ergebnissen der eigenen Forschungsarbeit zu einer geschlossenen Darstellung zu verarbeiten.

Das Buch wendet sich an Metallurgen, Keramiker und Glastechnologen sowie Festkörperchemiker in Forschung und Praxis, die sich über den Entwicklungsstand der Hochtemperatur-Elektrochemie eingehend informieren möchten. Ebenso von Interesse sollte sie für den Verfahrenstechniker sein, der nach neuen Meßmethoden und Verfahrensweisen für die Metallgewinnung und Metallraffination Ausschau hält. Nicht zuletzt wird der Physikochemiker eine große Zahl thermochemischer Kennwerte für die Umsetzung von Stoffen bei höheren Temperaturen finden, die auf elektrochemischem Wege ermittelt wurden. Dem Charakter des vorliegenden Bandes als Datensammlung und Nachschlagewerk wurde durch die Aufnahme von mehr als 400 Abbildungen und mehr als 100 Tabellen Rechnung getragen.

Die Verfasser sind den Direktoren des Max-Planck-Instituts für Eisenforschung GmbH in Düsseldorf, Prof. Dr. phil., Dr.-Ing. E. h., Dr. mont. h. c. W. Oelsen †, und seinem Nachfolger, Prof. Dr. rer. nat. H.-J. Engell, für die bereitwillige Förderung der Arbeit an diesem Buch zu Dank verpflichtet. Sie danken außerdem den Herren Prof. Dr.-Ing. M. G. Frohberg, Technische Universität Berlin, Prof. Dr. phil., Dres. h. c. O. Kubaschewski, Technische Hochschule Aachen, Prof. Dr. rer. nat. H. Rickert, Universität Dortmund, Prof. Dr. rer. nat. H. Schmalzried, Technische Universität Clausthal, und Prof. Dr.-Ing., Dr. h. c. H. Winterhager, Technische Hochschule Aachen, für die kritische Durchsicht einzelner Abschnitte sowie Herrn Dr.-Ing. U. Kalla, Verein Deutscher Eisenhüttenleute, Düsseldorf, für Ratschläge zur Gestaltung des Manuskripts. Den beiden Verlagen sei für die sorgfältige Betreuung und Herstellung des Buches besonders gedankt.

Düsseldorf, im April 1975 W. A. Fischer und D. Janke

Inhaltsverzeichnis

1. Einführung

Feste und schmelzflüssige, bei höheren Temperaturen elektrolytisch leitende Stoffe sind in neuerer Zeit stark in den Blickpunkt technisch-wissenschaftlicher Interessen gerückt. Dies beweist nicht zuletzt der beachtlich angestiegene Umfang des Fachschrifttums, das sich sowohl mit der Untersuchung von Hochtemperatur-Elektrolyten und der Anwendung elektrochemischer Methoden in der Grundlagenforschung als auch mit der Erprobung von Hochtemperaturzellen für industrielle Zwecke befaßt. Die dabei auftretenden Fragestellungen sind allgemein physikalisch-chemischer und werkstoffkundlicher Natur, gleichzeitig jedoch wegen der hohen Anwendungstemperaturen der Elektrolyte weitgehend in das Arbeitsgebiet des Metallurgen einzuordnen. Für die einzelnen Elektrolyt-Gruppen kommen etwa folgende Bereiche der Anwendungstemperaturen in Frage:

1. Feste Oxide, Gläser, Sulfide, Nitride
   800 bis 1800 °C
2. Schmelzflüssige Oxide
   1000 bis 1600 °C
3. Schmelzflüssige Halogenide
   600 bis 1000 °C
4. Feste Halogenide
   Raumtemperatur bis 600 °C

Eine gesonderte Abhandlung der festen und schmelzflüssigen Elektrolyte in der vorliegenden Monographie erschien wegen der unterschiedlichen Strukturen und Transportvorgänge im Elektrolyten sowie unterschiedlicher Zellkonstruktionen zweckmäßig. Einen besonderen Schwerpunkt unter den festen Elektrolyten bilden die sauerstoffionenleitenden Oxide, die als hochtemperaturbeständige Elektrolyte in den letzten zehn Jahren eine aufsehenerregende Entwicklung erlebt haben.

Erstes Interesse an *festen Elektrolyten* wurde bereits durch frühe Arbeiten von P. Jablochkoff [1] und W. Nernst [2] zur Entwicklung einer elektrischen Beleuchtungseinrichtung (zwischen 1877 und 1897) sowie von F. Haber [3] durch Untersuchungen an Hochtemperatur-Brennstoffzellen (um 1905) ausgelöst. Als feste „Leiter 2. Klasse" wurden Porzellan, Glas und Mischoxide auf der Basis von ZrO_2 erprobt. Dieses Interesse wurde in den nachfolgenden

Jahrzehnten nur vereinzelt, etwa durch die Untersuchungen der elektrolytischen Überführung in festen Halogeniden von C. Tubandt [4] und die Entwicklung allgemeiner theoretischer Vorstellungen zur Ionenfehlordnung in festen anorganischen Verbindungen von J. Frenkel [5] sowie W. Schottky und C. Wagner [6], wachgehalten. Zur Aufklärung der Ionenfehlordnung in festen Oxiden trugen später röntgenographische Strukturuntersuchungen u. a. von E. Zintl an CeO_2—La_2O_3-Mischkristallen (1939) [7] und F. Hund an Mischoxiden auf der Basis von ZrO_2 und ThO_2 (1951 und 1952) [8] entscheidend bei. Zu einer systematischen Anwendung von ionenleitenden festen Oxiden in Hochtemperaturzellen führten erst die grundlegenden Arbeiten von W. A. Fischer und R. Schäfer (1953) [9], K. Kiukkola und C. Wagner (1957) [10] und H. Peters und H.-H. Möbius (1958) [11].

Hochtemperaturzellen mit sauerstoffionenleitenden Festelektrolyten haben heute im Bereich der physikalisch-chemischen Grundlagenforschung einen hohen Entwicklungsstand erreicht. Mit ihrer Hilfe wurde in wenigen Jahren eine große Zahl thermochemischer Kenngrößen zur Beschreibung des Gleichgewichts und des Ablaufs von Reaktionen bei hohen Temperaturen zuverlässig ermittelt.

Eine besonders reizvolle Anwendungsmöglichkeit bieten Festelektrolytzellen in der metallurgischen Analysentechnik, z. B. zur unmittelbaren Bestimmung der Aktivität des in flüssigen Metallen gelösten Sauerstoffs. Diese Bestimmung läßt sich kontinuierlich in reinen und beliebig legierten Metallschmelzen durchführen und ermöglicht über die Umrechnung mit Hilfe bekannter Wirkungsparameter die Angabe der Sauerstoffgehalte der Schmelze. Zur Zeit werden weltweit Versuche unternommen, Meßzellen zu entwickeln, die den Anforderungen des Industriebetriebs gewachsen sind. Man erwartet von ihnen eine sichere Überwachung des Schmelzablaufs und damit eine verbesserte Metallqualität.

Aufschlußreich sind auch die in jüngster Zeit begonnenen Arbeiten zur elektrolytischen Desoxydation und Raffination von flüssigen Metallen, bei denen noch nicht abzusehen ist, welche Lösung für die technische Durchführung gefunden werden kann. Erfolgversprechend ist außerdem der Einsatz von sauerstoffionenleitenden Festelektrolyten in Gaszellen zur laufenden Messung des Sauerstoffpotentials bzw. zur Dosierung und Regulierung des Sauerstoffgehalts in Gasen. Weitere Entwicklungsarbeiten befassen sich mit der Anwendung von Festelektrolyten in Brennstoffzellen. Dabei wird zur Zeit sowohl im Temperaturbereich zwischen 800 und 1000 °C mit ZrO_2-Elektrolyten als auch im Temperaturbereich um 300 °C mit Na-Aluminat-Elektrolyten operiert.

Für *schmelzflüssige Elektrolyte* blieb der Nachweis einer überwiegenden Ionenleitfähigkeit lange Zeit auf die Verbindungen mit salzartigem Charakter beschränkt [12, 13]. Erst die Arbeiten von Wejnarth (1934) [14], P. Herasymenko (1938) [15], K. Endell (1942) [16], M. Temkin (1945) [17] und J. O. M.

Bockris (1948) [18] brachten die Erkenntnis, daß auch Oxidschmelzen wie Silikate, Phosphate und Aluminate weitgehend in Ionen dissoziiert und als gut leitende Elektrolyte zu bezeichnen sind.

Im Laboratorium werden Zellen mit schmelzflüssigen Elektrolyten überwiegend zur Bestimmung thermochemischer Kenngrößen für die Reaktionen fester und flüssiger Metalle und Metallegierungen angewandt. Im technischen Maßstab haben sich Elektrolysezellen mit schmelzflüssigen Elektrolyten seit langem bei der Gewinnung und Raffination vor allem der Leichtmetalle bewährt.

Die künftige Entwicklung der Hochtemperatur-Elektrochemie läßt die Erprobung weiterer Elektrolyte und Elektrolyt-Elektroden-Kombinationen erwarten, die als Meß- und Elektrolysezellen sowie als stromliefernde Elemente wichtige Aufgaben im Bereich der Labor- und industriellen Technik übernehmen können. Im Bereich der Grundlagenforschung stehen wesentliche Untersuchungen der Strukturen und Transportvorgänge in den Elektrolyten und der Kinetik der Elektrodenreaktionen noch an.

Anschließend ist eine Auswahl von Buchveröffentlichungen in deutscher oder englischer Sprache (I—XXXV) zusammengestellt, deren Benutzung zur Ergänzung und Vertiefung des in der vorliegenden Monographie dargebotenen Stoffes empfohlen wird.

Aufstellung wichtiger Bücher

I. Drossbach, P.: Elektrochemie geschmolzener Salze, Berlin, Göttingen, Heidelberg: Springer 1948.

II. Handbuch der technischen Elektrochemie, Hrsg. G. Eger, Bd. 3: Die technische Elektrolyse im Schmelzfluß, 2. Aufl., Leipzig: Akad. Verlagsges. Geest & Portig, 1955.

III. Delimarski, Y. K., Markov, B. F.: Electrochemistry of Fused Salts (English Transl.) Washington, D. C.: Sigma Press 1961.

IV. Ward, R. G.: An Introduction to the Physical Chemistry of Iron and Steel Making, London: Arnold 1962.

V. Kortüm, G.: Lehrbuch der Elektrochemie, Weinheim: Verlag Chemie 1966.

VI. Vetter, K.: Electrochemical Kinetics, New York: Academic Press 1967.

VII. Bockris, J. O. M., Conway, B. E., Ed.: Modern Aspects of Electrochemistry, No. 1 bis 5, New York: Plenum Press, 1969.

VIII. Sundheim, B. R., Ed.: Fused Salts, New York: Mc Graw Hill 1964.

IX. Janz, G. J.: Molten Salts Handbook, New York: Academic Press 1967.

X. Bloom, H.: Chemistry of Molten Salts, Washington/D. C.: Benjamin 1967.

XI. Solomons, C.: Electrochemical Measurement. Molten Salt Electrolyte Cells, in Techniques of Metals Research, Ed. R. F. Bunshah, Vol. IV, Part 2, NewYork: Interscience Publishers 1970.

XII. Hansen, M.: Constitution of Binary Alloys, 2. Aufl., New York: Mc Graw Hill 1958.

XIII. Elliott, J. F., Gleiser, M. Ramakrishna, V.: Thermochemistry for Steelmaking, Reading/Mass.: Addison-Wesley 1963.

XIV. Kröger, F. A.: Chemistry of Imperfect Crystals, Amsterdam: North-Holland 1964.
XV. Levin, E. M., Robbins, C. R., McMurdie, H. F.: Phase Diagrams for Ceramists, The American Ceramic Society, Columbus, Bd. I: 1964 Bd. II: 1969.
XVI. Spenke, E.: Elektronische Halbleiter, 2. Aufl., Berlin, Heidelberg, New York: Springer 1965.
XVII. Hauffe, K.: Reaktionen in und an festen Stoffen, 2. Aufl., Berlin, Heidelberg, New York: Springer 1966.
XVIII. Evans, R. C.: An Introduction to Crystal Chemistry, 2nd Ed., London: Cambridge University Press 1966.
XIX. Kubaschewski, O., Evans, E. Ll., Alcock, C. B.: Metallurgical Thermochemistry, 4th Ed., Oxford: Pergamon Press 1967.
XX. Mass Transport in Oxides, U.S. Dept. Commerce, Nation. Bur. Stand., 1967, Spec. Publ. 296.
XXI. Diffusion DATA, Ed.: F. H. Wöhlbier, Solothurn Schweiz, seit 1967.
XXII. Raleigh, D. O., in Reiss, H.: Progress in Solid State Chemistry, Vol. 3, Oxford: Pergamon Press 1967.
XXIII. Bogdandy, L. von, Engell, H.-J.: Die Reduktion der Eisenerze, Düsseldorf: Verlag Stahleisen 1967.
XXIV. Salmang, H., Scholze, H.: Die physikalischen und chemischen Grundlagen der Keramik, 5. Aufl., Berlin, Heidelberg, New York: Springer 1968.
XXV. Liebhafsky, H. A., Cairns, E. J.: Fuel Cells and Fuel Batteries, New York: Wiley 1968.
XXVI Kittel, Ch.: Einführung in die Festkörperphysik, 2. Aufl., München: Oldenbourg 1969.
XXVII. von Sturm, F.: Elektrochemische Stromerzeugung, Chemische Taschenbücher, Weinheim: Verlag Chemie 1969.
XXVIII. Rapp, R. A., Shores, D. A.: Electrochemical Measurement. Solid Electrolyte Galvanic Cells. In: Techniques of Metals Research, Ed. R. F. Bunshah, Vol. IV, Part 2, New York: Interscience Publishers 1970.
XXIX. Madelung, O.: Grundlagen der Halbleiterphysik, Heidelberger Taschenbücher Bd. 71, Berlin, Heidelberg, New York: Springer 1970.
XXX. Schmalzried, H.: Festkörperreaktionen, Weinheim: Verlag Chemie 1971.
XXXI. Physics of Electrolytes, Ed. J. Hladik, Vol. 1 u. 2, New York: Academic Press 1972.
XXXII. Solid State Chemistry, Ed. L. E. J. Roberts, Inorganic Chemistry, Series One, Vol. 10, MTP International Review of Science, London: Butterworth, Baltimore: University Park Press 1972.
XXXIII. Fast Ion Transport in Solids, Proc. Advanced Study Institute, Belgirate, Italy, Sept. 1972, W. van Gool, Ed., Amsterdam: North-Holland 1973.
XXXIV. Rickert, H.: Einführung in die Elektrochemie fester Stoffe, Berlin, Heidelberg, New York: Springer 1973.
XXXV. Winnaker, K., Küchler, L., Hrsg.: Chemische Technologie, Bd. 6; Metallurgie, 3. Aufl., München: Hanser 1973.

Literatur

1. Jablochkoff, P.: DRP 663 (14. 8. 1877).
2. Nernst, W.: DRP 104872 (6. 7. 1897).
3. Haber, F., Moser, A.: Z. Elektrochem. 11 (1905) 593.
Haber, F., Fleischmann, F.: Z. anorg. Chem. 51 (1906) 245.
Haber, F., Foster, G. W. A.: Z. anorg. Chem. 51 (1906) 289.

4. Tubandt, C.: Hdb. exp. Physik, Bd. XII, 1. Teil 1932.
5. Frenkel, J.: Z. Physik 35 (1926) 652.
6. Wagner, C., Schottky, W.: Z. phys. Chem. (B) 11 (1930) 163.
7. Zintl, E., Croatto, U.: Z. anorg. allg. Chem. 242 (1939) 79.
8. Hund, F.: Z. Elektrochem. 55 (1951) 363; Z. phys. Chem. 199 (1952) 142.
Hund, F., Mezger, R.: Z. phys. Chem. 201 (1952) 268.
Hund, F., Niessen, G.: Z. Elektrochem. 56 (1952) 972.
9. Fischer, W. A., Schäfer, R.: Arch. Eisenhüttenw. 24 (1953) 105 und 307.
Fischer, W. A.: Electrical Measurements on Oxides and Solid Cells in the Temperature Range from 1200 to 1800 °C. In: The Physical Chemistry of Iron- and Steelmaking, Boston/USA: 1958, S. 79/82.
10. Kiukkola, K., Wagner, C.: J. Electrochem. Soc. 104 (1957) 379.
11. Peters, H., Möbius, H.-H.: Z. phys. Chem. 209 (1958) 298.
12. Lorenz, R.: Die Elektrolyse geschmolzener Salze, Halle 1905.
13. Drossbach, P.: Elektrochemie geschmolzener Salze, Berlin, Göttingen, Heidelberg: Springer 1948.
14. Wejnarth, A.: Trans. Amer. Electrochem. Soc. 65 (1934) 177 und 66 (1935) 329.
15. Herasymenko, P.: Trans. Faraday Soc. 34 (1938) 1245.
16. Endell, K., Hellbrügge, J.: Naturwiss. 30 (1942) 421.
17. Temkin, M.: Acta Phys. Chem. URSS 20 (1945) 411.
18. Bockris, J. O. M., Kitchener, J. A., Ignatowicz, S., Tomlinson, J. W.: Disc. Faraday Soc. 4 (1948) 265.

Liste häufig verwendeter Symbole

a_i	Aktivität eines gelösten Stoffes i
A	Fläche in cm^2
b_i	mechanische Beweglichkeit der Teilchensorte i (Teilchengeschwindigkeit je Einheitskraft)
c_i	Konzentration der Teilchensorte i (Zahl oder Mole je cm^3)
D	Fick'scher Diffusionskoeffizient in $cm^2 \cdot s^{-1}$
D_i^*	Selbstdiffusionskoeffizient für die Teilchensorte i in $cm^2 \cdot s^{-1}$ (Tracer-Diffusion)
d	Durchmesser in cm
E	elektromotorische Kraft in V (EMK)
E^0	Standardwert der EMK in einer galvanischen Zelle in V
$[e']$	Konzentration der quasifreien Elektronen
e	elektrische Elementarladung ($1{,}6 \cdot 10^{-19}$ As)
e_i^j	Wirkungsparameter für den Einfluß des Stoffes j auf den gelösten Stoff i (für Massengehalte in %, verdünnte Lösung)
F	Faraday-Konstante (23066 cal $\cdot V^{-1} \cdot mol^{-1}$)
f_i	Aktivitätskoeffizient des gelösten Stoffes i (für Massengehalte in %, verdünnte Lösung)
f_i^j	Wechselwirkungskoeffizient für den Einfluß des Stoffes j auf den gelösten Stoff i (für Massengehalte in %, verdünnte Lösung)
f	Frequenz in Hz
G	Freie molare Enthalpie in cal $\cdot mol^{-1}$ (Gibbsenergie)
ΔG^0	Standardwert der Änderung der Freien Enthalpie für eine Reaktion in cal $\cdot mol^{-1}$
$\bar{G}_i$	partielle molare Freie Enthalpie in cal $\cdot mol^{-1}$
G^M	Freie Mischungsenthalpie in cal $\cdot mol^{-1}$
H	molare Enthalpie in cal $\cdot mol^{-1}$
ΔH^0	Standardwert der Änderung der Enthalpie für eine Reaktion in cal $\cdot mol^{-1}$
h	Höhe in cm
$[h^\cdot]$	Konzentration der quasifreien Defektelektronen
I	elektrische Stromstärke in A
i	elektrische Stromdichte in A $\cdot cm^{-2}$
i_i	Massenstromdichte der Teilchensorte i in g $\cdot cm^{-2} \cdot s^{-1}$
j_i	Stoffmengenstromdichte der Teilchensorte i in mol $\cdot cm^{-2} \cdot s^{-1}$
K	Gleichgewichtskonstante
k	Reaktionsgeschwindigkeitskonstante Boltzmann-Konstante ($8{,}616 \cdot 10^{-5}$ eV $\cdot K^{-1} = 3{,}3 \cdot 10^{-24}$ cal $\cdot K^{-1}$)
l	Länge in cm
m_i	Masse des Stoffes i in g
N_A	Avogadro-Konstante ($6{,}023 \cdot 10^{23}$ mol^{-1})
n_i	Molzahl des Stoffes i
P	Gesamtdruck, z. B. in atm
p_i	Partialdruck des Stoffes i, z. B. in atm
Q	elektrische Ladungsmenge in As
Q_x	Aktivierungsenergie der elektrischen Leitfähigkeit, z. B. in eV
R	elektrischer Widerstand in Ohm Gaskonstante ($1{,}987$ cal $\cdot mol^{-1} \cdot K^{-1}$)
S	molare Entropie in cal $\cdot mol^{-1} \cdot K^{-1}$
ΔS^0	Standardwert der Änderung der Entropie für eine Reaktion in cal $\cdot mol^{-1} \cdot K^{-1}$
T	Temperatur in K

t	Zeit in s
t_i	Überführungszahl der Teilchensorte i
U	elektrische Spannung in V
u_i	elektrische Beweglichkeit der Teilchensorte i (Teilchengeschwindigkeit je Einheits-Feldstärke)
V	Volumen, z. B. in cm^3
x_i	Molenbruch des Stoffes i
x, y, z	Ortskoordinaten, z. B. in cm, Abweichung von der stöchiometrischen Zusammensetzung (Fehlordnungsgrad)
z_i	Ladungszahl des Ions i
[ ]	im Metall gelöst
( )	in der Schlacke gelöst
α	linearer thermischer Ausdehnungskoeffizient in K^{-1}, Thermokraft in $mV \cdot K^{-1}$ oder $\mu V \cdot K^{-1}$
γ_i	Aktivitätskoeffizient des gelösten Stoffes i (für Molenbruch)
Δ	Differenz
η_i	elektrochemisches Potential der Teilchensorte i, z. B. in $cal \cdot mol^{-1}$
$\varkappa$	spezifische elektrische Leitfähigkeit, z. B. in $Ohm^{-1} \cdot cm^{-1}$
μ_i	chemisches Potential der Teilchensorte i, z. B. in $cal \cdot mol^{-1}$
ϱ	spezifischer elektrischer Widerstand, z. B. in $Ohm \cdot cm$
φ	elektrisches Potential in V
A_A	A-Teilchen auf A-Gitterplatz
A_i	A-Teilchen auf Zwischengitterplatz
A_B	A-Teilchen auf B-Gitterplatz
V_A	Leerstelle im A-Teilgitter
V_i	Zwischengitterplatz-Leerstelle

2. Potentialbildung in galvanischen Zellen

2.1. Potentialdifferenz in galvanischen Zellen

In einer galvanischen Zelle

Metall 1 | Elektrolyt | Metall 2

besteht zwischen den beiden Metallen eine meßbare Spannungsdifferenz, die um so größer ist, je mehr sich die beiden Metallpotentiale voneinander unterscheiden. Der elektrochemische Gesamtvorgang in der galvanischen Kette läuft bei Stromdurchgang in zwei räumlich getrennten Teilschritten an den Phasengrenzen Metallelektrode/Elektrolyt ab. Die EMK der Zelle setzt sich aus den Einzelpotentialen an den Phasengrenzen Elektrode/Elektrolyt zusammen, die als elektrische Doppelschichten wirksam werden (Bild 2.1a). Die stromlos meßbare Spannung der Zelle ist gleich der Differenz der Einzelpotentiale (Bild 2.1b). Die Absolutwerte der Einzelpotentiale gegenüber dem Elektrolyten sind nicht meßbar. Ihre Kenntnis ist jedoch nicht erforderlich, da allein die *Potentialdifferenz* der beiden Elektroden die Triebkraft für den Reaktionsablauf in der Zelle darstellt.

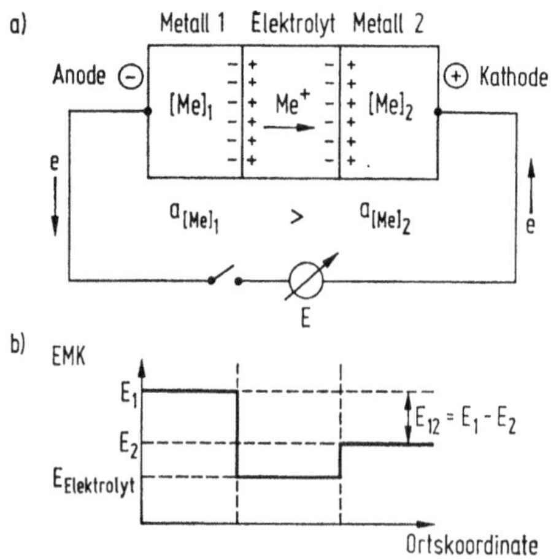

Bild 2.1. Potentialbildung in einer galvanischen Zelle (schematisch)

2.2. Messung der elektromotorischen Kraft

Die im folgenden verwendeten Formelzeichen sind in Tabelle 2.1 zusammengestellt und erläutert.

Tabelle 2.1.

U	meßbare Spannung in Volt
E	EMK in Volt
ΔG	Änderung der Freien Enthalpie (Gibbsenergie) für die Zellreaktion in cal · mol^{-1}
z	Zahl der Ladungsäquivalente
F	Faraday-Konstante 23063 cal · V^{-1} · mol^{-1}
ΔH	Enthalpieänderung der Zellreaktion in cal · mol^{-1}
ΔS	Entropieänderung der Zellreaktion in cal · K^{-1} · mol^{-1}
Q	Ladungsmenge in As
I	Stromstärke in A
t	Zeit in s
m	Masse in mol
R_a	Widerstand der Zuleitungen in Ohm
R_i	Innerer Widerstand der Zelle in Ohm
R_E	Übergangswiderstand an den Elektroden in Ohm

Nach dem Ohmschen Gesetz ergibt sich bei einer Schließung des äußeren Stromkreises der Zelle für die Stromstärke I die Klemmenspannung

$$U = I \cdot R_a \tag{2.1}$$

Von dieser Klemmenspannung abweichend folgt für die EMK der Zelle die Beziehung

$$E = I(R_i + R_a) \tag{2.2}$$

Zwischen der äußeren Spannung U und der Zellspannung E besteht somit der Zusammenhang

$$U = \frac{R_a}{R_a + R_i} \cdot E \tag{2.3}$$

Der Innenwiderstand R_i ist von den Zellabmessungen und der Leitfähigkeit des Elektrolyten abhängig.

Die elektromotorische Kraft E kann exakt nach der Kompensationsmethode gemessen werden, wobei die zu messende EMK mit Hilfe einer gegengeschalteten Gleichspannung kompensiert und damit der Stromfluß in der galvanischen Zelle unterbunden wird. Das Prinzip einer Kompensationsschaltung ist in Bild 2.2a wiedergegeben. Für die zu messende EMK gilt die Beziehung

$$E = -\frac{a}{a + b} \cdot U \tag{2.4}$$

(U Klemmenspannung an der entgegengeschalteten Spannungsquelle; a, b aufgeteilte Beträge der Spannung U). Für die EMK-Messung stehen heute direkt anzeigende und registrierende Kompensatoren zur Verfügung, deren Abgleich unter Verwendung von Regelungen mit elektronisch arbeitenden Umformern und Verstärkern stattfindet (Bild 2.2b).

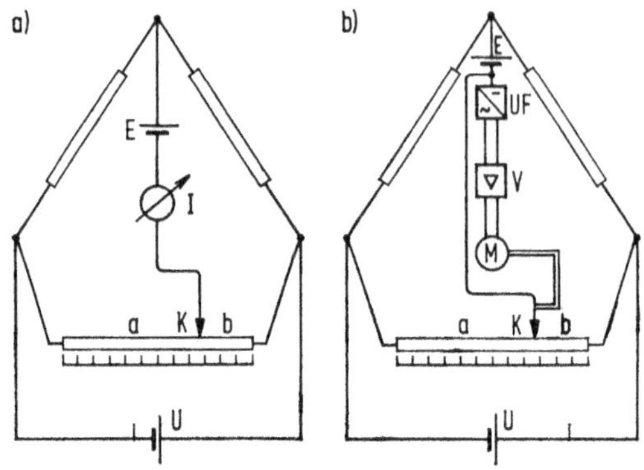

Bild 2.2. Kompensationsmethode zur EMK-Messung an galvanischen Zellen
a) Prinzip; b) Schaltskizze eines selbstabgleichenden Kompensators

Eine praktisch stromlose Messung der Zellspannung E ist auch durch die Einschaltung eines hochohmigen Voltmeters mit analoger oder digitaler Meßwertanzeige in den äußeren Stromkreis möglich. Damit wird der äußere Widerstand R_a gegenüber dem Zellwiderstand R_i groß und nach Gleichung (2.3) die äußere Spannung annähernd gleich der Zellspannung E. Die gemessenen Daten können durch entsprechende Zusatzeinrichtungen erfaßt, aufgezeichnet und in einer Rechenanlage ausgewertet werden.

2.3. Thermodynamische Grundlagen

Die EMK einer *reversibel* arbeitenden Zelle ist ein Maß für die Änderung der Freien Enthalpie der Zellreaktion, die bei Stromfluß als elektrische Energie von der Zelle abgegeben wird:

$$\Delta G = -|z| \cdot F \cdot E \quad [1] \qquad (2.5)$$

$|z| \cdot F$ ist die Ladungsmenge, die zur Überführung eines Mols der potentialbestimmenden Ionenart benötigt wird.

Die EMK-Methode ermöglicht es, die Änderung der Freien Enthalpie einer

[1] Die als *positiv* betrachtete EMK der galvanischen Zelle entspricht einer *negativen* Größe der von der Zelle abgegebenen Energie. Die Reversibilität einer galvanischen Zelle ist sichergestellt, wenn die galvanische Spannung der Zelle durch eine gleich große Gegenspannung auf den Wert Null kompensiert werden kann. Unter dieser Bedingung ist ein unendlich langsamer, reversibler Reaktionsablauf bei unendlich kleinem Stromfluß möglich, wobei von der Zelle die maximale Reaktionsarbeit ΔG abgegeben wird.

chemischen Reaktion unmittelbar zu messen, wenn diese Reaktion in der aufgebauten galvanischen Zelle eindeutig potentialbestimmend ist.

Die gemessene EMK ist grundsätzlich von den äußeren Reaktionsbedingungen wie Temperatur und Druck abhängig. Mit der Gleichung (2.5) und der Beziehung

$$\Delta G = \Delta H - T \cdot \Delta S \qquad (2.6)$$

können diese Abhängigkeiten formuliert werden.

Die *Temperaturabhängigkeit* der EMK ergibt in einem beschränkten Temperaturintervall über den Ansatz

$$\frac{\partial \Delta G}{\partial T} = -|z| \cdot F \cdot \frac{\partial E}{\partial T} = -\Delta S \qquad (2.7)$$

die Entropieänderung der Zellreaktion.

Für die bei gasförmigen Reaktionsteilnehmern zu berücksichtigende Abhängigkeit der EMK vom *Gesamtdruck P* folgt aus der Änderung der Freien Enthalpie nach dem 1. und 2. Hauptsatz[1]

$$\frac{\partial \Delta G}{\partial P} = -|z| \cdot F \cdot \frac{\partial E}{\partial P} = \Delta V.^{2} \qquad (2.8)$$

Die integrierte Form dieser Gleichung ergibt für eine Druckänderung in den Grenzen von 1 und P die EMK-Beziehung

$$E_P = E_1 - \frac{1}{|z| \cdot F} \int_1^P \Delta V \, dP. \qquad (2.9)$$

Der Zusammenhang zwischen der EMK und den *chemischen Potentialen* der an der Zellreaktion beteiligten Stoffe sei an zwei Beispielen erläutert.

a) In der „Konzentrationszelle"

$$[Me]_I \,|\, Me^{2+} \,|\, [Me]_{II}$$

---

[1] 1. $dG = dH - T\,dS - S\,dT$
$dH = dU + P\,dV + V\,dP$
$dU = T\,dS - P\,dV$
$dG = V\,dP - S\,dT$

2. $dG = \left(\frac{\partial G}{\partial P}\right)_T dP + \left(\frac{\partial G}{\partial T}\right)_P dT$

Aus dem Vergleich von 1. und 2. folgt $\left(\frac{\partial G}{\partial P}\right) = V$.

[2] ΔV, die Volumenänderung je Formelumsatz, kann je nach der Änderung der Gasmolzahl bei der Reaktion ein negatives oder positives Vorzeichen aufweisen.

wird das Metall Me bei Stromdurchgang von der Elektrode des höheren chemischen Potentials $\mu^{\mathrm{I}}_{\mathrm{Me}}$ durch den Me^{2+}-ionenleitenden Elektrolyten zur Elektrode des geringeren chemischen Potentials $\mu^{\mathrm{II}}_{\mathrm{Me}}$ überführt. Die Änderung der Freien Enthalpie dieser Überführungsreaktion ist durch die Differenz der chemischen Potentiale des Metalls in beiden Elektroden gegeben

$$\Delta G = \mu_{[\mathrm{Me}]_{\mathrm{II}}} - \mu_{[\mathrm{Me}]_{\mathrm{I}}} = -|z| \cdot F \cdot E \tag{2.10}$$

oder ausführlicher[1]

$$\Delta G = \mu^0_{[\mathrm{Me}]_{\mathrm{II}}} - \mu^0_{[\mathrm{Me}]_{\mathrm{I}}} + RT \ln \frac{a_{[\mathrm{Me}]_{\mathrm{II}}}}{a_{[\mathrm{Me}]_{\mathrm{I}}}} \tag{2.11}$$

$$E = E^0 + \frac{RT}{|z|\ F} \ln \frac{a_{[\mathrm{Me}]_{\mathrm{I}}}}{a_{[\mathrm{Me}]_{\mathrm{II}}}}. \tag{2.12}$$

Mit der Festlegung der Aktivität z. B. der Elektrode I als Bezugsgröße ($a_{[\mathrm{Me}]_{\mathrm{I}}} = 1$) wird eine einfache logarithmische Beziehung zwischen der EMK und der chemischen Aktivität $a_{[\mathrm{Me}]_{\mathrm{II}}}$ hergestellt:

$$E = E^0 - \frac{RT}{|z|\ F} \ln a_{[\mathrm{Me}]_{\mathrm{II}}} \tag{2.13}$$

b) In der „Bildungszelle"

Me | MeX | X

wird bei Stromdurchgang durch die Reaktion des Metalls Me mit dem Nichtmetall X die Elektrolytphase MeX gebildet. Für die Änderung der Freien Enthalpie dieser Bildungsreaktion gilt

$$\Delta G = \mu_{\mathrm{MeX}} - \mu_{\mathrm{Me}} - \mu_{\mathrm{X}} = -|z| \cdot F \cdot E \tag{2.14}$$

oder ausführlicher

$$\Delta G = \mu^0_{\mathrm{MeX}} - \mu^0_{\mathrm{Me}} - \mu^{\mathrm{X}}_0 + RT \ln \frac{a_{\mathrm{MeX}}}{a_{\mathrm{Me}} \cdot a_{\mathrm{X}}} \tag{2.15}$$

$$E = E^0 - \frac{RT}{|z| \cdot F} \ln \frac{\mathrm{MeX}}{a_{\mathrm{Me}} \cdot a_{\mathrm{X}}} \tag{2.16}$$

Die konstante Zellspannung E^0 bezeichnet die EMK an einer Zelle, in der alle kondensierten Reaktionspartner als reine Stoffe vorliegen bzw. das gasförmige Nichtmetall X den Druck 1 atm annimmt.

[1] $\mu^0_{\mathrm{Me}} = \mu^0_{\mathrm{Me}} + RT \ln a_{\mathrm{Me}}$
$\mu_{\mathrm{Me}} - \mu^0_{\mathrm{Me}} = \overline{G}_{\mathrm{Me}} - G^0_{\mathrm{Me}} = \Delta\overline{G}_{\mathrm{Me}} = RT \ln a_{\mathrm{Me}}$
(μ^0_{Me} = Standardpotential, a_{Me} = chemische Aktivität;
$\Delta\overline{G}_{\mathrm{Me}}$ = partielle molare Freie Enthalpie).

2.4. Stromdurchgang in einer galvanischen Zelle

Bei Stromfluß in einer galvanischen Zelle findet an der Anode stets eine Oxydation unter Abgabe von Elektronen an den äußeren Stromkreis und an der Kathode eine Reduktion unter Aufnahme von Elektronen aus dem äußeren Stromkreis statt. Die an beiden Elektroden chemisch umgesetzten äquivalenten Stoffmengen sind nach dem Faradayschen Gesetz bei reversiblem Reaktionsablauf der Stromstärke proportional:

$$m = \frac{Q}{|z| \cdot F} = \frac{I \cdot t}{|z| \cdot F} \tag{2.17}$$

Der in der Zelle fließende Strom bestimmt die Geschwindigkeit der Elektrodenreaktionen.

Während im stromlosen Zustand der Zelle durch die Potentialsprünge an den Phasengrenzen Elektrolyt/Elektrode eine Zellspannung E gegeben ist, resultiert bei Stromdurchgang eine meßbare Spannung U, die zusätzlich Ohmsche Anteile für das Potentialgefälle im Elektrolyten und in den Zuleitungen berücksichtigt

$$U = E + I \cdot R_\mathrm{i} + I \cdot R_\mathrm{a} \tag{2.18}$$

Die Spannungsdifferenz $U - E$ dient zur Aufrechterhaltung eines Stroms, dessen Stärke vom Widerstand R_i der Zelle und dem Widerstand R_a der Zuleitungen abhängig ist. Die Größe E entspricht angenähert der reversiblen Polarisations-

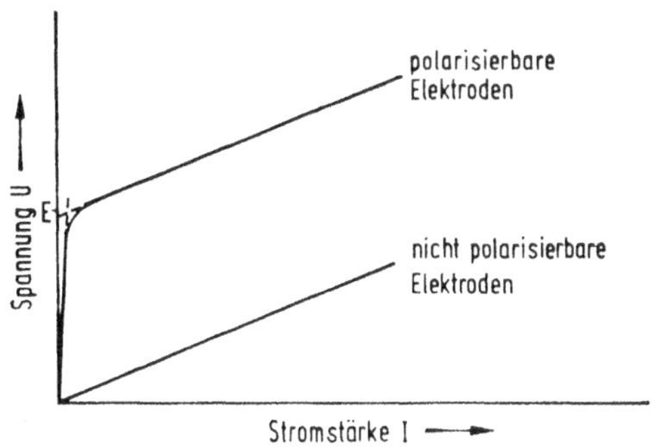

Bild 2.3. Spannung—Strom-Verlauf für polarisierbare und nicht polarisierbare Elektroden (schematisch)

spannung der Zelle, bei deren Überschreiten eine Zersetzung des Elektrolyten stattfindet (Bild 2.3). Grundsätzlich ist damit zu rechnen, daß die Reaktionen an den Phasengrenzen nicht ausschließlich reversibel verlaufen, sondern Hemmungserscheinungen auftreten, die in der Zelle irreversible *Überspannungen* hervorrufen. Die meßbare Spannung U beinhaltet in diesem Fall zusätzlich die Summe der Überspannungen beider Elektroden, die als Produkt des Stromes I und des Gesamtelektrodenwiderstandes R_E angegeben werden kann:

$$U = E + I(R_i + R_E) + I \cdot R_a. \tag{2.19}$$

Die auftretende Überspannung kann mehrere Ursachen haben. Eine *Diffusionsüberspannung* kommt vorwiegend bei hohen Stromdichten zustande, wenn der Elektrolyt in Elektrodennähe eine Verarmung bzw. Anreicherung an der potentialbestimmenden Ionenart erfährt und die Diffusion der Ionen durch die aufgebaute Grenzschicht geschwindigkeitsbestimmend wird. Eine *Durchtrittsüberspannung* beruht auf einer verzögerten Entladung oder Aufladung der Ionen an der Elektrodengrenzfläche und hat einen gehemmten Ablauf der Phasengrenzreaktion zur Folge.

3. Eigenschaften elektrolytisch leitender Stoffe im festen Zustand

3.1. Fehlordnung und Fehlordnungstypen

Die herkömmliche Strukturforschung klärt den Aufbau fester anorganischer Verbindungen durch Bestimmung des Gittertyps. Sie vermittelt dadurch eine Vorstellung von vollständig besetzten, idealen Kristallgittern. Stöchiometrisch zusammengesetzte Verbindungen streben mit abnehmender Temperatur einen Zustand idealer Ordnung im Kristall an. Mit steigender Temperatur zeigen sich jedoch infolge der thermischen Anregung der Gitterbausteine zunehmende Abweichungen von der ideal geordneten Kristallstruktur. Es kommt zur Ausbildung von Gitterfehlern. Dazu gehören unregelmäßig besetzte Gitterplätze (Punktfehler), Verzerrungen, Versetzungen, Korngrenzen und Hohlräume. Da für die Einstellung thermodynamischer Gleichgewichte allein Punktfehler bestimmend sind, wird im folgenden ausschließlich dieser Typ der Gitterfehlordnung betrachtet. Folgende Arten von Punktfehlern sind möglich:

a) Leerstellen im Kationen- bzw. Anionenteilgitter

b) Anordnung von Kationen bzw. Anionen auf Zwischengitterplätzen

c) Anordnung von Fremdkationen oder -anionen auf regulären Gitterplätzen (Substitution)

d) Elektronen, die sich von den Gitterionen lösen und bei ausreichender Energieaufnahme als „quasifreie" Leitungselektronen beweglich sind

e) Elektronenleerstellen (Defektelektronen), die bei ausreichender Energieaufnahme ebenfalls „quasifrei" beweglich sind.

Zur Annahme von Punktfehlern in festen anorganischen Verbindungen führten Beobachtungen bei der Reaktion von Stoffen im festen Zustand. Der experimentelle Befund des Fortschreitens einer Festkörperreaktion auch dann, wenn die Ausgangsstoffe durch ein festes Reaktionsprodukt voneinander getrennt sind, ließ vermuten, daß die Reaktionspartner sich als Ionen durch das fehlgeordnete Gitter der neugebildeten Zwischenphase bewegen. Auch das Auftreten geordneter Mischphasen in einfachen Verbindungen mit Kationen- oder Anionenüberschuß konnte durch die Annahme einer solchen Gitterfehlordnung verständlich gemacht werden.

J. Frenkel [1] entwarf das erste Modell eines fehlgeordneten Ionenkristalls mit *stöchiometrischer* Zusammensetzung für das Silberbromid. Eine vollständige Fehlordnungstheorie stöchiometrisch zusammengesetzter Ionenkristalle wurde von W. Schottky und C. Wagner [2, 3, 4] entwickelt. Sie deutet die Bildung von Gitterfehlstellen als einen reversiblen Vorgang im Sinne eines thermodynamischen Gleichgewichts und bildet, durch nachfolgende Experimente bewiesen, eine brauchbare Arbeitsgrundlage zur Erklärung der Potentialbildung sowie des Ladungs- und Stofftransports in festen ionenleitenden Verbindungen. Diese Theorie wurde von C. Wagner [5] ergänzt durch eine Behandlung der Fehlordnungserscheinungen an nicht stöchiometrisch zusammengesetzten Ionenkristallen.

Im folgenden seien die einzelnen Grundtypen in Anlehnung an die Abhandlung von K. Hauffe [6] kurz skizziert. Zur Beschreibung der Punktfehlordnung in Ionenkristallen sind gegenwärtig zwei verschiedene Methoden gebräuchlich [8c]: a) Die Kennzeichnung durch „Strukturelemente", wobei die Punktfehler oder Störstellen relativ zum leeren Raum definiert werden, in dem die Gitter- bzw. Zwischengitterlagen durch gedachte Koordinaten festgelegt sind; hierfür werden die von F. A. Kröger und H.-J. Vink [8a] eingeführten Symbole benutzt; b) die Kennzeichnung durch „Bauelemente", wobei die Punktfehler relativ zum idealen Kristall definiert und Symbole nach W. Schottky [7, 8b] verwendet werden. In Tabelle 3.1 sind beide Symbolarten einander gegenübergestellt und erläutert. In der vorliegenden Buchfassung wird durchgehend die Symbolik nach F. A. Kröger und H.-J. Vink [8a] benutzt, die sich im neueren internationalen Schrifttum weitgehend durchgesetzt hat.

Tabelle 3.1. Symbole zur Bezeichnung von Punktfehlern
(K Kation, A Anion, V Leerstelle (vacancy), i Zwischengitterplatz (interstitial))

nach F. A. Kröger und H. J. Vink [8a]	nach W. Schottky [8b]	Erläuterung
K_K	$K\|K\|$	Kation auf eigenem Gitterplatz (gegenüber dem ungestörten Gitter neutral)
A_A	$A\|A\|$	Anion auf eigenem Gitterplatz (gegenüber dem ungestörten Gitter neutral)
$V'_K - K_K$	$\|K\|'$	Leerstelle eines einwertigen Kations (gegenüber dem ungestörten Gitter einfach negativ geladen)
$V^{\bullet}_A - A_A$	$\|A\|^{\bullet}$	Leerstelle eines einwertigen Anions (gegenüber dem ungestörten Gitter einfach positiv geladen)
$K^{\bullet}_i - V_i$	$K^{\bullet}$	Einwertiges Kation auf einem Zwischengitterplatz (gegenüber dem ungestörten Gitter einfach positiv geladen)
$A'_i - V_i$	A'	Einwertiges Anion auf einem Zwischengitterplatz (gegenüber dem ungestörten Gitter einfach negativ geladen)
$K_{2K_1} - K_{1K_1}$	$K_2\|K_1\|$	Fremdkation K_2 auf Gitterplatz des Wirtskations K_1 (gegenüber dem ungestörten Gitter positiv, neutral oder negativ)
e' oder e	e'	Elektron (Überschußelektron)
$h^{\bullet}$ oder h	$\|e\|^{\bullet}$	Elektronenleerstelle (Defektelektron)

3.1.1. Stöchiometrisch zusammengesetzte binäre Verbindungen

Verbindungen mit überwiegender Ionenfehlordnung. In stöchiometrisch zusammengesetzten binären Verbindungen sind grundsätzlich vier Arten von Punktfehlern zu unterscheiden (wenn eine Elektronenfehlordnung nicht in Betracht gezogen wird):

a) Kationen auf Zwischengitterplätzen,
b) Anionen auf Zwischengitterplätzen,
c) Leerstellen im Kationenteilgitter,
d) Leerstellen im Anionenteilgitter.

Um die Elektroneutralität im Ionenkristall aufrecht zu erhalten, muß stets das Vorhandensein von zwei Ionenfehlstellenarten gleichzeitig angenommen werden. Auf der Grundlage der Fehlstellenarten a) bis d) lassen sich nach J. Frenkel und W. Schottky verschiedene Typen der Gitterfehlordnung aufstellen, für die in Bild 3.1 schematisch eine Übersicht gegeben wird.
Der *Frenkel-Typ* (Bild 3.1a) sieht Kationen auf Zwischengitterplätzen und

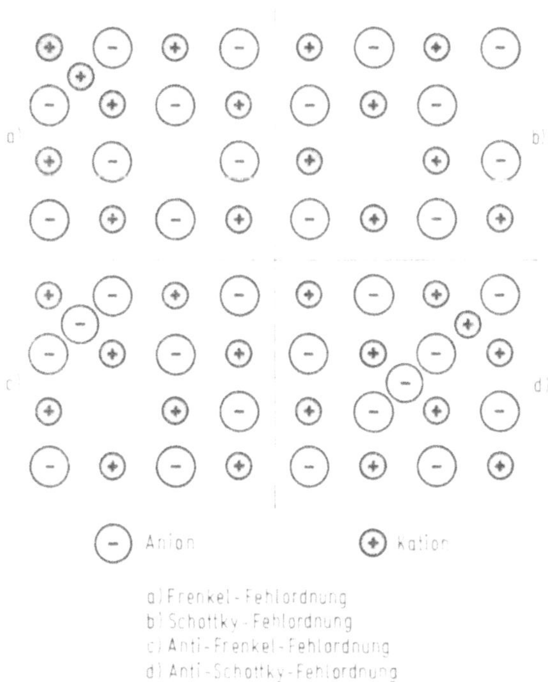

Bild 3.1. Grundtypen der Ionenfehlordnung in stöchiometrisch zusammengesetzten binären Verbindungen

Leerstellen im Kationenteilgitter vor. Das Anionenteilgitter bleibt ungestört. Ein Beispiel für diesen Typ ist das Silberbromid [1].
Der *Schottky-Typ* (Bild 3.1b) sieht Leerstellen im Kationenteilgitter und Leerstellen im Anionenteilgitter vor. Diese Art der Gitterfehlordnung wurde z. B. für das Natriumchlorid nachgewiesen.
Der *Anti-Frenkel-Typ* (Bild 3.1c) sieht Anionen auf Zwischengitterplätzen und Leerstellen im Anionenteilgitter vor. Das Kationenteilgitter bleibt ungestört. Dieser Fehlordnungstyp wurde von R. W. Ure jr. [9] an der Verbindung CaF_2 nachgewiesen.
Der *Anti-Schottky-Typ* (Bild 3.1d) sieht Kationen auf Zwischengitterplätzen und Anionen auf Zwischengitterplätzen vor. Für dieses Fehlordnungsmodell fehlen bisher experimentelle Belege.
Verbindungen mit überwiegender Elektronenfehlordnung. In Verbindungen mit stöchiometrischer Zusammensetzung kann eine überwiegende Fehlordnung der Elektronen auftreten, wenn das Kation leicht dazu neigt, in anderswertige Ladungszustände überzugehen. Eine dementsprechende Disproportionierung wird für das Cu^{2+}-Ion im stöchiometrisch zusammengesetzten Kupferoxid CuO angenommen. Der Vorgang wird dadurch erklärt, daß ein Valenzelektron e′ des Cu^{2+}-Ions sich als quasifreies Leitungselektron durch das Gitter bewegt und eine positiv geladene Elektronenleerstelle $h^{\bullet}$ hinterläßt, die als Cu^{3+}-Ion zu betrachten ist:

$$0 \rightleftharpoons e' + h^{\bullet} \tag{3.1}$$

bzw.

$$Cu^{2+} \rightleftharpoons Cu^{+} + Cu^{3+} \tag{3.2}$$

Das Leitungselektron e′ steht hier stellvertretend für ein Cu^{+}-Ion [10]. Die Fehlordnung in Kupferoxiden scheint jedoch noch nicht eindeutig geklärt und wird zur Zeit erneut diskutiert [10a].

Eine miteinander verknüpfte Elektronen- und Ionenfehlordnung wird für das stöchiometrisch zusammengesetzte Chromoxid angenommen (unter der Voraussetzung, daß das Sauerstoffionenteilgitter ungestört bleibt) [11]:

$$Cr_{Cr} + V_i \rightleftharpoons V_{Cr}''' + Cr_i^{\bullet\bullet} + h^{\bullet} \tag{3.3}$$

bzw.

$$Cr_{Cr} + V_i \rightleftharpoons V_{Cr}''' + Cr_i^{\bullet} + 2h^{\bullet} \tag{3.4}$$

Solche *Eigenstörstellenreaktionen* werden für wahrscheinlich gehalten, da die Cr^{3+}-Ionen verhältnismäßig leicht in Cr^{2+}- bzw. Cr^{+}-Ionen umgesetzt werden können.
Elektronisch leitende Verbindungen mit einer vom Sauerstoffpartialdruck unabhängigen Eigenstörstellenleitung wie z. B. Cr_2O_3 sind als ableitende Kontakte für Sauerstoffmeßzellen (Abschnitt 5.2) und Brennstoffzellen (Abschnitt 5.3.2.2) mit festen Elektrolyten von Interesse.

3.1.2. Nicht stöchiometrisch zusammengesetzte binäre Verbindungen

Verbindungen mit Metallunterschuß oder Nichtmetallüberschuß. Häufig treten Abweichungen von der stöchiometrischen Zusammensetzung auf, die durch den Einbau von überschüssigem Metall oder Nichtmetall bzw. durch die Erzeugung eines Unterschusses an Metall oder Nichtmetall (bezogen auf das vollbesetzte Kationen- oder Anionenteilgitter) hervorgerufen werden.

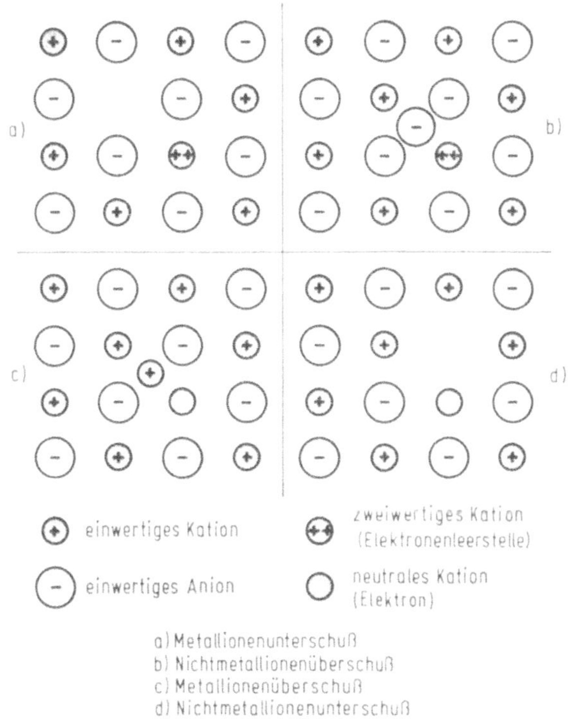

Bild 3.2. Grundtypen der Ionen- und Elektronenfehlordnung in nicht stöchiometrisch zusammengesetzten binären Verbindungen (Die Definitionen a) bis d) beziehen sich auf das vollbesetzte Kationen- bzw. Anionenteilgitter)

Ein *Metallunterschuß* kann durch den Ausbau von Metallionen aus dem Kationenteilgitter bei ungestörtem Anionengitter erzeugt werden. Dabei entstehen Metallionenleerstellen und zur Aufrechterhaltung der Elektroneutralität im Ionenkristall eine gleiche Zahl von Elektronenleerstellen (Bild 3.2a)[1]. Diese Elektronenfehlordnungsstellen übernehmen beim Anlegen

[1] Elektronenleerstellen $h^{\cdot}$ können formal durch ein Kation mit einer um 1 erhöhten Ladung dargestellt werden.

einer elektrischen Spannung überwiegend den Transport der Ladung und verleihen dem fehlgeordneten Kristall nicht stöchiometrischer Zusammensetzung eine dominierende Elektronenleitfähigkeit, die häufig schon bei analytisch nicht nachweisbaren Abweichungen von der Stöchiometrie auftreten kann.

Im Fall eines Metalloxids $Me_{1-x}O$ kann ein Metallunterschuß und die damit verbundene Elektronenfehlordnung durch die Fehlordnungsgleichung

$$\frac{1}{2} O_2 + Me_{Me} \rightleftharpoons V''_{Me} + 2h^{\cdot} + MeO \tag{3.5}$$

beschrieben werden, wobei der Sauerstoffaustausch mit der Atmosphäre stattfindet. Aus der Massenwirkungskonstanten der Reaktion (3.5) für sehr geringe Fehlstellenkonzentrationen

$$K = \frac{[V''_{Me}] \cdot [h^{\cdot}]^2}{p_{O_2}^{1/2}} \tag{3.6}$$

folgt mit $[h^{\cdot}] = 2\,[V''_{Me}] \sim \varkappa_{h^{\cdot}}$ und $\varkappa \approx \varkappa_{h^{\cdot}}$ die Beziehung für die p_{O_2}-Abhängigkeit der elektrischen Leitfähigkeit des halbleitenden Metalloxids

$$\varkappa = k_1 \cdot p_{O_2}^{1/6} \tag{3.7}$$

Die hier angesprochenen Zusammenhänge werden in Abschnitt 3.3 weiter erörtert. Der positive Exponent ist für die *Elektronendefektleitung bzw. p-Leitung* kennzeichnend. Experimentell kann die Abhängigkeit (3.7) durch Messungen der elektrischen Leitfähigkeit bei unterschiedlichen Sauerstoffpartialdrücken der Gasphase ermittelt werden. Eine Aussage für das Vorliegen einer Defektleitung läßt sich auch aus Messungen der Thermospannung oder der Hall-Spannung herleiten. Zur Gruppe der p-leitenden Metalloxide gehören $Fe_{1-x}O$ [12, 13], $Co_{1-x}O$ [12], $Ni_{1-x}O$ [14] und $Cu_{2-x}O$ [15, 16].

Ein *Nichtmetallüberschuß* in Ionenkristallen könnte durch den Einbau von zusätzlichen Nichtmetallionen auf Zwischengitterplätzen bei ungestörtem Kationenteilgitter ermöglicht werden (Bild 3.2b). Dieser wäre jedoch wegen der Größe der Anionen Cl^-, Br^-, J^-, F^-, O^{2-}, S^{2-} mit hohem Energieaufwand verbunden und ist daher wenig wahrscheinlich.

Grundsätzlich können jedoch beide Fehlordnungsarten, Metallionenleerstellen und Nichtmetallionen auf Zwischengitterplätzen, nebeneinander auftreten und den Charakter der p-Leitung der hier behandelten Verbindungen bestimmen.

Verbindungen mit Metallüberschuß oder Nichtmetallunterschuß. Ein *Metallüberschuß* in einem Ionenkristall kommt zustande, wenn bei ungestörtem Anionenteilgitter zusätzlich Metallionen auf Zwischengitterplätze eingebaut werden (Bild 3.2c). Ein *Nichtmetallunterschuß* entsteht, wenn bei ungestörtem

Kationenteilgitter durch Ausbau von Nichtmetallionen Leerstellen im Anionenteilgitter gebildet werden (Bild 3.2d). In beiden Fällen tritt eine äquivalente Zahl von frei beweglichen Überschußelektronen auf (*Elektronenüberschußleitung bzw. n-Leitung*)[1].

Im Fall eines Metalloxids $Me_{1+x}O$ wird die Erzeugung des Metallüberschusses und der damit verbundenen Elektronenfehlordnung durch die Fehlordnungsreaktion

$$MeO + V_i \rightleftharpoons Me_i^{\cdot\cdot} + 2e' + \frac{1}{2}O_2 \qquad (3.8)$$

beschrieben. Aus der Gleichgewichtskonstanten dieser Reaktion

$$K = [Me_i^{\cdot\cdot}] \cdot [e']^2 \cdot p_{O_2}^{1/2} \qquad (3.9)$$

folgt mit $[e'] = 2\,[Me_i^{\cdot\cdot}] \sim \varkappa_{e'}$ und $\varkappa \approx \varkappa_{e'}$ die Beziehung für die p_{O_2}-Abhängigkeit der elektrischen Leitfähigkeit des Metalloxids

$$\varkappa = k_2 \cdot p_{O_2}^{-1/6} \qquad (3.10)$$

Der negative Exponent ist für die Elektronenüberschußleitung einer Reihe von Verbindungen kennzeichnend.

Den Fall eines Nichtmetallunterschusses in einem Metalloxid MeO_{1-x} beschreibt die Reaktion

$$O_O \rightleftharpoons V_O^{\cdot\cdot} + 2e' + \frac{1}{2}O_2 \qquad (3.11)$$

Das Metalloxid gibt sowohl beim Einbau von Metallionen auf Zwischengitterplätze nach Gleichung (3.8) als auch bei der Erzeugung von Sauerstoffionenleerstellen nach Gleichung (3.11) Sauerstoff an seine Umgebung ab. Das Auftreten beider Fehlordnungsarten nebeneinander ist in dieser Gruppe der n-leitenden Verbindungen möglich, zu denen die Metalloxide $Zn_{1+x}O$ [17, 18, 19, 20], $Ti_{1+x}O_2$ [21], $Nb_{2+x}O_5$ [22, 23, 24], $V_{2+x}O_5$ [25, 26, 27], $W_{1+x}O_3$ [28] und $Sn_{1+x}O_2$ [29] sowie die Metallsulfide $Ag_{2+x}S$ [30, 31] und $Ni_{1+x}S$ [32] gehören.

Verbindungen mit Metall- oder Nichtmetallüberschuß. Einige Metallverbindungen können je nach dem Nichtmetallpartialdruck der Umgebung von der stöchiometrischen Zusammensetzung sowohl in Richtung eines Metall- als auch Nichtmetallüberschusses abweichen.

In Metalloxiden mit einer solchen Fehlordnung läßt sich durch Austausch von Sauerstoff mit der Gasphase die stöchiometrische Zusammensetzung bei hohen Sauerstoffpartialdrücken zugunsten eines Sauerstoffüberschusses, bei

[1] Überschußelektronen e' können formal durch ein Kation mit einer um 1 erniedrigten Ladung dargestellt werden.

geringen Sauerstoffpartialdrücken aber auch zugunsten eines Sauerstoffunterschusses verändern. Gemäß dieser Fehlordnung können diese Oxide p_{O_2}-Bereiche einer vorherrschenden p-Leitung oder n-Leitung zeigen. Zu diesen Verbindungen rechnen die Erdalkalioxide $Ca_{1\mp x}O$ [33, 34, 35], $Mg_{1\mp x}O$ [35], $Ba_{1\mp x}O$ [34] und $Sr_{1\mp x}O$ [34] sowie das Bleisulfid $Pb_{1\mp x}S$ [36, 37, 38].

Der Existenzbereich und die Fehlordnung von nicht stöchiometrisch zusammengesetzten binären Verbindungen kann mit Hilfe von Festelektrolytzellen bei höheren Temperaturen untersucht werden. Ergebnisse für technisch wichtige Metalloxide werden in Abschnitt 5.2.9 ausführlich behandelt.

3.1.3. Ternäre Mischphasen und Verbindungen

3.1.3.1. Binäre Verbindungen mit einer Dotierung durch Fremdkationen

In diesem Abschnitt werden einige grundsätzliche Möglichkeiten der Dotierung binärer Verbindungen mit Fremdkationen und der daraus resultierenden Fehlordnung erörtert. Dabei wird gleichzeitig besonders auf diejenigen Mischphasen hingewiesen, die als Festelektrolyte für die „Metallurgische Elektrochemie" eine hervorragende Bedeutung erlangt haben.

Die Fehlordnung in stöchiometrisch zusammengesetzten Verbindungen mit *überwiegender Kationenbeweglichkeit*, wie z. B. Silberbromid vom Frenkel-Typ, ist durch das Fehlordnungsgleichgewicht

$$Ag_{Ag} + V_i \rightleftharpoons V'_{Ag} + Ag_i^{\cdot} \qquad (3.12)$$

gegeben. Wird das Silberbromid durch Aufnahme von höherwertigen Kationen, z. B. $PbBr_2$, zur ternären Mischphase erweitert, so ändert sich deren elektrische Leitfähigkeit gegenüber der binären Verbindung [39]. Da durch die von Pb^{2+}-Ionen besetzten Ag^+-Gitterplätze eine Überschußladung ins Kationenteilgitter eingebracht wird, muß eine entsprechende Zahl von positiven $Ag_i^{\cdot}$-Störstellen aufgezehrt werden:

$$PbBr_2 + (Ag_i^{\cdot} - V_i) \rightleftharpoons (Pb_{Ag}^{\cdot} - Ag_{Ag}) + 2AgBr \qquad (3.13a)$$

nach F. A. Kröger und H. J. Vink [8a] bzw.

$$PbBr_2 + Ag^{\cdot} \rightleftharpoons Pb\,|Ag|^{\cdot} + 2AgBr \qquad (3.13b)$$

nach W. Schottky [8b].

Sobald alle Ag-Ionen auf Zwischengitterplätzen umgesetzt sind, können darüber hinaus Ag-Leerstellen erzeugt werden:

$$PbBr_2 \rightleftharpoons (Pb_{Ag}^{\cdot} - Ag_{Ag}) + (V'_{Ag} - Ag_{Ag}) + 2AgBr \qquad (3.14a)$$

nach F. A. Kröger und H. J. Vink [8a] bzw.

$$PbBr_2 \rightleftharpoons Pb\,|Ag|^{\bullet} + |Ag|' + 2AgBr \qquad (3.14b)$$

nach W. Schottky [8b].
Diese Vorgänge führen nach Gleichung (3.13) zunächst zu einer Erniedrigung und anschließend nach Gleichung (3.14) zu einer Erhöhung der elektrischen Leitfähigkeit (Bild 3.3) [39].

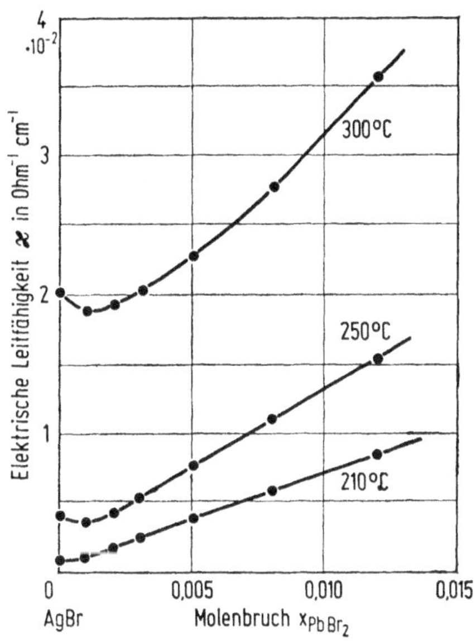

Bild 3.3. Elektrische Leitfähigkeit von AgBr—$PbBr_2$-Mischkristallen in Abhängigkeit vom Molenbruch x_{PbBr_2} nach E. Koch und C. Wagner [39]

In einer stöchiometrisch zusammengesetzten Verbindung mit *gemischter Kationen- und Anionenleitfähigkeit* vom Schottky-Typ, z. B. im Kaliumchlorid KCl

$$K_K + Cl_{Cl} \rightleftharpoons V_K' + V_{Cl}^{\bullet} \qquad (3.15)$$

kann über den Einbau von höherwertigen Kationen, z. B. $SrCl_2$, nach der Gleichung

$$SrCl_2 + 2K_K \rightleftharpoons Sr_K^{\bullet} + V_K' + 2KCl \qquad (3.16)$$

durch Erhöhung der Zahl der Kationenleerstellen eine Verschiebung der gemischten Leitung zugunsten einer überwiegenden Kationenleitung erzielt werden [40].

In ähnlicher Weise kann auch die Fehlordnung in stöchiometrisch zusammengesetzten *Anionenleitern* wie den Bleihalogeniden [41] $PbCl_2$ und $PbBr_2$ vom Schottky-Typ oder dem Bleifluorid PbF_2 [42] sowie den Erdalkalifluoriden SrF_2 [43] und CaF_2 [9] vom Anti-Frenkel-Typ durch Zusätze höher- oder niederwertiger Kationen beeinflußt werden. Als Beispiel sei das Kalziumfluorid gewählt [9, 44]:

$$F_F + V_i \rightleftharpoons F_i' + V_F^{\cdot} \tag{3.17}$$

Bei einer Dotierung mit YF_3 werden zunächst die vorhandenen F-Leerstellen aufgefüllt

$$YF_3 + (V_F^{\cdot} - F_F) \rightleftharpoons (Y_{Ca}^{\cdot} - Ca_{Ca}) + CaF_2 \tag{3.18}$$

und darüber hinaus F'-Ionen auf Zwischengitterplätzen eingelagert:

$$YF_3 \rightleftharpoons (Y_{Ca}^{\cdot} - Ca_{Ca}) + (F_i' - V_i) + CaF_2 \tag{3.19}$$

Im Fall einer Dotierung mit NaF werden umgekehrt F'-Ionen auf Zwischengitterplätzen aufgezehrt und F-Ionenleerstellen geschaffen. Es gelten die symbolischen Einbaugleichungen:

$$NaF + (F_i' - V_i) \rightleftharpoons (Na_{Ca}' - Ca_{Ca}) + CaF_2 \tag{3.20}$$

und

$$NaF \rightleftharpoons (Na_{Ca}' - Ca_{Ca}) + (V_F^{\cdot} - F_F) + CaF_2 \tag{3.21}$$

In stöchiometrisch zusammengesetzten Verbindungen einer überwiegenden Elektronenfehlordnung wie, z. B. dem Cr_2O_3, kann die *Eigenhalbleitung* durch Dotierung sowohl in eine p-Leitung als auch in eine n-Leitung verändert werden. Messungen der elektrischen Leitfähigkeit und der Thermokraft an dotiertem Cr_2O_3 von W. A. Fischer und G. Lorenz [45] lassen darauf schließen, daß ein Zusatz von niederwertigen Kationen, z. B. Cu_2O, entsprechend der Einbaugleichung

$$Cu_2O + O_2 \rightleftharpoons 2(Cu_{Cr}'' - Cr_{Cr}) + 4h^{\cdot} + Cr_2O_3 \tag{3.22}$$

eine Elektronendefektleitung und ein Zusatz von höherwertigen Kationen z. B. TiO_2 entsprechend der Gleichung

$$TiO_2 \rightleftharpoons (Ti_{Cr}^{\cdot} - Cr_{Cr}) + e' + \frac{1}{2} Cr_2O_3 + \frac{1}{4} O_2 \tag{3.23}$$

eine Elektronenüberschußleitung bewirkt. Bei Temperaturen unter etwa 1250 °C herrscht im *chemisch reinen* Chromoxid auf Grund von geringfügigen Verunreinigungen an meist ein- und zweiwertigen Metalloxiden eine Elektronendefektleitung vor. Erst bei höheren Temperaturen überwiegt wegen der verstärkten thermischen Anregung des Wirtsgitters die Eigenhalbleitung im Cr_2O_3.

Eine besondere Bedeutung gewinnt die Dotierung mit anderswertigen Kationen für binäre Verbindungen nicht stöchiometrischer Zusammensetzung, zu denen vor allem die Metalloxide zu rechnen sind. Die *Dotierung von reinen Metalloxiden* kann grundsätzlich zwei verschiedene Resultate erbringen:

a) Der Einbau anderswertiger Kationen in das Wirtsgitter führt zu einer Änderung der Konzentration und Art der Elektronenstörstellen (n- oder p-Leitung).

b) Der Einbau anderswertiger Kationen schafft die Voraussetzungen für eine überwiegende Ionenfehlordnung, d. h. für eine ausreichende Konzentration an Sauerstoffionenleerstellen oder Metallionen auf Zwischengitterplätzen, die eine elektrolytische Leitfähigkeit ermöglichen.

Zu a) seien Fehlordnungsmöglichkeiten für das *Nickeloxid* $Ni_{1-x}O$ durch die Aufnahme von nieder- oder höherwertigen Kationen erörtert. Die Fehlordnung des p-leitenden, reinen Nickeloxids wird durch die Gleichung

$$\frac{1}{2}\,O_2 + Ni_{Ni} \rightleftharpoons V''_{Ni} + 2h^{\cdot} + NiO \qquad (3.24)$$

repräsentiert. Beim Einbau von Li_2O läßt die Neigung des Nickeloxids, Sauerstoff aufzunehmen bzw. Defektelektronen zu bilden, den folgenden Vorgang erwarten

$$Li_2O + \frac{1}{2}\,O_2 + 2Ni_{Ni} \rightleftharpoons 2Li'_{Ni} + 2h^{\cdot} + 2NiO \qquad (3.25)$$

Ni^{2+}	O^{2-}	Ni^{2+}	O^{2-}	Ni^{2+}	O^{2-}
O^{2-}	Ni^{2+}	O^{2-}	**Ni^{3+}**	O^{2-}	Ni^{2+}
Ni^{2+}	O^{2-}	Ni^{2+}	O^{2-}	**Li^{+}**	O^{2-}
O^{2-}	**Li^{+}**	O^{2-}		O^{2-}	**Ni^{3+}**
Ni^{3+}	O^{2-}	**Ni^{3+}**	O^{2-}	Ni^{2+}	O^{2-}

Bild 3.4. Ionen- und Elektronenfehlordnung in $NiO-Li_2O$-Mischkristallen nach K. Hauffe [45a]

Dabei ist die Zahl der gebildeten Defektelektronen durch die Anzahl der auf Kationengitterplätzen vorhandenen Lithiumionen bestimmt. Defektelektronen sind hier gleichbedeutend mit 3-wertigen Nickelionen (Bild 3.4). Das mit der Zunahme der Elektronendefektkonzentration zu vermutende Anwachsen der elektrischen Leitfähigkeit konnte experimentell bestätigt werden [46].

Andererseits ist mit dem Einbau von Cr_2O_3 in das Nickeloxid eine Leitfähigkeitserniedrigung verknüpft [47, 48]. Diese Beobachtung findet ihre Erklärung, wenn man die Einbaugleichungen

$$Cr_2O_3 + 2h^{\cdot} + 2Ni_{Ni} \rightleftharpoons 2Cr^{\cdot}_{Ni} + \frac{1}{2}\, O_2 + 2NiO \qquad (3.26)$$

bzw.

$$Cr_2O_3 + 3Ni_{Ni} \rightleftharpoons 2Cr^{\cdot}_{Ni} + V''_{Ni} + 3NiO \qquad (3.27)$$

als wahrscheinlich annimmt, die eine Aufzehrung von Elektronendefekten bzw. eine Bildung von Nickelionenleerstellen symbolisieren. Diese Fehlordnung der Cr_2O_3—NiO-Mischphase ist in Bild 3.5 dargestellt.

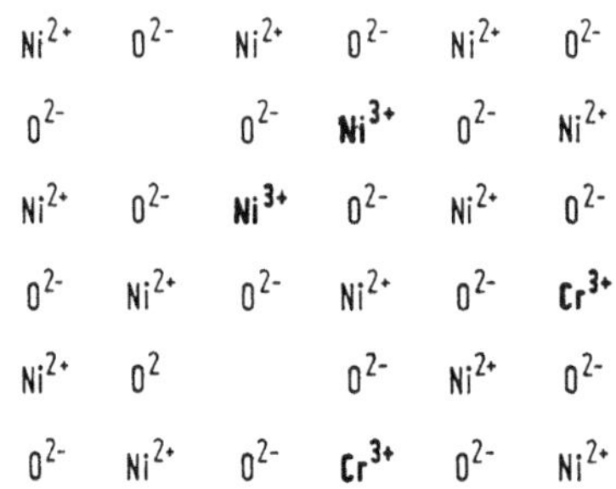

Bild 3.5. Ionen- und Elektronenfehlordnung in NiO—Cr_2O_3-Mischkristallen nach K. Hauffe[45a]

Als wichtige Beispiele für den Fall b) sind hier die *dotierten Metalloxide auf der Basis des Zirkonoxids und Thoriumoxids* zu behandeln, deren Fehlordnung durch eine festgelegte Konzentration an Leerstellen im Sauerstoffionenteilgitter gekennzeichnet ist. Die einfachen Oxide dieser Gruppe weisen bereits ein Sauerstoffdefizit auf, das durch die Gleichung

$$O_O \rightleftharpoons V^{\cdot\cdot}_O + 2e' + \frac{1}{2}\, O_2 \qquad (3.28)$$

beschrieben werden kann. In Mischoxiden wird die schon im Basisoxid vorhandene Sauerstoffionenleerstellenkonzentration durch die Dotierung mit einem niederwertigen Fremdoxid stark erhöht und eindeutig festgelegt. Leerstellen im Sauerstoffionenteilgitter bei vollständig besetztem Metallionenteilgitter wurden erstmalig von E. Zintl und U. Croatto an CeO_2—La_2O_3-Mischoxiden [49] sowie G. Sillén, B. Sillén und B. Aurivillius an Bi_2O_3—PbO-, Bi_2O_3—CdO- und Bi_2O_3—SrO-Mischoxiden [50, 51] nachgewiesen. Für den Einbau von La_2O_3 in das Wirtsgitter des CeO_2 z. B. ergeben sich zwei Möglichkeiten:

$$La_2O_3 + 2Ce_{Ce} + O_O \rightleftharpoons 2La'_{Ce} + V_O^{\cdot\cdot} + 2CeO_2 \qquad (3.29)$$

oder

$$2La_2O_3 + 3Ce_{Ce} + V_i \rightleftharpoons 3La'_{Ce} + La_i^{\cdot\cdot\cdot} + 3CeO_2 \qquad (3.30)$$

Über die Berechnung der mittleren Atomzahl in der Elementarzelle aus der makroskopisch bestimmten Dichte und der röntgenographisch bestimmten Gitterkonstanten konnten E. Zintl u. U. Croatto nachweisen, daß Sauerstoffionenleerstellen nach Gl. (3.29) gebildet werden und eine Besetzung von Zwischengitterplätzen durch La^{3+}-Ionen nach Gl. (3.30) wenig wahrscheinlich ist. Die Grundlage für eine erweiterte Kenntnis der Sauerstoffionenfehlordnung in dotierten Oxiden bildeten die Untersuchungen von F. Hund und Mitarbeitern an den Systemen $ZrO_2-Y_2O_3$ [52], ZrO_2-CaO [53], $ThO_2-La_2O_3$ [54], $ThO_2-Y_2O_3$ [55] und ThO_2-UO_2 bzw. U_3O_8 [56]. Eine Sauerstoffionenleerstellenstruktur wurde auch für feste Lösungen der Systeme ZrO_2-MgO [57] und CeO_2-CaO [58, 59] ermittelt. Die Konzentration der Sauerstoffionenleerstellen wird beispielsweise in ZrO_2-CaO-Mischphasen durch die Einbaugleichung

$$CaO + Zr_{Zr} + O_O \rightleftharpoons Ca''_{Zr} + V_O^{\cdot\cdot} + ZrO_2 \qquad (3.31)$$

oder in $ThO_2-Y_2O_3$-Mischphasen durch die Einbaugleichung

$$Y_2O_3 + 2Th_{Th} + O_O \rightleftharpoons 2Y'_{Th} + V_O^{\cdot\cdot} + 2ThO_2 \qquad (3.32)$$

bestimmt.

Unter den hier angeführten Mischoxiden haben, wie in den folgenden Abschnitten gezeigt wird, besonders die der Systeme ZrO_2-CaO bzw. MgO und $ThO_2-Y_2O_3$ eine ständig steigende Bedeutung als feste Elektrolyte in Sauerstoffkonzentrationszellen erlangt. Auf die Anwendungsmöglichkeiten dieser Elektrolyte wird in breitem Umfang in Abschnitt 5 eingegangen.

3.1.3.2. Ternäre Verbindungen vom Spinelltyp

Spinelle bilden eine wichtige Gruppe unter den Oxidverbindungen. Die Skala der Spinelle reicht von elektronisch leitenden Typen, die bereits bei extrem niedrigen Temperaturen hohe Leitfähigkeitswerte aufweisen, z. B. Fe_3O_4 [60] oder Co_3O_4 [61, 62], bis zu dem Typ $MgAl_2O_4$ [63, 64], der bei Raumtemperatur praktisch einen Isolator darstellt, bei erhöhten Temperaturen jedoch über eine nahezu vollständige Ionenleitfähigkeit verfügt. Aus röntgenographischen Untersuchungen läßt sich herleiten, daß die Spinelle eine kubisch-flächenzentrierte, dichte Packung von Sauerstoffionen darstellen, in deren Zwischenräume die kleineren, 2- und 3wertigen Metallionen in bestimmten Gruppierungen eingelagert sind. Die Metallionen sind in einer 4er- oder 6er-Koordination von Sauerstoffionen umgeben (Tetraeder- oder Oktaederlücken). Bild 3.6 vermittelt eine räumliche Vorstellung des Gitters der Spinelle [61, 65]. Die Einheitszelle einer Spinellstruktur vom Typ $AO \cdot B_2O_3$ mit 32 Sauerstoffionen enthält

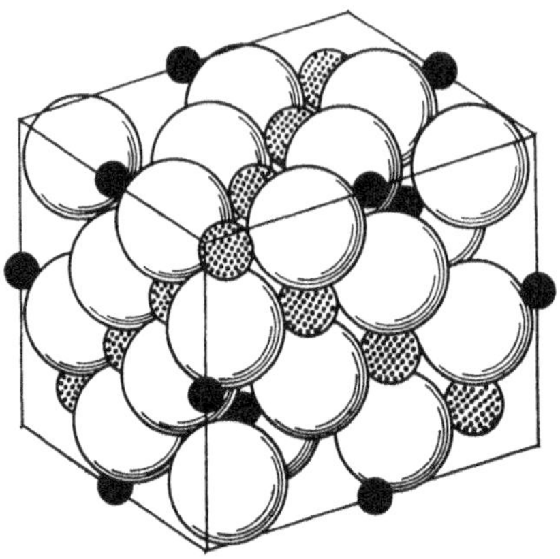

Bild 3.6. Räumliche Anordnung der Metall- und Sauerstoffionen im Spinellgitter nach F. Machatschki [65] und T. F. W. Barth und E. Posnjak [61]

64 Tetraederlücken und 32 Oktaederlücken, wovon beim normalen Spinell aus energetischen Gründen lediglich 8 Tetraederlücken durch A-Kationen und 16 Oktaederlücken durch B-Kationen besetzt werden können. Tabelle 3.2 zeigt eine Zusammenstellung der Spinellverbindungen vom Typ $AO \cdot B_2O_3$ nach R. C. Evans (s. Abschnitt 1, XVIII). Dabei liegen am häufigsten die Ladungskombinationen $A^{2+}B_2^{3+}O_4$ ($Mg^{2+}Al_2^{3+}O_4$, $Fe^{2+}Fe_2^{3+}O_4$) und $A^{4+}B_2^{2+}O_2$ ($Ge^{4+}Ni_2^{2+}O_4$) vor.

Abweichungen von der normalen Kationenverteilung können sich dadurch ergeben, daß eine Verteilung der B-Kationen auf Tetraeder- und Oktaederplätzen stattfindet. In einem solchen inversen Spinell, z. B. $Fe^{2+}Fe_2^{3+}O_4$,

$$[Fe_8^{3+}]\,[Fe_8^{2+}Fe_8^{3+}]\,O_{32}^{2-}$$

befinden sich die A-Kationen vollständig auf Oktaederplätzen, die B-Kationen je zur Hälfte auf Tetraeder- und Oktaederplätzen. Die hohe elektrische Leitfähigkeit des inversen Spinells „Fe_3O_4" beruht auf der gleichzeitigen Anwesenheit von Fe^{2+}- und Fe^{3+}-Ionen in Oktaederlücken, in denen ein Elektronenaustausch $Fe^{2+} \rightleftharpoons Fe^{3+} + e'$ ohne hohen Energieaufwand möglich ist. Hierbei sind Fe^{2+}-Ionen gleichbedeutend mit Elektronen und Fe^{3+}-Ionen gleichbedeutend

Tabelle 3.2. Zusammenstellung einiger Spinellverbindungen vom Typ AB_2O_4 nach R. C. Evans (○ Normalstruktur, + Inversstruktur)

$MgFe_2O_4$+	$TiMg_2O_4$+	$TiZn_2O_4$+
$TiFe_2O_4$+	VMg_2O_4	$SnZn_2O_4$+
$MnFe_2O_4$	MgV_2O_4○	$MgAl_2O_4$○
$FeFe_2O_4$+	FeV_2O_4	$CrAl_2O_4$
$CoFe_2O_4$+	ZnV_2O_4○	$MoAl_2O_4$
$NiFe_2O_4$+	$MgCr_2O_4$○	$MnAl_2O_4$○
$ZnFe_2O_4$○	$MnCr_2O_4$○	$FeAl_2O_4$○
$CdFe_2O_4$○	$FeCr_2O_4$○	$CoAl_2O_4$○
$CoCo_2O_4$○	$CoCr_2O_4$○	$NiAl_2O_4$
$CuCo_2O_4$	$NiCr_2O_4$○	$CuAl_2O_4$
$ZnCo_2O_4$○	$CuCr_2O_4$○	$ZnAl_2O_4$○
$SnCo_2O_4$+	$ZnCr_2O_4$○	$MgGa_2O_4$+
$FeNi_2O_4$	$TiMn_2O_4$	$CaGa_2O_4$○
$GeNi_2O_4$	$MnMn_2O_4$○	$MgIn_2O_4$+
	$ZnMn_2O_4$	$FeIn_2O_4$+
		$CoIn_2O_4$+
		$NiIn_2O_4$+

mit Elektronendefekten. Die Konzentration dieser Elektronenfehlstellen ist durch den Gitteraufbau festgelegt und temperaturunabhängig. Eine Leitfähigkeitsänderung mit der Temperatur ist daher nur auf Grund einer Änderung der Beweglichkeit der Elektronenfehlstellen zu erwarten.

Der Mechanismus einer nachgewiesenen elektrolytischen Leitung in normalen Spinellen wie $MgO \cdot Al_2O_3$ bei erhöhten Temperaturen ist noch weitgehend ungeklärt.

3.2. Fehlordnung und Energie-Bändermodell

Allgemeine Anmerkungen. In festen anorganischen Verbindungen kann eine überwiegend elektronische Leitfähigkeit durch Eigenfehlordnung (CuO), Abweichungen von der stöchiometrischen Zusammensetzung ($Fe_{1-x}O$) sowie durch Dotierung mit Fremdkationen ($Cr_2O_3 + Cu_2O$) herbeigeführt werden. Die Gitterbausteine (Ionen oder Atome) werden in elektronisch leitenden Verbindungen als nahezu unbeweglich betrachtet. Leitungsvorgänge in solchen, vor allem für die Halbleitertechnik bedeutsamen Verbindungen sind überwiegend auf fehlgeordnete Elektronen zurückzuführen. Eine Beschreibung der Leitungsvorgänge erfordert daher die Kenntnis der Energiezustände und der Beweglichkeit der Elektronen im Kristallgitter.

Die Energiezustände der quasi-freien Elektronen im Kristall sind nicht gleichmäßig über den gesamten Energiebereich verteilt. Im eindimensionalen Fall bilden sich Bänder erlaubter Energie E, die durch verbotene Zonen getrennt sind. Aus der Betrachtung der *Bänderstruktur* können Hinweise auf Besonderheiten der elektronischen Leitfähigkeit in halbleitenden Stoffen gewonnen werden. Dabei interessieren im Gesamtmodell nur die beiden untersten Bänder erlaubter Energie: Das untere, mit Elektronen aufgefüllte *Valenzband* und das darüberliegende, nur teilweise mit Elektronen besetzte *Leitfähigkeitsband* (Bild 3.7). Höher liegende, erlaubte Energiebänder können hier außer acht gelassen werden, da die Besetzung dieser Bänder einen sehr hohen Energieaufwand erfordert.

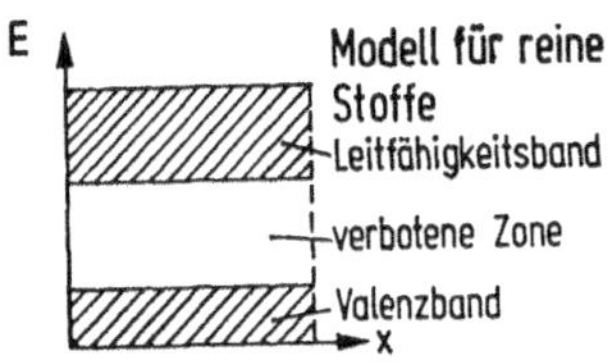

Bild 3.7. Energie-Bänder-Modell für reine Stoffe (eindimensional, schematisch)

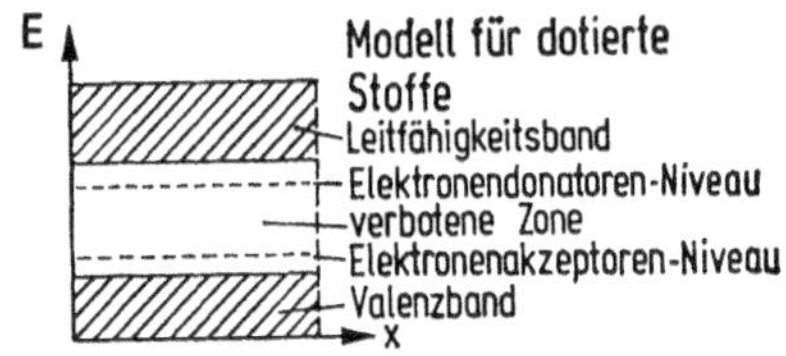

Bild 3.8. Energie-Bänder-Modell für dotierte Stoffe (eindimensional, schematisch)

Valenzband und Leitfähigkeitsband sind in elektronischen Halbleitern durch die verbotene Energiezone voneinander getrennt. Diese verbotene Zone wird von einzelnen Elektronen überbrückt, die unter hohem Energieaufwand aus dem Valenzband in das Leitfähigkeitsband gelangen und dort als freie Leitungselektronen zur Verfügung stehen. Verschiedene Halbleiter weisen, je nach dem Ausmaß der Eigenhalbleitung, eine unterschiedlich breite, verbotene Energiezone ΔE auf. Eine breite verbotene Zone ist gleichbedeutend mit einer geringen Eigenleitung, da nach dem Boltzmannschen Verteilungsgesetz $c_e = c_e^0 \exp(-\Delta E/kT)$ die Elektronenkonzentration im Leitfähigkeitsband mit wachsender Bandbreite ΔE abnimmt.

Die verbotene Zone ist lediglich für die fehlgeordneten Elektronen des Grundgitters ein nicht erlaubter Energiebereich. In das Gitter eingebaute anderswertige Fremdatome repräsentieren Störstellen und bewirken Störungen im periodischen Potentialverlauf des Grundgitters. Die energetische Lage solcher Störstellen (Donatoren und Akzeptoren) darf auch innerhalb der verbotenen Energiezone angenommen werden, und zwar im Fall von Elektronendonatoren dicht unterhalb des Leitfähigkeitsbandes und im Fall von Elektronenakzeptoren dicht oberhalb des Valenzbandes. Wie Bild 3.8 verdeutlicht, haben z. B. die von Donatoren gelieferten Elektronen eine sehr viel geringere Energie als die aus dem Valenzband stammenden Elektronen aufzubringen, um in das Leitfähigkeitsband zu gelangen.

In metallisch leitenden Stoffen überdeckt das breitere, unvollständig besetzte Leitfähigkeitsband das schmalere, vollbesetzte Valenzband. Die thermische Energie der Elektronen ist bereits bei Raumtemperatur ausreichend, um einen Übergang in das Leitfähigkeitsband zu ermöglichen.

Das hier beschriebene klassische Energie-Bändermodell ist stark vereinfacht. Ausführliche Darstellungen finden sich in Lehrbüchern der Halbleiter- und Festkörperphysik, wie z. B. von Ch. Kittel bzw. O. Madelung (s. Abschnitt 1, XXVI und XXIX).

Halbleitende Elemente. In einigen Elementen (Ge, Si, C, Se, Te, Bi) tritt mit steigender Temperatur eine zunehmende *Eigenhalbleitung* auf. Der zugrunde liegende Vorgang der *Paarbildung* ist dadurch gekennzeichnet, daß Elektronen aus dem Valenzband in das Leitungsband übertreten und im Valenzband eine entsprechende Zahl von Elektronenleerstellen hinterlassen, die als positiv geladene Elektronen aufgefaßt werden und ebenfalls zur Leitfähigkeit beitragen. Die für solche Paarbildungen erforderlichen Energien in Ge, Si, Se und C sind in Tabelle 3.3 zusammengestellt. Um die Eigenhalbleitung zu erhalten, müssen die Elemente, z. B. durch Zonenschmelzen, sehr sorgfältig gereinigt werden. Andernfalls wird die Eigenleitung durch eine *Störleitung* überdeckt, die auf Verunreinigungen durch anderswertige Fremdatome beruht.

Tabelle 3.3. Stoffwerte halbleitender Elemente

Element	Breite der verbotenen Energiezone ΔE eV	Energieabstand der Donatoren von der Unterkante des Leitfähigkeitsbandes eV	Energieabstand der Akzeptoren von der Oberkante des Valenzbandes eV
Ge	0,72	0,01–0,02	0,01–0,02
Si	1,12	0,04–0,05	0,05–0,06
Se	2,2	–	–
C	5,3	–	–

In weitgehend gereinigten Elementen kann eine Störleitung jedoch auch durch eine gezielte Dotierung hervorgerufen werden (Mischkristallbildung):

a) Der Einbau von As^{5+} in das Gitter des Germaniums hat zur Folge, daß das Arsen sein nur schwach gebundenes, überschüssiges Valenzelektron an das Leitungsband abgibt. Der Zusatz des Elektronendonators Arsen bewirkt somit eine Elektronenüberschußleitung im dotierten Germanium.

b) Der Einbau von Al^{3+} in das Gitter des Germaniums hat demgegenüber zur Folge, daß das Aluminium bestrebt ist, ein Elektron aus dem Valenzband einzufangen. Der Zusatz des Elektronenakzeptors Aluminium bewirkt somit eine Elektronendefektleitung im dotierten Germanium.

Beide Vorgänge, die Elektronenabgabe an das Leitungsband und die Elektronenaufnahme aus dem Valenzband, werden durch die eng benachbarte Lage der entsprechenden Energieniveaus stark erleichtert (vgl. Tabelle 3.3).

Halbleitende Verbindungen. Fehlordnungserscheinungen an festen anorganischen Verbindungen mit elektronischer Leitfähigkeit können ebenfalls mit Hilfe des Energie-Bändermodells erörtert werden. Die Bildung eines e'-h˙-Paares in einer stöchiometrisch zusammengesetzten, halbleitenden Verbindung, z. B. CuO, ist in Bild 3.9a wiedergegeben. Einzelne Valenzelektronen gelangen in das Leitungsband und hinterlassen eine positiv geladene Elektronenleerstelle im Valenzband, wofür mindestens der Energiebetrag der verbotenen Zone aufzubringen ist.

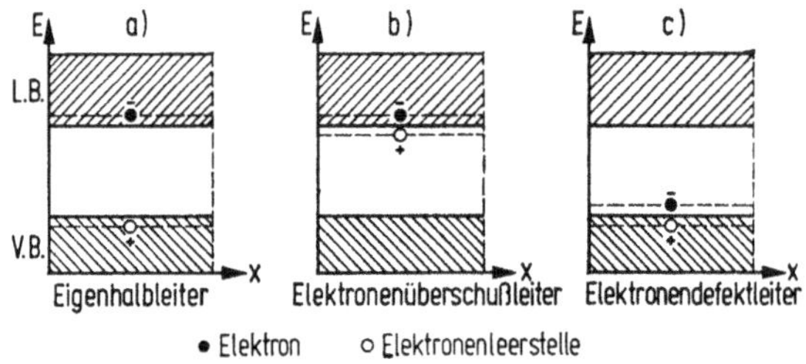

Bild 3.9. Elektronenfehlordnung in halbleitenden Verbindungen nach dem Energie-Bänder-Modell (schematisch)

a) stöchiometrisch zusammengesetzte Verbindung MeO; b) nicht stöchiometrisch zusammengesetzte Verbindung mit Metallionenüberschuß $Me_{1+x}O$; c) nicht stöchiometrisch zusammengesetzte Verbindung mit Metallionendefizit $Me_{1-x}O$

Für ein nicht stöchiometrisch zusammengesetztes Oxid mit Metallionenüberschuß $Me_{1+x}O$ ergibt sich im Energie-Bändermodell das Bild 3.9b. Die auf Zwischengitterplätzen eingebauten, überschüssigen Me^+-Ionen wirken als Elektronendonatoren, die ihre Überschußelektronen mit geringem Energieaufwand an das Leitfähigkeitsband abgeben (n-Leitung):

$$Me_i^{\cdot} \rightarrow Me_i^{\cdot\cdot} + e' \text{ (Leitungsband)} \tag{3.33}$$

Der Leitungsmechanismus einer nicht stöchiometrischen Verbindung mit Metallionendefizit $Me_{1-x}O$ kann durch Bild 3.9c veranschaulicht werden. Die durch die Abgabe von Metallionen erzeugten Metallionenleerstellen wirken als Elektronenakzeptoren und führen bei geringem Energieaufwand zur Bildung von Elektronenleerstellen im Valenzband (p-Leitung):

$$V'_{Me} \rightarrow V''_{Me} + h^{\cdot} \text{ (Valenzband)} \tag{3.34}$$

3.3. Stoff- und Ladungstransport in festen ionenleitenden Verbindungen

3.3.1. Allgemeine Zusammenhänge

Tabelle 3.4. Liste der verwendeten Zeichen

b_i	Beweglichkeit der Teilchensorte i (Teilchengeschwindigkeit je Einheitskraft)
c_i	Konzentration der Teilchensorte i, z. B. in mol · cm^{-3}
D	Fick'scher Diffusionskoeffizient in $cm^2 \cdot s^{-1}$
e	elektrische Elementarladung ($1{,}602 \cdot 10^{-19}$ As)
F	Faraday-Konstante (96500 As · mol^{-1} = 23066 cal · $V^{-1} \cdot mol^{-1}$)
j_i	Stromdichte der Teilchensorte i, z. B. in mol · $cm^{-2} \cdot s^{-1}$
j_{ion}	Stromdichte einer Ionensorte, z. B. in A · cm^{-2}
k	Boltzmann-Konstante ($8{,}616 \cdot 10^{-5}$ eV · K^{-1} = $3{,}3 \cdot 10^{-24}$ cal · K^{-1})
N_A	Avogadro-Konstante ($6{,}023 \cdot 10^{23}$ mol^{-1})
p_{O_2}	Sauerstoffpartialdruck in atm
R	Gaskonstante = $k \cdot N_A$ (1,9865 cal · $K^{-1} \cdot mol^{-1}$)
u_{ion}	Beweglichkeit einer Ionensorte (Ionengeschwindigkeit je Einheitsfeldstärke)
x	Ortskoordinate in cm
z	Ladungszahl eines Ions
η_i	elektrochemisches Potential der Teilchensorte i, z. B. in cal · mol^{-1}
$\varkappa$	elektrische Leitfähigkeit, z. B. in $Ohm^{-1} \cdot cm^{-1}$
μ_i	chemisches Potential der Teilchensorte i, z. B. in cal · mol^{-1}
φ	elektrisches Potential in V

Die in diesem Abschnitt verwendeten Zeichen sind in Tabelle 3.4. zusammengestellt und erklärt.

Die Geschwindigkeit einer Teilchensorte i in einem homogenen Festkörper ist (unabhängig vom tatsächlichen Transportmechanismus) das Produkt der einwirkenden Kraft und der Beweglichkeit der Teilchen. Im Fall der Diffusion von Atomen der Sorte i durch einen neutralen Kristall ist die treibende Kraft durch den Gradienten des chemischen Potentials μ_i gegeben. Für die Teilchenstromdichte j_i unter Einwirkung dieser Kraft gilt die Beziehung

$$j_i = -c_i \cdot b_i \cdot 1/N_A \cdot \operatorname{grad} \mu_i \tag{3.35}$$

Die Teilchenstromdichte j_i ist nach Gleichung (3.35) proportional der treibenden Kraft grad μ_i. Der Transportkoeffizient $c_i \cdot b_i$ ist durch die Konzentration und die Beweglichkeit der Teilchen im atomar fehlgeordneten Kristallgitter bestimmt. Im Fall einer verdünnten Lösung der Teilchensorte i läßt sich Gleichung (3.35) mit $\mu_i = \mu_i^0 + RT \ln (c_i/c_i^0)$ und grad $\mu_i = \mathrm{d}\mu_i/\mathrm{d}x = RT$ d ln $c_i/\mathrm{d}x$ für die Diffusion in x-Richtung in der Form

$$j_i = -c_i \cdot b_i \cdot \frac{RT}{N_A} \cdot \frac{\mathrm{d} \ln c_i}{\mathrm{d}x} \tag{3.36}$$

bzw. mit c_i d ln c_i = dc_i auch in der Form

$$j_i = -b_i \cdot \frac{RT}{N_A} \cdot \frac{dc_i}{dx} \tag{3.37}$$

schreiben. Eine Kombination dieses Ansatzes mit der 1. Fickschen Diffusionsgleichung

$$j_i = -D_i \frac{dc_i}{dx} \tag{3.38}$$

ergibt die Beziehung von Nernst und Einstein für den Zusammenhang zwischen der Beweglichkeit und dem Fickschen Diffusionskoeffizienten der Teilchensorte $i (k = R/N_A)$:

$$D_i = b_i \cdot k \cdot T \tag{3.39}$$

Im Fall der Diffusion von Ionen der Sorte i durch einen Ionenkristall werden zusätzlich elektrische Kräfte wirksam. Als treibende Kraft ist hier der Gradient des elektrochemischen Potentials $\eta_{ion} = \mu_{ion} + z \cdot F \cdot \varphi$ zu betrachten, womit die allgemeine Transportgleichung (3.35) die Form

$$j_{ion} = -c_{ion} \cdot u_{ion} \cdot \text{grad}\, \eta_{ion} \tag{3.40}$$

oder

$$j_{ion} = -c_{ion} \cdot u_{ion} (\text{grad}\, \mu_{ion} + z \cdot F \cdot \text{grad}\, \varphi) \tag{3.41}$$

erhält.

Mit Hilfe des bekannten Ansatzes für die Teilleitfähigkeit einer Ionenart

$$\varkappa_{ion} = c_{ion} \cdot u_{ion} \cdot z \cdot F \tag{3.42}$$

und Gleichung (3.40) kann eine allgemeingültige Beziehung zwischen der *Stromdichte*, der *Teilleitfähigkeit* und dem *Gradienten des elektrochemischen Potentials* der Ionen angegeben werden:

$$j_{ion} = -\frac{\varkappa_{ion}}{z \cdot F} \text{grad}\, \eta_{ion} \tag{3.43}$$

Diese Gleichung ist auf *Ionen- und Elektronen-Teilströme* anwendbar [66].

Für die *Elektronenstromdichte* gilt in Anlehnung an Gleichung (3.43) die Beziehung

$$j_e = j_{e'} + j_{h^\cdot} = \frac{\varkappa_{e'}}{F} \text{grad}\, \eta_{e'} - \frac{\varkappa_{h^\cdot}}{F} \text{grad}\, \eta_{h^\cdot} \tag{3.44}$$

und unter der Voraussetzung, daß das thermodynamische Gleichgewicht zwischen Elektronen e′ und Defektelektronen h˙ durch den Stromfluß nicht gestört wird, d. h. grad $\eta_{e'} = -\text{grad}\, \eta_{h^\cdot}$, gilt

$$j_e = \frac{\varkappa_{e'} + \varkappa_{h^\cdot}}{F} \text{grad}\, \eta_{e'} = \frac{\varkappa_e}{F} \text{grad}\, \eta_{e'} = -\frac{\varkappa_e}{F} \text{grad}\, \eta_{h^\cdot} \tag{3.45}$$

Die Summe von Ionen- und Elektronenstromdichte in einem *gemischten* Leiter mit einer vorherrschenden Teilleitfähigkeit einer Ionenart ist nach Gleichung (3.43) und (3.45) durch den Ansatz

$$j = j_{ion} + j_e = -\frac{\varkappa_{ion}}{z \cdot F} \text{grad}\, \eta_{ion} - \frac{\varkappa_e}{F} \text{grad}\, \eta_{h^\cdot} \tag{3.46}$$

gegeben, der auch in der Form

$$j = -\frac{\varkappa_{ion} + \varkappa_e}{F} \text{grad}\, \eta_{h^\cdot} - \frac{\varkappa_{ion}}{F} \left(\frac{1}{z} \cdot \text{grad}\, \eta_{ion} - \text{grad}\, \eta_{h^\cdot} \right) \tag{3.47}$$

geschrieben werden kann.

Die folgende Betrachtung gilt für den hier besonders interessierenden Fall eines Metalloxids mit einer gemischten Sauerstoffionen- und Elektronenleitung. Aus dem Fehlordnungsgleichgewicht

$$2O^{2-} + 4h^\cdot \rightleftharpoons O_2\ (\text{Gas}) \tag{3.48}$$

folgt für das chemische Potential des Sauerstoffs die Beziehung

$$\mu_{O_2} = 2\mu_{O^{2-}} + 4\mu_{h^\cdot} \tag{3.49}$$

Mit dem hieraus resultierenden Gradienten

$$\text{grad}\, \mu_{O_2} = 2\, \text{grad}\, \mu_{O^{2-}} + 4\, \text{grad}\, \mu_{h^\cdot} = 2\, \text{grad}\, \eta_{O^{2-}} + 4\, \text{grad}\, \eta_{h^\cdot} \tag{3.50}$$

ergibt sich der Gesamtstrom im gemischten Leiter nach Gleichung (3.47) zu

$$j = \frac{\varkappa_{O^{2-}}}{4F} \text{grad}\, \mu_{O_2} - \frac{\varkappa}{F} \text{grad}\, \eta_{h^\cdot} \tag{3.51}$$

Mit den Gleichungen (3.40) bis (3.51) werden wesentliche Zusammenhänge für den Stofftransport in ionen- und elektronenleitenden Festkörpern aufgezeigt. Sie stellen Grundlagen dar für die Formulierung der galvanischen Potentialbildung (Abschnitte 3.4, 5, 6 und 7) und der Elektrolyse (Abschnitte 3.5 und 7) an Festelektrolytzellen; aber auch für die Aufklärung der Ursachen von EMK-Fehlmessungen wie der elektronischen Teilleitfähigkeit (Abschnitte 3.3.3 und 5.4.1) und der elektrochemischen Permeation der potentialbestimmenden Ionenart (Abschnitt 5.4.3) der Festelektrolyte.

3.3.2. Die elektrische Leitfähigkeit und ihre Temperaturabhängigkeit

Die elektrische Leitfähigkeit fester, halbleitender Stoffe setzt sich aus ionischen und elektronischen Anteilen zusammen:

$$\varkappa = \varkappa_{\mathrm{ion}} + \varkappa_{\mathrm{e}} \tag{3.52}$$

Die elektrolytische Leitfähigkeit beruht entsprechend den Vorstellungen der Fehlordnungstheorie auf Platzwechselvorgängen von Zwischengitterionen oder von Gitterionen über Gitterleerstellen und wird z. B. in unipolaren Leitern durch die Konzentration und Beweglichkeit der dominierenden Ionenart bestimmt.

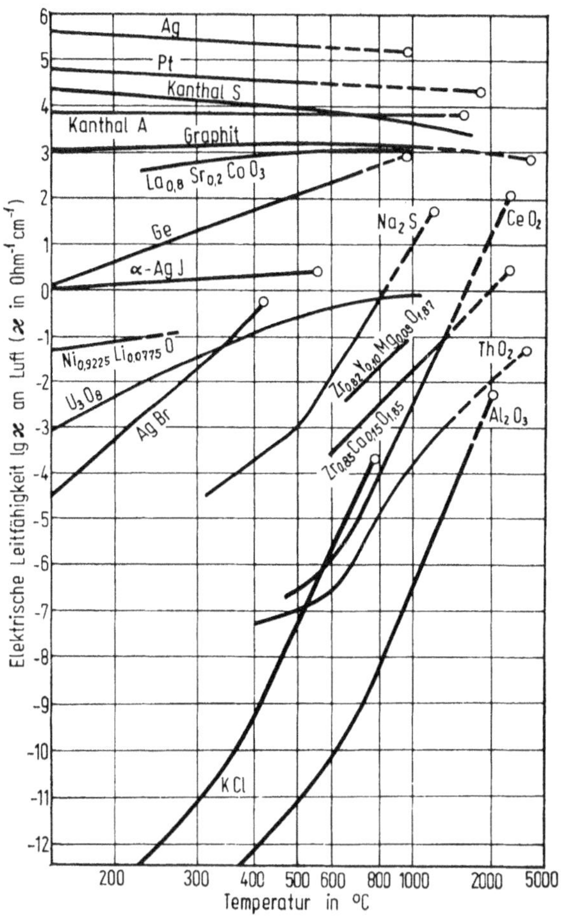

Bild 3.10. Spezifische elektrische Leitfähigkeit einiger Ionenleiter, Halbleiter und Metalle in Abhängigkeit von der Temperatur nach H.-H. Möbius [67]

Die Temperaturabhängigkeit der elektrischen Leitfähigkeit halbleitender Stoffe folgt allgemein der Beziehung

$$\varkappa = \varkappa^0 \cdot \exp\left(-\frac{Q_\varkappa}{kT}\right) \tag{3.53}$$

Das Temperaturinkrement $Q_\varkappa$ wird als Aktivierungsenergie des Leitungsvorgangs bezeichnet und hier in eV je Ladungsträger angegeben. Es enthält Energiebeträge sowohl für die Erzeugung als auch für die Bewegung der Gitterfehlstellen. Die Auftragung der Größe $\lg x$ gegen $1/T$ liefert nach Gleichung (3.54) eine Gerade, aus deren Anstieg sich die Aktivierungsenergie der Ladungsträger berechnen läßt:

$$\lg \varkappa = -\frac{Q_\varkappa}{2{,}303\,k} \cdot \frac{1}{T} + \lg \varkappa^0 \tag{3.54}$$

Eine solche geradlinige Abhängigkeit wird bei Leitfähigkeitsmessungen zumindest in bestimmten Temperaturintervallen angenähert beobachtet. Bild 3.10 gibt eine Übersicht der spezifischen Leitfähigkeit einiger Ionenleiter, Halbleiter und Metalle in der Auftragung über der reziproken Temperatur [67]. Die elektrische Leitfähigkeit von Ionen- und Halbleitern kann nur dann als kennzeichnende Stoffeigenschaft betrachtet werden, wenn die Messungen bei einer genügend hohen Temperatur ausgeführt werden, welche die Einstellung eines thermodynamischen Gleichgewichts der Gitterfehlstellen gewährleistet.

Anordnungen zur *Messung des elektrischen Widerstandes* an festen Proben sowie Methoden zur nachfolgenden Berechnung der Leitfähigkeit sind in einer

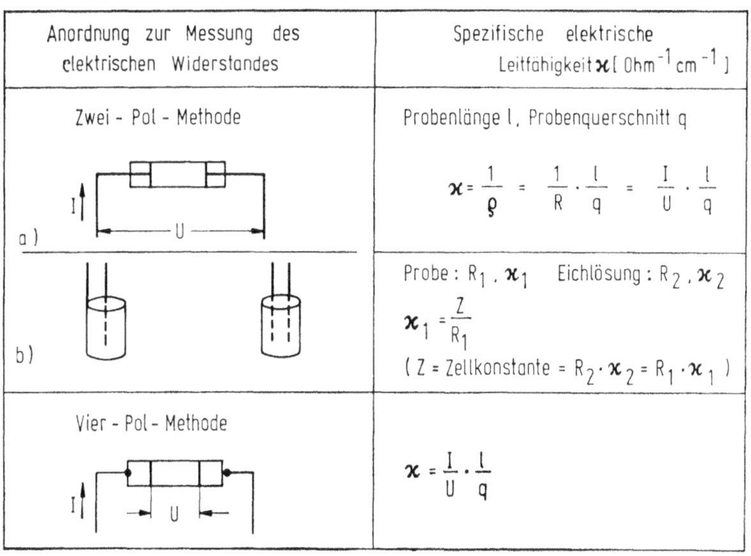

Bild 3.11. Methoden zur Bestimmung der elektrischen Leitfähigkeit

Übersicht in Bild 3.11 zusammengestellt. Man bestimmt den Probenwiderstand entweder über eine Meßbrücke oder über eine getrennte Strom- und Spannungsmessung. Die $U-I$-Messung nach der *Zwei-Pol-Methode* liefert annähernd korrekte Widerstandswerte, wenn die Spannungsabfälle an den Übergängen zwischen den Metallkontakten und der Probe gegenüber dem Spannungsabfall

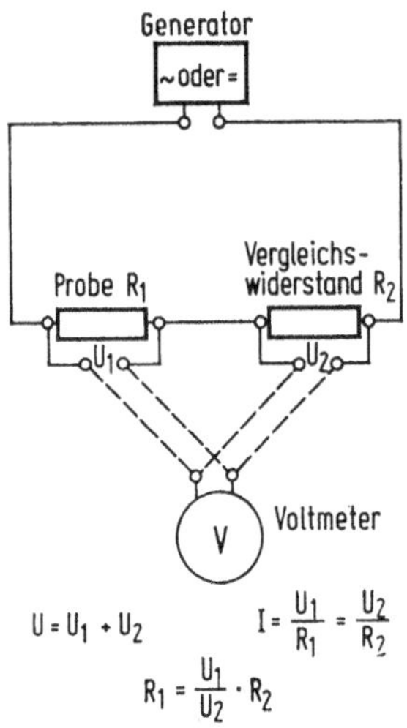

Bild 3.12. Methode der getrennten Strom- und Spannungsmessung

an der Probe selbst vernachlässigbar gering sind (Übergangswiderstände $\ll$ Probenwiderstand). Anstelle einer unmittelbaren Strommessung kann auch gleichzeitig mit der Spannungsmessung an der Probe eine Spannungsmessung an einem bekannten Vergleichswiderstand vorgenommen und der Probenwiderstand aus dem Verhältnis beider Spannungen berechnet werden (Bild 3.12).

Bei Anwendung der *Vier-Pol-Methode* sind für den Spannungsabgriff und die Stromeinspeisung getrennte Metallkontakte vorgesehen. Hier ist grundsätzlich eine genauere Messung zu erwarten, da der Widerstand des Voltmeters gegenüber dem der Probe groß gewählt wird und der Probenwiderstand wiederum als groß gegenüber den Übergangswiderständen betrachtet werden kann (R (Voltmeter) $\gg$ R (Probe) $\gg$ R (Kontakte)). Um Polarisationserscheinungen an den Kontaktstellen auszuschalten, sind im allgemeinen Wechselspannungsmessungen bei einer höheren Frequenz den Messungen mit einer Gleichspannung vorzuziehen [68].

3.3.3. Ionenleitfähigkeit, Elektronenleitfähigkeit und elektrolytische Überführung

In ionenleitenden festen Verbindungen liegt stets auch eine Teilleitfähigkeit der Elektronen vor, die sich je nach dem Nichtmetallpartialdruck der Gasphase und der Temperatur unterschiedlich stark bemerkbar macht. Tabelle 3.5 gibt eine Übersicht der Verbindungen, in denen bei erhöhten Temperaturen unter bestimmten Voraussetzungen eine überwiegende Ionenleitfähigkeit vorliegt [69—110]. Die Überführungszahl der Ionen wird allgemein durch den Ausdruck

$$t_{\text{ion}} = \frac{\Sigma \varkappa_{\text{ion}}}{\Sigma \varkappa_{\text{ion}} + \Sigma \varkappa_{\text{e}}} = \frac{\Sigma c_{\text{ion}} \cdot z \cdot u_{\text{ion}}}{\Sigma c_{\text{ion}} \cdot z \cdot u_{\text{ion}} + \Sigma c_{\text{e}} \cdot u_{\text{e}}} \tag{3.55}$$

Tab. 3.5. Allgemeine Übersicht ionenleitender Verbindungen

Verbindung	Vorwiegend bewegliche Ionenart	Literatur
AgCl	Ag^+	[69]
AgBr	Ag^+	[69, 70—72]
AgJ	Ag^+	[69, 73]
Ag_3SBr	Ag^+	[74, 75]
Ag_3SJ	Ag^+	[74, 76]
Ag_2HgJ_4	Ag^+	[77]
$RbAg_4J_5$	Ag^+	[78]
CuCl	Cu^+	[79, 80]
CuBr	Cu^+	[79, 80]
CuJ	Cu^+	[79, 80]
NaCl	Na^+	[81]
NaBr	Na^+	[82]
NaF	Na^+	[81]
β-$Na_2O \cdot 11Al_2O_3$	Na^+	[83, 84]
KCl	K^+	[81]
KBr	K^+	[85]
KJ	K^+	[85]
$BaCl_2$	Cl^-	[69]
$SrCl_2$	Cl^-	[86]
$PbCl_2$	Cl^-	[80, 87]
$BaBr_2$	Br^-	[69]
$PbBr_2$	Br^-	[69, 80]
$Zr_{1-x}Me_x^{2+}O_{2-x}$	O^{2-}	[88—90]
$Zr_{1-x}Me_x^{3+}O_{2-(x/2)}$	O^{2-}	[91—93]
$Th_{1-x}Me_x^{2+}O_{2-x}$	O^{2-}	[94—96]
$Th_{1-x}Me_x^{3+}O_{2-(x/2)}$	O^{2-}	[94—102]
NaF	F^-	[81]
MgF_2	F^-	[103]
CaF_2	F^-	[104, 105]
SrF_2	F^-	[86, 103]
PbF_2	F^-	[106]
$x Al_2O_3 \cdot y SiO_2$ (Mullit)	nicht bestimmt	[107]
$x MgO \cdot y Al_2O_3$ (Spinell)	nicht bestimmt	[108]
$x MgO \cdot y SiO_2$ (Forsterit)	nicht bestimmt	[109]
$x CaO \cdot y P_2O_5$	nicht bestimmt	[110]

als der Anteil der Ionenteilleitfähigkeit an der Gesamtleitfähigkeit von Ionen und Elektronen wiedergegeben. Die Ausführungen in diesem Abschnitt gelten grundsätzlich für leitende Metall—Nichtmetall-Verbindungen. Da das Hauptaugenmerk der vorliegenden Darstellung sich jedoch auf hochtemperaturbeständige Verbindungen richtet, wird im folgenden die elektrolytische Leitfähigkeit am Beispiel eines *Metalloxids MeO* behandelt. Bei einem Stromfluß durch das leitende Metalloxid werden Ionen und Elektronen gemeinsam in Bewegung gesetzt, woraus sich Ionen- und Elektronenwiderstände ergeben, die im Ersatzschaltbild als parallel liegende Widerstände darzustellen sind (Bild 3.13).

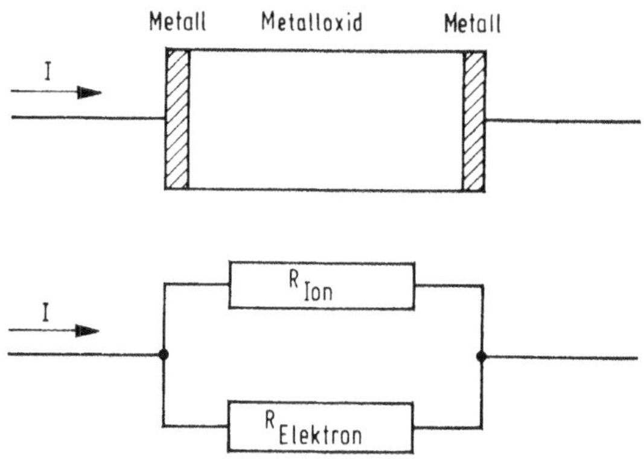

Bild 3.13. Ersatzschaltbild für den Ionen- und Elektronenwiderstand eines leitenden Metalloxids

3.3.3.1. Messung der elektrischen Leitfähigkeit in Abhängigkeit vom Sauerstoffpartialdruck der Gasphase

Die Messung erfolgt zweckmäßigerweise mit Wechselstrom zwischen zwei reversiblen, nicht polarisierbaren Elektroden in einer kontrollierten Sauerstoffatmosphäre.

Im Fall einer reinen Ionenleitung nimmt die Überführungszahl t_{ion} den Wert 1 an (Gleichung (3.55)). Diese Voraussetzung ist in einem weiten Bereich des Sauerstoffpartialdrucks für stabilisiertes Zirkonoxid gültig, in dem durch die Dotierung mit niederwertigen Metalloxiden, z. B. mit CaO, nach der Fehlordnungsgleichung

$$\mathrm{CaO} + \mathrm{Zr_{Zr}} + \mathrm{O_O} \rightleftharpoons \mathrm{Ca_{Zr}''} + \mathrm{V_O^{\cdot\cdot}} + \mathrm{ZrO_2} \qquad (3.56)$$

eine so hohe Konzentration an beweglichen Sauerstoffionenleerstellen vorgegeben ist, daß p_{O_2}-Änderungen in der Gasphase vergleichsweise sehr geringe

Änderungen der Leerstellenkonzentration hervorrufen. Die Ionenleitfähigkeit ist praktisch gleich der Gesamtleitfähigkeit und unabhängig vom Sauerstoffpartialdruck. Erst bei extrem hohen oder extrem niedrigen Sauerstoffpartialdrücken kann eine merkliche Elektronendefektleitung bzw. Elektronenüberschußleitung zur Gesamtleitfähigkeit beitragen. Dieser Sachverhalt läßt sich durch die Darstellung in Bild 3.14 veranschaulichen [111]. Die Teilleitfähigkeiten $\varkappa_{h^{\cdot}}$ und $\varkappa_e$ sind sauerstoffdruckabhängig. Eine Gleichheit der Größen

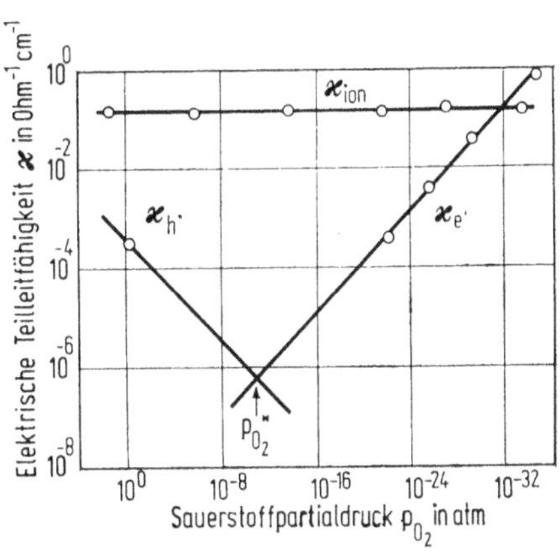

Bild 3.14. Teilleitfähigkeiten von dotiertem Zirkondioxid bei 1000 °C in Abhängigkeit vom Sauerstoffpartialdruck nach R. Steiner [111]

$\varkappa_{h^{\cdot}}$ und $\varkappa_{e'}$ wird theoretisch bei einem kritischen Druck $p^*_{O_2}$ auf einem sehr niedrigen Leitfähigkeitsniveau erreicht (Äquivalenzpunkt). Ein Sauerstoffeinbau nach

$$\frac{1}{2}\,O_2 + V_O^{\cdot\cdot} \rightleftharpoons O_O + 2h^{\cdot} \tag{3.57}$$

und damit eine zunehmende p-Leitung findet statt, sobald der Partialdruck der Gasphase den Wert $p^*_{O_2}$ überschreitet. Umgekehrt ist die Voraussetzung für einen Sauerstoffausbau

$$O_O \rightleftharpoons \frac{1}{2}\,O_2 + V_O^{\cdot\cdot} + 2e' \tag{3.58}$$

und eine zunehmende n-Leitung beim Unterschreiten des kritischen Drucks $p^*_{O_2}$ gegeben.

Die charakteristischen $\lg \varkappa - \lg p_{O_2}$-Diagramme für Metalloxide mit überwiegender Ionenleitfähigkeit sowie Oxide mit p-, n- und Eigenhalbleitung sind in Tabelle 3.6 schematisch dargestellt [112]. Die Übersicht zeigt, daß auch in dem seltenen Fall einer reinen Eigenhalbleitung ([e′] = [h˙]) eine vom Sauerstoffdruck unabhängige Gesamtleitfähigkeit gemessen wird.

Tabelle 3.6. Elektrische Leitfähigkeit von Metalloxiden mit überwiegender Ionenleitfähigkeit oder Elektronenleitfähigkeit in Abhängigkeit vom Sauerstoffpartialdruck der Atmosphäre

	Sauerstoffionenleiter z.B. $ZrO_2(CaO)$	Eigenhalbleiter z.B. CuO	p-Leiter $Me_{1-x}O$	n-Leiter $Me_{1+x}O$
Fehlordnungsgleichung	$Zr_{Zr} + O_O \rightleftharpoons Ca''_{Zr} + V_O^{\cdot\cdot} + ZrO_2$	$0 \rightleftharpoons e' + h^{\cdot}$	$\frac{1}{2}O_2 + Me_{Me} \rightleftharpoons V''_{Me} + 2h^{\cdot} + MeO$	$MeO + V_i \rightleftharpoons Me_i^{\cdot\cdot} + 2e' + \frac{1}{2}O_2$
Konzentration der Fehlordnungsstellen	$[Ca''_{Zr}] = [V_O^{\cdot\cdot}]$	$[e'] = [h^{\cdot}]$	$[h^{\cdot}] = 2[V''_{Me}]$	$[e'] = 2[Me_i^{\cdot\cdot}]$
$\lg \varkappa = f(\lg p_{O_2})$	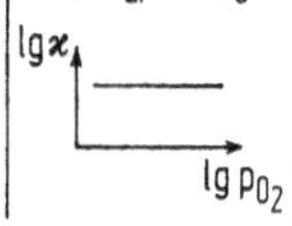	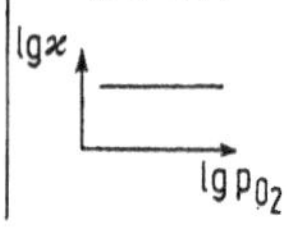	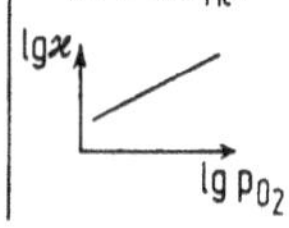	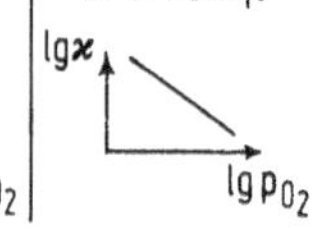

3.3.3.2. Teilleitfähigkeiten von Ionen und Elektronen

Die Methode geht davon aus, daß in einer von Gleichstrom durchflossenen Metalloxidprobe durch die Wahl geeigneter Elektroden sowohl der Ionenstrom als auch der Elektronenstrom unterbunden werden kann (*Sperreffekt*). Dabei muß die angelegte äußere Spannung unter dem Wert der Zersetzungsspannung $E_Z = -\Delta G^0_{MeO}/zF$ für das elektrolytisch leitende Metalloxid bleiben. Wird

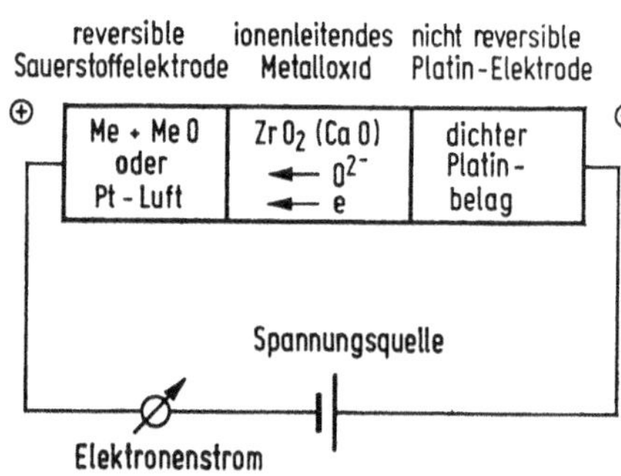

Bild 3.15. Schematische Anordnung zur Messung der Elektronenteilleitfähigkeit in einem sauerstoffionenleitenden Metalloxid (Polarisationsmethode)

dieser Wert bei der Verwendung von Elektroden, die für die Metallionen und Sauerstoffionen nicht reversibel sind, überschritten, so findet eine Zersetzung des Oxids statt.

Die Bestimmung der *Elektronenteilleitfähigkeit* mit hohem Ionenleitungsanteil ist dadurch gekennzeichnet, daß bei einem Stromfluß durch die Probe der Ionenstrom blockiert und lediglich der Elektronenstrom gemessen wird.

Dazu dient eine Anordnung, die in Bild 3.15 schematisch wiedergegeben ist. Sie besteht aus einer nicht reversiblen sauerstoffundurchlässigen Sperrelektrode (z. B. einem dichten Platinbelag), dem sauerstoffionenleitenden Oxid (z. B. ZrO_2 (CaO)) und einer reversiblen, sauerstoffdurchlässigen Sauerstoffelektrode (z. B. Metall + Metalloxid oder Platin—Luft). Wird eine äußere Gleichspannung mit dem Pluspol auf der Seite der Sauerstoffelektrode angelegt, so geht der Sauerstoffionentransport in Richtung auf diese Elektrode gegen Null, da die Sauerstoffionenquelle auf der Seite der Sperrelektrode versiegt. Es stellt

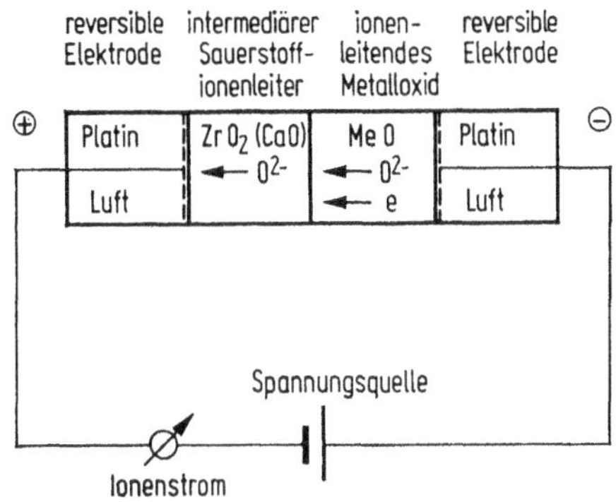

Bild 3.16. Schematische Anordnung zur Messung der Ionenteilleitfähigkeit in einem Metalloxid

sich ein stationärer Elektronenstrom ein, der ein Maß für die Teilleitfähigkeit der Elektronen oder Defektelektronen ist. Ausführliche Angaben zur Auswertung finden sich bei M. Hebb [113], C. Wagner [114] und L. Heyne [115]. Mit Hilfe dieser Polarisationsmethode wurden die Elektronenteilleitfähigkeiten in Halogeniden [70, 71, 72, 80] sowie in den sauerstoffionenleitenden Mischoxiden ZrO_2 (CaO) und ThO_2 (Y_2O_3) [116, 117] ermittelt. Die Ergebnisse sind in einigen Fällen kritisch zu beurteilen, da ein vollständiger Sperreffekt der polarisierbaren Elektrode nicht gewährleistet werden kann. Außerdem muß mit einem Sauerstoffaustausch zwischen der Metalloxidprobe und der Gasphase gerechnet werden, der den gemessenen stationären Strom nicht nur von der äußeren Spannung, sondern auch von der Geschwindigkeit dieses Sauerstoffaustausches abhängig macht.

Eine Messung der *Ionenteilleitfähigkeit* an Oxiden mit überwiegender Elektronenleitung ist möglich, wenn es gelingt, den Elektronenstrom in der Probe zu unterbinden. Dies wird durch Einschieben eines reinen Ionenleiters in die Meßanordnung ermöglicht (Bild 3.16). Dieser Ionenleiter befindet sich gemeinsam mit dem zu untersuchenden Metalloxid zwischen reversiblen Platin—Sauerstoff-Elektroden und stellt eine Elektronensperre dar. Eine äußere Spannung hat einen elektrischen Strom zur Folge, der ein Maß für den Ionenstrom durch das Metalloxid darstellt (in Bild 3.16 werden Sauerstoffionen angenommen).

3.3.3.3. Überführungszahlen von Kationen und Anionen

Die übliche Bestimmung der Ionenüberführungszahl wird mit Hilfe einer Gleichstrommessung an Proben durchgeführt, die sich zwischen zwei gleichen, reversiblen Elektroden befinden. Bei reversibel ablaufenden Elektrodenreaktionen entfallen jegliche Konzentrationsgradienten in der Probe, und die Transportströme der Ionen und Elektronen können mit den Vereinfachungen $\operatorname{grad} \eta_{\mathrm{ion}} = z \cdot F \cdot \operatorname{grad} \varphi$ und $\eta_{\mathrm{e}} = -F \cdot \operatorname{grad} \varphi$ in Anlehnung an Gleichung (3.43) und (3.45) wie folgt formuliert werden:

$$j_{\mathrm{ion}} = -\varkappa_{\mathrm{ion}} \operatorname{grad} \varphi \tag{3.59}$$

und

$$j_{\mathrm{e}} = -\varkappa_{\mathrm{e}} \operatorname{grad} \varphi \tag{3.60}$$

Die Überführungszahl der Ionen ergibt sich dann zu

$$t_{\mathrm{ion}} = \frac{j_{\mathrm{ion}}}{j_{\mathrm{ion}} + j_{\mathrm{e}}} = \frac{\varkappa_{\mathrm{ion}}}{\varkappa_{\mathrm{ion}} + \varkappa_{\mathrm{e}}} \tag{3.61}$$

Die Überführungsmessung an einem ionenleitenden Metalloxid läßt sich an folgendem Schema erläutern (Bild 3.17a und b):

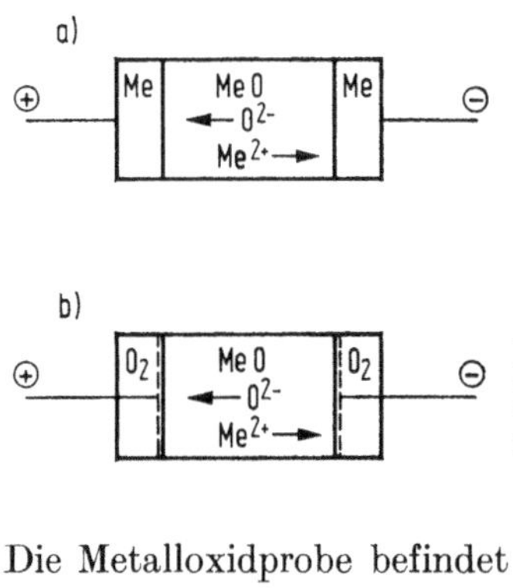

Bild 3.17. Gleichstrommessung zwischen reversiblen Elektroden zur Bestimmung der Ionenüberführungszahl in Metalloxiden

Die Metalloxidprobe befindet sich in einer kontrollierten Gasatmosphäre (a) zwischen zwei Elektroden des gleichen Metalls oder (b) zwischen zwei Platin—Sauerstoff-Elektroden. Bei Gleichstromdurchgang ergibt sich die Überführungszahl der Ionen im Fall a aus dem Gewichtszuwachs der Kathode bzw. dem Gewichtsverlust der Anode und im Fall b aus der an der Kathode verbrauchten bzw. an der Anode entwickelten Sauerstoffmenge. Liegt im Metalloxid eine reine Ionenleitung vor, so sind die abgeschiedenen äquivalenten Stoffmengen nach den Faradayschen Gesetzen den transportierten Ladungsmengen proportional. Für die Menge der abgeschiedenen Metallionen gilt bei reiner Ionenleitung:

$$m_{\mathrm{Me}} = \frac{I \cdot t \cdot M_{\mathrm{Me}}}{|z_{\mathrm{Me}}| \cdot F} \tag{3.62}$$

oder bei gemischter Ionen- und Elektronenleitung

$$m_{\mathrm{Me}} = t_{\mathrm{ion}} \cdot \frac{I \cdot t \cdot M_{\mathrm{Me}}}{|z_{\mathrm{Me}}| \cdot F} \tag{3.63}$$

Hierin bedeuten: m_{Me} Masse des Metalls in g
M_{Me} Atommasse des Metalls Me in $\mathrm{g \cdot mol^{-1}}$;
z_{Me} Wertigkeit der Metallionen.

Die beschriebene Methode liefert die Überführungszahl für die Summe aller Ionenarten. Zur Bestimmung der Überführungsanteile einzelner Ionenarten eignet sich das von C. Tubandt [69] entwickelte und an einer Reihe von ionenleitenden Halogeniden erprobte Verfahren, das für die Anwendung im Fall ionenleitender Metalloxide in Bild 3.18 skizziert ist. Die zusammengepreßten

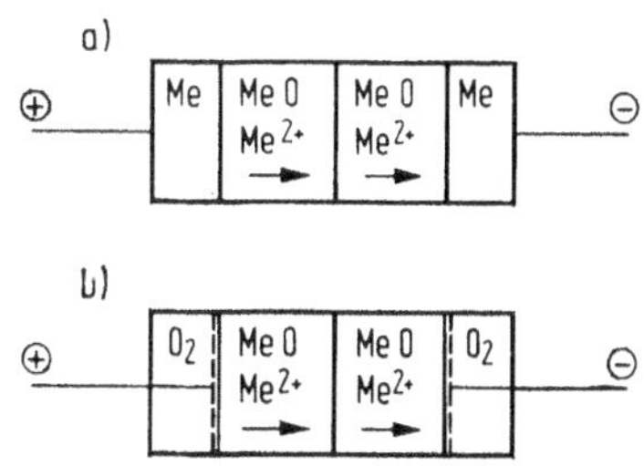

Bild 3.18. Methode zur Bestimmung der Überführungszahlen der Metallionen in Metalloxiden nach C. Tubandt

Metalloxid-Tabletten werden einzeln vor und nach dem Durchgang einer definierten Strommenge gewogen. Liegt eine Metallionenleitung vor, so verzeichnet die Probe nächst der Kathode eine Gewichtszunahme. Demgegenüber sind bei einer überwiegenden Sauerstoffionenleitung keine Gewichtsänderungen der Proben zu beobachten.

3.3.3.4. Polarisationserscheinungen

Bei der Elektrolyse an galvanischen Zellen ist stets die Frage zu stellen, ob die Vorgänge an den Elektroden tatsächlich reversibel ablaufen. Eine vollständige Reversibilität der Elektrodenreaktionen, d. h. ein exakt eingestelltes Gleichgewicht an den Phasengrenzen Elektrode/Elektrolyt, ist nicht zu erwarten, da der Metall- bzw. Sauerstoffaustausch an diesen Grenzflächen nur unter dem Einfluß einer endlichen Triebkraft stattfinden kann.

Auch bei den hier betrachteten Festelektrolytzellen können Polarisationsspannungen auftreten. So konnte L. Heyne [115] zeigen, daß die Spannung der Zelle

$$\text{Pt} \mid \text{Luft} \,\|\, \text{ZrO}_2\,(\text{CaO}) \,\|\, \text{Luft} \mid \text{Pt}$$

unter dem Einfluß eines Gleichstroms der Stärke 30 mA in etwa 10 Min. von 17 auf 11 V abfällt und dann nahezu konstant bleibt (Bild 3.19a). In gleicher Weise fällt auch der Zellwiderstand. Unter den vorliegenden Versuchsbedin-

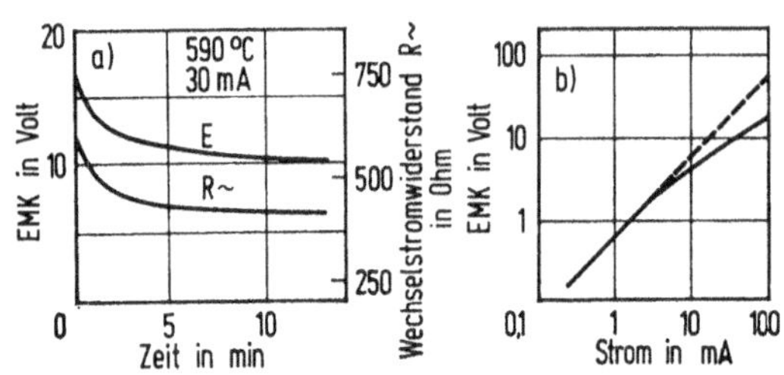

Bild 3.19. Polarisationsversuch an der Zelle $\text{Pt}|\text{Luft}\,\|\,\text{ZrO}_2(\text{CaO})\,\|\,\text{Luft}|\text{Pt}$ nach L. Heyne [115]

gungen beträgt die kritische Stromstärke für das Auftreten eines Polarisationseffekts 2 mA (Bild 3.19). Zur Erklärung wird angenommen, daß die Einbaugeschwindigkeit des Sauerstoffs an der Kathode begrenzt ist und an der Anode eine größere Sauerstoffmenge freigesetzt wird als an der Kathode aufgenommen werden kann. Daraus resultiert, daß ein Teil des Ladungstransports im Metalloxid von Elektronen übernommen wird.

3.3.3.5. Coulometrische Titration

Eine weitere Anwendungsmöglichkeit für feste Metalloxide mit einer ausschließlichen Sauerstoffionenleitfähigkeit wird durch die in Bild 3.20 skizzierte Anordnung beschrieben. Durch eine elektrolytische Überführung des Sauerstoffs

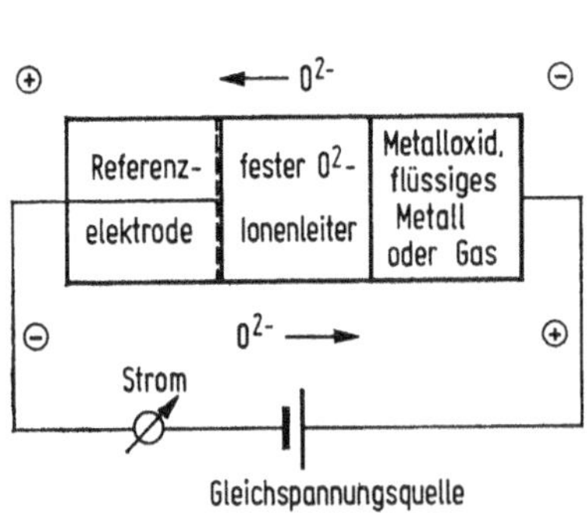

Bild 3.20. Schematische Anordnung zur coulometrischen Sauerstofftitration mit Hilfe eines festen Sauerstoffionenleiters

über den Festelektrolyten kann in den nach außen hin abgeschlossenen Nachbarphasen je nach der Polung der äußeren Spannungsquelle eine Verarmung oder Anreicherung an Sauerstoff herbeigeführt werden. Die transportierte Sauerstoffmenge wird durch die Faradayschen Gesetze bestimmt, solange der Sauerstoffdiffusionsstrom in den Nachbarphasen zur Phasengrenze hin bzw. von der Phasengrenze weg größer als der Sauerstoffionenstrom durch den Elektrolyten ist. Wird diese Bedingung nicht mehr erfüllt, so stellen sich bei weiterem Stromdurchgang stationäre Zustände ein, die durch konstante Niveaus des Sauerstoffpotentials und das Auftreten einer zusätzlichen Elektronenleitfähigkeit im Elektrolyten gekennzeichnet sind.

Die Methode der *coulometrischen Titration* findet, wie später gezeigt wird, ein verstärktes Interesse bei der Desoxydation von Metallschmelzen (Abschnitt 5.2.7), bei der Dosierung des Sauerstoffgehalts in Gasen (Abschnitte 5.2.13 und 5.3.2) und bei der Untersuchung thermodynamischer Kenngrößen von Metalloxiden (Abschnitt 5.2.9) und weiteren Metallverbindungen (Abschnitt 7.3).

3.3.4. Ionenselbstdiffusion

Die Selbstdiffusion in halbleitenden Verbindungen wird häufig mit Hilfe der Tracer-Methode an Einkristallen bestimmt. Zur Untersuchung der *Sauerstoffdiffusion* in einem Metalloxid wird dieses mit einer O^{18}-haltigen Gasphase in Berührung gebracht und die zeitliche Änderung der O^{18}-Konzentration beispielsweise mit einem Massenspektrometer gemessen. Im Fall der *Metalldiffusion* wird das Metalloxid mit einer Schicht eines isotophaltigen Präparats bedeckt und die Aktivität des diffundierenden Isotops in verschiedenen Eindringtiefen ermittelt.

Die Kenntnis der *Selbstdiffusionskoeffizienten* D_i^* und ihrer Temperaturabhängigkeit kann zur Beurteilung der elektrolytischen Leitfähigkeit in halbleitenden Verbindungen beitragen. Sie gibt Aufschluß über die Beweglichkeiten der Kationen und Anionen im Kristallgitter und ihre Beiträge zu einer vorhandenen Ionenleitfähigkeit. Aus der Temperaturabhängigkeit der Koeffizienten D_i^* läßt sich die Aktivierungsenergie der Selbstdiffusion berechnen und damit — im Zusammenhang mit Leitfähigkeitsmessungen — abschätzen, ob eine überwiegende Kationen- oder Anionenleitfähigkeit in Frage kommt.

Der Zusammenhang zwischen der Selbstdiffusion und der elektrischen Leitfähigkeit sei am Beispiel des Natriumchlorids veranschaulicht, das durch eine Ionenüberführungszahl $t_{ion} = t_{Na^+} = 1$ und durch eine Schottky-Fehlordnung mit Leerstellen im Natrium- und Chlorionenteilgitter gekennzeichnet ist. Sowohl die elektrische Leitfähigkeit als auch die Selbstdiffusionskoeffizienten des Natriums wurden unabhängig voneinander bestimmt. In Bild 3.21 sind die gemessenen Diffusionskoeffizienten und die aus der Leitfähigkeit mit Hilfe der Nernst—Einstein-Gleichung (3.39) errechneten Diffusionskoeffizienten wiedergegeben [118—120]. Aus der Übereinstimmung im oberen Temperaturbereich zwischen 550 und 700 °C kann geschlossen werden, daß der Ladungs- und der Stofftransport vollständig über Natriumionen stattfindet. Die Aktivierungsenergie in diesem Bereich der *Eigenfehlordnung* beträgt

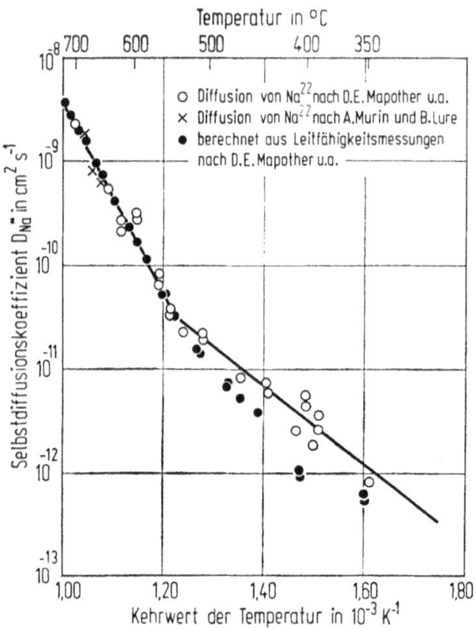

Bild 3.21. Abhängigkeit des Selbstdiffusionskoeffizienten D^*_{Na} in Natriumchlorid von der reziproken Temperatur

1,80 eV. Im unteren Temperaturbereich einer vorherrschenden *Fremdfehlordnung*, die durch Verunreinigungen an höherwertigen Kationen bedingt ist, ergibt sich eine wesentlich geringere Aktivierungsenergie von 0,77 eV. Diese ist als Wanderungsenergie der Natriumionen über Na-Leerstellen zu betrachten. In diesem Temperaturbereich resultieren aus der gemessenen elektrischen Leitfähigkeit kleinere als die unmittelbar gemessenen Diffusionskoeffizienten. Dieser Befund wird damit erklärt, daß höherwertige Kationen gemeinsam mit den Na-Leerstellen als neutrale Assoziate schneller als Na^+-Ionen diffundieren. Tabelle 3.7 zeigt, daß die Aktivierungsenergien für die Diffusion der Cl^--Ionen in beiden Temperaturbereichen erheblich größer sind [121].

Ähnlich übereinstimmende Daten der unmittelbar gemessenen und der aus der elektrischen Leitfähigkeit berechneten Diffusionskoeffizienten wurden auch für die kubische, im CaF_2-Gitter kristallisierende ZrO_2—CaO-Mischphase mit einer überwiegenden Sauerstoffionenleitfähigkeit gefunden (Bild 3.22) [121,

Tabelle 3.7. Aktivierungsenergien für die Selbstdiffusion in NaCl [121]

Ion	U (eV) 350–500°C	$U + \frac{1}{2} E$ (eV) 550–700 °C
Na^+	0,77	1,80
Cl^-	1,67	2,70

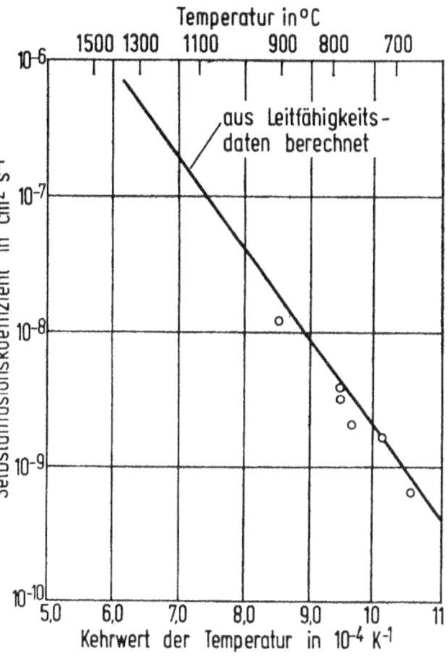

Bild 3.22. Selbstdiffusionskoeffizient D_O^* im Mischoxid $Zr_{0,85}Ca_{0,15}O_{1,85}$ in Abhängigkeit von der reziproken Temperatur nach W. D. Kingery und Mitarbeitern [121, 122]

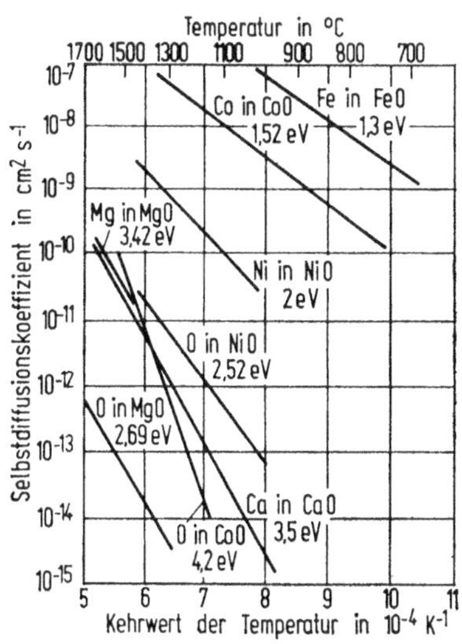

Bild 3.23. Selbstdiffusionskoeffizienten in Metalloxiden mit NaCl-Struktur in Abhängigkeit von der reziproken Temperatur nach C. E. Birchenall [123]

122]. Für das Mischoxid der Zusammensetzung $Zr_{0,85}Ca_{0,15}O_{1,85}$ ergaben sich die Beziehungen

$$D_O^* = 1{,}0 \cdot 10^{-2} \exp(-1{,}22/kT) \quad (700 \text{ bis } 1100\,°\text{C}) \tag{3.64}$$

und

$$\varkappa_{O^{2-}} = 1{,}50 \cdot 10^{3} \exp(-1{,}26/kT) \quad (700 \text{ bis } 1725\,°\text{C}) \tag{3.65}$$

die auf Grund der großen Ähnlichkeit der Aktivierungsenergien einen Stoff- und Ladungstransport durch das Zirkonoxid vorwiegend über Sauerstoffionenleerstellen vermuten lassen. Dieser Befund steht im Einklang mit den Ergebnissen von Röntgenstrukturuntersuchungen sowie vor allem mit der großen Zahl von EMK-Messungen an galvanischen Zellen bei erhöhten Temperaturen.

Weitere Daten für Selbstdiffusionskoeffizienten der Metall- und Sauerstoffionen in Metalloxiden sind in Bild 3.23 (Oxide mit NaCl-Struktur), Bild 3.24

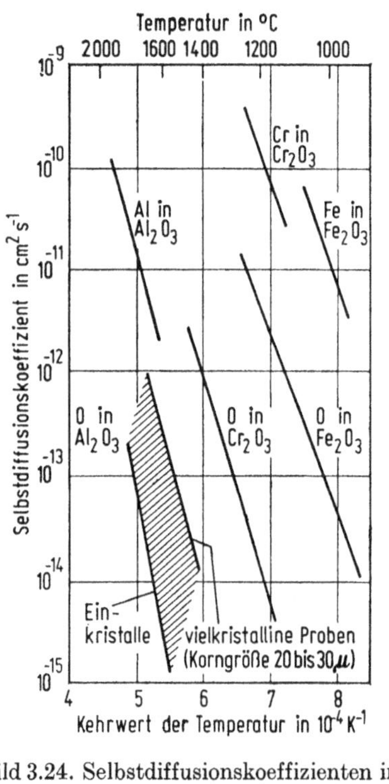

Bild 3.24. Selbstdiffusionskoeffizienten in Metalloxiden mit α-Korund-Struktur in Abhängigkeit von der reziproken Temperatur nach C. E. Birchenall [123]

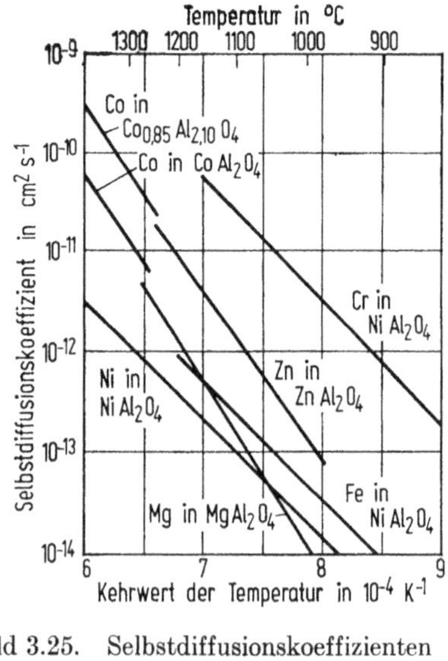

Bild 3.25. Selbstdiffusionskoeffizienten in Aluminaten mit Spinellstruktur in Abhängigkeit von der reziproken Temperatur nach C. E. Birchenall [123]

(Oxide mit α-Korund-Struktur), und Bild 3.25 (Aluminate mit Spinellstruktur) enthalten. Sie sind einer zusammenfassenden Arbeit von C. E. Birchenall [123] entnommen.

3.3.5. Thermoelektrizität

Wie an Metallen ist auch an halbleitenden Verbindungen ein auf der Verschiebung von Elektronen beruhender Seebeck-Effekt zu beobachten. Während die an Metallpaaren meßbaren Thermokräfte jedoch nur wenige μV/grd betragen, liegen die Meßwerte für halbleitende Verbindungen um Größenordnungen höher zwischen 0,1 und 1 mV/grd. Wegen ihrer hohen Thermospannung haben Halbleiter-Thermoelemente in neuerer Zeit als Kühlelemente (unter Ausnutzung des Peltier-Effekts) sowie zur Direktumwandlung von Wärme in elektrische Energie Beachtung gefunden. Weiterhin wurde vorgeschlagen, derartige Thermoelemente zur Temperaturmessung, vorwiegend für hohe Temperaturen, zu verwenden [124].

Im Rahmen der vorliegenden Darstellung interessiert vor allem, daß die Messung der Thermospannung an halbleitenden Stoffen einen sicheren Hinweis auf das Vorzeichen der Ladungsträger ergibt. Die zu untersuchende Probe kann sowohl mit einem Edelmetalldraht als auch mit einem andersartigen Halbleiter zu einem Thermopaar kombiniert werden.

An einer Zelle mit festem oder flüssigem Elektrolyten ist außer der galvanischen EMK eine Thermospannung zu berücksichtigen, wenn die Zelle einem Temperaturgefälle ausgesetzt ist. Wir betrachten im folgenden eine Sauerstoffkonzentrationszelle mit einem festen, sauerstoffionenleitenden Oxidelektrolyten und Platinableitungen (Bild 3.26) und formulieren für die meßbare *nicht-*

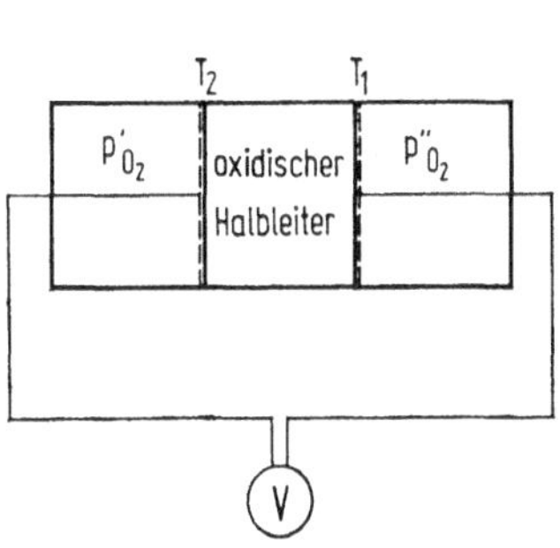

Bild 3.26. Elektromotorische Kraft an einer nicht isothermen Sauerstoffkonzentrationszelle

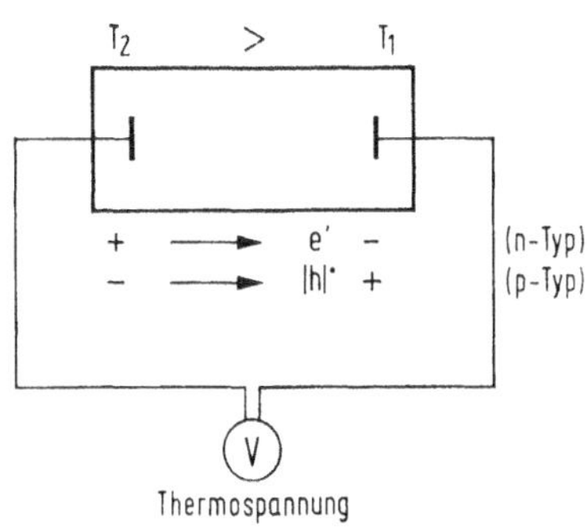

Bild 3.27. Bestimmung der Thermokraft an halbleitenden Verbindungen (schematisch)

isotherme EMK nach C. Wagner[1]

$$E = \frac{1}{4F} (\mu''_{O_2(T_2)} - \mu'_{O_2(T_1)})$$

$$+ \frac{1}{2F} \int_{T_1}^{T_2} \left(\bar{S}_{O^{2-}} + \frac{Q_{O^{2-}}}{T} \right) \mathrm{d}T \tag{3.66}$$

$$- \frac{1}{F} \int_{T_1}^{T_2} \left(\bar{S}_e + \frac{Q_e}{T} \right) \mathrm{d}T$$

Hierin bedeuten $\mu''_{O_2(T_2)}$, $\mu'_{O_2(T_1)}$ die chemischen Potentiale des Sauerstoffs in der Elektrode 1 bei der Temperatur T_1 bzw. in der Elektrode 2 bei der Temperatur T_2; $\bar{S}_{O^{2-}}$, $\bar{S}_e$ die partiellen molaren Entropien der Sauerstoffionen im Elektrolyten bzw. der Elektronen in den Platinableitungen und $Q_{O^{2-}}$, Q_e die Überführungswärmen der Sauerstoffionen im Elektrolyten bzw. der Elektronen in den Platinableitungen. Die Gleichung (3.66) kann vereinfacht werden, wenn man voraussetzt, daß die enthaltenen partiellen molaren Entropien und Überführungswärmen in weiten Bereichen des Sauerstoffpartialdrucks nahezu konstant sind [125]:

$$E = \frac{1}{4F} (\mu''_{O_2(T_2)} - \mu'_{O_2(T_1)}) + \alpha(T_2 - T_1) \tag{3.67}$$

Der Koeffizient $\alpha(\mathrm{mV} \cdot \mathrm{K}^{-1})$ entspricht der Thermokraft des Festelektrolyten in der Zelle. Er kann unmittelbar bestimmt werden, wenn die Sauerstoffpotentiale der beiden Elektroden einander angeglichen werden ($\mu''_{O_2} = \mu'_{O_2}$) und damit das 1. Glied in Gleichung (3.67) entfällt.

Die Messung der Thermospannung an einer halbleitenden Verbindung, und insbesondere auch die Festlegung des Vorzeichens der Thermokraft, d. h. die Unterscheidung zwischen positiven und negativen Ladungsträgern, ist in Bild 3.27 skizziert. Einzelheiten zur Meßmethode sind unter anderem bei F. Kohlrausch: Praktische Physik [126] beschrieben. Besonders sei darauf hingewiesen, daß die Thermospannung möglichst stromlos mit einem Kompensator oder hochohmigen Voltmeter zu messen ist, um Verfälschungen der Ergebnisse durch den Peltier-Effekt zu vermeiden.

Die Ladungsträger in der halbleitenden Verbindung verschieben sich stets von der wärmeren zur kälteren Kontaktstelle. Liegt eine *p-Leitung* vor, so

---

[1] Siehe Abschnitt 1, XXX, K. Gotó und W. Pluschkell: Oxygen Concentration Cells in J. Hladik, Ed.: Physics of Electrolytes, Vol. 2, London, New York: Academic Press 1972.

bewegen sich Defektelektronen in Richtung auf den kälteren Halbleiterteil, wodurch die wärmere Kontaktstelle negativer Pol wird. Die Thermokraft hat ein positives Vorzeichen. Umgekehrt wird die wärmere Kontaktstelle im Fall einer *n-Leitung* durch Abwandern von Elektronen zum positiven Pol. Die Thermokraft erhält in diesem Fall ein negatives Vorzeichen.

Die Thermokraft halbleitender Verbindungen ist auch vom Nichtmetallpartialdruck der Umgebung sowie von der Dotierung mit anderswertigen Kationen abhängig. In Tabelle 3.8 sind diese Abhängigkeiten für zweiwertige Metalloxide mit unterschiedlichem Fehlordnungscharakter schematisch angedeutet

Tabelle 3.8. Thermokraft von halbleitenden Metalloxiden in Abhängigkeit vom Sauerstoffpartialdruck der Atmosphäre bzw. von der Dotierung mit anderswertigen Fremdkationen

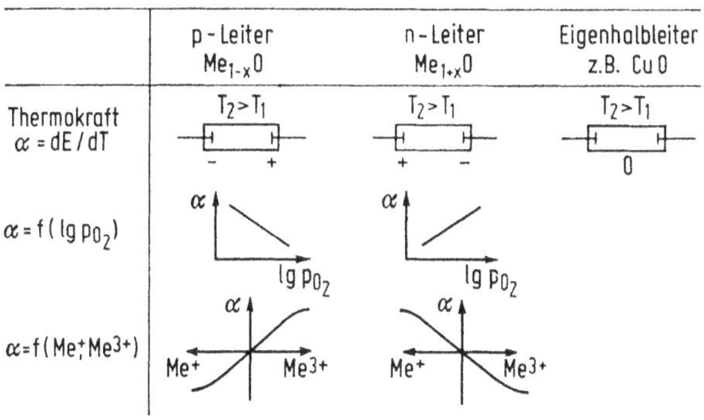

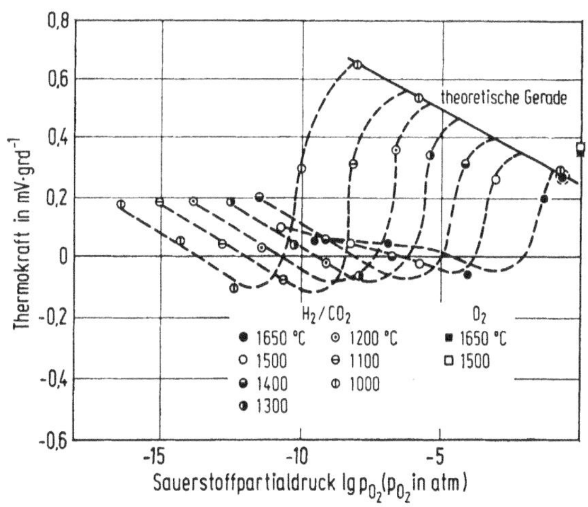

Bild 3.28. Thermokraft des Mischoxids $Zr_{0,87}Ca_{0,13}O_{1,87}$ bei unterschiedlichen Sauerstoffpartialdrücken und Temperaturen [127]

[112]. Der Einfluß des Sauerstoffpartialdrucks auf die Thermokraft in überwiegend ionenleitenden Metalloxiden wurde kürzlich am Beispiel des CaO-stabilisierten Zirkonoxids untersucht, ist theoretisch jedoch noch nicht hinreichend aufgeklärt [127]. Meßergebnisse werden in Bild 3.28 für ZrO_2 mit 13 Mol-% CaO sowie in Bild 3.29 für reines ZrO_2 im Temperaturbereich zwischen 1000 und 1650 °C gezeigt.

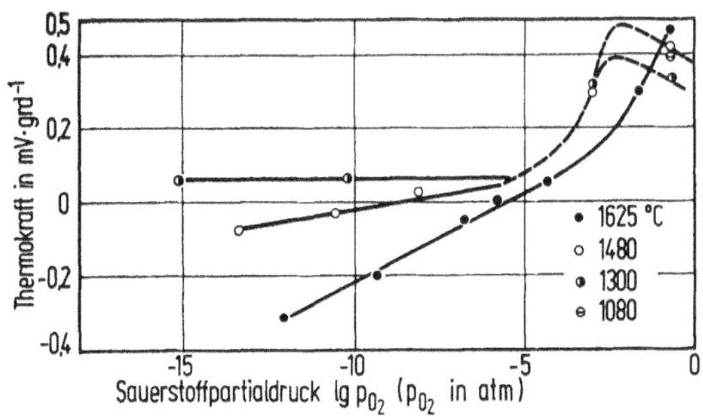

Bild 3.29. Thermokraft des reinen Zirkondioxids bei unterschiedlichen Sauerstoffpartialdrücken und Temperaturen [127]

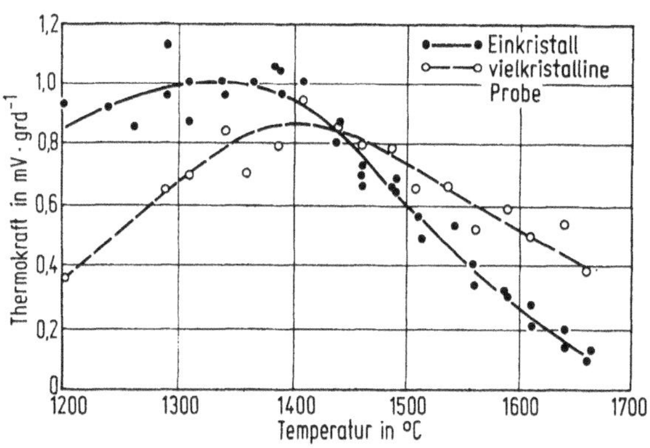

Bild 3.30. Thermokraft von gesintertem Kalziumoxid und CaO-Einkristallen (Reinheitsgrad 99,8%) bei 1200 bis 1650 °C an Luft [129, 130]

Thermokraftmessungen an Metalloxiden beim Sauerstoffpartialdruck der Luft ergeben im allgemeinen eine Elektronendefektleitung. Beispiele hierfür sind außer dem reinen und stabilisierten Zirkonoxid [127, 128] die Oxide CaO [129, 130] (Bild 3.30), MgO [130] (Bild 3.31), Cr_2O_3 [131] (Bild 3.32) und Al_2O_3 [132] (Bild 3.33). In Bild 3.34 ist die Thermokraft des Silberchlorids [133, 134] im Temperaturbereich zwischen 100 und 400 °C dargestellt.

Die Frage des Stofftransports in ionenleitenden Verbindungen unter dem Einfluß eines Temperaturgefälles wird hier nicht erörtert. Ansätze zur theoretischen Behandlung und experimentelles Schrifttum werden in der Darstellung von K. Hauffe [135] referiert.

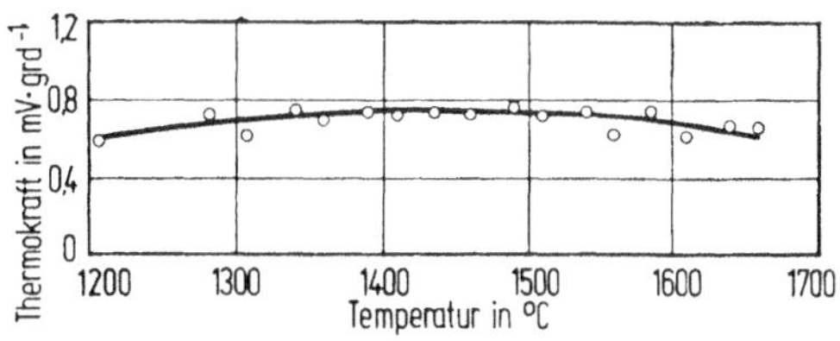

Bild 3.31. Thermokraft von gesintertem Magnesiumoxid bei 1200 bis 1650 °C an Luft [130]

Bild 3.32. Thermokraft von gesintertem Chromoxid Cr_2O_3 bei 800 bis 1650 °C an Luft [131]

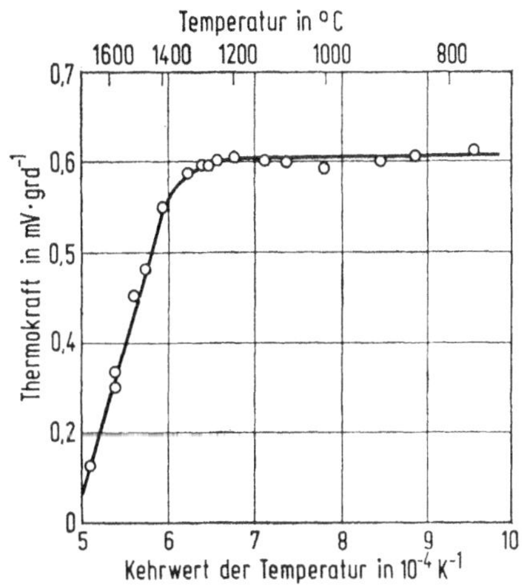

Bild 3.33. Thermokraft von vielkristallinem Al_2O_3 und Al_2O_3-Einkristallen nach verschiedenen Autoren [132]
(E) = Einkristall-Proben
(V) = Vielkristalline Proben

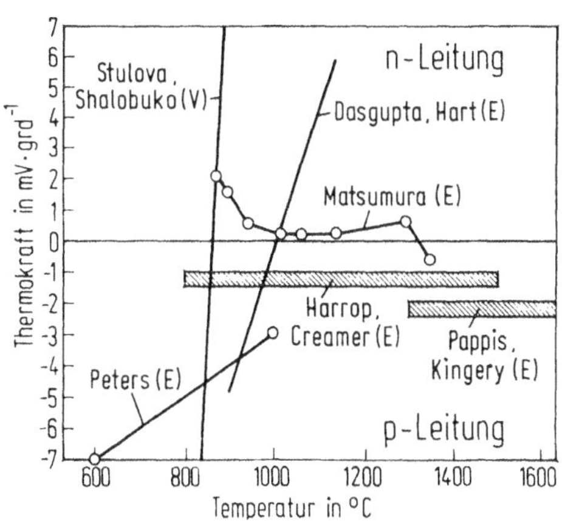

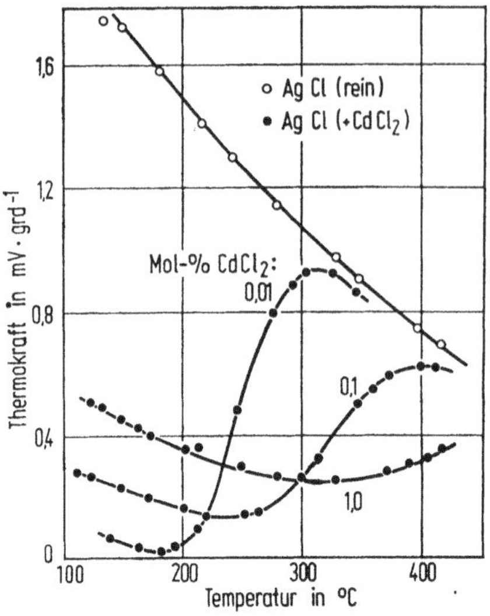

Bild 3.34. Thermokraft von reinem und mit $CdCl_2$ dotiertem Silberchlorid nach R.W. Christy, E. Fukushima und H.T. Li [133]

3.4. EMK-Messungen an Festelektrolytzellen

Zur Veranschaulichung der EMK-Messung an einer Zelle mit einem überwiegend sauerstoffionenleitenden Metalloxid-Elektrolyten sei das in Bild 3.35 dargestellte Modell gewählt. Das Metalloxid befindet sich zwischen zwei getrennten Gasräumen mit den Sauerstoffpartialdrücken $p_{O_2(I)}$ und $p_{O_2(II)}$.

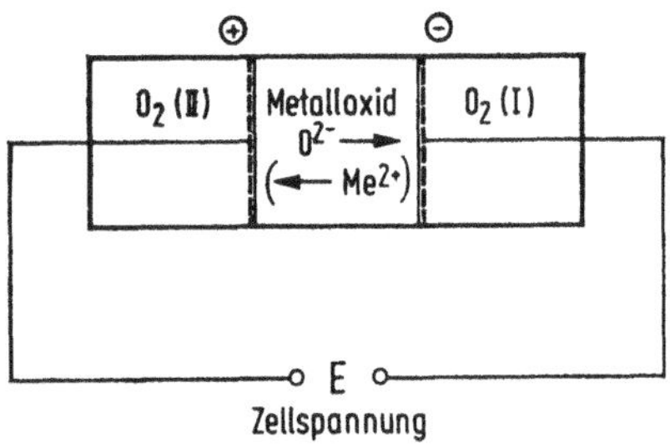

Bild 3.35. Messung der elektromotorischen Kraft an einer Zelle mit einem sauerstoffionenleitenden Festelektrolyten (schematisch)

Der Sauerstoffpartialdruck der Referenzelektrode $p_{O_2(II)}$ sei größer als $p_{O_2(I)}$ und werde konstant gehalten. Edelmetallkontakte dienen als Sonden zur Messung der Differenz der elektrischen Potentiale (EMK). Sie stellen reversibel arbeitende Sauerstoffelektroden dar. Für das Zustandekommen der EMK in der Sauerstoffkonzentrationszelle sind die Ionen- und Elektronenströme im Elektrolyten maßgebend. Unter der Bedingung der Stromlosigkeit läßt sich für die EMK aus den Transportgleichungen in Abschnitt 3.3.1. der allgemeine Ausdruck

$$E = \frac{1}{4F} \int_{\mathrm{I}}^{\mathrm{II}} t_{\mathrm{ion}} \mathrm{d}\mu_{O_2} \tag{3.68}$$

herleiten, der mit $\mu_{O_2} = \mu^0_{O_2} + RT \ln p_{O_2}$ die Form

$$E = \frac{RT}{4F} \int_{\mathrm{I}}^{\mathrm{II}} t_{\mathrm{ion}} \mathrm{d} \ln p_{O_2} \tag{3.69}$$

annimmt. Diese Ansätze wurden erstmals von C. Wagner in allgemeiner Form für einen gemischten Ionen- und Elektronenleiter entwickelt [136].

Für eine ideale Zelle mit einem ionenleitenden Elektrolyten ($t_{\mathrm{ion}} = 1$) geht Gleichung (3.69) in die vereinfachte Form

$$E = \frac{RT}{4F} \ln \frac{p_{O_2(\mathrm{II})}}{p_{O_2(\mathrm{I})}} \tag{3.70}$$

über, deren Grundtyp schon von W. Nernst für die „Lösungstensionen" der Ionen in einem wäßrigen Elektrolyten angegeben wurde.

Ist die Überführungszahl der Ionen $t_{\mathrm{ion}} < 1$, so fließen im Elektrolyten endliche Teilchenströme j_{ion} und j_{e} in entgegengesetzter Richtung, obwohl der Zustand der Stromlosigkeit im äußeren Leiterkreis erhalten bleibt:

$$j_{\mathrm{ion}} = -j_{\mathrm{e}} \tag{3.71}$$

Die Teilchenströme können mit Hilfe der Gleichungen (3.45) und (3.51) mit der Bedingung grad $\eta_{\mathrm{h}^{\cdot}} = -$grad $\eta_{\mathrm{e}'}$ und dem daraus folgenden Ansatz

$$\mathrm{grad}\, \eta_{\mathrm{e}'} = -\frac{\varkappa_{\mathrm{ion}}}{\varkappa} \cdot \frac{1}{4} \mathrm{grad}\, \mu_{O_2} = -t_{\mathrm{ion}} \cdot \frac{1}{4} \mathrm{grad}\, \mu_{O_2} \tag{3.72}$$

wie folgt formuliert werden:

$$j_{\mathrm{ion}} = -j_{\mathrm{e}} = -\frac{\varkappa_{\mathrm{e}}}{4F} \cdot t_{\mathrm{ion}} \cdot \mathrm{grad}\, \mu_{O_2} \tag{3.73}$$

Triebkraft für den Sauerstoffionen- und Elektronen-Transport ist somit die Differenz der Sauerstoffpotentiale an den Phasengrenzen des Elektrolyten. Diese Vorgänge sind als ein teilweise innerer Kurzschluß des Elektrolyten zu betrachten. Sie sind mit Sauerstoffaustauschreaktionen an den Grenzflächen Elektrode/Elektrolyt verbunden und bilden die Ursache für die später zu behandelnde „Sauerstoffpermeabilität" der Festelektrolyte (vgl. Abschnitt 5.4).

Sauerstoffkonzentrationszellen mit festen Elektrolyten erobern sich in steigendem Maße Anwendungsmöglichkeiten in verschiedenen Bereichen der Grundlagenforschung und auch der industriellen Technik. Sie leisten wertvolle Dienste zur Untersuchung von Reaktionen und Reaktionsgleichgewichten bei hohen Arbeitstemperaturen und versprechen einen lohnenden Einsatz in der Analysen-, Regel- und Raffinationstechnik sowie auf dem Gebiet der Energiedirektumwandlung. Der nachfolgende Abschnitt 5 beschäftigt sich ausführlich mit diesen Themenstellungen.

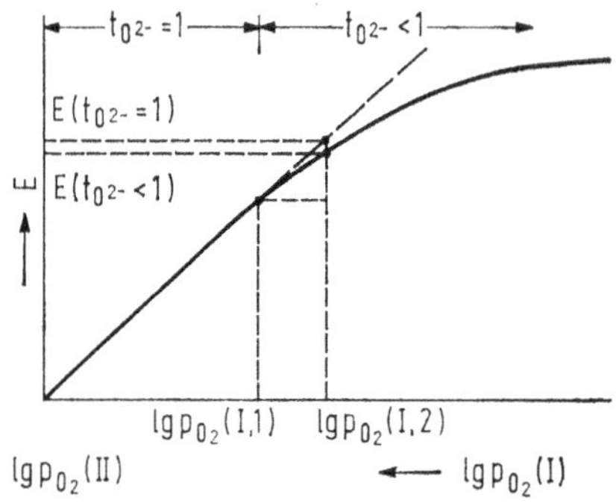

Bild 3.36. EMK der Zelle Pt|O_2(I)|sauerstoffionenleitendes Oxid|O_2(II)|Pt in Abhängigkeit vom Sauerstoffpartialdruck p_{O_2}(I) bei konstantem p_{O_2}(II) (schematisch) nach H. Schmalzried [137, 138]

Bei gemischter Leitfähigkeit ($t_{\text{ion}} < 1$) ist die Überführungszahl der Sauerstoffionen im Festleiter nach Gleichung (3.69) vom Sauerstoffpartialdruck abhängig. Diese Abhängigkeit kann experimentell bestimmt werden. In Bild 3.36 wird der EMK-Verlauf der Sauerstoffkonzentrationszelle in Abhängigkeit vom Sauerstoffpartialdruck $\lg p_{O_2}$ nach Gleichung (3.70) als Gerade dargestellt ($\lg p_{O_2(II)} =$ konstant). Bei sehr geringen Sauerstoffpartialdrücken wird eine negative Abweichung des EMK-Verlaufs entsprechend einer merklichen Elektronenleitfähigkeit angenommen. Eine *mittlere* Überführungszahl $\bar{t}_{\text{ion}}$ kann in diesem Bereich für zwei wenig voneinander verschiedene Abszissenwerte $p_{O_2(I,1)}$ und $p_{O_2(I,2)}$ als das Verhältnis

$$\bar{t}_{\text{ion}} = \frac{E(t_{\text{ion}} < 1)}{E(t_{\text{ion}} = 1)} \tag{3.74}$$

angegeben werden. Dieses entspricht dem Verhältnis der tatsächlich gemessenen zu der für $t_{\text{ion}} = 1$ berechneten Zellspannung und ergibt sich exakt, wenn man Gleichung (3.69) differenziert

$$t_{\text{ion}} = \frac{4F}{2{,}303\,RT} \cdot \frac{\mathrm{d}E}{\mathrm{d}\lg p_{O_2}} \tag{3.75}$$

(Die Steigungen t_{ion} verhalten sich wie die Ordinaten E).

Die allgemeine Lösung des Integrals in Gleichung (3.69) erfordert eine Formulierung der Funktion $t_{ion} = f(p_{O_2})$, die von H. Schmalzried [137, 138] gegeben wurde. Hierzu ist es notwendig, auf der Grundlage der Fehlordnungsgleichgewichte Zusammenhänge zwischen den elektronischen Teilleitfähigkeiten in sauerstoffionenleitenden Festelektrolyten und dem Sauerstoffpartialdruck der Umgebung herzustellen.

In Festelektrolyten wie ZrO_2 (CaO) oder ThO_2 (Y_2O_3) überwiegt in weiten Grenzen des Sauerstoffpartialdrucks die Sauerstoffionenleitfähigkeit. Mit abnehmendem Sauerstoffpartialdruck findet jedoch ein Sauerstoffausbau

$$O_O \rightleftharpoons V_O^{\cdot\cdot} + 2e' + \frac{1}{2} O_2 \tag{3.76}$$

statt, der zur Bildung von Elektronen e' und damit zur Erhöhung der Teilleitfähigkeit $\varkappa_{e'}$ führt. Im allgemeinen Fall gilt für das Gleichgewicht:

$$[e'] = k_1'' \cdot [V_O^{\cdot\cdot}]^{-1/2} \cdot p_{O_2}^{-1/4} \tag{3.77}$$

und mit $[V_O^{\cdot\cdot}] = \frac{1}{2} [e']$

$$[e'] = k_1' \cdot p_{O_2}^{-1/6} \tag{3.78}$$

Im Sonderfall einer durch Dotierung festgelegten hohen Sauerstoffionenkonzentration ($[V_O^{\cdot\cdot}]$ = konstant) kann Gleichung (3.77) in der Form geschrieben werden:

$$[e'] = k_1 \cdot p_{O_2}^{1/4} \tag{3.79}$$

Damit ergibt sich für die Abhängigkeit der Teilleitfähigkeit $\varkappa_{e'}$ vom Sauerstoffpartialdruck die Beziehung

$$\varkappa_{e'} = F \cdot u_{e'} \cdot [e'] = F \cdot u_{e'} \cdot k_1 \cdot p_{O_2}^{-1/4} \tag{3.80}$$

Umgekehrt wird mit zunehmendem Sauerstoffpartialdruck der Gasphase Sauerstoff in das Oxidgitter eingebaut

$$\frac{1}{2} O_2 + V_O^{\cdot\cdot} \rightleftharpoons O_O + 2h^{\cdot} \tag{3.81}$$

und dadurch die Teilleitfähigkeit $\varkappa_{h^{\cdot}}$ erhöht. Aus dem Fehlordnungsgleichgewicht (3.81) folgt für die Elektronendefektkonzentration allgemein

$$[h^{\cdot}] = k_2'' \cdot [V_O^{\cdot\cdot}]^{1/2} \cdot p_{O_2}^{1/4} \tag{3.82}$$

bzw. mit $[V_O^{\cdot\cdot}] = \frac{1}{2} [h^{\cdot}]$

$$[h^{\cdot}] = k_2' \cdot p_{O_2}^{1/6} \tag{3.83}$$

und im Sonderfall der Dotierung

$$[\mathrm{h}^{\cdot}] = k_2 \cdot p_{\mathrm{O}_2}^{1/4} \tag{3.84}$$

Daraus ergibt sich für die Abhängigkeit der Teilleitfähigkeit $\varkappa_{\mathrm{h}^{\cdot}}$ vom Sauerstoffpartialdruck die Beziehung

$$\varkappa_{\mathrm{h}^{\cdot}} = F \cdot u_{\mathrm{h}^{\cdot}} \cdot k_2 \cdot p_{\mathrm{O}_2}^{1/4} \tag{3.85}$$

Mit Hilfe der Gleichungen (3.80) und (3.85) können die Teilleitfähigkeiten der Elektronen als sauerstoffdruckabhängige Größen in die Definitionsgleichung (3.55) der Ionenüberführungszahl eingesetzt werden:

$$t_{\mathrm{ion}} = \frac{\varkappa_{\mathrm{ion}}}{\varkappa_{\mathrm{ion}} + \varkappa_{\mathrm{e}'} + \varkappa_{\mathrm{h}^{\cdot}}} = \left[1 + \frac{\varkappa_{\mathrm{e}'}}{\varkappa_{\mathrm{ion}}} + \frac{\varkappa_{\mathrm{h}^{\cdot}}}{\varkappa_{\mathrm{ion}}}\right]^{-1} \tag{3.86}$$

$$t_{\mathrm{ion}} = \left[1 + \left(\frac{p_{\mathrm{O}^2}}{p_{\mathrm{e}'}}\right)^{-1/4} + \left(\frac{p_{\mathrm{O}_2}}{p_{\mathrm{h}^{\cdot}}}\right)^{1/4}\right]^{-1} \tag{3.87}$$

In Gleichung (3.87) bezeichnen die Größen $p_{\mathrm{e}'}$ und $p_{\mathrm{h}^{\cdot}}$ als neu eingeführte Konstanten die Sauerstoffgrenzdrücke, die der Bedingung $\varkappa_{\mathrm{ion}} = \varkappa_{\mathrm{e}'}$ bzw. $\varkappa_{\mathrm{ion}} = \varkappa_{\mathrm{h}^{\cdot}}$, d. h. einer Überführungszahl $t_{\mathrm{ion}} = 0{,}5$ entsprechen.

Die Kombination der Gleichungen (3.69) und (3.87) ergibt für die EMK einer Sauerstoffkonzentrationskette unter Berücksichtigung einer nicht vernachlässigbaren Elektronenleitfähigkeit des Elektrolyten den Ausdruck

$$E = \frac{RT}{F}\left[\ln \frac{p_{\mathrm{h}^{\cdot}}^{1/4} + p_{\mathrm{O}_2(\mathrm{I})}^{1/4}}{p_{\mathrm{h}^{\cdot}}^{1/4} + p_{\mathrm{O}_2(\mathrm{II})}^{1/4}} + \ln \frac{p_{\mathrm{e}'}^{1/4} + p_{\mathrm{O}_2(\mathrm{II})}^{1/4}}{p_{\mathrm{e}'}^{1/4} + p_{\mathrm{O}_2(\mathrm{I})}^{1/4}}\right] \tag{3.88}$$

Aus dieser Gleichung können für einige wichtige Sonderfälle stark vereinfachte Formeln hergeleitet werden:

a) $p_{\mathrm{h}^{\cdot}} \gg p_{\mathrm{O}_2(\mathrm{II})} > p_{\mathrm{O}_2(\mathrm{I})} \gg p_{\mathrm{e}'}$

In diesem Bereich überwiegt die Ionenleitung ($t_{\mathrm{ion}} = 1$), und die Zellspannung ist durch Gleichung (3.70) gegeben. Die hiernach berechnete EMK einer Zelle

Pt | Luft **|** Festelektrolyt **|** $p_{\mathrm{O}_2(\mathrm{I})}$ | Pt

in Abhängigkeit von $\lg p_{\mathrm{O}_2(\mathrm{I})}$ für Temperaturen von 1000 bis 1600 °C zeigt Bild 3.37.

b) $p_{\mathrm{O}_2(\mathrm{II})} > p_{\mathrm{O}_2(\mathrm{I})} \gg p_{\mathrm{h}^{\cdot}} \gg p_{\mathrm{e}'}$ oder

$p_{\mathrm{h}^{\cdot}} \gg p_{\mathrm{e}'} \gg p_{\mathrm{O}_2(\mathrm{II})} > p_{\mathrm{O}_2(\mathrm{I})}$

In diesen Bereichen wird die Zellspannung Null, und es liegt eine reine p-Leitung bzw. n-Leitung im Elektrolyten vor.

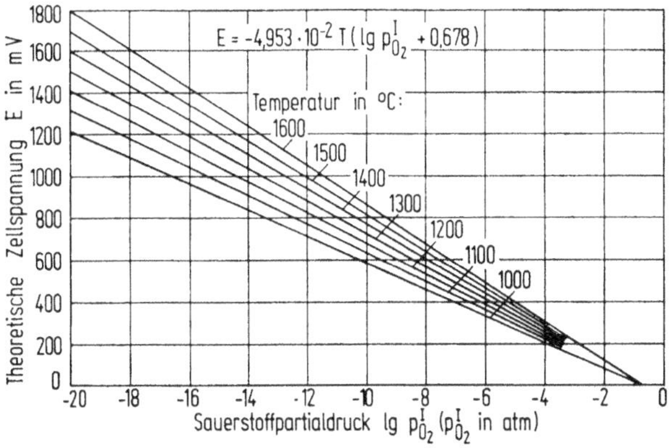

Bild 3.37. Theoretische EMK der Zelle Pt| O_2(I) **|** sauerstoffionenleitendes Oxid **|** O_2(II)| Pt bei unterschiedlichen Temperaturen und Sauerstoffpartialdrücken p_{O_2}(I) (p_{O_2}(II) = 0,21 atm)

c) $p_{h^{\cdot}} \gg p_{O_{2(II)}} \gg p_{e'} \gg p_{O_{2(I)}}$

Kennzeichnend für diesen Bereich ist eine gemischte Ionen- und n-Leitung. Die EMK ist allein vom Sauerstoffdruck $p_{O_{2(II)}}$ der Referenzelektrode abhängig Bild 3.38):

$$E = \frac{RT}{4F} \ln \frac{p_{O_{2(II)}}}{p_{e'}} \tag{3.89}$$

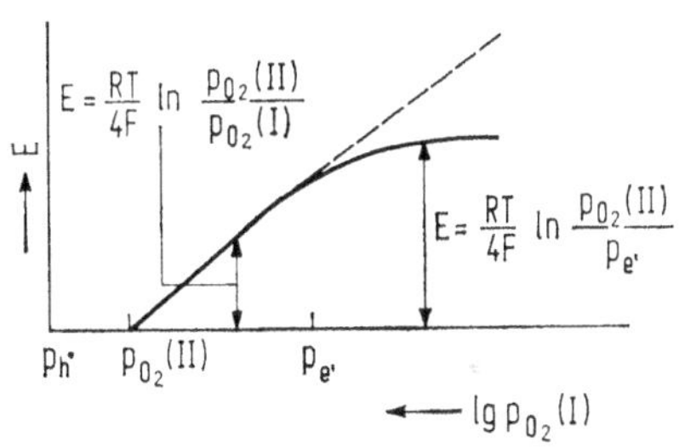

Bild 3.38. EMK der Zelle Pt| O_2(I) **|** sauerstoffionenleitendes Oxid **|** O_2(II)| Pt in abhängigkeit vom Sauerstoffpartialdruck p_{O_2}(I) bei konstantem p_{O_2}(II): Fall a) und c) nach H. Schmalzried [138]

d) $p_{O_{2(II)}} \gg p_{h^{\cdot}} \gg p_{O_{2(I)}} \gg p_{e'}$

Dieser Bereich ist durch eine gemischte Ionen- und p-Leitung bestimmt. Die EMK ist vom Sauerstoffdruck $p_{O_{2(I)}}$ abhängig (Bild 3.39):

$$E = \frac{RT}{4F} \ln \frac{p_{h^\bullet}}{p_{O_{2(I)}}} \tag{3.90}$$

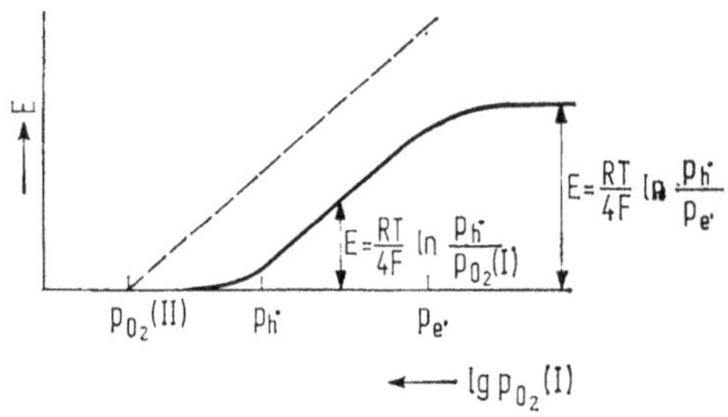

Bild 3.39 EMK der Zelle Pt| O_2(I) | sauerstoffionenleitendes Oxid | O_2(II)| Pt in Abhängigkeit vom Sauerstoffpartialdruck p_{O_2}(I) bei konstantem p_{O_2}(II): Fall d) und e) nach H. Schmalzried [138]

e) $p_{O_{2(II)}} \gg p_{h^\bullet} \gg p_{e'} \gg p_{O_{2(I)}}$

In diesem Bereich liegt eine gemischte Ionenleitung und p- und n-Leitung vor. Die konstante EMK ist durch das Verhältnis der Grenzdrücke $p_{h^\bullet}$ und $p_{e'}$ bestimmt (Bild 3.39):

$$E = \frac{RT}{4F} \ln \frac{p_{h^\bullet}}{p_{e'}} \tag{3.91}$$

3.5. Ionenleitende Oxide

3.5.1. Reine Oxide

Ionenleitende Oxide haben im Vergleich zu den bekannten ionenleitenden Halogeniden wesentlich höhere Schmelztemperaturen. Unter den Oxiden mit Schmelztemperaturen über 1700 °C stehen, wie die vergleichende Zusammenstellung hochtemperaturbeständiger Werkstoffe in Bild 3.40 zeigt, die der Elemente der 2., 3. und 4. Hauptgruppe des Periodensystems zur Auswahl. Diese sind annähernd stöchiometrisch zusammengesetzt. Ihre Schmelztemperaturen, Strukturtypen und die Verhältnisse der Ionenradien sind Tabelle 3.9 zu entnehmen.

In Abschnitt 6.1 wird später an Hand experimenteller Unterlagen ausführlich dargelegt, daß alle diese Oxide in bestimmten Grenzen des Sauerstoffpartialdrucks der Atmosphäre eine relativ hohe Ionenteilleitfähigkeit aufweisen.

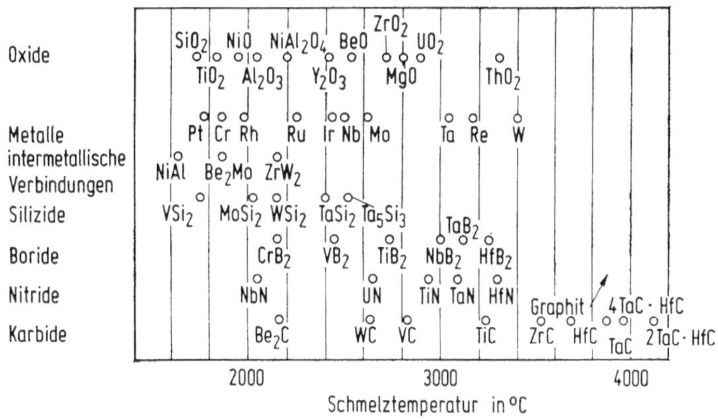

Bild 3.40. Schmelztemperaturen hochtemperaturbeständiger Metalle und Metallverbindungen nach O. W. Flörke [138a]

Tabelle 3.9. Kristallchemische Daten hochschmelzender Oxide

	Oxid	Radius des Kations r (Å)	Radienverhältnis r_K/r_A[1]	Struktur typ	Schmelz-temperatur °C
2. Hauptgruppe	BeO	0,35	0,27	Wurtzit	2530
	MgO	0,66	0,50	NaCl	2800
	CaO	0,99	0,75	NaCl	2570
	SrO	1,12	0,85	NaCl	2430
	BaO	1,34	1,02	NaCl	1920
3. Hauptgruppe	α-Al_2O_3	0,51	0,39	Korund	2050
	Y_2O_3	0,92	0,69	Sc_2O_3	2420
4. Hauptgruppe	ZrO_2	0,79	0,60	monoklin (< 1100 °C) tetragonal (> 1100 °C) kubisch (> 2285 °C) (Fluorit)	2715
	HfO_2	0,78	0,59	monoklin (< 1700°C) orthorhombisch (> 1700°C)	2777
	ThO_2	1,02	0,77	kubisch (Fluorit)	3300

[1] Ionenradius des Sauerstoffs 1,32 Å

3.5.1.1. Zirkonoxid und Thoriumoxid

Beide Oxide streben die kubische Fluoritstruktur an, deren Elementarzelle in Bild 3.41 wiedergegeben ist. Sie ist dadurch gekennzeichnet, daß die Kationen einen kubisch-flächenzentrierten Elementarwürfel bilden (Kationen-Teilgitter).

Die Anionen belegen die Raummitten der Achterteilwürfel und bilden ihrerseits Anionenwürfel (Anionenteilgitter), von denen jeder zweite ein Kation enthält. Jedes Anion ist tetraedrisch von Kationen umgeben. Die größeren Anionen (Sauerstoffionen) können verhältnismäßig leicht über die Flächen der Kationen-Tetraeder und die Mitten leerer Anionenwürfel in benachbarte Anionenleerstellen gelangen. Ein weiterer Grund für die hohe Beweglichkeit der Anionen

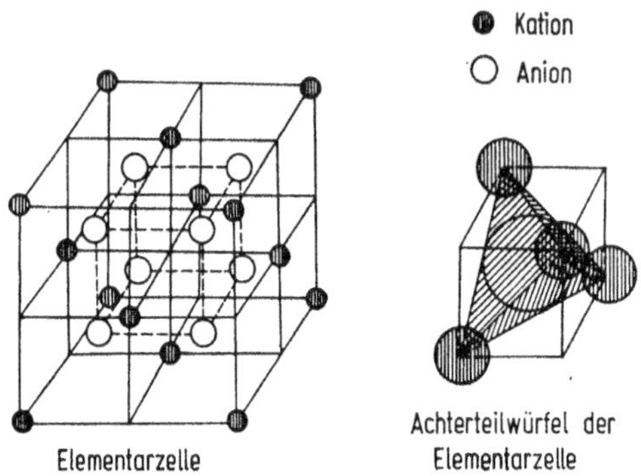

Bild 3.41. Elementarzelle der kubischen Fluoritstruktur

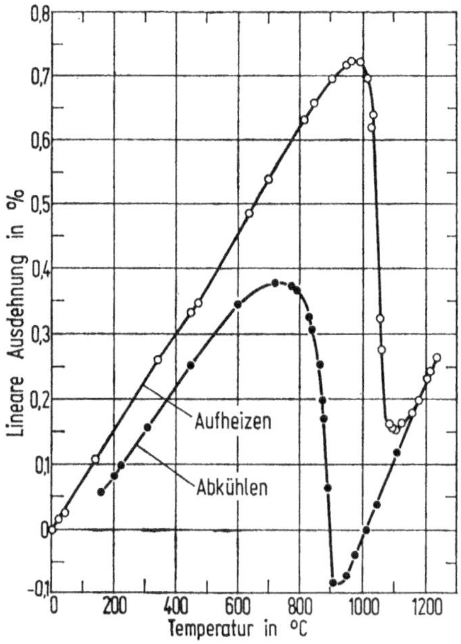

Bild 3.42. Lineare Ausdehnung von reinem Zirkondioxid zwischen 0 und 1250 °C nach B. C. Weber und M. A. Schwartz [140] sowie F. A. Mauer und L. H. Bolz [141]

ist darin zu sehen, daß im Fall des Fluoritgitters der größere Teil der Gitterenergie den Kationen zugeordnet werden muß und die Ablösearbeit für ein Anion nur etwa 1/4 derjenigen eines Kations beträgt [139].

Während Thoriumoxid ThO_2 im gesamten Bereich zwischen Raumtemperatur und der sehr hohen Schmelztemperatur von 3300 °C in der beschriebenen Fluoritstruktur kristallisiert, liegen die Oxide ZrO_2 und HfO_2 bei Raumtemperatur in der monoklinen Struktur vor (Tabelle 3.9). Das Zirkonoxid erreicht die Fluoritstruktur erst bei hohen Temperaturen nach dem Durchlaufen zweier Umwandlungen (monoklin→tetragonal zwischen 900 und 1100 °C; tetragonal→kubisch bei 2285 °C), die mit Volumenänderungen verbunden sind. Die starke Volumenverminderung bei der Umwandlung der monoklinen in die tetragonale Phase, die ein Zerstören keramischer ZrO_2-Körper bewirkt, ist aus den Dilatometerkurven in Bild 3.42 zu ersehen [140, 141]. Für das Hafniumoxid wird eine

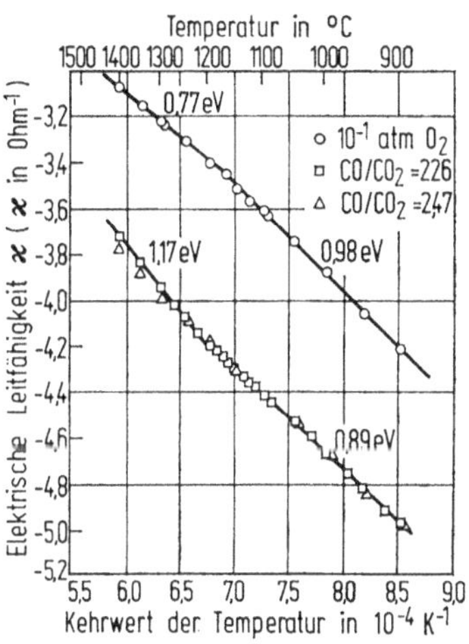

Bild 3.43.

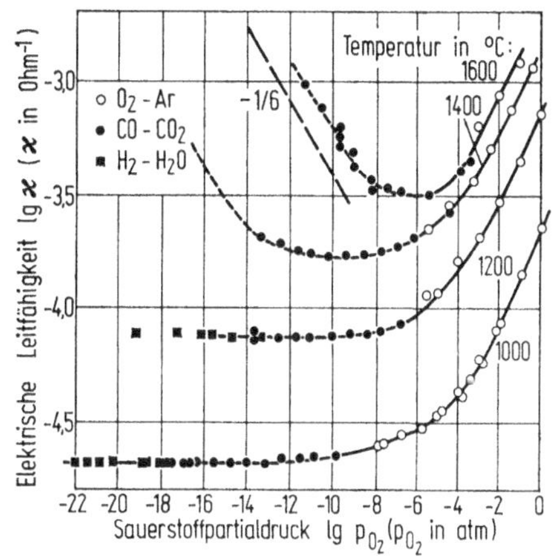

Bild 3.44.

Bild 3.43. Elektrische Leitfähigkeit von reinem Thoriumdioxid in Abhängigkeit von der reziproken Temperatur nach J. Bransky und N. M. Tallan [145]

Bild 3.44. Elektrische Leitfähigkeit von reinem Thoriumdioxid in Abhängigkeit vom Sauerstoffpartialdruck nach J. Bransky und N. M. Tallan [145]

Umwandlung von der monoklinen in die orthorhombische Modifikation bei etwa 1700 °C angegeben [142]. HfO_2 ist in mineralischen Rohstoffen häufig mit ZrO_2 vergesellschaftet, da das Hafnium-Kation wegen seines gleich großen Ionenradius leicht in das ZrO_2-Gitter eingebaut werden kann.

Die elektrische Leitfähigkeit des reinen *Thoriumoxids* ThO_2 in Abhängigkeit von der Temperatur und dem Sauerstoffpartialdruck der Gasphase wurde von J. E. Bauerle [143], M. F. Lasker und R. A. Rapp [144] sowie J. Bransky und

N. M. Tallan [145] untersucht. Bild 3.43 zeigt die Temperaturabhängigkeit der Leitfähigkeit vielkristalliner Thoriumoxid-Preßlinge (Reinheitsgrad 99,999%) zwischen 900 und 1400 °C. Die Messungen erfolgten in Ar—O_2-Gemischen mit einem gleichbleibenden $p_{O_2} = 0{,}1$ atm und in CO—CO_2-Gemischen mit dem Verhältnis 2,47, deren Sauerstoffpartialdrücke sich zwischen 900 und 1400 °C von 10^{-15} auf 10^{-8} atm verändern [145]. Bemerkenswert sind die niedrigen Aktivierungsenergien von 0,98 und 0,89 eV unterhalb 1200 °C bzw. von 0,77 und 1,17 eV oberhalb 1200 °C. Der Verlauf der elektrischen Leitfähigkeit mit dem Sauerstoffpartialdruck läßt oberhalb 1200 °C drei verschiedene Bereiche erkennen (Bild 3.44) [145].

Zur Erläuterung dieses Leitfähigkeitsverhaltens wurde von R. A. Rapp [146] das in Bild 3.45 dargestellte Fehlordnungsmodell vorgeschlagen, das die Abhängigkeit der Fehlstellenkonzentrationen vom Sauerstoffpartialdruck in dem von F. A. Kröger und H. J. Vink [147] entwickelten Diagrammtyp wiedergibt. Mit der Annahme der Elektroneutralitätsbedingung

$$2O_i'' + e' \rightleftharpoons 2V_O^{\cdot\cdot} + h^{\cdot} \tag{3.92}$$

werden die Gleichgewichtskonzentrationen der fehlgeordneten Ionen und Elektronen durch die Beziehungen

$$O_O \rightleftharpoons \frac{1}{2} O_2 + V_O^{\cdot\cdot} + 2e' \tag{3.93}$$

(Bereich I)

$$O_O \rightleftharpoons V_O^{\cdot\cdot} + O_i'' \tag{3.94}$$

(Bereich II)

$$\frac{1}{2} O_2 \rightleftharpoons O_i'' + 2h^{\cdot} \tag{3.95}$$

(Bereich III)

festgelegt. Da die elektrische Leitfähigkeit durch das Produkt der Konzentration und der Beweglichkeit der Ladungsträger bestimmt wird, ist bei einer Interpretation des experimentell gefundenen $\lg \varkappa - \lg p_{O_2}$-Verlaufs neben den Konzentrationen der fehlgeordneten Ionen und Elektronen auch deren Beweglichkeit zu berücksichtigen. Elektronen und Defektelektronen besitzen im allgemeinen eine 10^3- bis 10^5mal höhere Beweglichkeit als fehlgeordnete Ionen. Eine vorherrschende, p_{O_2}-unabhängige Ionenleitfähigkeit kann im Bereich II der stöchiometrischen Zusammensetzung des Oxids angenommen werden, wenn die Konzentrationen [e'] oder [h$^{\cdot}$] mehrere Größenordnungen niedriger als die Konzentrationen [$V_O^{\cdot\cdot}$] und [O_i''] sind. Ist die Konzentration der Elektronen oder Defektelektronen von gleicher Größenordnung wie die der Ionen, so überwiegt eine p_{O_2}-abhängige Elektronenleitfähigkeit, die bei sehr niedrigen Sauerstoffdrücken einem $p_{O_2}^{-1/n}$-Gesetz (Bereich I der Elektronenüberschußleitung) und bei hohen Sauerstoffdrücken einem $p_{O_2}^{1/n}$-Gesetz (Bereich III der Elektronendefektleitung) folgt. Experimentell wurden für den Exponenten Werte zwischen $\pm 1/6$ bis $\pm 1/5$ gefunden [144, 145], die Fehlordnungsmodelle nach Gleichung

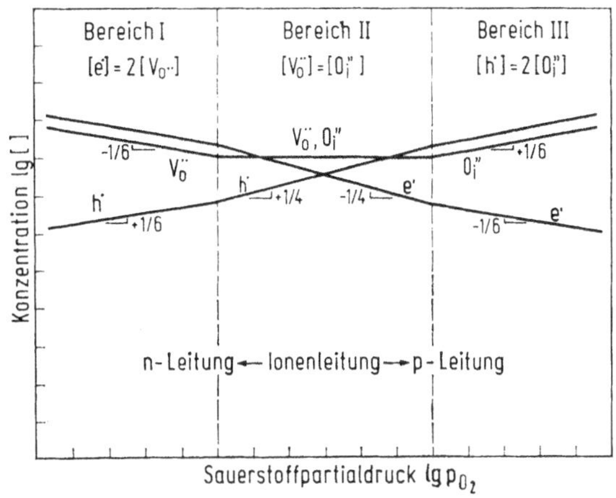

Bild 3.45. Abhängigkeit der Fehlstellenkonzentrationen in reinem Thoriumdioxid vom Sauerstoffpartialdruck nach R. A. Rapp [146] (schematisch)

(3.93) bzw. (3.95) möglich erscheinen lassen. Die bei mittleren Sauerstoffdrücken erhaltene p_{O_2}-unabhängige Leitfähigkeit kann auf einer durch eine Eigenfehlordnung oder durch niederwertige Fremdkationen hervorgerufenen Ionenleitfähigkeit beruhen.

Hohe Überführungszahlen $\bar{t}_{ion}$ um 0,75 für Thoriumoxid (99,9% Reinheitsgrad) ergaben sich aus EMK-Messungen an Sauerstoffkonzentrationszellen (Tabelle 3.10) [144].

Tabelle 3.10. EMK-Messungen an der Zelle Cu, Cu_2O | Thoriumoxid | Co, CoO mit reinem Thoriumoxid (99,9%) als Festelektrolyt [144]

Temperatur °C	$-\lg p_{O2}$ (Cu, Cu_2O)	$-\lg p_{O2}$ (Co, CoO)	E in mV (aus thermodynamischen Daten)	E in mV (gemessen)	$\bar{t}_{ion}$
800	8,83	15,10	356	262	0,74
900	7,43	13,52	356	268	0,75
1000	6,29	11,98	356	276	0,77

Neuere gravimetrische Untersuchungen [148] über Gleichgewichtseinstellungen in einer definierten Gasatmosphäre führten zu dem Ergebnis, daß im Thoriumoxid bei Sauerstoffpartialdrücken zwischen 1 und 10^{-6} atm ein geringes

Sauerstoffdefizit entsprechend der Zusammensetzung ThO_{2-x} vorliegt (Bild 3.46). Dieses steigt bei Temperaturen zwischen 1400 und 1900 °C mit abnehmendem Sauerstoffpartialdruck bis auf x-Werte von 0,001 bis 0,003 bei $p_{O_2} = 10^{-6}$ atm an:

$$\lg x = -1.870 - \frac{3400}{T} - 1/6 \lg p_{O_2} \tag{3.96}$$

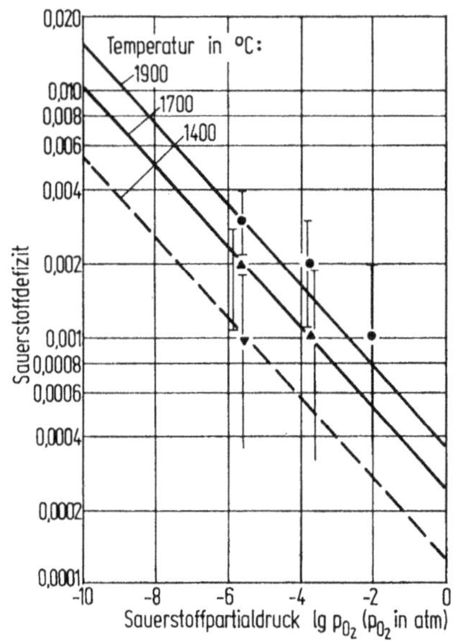

Bild 3.46. Sauerstoffionendefizit in reinem Thoriumdioxid in Abhängigkeit vom Sauerstoffpartialdruck nach S. C. Carniglia, S. D. Brown und T. F. Schroeder [148]

Für die Selbstdiffusion des Sauerstoffs in Thoriumoxid liegen bisher keine Untersuchungen vor. Messungen der Selbstdiffusion des Thoriums ergaben die Beziehungen

$$D^*_{Th} = 1{,}25 \cdot 10^{-7} \exp(-58800/RT) \tag{3.97}$$

für vielkristallines ThO_2 bei 1600 bis 2100 °C (Th^{230}) [149] und

$$D^*_{Th} = 0{,}35 \cdot \exp(-149500/RT) \tag{3.98}$$

für ThO_2-Einkristalle bei 1845 bis 2045 °C (Th^{228}) [150].

Die elektrische Leitfähigkeit des *Zirkonoxids* ZrO_2 in Abhängigkeit von der Temperatur und dem Sauerstoffpartialdruck der Gasphase wurde von A. Cocco und I. Barbariol [151], R. W. Vest, N. M. Tallan und W. C. Tripp [152], L. A. McClaine und C. P. Coppel [153], A. M. Anthony, A. Guillot, T. Sata,

J.-L. Bourgeois [154], W. A. Fischer und W.-D. Oels [155] sowie W. A. Fischer und Ch. Pieper [156] untersucht. Bild 3.47 zeigt die Temperaturabhängigkeit der Leitfähigkeit vielkristalliner ZrO_2-Proben in einem weiten Temperaturbereich zwischen 1150 und 2400 °C [154], und Bild 3.48 enthält Anschlußwerte für die monokline ZrO_2-Phase bei 900 bis 1100 °C [155]. Dieser Leitfähigkeitsverlauf an Luft deckt sich ohne allzu große Abweichungen mit den Ergebnissen

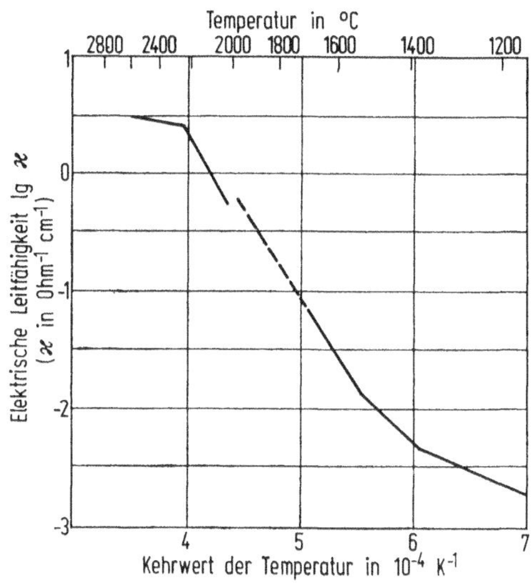

Bild 3.47. Elektrische Leitfähigkeit von reinem, vielkristallinem Zirkondioxid in Abhängigkeit von der reziproken Temperatur nach A. M. Anthony und Mitarbeitern [154]

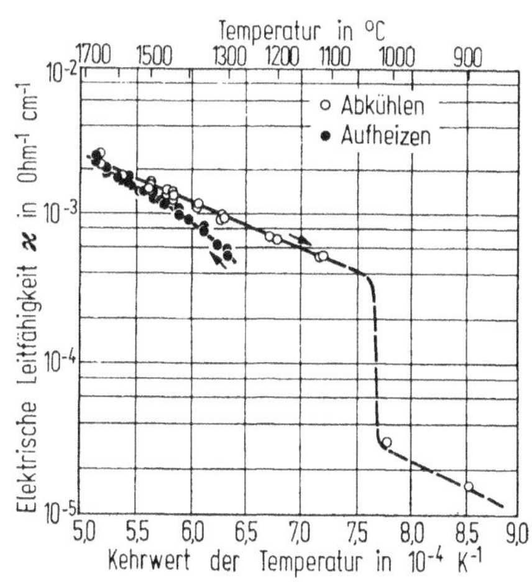

Bild 3.48. Elektrische Leitfähigkeit von reinem, vielkristallinem Zirkondioxid in Abhängigkeit von der reziproken Temperatur [155]

der anderen genannten Autoren. Er kann in die folgenden Bereiche aufgegliedert werden:

a) 900 bis 1100 °C: Monoklines ZrO_2; auf Verunreinigungen beruhende Fremdfehlordnung; Aktivierungsenergien 0,86 eV [151], 0,70 eV [155]

b) 1150 bis 1400/1600 °C: Tetragonales ZrO_2; auf Verunreinigungen beruhende Fremdfehlordnung; Aktivierungsenergien 0,48 eV [151], 0,52 eV [153], 0,65 eV [154], 0,60 eV [155] (Ein Übergangsbereich zwischen 1400 und 1600 °C mit einer höheren Aktivierungsenergie wird von A. M. Anthony und Mitarb. [154] angegeben)

c) 1600 bis 2280 °C: Tetragonales ZrO_2; Eigenfehlordnung; Aktivierungsenergie etwa 3 eV

d) Über 2280 °C: Kubisches ZrO_2, Aktivierungsenergie $< 0{,}5$ eV.

Wie an monoklinem ZrO_2 bei 600 bis 1000 °C [157a] (Bild 3.49) und tetragonalem ZrO_2 bei 1200 bis 1650 °C [156] gezeigt werden konnte, ist die elektrische Leitfähigkeit in ähnlicher Weise wie für das reine Thoriumoxid vom

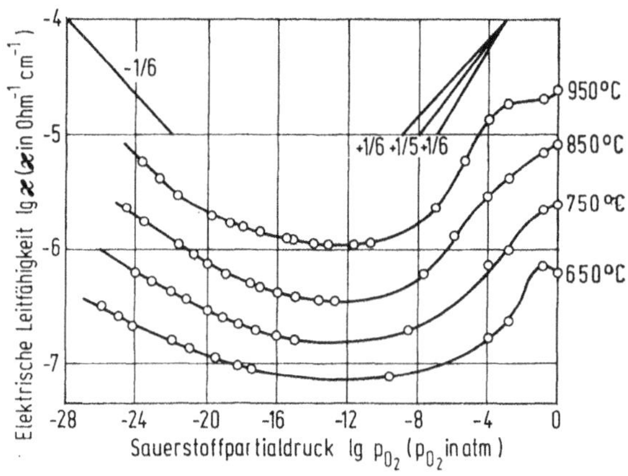

Bild 3.49. Elektrische Leitfähigkeit von vielkristallinem Zirkondioxid (Reinheitsgrad 99,95%) in Abhängigkeit vom Sauerstoffpartialdruck nach A. Kumar, D. Rajdev und D. L. Douglas [157a]

Sauerstoffpartialdruck der Gasphase abhängig. Bei extrem niedrigen Sauerstoffdrücken kann gemäß dem Fehlordnungsgleichgewicht (3.93) eine überwiegende n-Leitung und bei hohen Sauerstoffdrücken gemäß (3.95) eine überwiegende p-Leitung angenommen werden. Der Anteil einer möglichen Ionenleitung im mittleren Sauerstoffdruckbereich wurde durch EMK-Messungen bisher nicht ermittelt. Die Ionenleitfähigkeit im reinen ZrO_2 beruht nach P. Kofstad und D. J. Ruzicka [157] möglicherweise auf einer gleichzeitigen Wanderung von Sauerstoffionenleerstellen und Sauerstoff-Zwischengitterionen.

Auch für das Zirkonoxid wurde durch gravimetrische Untersuchungen bei Sauerstoffpartialdrücken zwischen 1 und 10^{-6} atm ein geringes Sauerstoffdefizit entsprechend der Zusammensetzung ZrO_{2-x} nachgewiesen (Bild 3.50) [148].

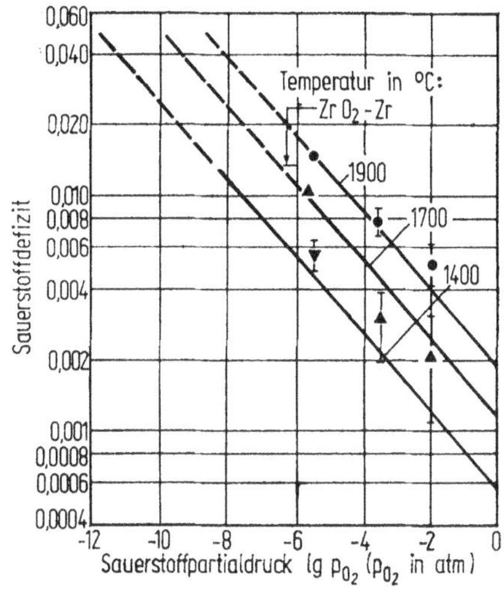

Bild 3.50. Sauerstoffdefizit in reinem Zirkondioxid in Abhängigkeit vom Sauerstoffpartialdruck nach S. C. Carniglia, S. D. Brown und T. F. Schroeder [148]

Die Abweichung x von der Stöchiometrie folgt für Temperaturen zwischen 1400 und 1900 °C der Beziehung

$$\lg x = -0{,}890 - \frac{4\,000}{T} - 1/6 \lg p_{O_2}. \qquad (3.99)$$

Bei 1800 °C wurde für das Gleichgewicht Zr/ZrO_{2-x} ein Wert $x = 0{,}014$ ermittelt.

Der Selbstdiffusionskoeffizient des Sauerstoffs wurde mehrfach für das monokline ZrO_2 bestimmt (Tabelle 3.11) [158—161]. Im Temperaturbereich

Tabelle 3.11. Sauerstoff-Selbstdiffusion in monoklinem Zirkonoxid

Methode	Temperaturbereich °C	Gasphase p_{O2} atm	Diffusionskoeffizient $cm^2 \cdot s^{-1}$	Verfasser
Tracer O^{18}	800—1000	0,4	$9{,}73 \cdot 10^{-3} \exp(-56000/RT)$	A. Madeyski, W. W. Smeltzer [158]
Tracer O^{18}	600—1000	1	$2{,}34 \cdot 10^{-2} \exp(-45300/RT)$	F. J. Kenesha, D. L. Douglass [159]
Oxydation von Zirkonium	400— 850		$1{,}5 \cdot 10^{-3} \exp(-29300/RT)$	J. Debuigne [160]
Oxydation von Zirkonium	875—1050	0,5	$1{,}36 \cdot 10^{-4} \exp(-28400/RT)$	C. J. Rosa, W. C. Hagel [161]

zwischen 400 und 1050 °C ergaben sich aus seiner Temperaturabhängigkeit Aktivierungsenergien zwischen 1,23 eV (28400 cal · mol^{-1}) und 2,43 eV (56000 cal · mol^{-1}). In einer Untersuchung von D. J. Poulton und W. W. Smeltzer [162] wurde nachgewiesen, daß der Koeffizient D_O^* in monoklinen ZrO_2 bei 990 °C zwischen 1 und 10^{-19} atm unabhängig vom Sauerstoffpartialdruck der Atmosphäre ist (Bild 3.51). Ergebnisse für den Selbstdiffusionskoeffizienten des Zirkoniums liegen bisher nicht vor.

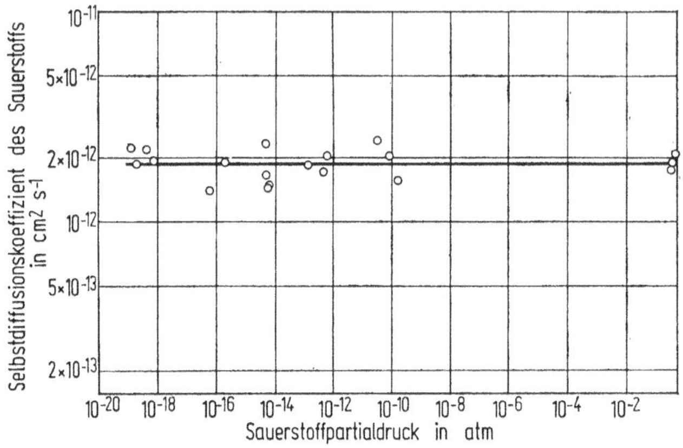

Bild 3.51. Selbstdiffusionskoeffizient des Sauerstoffs D_O^* in reinem Zirkondioxid bei 990 °C in Abhängigkeit vom Sauerstoffpartialdruck nach D. J. Poulton und W. W. Smeltzer [162]

3.5.1.2. Erdalkalioxide

Die Oxide der Erdalkalimetalle Be, Mg, Ca, Sr und Ba kristallisieren mit Ausnahme des Berylliumoxids im gleichen Strukturtyp des kubischen NaCl. Ein Modell für das Kalziumoxid ist in Bild 3.52 wiedergegeben, in dem dunkle Kugeln die Kalziumionen und helle Kugeln die Sauerstoffionen darstellen. Diese Struktur kann als kubisch dichteste Packung von Sauerstoffionen beschrieben werden, in der alle Oktaederlücken mit Kationen besetzt sind. Das Berylliumoxid gehört dagegen dem Wurtzittyp an, dessen Struktur durch eine hexagonal dichteste Packung von Sauerstoffionen gekennzeichnet ist, welche

Bild 3.52. Raummodell der Kalzium- und Sauerstoffionen im kubischen Gitter des Kalziumoxids (NaCl-Typ) nach O. W. Flörke [138a]

die Ecken von zusammenhängenden Tetraedern und Oktaedern bilden [175]. Die Hälfte der Tetraederhohlräume ist von Be-Ionen besetzt, deren Ionenradius nur etwa 1/4 so groß wie der der Sauerstoffionen ist ($r^{2+}_{Be} = 0{,}35$, $r_{O^{2-}} = 1{,}32$).

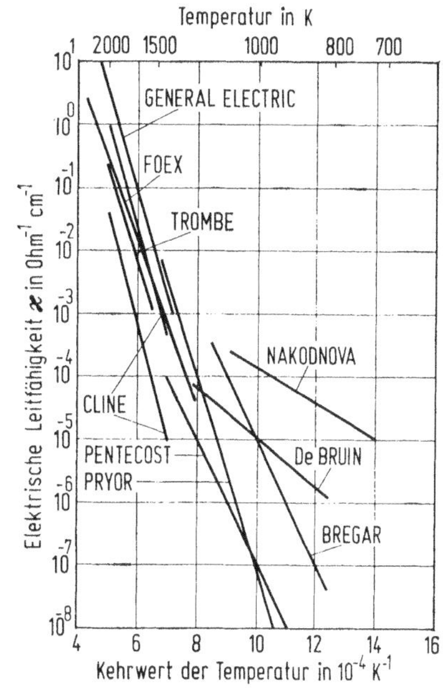

Bild 3.53. Elektrische Leitfähigkeit von Berylliumoxid in Abhängigkeit von der reziproken Temperatur nach verschiedenen Autoren [163 bis 171]

Bild 3.53 zeigt die Temperaturabhängigkeit der elektrischen Leitfähigkeit von *Berylliumoxid* nach verschiedenen Autoren [163—171]. Die Abweichungen der Leitfähigkeitswerte und auch der Aktivierungsenergien untereinander sind recht erheblich. Zwischen 1500 und 2000 °C lassen sich für den Bereich der Eigenleitung Aktivierungsenergien zwischen 2,7 und 3,3 eV abschätzen.

EMK-Messungen an Sauerstoffkonzentrationszellen mit BeO als Festelektrolyt erbrachten bei Temperaturen zwischen 1000 und 1200 °C und höheren Sauerstoffpartialdrücken den Nachweis einer vorherrschenden Ionenleitfähigkeit mit Überführungszahlen t_{ion} von 0,8 bis 1,0 [172—174]. Die geringe Größe der Kationen, aber auch die Ergebnisse von Messungen der Ionenselbstdiffusion deuten darauf hin, daß der Ladungstransport überwiegend von Be^{2+}-Ionen übernommen wird[1]. Aus der Selbstdiffusion für das Beryllium [175—178] und den Sauerstoff [179, 180] läßt sich trotz einer nicht unerheblichen Streubreite der Meßdaten für die lg D — $1/T$-Abhängigkeit abschätzen,

[1] Nach St. Austerman und J. W. Wagner [175] erscheint ein Wanderungsmechanismus der Kationen sowohl über Tetraeder- als auch Oktaederlücken möglich, da sich für den Diffusionskoeffizienten des Berylliums an Einkristallen in beiden kristallographischen Hauptrichtungen parallel und senkrecht zur c-Achse annähernd gleiche Werte ergaben.

daß der Kationen-Diffusionskoeffizient 2 bis 3 Größenordnungen größer als der Anionen-Diffusionskoeffizient anzusetzen ist (Tabelle 3.12). Diese Aussage gilt für einen Temperaturbereich von 1200 bis 1900 °C, in dem eine vorherr-

Tabelle 3.12. Ionenselbstdiffusion in Berylliumoxid

Methode	Temperatur-bereich °C	Diffusionskoeffizient $cm^2 \cdot s^{-1}$	Verfasser
		Beryllium-Ionen	
Tracer Be^7	1200–1800	$2{,}49 \cdot 10^{-3} \exp(-2{,}72/kT)$	J. J. de Bruin, G. M. Watson [176]
		Sauerstoff-Ionen	
Tracer O^{18}	1300–1700	$2{,}95 \cdot 10^{-5} \exp(-2{,}97/kT)$	J. B. Holt [179]
Tracer O^{18}	1400–1900	$1{,}61 \cdot 10^{-6} \exp(-2{,}13/kT)$	D. H. Bradhurst, J. J. de Bruin [180]

schende Eigenhalbleitung angenommen werden kann. Der Leitungsmechanismus könnte durch bisher fehlende Messungen der elektrischen Leitfähigkeit als Funktion des Sauerstoffpartialdrucks weiter aufgeklärt werden.

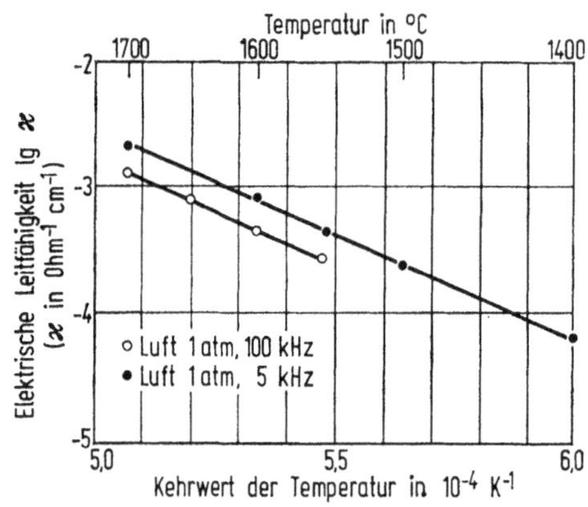

Bild 3.54. Elektrische Leitfähigkeit von vielkristallinem Kalziumoxid in Abhängigkeit von der reziproken Temperatur [182, 185]

Für *Kalziumoxid* ist die Temperaturabhängigkeit der elektrischen Leitfähigkeit nach verschiedenen Autoren im Bereich zwischen 1000 und 1700 °C in Bild 3.54 und Tabelle 3.13 wiedergegeben. Messungen liegen für Kalkeinkristalle [181–183] und auch für gesinterte Proben [182, 183] mit Reinheitsgraden zwischen 99,6 und 99,9% vor. Die Messungen lassen erkennen, daß bei „schlecht" leitenden Oxiden wie CaO genaue Leitfähigkeitsdaten jeweils nur für ein Material einer bestimmten Herstellung mit Restgehalten an bestimmten Fremdkationen gültig sind. Im allgemeinen können die absoluten Werte der Leitfähigkeit und der Aktivierungsenergie nur größenordnungsmäßig angegeben werden. Die elektrische Leitfähigkeit wird demnach bei Temperaturen

Tabelle 3.13. Aktivierungsenergien der elektrischen Leitfähigkeit von Kalziumoxid

Probe	Reinheitsgrad %	Temperaturbereich °C	Sauerstoffpartialdruck der Gasphase atm	Aktivierungsenergie eV	Verfasser
Schmelzkalkkristall	99,8	1400–1650	10^{-3}	3,49	W. A. Fischer, W. Ertmer [181]
Schmelzkalkkristall	99,6	1600–1700	0,2	3,67	W. A. Fischer,
			10^{-5}	3,67	D. Janke,
			10^{-12}	3,67	K. Zielinski [182, 185]
CaO, gesintert	p.a.	1600–1700	0,2	3,30	W. A. Fischer,
			10^{-5}	3,96	D. Janke,
			10^{-12}	3,53	K. Zielinski [182, 185]
Kalkkristall	99,9	1000–1400	0,2	2,43	P. H. Duvigneaud, R. Wollast [183]
CaO, gesintert	99,9	1000–1400	0,2	2,56	P. H. Duvigneaud, R. Wollast [183]

bis etwa 1400 °C durch eine Fremdfehlordnung (Aktivierungsenergie um 2,5 eV) und oberhalb 1400 °C vermutlich durch eine Eigenfehlordnung (Aktivierungsenergie 3,5 bis 4 eV) bestimmt.

K. Hauffe und G. Tränckler [184] haben in einer früheren Arbeit, im besonderen für das Kalziumoxid, grundsätzlich aber für alle Erdalkalioxide einen *amphoteren* Leitungscharakter angenommen. In Abschnitt 3.1 wurde bereits darauf hingewiesen, daß solche Verbindungen je nach dem Nichtmetallpartialdruck der Gasphase unterschiedliche Fehlordnungstypen bilden können. Bei höheren Sauerstoffpartialdrücken, z. B. in Luft, wird nach K. Hauffe durch den Einbau von gasförmigem Sauerstoff

$$\frac{1}{2}\,O_2\,(\text{Gas}) + Ca_{Ca} \rightleftharpoons V_{Ca}'' + 2h^{\cdot} + CaO \qquad (3.100)$$

ein überstöchiometrisches CaO_{1+x} mit einer vorherrschenden p-Leitung erzeugt. Dabei entsteht je 1/2 Molekül eingebauten Sauerstoffs eine Kalziumionenleerstelle. Die Abhängigkeit der Leitfähigkeit vom Sauerstoffpartialdruck sollte der Beziehung

$$\varkappa = k_1 \cdot p_{O_2}^{1/6} \qquad (3.101)$$

folgen. Bei sehr niedrigen Sauerstoffpartialdrücken der Gasphase kann andererseits durch den Ausbau von Sauerstoff

$$O_O \rightleftharpoons \frac{1}{2} O_2 \,(\text{Gas}) + V_O^{\cdot\cdot} + 2e' \qquad (3.102)$$

unterstöchiometrisches CaO_{1-x} mit einer vorherrschenden n-Leitung erzeugt werden, wobei je 1/2 Molekül freigesetzten Sauerstoffs eine Sauerstoffionenleerstelle gebildet wird. Hier gilt:

$$\varkappa = k_2 \cdot p_{O_2}^{-1/6}. \qquad (3.103)$$

In einem Übergangsbereich des Sauerstoffdrucks zwischen beiden Fehlordnungstypen ist eine durch Beimengungen an anderswertigen Kationen hervorgerufene Ionenleitfähigkeit möglich.

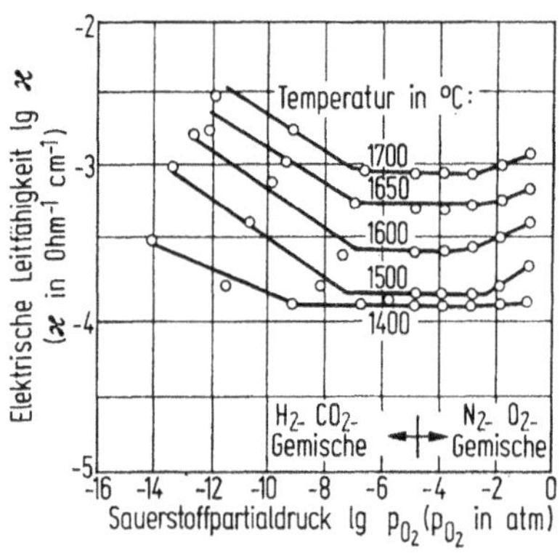

Bild 3.55. Elektrische Leitfähigkeit von vielkristallinem Kalziumoxid in Abhängigkeit vom Sauerstoffpartialdruck [182, 185]

Das derartig beschriebene Leitungsverhalten des Kalziumoxids wurde durch Messungen der Leitfähigkeit bei Sauerstoffdrücken von 0,2 bis 10^{-14} atm und Temperaturen zwischen 1400 und 1700 °C bestätigt [182, 185] (Bild 3.55). Eine p_{O_2}-unabhängige Leitfähigkeit wurde in den Grenzen zwischen 10^{-3} und 10^{-7} atm festgestellt. In den Bereichen der p- und n-Leitung wurden allerdings experimentell für die Exponenten der Sauerstoffdruckabhängigkeit Werte zwischen $\pm 1/8$ und $\pm 1/7$ anstelle von $\pm 1/6$ gefunden.

Die aus EMK-Messungen errechneten Überführungsanteile der Ionen im Kalziumoxid sind, wie in Abschnitt 6.1 weiter ausgeführt wird, quantitativ nicht miteinander in Einklang zu bringen. Auch über die relative Beweglichkeit der Kationen und Anionen können keine Angaben gemacht werden, da Messungen der Selbstdiffusionskoeffizienten bisher nur für die Kationen durchgeführt wurden. Diese ergaben nach der Tracer-Methode mit Ca^{45}:

$$D_{Ca}^{*} = 0{,}4 \exp\,(-3{,}51/kT) \qquad (3.104)$$

bei 850 bis 1600 °C an vielkristallinen Proben [186] und

$$D^*_{Ca} = 1{,}12 \cdot 10^{-4} \exp(-2{,}79/kT) \tag{3.105}$$

bei 1465 bis 1760 °C an Einkristallen [187].

Auch für *Magnesiumoxid* lassen sich die Werte der Leitfähigkeit und der Aktivierungsenergien nur innerhalb einer Größenordnung angeben (Bild 3.56)

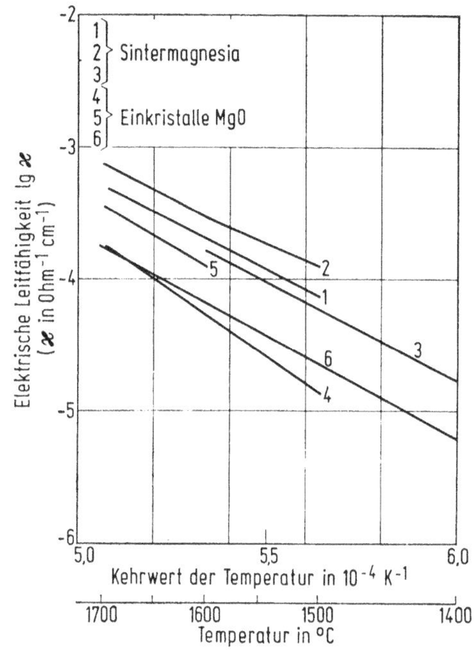

Bild 3.56. Elektrische Leitfähigkeit von vielkristallinem MgO und MgO-Einkristallen in Abhängigkeit von der reziproken Temperatur nach verschiedenen Autoren [185, 188a, 189]

[185, 188, 189]. Im Bereich der Eigenleitung, dessen untere Temperaturgrenze nicht genau festgelegt werden kann, da sie stark von der Art und Menge der gelösten Fremdkationen abhängig zu sein scheint, betragen die Aktivierungsenergien der Leitfähigkeit 3,5 bis 4 eV (Tabelle 3.14).

Wie das Kalziumoxid ist auch das Magnesiumoxid zu den amphoter leitenden Oxiden zu rechnen. Im $\lg \varkappa - \lg p_{O_2}$-Verlauf zeichnet sich zwischen den p_{O_2}-Bereichen der n-Leitung und p-Leitung im Fall eines hochreinen MgO-Kristalls (99,99%) (Bild 3.57) ein ausgeprägtes Minimum [189], im Fall eines stärker verunreinigten MgO-Kristalls (99,8%) (Bild 3.58) dagegen ein p_{O_2}-

Tabelle 3.14. Aktivierungsenergien der elektrischen Leitfähigkeit von Magnesiumoxid

Probe	Reinheitsgrad %	Temperaturbereich °C	Sauerstoffpartialdruck der Gasphase atm	Aktivierungsenergie eV	Verfasser
MgO-Kristall	99,9	900–1200	1	2,00	S. P. Mitoff [188]
		1200–1500	1	3,53	
MgO-Kristall	99,99	1000–1400	1	3,01	C. M. Osburn,
		1000–1400	10^{-15}	3,7	R. W. Vest [189]
Schmelzmagnesia-Kristall	99,8	1600–1700	0,2	3,39	W. A. Fischer,
			10^{-5}	3,39	D. Janke,
			10^{-9}	4,57	K. Zielinski [185]
MgO, gesintert	p.a.	1600–1700	0,2	2,86	W. A. Fischer,
			10^{-5}	3,24	D. Janke,
			10^{-9}	3,97	K. Zielinski [185]

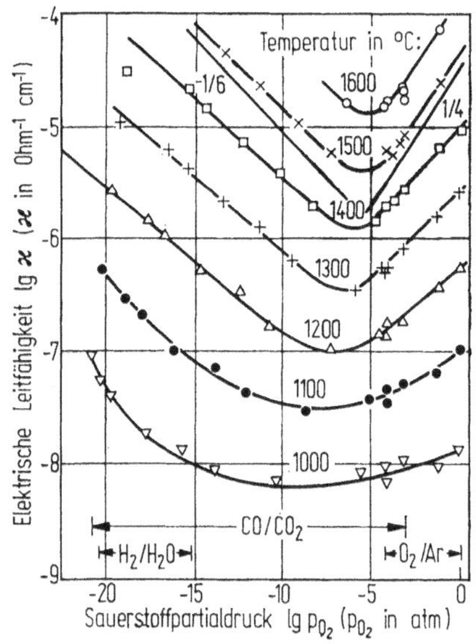

Bild 3.57. Elektrische Leitfähigkeit von hochreinen MgO-Einkristallen (99,99%) in Abhängigkeit vom Sauerstoffpartialdruck nach C. M. Osburn und R. W. Vest [189]

unabhängiger Übergangsbereich [185] ab. Eine Ionenleitfähigkeit in diesem Bereich, z. B. von Magnesium über Mg-Ionenleerstellen, erscheint möglich. Diese Annahme wird durch Untersuchungen der Selbstdiffusion gestützt. Aus Bild 3.59 ist zu ersehen, daß der Selbstdiffusionskoeffizient des Magnesiums

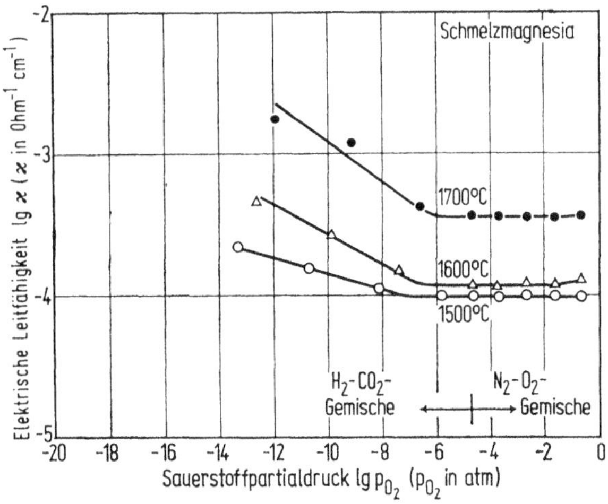

Bild 3.58. Elektrische Leitfähigkeit von MgO-Einkristallen mit einem Reinheitsgrad von 99,8% in Abhängigkeit vom Sauerstoffpartialdruck [185]

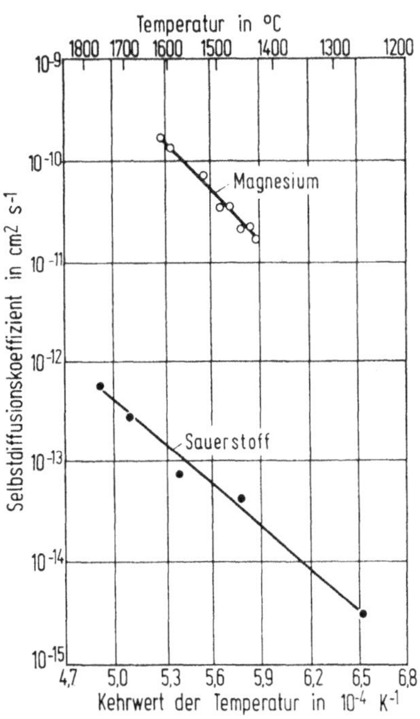

Bild 3.59. Selbstdiffusionskoeffizienten D^*_{Mg} nach R. Lindner und G. D. Parfitt [190] und D^*_O nach Y. Oishi und W. D. Kingery [191] in Magnesiumoxidkristallen in Abhängigkeit von der reziproken Temperatur

im Magnesiumoxid 2 bis 3 Größenordnungen über dem des Sauerstoffs liegt:

$$D^*_{\mathrm{Mg}} = 0{,}249 \exp(-3{,}43/kT) \; [190] \qquad (3.106)$$

(1400—1600 °C)

$$D^*_{\mathrm{O}} = 2{,}5 \cdot 10^{-6} \exp(-2{,}71/kT) \; [191]. \qquad (3.107)$$

(1300—1750 °C)

Für das Leitungsverhalten von *Strontiumoxid* und *Bariumoxid* bei höheren Temperaturen liegen bisher nur unzureichende Daten vor. Für einen Strontiumoxid-Kristall (Reinheitsgrad > 99,99%) wurden bei 850 bis 1330 °C an Luft Werte zwischen $3 \cdot 10^{-7}$ und $3 \cdot 10^{-4}$ $\mathrm{Ohm^{-1}\,cm^{-1}}$ ermittelt [192]. In diesem Temperaturbereich beträgt die Aktivierungsenergie 2,1 eV. Für die Selbstdiffusion der Kationen in Strontiumoxid und Bariumoxid wurden die in Tabelle 3.15 zusammengestellten Koeffizienten ermittelt [193, 194].

Tabelle 3.15. Selbstdiffusionskoeffizienten der Kationen in SrO und BaO [193, 194] (Einkristalle, Reinheitsgrad 99,9%)

Oxid	Temperaturbereich °C	Selbstdiffusionskoeffizient $\mathrm{cm^2 \cdot s^{-1}}$
SrO	1200—1400	$4{,}48 \cdot 10^{-4} \exp(-2{,}76/kT)$
	1450—1600	$2{,}52 \cdot 10^{2} \exp(-4{,}61/kT)$
BaO	950—1100	$1{,}20 \cdot 10^{4} \exp(-2{,}81/kT)$
	1200—1400	$1{,}35 \cdot 10^{4} \exp(-4{,}00/kT)$

3.5.1.3. Aluminiumoxid, Yttriumoxid und Oxide der Seltenen Erdmetalle

Auch die Oxide Al_2O_3, Sc_2O_3 und Y_2O_3, deren Metallkomponenten zur 3. Hauptgruppe des Periodensystems gehören, sowie die Seltenen Erden sind hochtemperaturbeständige Verbindungen, deren Schmelztemperaturen über 2000 °C liegen (vgl. die Zusammenstellung der kristallchemischen Daten in Tabelle 3.16). Ihre Strukturen erreichen nicht die Symmetrie der im CaF_2-Typ und im NaCl-Typ kristallisierenden Oxide. Unter den hier zu behandelnden Oxiden bilden diejenigen mit relativ großem Radius der Kationen (La 1,14 bis Nd 1,04) den hexagonalen La_2O_3-Typ, diejenigen mit kleineren Kationenradien (Gd 0,97 bis Yb 0,86, Y 0,92, Sc 0,83) den kubisch entarteten Sc_2O_3-Typ und das Al_2O_3 (Al 0,51) den rhomboedrischen Korund-Typ. In allen Oxiden sind die Sauerstoffionen nahezu dicht gepackt, während die Metallionen nach unterschiedlichen Ordnungsprinzipien auf die Gitterlücken verteilt sind. Phasenumwandlungen sind bisher nur lückenhaft untersucht. Einige Seltene Erden durchlaufen bei Temperaturen um 2200 °C wenig unterhalb ihres Schmelzpunktes eine Phasenumwandlung [195].

Tabelle 3.16. Kristallchemische Daten der Oxide Al_2O_3, Sc_2O_3, Y_2O_3 und der Seltenen Erden

Element mit Ordnungszahl	Oxid	Kationenradius Å	Struktur bei 25°C	Umwandlungs-temperatur °C	Schmelz-temperatur °C
13 Aluminium	Al_2O_3	0,51	Korund	1000	2050
21 Scandium	Sc_2O_3	0,83	Sc_2O_3		2400
39 Yttrium	Y_2O_3	0,92	Sc_2O_3		2420
57 Lanthan	La_2O_3	1,14	La_2O_3	2040, 2210	2320
58 Cer	Ce_2O_3	1,07	La_2O_3		
59 Praseodym	Pr_2O_3	1,14	La_2O_3		
60 Neodym	Nd_2O_3	1,04	La_2O_3		2272
61 Promethium	Pm_2O_3	1,06			
62 Samarium	Sm_2O_3	1,00	monoklin	922	2350
63 Europium	Eu_2O_3		monoklin	622, 2240	2320
64 Gadolinium	Gd_2O_3	0,97	Sc_2O_3		2340
65 Terbium	Tb_2O_3	0,93	Sc_2O_3		
66 Dysprosium	Dy_2O_3	0,92	Sc_2O_3	2200	2380
67 Holmium	Ho_2O_3	0,91	Sc_2O_3	2270	2390
68 Erbium	Er_2O_3	0,89	Sc_2O_3	2270	2400
69 Thulium	Tm_2O_3	0,87			
70 Ytterbium	Yb_2O_3	0,86	Sc_2O_3		2420
71 Lutetium	Lu_2O_3	0,85	La_2O_3		

Anmerkung: La_2O_3-Struktur hexagonal
Korund-Struktur rhomboedrisch
Sc_2O_3-Struktur kubisch (CaF_2, entartet)

Für das Aluminiumoxid finden sich in der umfangreichen Literatur so stark voneinander abweichende Leitfähigkeitsdaten, daß zuverlässige Aussagen über den Leitungsmechanismus nur schwer möglich werden. Als Beispiel für einen $\lg \varkappa - 1/T$-Verlauf seien die Untersuchungen von J. Pappis und W. D. Kingery [197] an einem Al_2O_3-Einkristall (Saphir, 99,9%) bei 1330 bis 1730 °C und Sauerstoffpartialdrücken der Gasphase zwischen 1 und 10^{-10} atm wiedergegeben (Bild 3.60). Sie lassen einen mittleren Temperaturbereich mit einer durch Fremdkationen bestimmten Leitfähigkeit (Aktivierungsenergie etwa 2,8 eV) sowie einen Bereich höherer Temperaturen mit einer vermutlichen Eigenleitfähigkeit (Aktivierungsenergie etwa 5,5 eV) erkennen.

Leitfähigkeitsmessungen an „schlecht leitenden" Metalloxiden bei hohen Temperaturen erscheinen in einem anderen Licht, wenn man in Rechnung stellt, daß thermisch angeregte Elektronen und Ionen aus dem Innern an die

Probenoberfläche oder weiter in die Gasphase gelangen und hier einen Kurzschlußstrom zwischen den Meßkontakten hervorrufen können. Besonders bei Untersuchungen an Al_2O_3 fand sich eine experimentelle Bestätigung für einen

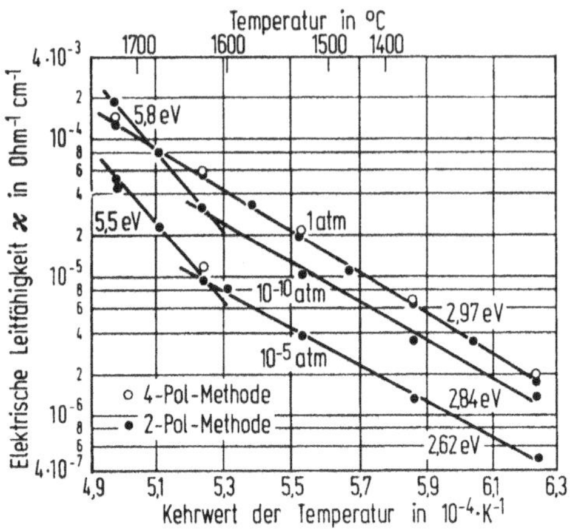

Bild 3.60. Elektrische Leitfähigkeit von Al_2O_3-Einkristallen (Saphir mit einem Reinheitsgrad von 99,9%) in Abhängigkeit von der reziproken Temperatur nach J. Pappis und W. D. Kingery [197]

solchen Kurzschlußstrom derart, daß zwischen den leeren Probenhalterungen annähernd der gleiche elektrische Widerstand wie an der Probe selbst gemessen und damit im wesentlichen die Leitfähigkeit der Gasphase bestimmt wurde [186, 196, 198, 199] (air gap conduction). Korrekte Meßergebnisse lassen sich dagegen erzielen, wenn die Probenanordnung durch einen geerdeten Platinzylinder abgeschirmt wird. R. J. Brook, J. Yee und F. A. Kröger [196] definierten einen „Kurzschluß-Faktor" für Leitfähigkeitsmessungen, der das Verhältnis der Meßwerte bei nicht abgeschirmter und abgeschirmter Probe angibt:

$$f = \frac{\varkappa_{Probe} + \varkappa_{Oberfläche} + \varkappa_{Gas}}{\varkappa_{Probe}} \qquad (3.108)$$

und für eine Messung an einem Al_2O_3-Körper (l = 0,27 mm, d = 5 mm) bei 1300 bis 1700 °C von der Größenordnung 50 war.

Die Isothermen der elektrischen Leitfähigkeit des Aluminiumoxids durchlaufen ein Minimum bei einem Sauerstoffpartialdruck von etwa 10^{-5} atm (Bild 3.61). J. Pappis und W. D. Kingery [197] schließen aus diesem Verlauf auf eine n-Leitung bei sehr niedrigen Sauerstoffdrücken[1] unter Bildung von

[1] Exponent −0,17

Sauerstoffionen-Leerstellen oder Al-Zwischengitterionen

$$O_O \rightleftharpoons V_O^{\cdot\cdot} + 2e' + \frac{1}{2} O_2 \qquad (3.109)$$

$$\frac{1}{2} Al_2O_3 + V_i \rightleftharpoons Al_i^{\cdot\cdot\cdot} + 3e' + \frac{3}{4} O_2 \qquad (3.110)$$

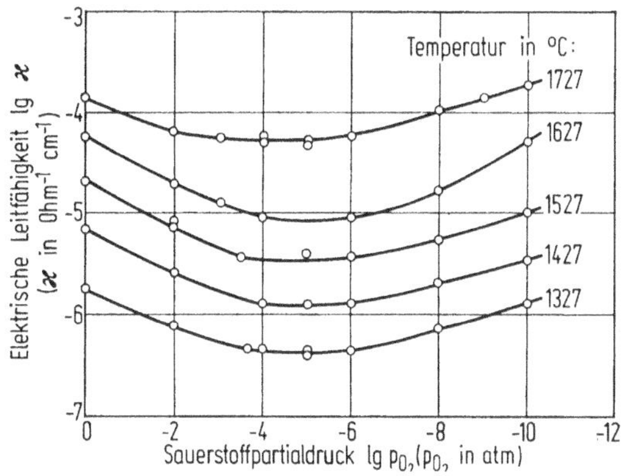

Bild 3.61. Elektrische Leitfähigkeit von Al_2O_3-Einkristallen (Saphir mit einem Reinheitsgrad von 99,9%) in Abhängigkeit vom Sauerstoffpartialdruck nach J. Pappis und W. D. Kingery [197]

und auf eine p-Leitung bei hohen Sauerstoffdrücken[1] unter Bildung von Aluminiumionen-Leerstellen

$$\frac{3}{4} O_2 + Al_{Al} \rightleftharpoons V_{Al}''' + 3h^{\cdot} + \frac{3}{2} O_O \qquad (3.111)$$

R. J. Brook, J. Yee und F. A. Kröger [196] erhielten aus EMK-Messungen an der Zelle Pt | O_2 | Al_2O_3 | Luft | Pt bei 1000 bis 1400 °C für das Aluminiumoxid eine nahezu vollständige Ionenleitfähigkeit. Um diesen Befund im Einklang mit der gleichzeitig ermittelten Abhängigkeit der elektrischen Leitfähigkeit vom Sauerstoffpartialdruck $\varkappa \sim p_{O_2}^{1/n}$ erklären zu können, entwickelten die Verfasser ein neues Fehlordnungsmodell (Bild 3.62). Sie gehen von einer Frenkel-Fehlordnung

$$Al_{Al} + V_i \rightleftharpoons V_{Al}''' + Al_i^{\cdot\cdot\cdot} \qquad (3.112)$$

im stöchiometrischen Al_2O_3 aus und beschreiben die bei hohen und niedrigen Sauerstoffpartialdrücken beobachteten Abhängigkeiten $\varkappa \sim p_{O_2}^{\pm 1/n}$ mit der Annahme von Aluminiumionen-Leerstellen V_{Al}'' bei der Sauerstoffaufnahme und von Al-Zwischengitterionen $Al_i^{\cdot\cdot}$ bei der Sauerstoffabgabe. Die Leerstelle

[1] Exponent 0,20

V_{Al}'' wird als Leerstelle V_{Al}''' verstanden, die ein Defektelektron gebunden hat

$$V_{Al}''' + h^{\cdot} \rightleftharpoons V_{Al}'' \tag{3.113}$$

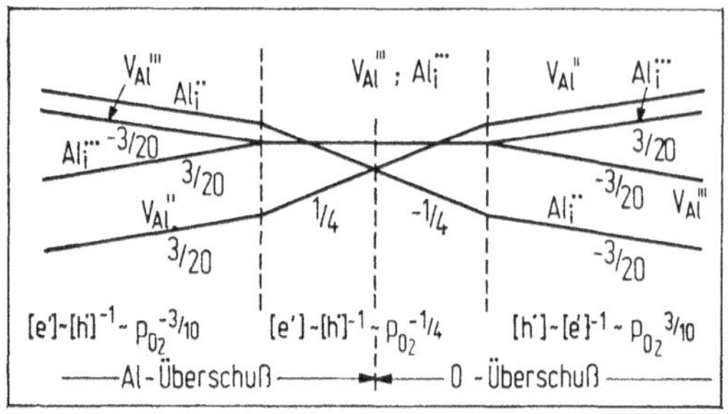

Bild 3.62. Abhängigkeit der Fehlstellenkonzentrationen in reinem Aluminiumoxid vom Sauerstoffpartialdruck nach R. J. Brook, J. Yee und F. A. Kröger [196] (schematisch)

Umgekehrt gilt für die Bildung von Al-Zwischengitterionen

$$Al_i^{\cdot\cdot\cdot} + e' \rightleftharpoons Al_i^{\cdot\cdot} \tag{3.114}$$

Die Fehlordnungsgleichungen erhalten damit die folgenden Formulierungen:

$$\frac{3}{4}\,O_2 + 3Al_{Al} + 2V_i \rightleftharpoons 3V_{Al}'' + 2Al_i^{\cdot\cdot\cdot} + \frac{1}{2}\,Al_2O_3 \tag{3.115}$$

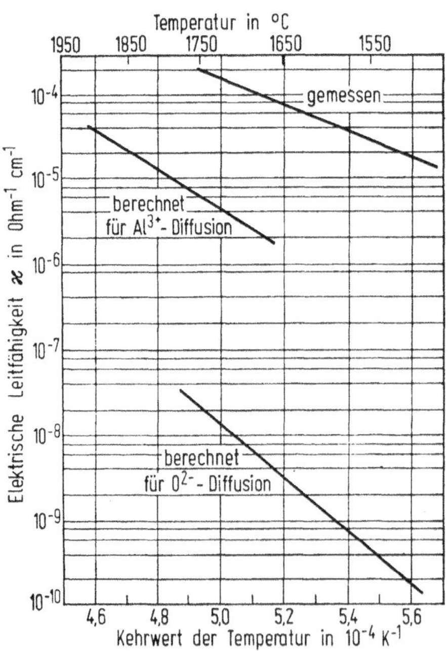

Bild 3.63. Gemessene elektrische Leitfähigkeit nach J. Pappis und W. D. Kingery [197] sowie berechnete Ionenleitfähigkeiten für Al^{3+}- und O^{2-}-Ionendiffusion nach A. E. Paladino und R. L. Coble [201a] in Aluminiumoxid

Tabelle 3.17. Selbstdiffusion in den Oxiden Al_2O_3, Sc_2O_3 und Y_2O_3

Oxid	Material	diffun-dierendes Ion	Methode	Selbstdiffusionskoeffizient $cm^2 \cdot s^{-1}$	Temperatur-bereich °C	Verfasser
Al_2O_3	Sinterprobe	Al	Tracer Al^{26}	$28 \exp(-4{,}95/kT)$	1670–1905	A. E. Paladino W. D. Kingery [200]
	Einkristall	O	Tracer O^{18}	$6{,}3 \cdot 10^{-8} \exp(-2{,}50/kT)$	1200–1600	Y. Oishi, W. D. Kingery [201]
	Einkristall	O	Tracer O^{18}	$1{,}9 \cdot 10^{3} \exp(-6{,}60/kT)$	1600–1780	[201]
Sc_2O_3	Einkristall	O	gravimetrisch	$7{,}72 \cdot 10^{-4} \exp(-1{,}66/kT)$	1100–1300	M. F. Berard, C. D. Wirkus, D. R. Wilder [207]
Y_2O_3	Sinterprobe	Y	Tracer	$2{,}14 \cdot 10^{-4} \exp(-1{,}90/kT)$	1400–1800	M. F. Berard, D. R. Wilder [206]
	Einkristall	O	gravimetrisch	$6{,}06 \cdot 10^{-6} \exp(-0{,}85/kT)$	1060–1240	M. F. Berard, C. D. Wirkus, D. R. Wilder [207]

(für die Bildung von überstöchiometrischem Al_2O_3) und

$$\frac{1}{2} Al_2O_3 + 2Al_{Al} + 3V_i \rightleftharpoons 2V_{Al}''' + 3Al_i^{\cdot\cdot\cdot} + \frac{3}{4} O_2 \tag{3.116}$$

(für die Bildung von unterstöchiometrischem Al_2O_3).

Mit Hilfe dieser Gleichungen kann die Ionenleitfähigkeit beschrieben und die beobachtete Abhängigkeit $\varkappa \sim p_{O_2}^{1/7}$ bzw. $\varkappa \sim p_{O_2}^{-1/7}$ annähernd richtig wiedergegeben werden.

Für eine relativ höhere Beweglichkeit der Aluminiumionen im Bereich der vermutlichen Eigenfehlordnung oberhalb 1600 °C sprechen auch die Untersuchungen der Selbstdiffusionskoeffizienten an Al_2O_3-Einkristallen nach der Tracer-Methode, die für das Aluminium [200] um zwei Größenordnungen höhere Werte als für den Sauerstoff [201] ergaben (Tabelle 3.17 und Bild 3.63). Die zugehörigen Aktivierungsenergien betragen 4,95 eV für Aluminium und 6,60 eV für den Sauerstoff. In vielkristallinem Al_2O_3 führt die Diffusion des Sauerstoffs über Korngrenzen zu erheblich höheren Werten D_O^*.

Im Widerspruch zu den bisher behandelten Ergebnissen stehen Messungen der Überführungszahl t_{Al} in Saphir-Einkristallen [202] und vielkristallinem Al_2O_3 [203] nach der Tubandt-Methode. Ein Transport von Al-Ionen durch die gewählte Tabletten-Anordnung unter dem Einfluß einer äußeren Gleichspannung sollte einen Gewichtszuwachs im Kathodenbereich bzw. eine Gewichtsabnahme im Anodenbereich bewirken. Tatsächlich wurden jedoch nur sehr geringe Überführungsanteile t_{Al} von 0,05 bei 1550 bis 1750 °C [202] bzw. 0,01 bei 1450 °C [203] beobachtet. Wie bei den Messungen des elektrischen Widerstandes und der EMK kann jedoch auch hier bei den Elektrolyseexperimenten am „schlecht leitenden" Al_2O_3 ein Kurzschlußstrom über die Gasphase nicht ausgeschlossen werden. Da aber auch die Ergebnisse der Diffusionsmessungen unsicher sind (auf den Einfluß der Korngrenzendiffusion des Sauerstoffs wurde hingewiesen), ist es bisher nicht möglich, ein einheitliches und zuverlässiges Bild des Leitverhaltens im Aluminiumoxid zu entwerfen.

Untersuchungen der elektrischen Leitfähigkeit von *Yttriumoxid* wurden von N. M. Tallan und R. W. Vest [204] an vielkristallinem, hochreinem Material (99,99%) durchgeführt. Dabei wurde die schon erwähnte Probenabschirmung verwendet. Bild 3.34 zeigt die $\lg \varkappa - 1/T$-Abhängigkeit bei 1200 bis 1600 °C und Sauerstoffpartialdrücken von 10^{-7} bis 10^{-1} atm. Die Leitfähigkeitsisothermen durchlaufen ein Minimum bei $p_{O_2} = 10^{-11}$ bis 10^{-8} atm und folgen bei höheren Sauerstoffdrücken einer Beziehung $\varkappa \sim p_{O_2}^{3/16}$. In diesem Bereich halten die Autoren eine vorherrschende Elektronendefektleitung gemäß der Fehlordnungsgleichung

$$\frac{3}{2} O_2 + 2Y_Y \rightleftharpoons 2V_Y''' + 6h^{\cdot} + Y_2O_3 \tag{3.117}$$

für wahrscheinlich.

Andererseits konnte eine Ionenleitfähigkeit des Yttriumoxids bei tieferen Temperaturen zwischen 700 und 1000 °C durch EMK-Messungen nachgewiesen werden (s. Abschnitt 6.1.3.). Die Sauerstoffgrenzdrücke $p_{h^{\cdot}}$ und $p_{e'}$ für eine Überführungszahl $t_{ion} \geqq 0{,}5$[1] in diesem Temperaturbereich wurden aus EMK-Messungen berechnet [205]. Sie betragen z. B. bei 800 °C $3 \cdot 10^{-6}$ bzw. 10^{-17} atm. Daten für die Selbstdiffusion von Yttrium [206] und Sauerstoff [207] in Y_2O_3 sind in Tabelle 3.17 enthalten.

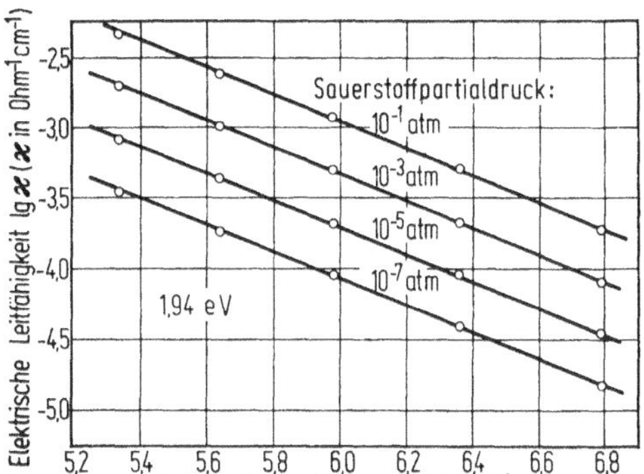

Bild 3.64. Elektrische Leitfähigkeit von hochreinem, vielkristallinem Yttriumoxid (Reinheitsgrad 99,99%) in Abhängigkeit von der reziproken Temperatur nach N. M. Tallan und R. W. Vest [204]

In einigen *Seltenen Erden* (Nd_2O_3, Sm_2O_3, Gd_2O_3, Dy_2O_3, Yb_2O_3) wurde durch EMK-Messungen bei Temperaturen um 1000 °C im Sauerstoffdruckbereich etwa zwischen 10^{-5} und 10^{-20} atm eine überwiegende Ionenleitung festgestellt [208, 209]. Diese Ionenleitfähigkeit beruht möglicherweise auf einer Wanderung von Sauerstoffionen, wie die relativ hohen Selbstdiffusionskoeffizienten des Sauerstoffs sowie die niedrigen Aktivierungsenergien der Sauerstoffdiffusion im 1,20 eV vermuten lassen (Tabelle 3.18) [207, 210, 211]. Letztere stimmen mit den Aktivierungsenergien der Sauerstoffionenleitfähigkeit im CaO-stabilisierten Zirkonoxid auffallend gut überein.

3.5.2. Mischoxide und Oxidverbindungen

3.5.2.1. Mischoxide auf der Basis von ZrO_2 und ThO_2

ZrO_2—CaO. Zirkonoxid und Kalziumoxid bilden bei erhöhten Temperaturen Mischkristalle vom Typ der kubischen Fluoritstruktur, die bei der Herstellung von Zirkonoxidkeramik angestrebt wird, um die starke Volumenänderung des

[1] nach H. Schmalzried

Tabelle 3.18. Sauerstoff-Selbstdiffusion in Seltenen Erden

Oxid	Reinheitsgrad %	Methode	Selbstdiffusionskoeffizient $cm^2 \cdot s^{-1}$	Temperaturbereich °C	Verfasser
Nd_2O_3	99,999	Tracer O^{18}	$1,3 \cdot 10^{-4} \exp(-1,34/kT)$	700—1000	G. D. Stone, G. R. Weber, L. Eyring [210]
Sm_2O_3	99,998	Tracer O^{18}	$6,0 \cdot 10^{-4} \exp(-0,92/kT)$	700—1000	dgl. [210]
Gd_2O_3		gravimetrisch	$5,87 \cdot 10^{-4} \exp(-1,25/kT)$	740—1000	C. D. Wirkus, M. F. Berard, D. R. Wilder [211]
Dy_2O_3		gravimetrisch	$1,63 \cdot 10^{-5} \exp(-1,14/kT)$	1090—1230	M. F. Berard, C. D. Wirkus, D. R. Wilder [207]
Er_2O_3		gravimetrisch	$1,31 \cdot 10^{-5} \exp(-1,30/kT)$	1060—1290	dgl. [207]
Lu_2O_3		gravimetrisch	$1,88 \cdot 10^{-4} \exp(-1,29/kT)$	1020—1300	dgl. [207]

reinen Zirkonoxids während der Umwandlung monoklin ↔ tetragonal bei 1000 bis 1100 °C zu vermeiden. Dilatometerkurven für reines ZrO_2 [140, 141] und ein Mischoxid aus 85 mol-% ZrO_2 und 15 mol-% CaO [212] sind in Bild 3.65 wiedergegeben. Das Zirkonoxid wird durch den Zusatz von Kalziumoxid *stabilisiert*[1]. In einer älteren Fassung des Zustandsschaubildes ZrO_2—CaO wird die ZrO_2—CaO-Mischphase in den Grenzen von 15 bis etwa 27 mol-% CaO und von über 2000 °C bis in die Nähe der Raumtemperatur hinab als beständig angezeigt (Bild 3.66) [213]. Spätere röntgenographische Bestimmungen der Gitterkonstanten zeigen jedoch, daß die maximale Löslichkeit der Mischphase eher bei 20 mol-% CaO anzunehmen ist, während die untere Grenze der Löslichkeit ebenfalls zu kleineren Werten verschoben ist, jedoch nicht einheitlich festgelegt werden konnte (Bild 3.67) [214—218].

Weitere Aufklärung bringt eine neuere Arbeit von R. C. Garvie [219]. Hier wurden ZrO_2—CaO-Proben mit CaO-Gehalten zwischen 4 und 27 mol-% von unterschiedlichen Haltetemperaturen zwischen 1300 und 1765 °C abgeschreckt und ebenfalls röntgenographisch untersucht. Die ermittelten Gitter-

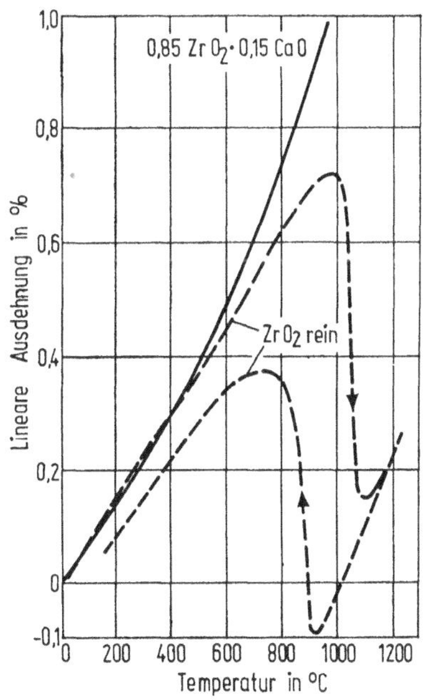

Bild 3.65. Lineare Ausdehnung vielkristalliner Proben aus reinem ZrO_2 [140, 141] und einem Mischoxid der Zusammensetzung $Zr_{0,85}Ca_{0,15}O_{1,85}$ [212]

[1] Stabilisiertes Zirkonoxid findet als hochfeuerfester und chemisch beständiger Werkstoff in der Metall- und Glasschmelztechnik sowie als Schutzüberzug auf Metalloberflächen Verwendung. Eine weitere Entwicklung zielt darauf hin, das Zirkonoxid als elektrisches Heizelement in Hochtemperaturöfen nutzbar zu machen.

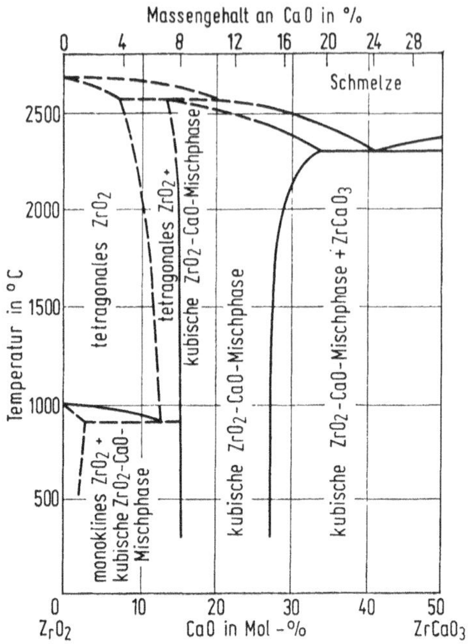

Bild 3.66. Phasendiagramm ZrO_2—$ZrCaO_3$ nach P. Duwez, F. Odell undF. H. Brown jr. [213]

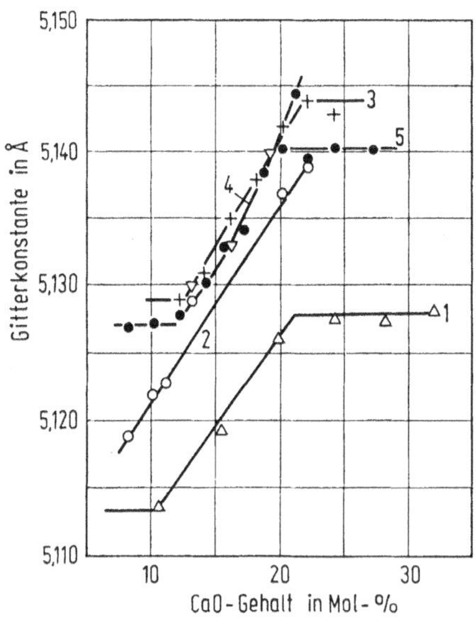

Bild 3.67. Gitterkonstanten der kubischen Mischphase im System ZrO_2—CaO nach verschiedenen Autoren [214—218]

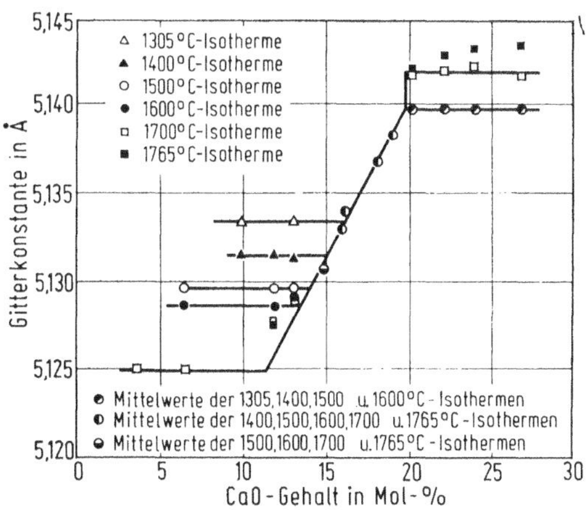

Bild 3.68. Gitterkonstanten der kubischen Mischphase im System ZrO_2—CaO nach R. C. Garvie [219]

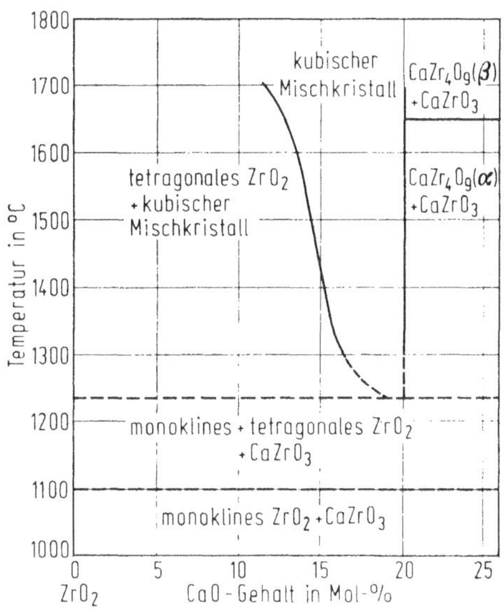

Bild 3.69. Ausschnitt des Phasendiagramms ZrO_2—$ZrCaO_3$ nach R. C. Garvie [219]

konstanten sind in Bild 3.68 über der CaO-Konzentration dargestellt. Daraus resultiert der in Bild 3.69 entworfene Existenzbereich der ZrO_2—CaO-Mischphase, die als eine Verbindung $CaZr_4O_9$ (CaO · 4 ZrO_2) mit einem erheblichen Überschuß an ZrO_2 in fester Lösung angenommen wird. Im Temperaturbereich zwischen 1200 und 1300 °C wird ein eutektoider Zerfall bzw. eine Entstabilisierung der Mischkristalle angedeutet, die jedoch wegen ihres äußerst langsamen

Ablaufs nicht bis zur Gleichgewichtseinstellung hin verfolgt werden kann. Tatsächlich kann die kubische Mischphase auch bei Raumtemperatur erhalten werden. In dieser *metastabilen* Tieftemperatur-Phase können bei gezielter Wärmebehandlung Ordnungsvorgänge (order-disorder phenomena) ablaufen, die sich z. B. durch Anomalien der elektrischen Leitfähigkeit bemerkbar machen. E. C. Subbarao und P. H. Sutter [220] ermittelten im Röntgenbild zusätzlich Linien für eine ZrO_2—CaO-Überstruktur.

Die neuere Fassung des Zustandsschaubildes ZrO_2—CaO für den Hochtemperaturbereich läßt erkennen, daß sich die kubische feste Lösung bei 2300 °C bis zu einem CaO-Anteil von etwa 35 mol-% ausdehnt [221] (Bild 3.70).

In handelsüblicher Keramik aus CaO-stabilisiertem Zirkonoxid wird häufiger ein Mischungsverhältnis im heterogenen Zustandsbereich zwischen

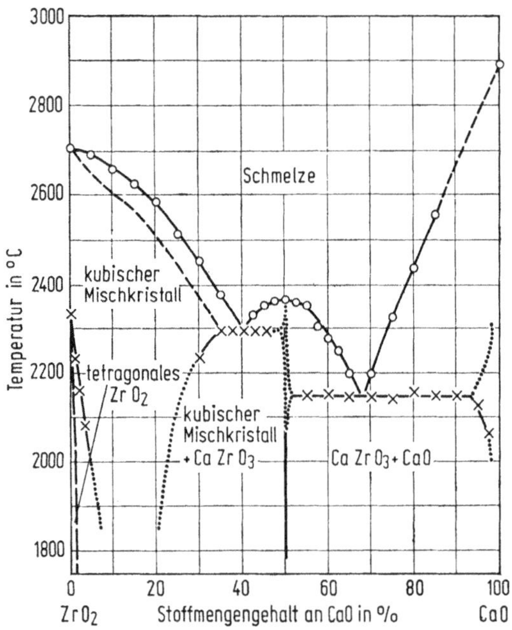

Bild 3.70. Phasendiagramm ZrO_2—CaO im Bereich hoher Temperaturen nach J. -P. Traverse und M. Foëx [221]

der kubischen und tetragonalen Mischphase eingestellt, um den thermischen Ausdehnungskoeffizienten zu verringern (Bild 3.71) [222]. Man spricht in diesem Zusammenhang von *teilstabilisiertem* Material, dessen lineare Ausdehnungskoeffizienten zwischen denen des kubischen (11 bis $12 \cdot 10^{-6}\,K^{-1}$) und des monoklinen (7 bis $8 \cdot 10^{-6}\,K^{-1}$) ZrO_2 liegen. Die mittleren Gehalte an

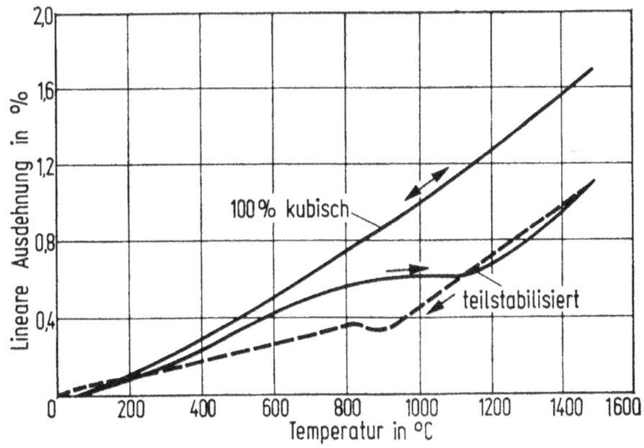

Bild 3.71. Lineare Ausdehnung von „vollstabilisiertem" und „teilstabilisiertem" ZrO_2—CaO-Mischoxid zwischen 0 und 1500 °C nach O. J. Whittemore und N. N. Ault [222]

Fremdkationen im reinen Zirkonoxid, das zur Herstellung von stabilisierter ZrO_2-Keramik von verschiedenen Firmen verwendet wird, sind in Tabelle 3.19 angegeben.

Tabelle 3.19. Übliche Beimengungen an Fremdkationen im Zirkonoxid in

(Massengehalt in %)	
Al	0,001 0,3
Ca	0,003—0,3
Fe	0,001—0,2
Hf	1,5 —2,5
K	0,003—0,1
Mg	0,001—0,04
Na	0,001—0,03
Si	0,001—0,5
Ti	0,002—0,2
(alle übrigen Kationen < 0,001%)	

ZrO_2—CaO-Mischoxide haben als Festelektrolyte in galvanischen Zellen eine überragende Bedeutung erlangt. Diese ist darin zu sehen, daß durch den Zusatz von Kalziumoxid nicht nur ein thermischer Stabilisierungseffekt, sondern gleichzeitig eine Unstöchiometrie im Gitter gemäß der allgemeinen Formel $Ca_xZr_{1-x}O_{2-x}$ erzeugt wird, die zur Bildung von Leerstellen im Sauerstoffionenteilgitter und damit zu einer vorherrschenden Sauerstoffionenleitfähigkeit führt. Die bereits am Beispiel des reinen Thoriumoxids und Zirkonoxids skizzierte Fluoritstruktur ist hier derart abgewandelt, daß die Würfelecken und Flächenmitten des Kationengitters gemeinsam von Zr- und Ca-

Ionen besetzt sind, wobei je eingebauten Ca^{2+}-Ions zur Kompensation der überschüssigen, 2fach negativen Ladung eine Sauerstoffionenleerstelle gebildet wird. Das Auftreten von Leerstellen im Sauerstoffionenteilgitter der ZrO_2—CaO-Mischkristalle wurde von F. Hund [223] durch Vergleich der pyknometrisch bestimmten Dichte und der aus der gemessenen Gitterkonstanten berechneten Dichte nachgewiesen. Aus Bild 3.72 ist zu ersehen, daß die beobachteten und die berechneten Dichten nur für die Annahme eines vollkommen besetzten Kationengitters und eines unvollständig besetzten Anionengitters gut miteinander übereinstimmen.

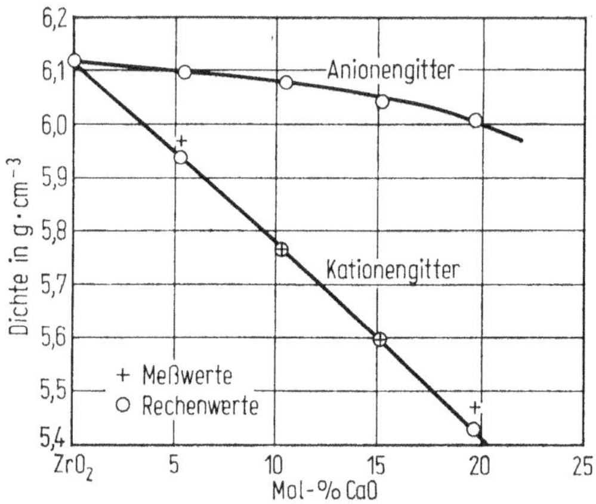

Bild 3.72. Pyknometrisch bestimmte und aus Röntgendaten berechnete Dichten von ZrO_2—CaO-Mischkristallen nach F. Hund [223]

Reines ZrO_2 sowie ZrO_2—CaO-Mischphasen besitzen eine Löslichkeit für Eisenoxide, deren Grenzwerte von W. A. Fischer und A. Hoffmann [224] für ein molares ZrO_2/CaO-Verhältnis von 82/18 bei 1450°C mit 12,5 mol-% $Fe_{1-x}O$ bzw. 8,5 mol-% Fe_2O_3 festgelegt wurden. Die Fehlordnung in der binären ZrO_2—CaO-Mischphase[1]

$$CaO \Rightarrow Ca\,|Zr|'' + |O|^{\cdot\cdot} + ZrO_2 \tag{3.118}$$

wird durch die Auflösung von Eisenoxiden in der Weise beeinflußt, daß Eisenionen Fe^{2+} und Fe^{3+} sowohl auf regulären Gitterplätzen

$$Fe_{1-x}O \Rightarrow (1-2x)\,Fe^{2+}\,|Zr|'' + 2x Fe^{3+}\,|Zr|' + x\,|O|^{\cdot\cdot} + ZrO_2 \tag{3.119}$$

$$Fe_2O_3 \Rightarrow 2\,Fe^{3+}\,|Zr|' + |O|^{\cdot\cdot} + 2\,ZrO_2 \tag{3.120}$$

[1] In der Schreibweise nach W. Schottky [8b].

als auch auf Zwischengitterplätzen

$$Fe_{1-x}O + (1 + x)\,|O|^{\cdot\cdot} \Rightarrow (1 - 2x)\,Fe^{\cdot\cdot} + 2x\,Fe^{\cdot\cdot\cdot} \tag{3.121}$$

$$Fe_2O_3 + 3\,|O|^{\cdot\cdot} \Rightarrow 2\,Fe^{\cdot\cdot\cdot} \tag{3.122}$$

eingebaut werden können [225—227]. Dies ergaben vergleichende Bestimmungen der pyknometrischen und der röntgenographischen Dichten in Abhängigkeit vom Gehalt an Eisenoxiden. Die vorstehenden Gleichungen (3.119) bis (3.122) besagen, daß durch die Belegung von regulären Gitterplätzen zusätzlich Sauerstoffionen-Leerstellen erzeugt, durch den Einbau auf Zwischengitterplätzen dagegen Sauerstoffionen-Leerstellen aufgezehrt und schließlich in steigendem Maße überschüssige Elektronen gebildet werden können. Tatsächlich bleibt die Sauerstoffionenfehlordnung bis zu den angegebenen Grenzen der Löslichkeit für $Fe_{1-x}O$ und Fe_2O_3 erhalten. Dieser Befund ist für die Anwendung von ZrO_2—CaO-Festelektrolyten in Gegenwart von sauerstoffhaltigen Eisenschmelzen oder festen Eisenoxiden von erheblicher Bedeutung.

Zirkonoxid mit Zusatz an Kalziumoxid darf als Prototyp für feste ionenleitende Mischoxide gelten, deren Leitverhalten bis zu äußerst hohen Temperaturen hin durch die Art und Menge des Dotierungsmittels, d. h. durch eine gezielte Fremdfehlordnung, bestimmt wird. Kennzeichnend für Mischoxide dieser Art sind relativ hohe elektrische Gesamtleitfähigkeiten bei relativ niedrigen Aktivierungsenergien. Eine typische $\lg \varkappa - 1/T$-Gerade für einen kubischen Mischkristall der Zusammensetzung 0,80 $ZrO_2 \cdot$ 0,20 CaO an Luft ist in Bild 3.73 wiedergegeben [228], aus der sich spezifische elektrische Leitfähigkeiten

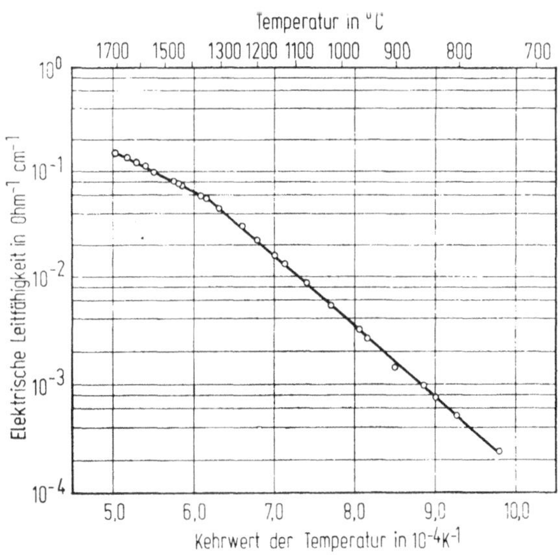

Bild 3.73. Elektrische Leitfähigkeit eines Mischoxids der Zusammensetzung $Zr_{0,80}Ca_{0,20}O_{1,80}$ in Abhängigkeit von der reziproken Temperatur [228]

von $7 \cdot 10^{-4}$ Ohm^{-1} cm^{-1} bei 800 °C, $2 \cdot 10^{-2}$ Ohm^{-1} cm^{-1} bei 1200 °C und 0,13 Ohm^{-1} cm^{-1} bei 1600°C ablesen lassen. Deutlich ausgeprägt sind zwei Temperaturbereiche unterschiedlicher Aktivierungsenergien. Sie werden durch eine Reihe weiterer Autoren [223, 226, 228, 229—235] bestätigt (Tabelle 3.20 und 3.21). Im Bereich mittlerer Temperaturen unterhalb 1350 °C beträgt die Aktivierungsenergie für ein Mischoxid der Zusammensetzung $0{,}85\,ZrO_2 \cdot 0{,}15\,CaO$ im Mittel 1,25 eV. Die Aktivierungsenergie ist in diesem Temperaturbereich, wie aus Bild 3.74 zu ersehen, von der Zusammensetzung abhängig. Sie durchläuft ein Minimum von 1,1 eV bei einem CaO-Gehalt von 12 mol-% [232].

Tabelle 3.20. Leitfähigkeitsdaten von ZrO_2—CaO-Mischoxiden der Zusammensetzung $0{,}85\,ZrO_2 \cdot 0{,}15\,CaO$ bei mittleren Temperaturen

Temperaturbereich °C	$\varkappa \cdot 10^2$ bei 1000°C Ohm^{-1} · cm^{-1}	Aktivierungs-energie eV	Verfasser
500—1200	0,21	1,21	F. Hund [223]
300—1000	0,28	1,13	Z. S. Volchenkova, S. F. Palguev [229]
900—1350	2,0	1,17	A. Cocco, I. Babariol [230]
550—1200	4,0	1,30	J. Dixon u. Mitarb. [231]
500—1400	3,3	1,17	T. Y. Tien [232]
400—1100	6,2	1,30	A. D. Neuimin, S. F. Palguev [233]
600—1300	1,6	1,35	D. W. Strickler, W. G. Carlsson [234]

Tabelle 3.21. Leitfähigkeitsdaten von ZrO_2—CaO-Mischoxiden bei höheren Temperaturen

Temperaturbereich °C	mol-% CaO	$\varkappa$ bei 1600 °C Ohm^{-1} · cm^{-1}	Aktivierungs-energie eV	Verfasser
1300—1700	14,3	2,5	0,67	A. Hoffmann, W. A. Fischer [226]
1350—1650	20	0,13	0,63	W. A. Fischer, W.-D. Oels [228]
1350—1650	13	0,6	0,68	W. A. Fischer, Ch. Pieper [235]

Bei Temperaturen über 1350 °C scheint die Aktivierungsenergie im wesentlichen unabhängig von der Zusammensetzung der kubischen Mischphase zu sein. Für CaO-Gehalte zwischen 13 und 20 mol-% ergaben sich hier Beträge um 0,65 eV.

Einen größeren Überblick im gesamten Konzentrationsbereich zwischen reinem ZrO_2 und reinem CaO vermitteln die Untersuchungen von Z. S. Volchenkova und S. F. Palguev [229] sowie H. A. Johansen und J. G. Cleary [236]. In Bild 3.75 sind die Temperaturabhängigkeiten der elektrischen Leitfähigkeit

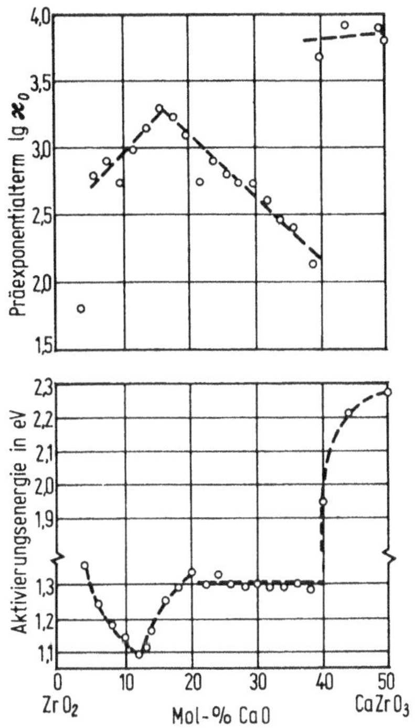

Bild 3.74. Aktivierungsenergie und Präexponentialterm der elektrischen Leitfähigkeit in ZrO_2—CaO-Mischoxiden in Abhängigkeit vom CaO-Gehalt nach T. Y. Tien [232]

für Proben unterschiedlicher Zusammensetzung und in Bild 3.76 die Leitfähigkeitsisothermen im System ZrO_2—CaO bis zu extrem hohen Temperaturen von 2000 °C wiedergegeben [236]. Die Messungen wurden an Luft durchgeführt. Die spezifische Leitfähigkeit des reinen Zirkonoxids erhöht sich durch den Zusatz von Kalziumoxid um mehrere Größenordnungen. Das Maximum der Leitfähigkeit des kubischen ZrO_2—CaO-Mischoxids entspricht dem Minimum der Aktivierungsenergie bei 12 mol-% CaO. Mit weiter steigendem CaO-Anteil nimmt die Leitfähigkeit, besonders beim Eintritt in den zweiphasigen Bereich oberhalb 20 mol-%, wieder erheblich ab. Ein zweites, weniger stark ausgeprägtes Leitfähigkeitsmaximum zeichnet sich bei einem CaO-Gehalt von 55 mol-% ab und deutet die Verbindung CaO · ZrO_2 an, die möglicherweise einen Homogenitätsbereich bei CaO-Überschuß aufweist.

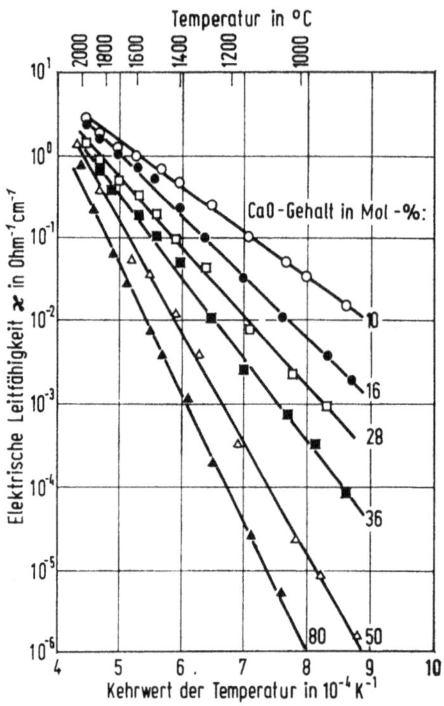

Bild 3.75. Elektrische Leitfähigkeit von ZrO_2—CaO-Mischoxiden unterschiedlicher Zusammensetzung in Abhängigkeit von der reziproken Temperatur nach H. A. Johansen und J. G. Cleary [236]

Tabelle 3.22. Messungen der Selbstdiffusion in ZrO_2—CaO-Mischoxiden

Diffundierendes Ion	mol-% CaO	Temperaturbereich °C	Selbstdiffusionskoeffizient $cm^2 \cdot s^{-1}$	Verfasser
Zr^{4+}	16	1700—2150	$0{,}035 \exp(-92500/RT)$	W. H. Rhodes, R. E. Carter [237]
	15	1550—1800	$4{,}72 \cdot 10^{-3} \exp(-61800/RT)$	H.-H. Möbius, H. Witzmann, D. Gerlach [238]
Ca^{2+}	16	1700—2150	$0{,}44 \exp(-100200/RT)$	W. H. Rhodes, R. E. Carter [237]
	15	1550—1800	$4{,}04 \cdot 10^{3} \exp(-98800/RT)$	H.-H. Möbius, H. Witzmann, D. Gerlach [238]
O^{2-}		700—1100	$1{,}1 \cdot 10^{-2} \exp(-28100/RT)$	W. D. Kingery, J. Pappis, M. E. Doty, D. C. Hill [239]
	14	800—1100	$0{,}018 \exp(-31200/RT)$	L. A. Simpson, R. E. Carter [240]

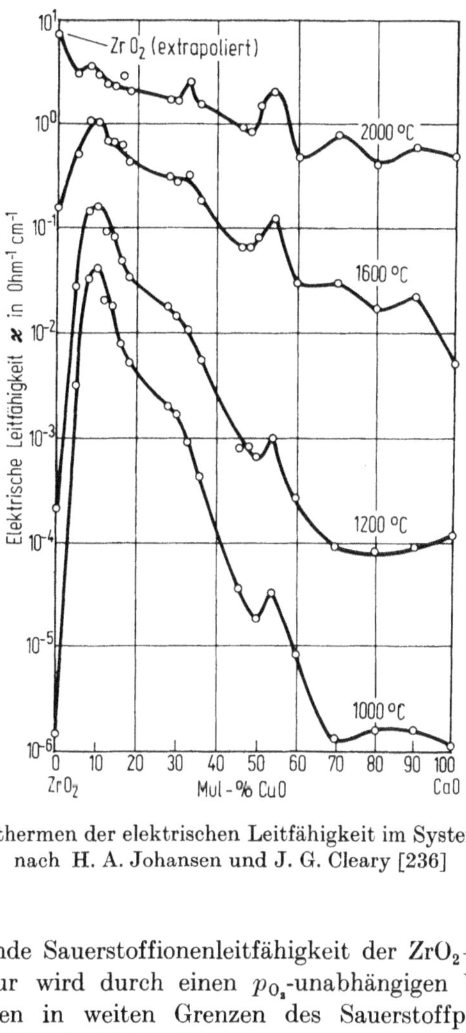

Bild 3.76. Isothermen der elektrischen Leitfähigkeit im System ZrO_2—CaO nach H. A. Johansen und J. G. Cleary [236]

Die überwiegende Sauerstoffionenleitfähigkeit der ZrO_2—CaO-Mischoxide mit Fluoritstruktur wird durch einen p_{O_2}-unabhängigen Verlauf der Leitfähigkeitsisothermen in weiten Grenzen des Sauerstoffpartialdruckes der Gasphase angezeigt (Bild 3.77) [235].

Eine weitere Bestätigung der vorherrschenden Sauerstoffionenleitfähigkeit ist in den Ergebnissen der Selbstdiffusionsmessungen für Kationen und Anionen zu sehen (Tabelle 3.22) [237—240]. Nach den in Bild 3.78 dargestellten lg D^*-1/T-Geraden [238, 239] ist den Sauerstoffionen eine um mehrere Größenordnungen höhere Beweglichkeit als den Ca^{2+}- und Zr^{4+}-Ionen zuzuschreiben.

ZrO_2—MgO. Im System ZrO_2—MgO existieren nur bei hohen Temperaturen stabile Mischkristalle des Fluoritgittertyps (Bild 3.79) [241]. Der Zustandsbereich der stabilen ZrO_2—MgO-Mischphase liegt oberhalb 1400 °C. Die Löslichkeitsgrenze gegen das Zirkonoxid ist stark temperaturabhängig und beträgt bei 1600 °C etwa 12 mol-% MgO. Die nur schwach temperaturabhängige Linie

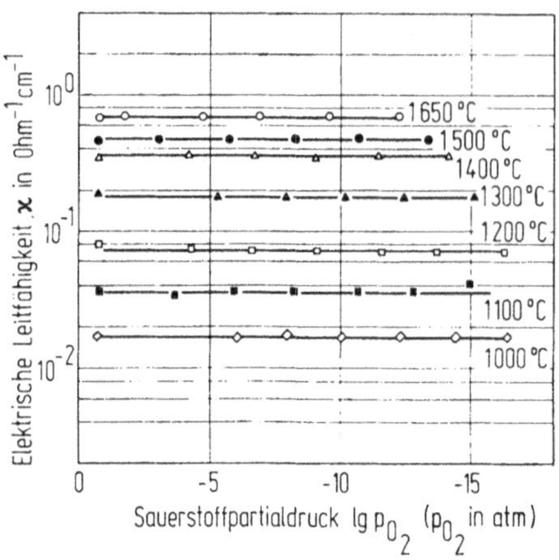

Bild 3.77. Elektrische Leitfähigkeit eines Mischoxids der Zusammensetzung $Zr_{0,87}Ca_{0,13}O_{1,87}$ in Abhängigkeit vom Sauerstoffpartialdruck [235]

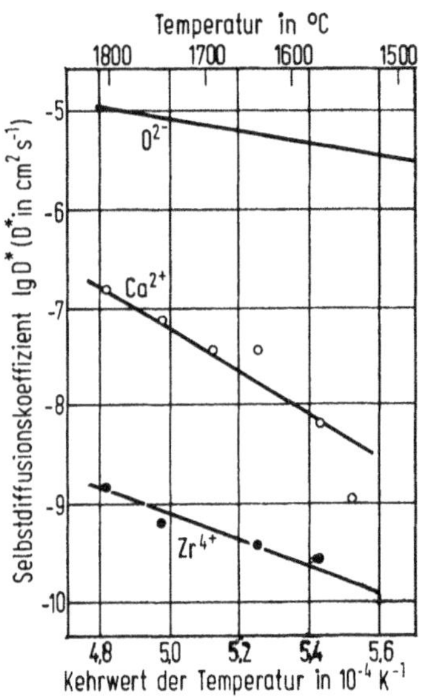

Bild 3.78. Selbstdiffusionskoeffizient des Kalziums D^*_{Ca} und Zirkons D^*_{Zr} nach H.-H. Möbius und Mitarbeitern [238] sowie des Sauerstoffs D^*_O nach W. D. Kingery und Mitarbeitern [239] in einem ZrO_2—CaO-Mischoxid in Abhängigkeit von der reziproken Temperatur

der maximalen MgO-Löslichkeit ist bei 1600 °C mit etwa 25 mol-% anzusetzen. Die kubische Mischphase kann bis zur Raumtemperatur instabil erhalten bleiben. Der im Phasendiagramm unterhalb 1400 °C angezeigte Zerfall in eine tetragonale Mischphase und MgO (oder möglicherweise $MgZrO_3$) kann nur durch langzeitige Glühungen erzielt werden.

Für das instabile Mischoxid der Zusammensetzung 0,8 ZrO_2 · 0,2 MgO wurde ebenfalls der Nachweis eines unvollständig besetzten Sauerstoffionengitters bei vollbesetztem Kationengitter erbracht [242].

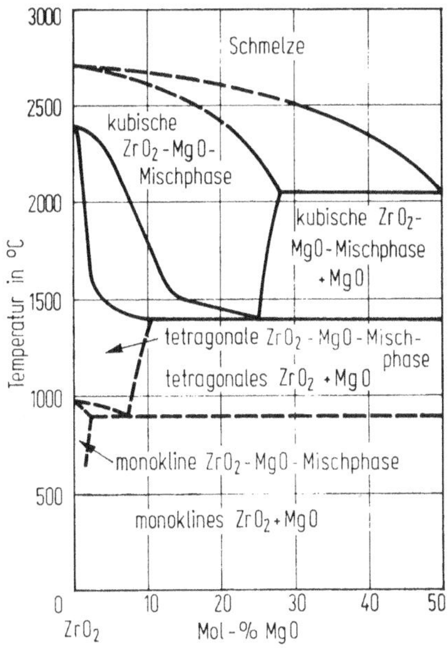

Bild 3.79. Phasendiagramm ZrO_2—MgO nach D. Viechnicki und V. S. Stubican [241]

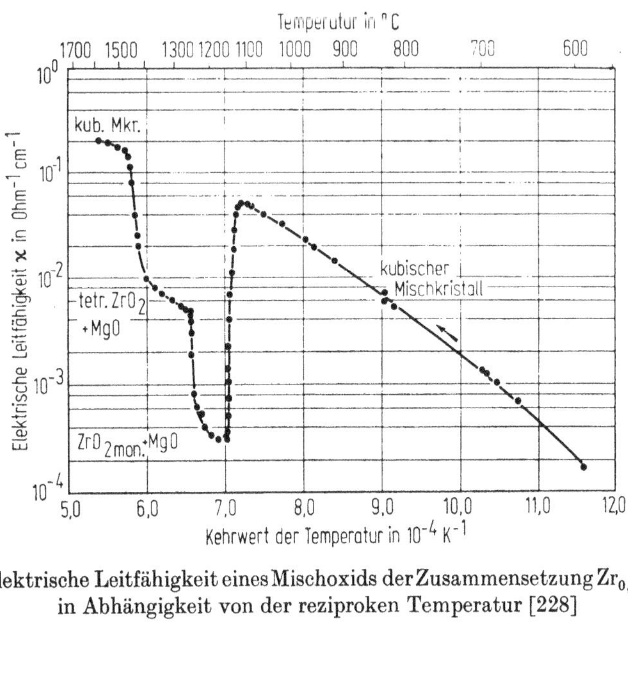

Bild 3.80. Elektrische Leitfähigkeit eines Mischoxids der Zusammensetzung $Zr_{0,80}Mg_{0,20}O_{1,80}$ in Abhängigkeit von der reziproken Temperatur [228]

Die Beständigkeit einer ZrO_2—MgO-Mischphase bei hohen Temperaturen und ihr Zerfall bei der Abkühlung wurden durch Messungen des Temperaturverlaufes der elektrischen Leitfähigkeit belegt (Bild 3.80) [228]. Während des sehr langsam durchgeführten Aufheizvorganges mit längeren Wartezeiten bei charakteristischen Temperaturen wird der Zerfall des instabilen Mischkristalls 0,8 ZrO_2 · 0,2 MgO durch einen schroffen Leitfähigkeitsabfall beim Überschreiten einer Temperatur von 1100 °C angezeigt. Dabei wird offenbar zunächst die monokline Phase und oberhalb 1250 °C die tetragonale Phase gebildet, die dann

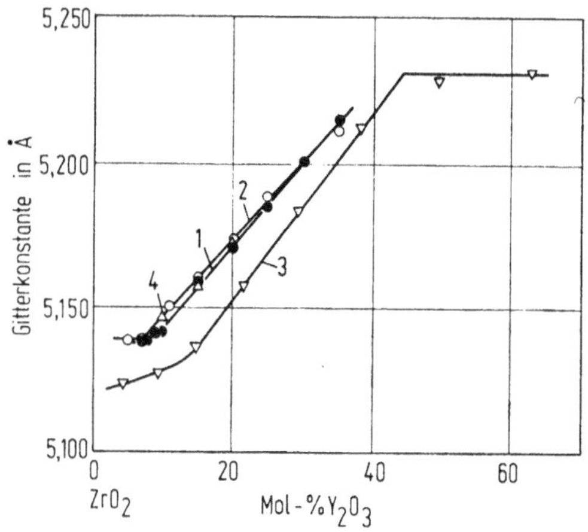

Bild 3.81. Gitterkonstanten der kubischen Mischphase im System ZrO_2—Y_2O_3 nach verschiedenen Autoren [218, 234, 243, 245, 246]

oberhalb 1400 °C in die vollstabilisierte kubische Mischphase übergeht. Angaben zur Temperatur-, Konzentrations- und Sauerstoffdruckabhängigkeit der Leitfähigkeit dieser stabilen Mischphase liegen bisher nicht vor.

ZrO_2—Y_2O_3. Ebenso wie in den Systemen ZrO_2—CaO und ZrO_2—MgO tritt auch im Zustandsdiagramm ZrO_2—Y_2O_3, hier in einem noch weiter ausgedehnten Konzentrationsbereich, ein Mischoxid mit kubischer Fluoritstruktur auf. Seine Löslichkeitsgrenzen sind jedoch, wie der Verlauf der Gitterkonstanten bei Änderung des Y_2O_3-Anteils (Bild 3.81) [218, 234, 243, 245, 246] zeigt, nicht genau festgelegt. Dieses Mischoxid kann als eine Verbindung 2 ZrO_2 · Y_2O_3 ($Zr_2Y_2O_7$) mit einem zur ZrO_2-Seite und zur Y_2O_3-Seite hin ausgedehnten Homogenitätsbereich aufgefaßt werden [243, 244].

Die Vermutung, daß im System ZrO_2—Y_2O_3[1] „anomale Mischkristalle" vom Fluorittyp mit Leerstellen im Sauerstoffionenteilgitter auftreten können,

[1] Mischoxide der Zusammensetzung 85 mol-% ZrO_2/15 mol-% Y_2O_3 wurden bereits von W. Nernst [247] bei erhöhten Temperaturen als elektrolytisch leitende Festkörper charakterisiert und fanden eine Zeitlang als Glühstifte („Nernst-Masse") Verwendung.

hat frühzeitig C. Wagner [248] in einer Arbeit über die Art der Stromleitung im sogenannten „*Nernst-Stift*" geäußert. Den Nachweis einer solchen Fehlordnung entsprechend dem Einbaumechanismus

$$Y_2O_3 + 2\,Zr_{Zr} + O_O \rightleftharpoons 2\,Y'_{Zr} + V_O^{\cdot\cdot} + 2\,ZrO_2 \qquad (3.123)$$

führte F. Hund [245] durch vergleichende Dichtemessungen. Eine Wanderung von Sauerstoffionen ergaben Elektrolyseexperimente an zylinderförmigen

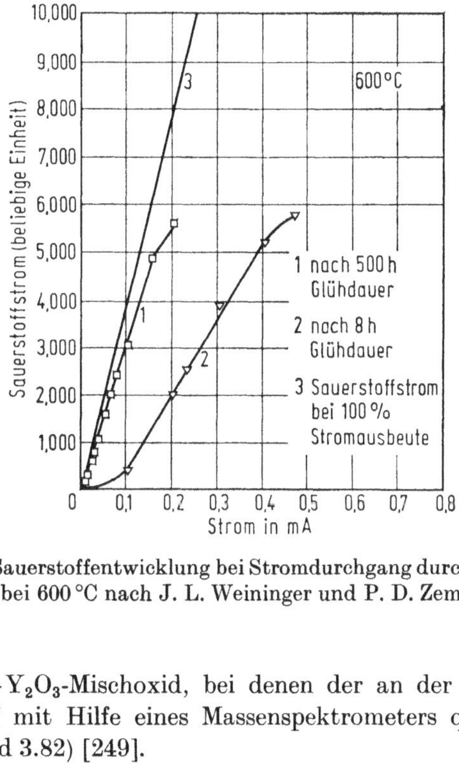

Bild 3.82. Anodische Sauerstoffentwicklung bei Stromdurchgang durch einen ZrO_2—Y_2O_3-Glühkörper bei 600 °C nach J. L. Weininger und P. D. Zemany [249]

Proben aus ZrO_2—Y_2O_3-Mischoxid, bei denen der an der Platinanode entwickelte Sauerstoff mit Hilfe eines Massenspektrometers quantitativ erfaßt werden konnte (Bild 3.82) [249].

Eine Fehlordnung, die auf dem Einbau von Sauerstoffionen auf Zwischengitterplätzen beruht, wird in festen Y_2O_3—ZrO_2-Lösungen auf der Seite des Yttriumoxids erwartet [250]:

$$2\,ZrO_2 + 2\,Y_Y + V_i \rightleftharpoons 2\,Zr_Y^{\cdot} + O_i'' + Y_2O_3 \qquad (3.124)$$

Die Löslichkeiten des Yttriumoxids für ZrO_2 betragen 18 mol-% bei 1375 °C und 23 mol-% bei 2000 °C.

Die elektrische Leitfähigkeit von ZrO_2—Y_2O_3-Mischoxiden in Abhängigkeit von der Temperatur und der Zusammensetzung wurde mehrfach untersucht [231, 234, 251—254]. Sie ist für Y_2O_3-Gehalte von 8,5, 12 und 20 mol-% und

Temperaturen zwischen 740 und 1400 °C in Bild 3.83 dargestellt [254]. Im Verlauf der Leitfähigkeit-Konzentration-Isothermen zeigt sich ein Maximum bei 8 bis 10 mol-% Y_2O_3 (Bild 3.84) [253]. Bei Temperaturen um 1000 °C beträgt die Aktivierungsenergie für diese Zusammensetzung 0,7 bis 0,8 eV.

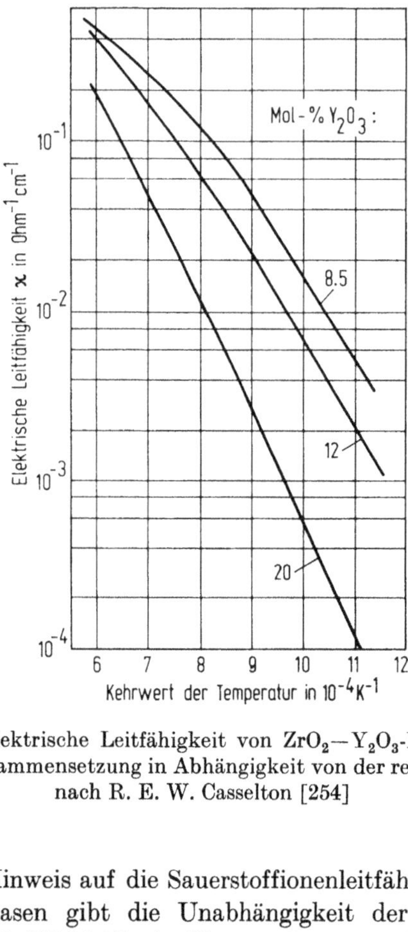

Bild 3.83. Elektrische Leitfähigkeit von ZrO_2—Y_2O_3-Mischoxiden unterschiedlicher Zusammensetzung in Abhängigkeit von der reziproken Temperatur nach R. E. W. Casselton [254]

Einen weiteren Hinweis auf die Sauerstoffionenleitfähigkeit der kubischen ZrO_2—Y_2O_3-Mischphasen gibt die Unabhängigkeit der Leitfähigkeit vom Sauerstoffpartialdruck. Bild 3.85 zeigt Untersuchungen an Proben mit 10 mol-% Y_2O_3 bei Temperaturen von 1000 bis 1600 °C und p_{O_2}-Werten zwischen 10^{-19} und 0,2 atm [255].

ZrO_2—Seltene Erden. Weitere Mischkristallbereiche mit unterschiedlichen kubischen Strukturen (Fluorittyp, Pyrochlortyp, Mn_2O_3-Typ) werden in den Systemen des Zirkonoxids mit den Seltenen Erden vermutet. Die Entwürfe einiger Zustandsdiagramme (ZrO_2—La_2O_3, ZrO_2—Nd_2O_3, ZrO_2—Gd_2O_3 und ZrO_2—Yb_2O_3) sind in Bild 3.86 zusammengestellt [256, 257]. In den Mischphasen mit Fluoritstruktur werden analog zu den ZrO_2—CaO- und ZrO_2—Y_2O_3-

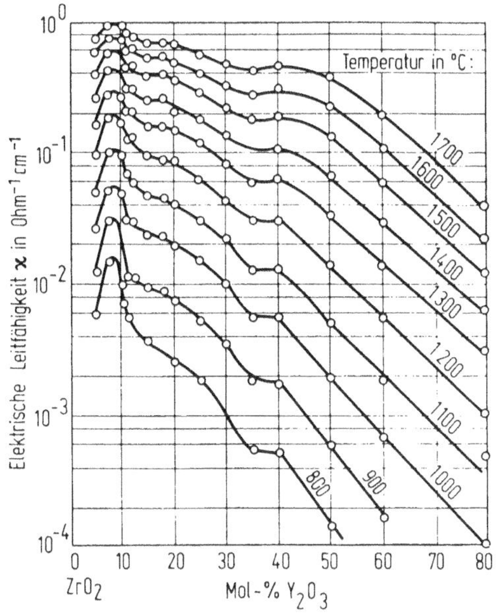

Bild 3.84. Isothermen der elektrischen Leitfähigkeit im System ZrO_2—Y_2O_3 nach D. S. Rutman u. a. [253]

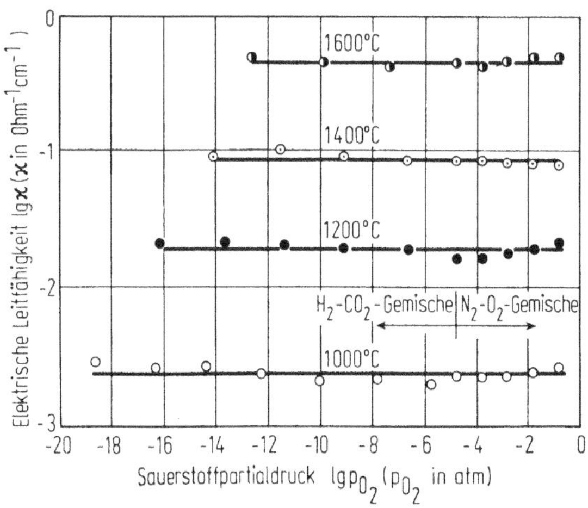

Bild 3.85. Elektrische Leitfähigkeit eines Mischoxids der Zusammensetzung $Zr_{0,90}Y_{0,10}O_{1,95}$ in Abhängigkeit vom Sauerstoffpartialdruck [255]

Mischoxiden Leerstellen im Sauerstoffionenteilgitter erwartet. Für diese Vermutung sprechen die relativ hohen elektrischen Leitfähigkeiten sowie deren Aktivierungsenergien, die sich mit Werten um 1 eV bei Temperaturen zwischen 400 und 1300 °C in der Größenordnung für die sauerstoffionenleitenden ZrO_2–CaO- und ZrO_2–Y_2O_3-Mischoxide bewegen (Tabelle 3.23).

Tabelle 3.23. Leitfähigkeitsdaten von Mischphasen des Zirkonoxids mit Seltenen Erden bei mittleren Temperaturen an Luft

Temperaturbereich °C	mol-% Seltene Erden	$\varkappa \cdot 10^2$ bei 1000 °C $Ohm^{-1} \cdot cm^{-1}$	Aktivierungsenergie eV	Verfasser
		ZrO_2–Nd_2O_3		
600–1150	10	0,10	1,04	J. Dixon u.a. [231]
400–800	14	0,56	1,17	H. Tannenberger, H. Siegert [258]
700–1400	14,6	0,22	1,08	M. Guillou u. a. [259]
		ZrO_2–Sm_2O_3		
800–1300	10	1,1	0,95	D. W. Strickler, W. G. Carlsson [260]
		ZrO_2–Gd_2O_3		
400–850	8	2,0	1,0	H. Tannenberger, H. Siegert [258]
		ZrO_2–Yb_2O_3		
800–1300	8	2,5	0,74	D. W. Strickler, W. G. Carlsson [260]
650–820	10	2,9	1,0	H. Tannenberger, H. Siegert [258]
		ZrO_2–Lu_2O_3		
600–1400	8	1,0	nicht linear	H.-H. Möbius [261]

ThO_2–Y_2O_3. Thoriumoxid und Yttriumoxid bilden bei erhöhten Temperaturen ebenfalls Mischkristalle vom Typ der kubischen Fluoritstruktur. Das Zustandsdiagramm ThO_2–Y_2O_3 ist, soweit bisher bekannt, nur sehr unvollständig untersucht. Selbst in der neuen Ausgabe des 2. Bandes der „Phase Diagrams for Ceramists" [262] findet sich lediglich eine Darstellung der oberen Löslichkeitsgrenze des Y_2O_3 in der kubischen Mischphase [263]. Diese erhöht sich hiernach von 20 mol-% Y_2O_3 bei 1400 °C auf 55 mol-% Y_2O_3 bei 2200 °C

(Bild 3.87). Die Vergleichswerte aus röntgenographischen Bestimmungen der Gitterkonstanten stimmen nur teilweise mit diesen Angaben überein: 30 mol-% Y_2O_3 bei 1200 °C [264], 25 mol-% Y_2O_3 bei 1400 °C [265], 33 mol-% bei 1500 bis 1600 °C [266]. Die Frage, ob die feste Lösung auch bei der Abkühlung auf Raumtemperatur stabil erhalten werden kann, bleibt vorerst offen.

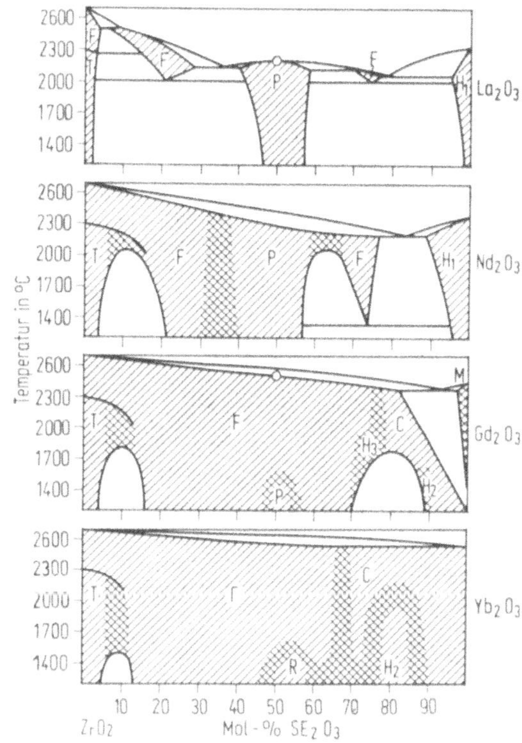

Bild 3.86. Entwürfe der Phasendiagramme $ZrO_2-La_2O_3$, $ZrO_2-Nd_2O_3$, $ZrO_2-Gd_2O_3$ und $ZrO_2-Yb_2O_3$ [256, 257]
(Erklärung der Strukturen: *F* Fluorittyp; *T* tetragonal; *C* kubischer Mn_2O_3-Typ; *R* rhomboedrisch; *H* hexagonal; *M* monoklin; *P* Pysochlortyp. Schraffiert: Homogene feste Phasen. Doppelt schraffiert: Homogene Übergangsgebiete zwischen verschiedenen Strukturen)

Andererseits besitzt das Yttriumoxid wie für ZrO_2 so auch für ThO_2 eine begrenzte Löslichkeit, die bei 1600°C 3 bis 4 mol-% beträgt [263]. Vergleichende Dichtebestimmungen sprechen auch hier wie im Fall fester $Y_2O_3-ZrO_2$-Lösungen für eine Anordnung von Sauerstoffionen auf Zwischengitterplätzen.

$ThO_2-Y_2O_3$-Mischoxide mit überwiegendem Thoriumoxidanteil weisen ein vollbesetztes Kationenteilgitter und Leerstellen im Sauerstoffionenteilgitter auf [264] und werden daher wie ZrO_2—CaO- und $ZrO_2-Y_2O_3$-Misch-

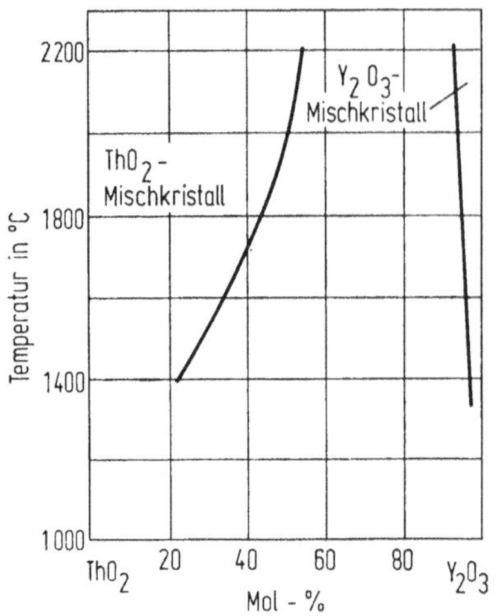

Bild 3.87. Phasenbereiche im System ThO_2—Y_2O_3 nach E. C. Subbarao, P. H. Sutter und J. Hrizo [263]

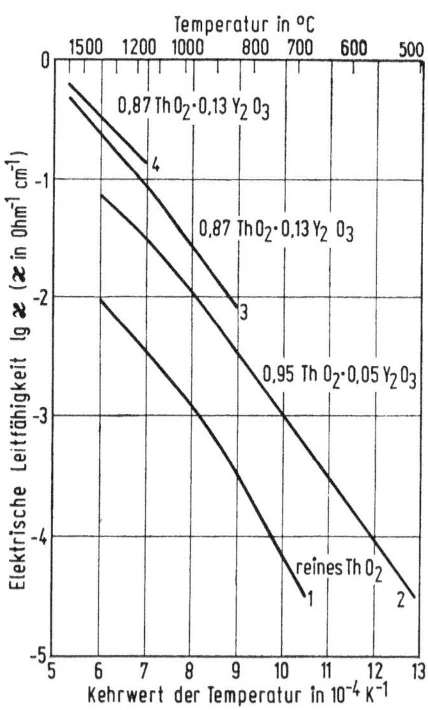

Bild 3.88. Elektrische Leitfähigkeit von reinem ThO_2 [263] und ThO_2—Y_2O_3-Mischoxiden unterschiedlicher Zusammensetzung [263, 270] in Abhängigkeit von der reziproken Temperatur

oxide vielfach als sauerstoffionenleitende Festelektrolyte verwendet. Sie erreichen die gleichen hohen elektrischen Leitfähigkeiten wie ZrO_2-CaO- und $ZrO_2-Y_2O_3$-Mischoxide bei ähnlich niedrigen Aktivierungsenergien (Bild 3.88, Tabelle 3.24 und 3.25) [263, 264, 267–270].

Tabelle 3.24. Leitfähigkeitsdaten von $ThO_2-Y_2O_3$-Mischoxiden im Bereich der überwiegenden Ionenleitung bei $p_{O2} < 10^{-5}$ atm

Temperaturbereich °C	mol-% Y_2O_3	$\varkappa$ bei 1000 °C $Ohm^{-1} \cdot cm^{-1}$	Aktivierungsenergie eV	Verfasser
800–1100	1,5	$2{,}8 \cdot 10^{-3}$	1,2	M. F. Lasker, R. A. Rapp [268]
	6	$6{,}3 \cdot 10^{-3}$	1,2	M. F. Lasker, R. A. Rapp [268]
	15	10^{-2}	1,2	M. F. Lasker, R. A. Rapp [268]
	25	10^{-2}	1,2	M. F. Lasker, R. A. Rapp [268]
1000–1400	8	$1{,}3 \cdot 10^{-3}$	1,42	W. A. Fischer, D. Janke [269]
1400–1600	8	$1{,}35 \cdot 10^{-1}$ (1600 °C)	1,95	W. A. Fischer, D. Janke [269]

Tabelle 3.25. Leitfähigkeitsdaten von ThO_2-CaO-, $ThO_2-Y_2O_3$- und $ThO_2-La_2O_3$-Mischoxiden an Luft

Temperaturbereich °C	mol-% Fremdoxid	$\varkappa \cdot 10^2$ bei 1000 °C $Ohm^{-1} \cdot cm^{-1}$	Aktivierungsenergie eV	Verfasser
		ThO_2-CaO		
700–1000	15	0,092	1,13	C. B. Alcock, B. C. H. Steele [267]
		$ThO_2-Y_2O_3$		
700–1300	15	0,32	1,21	F. Hund, R. Mezger [264]
700–1000	25	0,24	1,13	C. B. Alcock, B. C. H. Steele [267]
500–1100	5	3,2	1,13	E. C. Subbarao, P. H. Sutter, H. Hrizo [263]
		$ThO_2-La_2O_3$		
1000	15	0,24 ($p_{O_2} = 10^{-13}$ atm)	–	B. C. H. Steele, B. C. Alcock [271]

Die elektrische Leitfähigkeit von $ThO_2-Y_2O_3$-Mischkristallen ist in weiten Grenzen unabhängig vom Sauerstoffpartialdruck der Gasphase. Dies wird in Bild 3.89 für Proben der Zusammensetzung $0{,}92\ ThO_2 \cdot 0{,}08\ Y_2O_3$ bei 1000 bis 1600 °C gezeigt [269]. Eine Einschränkung für die Anwendung als Festelektrolyt ergibt sich jedoch bei Sauerstoffdrücken etwa oberhalb 10^{-5} atm durch das Auftreten einer vorherrschenden Elektronendefektleitung [267–269, 272].

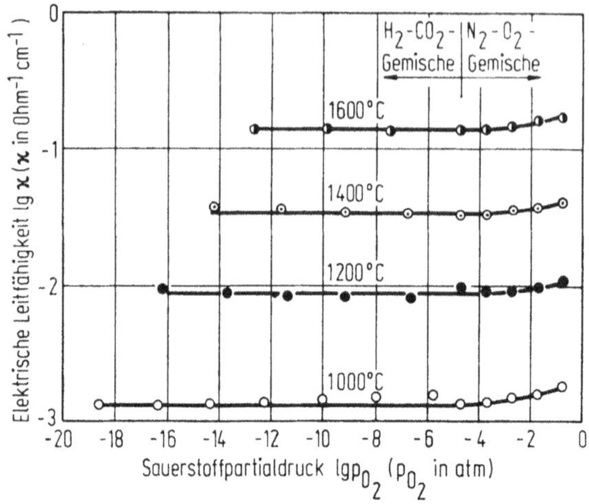

Bild 3.89. Elektrische Leitfähigkeit eines Mischoxids der Zusammensetzung 0,92 $ThO_2 \cdot$ 0,08 Y_2O_3 in Abhängigkeit vom Sauerstoffpartialdruck [269]

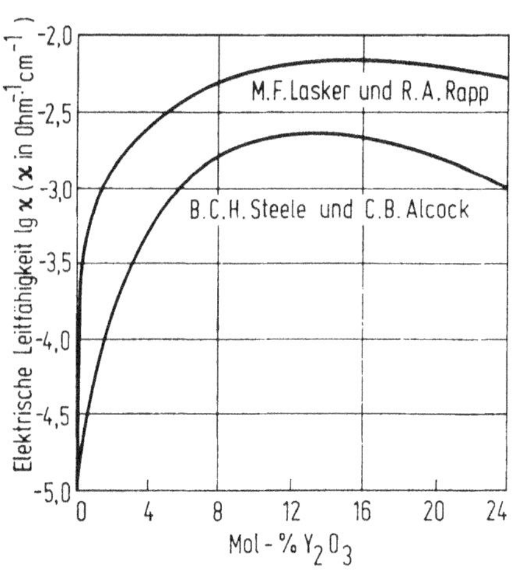

Bild 3.90. Elektrische Leitfähigkeit von ThO_2—Y_2O_3-Mischoxiden bei 1000°C in Abhängigkeit vom Y_2O_3-Gehalt [268, 271]

Im Bereich der reinen Ionenleitung ($p_{O_2} \leqq 10^{-5}$ atm) durchläuft die Leitfähigkeit mit wachsendem Y_2O_3-Gehalt ein flaches Maximum bei 12 bis 14 mol-% Y_2O_3 (Bild 3.90) [268, 271]. Diese Zusammensetzung wird daher für ThO_2—Y_2O_3-Festelektrolyte häufig angestrebt.

ThO_2—CaO und ThO_2—La_2O_3. Die Bildung von Mischphasen mit kubischer Fluoritstruktur und dominierender Sauerstoffionenleitfähigkeit wurde auch für die Systeme ThO_2-CaO [273] und $ThO_2-La_2O_3$ [265, 274] nachgewiesen. Diese Mischphasen erstrecken sich bis 8 mol-% CaO bzw. 50 mol-% La_2O_3. Leitfähigkeitsdaten für beide Systeme sind in Tabelle 3.25 enthalten.

3.5.2.2. Dotiertes Magnesiumoxid und Kalziumoxid

Eine Mischkristallbildung der Erdalkalioxide vom kubischen NaCl-Typ mit anderswertigen Metalloxiden kann grundsätzlich zu einer bevorzugten Fremdfehlordnung der Ionen führen. Dabei sind Einbaumechanismen wie z. B.

$$SiO_2 + 2Mg_{Mg} \rightleftharpoons Si_{Mg}^{\cdot\cdot} + V_{Mg}'' + 2MgO \tag{3.125}$$

$$SiO_2 + Mg_{Mg} + V_i \rightleftharpoons Si_{Mg}^{\cdot\cdot} + O_i'' + MgO \tag{3.126}$$

für höherwertige Fremdkationen oder

$$Li_2O + 2Mg_{Mg} + O_O \rightleftharpoons 2Li_{Mg}' + V_O^{\cdot\cdot} + 2MgO \tag{3.127}$$

$$Li_2O + Mg_{Mg} + V_i \rightleftharpoons 2Li_{Mg}' + Mg_i^{\cdot\cdot} + MgO \tag{3.128}$$

für niederwertige Fremdkationen denkbar. Die erforderlichen Löslichkeitsdaten für Fremdoxide im MgO und CaO sind jedoch weitgehend unbekannt. Gesicherte Angaben finden sich bisher für die Bildung fester Lösungen von Al_2O_3 und SiO_2 in Magnesiumoxid. Das Magnesiumoxid nimmt bei 1600 °C bis 1 Gew.-% und bei 2000 °C bis 18 Gew.-% Al_2O_3 in fester Lösung auf [275]. Seine Löslichkeit für SiO_2 wächst von 6 mol-% bei 1600 °C auf 11 mol-% bei 1850 °C [276].

Eine Berechnung der Selbstdiffusionskoeffizienten der Al^{3+}-Ionen im $MgO-Al_2O_3$-Mischkristall von W. P. Whitney und V. S. Stubican [277] mit dem Ergebnis einer Aktivierungsenergie von 5 eV[1] zeigt, daß den auf regulären Gitterplätzen eingebauten Fremdkationen nur eine sehr geringe Beweglichkeit zugeschrieben werden kann und ein Leitungsmechanismus über Magnesiumionen-Leerstellen nach Maßgabe der Gleichung (3.125) wahrscheinlicher ist.

Die Vermutung einer überwiegenden Ionenleitfähigkeit in dotiertem Magnesiumoxid wurde durch EMK-Messungen an Sauerstoffkonzentrationsketten von W. A. Fischer und D. Janke [278] bestätigt, bei denen ein MgO-Festelektrolyt mit Beimengungen von 4,5% SiO_2 und 0,4% Al_2O_3 Verwendung fand. Die Meßwerte entsprachen denen einer Zelle mit einem ZrO_2-CaO-Elektrolyten. Die elektrische Leitfähigkeit des MgO-Elektrolyten zeigte sich in einem größeren Bereich unabhängig vom Sauerstoffpartialdruck. Ihre Temperaturabhängigkeit zwischen 1200 und 1700 °C wird durch eine Aktivierungsenergie von 3,3 eV gekennzeichnet.

[1] Die Berechnung von $D^*_{Al^{3+}}$ wurde nach Messungen der Interdiffusion im System $MgO/MgAl_2O_4$ mit der Annahme einer Fehlordnung nach Gleichung (3.125) für den Temperaturbereich von 1850–2100 °C ausgeführt.

Eine begrenzte Mischkristallbildung des Kalziumoxids mit SiO_2 und Al_2O_3 ist nicht bekannt, kann jedoch in Analogie zum Magnesiumoxid vermutet werden. Nicht nachgewiesen ist bisher auch eine Löslichkeit von P_2O_5 in Kalziumoxid [279].

3.5.2.3. Aluminiumsilikate

Im Zweistoffsystem ist der Mullit 3 $Al_2O_3 \cdot 2\,SiO_2$ (71,8% Al_2O_3, 28,2% SiO_2) die einzige bei hohen Temperaturen beständige Verbindung[1]. Die Existenz der homogenen, stabilen Mullitphase ist jedoch hinsichtlich des Temperatur- und Konzentrationsbereiches im Schrifttum noch nicht restlos geklärt. Bild 3.91a und b gibt zwei unterschiedliche Auffassungen des Zustandsschaubildes wieder

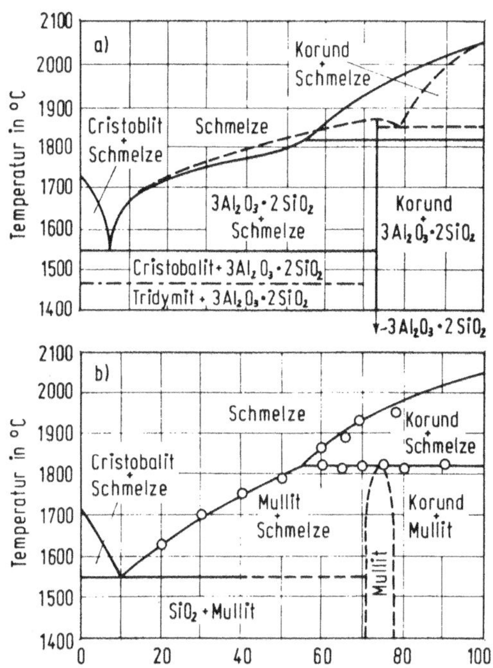

Bild 3.91. Phasendiagramm SiO_2—Al_2O_3 nach

a) N. L. Bowen und J. W. Greig [280] (———) sowie N. A. Toropov und F. Y. Galakow [281] (— — —); b) G. Trömel, K.-H. Obst, K. Konopicky, H. Bauer, I. Patzak [282] sowie S. Aramaki und R. Roy [283]

[1] Bei niedrigeren Temperaturen bestehen auch andere Aluminiumsilikate der Zusammensetzung $Al_2O_3 \cdot SiO_2$, wie die metastabilen Verbindungen Kyanit, Sillimanit und die stabile Verbindung Andalusit [279a].

[280—283]. Bei Temperaturen wenig über 1800 °C wurde sowohl ein inkongruentes [280, 282] als auch ein kongruentes [281, 283] Aufschmelzen des Mullits beobachtet, wobei die Proben im ersten Fall an Luft und im zweiten Fall in einem abgeschlossenen bzw. evakuierten System erhitzt wurden. Spätere röntgenographische Untersuchungen [282, 284, 285] führten zur Festlegung eines Homogenitätsbereiches für den Mullit $3\,Al_2O_3 \cdot 2\,SiO_2$ zur Seite des Korunds hin bis zu einer Zusammensetzung $2\,Al_2O_3 \cdot SiO_2$. Dies besagt, daß Al_2O_3 bis zu einem Überschuß von etwa 6% ohne Zerstörung des Gitters eingebaut werden kann.

Eine Zersetzung des 3/2-Mullits entsprechend der Reaktion

$$3\,Al_2O_3 \cdot 2\,SiO_2 \rightleftharpoons 3\,Al_2O_3 + 2\,SiO_2 \qquad (3.129)$$

wird auf Grund thermochemischer Rechnungen beim Unterschreiten einer Temperatur von 680 °C vorausgesagt [286], dürfte in diesem niedrigen Temperaturbereich jedoch nur sehr langsam ablaufen.

Die orthorhombische Struktur des Mullits wurde zuerst von W. H. Taylor beschrieben [287]. Sie ist aus der des Sillimanits abzuleiten und besteht aus unendlichen AlO_6-Oktaederketten in Richtung der c-Achse, die untereinander durch AlO_4- und SiO_4-Tetraeder verbunden sind[1]. In dieser Anordnung ergeben sich, wie aus Bild 3.92 zu ersehen ist, relativ große Gitterlücken, in die außer Al^{3+}-Ionen (Fall der Mullitbildung mit Al_2O_3-Überschuß) auch Fremdkationen

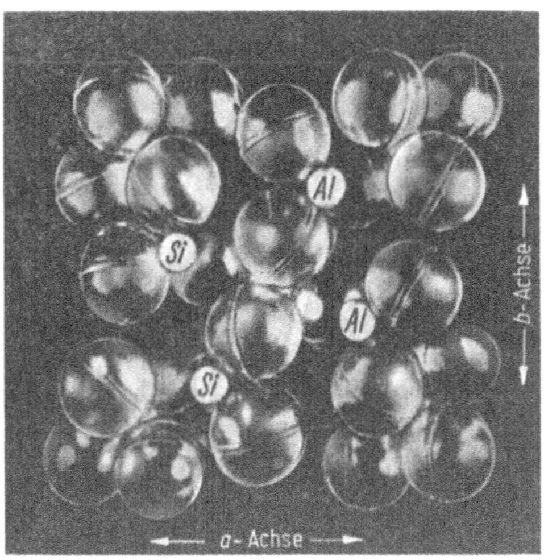

Bild 3.92. Strukturmodell des Mullits $3\,Al_2O_3 \cdot 2\,SiO_2$ in Richtung der c-Achse nach W. H. Taylor [287]

[1] Die Elementarzelle des Mullits wird aus 4 Elementarzellen des Sillimanits $Al_2O_3 \cdot SiO_2$ gebildet, wobei 4 SiO_4-Gruppen durch 4 AlO_4-Gruppen ersetzt werden.

mit einem Radius < 0,7 Å eingebaut werden können [284]. Dazu gehören Fe^{3+}-, Cr^{3+}-, B^{3+}-, Ti^{4+}- und V^{5+}-Ionen. Demgegenüber zerstören Ionen mit einem Radius > 0,7 Å das Mullitgitter und bewirken die Bildung neuer Phasen. Der Zerfall der Mullitphase durch geringe Zusätze von Alkali- und Erdalkalioxiden wurde von G. Gelsdorf und H.-E. Schwiete [284] nachgewiesen.

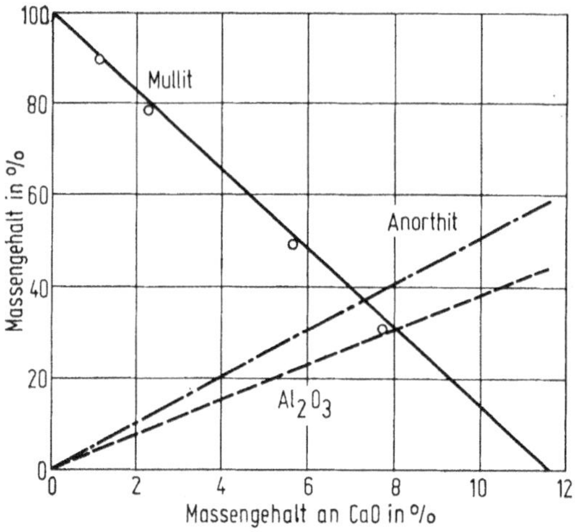

Bild 3.93. Zersetzung des Mullits $3Al_2O_3 \cdot 2SiO_2$ durch Zusätze an CaO bei 1450 °C nach G. Gelsdorf und H.-E. Schwiete [284]

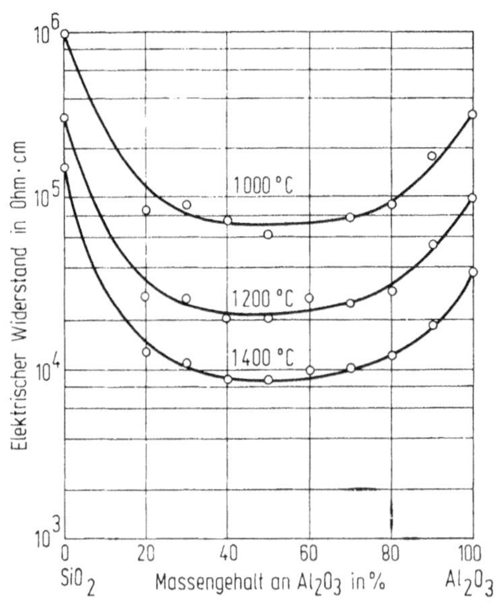

Bild 3.94. Isothermen des elektrischen Widerstandes im System SiO_2—Al_2O_3 an Luft nach J. R. Hensler und E. C. Henry [288] (nach 10 h Sinterung bei 1500 °C)

Für die völlige Zerstörung des Mullits sind bei 1400 °C 4,4% Na_2O bzw. 5,8% K_2O ausreichend, wobei α-Al_2O_3 (Korund) und eine Glasphase gebildet wird. In Bild 3.93 ist als Beispiel die Zersetzung des Mullits durch Zusätze an CaO bei einer Temperatur von 1450 °C gezeigt.

Isothermen des elektrischen Widerstandes im System SiO_2—Al_2O_3 sind in Bild 3.94 für 1000, 1200 und 1400 °C dargestellt [288]. Die Proben wurden zuvor einer Glühbehandlung von 10 h bei 1500 °C ausgesetzt. Die Verbindung Mullit $3\,Al_2O_3 \cdot 2\,SiO_2$ ist im Verlauf der Leitfähigkeit nicht hervorgehoben. Aus dem Leitfähigkeitsanstieg mit der Temperatur für eine Probe der Zusammensetzung 70% Al_2O_3, 30% SiO_2 resultiert im Bereich zwischen 900 und 1500 °C eine Aktivierungsenergie von 0,97 eV.

Aluminiumsilikate im Bereich der Zusammensetzung des Mullits weisen bei Temperaturen zwischen 1000 und 1600 °C eine vorherrschende Ionenleitfähigkeit mit Überführungszahlen t_{ion} nahe 1 auf [289, 290]. Über die Art dieser Ionenleitung sind bisher nur vorläufige Betrachtungen anzustellen. Im Fall eines Mullits $3\,Al_2O_3 \cdot 2\,SiO_2$ mit Al_2O_3-Überschuß könnte formal folgende Fehlordnungsgleichung angenommen werden:

$$Al_2O_3 + 2Si_{Si} + O_O \rightleftharpoons 2Al'_{Si} + V_O^{\cdot\cdot} + 2SiO_2 \qquad (3.130)$$

Die EMK-Messungen von W. A. Fischer und D. Janke [289] an Sauerstoffkonzentrationszellen wurden mit einem Aluminiumsilikat-Elektrolyten durchgeführt, dessen Zusammensetzung einem Mullit mit SiO_2-Überschuß entsprach (62,8% Al_2O_3, 33,2% SiO_2) (vgl. Abschnitt 6). Leitfähigkeitsmessungen an diesem Festelektrolyten zeigten zwischen 10^{-13} und 0,2 atm einen sauerstoffdruckunabhängigen Verlauf (Bild 3.95) [291]. Die Aktivierungsenergie betrug 1,36 eV bei 1300 bis 1600 °C.

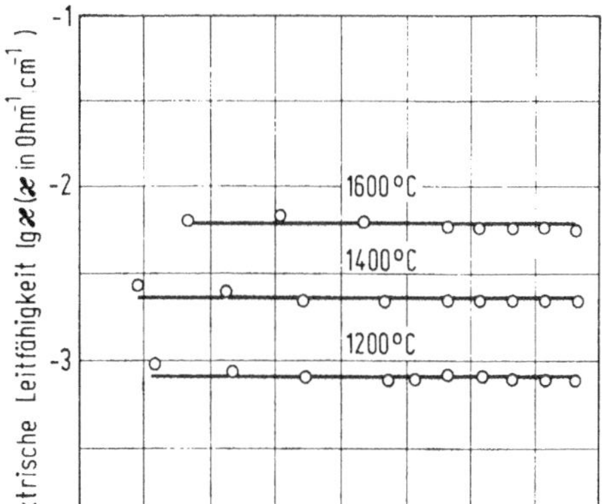

Bild 3.95. Elektrische Leitfähigkeit eines Aluminiumsilikats der Zusammensetzung 62,8% Al_2O_3, 33,2% SiO_2, 3,6% K_2O, 1,0% Na_2O und 0,5% MgO in Abhängigkeit vom Sauerstoffpartialdruck [291]

3.5.2.4. Magnesiumsilikate

Im System $MgO-SiO_2$ (Bild 3.96) [292] interessiert vorzugsweise das Silikat Forsterit Mg_2SiO_4 als hochtemperaturbeständige Verbindung (Schmelzpunkt 1890 °C). Merkliche Löslichkeiten dieses Magnesiumsilikates für den MgO (SiO_2)-Mischkristall einerseits und die Verbindung $MgSiO_3$ andererseits konnten bisher

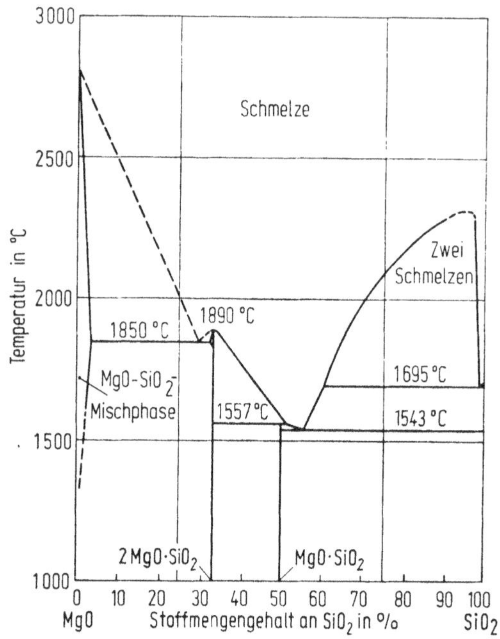

Bild 3.96. Phasendiagramm $MgO-SiO_2$ nach verschiedenen Autoren [292]

nicht nachgewiesen werden. Die orthorhombische Kristallstruktur des Forsterits Mg_2SiO_4 wird durch Bild 3.97 veranschaulicht [293]. Die Sauerstoffionen (in tetraedischer Koordination um die Si^{4+}-Ionen angeordnet) bilden angenähert eine hexagonal dichteste Kugelpackung[1]. Die tetraedrischen und oktaedrischen Gitterlücken sind nur teilweise von Magnesiumionen besetzt und bieten daher Möglichkeiten für eine Kationenwanderung über Zwischengitterplätze.

Bild 3.98 zeigt die Änderung der elektrischen Leitfähigkeit mit dem SiO_2-Gehalt in der Nähe der Verbindung Mg_2SiO_4 (33,3 mol-% SiO_2) [294]. Eine Forsterit-Mischphase mit MgO-Überschuß ist auf Grund des konzentrationsunabhängigen Leitfähigkeitsverlaufes auszuschließen. An Forsteritproben mit SiO_2-Überschuß wurde dagegen ein steiler Leitfähigkeitsanstieg beobachtet, der die Bildung einer kristallinen Mischphase (bis etwa 34,5 mol-% SiO_2)

[1] Aus Gründen der Übersichtlichkeit sind die Si^{4+}-Ionen nicht eingezeichnet.

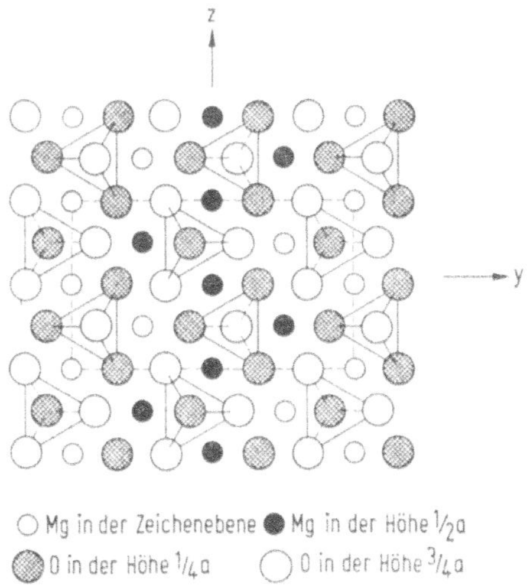

Bild 3.97. Strukturmodell des orthorhombischen Magnesiumsilikats Mg_2SiO_4 (Forsterit) nach W. L. Bragg und G. B. Brown [293]

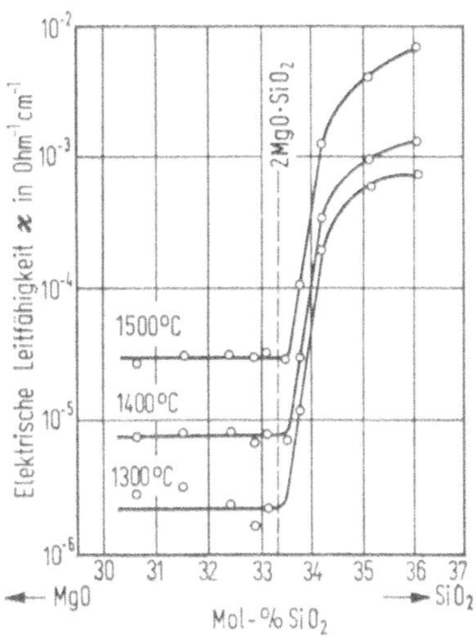

Bild 3.98. Elektrische Leitfähigkeit von Mg_2SiO_4-Proben mit MgO- und SiO_2-Überschuß nach W. Pluschkell und H.-J. Engell [294]

möglich erscheinen läßt. Der Befund des Leitfähigkeitsanstiegs könnte aber auch auf das Vorhandensein gut leitender, glasiger Gefügebestandteile zurückzuführen sein.

Das Magnesiumsilikat Mg_2SiO_4 mit SiO_2-Überschuß eignet sich als Festelektrolyt für Sauerstoffkonzentrationszellen. Darauf weisen die in Abschnitt 6 besprochenen EMK-Messungen, aber auch die Leitfähigkeitswerte in Abhängigkeit vom Sauerstoffpartialdruck der Atmosphäre hin (Bild 3.99) [294]. Die Temperaturabhängigkeit der Leitfähigkeit einer Probe mit 36,1 mol-% SiO_2 bei 1400 bis 1500 °C an Luft folgt der Beziehung

$$\varkappa = 1{,}55 \cdot 10^{10} \exp\left(-\frac{4{,}3}{kT}\right). \quad (3.131)$$

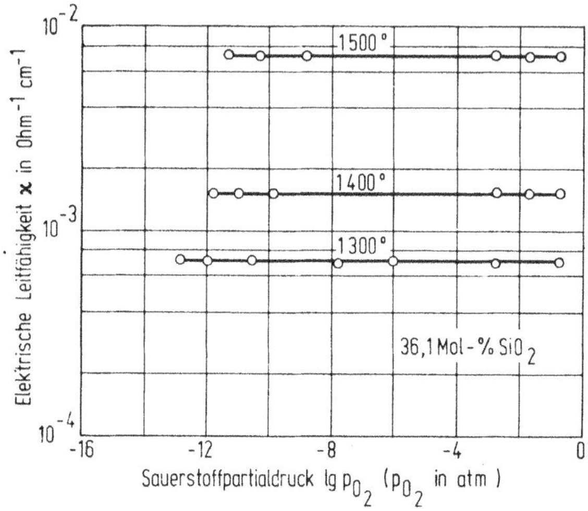

Bild 3.99. Elektrische Leitfähigkeit von Magnesiumsilikat mit SiO_2-Überschuß in Abhängigkeit vom Sauerstoffpartialdruck nach W. Pluschkell und H.-J. Engell [294]

Die Aktivierungsenergie von 4,3 eV wird der Bildung von Magnesiumionenleerstellen entsprechend der Einbaureaktion

$$2SiO_2 + 2Mg_{Mg} + V_i \rightleftharpoons Si_i^{4\cdot} + 2V''_{Mg} + Mg_2SiO_4 \quad (3.132)$$

zugeschrieben.

3.5.2.5. Magnesium — Aluminium-Spinell

Die Verbindung $MgAl_2O_4$ im System $MgO-Al_2O_3$ besitzt einen sehr hohen Schmelzpunkt (2105 bzw. 2135 °C nach Angaben verschiedener Autoren) [275, 295] und bildet bei höheren Temperaturen nach beiden Seiten, besonders gegen das Al_2O_3, einen breiten Mischkristallbereich aus (Bild 3.100) [275, 296]. Sie ist als Standardtyp des normalen Spinells zu bezeichnen, in dem die Sauerstoffionen nahezu kubisch dicht gepackt und die Kationen auf Tetraeder- und Oktaederräume verteilt sind, wobei eine größere Zahl dieser Hohlräume unbesetzt bleibt.

Eine Ionenleitfähigkeit des Spinells $MgAl_2O_4$ zeigten erstmals EMK-Messungen von W. A. Fischer und A. Hoffmann [297, 298], die an einer Spinellbildungszelle $O_2|Pt|MgO|MgAl_2O_4|Al_2O_3|Pt|O_2$ bei 1500 °C ausgeführt wurden. Spätere Untersuchungen von W. A. Fischer und D. Janke [299] an

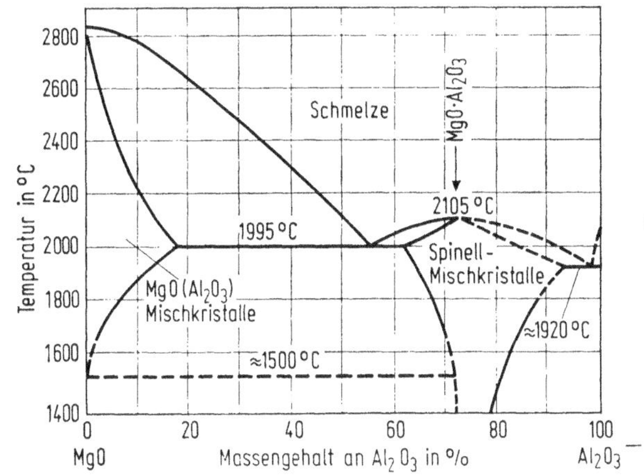

Bild 3.100. Phasendiagramm $MgO-Al_2O_3$ nach verschiedenen Autoren [275, 296]

Sauerstoffkonzentrationszellen mit einem $MgAl_2O_4$-Festelektrolyten mit Al_2O_3-Überschuß führten zu dem Ergebnis, daß für diesen Elektrolyten bei Temperaturen zwischen 1000 und 1600 °C in einem weiten Sauerstoffdruckbereich eine Überführungszahl der Ionen von nahezu 1 angenommen werden kann. Die Ergebnisse dieser Messungen werden in Abschnitt 6.3.3. ausführlicher behandelt.

Wird in der Spinellmischphase mit Al_2O_3-Überschuß ein intaktes, vollbesetztes Sauerstoffionenteilgitter vorausgesetzt, so können für den Einbau von Al_2O_3 zwei Fehlordnungsmöglichkeiten angegeben werden:

$$4\,Al_2O_3 + 3\,Mg_{Mg} \rightleftharpoons 2\,Al^{\cdot}_{Mg} + V''_{Mg} + 3\,MgAl_2O_4 \qquad (3.133)$$

$$4\,Al_2O_3 + 3\,Mg_{Mg} + 2\,V_i \rightleftharpoons 2\,Al^{\cdot\cdot\cdot}_i + 3\,V''_{Mg} + 3\,MgAl_2O_4 \qquad (3.134)$$

Der Ladungstransport könnte demnach von Mg^{2+}-Ionen allein oder auch von Mg^{2+}-Ionen und Al^{3+}-Ionen gemeinsam übernommen werden. Wird ein solcher Kationenleiter als Elektrolyt in einer Sauerstoffkonzentrationszelle verwendet, so ist die gemessene Zellspannung eindeutig durch das Verhältnis der Sauerstoffdrücke p'_{O_2} und p''_{O_2} bestimmt, wenn auf beiden Seiten definierte Reaktionsgleichgewichte zwischen dem gasförmigen Sauerstoff und den fehlgeordneten Kationen gegeben sind und die chemischen Potentiale der Komponenten (hier MgO und Al_2O_3) durch eine vorhandene Nachbarphase festgelegt werden [300].

Die elektrische Leitfähigkeit eines Spinells mit Al_2O_3-Überschuß[1] ist bei 1600 °C zumindest in den Grenzen von 10^{-11} und 10^{-6} atm unabhängig vom Sauerstoffpartialdruck [299]. Aus ihrer Temperaturabhängigkeit bei 1300 bis 1600 °C resultiert eine Aktivierungsenergie von 3,0 eV.

3.5.2.6. Natrium-Aluminate

Das erst in jüngster Zeit geweckte Interesse an ionenleitenden ternären Verbindungen im System Aluminiumoxid-Natriumoxid geht im wesentlichen auf eine Arbeit von H. Saalfeld [301] zurück, welche die „Umwandlung von α-Al_2O_3 in β-Al_2O_3" behandelt. Bis dahin war bekannt, daß neben der rhomboedrischen Form des α-Al_2O_3 (Korund) auch eine hexagonale Form des β-Al_2O_3 und eine kubische Form des γ-Al_2O_3 existiert. Dabei ist einschränkend zu bemerken, daß β- und γ-Al_2O_3 keine echten Modifikationen des reinen Aluminiumoxids, sondern ternäre Oxidverbindungen unter Einbeziehung geringer Gehalte an Alkali- oder Erdalkalioxiden darstellen.

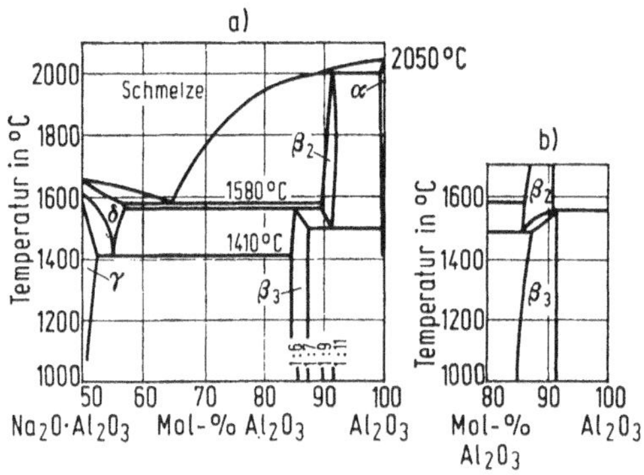

Bild 3.101. Phasendiagramm Al_2O_3—$Na_2O \cdot Al_2O_3$ nach a) R. C. de Vries und W. L. Roth [303]; b) J. Liebertz [304]

Nach neueren Untersuchungen gilt im Phasendiagramm Al_2O_3—$Na_2O \cdot Al_2O_3$ die Existenz zweier hochtemperaturbeständiger Verbindungen in der Nähe des reinen Al_2O_3 als gesichert [302—304]. Teilausschnitte des Systems sind in Bild 3.101 [303, 304] wiedergegeben. Die Entwürfe stimmen darin überein, daß oberhalb etwa 1550 °C eine so bezeichnete β- oder β_2-Mischphase und unterhalb etwa 1550 °C eine so bezeichnete β''- oder β_3-Mischphase existiert. Unterschiedliche Auffassungen bestehen hinsichtlich der Löslichkeitsgrenzen beider Mischphasen. R. C. De Vries und W. L. Roth [303] halten das β-Al_2O_3 in den Grenzen von $Na_2O \cdot 11\,Al_2O_3$ bis $Na_2O \cdot 10\,Al_2O_3$ und das β''-Al_2O_3 in

[1] Zusammensetzung: 73,4% Al_2O_3, 25,3% MgO

den Grenzen von $Na_2O \cdot 7\,Al_2O_3$ bis $Na_2O \cdot 6\,Al_2O_3$ für beständig. Demgegenüber gibt J. Liebertz [304] für beide Mischphasen einen Existenzbereich bei molaren Verhältnissen zwischen etwa 1 : 9 und 1 : 6 an, wobei die $\beta \leftrightarrow \beta''$-Umwandlung sich in einem heterogenen Gebiet zwischen 1500 und 1560 °C vollzieht. Der inkongruente Schmelzpunkt des β-Al_2O_3 ist bei etwa 2000 °C anzunehmen.

Beide Mischphasen β- und β''-Al_2O_3 sind strukturell miteinander verwandt. Sie stellen Schichtengitter dar, in denen die Sauerstoffionen in aufeinander folgenden Ebenen in Richtung der c-Achse hexagonal dicht gepackt sind.

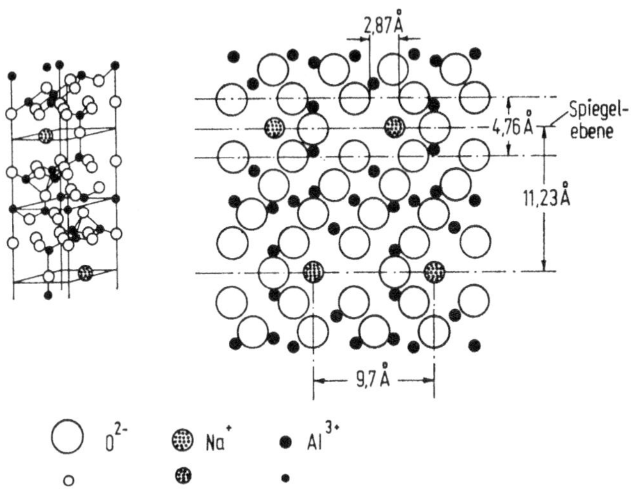

Bild 3.102. Strukturmodell der β-Al_2O_3-Mischphase nach C. A. Beavers, M. A. S. Ross [305] und Y. F. Yu Yao, J. T. Kummer [306]

Der Aufbau des β-Al_2O_3-Gitters parallel zur c-Achse ist in Bild 3.102 skizziert [305, 306]. Die Sauerstoffionen liegen in mehreren eng gepackten Schichten übereinander. Dazwischen schieben sich einzelne Ebenen mit geräumigen Sauerstoffgitterlücken, in denen die Alkaliionen Platz finden und sich als Zwischengitterionen „zwei-dimensional" in Ebenen senkrecht zur c-Achse ungehindert bewegen können. Diese von Alkaliionen und Sauerstoffionen gemeinsam besetzten Ebenen sind gleichzeitig als Spiegelebenen für die aufeinander folgenden, dicht belegten Sauerstoff-Gitterebenen zu betrachten. Die hexagonale Elementarzelle hat die Gitterkonstanten $a = 5{,}6$ Å und $c = 22{,}5$ Å und besteht aus zwei Spinellblöcken. Die Phase β''-Al_2O_3 hat die Gitterkonstanten $a = 5{,}6$ Å und $c = 33{,}8$ Å und ist aus drei Spinellblöcken zusammengesetzt.

Die hohe Beweglichkeit der Na^+-Ionen im Gitter des β-Al_2O_3 wurde durch Messung der Selbstdiffusionskoeffizienten nachgewiesen [306]. Ähnlich hohe Beweglichkeiten ergeben sich, wenn die Na^+-Ionen durch Ag^+-, Li^+-, K^+- oder Rb^+-Ionen substituiert werden (Bild 3.103).

Eingehende Untersuchungen der elektrischen Leitfähigkeit wurden an Einkristallen der β-Mischphasen $Na_{1+x}Al_{11}O_{17}$ [307] und $Ag_{1+x}Al_{11}O_{17}$ [308] ausgeführt. Wegen der hohen Anisotropie der Kristallstruktur, die eine Wanderung der einwertigen Kationen über Zwischengitterplätze in Richtung der c-Achse weitgehend ausschließt, ist nur eine Widerstandsmessung senkrecht

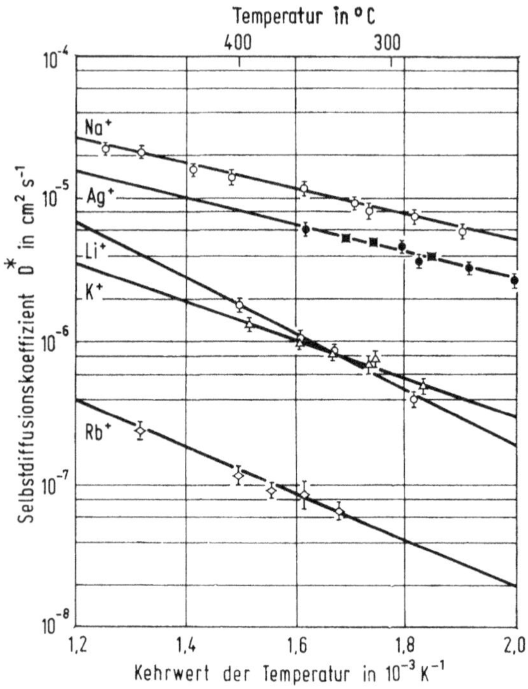

Bild 3.103. Selbstdiffusionskoeffizienten von Na^+, Ag^+-, Li^+-, K^+- und Rb^+-Ionen in β-Al_2O_3 in Abhängigkeit von der reziproken Temperatur nach Y. F. Yu Yao und J. T. Kummer [306]

zu dieser Richtung von Interesse. Bild 3.104 zeigt Ergebnisse für die Temperaturabhängigkeit der Leitfähigkeit an beiden Mischphasen. $Na_{1+x}Al_{11}O_{17}$ weist bei Raumtemperatur eine ungewöhnlich hohe Leitfähigkeit von $1{,}4 \cdot 10^{-2}\,Ohm^{-1}\,cm^{-1}$ und im Temperaturbereich zwischen -150 und $+800\,°C$ eine bemerkenswert niedrige Aktivierungsenergie[1] von 0,16 eV auf. Die entsprechenden Werte für $Ag_{1+x}Al_{11}O_{17}$ sind $6{,}4 \cdot 10^{-3}\,Ohm^{-1}\,cm^{-1}$ und 0,17 eV (bei 25 bis 650 °C). Aus Messungen der Selbstdiffusionskoeffizienten D^*_{Ag} in $Ag_{1+x}Al_{11}O_{17}$ ergab sich eine Aktivierungsenergie von 0,18 eV (230 bis 350 °C). Die elektrische

[1] Die Aktivierungsenergie verkörpert hier, wie im Fall der hoch sauerstoffionenleitenden ZrO_2—CaO-Phasen, nur den Betrag der Wanderungsenergie der Ionen.

Leitfähigkeit zeigte sich in den Grenzen von 10^{-24} bis 0,2 atm unabhängig vom Sauerstoffpartialdruck der Atmosphäre. Aus dem Verhältnis der Gesamtleitfähigkeit und der nach der Polarisationsmethode an der Kette ⊖Ag|$AgAl_{11}O_{17}$| Pt⊕ gemessenen elektronischen Teilleitfähigkeit resultieren Überführungszahlen der Elektronen t_e zwischen $8 \cdot 10^{-7}$ bei 550 °C und $3 \cdot 10^{-5}$ bei 800 °C.

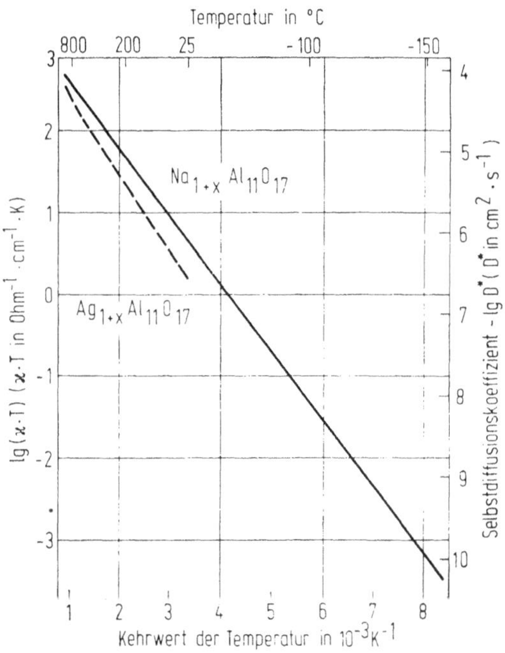

Bild 3.104. Elektrische Leitfähigkeit (als Produkt $\varkappa \cdot T$) und Selbstdiffusionskoeffizienten D^*_{Na} und D^*_{Ag} in $Na_{1+x}Al_{11}O_{17}$ bzw. $Ag_{1+x}Al_{11}O_{17}$ in Abhängigkeit von der reziproken Temperatur nach M. S. Whittingham und R. A. Huggins [308]

Eingehende Untersuchungen zur Erprobung von β-Al_2O_3-Mischphasen in Festelektrolytzellen stehen noch bevor. EMK-Messungen an β-Al_2O_3-Zellen zur Bestimmung der Gleichgewichtsdrücke in Metall-Metalloxid-Gemengen bei 600 bis 1000 °C [308a] führten zu den gleichen Ergebnissen, wie sie an ZrO_2 (CaO)-Zellen erhalten wurden.

3.5.2.7. Kalziumphosphate

Im Zustandsschaubild CaO—P_2O_5 stellt sich das Kalziumtriphosphat 3CaO · P_2O_5 als eine kongruent schmelzende Verbindung mit einem Schmelzpunkt nahe 1800 °C dar [309, 310]. Nach den Untersuchungen von J. H. Welch und W. Gutt [310] bildet das bei höheren Temperaturen in zwei Modifikationen α

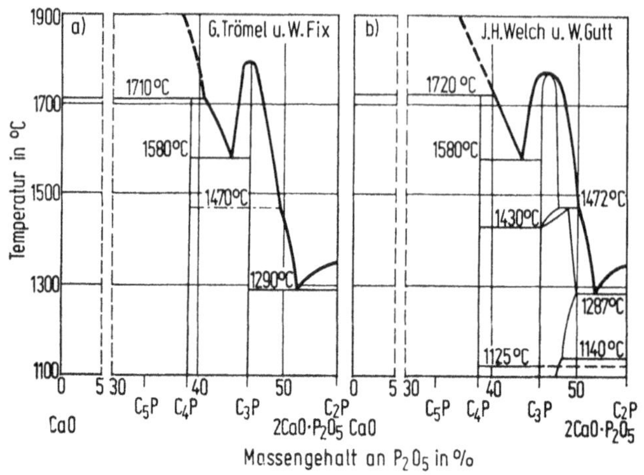

Bild 3.105. Phasendiagramm $CaO-2CaO \cdot P_2O_5$
a) nach G. Trömel und W. Fix [309]; b) nach J. H. Welch und W. Gutt [310]

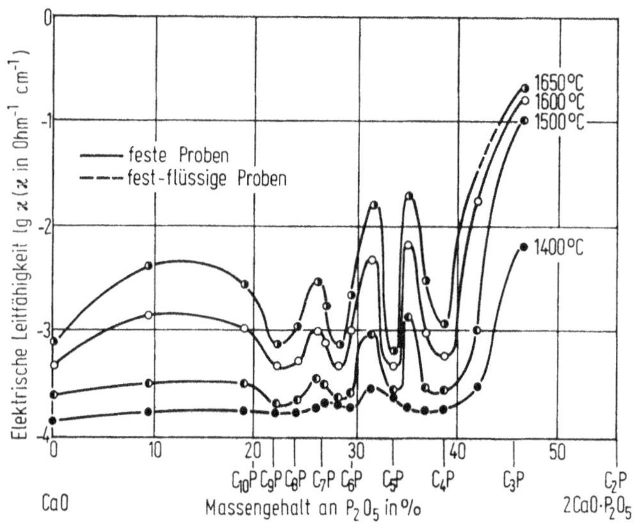

Bild 3.106. Isothermen der elektrischen Leitfähigkeit im System $CaO-3CaO \cdot P_2O_5$ [311]

und $\bar{\alpha}$ auftretende Phosphat $3CaO \cdot P_2O_5$ eine Mischphase, die sich von der stöchiometrischen Zusammensetzung mit 45,8 Gew.-% P_2O_5 gegen das Phosphat $2CaO \cdot P_2O_5$ ausdehnt (Bild 3.105). Die $\alpha-\bar{\alpha}$-Umwandlung vollzieht sich in einem schmalen heterogenen Bereich zwischen 1430 und 1470 °C. Die maximalen Löslichkeiten betragen 50 Gew.-% P_2O_5 für die α-Phase und 48 Gew.-%

P_2O_5 für die $\bar{\alpha}$-Phase. Eine Löslichkeit beider Phasen für CaO wurde bisher nicht festgestellt.

Aus dem Verlauf der Leitfähigkeitsisothermen im Zustandsschaubild (Bild 3.106) [311] ist zu entnehmen, daß beide Modifikationen des $3\,CaO \cdot P_2O_5$ um mehrere Größenordnungen höhere Leitfähigkeiten als das benachbarte

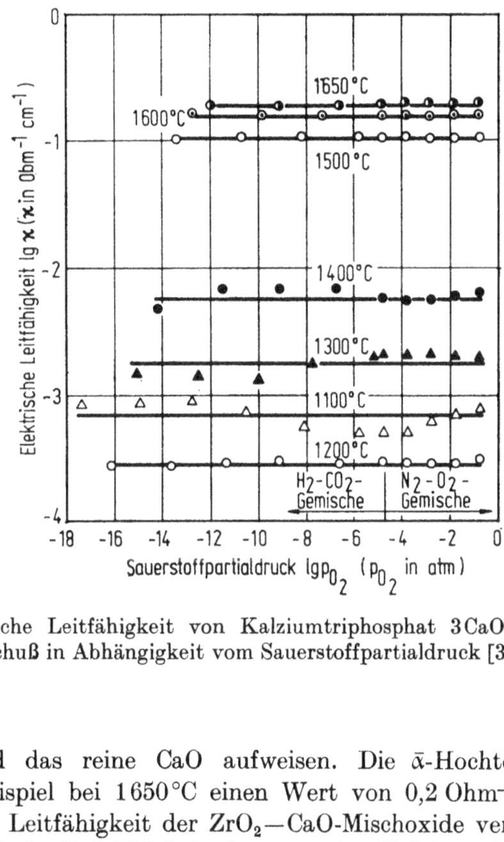

Bild 3.107. Elektrische Leitfähigkeit von Kalziumtriphosphat $3CaO \cdot P_2O_5$ mit P_2O_5-Überschuß in Abhängigkeit vom Sauerstoffpartialdruck [311]

$4\,CaO \cdot P_2O_5$ und das reine CaO aufweisen. Die $\bar{\alpha}$-Hochtemperaturphase erreicht zum Beispiel bei 1650 °C einen Wert von 0,2 $Ohm^{-1}\,cm^{-1}$, der annähernd mit der Leitfähigkeit der ZrO_2—CaO-Mischoxide verglichen werden kann. Die elektrische Leitfähigkeit des α- und $\bar{\alpha}$-Kalziumtriphosphats (46,7 Gew.-% P_2O_5) ist weiterhin zumindest in den Grenzen von 10^{-12} und 0,2 atm unabhängig vom Sauerstoffpartialdruck der Gasphase (Bild 3.107). In Bild 3.108 ist die elektrische Leitfähigkeit der $3\,CaO \cdot P_2O_5$-Mischphasen über der reziproken Temperatur wiedergegeben. Für die monokline α-Phase errechnet sich zwischen 1200 und 1450 °C eine Aktivierungsenergie von 3,6 eV. Für die $\bar{\alpha}$-Phase, deren Strukturtyp bisher nicht identifiziert wurde, ergibt sich zwischen 1450 und 1650 °C dagegen eine sehr viel geringere Aktivierungsenergie von 1,2 eV. Letztere kann formal einer Wanderung von Ca^{2+}-Ionen über Kalziuimonenleerstellen zugeschrieben werden, deren Erzeugung durch den Einbau von überschüssigem P_2O_5 möglich ist. EMK-Messungen an galvanischen Zellen lassen eine hohe Ionenleitfähigkeit des Kalziumtriphosphates möglich erscheinen [311].

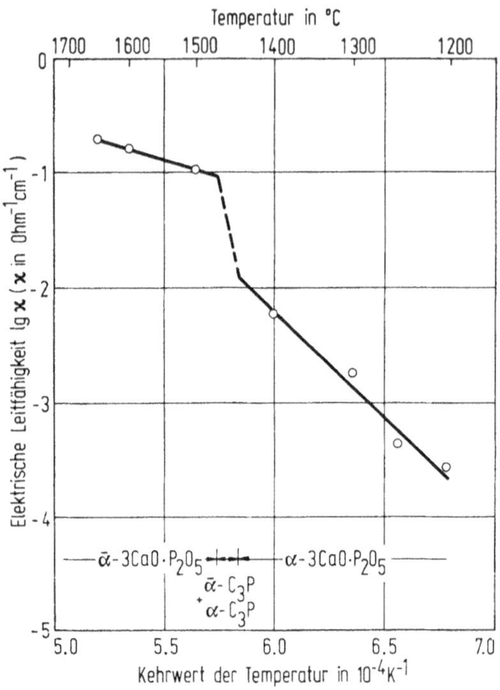

Bild 3.108. Elektrische Leitfähigkeit von Kalziumtriphosphat $3CaO \cdot P_2O_5$ mit P_2O_5-Überschuß in Abhängigkeit von der reziproken Temperatur [311]

3.6. Ionenleitende Halogenide

3.6.1. Alkalihalogenide

Tabelle 3.26 gibt einen Überblick der Alkalihalogenide mit ihren Schmelzpunkten und Strukturen. Ihr Anwendungsbereich bleibt wegen der relativ niedrigen Schmelztemperaturen auf ein Temperaturniveau zwischen Raumtemperatur und höchstens 600 °C beschränkt. Alle Alkalihalogenide besitzen die einfache kubische NaCl-Struktur, in der jedes Kation von 8 Anionen und jedes Anion von 8 Kationen oktaedrisch umgeben ist (Bild 3.109) [312].

Alle Alkalihalogenide sind außerdem überwiegend ionenleitend. Die Ionenleitung beruht auf einer Schottky-Fehlordnung des Kristallgitters, in der die Kationenleerstellen — einzeln oder paarweise auftretend — eine wesentlich höhere Beweglichkeit als die Anionenleerstellen besitzen. Bei höheren Temperaturen ist jedoch auch eine merkliche Beweglichkeit der Anionen zu berücksichtigen. Diese Befunde gehen auf Messungen der Ionenüberführungszahlen

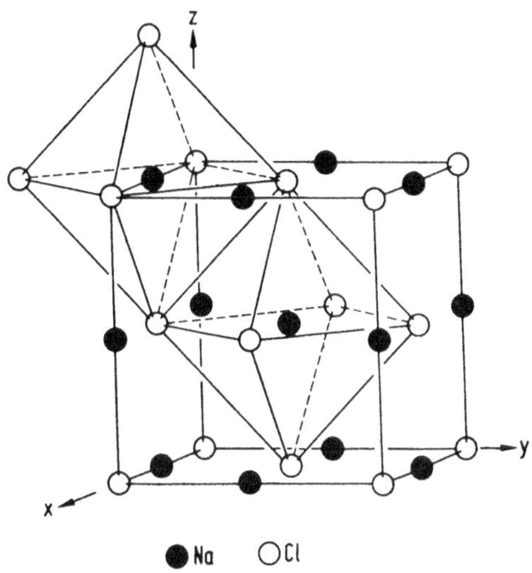

Bild 3.109. Raummodell des kubischen NaCl-Gitters nach W. L. Bragg [312]

Tabelle 3.26. Alkalihalogenide

Verbindung	Struktur	Schmelzpunkt
LiF	NaCl	848
LiCl	NaCl	610
LiBr	NaCl	550
LiJ	NaCl	469
NaF	NaCl	997
NaCl	NaCl	801
NaBr	NaCl	750
NaJ	NaCl	660
KF	NaCl	857
KCl	NaCl	772
KBr	NaCl	740
KJ	NaCl	685

nach der Methode von C. Tubandt (Tabelle 3.27) [313] sowie der Selbstdiffusionskoeffizienten mit radioaktiven Isotopen (Tabelle 3.28) [314—323] zurück.

Der Charakter der Ionenleitfähigkeit der Alkalihalogenide läßt sich sehr eindeutig durch die Elektrolyse nachweisen [324]. In Bild 3.110 wird dies am

Tabelle 3.27. Überführungszahlen der Ionen in festen Alkalihalogeniden[1]

Verbindung	t_{K^+}	t_{A^-}	Temperatur °C
NaF	1	–	500
	0,94	0,06	585
	0,86	0,14	625
NaCl	1	–	400
	0,98	0,02	500
	0,90	0,10	600
KCl	0,96	0,04	450
	0,93	0,07	500
	0,84	0,16	600
KBr	0,5	0,5	605
KJ	0,9	0,1	610
	0,4	0,6	660

[1] Zusammenstellung nach K. Hauffe [313]

Beispiel eines NaCl-Einkristalls gezeigt, dessen Zersetzung sich nach dem Überschreiten der Zellspannung von etwa 2 V durch einen linearen Strom-Spannung-Verlauf andeutet.

Der Anteil der Anionen am Ladungstransport ist, wie schon bemerkt, von der Temperatur abhängig. Zunehmende Anteile der Anionenleitfähigkeit mit steigender Temperatur für die Verbindung Kaliumjodid KJ sind aus Bild 3.111

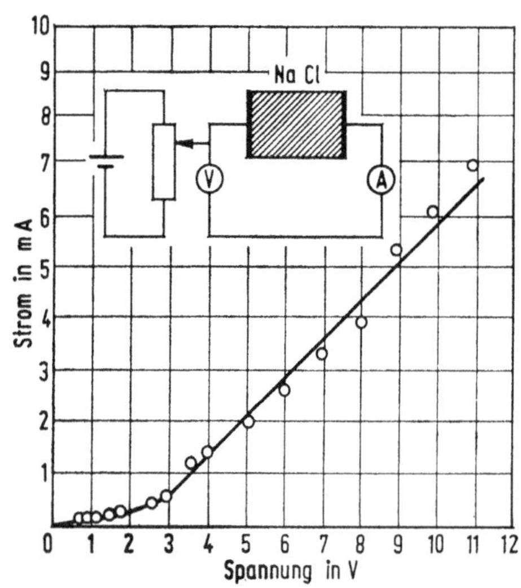

Bild 3.110. Elektrolyse eines NaCl-Einkristalls nach M. Chemla [324]

Tabelle 3.28. Selbstdiffusionskoeffizienten in Alkalihalogeniden
$D^* = D_0 \exp(-Q/kT)$

Verbindung	diffundierendes Ion	Temperaturbereich °C	D^* $cm^2 \cdot s^{-1}$	Verfasser
LiF	Li^+	650–800	$9 \exp(-1{,}9/kT)$	A. N. Naumov, V. B. Ptashnik [315]
	F^-	580–830	$2 \cdot 10^2 \exp(-2{,}3/kT)$	H.-J. Matzke [314]
NaF	F^-	630–940	$4 \cdot 10^4 \exp(-3{,}1/kT)$	H.-J. Matzke [314]
NaCl	Na^+	550–720	$3{,}1 \exp(-1{,}80/kT)$	D. Mapother u. a. [316]
		570–790	$0{,}5 \exp(-1{,}61/kT)$	J. F. Laurent, J. Bénard [317]
		600–726	$33{,}1 \exp(-1{,}97/kT)$	F. Bénière u. a. [318]
	Cl^-	520–740	$56 \exp(-2{,}12/kT)$	N. Laurance [319]
		500–750	$60{,}7 \exp(-2{,}14/kT)$	F. Bénière u. a. [320]
NaBr	Na^+	500–680	$0{,}67 \exp(-1{,}53/kT)$	D. Mapother u. a. [316]
	Br^-	650–750	$1{,}0 \exp(-1{,}70/kT)$	O. R. Dobrovinskaja u. a. [321]
KF	K^+	600–820	$2{,}0 \exp(-1{,}78/kT)$	J. F. Laurent, J. Bénard [317]
KCl	K^+	590–740	$137 \exp(-2{,}15/kT)$	M. Bénière u. a. [322]
	Cl^-	530–730	$10 \exp(-2{,}0/kT)$	J. F. Laurent, J. Bénard [317]
		560–750	$61 \exp(-212/kT)$	R. G. Fuller [323]
		500–740	$178 \exp(-2{,}25/kT)$	M. Bénière u. a. [322]
KBr	K^+	460–720	$10^{-2} \exp(-1{,}26/kT)$	J. F. Laurent, J. Bénard [317]
	Br^-	570–700	$6 \cdot 10^{-3} \exp(-1{,}30/kT)$	O. R. Dobrovinskaja u. a. [321]
KJ	K^+	460–680	$10^{-5} \exp(-0{,}64/kT)$	J. F. Laurent, J. Bénard [317]
	J^-	460–680	$1{,}2 \cdot 10^{-3} \exp(-1{,}12/kT)$	J. F. Laurent, J. Bénard [317]

zu ersehen. Hier werden die aus Diffusionsmessungen berechneten Teilleitfähigkeiten der Kationen und Anionen der gemessenen elektrischen Gesamtleitfähigkeit gegenübergestellt [325].

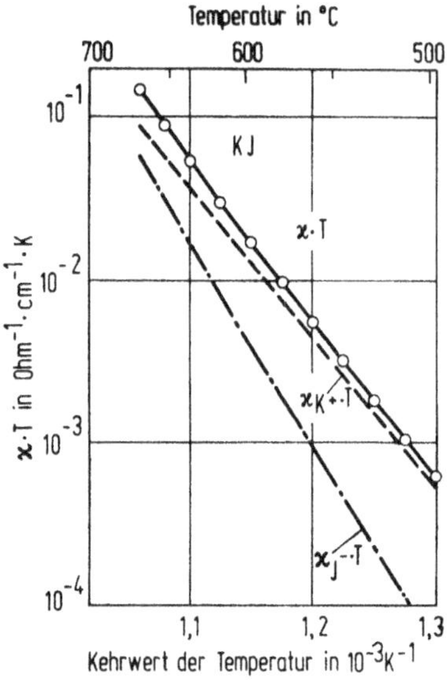

Bild 3.111. Gemessene elektrische Gesamtleitfähigkeit $\varkappa$ und aus Diffusionsmessungen berechnete Teilleitfähigkeiten $\varkappa_{K^+}$ und $\varkappa_{J^-}$ in Kaliumjodid nach S. Chandra und J. Rolfe [325] (Ordinate $= \varkappa \cdot T$)

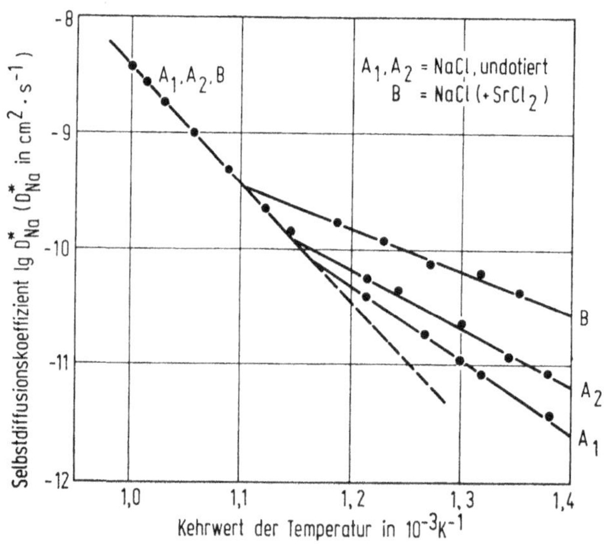

Bild 3.112. Selbstdiffusionskoeffizient D^*_{Na} in reinem und mit $SrCl_2$ dotiertem Natriumchlorid in Abhängigkeit von der reziproken Temperatur nach F. Bénière, M. Bénière und M. Chemla [318]

Im Temperaturverlauf der elektrischen Leitfähigkeit und auch der Selbstdiffusionskoeffizienten ist häufig ein Knick erkennbar, der zwei Temperaturbereiche unterschiedlichen Leitungsverhaltens anzeigt. Als Beispiel seien Messungen des Diffusionskoeffizienten für Na^{22} in undotierten (A_1, A_2) und

$SrCl_2$-dotierten (B) NaCl-Einkristallen in Bild 3.112 wiedergegeben [318]. Bei höheren Temperaturen über 650 °C herrscht im undotierten und dotierten NaCl die Schottky-Eigenfehlordnung vor, die auf einer thermisch angeregten Bildung von Kationen- und Anionenleerstellen beruht und durch eine Aktivierungsenergie von 1,97 eV für $Q = E/2 + U$ gekennzeichnet ist. Bei Temperaturen unter 650 °C überwiegt dagegen eine durch geringe Gehalte an anderswertigen Kationen bedingte Fremdfehlordnung. Die Diffusion des Natriums wird hier allein durch die Wanderungsenergie $U = 0{,}72$ eV von Kationenleerstellen bestimmt, die durch den Einbau von höherwertigen Kationen, z. B. Sr^{2+}, erzeugt werden:

$$SrCl_2 + 2\,Na_{Na} \rightleftharpoons Sr^{\cdot}_{Na} + V'_{Na} + 2\,NaCl \tag{3.135}$$

Die Bildungsenergie für ein V'_{Na}—$V^{\cdot}_{Cl}$-Leerstellenpaar beträgt dann $E = 2\,(1{,}97 - 0{,}72) = 2{,}50$ eV. Für den Diffusionskoeffizienten D^*_{Na} ergeben sich graduelle Unterschiede, die davon abhängig sind, ob eine geringere Zahl an Natriumionen-Leerstellen auf Grund der Kationenverunreinigungen im undotierten NaCl (Kristalle A_1 und A_2) oder eine größere Zahl an Natriumionen-Leerstellen nach Maßgabe eines gezielten $SrCl_2$-Zusatzes im dotierten NaCl (Kristall B) für die Na-Diffusion zur Verfügung steht. Im Fall des Natriumchlorids wird angenommen, daß eine gleichzeitige Wanderung an assoziierten und freien Kationenleerstellen stattfindet.

3.6.2. Silberhalogenide

Silberhalogenide kommen als Festelektrolyte wegen ihrer niedrigen Schmelztemperaturen nur in einem Temperaturbereich zwischen Raumtemperatur und etwa 400 °C in Betracht. Angaben über die Strukturen und die Schmelztemperaturen der Silberhalogenide finden sich in Tabelle 3.29. Unter den einfachen Verbindungen bilden das AgCl und AgBr die kubisch-flächenzentrierte NaCl-

Tabelle 3.29. Silberhalogenide

Verbindung	Struktur	Schmelzpunkt °C
AgCl	NaCl	455
AgBr	NaCl	430
α-AgJ (> 150 °C)	hexagonal	558
β-AgJ (< 150 °C)	Wurtzit	—
Ag_2HgJ_4	tetragonal	380
KAg_4J_5	kubisch	
$RbAg_4J_5$	kubisch	200
Ag_3SJ	kubisch	
Ag_3SBr	hexagonal	

Struktur, das AgJ in der β- und α-Modifikation dagegen ein hexagonales Gitter.

Eindeutiger noch als die Alkalihalogenide sind alle Silberhalogenide Kationenleiter[1]. Ihre hohe Ionenleitfähigkeit beruht auf einer Frenkel-Fehlordnung. Die Silberionen wandern sowohl als Ag-Zwischengitterionen als auch über Ag-Ionen-Leerstellen. Ihre Beweglichkeit wird durch die hohen Selbstdiffusionskoeffizienten des Silbers sowie die zugehörigen niedrigen Aktivierungsenergien in der Größenordnung von 1 eV ausgewiesen (Tabelle 3.30) [326—331].

Tabelle 3.30. Selbstdiffusionskoeffizienten in Silberhalogeniden $D^* = D_0 \exp(-Q/kT)$

Verbindung	diffundierendes Ion	Temperaturbereich °C	D* $cm^2 \cdot s^{-1}$	Verfasser
AgCl	Ag^+	150—350	$1{,}46 \exp(-0{,}89/kT)$	R. J. Friauf [326]
		200—400	$936 \exp(-1{,}00/kT)$	R. F. Reade, D. S. Martin [327]
	Cl^-	300—400	$133 \exp(-1{,}61/kT)$	W. D. Crompton, R. J. Maurer [328]
		300—400	$85 \exp(-1{,}58/kT)$	E. Lakatos, K. H. Lieser [329]
AgBr	Ag^+	270—400	$100 \exp(-1{,}00/kT)$	R. J. Friauf [326]
	Br^-	150—300	$0{,}05 \exp(-1{,}06/kT)$	A. Mrin [330]
α-AgJ	Ag^+	380—555	$Q = 0{,}16$ eV	A. Kvist u. a. [331]

Messungen der elektrolytischen Überführung nach der Tubandt-Methode bestätigen die überwiegende Kationenleitfähigkeit, lassen jedoch eine nicht mehr vernachlässigbare Elektronenteilleitfähigkeit bei Gegenwart einer Halogen-Atmosphäre erkennen (Tabelle 3.31) [313].

Tabelle 3.31. Überführungszahlen der Silberionen in festen Silberhalogeniden[1]

Verbindung	t_{K^+}	t_{A^-}	t_e	Temperatur °C	Bemerkungen
AgCl	1	—	—	300—400	Ag|AgCl|Ag
	0,98		0,02	300	$p_{Cl_2} = 1$ atm
AgBr	1	—	—	100—400	Ag|AgBr|Ag
	0,5—0,02		0,5—0,98	25	Br_2-Atmosphäre
AgJ	1	—	—	100—400	Ar-Atmosphäre
	0,85	—	0,15	140	$p_{J_2} = 0{,}24$ atm

[1] Zusammenstellung nach K. Hauffe [313]

---

[1] Kennzeichnend für die Silberhalogenide ist ein relativ kleines Verhältnis der Radien von Kationen und Anionen: AgCl 0,62, AgBr 0,58, AgJ 0,51.

In Bild 3.113 wurden die Temperaturabhängigkeiten der elektrischen Leitfähigkeit der einfachen Silberhalogenide zusammengestellt. Unter ihnen besitzt die bei Temperaturen über 150 °C beständige α-Phase des AgJ die mit Abstand höchste Leitfähigkeit von z. B. 1,5 $Ohm^{-1} \cdot cm^{-1}$ bei 200 °C [334, 335]. Silberjodid wurde daher bisher überwiegend als Ag-ionenleitender Festelektrolyt verwendet. Die Leitfähigkeit des AgBr [332] ist demgegenüber um etwa 3 und die des AgCl [333] um 4 1/2 Größenordnungen geringer.

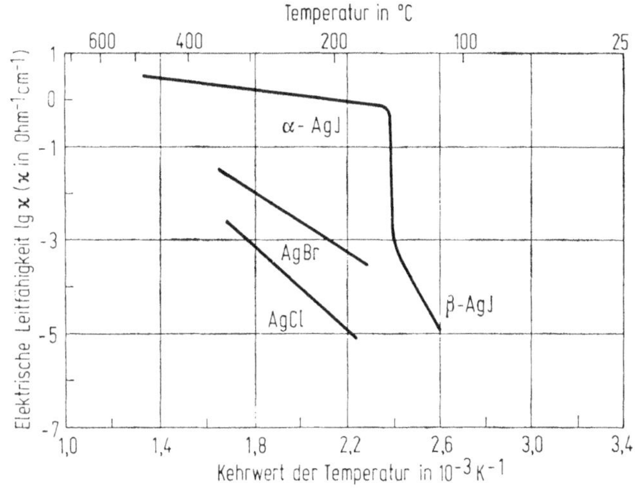

Bild 3.113. Elektrische Leitfähigkeit von AgCl [333], AgBr [332] und AgJ [334, 335] in Abhängigkeit von der reziproken Temperatur

Der große Leitfähigkeitssprung des AgJ, der mit der Umwandlung der β- in die α-Phase bei 150 °C verbunden ist, läßt sich auf eine thermisch bedingte, günstige Fehlordnung zurückführen [334, 335]. Im Wurtzitgitter des β-AgJ nehmen die Jodionen eine hexagonal dichte Kugelpackung ein, während die Silberionen in tetraedrischen und oktaedrischen Gitterlücken Platz finden. Bei der Umwandlung in die α-Phase findet eine Gitterverschiebung statt, derart, daß sich die Jodionen in Richtung der a-Achse annähern und in Richtung der c-Achse auseinanderrücken. Damit erhalten die Silberionen eine größere Bewegungsfreiheit in Richtung der a-Achse. Leitfähigkeitsmessungen an α-AgJ-Einkristallen bestätigen dies anisotrope Verhalten des Silberjodids [335]. Die am AgJ ermittelte sehr geringe Aktivierungsenergie der elektrischen Leitfähigkeit von 0,16 [331] bzw. 0,06 eV [335] ist allein der Wanderung der Silberionen zuzuschreiben.

Die Grenzwerte der Temperaturen und Jodpartialdrücke für die Anwendung des Silberjodids als Elektrolyt in galvanischen Zellen sind in Bild 3.114 nach J. W. Patterson [336] dargestellt.

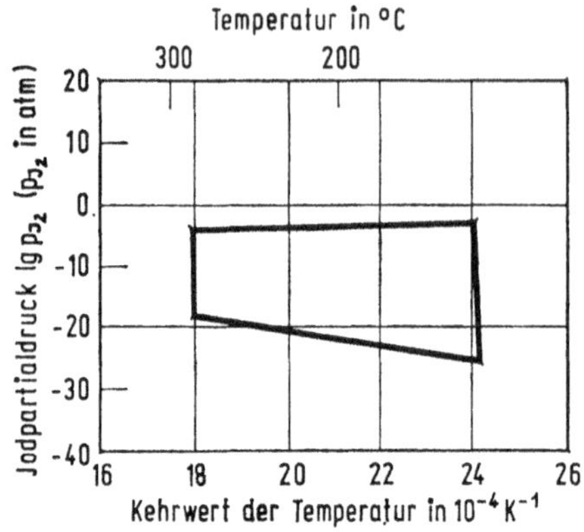

Bild 3.114. Grenzbedingungen (Jodpartialdruck, Temperatur) der elektrolytischen Leitfähigkeit von Silberjodid nach J. W. Patterson [336]

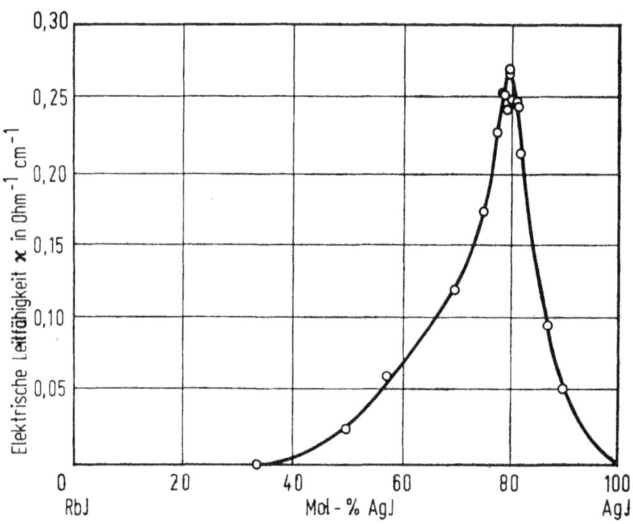

Bild 3.115. Elektrische Leitfähigkeit im System RbJ—AgJ bei 22 °C nach B. B. Owens und G. R. Argue [344]

In letzter Zeit haben einige *Silberjodid-Verbindungen* steigende Beachtung gefunden. Auf die relativ hohe Ionenleitfähigkeit des oberhalb 50 °C beständigen, kubischen α-Ag_2HgJ_4 haben bereits in den dreißiger Jahren J. A. A. Ketelaar [337] und C. Wagner [338] hingewiesen. Wesentlich höhere Ionenleitfähigkeiten zeigen die Verbindungen KAg_4J_5 und $RbAg_4J_5$ [339—345]. Im

System RbJ—AgJ besitzt die Verbindung $RbAg_4J_5$ (80 mol-% AgJ, 20 mol-% RbJ) bereits bei Raumtemperatur eine extrem hohe Leitfähigkeit von 0,26 Ohm^{-1} cm^{-1} gegenüber Werten von $2 \cdot 10^{-4}$ Ohm^{-1} cm^{-1} für das AgJ und 10^{-8} Ohm^{-1} cm^{-1} für das RbJ [344]. Dies zeigt die Leitfähigkeitsisotherme in Bild 3.115. Die hohe Leitfähigkeit der Verbindung $RbAg_4J_5$ beruht auf der vorherrschenden Beweglichkeit der Silberionen, für die aus Leitfähigkeitsmessungen in Ab-

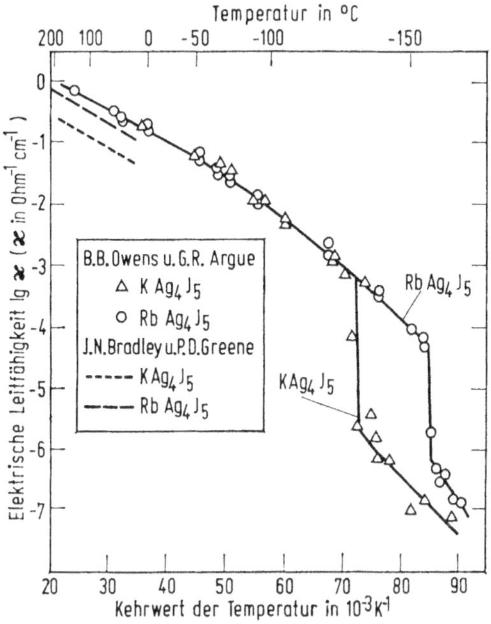

Bild 3.116. Elektrische Leitfähigkeit der Verbindungen $RbAg_4J_5$ und KAg_4J_5 in Abhängigkeit von der reziproken Temperatur

hängigkeit von der Temperatur eine Wanderungsenergie von 0,07 eV [344] ermittelt wurde. Die Bestimmung der Selbstdiffusionskoeffizienten mit Hilfe eines Silberisotops in Abhängigkeit von der Temperatur ergab einen ähnlich geringen Wert von 0,09 eV [341]. Messungen der Überführungszahl nach der Tubandt-Methode ($t_{Ag^+} = 1{,}00 \pm 0{,}01$) bestätigen ebenfalls die ausschließliche Silberionenleitfähigkeit in der Verbindung $RbAg_4J_5$ [342].

In Bild 3.116 sind die spezifischen Leitfähigkeiten von $RbAg_4J_5$ und KAg_4J_5 über der Temperatur dargestellt [339, 340].

Hingewiesen sei auch auf die hohe Ionenleitfähigkeit des Ag_2SO_4 [346] sowie des Li_2SO_4 [347], die auf einer überwiegenden Kationenleitfähigkeit beruht.

3.6.3. Erdalkalihalogenide

Die Strukturen und Schmelztemperaturen der Erdalkalihalogenide wurden in Tabelle 3.32 zusammengestellt. Für die Anwendung als Festelektrolyte bei erhöhten Temperaturen kommen vorzugsweise die Erdalkalifluoride CaF_2, SrF_2 und BaF_2 in Betracht, die deutlich höhere Schmelztemperaturen als alle übrigen Erdalkalihalogenide aufweisen (1290 bis 1418 °C) und eine kubische Gitterstruktur mit einer Fehlordnung besitzen, die eine hohe Anionenleitfähigkeit ermöglicht.

Tabelle 3.32. Erdalkalihalogenide

Verbindung	Struktur	Schmelzpunkt °C
MgF_2	TiO_2[1]	1263
$MgCl_2$	$CdCl_2$[2]	714
$MgBr_2$	CdJ_2[3]	710
MgJ_2	CdJ_2	650
CaF_2	CaF_2[4]	1418
$CaCl_2$	TiO_2	772
$CaBr_2$	TiO_2	742
CaJ_2	CdJ_2	777
SrF_2	CaF_2	1400
$SrCl_2$	CaF_2	873
$SrBr_2$		643
SrJ_2		515
BaF_2	CaF_2	1290
$BaCl_2$	$PbCl_2$[5]	962
$BaBr_2$	$PbCl_2$	854
BaJ_2	$PbCl_2$	712

[1] tetragonal
[2] rhomboedrisch
[3] hexagonal
[4] kubisch
[5] orthorhombisch

Das kubisch-flächenzentrierte Gitter des CaF_2-Typs wurde bereits im Zusammenhang mit den Oxiden ThO_2 und ZrO_2 erörtert. Die Anionenleitfähigkeit der Erdalkalifluoride beruht auf einer Frenkel-Fehlordnung der Fluorionen (Anti-Frenkel-Typ). Sie wurde ursprünglich durch Überführungsmessungen nach der Methode von C. Tubandt nachgewiesen. Neuere Ermittlungen der Selbstdiffusionskoeffizienten der Anionen und Kationen mit Hilfe radioaktiver Isotope bestätigen die vorherrschende Beweglichkeit der Fluorionen im Kristallgitter der Erdalkalifluoride (Tabelle 3.33) [348—352].

Wie schon für die Alkali- und Silberhalogenide beschrieben, so läßt sich auch an Erdalkalihalogeniden der Temperaturverlauf der Leitfähigkeit in einen Bereich der thermischen Fehlordnung (intrinsic disorder) und einen Bereich der chemischen Fehlordnung (extrinsic disorder) unterteilen. Bild 3.117 zeigt die erstmals gemessene lg $\varkappa - 1/T$-Abhängigkeit für Kalziumfluorid CaF_2, das Verunreinigungen an Eisenoxiden (5,13% $Fe_{1-x}O$, 0,77% Fe_2O_3) enthielt

Tabelle 3.33. Selbstdiffusionskoeffizienten in Erdalkalifluoriden
$D^* = D_0 \exp(-Q/kT)$

Verbindung	diffundierendes Ion	Temperaturbereich °C	D^* cm² · s⁻¹	Verfasser
CaF_2	Ca^{2+}	800–1200	$130 \exp(-3{,}76/kT)$	H.-J. Matzke, R. Lindner [348]
		987–1246	$5{,}35 \cdot 10^3 \exp(-4{,}15\ kT)$	M. F. Bérard [349]
	F^-		$134 \exp(-2{,}13/kT)$	E. Barsis, A. Taylor [350]
		350– 940	$50 \exp(-2{,}0/kT)$	H.-J. Matzke [351]
SrF_2	Sr^{2+}	1000–1200	$1{,}09 \cdot 10^4 \exp(-4{,}30/kT)$	M. Baker, A. Taylor [352]
BaF_2	F^-	350– 940	$3{,}1 \exp(-1{,}6/kT)$	H.-J. Matzke [351]

[353, 354]. Daraus ergeben sich Aktivierungsenergien von 0,65 eV für den Temperaturbereich der chemischen Fehlordnung (350 bis 800 °C), 2,2 eV für den Temperaturbereich der thermischen Fehlordnung (800 bis 1100 °C) und 0,63 eV für das schmelzflüssige CaF_2 (1370 bis 1450 °C). Dieser Leitfähigkeitsverlauf wurde in späteren Arbeiten [341, 342, 350, 355, 356] an *reinen* CaF_2-Einkristallen bestätigt. Bild 3.118 zeigt in einer vergleichenden Darstellung die Temperaturabhängigkeit der elektrischen Leitfähigkeit von *reinen* Einkristallen aus CaF_2, SrF_2 und BaF_2 [350]. Die zugehörigen Funktionen für den Temperaturbereich der Eigenfehlordnung sind in Tabelle 3.34 angegeben.

Tabelle 3.34. Elektrische Leitfähigkeit von Erdalkalifluoriden im Bereich der Eigenfehlordnung (600–1100 °C) [350]
$\varkappa = (\varkappa^*/T) \exp(-Q/kT)$

Verbindung	$\varkappa^*$ $K \cdot Ohm^{-1} \cdot cm^{-1}$	Q eV
CaF_2	$1{,}1 \cdot 10^{10}$	2,13
SrF_2	$5{,}6 \cdot 10^9$	2,14
BaF_2	$3{,}8 \cdot 10^8$	1,64

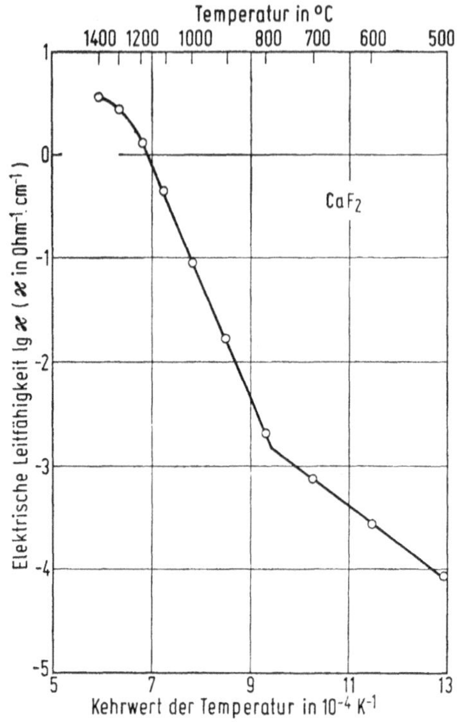

Bild 3.117. Elektrische Leitfähigkeit von Kalziumfluorid CaF_2 (5,1% $Fe_{1-x}O$, 0,77% Fe_2O_3) in Abhängigkeit von der reziproken Temperatur [353, 354]

Das Kalziumfluorid CaF_2 bildet mit NaF und YF_3 feste Mischphasen, wobei die maximalen Löslichkeiten etwa 0,6 mol-% NaF [355] bzw. 55 mol-% YF_3 [357] betragen (vgl. Zustandsdiagramm CaF_2—YF_3 in Bild 3.119). In beiden Fällen wird eine Erhöhung der elektrischen Leitfähigkeit erzielt [355]. Diese beruht im Fall der Dotierung mit NaF auf der Vermehrung der Konzentration an Fluor-Ionenleerstellen

$$NaF + Ca_{Ca} + F_F \rightleftharpoons Na'_{Ca} + V^{\cdot}_F + CaF_2 \tag{3.136}$$

und im Fall der Dotierung mit YF_3 auf der Vermehrung der Konzentration an Fluor-Zwischengitterionen

$$YF_3 + Ca_{Ca} + V_i \rightleftharpoons Y^{\cdot}_{Ca} + F'_i + CaF_2 \tag{3.137}$$

Die hier die Leitfähigkeit bestimmenden Wanderungsenergien betragen nach R. W. Ure jr. [355] 0,52 bis 0,88 eV für die $V^{\cdot}_F$-Defekte in CaF_2—NaF-Mischphasen und 0,83 eV für die F'_i-Defekte in CaF_2—YF_3-Mischphasen. Der Leitfähigkeitsverlauf für undotiertes und YF_3-dotiertes Kalziumfluorid ist in Bild 3.120 wiedergegeben.

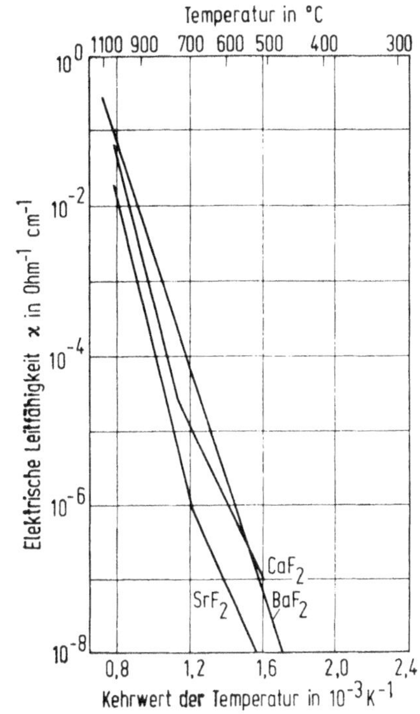

Bild 3.118. Elektrische Leitfähigkeit von CaF_2-, SrF_2- und BaF_2-Einkristallen in Abhängigkeit von der reziproken Temperatur nach A. Barsis und A. Taylor [350]

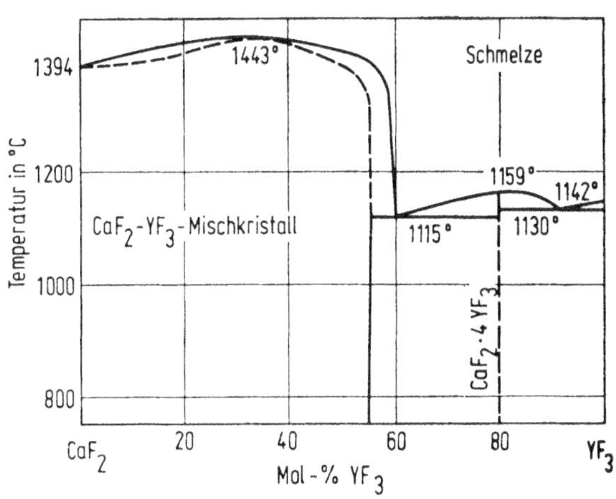

Bild 3.119. Phasendiagramm CaF_2—YF_3 nach J. Short und R. Roy [357]

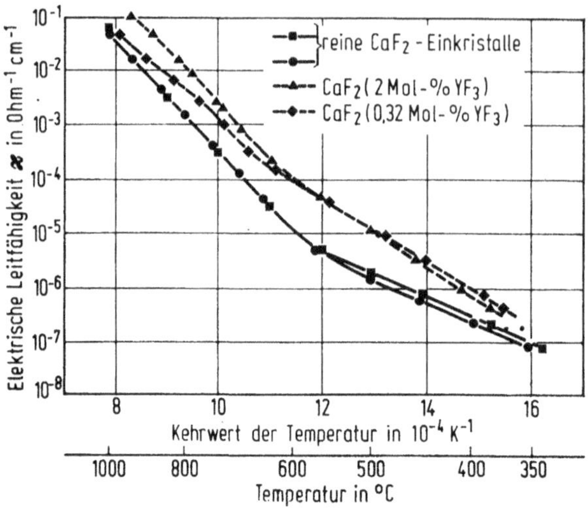

Bild 3.120. Elektrische Leitfähigkeit von reinem und mit YF_3 dotiertem Kalziumfluorid in Abhängigkeit von der reziproken Temperatur nach R. W. Ure jr. [355]

Die unteren Grenzwerte der Fluorpartialdrücke für eine Anwendung des Kalziumfluorids als Festelektrolyt in galvanischen Zellen wurden von C. Wagner [358] abgeschätzt und betragen für 500 °C 10^{-70} atm bzw. für 1000 °C 10^{-40} atm.

Literatur

1. Frenkel, J.: Z. Physik 35 (1926) 652.
2. Wagner, C., Schottky, W.: Z. phys. Chem. (B) 11 (1930) 163.
3. Schottky, W.: Z. phys. Chem. (B) 29 (1935) 335.
4. Schottky, W.: Z. Elektrochem. 45 (1939) 33.
5. Wagner, C.: Z. phys. Chem. (B) 22 (1933) 181.
6. Hauffe, K.: Reaktionen in und an festen Stoffen, 2. Aufl., Berlin, Heidelberg, New York: Springer 1966, s. bes. Abschn. 2 und 3.
7. Schottky, W.: Zur Frage der rationalen Störstellenbezeichnung. In: Halbleiterprobleme, Bd. 4, S. 235, Braunschweig: Vieweg 1958.
8a. Kröger, F. A., Vink, H. J.: Solid State Physics, Vol. 3 Hrsg. F. Seitz, D. Turnbull, New York: Academic Press 1956, S. 307/435.
8b. Schottky, W., Halbleiterprobleme, Bd. 4, Hrsg. W. Schottky; Braunschweig: Vieweg 1958, S. 235.
8c. Rickert, H.: Einführung in die Elektrochemie fester Stoffe, Berlin, Heidelberg, New York: Springer 1973.
9. Ure, R. W., jr.: J. Chem. Phys. 26 (1957) 1363.
10. Baumbach, H. H. v., Dünwald, H., Wagner, C.: Z. phys. Chem. (B) 22 (1933) 226.
10a. Dellacherie, J., Thèse, Nancy 1973.
11. Hauffe, K., Reaktionen in und an festen Stoffen, 2. Aufl., Berlin, Heidelberg, New York: Springer 1966, s. bes. S. 241.

12. Wagner, C., Koch, E.: Z. phys. Chem. (B) 32 (1936) 439.
13. Hauffe, K., Pfeiffer, H.: Z. Metallkde. 44 (1953) 27.
14. Baumbach, H. H. v., Wagner, C.: Z. phys. Chem. (B) 24 (1934) 59.
15. Dünwald, H., Wagner, C.: Z. phys. Chem. (B) 17 (1932) 467.
16. Gundermann, J., Hauffe, K., Wagner, C.: Z. phys. Chem. (B) 37 (1937) 148.
17. Banks, F. R.: Phys. Rev. 59 (1941) 376.
18. Miller, P. H. jr.: Phys. Rev. 60 (1941) 890.
19. Lindner, R.: Acta chem. scand. 6 (1952) 457.
20. Fritzsche, H.: Z. Phys. 133 (1952) 422.
21. Hauffe, K.: Reaktionen in und an festen Stoffen. 2. Aufl., Berlin, Heidelberg, New York: Springer 1966, s. bes. S. 208.
22. Greener, E. H., Whitmore, D. H., Fine, M. E.: J. Chem. Phys. 34 (1961) 1017.
23. Kofstad, P., Anderson, P. B.: J. Phys. Chem. Solids 21 (1961) 280.
24. Kofstad, P.: J. Phys. Chem. Solids 23 (1962) 1571.
25. Kawaguchi, T.: Kagaku 23 (1953) 534.
26. Kachi, S., Takada, T., Kosuge, K.: J. Phys. Soc. Japan 18 (1963) 1839.
27. Manakov, A. I., Esin, O. A., Lepinskikh, B. M.: J. Phys. Chem. USSR 36 (1962) 1481.
28. Sawada, Sh.: Phys. Rev. 91 (1953) 1010.
29. Bauer, G.: Ann. Phys. 30 H. 5 (1937) 433.
30. Klaiber, F.: Ann. Phys. 3 H. 5 (1929) 229.
31. Wagner, C.: J. Chem. Phys. 21 (1953) 1819.
32. Hauffe, K., Flint, H. G.: Z. phys. Chem. 200 (1952) 199.
33. Hauffe, K., Tränckler, G.: Z. Phys. 136 (1953) 166.
34. Rudolph, J.: Z. Naturforsch. 14a (1959) 727.
35. Fischer, W. A., Janke, D., Zielinski, K.: Ber. Dt. Keram. Ges., 49 (1972) 362.
36. Eisenmann, L.: Ann. Phys. 38 H. 5 (1940) 121.
37. Schottky, W.: Schweizer Arch. 1 (1941) S. 141 Heft 1.
38. Hinterberger, H.: Z. Naturforsch. 1 (1946) 13.
39. Koch, E., Wagner, C.: Z. phys. Chem. (B) 38 (1937) 295.
40. Wagner, C., Hantelmann, P.: J. Chem. Phys. 18 (1950) 72.
41. Simkovich, G.: J. Phys. Chem. Solids 24 (1963) 213.
42. Croatto, U.: Gazz. chim. ital. 74 (1944) 20.
43. Croatto, U., Mayer, A.: Gazz. chim. ital. 73 (1943) 199.
44. Zintl, E., Udgard, A.: Z. anorg. Chem. 240 (1939) 150.
45. Lorenz, G., Fischer, W. A.: Z. phys. Chem. N. F. 18 (1958) 265 u. 307.
45a. Hauffe, K.: Reaktionen in und an festen Stoffen, 2. Aufl. Berlin, Heidelberg, New York: Springer 1966, s. bes. S. 188, 191.
46. Verwey, E. J. W., Haayman, P. W., Romeyn, F. C.: Chem. Weekblad 44 (1948) 705.
47. Hauffe, K.: Ann. Phys. [6] 8 (1950) 201.
48. Schlosser, E. G.: Ber. Bunsenges. phys. Chemie 65 (1961) 453.
49. Zintl, E., Croatto, U.: Z. anorg. allg. Chem. 242 (1939) 79.
50. Sillén, L. G., Aurivillius, B.: Z. Kristallogr. 101 (1939) 483.
51. Sillén, L. G., Sillén, B.: Z. phys. Chem. (B) 49 (1941) 27.
52. Hund, F.: Z. Elektrochem. angew. phys. Chem. 55 (1951) 363.
53. Hund, F.: Z. phys. Chem. 199 (1952) 142.
54. Hund, F., Dürrwächter, W.: Z. anorg. allg. Chem. 265 (1951) 67.
55. Hund, F., Mezger, R.: Z. phys. Chem. 201 (1952) 268.
56. Hund, F., Niessen, G.: Z. Elektrochem. angew. phys. Chem. 56 (1952) 972.
57. Avgustinik, A. I., Antselevich, N. S.: Zhur. Fiz. Khim. 27 (1953) 973.
58. Keith, M. L., Roy, R.: Amer. Mineralogist 39 (1954) 1.
59. Keler, E. K., Godina, N. A.: Zhur. Neorg. Khim. 1 (1956) 2556.

60. Verwey, E. J. W., Haayman, P. W.: Physica 8 (1941) 979.
61. Barth, T. F. W., Posnjak, E.: Z. Kristallogr. 82 (1932) 325.
62. Wagner, C., Koch, E.: Z. phys. Chem. (B) 32 (1936) 439.
63. Fischer, W. A., Janke, D.: Arch. Eisenhüttenw. 40 (1969) 837.
64. Fischer, W. A., Hoffmann, A.: Arch. Eisenhüttenw. 26 (1955) 63.
65. Machatschki, F.: Z. Kristallogr. 82 (1932) 348.
66. Heyne, L.: In: Mass. Transport in Oxides, Proc. Symposium Gaithersburg, Maryland, 22. 10. 1967, Nat. Bur. Stand., Spec. Publ. 296 (1968) 149.
67. Möbius, H.-H.: Naturwiss. 52 (1965) 529
68. Kohlrausch, F.: Praktische Physik, Bd. 2, 296, Stuttgart: Teubner 1968.
69. Tubandt, C.: Handbuch der Experimentalphysik, Bd. 12, Teil 3 S. 383, Leipzig: Akad. Verlagsges. 1932.
70. Wagner, C.: Z. Elektrochem. 63 (1959) 1027.
71. Ilschner, B.: J. Chem. Phys. 28 (1958) 1109.
72. Raleigh, D.: J. Phys. Chem. Solids, 26 (1965) 329.
73. Strock, L. W.: Z. phys. Chem. (B) 31 (1936) 132.
74. Ketelaar, J. A.: Z. phys. Chem. (B) 26 (1934) 327.
75. Reuter, B., Hardel, K.: Ber. Bunsenges. phys. Chemie 70 (1966) 83.
76. Takahashi, T., Yamamoto, O.: Electrochim. Acta 11 (1966) 779.
77. Ketelaar, J. A.: Trans. Faraday Soc. 34 (1938) 874.
78. Bradley, J. N., Greene, P. D.: Trans. Faraday Soc. 62 (1966) 2069.
79. Tubandt, C., Rindtorff, R., Jost, W.: Z. Anorg. Allgem. Chem. 165 (1927) 195.
80. Wagner, J. B., Wagner, C.: J. Electrochem. Soc. 104 (1957) 509.
81. Tubandt, C., Reinhold, H., Liebold, G.: Z. Anorg. Allgem. Chem. 197 (1931) 225.
82. Schamp, H. W., Katz, E.: Phys. Rev. 94 (1954) 828.
83. Yao, Y. Y., Kummer, J. T.: J. Inorg. Nucl. Chem. 29 (1967) 2453.
84. Hever, K. O.: J. Electrochem. Soc. 115 (1968) 830.
85. Jost, W., Schweitzer, H.: Z. phys. Chem., Abstr. (B) 20 (1933) 118.
86. Barsis, E., Taylor, A.: J. Chem. Phys. 45 (1966) 1154.
87. Simkovich, G.: J. Phys. Chem. Solids 24 (1963) 213.
88. Hund, F.: Z. phys. Chem. 199 (1952) 142.
89. Kiukkola, K., Wagner, C.: J. Electrochem. Soc. 104 (1957) 308, 379.
90. Kingery, W. D., Pappis, J., Doty, M. E., Hill, D. C.: J. Amer. Ceram. Soc. 42 (1959) 393.
91. Hund, F.: Z. Elektrochem. 55 (1951) 363.
92. Peters, H., Mann, G.: Ber. Bunsenges. phys. Chemie 63 (1959) 244.
93. Strickler, D. H., Carlson, W. G.: J. Amer. Ceram. Soc. 47 (1964) 122; 48 (1965) 286.
94. Peters, H., Möbius, H. H.: Z. phys. Chem. 209 (1958) 298.
95. Steele, B. H. C., Alcock, C. B.: Trans. Met. Soc. AIME 233 (1965) 1359.
96. Rapp, R. A.: Thermodynamics of Nuclear Materials, IAEA, Vienna, 1968, 559.
97. Hund, F., Dürrwächter, W.: Z. Anorg. Allgem. Chem. 265 (1951) 67.
98. Hund, F., Mezger, R.: Z. phys. Chem. 201 (1952) 268.
99. Hund, F.: Z. Anorg. Allgem. Chem. 274 (1953) 105.
100. Subbarao, E. C., Sutter, P. H., Hrizo, J.: J. Amer. Ceram. Soc. 48 (1965) 443.
101. Bauerle, J. E.: J. Chem. Phys. 45 (1966) 4162.
102. Wimmer, J. M., Bidwell, L. R., Tallan, N. M.: J. Amer. Ceram. Soc. 50 (1967) 198.
103. Taylor, R., Schmalzried, H.: J. Phys. Chem. 68 (1964) 2444.
104. Ure jr., R. W.: J. Chem. Phys. 26 (1957) 1363.
105. Short, J., Roy, R.: J. Phys. Chem. 67 (1963) 1860.
106. Zintl, E., Croatto, U.: Z. Anorg. Allgem. Chem. 242 (1939) 79.
107. Fischer, W. A., Janke, D.: Arch. Eisenhüttenwes. 40 (1969) 707.
108. Fischer, W. A., Janke, D.: Arch. Eisenhüttenwes. 40 (1969) 837.

109. Pluschkell, W., Engell, H.-J.: Ber. Dt. Keram. Ges. 45 (1968) 388.
110. Fischer, W. A., Janke, D., Zielinski, K.: Radex-Rundsch. H. 2, (1972) 98.
111. Steiner, R.: Chem.-Ing.-Techn. 44 (1972) 152.
112. Fischer, W. A.: Electrical Measurements on Oxides and Solid State Cells between 1,200 and 1,800°C. In: The Physical Chemistry of Steelmaking, Ed.: J. F. Elliott, Technology Press MIT 1958, S. 79.
113. Hebb, M.: J. Chem. Phys. 20 (1952) 185.
114. Wagner, C.: Proc. Intern. Comm. Electrochem. Therm. Kinetics (CITCE). 7th meeting Lindau (1955). London: Butterworth. 1957.
115. Heyne, L.: Ionic Conductivity in Oxides. In: Mass Transport in Oxides Proc. Symp. Gaithersburg, Maryland, 22. 10. 1967, Nat. Bur. Stand., Spec. Publ. 296 (1968) 149.
116. Patterson, J. W., Bogren, E. C., Rapp, R. A.: J. Electrochem. Soc. 114 (1967) 752.
117. Burke, L. D., Rickert, H., Steiner, R.: Z. phys. Chem. N. F. 74 (1971) 146.
118. Maurer, R. J.: Forsch. u. Fortschr. 26 (1950) 4.
119. Mapother, D. E., Crooks, H. N., Maurer, R. J.: J. Chem. Phys. 18 (1950) 1231.
120. Murin, A., Lure, B.: Dokl. Akad. Nauk SSSR (N. S.) 73 (1950) 933.
121. Kingery, W. D.: Diffusion in Oxides. In: Kinetics of High-Temperature Processes. Cambridge/Mass.: MIT—Press; New York: Wiley; London: Chapman & Hall 1959, s. bes. S. 37.
122. Kingery, W. D., Pappis, J., Doty, M. E., Hill, D. C.: J. Am. Ceram. Soc. 42 (1959) 393.
123. Birchenall, C. E.: Diffusion in Oxides. In: Mass Transport in Oxides. Symposium at Gaithersburg, Maryland 1967. Nat. Bur. Stand., Spec. Publ. 296 (1968) s. bes. S. 119.
124. Fischer, W. A., Lorenz, G.: Arch. Eisenhüttenw. 29 (1958) 293.
125. Ruka, R. J., Bauerle, J., Dykstra, L.: J. Electrochem. Soc. 115 (1968) 497.
126. Kohlrausch, F.: Praktische Physik, Bd. 2 (1968) 314—316.
127. Fischer, W. A., Pieper, Ch.: Arc. Eisenhüttenw. 44 (1973) 251.
128. Fischer, W. A., Oels, W. D.: Köln—Opladen: Forschungsber. des Landes NRW Nr. 2042, 1969.
129. Fischer, W. A., Janke, D., Zielinski, K.: Radex-Rundsch. H. 2 (1972) 98.
130. Fischer, W. A., Janke, D., Zielinski, K.: Ber. Dt. Keram. Ges., 49 (1972) 401.
131. Fischer, W. A., Lorenz, G.: Arch. Eisenhüttenw. 28 (1957) 497.
132. Zusammenstellung der Ergebnisse verschiedener Autoren bei: R. J. Brook, J. Yee, F. A. Kröger: J. Amer. Ceram. Soc. 54 (1971) 444.
133. Christy, R. W., Fukushima, E., Li, H. T.: J. Chem. Phys. 30 (1959) 136.
134. Christy, R. W.: J. Chem. Phys. 34 (1961) 1148.
135. Hauffe, K.: Reaktionen in und an festen Stoffen, 2. Aufl. Berlin, Heidelberg, New York: Springer 1966.
136. Wagner, C.: Z. phys. Chem. (B) 21 (1935) 25; Z. phys. Chem. (B) 32 (1936) 447.
137. Schmalzried, H.: Z. Elektrochem. 66 (1962) 572.
138. Schmalzried, H.: Z. phys. Chem. N. F. 38 (1963) 87.
139. Möbius, H.-H.: Naturwiss. 52 (1965) 529.
138a. Flörke, OW.: Ber. DKG 40 (1963) 451.
140. Weber, B. C., Schwartz, M. A.: Zirconia: Its Crystallographic Polymorphy and High-Temperature Properties. WADC TR 58-646. Astia Doc. Nr. AD 206908 (July 1958).
141. Mauer, F. A., Bolz, L. H.: Measurement of Thermal Expansion of Cermet Compounds of High Temperature X-Ray Diffraction. WADC TR 55-473 (Dec. 1955). Aerospace Research Laboratories, USAF.
142. Delamarre, C., Perez y Jorba, M.: Rev. Int. Hautes Tempér. et Réfract. 2 (1965) 314.
143. Bauerle, J. E.: J. Chem. Phys. 45 (1966) 4162.
144. Lasker, M. F., Rapp, R. A.: Z. phys. Chem. 49 (1966) 198.

145. Bransky, J., Tallan, N. M.: J. Amer. Ceram. Soc. 53 (1970) 625.
146. Rapp, R. A.: Mixed Conduction in Solid Oxide Electrolytes. In: Thermodynamics of Nuclear Materials. IAEA, Vienna 1968, S. 559.
147. Kröger, F. A., Vink, H. J.: Relations between the Concentrations of Imperfections in Crystalline Solids. In: Solid State Physics, Vol. 3, New York: Academic Press 1956.
148. Carniglia, S. C., Brown, S. D., Schroeder, T. F.: J. Amer. Ceram. Soc. 54 (1971) 13.
149. Hawkins, R. J., Alcock, C. B.: J. Nucl. Mater. 26 (1968) 112.
150. King, A. D.: J. Nucl. Mater. 38 (1971) 347.
151. Cocco, A., Barbariol, I.: Istituto di Chimica Applicata dell' Università di Trieste, N. 14, 1963.
152. Vest, R. W., Tallan, N. M., Tripp, W. C.: J. Amer. Ceram. Soc. 47 (1964) 635.
153. McClaine, L. A., Coppel, C. P.: J. Electrochem. Soc. 113 (1966) 80.
154. Anthony, A. M., Guillot, A., Sata, T., Bourgeois, J.-L.: Rev. Int. Hautes Tempér. et Réfract. 3 (1966) 147.
155. Fischer, W. A., Oels, W.-D.: Köln—Opladen: Forschungsber. des Landes NRW Nr. 2042, 1969.
156. Fischer, W. A., Pieper, Ch.: Arch. Eisenhüttenw. 44 (1973) 251.
157. Kofstad, P., Ruzicka, D. J.: J. Electrochem. Soc. 110 (1963) 181.
157a. Kumar, A., Rajdev, D., Douglass, D. L.: J. Amer. Ceram. Soc. 55 (1972) 439.
158. Madeyski, A., Smeltzer, W. W.: Mater. Res. Bull. 3 (1968) 369.
159. Kenesha, F. J., Douglass, D. L.: Oxid. Metals 3 (1971) 1.
160. Debuigne, J.: Mét. Corros. & Ind., No. 501 (1967) 186.
161. Rosa, C. J., Hagel, W. C.: Trans. Met. Soc. AIME 242 (1968). 1293.
162. Poulton, D. J., Smeltzer, W. W.: J. Electrochem. Soc. 117 (1970) 378.
163. Pryor, A. W.: J. Nucl. Mater. 14 (1964) 258.
164. Foëx, M.: C. R. Acad. Sci. 214 (1942) 665.
165. Trombe, F.: Bull. Soc. Franc. Céram. 3 (1949) 18.
166. Nakhodnova, A. P.: Zhur. Fiz. Khim. 30 (1956) 1469.
167. Pentecost, J. L., Davies, L. G., Ritt, P. E.: 16th Meeting of The American Ceramic Society, Pittsburgh, 1958 (Nr. 17 L 58).
168. General Electric Prog. Rept. GEMP 72 (1962) 24.
169. Bregar, J. F., Davis, M. V., Anderson, W. E.: Trans. Amer. Nucl. Soc. 8 (1965) 422.
170. de Bruin, H. J., Watson, G. H., Blood, C. M.: J. Appl. Phys. 37 (1966) 4543.
171. Cline, C. F., Newkirk, H. W.: J. Chem. Phys. 49 (1968) 3496.
172. Palguev, S. F., Neuimin, A. D.: Soviet Phys. Solid State 4 (1962) 629.
173. Cline, C. F., Carlberg, J., Newkirk, H. W.: J. Amer. Ceram. Soc. 50 (1967) 55.
174. Alcock, C. B., Stavropoulos, G.: J. Amer. Ceram. Soc. 54 (1971) 436.
175. Austermann, St. B., Wagner, J. W.: J. Amer. Ceram. Soc. 49 (1966) 94.
176. de Bruin, J. J., Watson, G. M.: J. Nucl. Mater. 14 (1964) 239.
177. Condit, R. H., Hashimoto, Y.: J. Amer. Ceram. Soc. 50 (1967) 425.
178. Cline, C. F., Newkirk, H. W., Barmore, W. L., Vandervoort, R. R.: J. Amer. Ceram. Soc. 50 (1967) 221.
179. Holt, J. B., J. Nucl. Mater. 11 (1964) 107.
180. Bradhurst, D. H., de Bruin, J. J.: J. Austr. Ceram. Soc. 5 (1969) 21.
181. Fischer, W. A., Ertmer, W.: Arch. Eisenhüttenw. 37 (1966) 357.
182. Fischer, W. A., Janke, D., Zielinski, K.: Radex-Rundsch. H. 2 (1970) 98.
183. Duvigneaud, P.-H., Wollast, R.: Rev. Int. Hautes Tempér. et Réfract. 7 (1970) 61.
184. Hauffe, K., Tränckler, G.: Z. Physik 136 (1953) 166.
185. Fischer, W. A., Janke, D., Zielinski, K.: Ber. Dt. Keram. Ges. 49 (1972) 362.
186. Lindner, R., Austrümdal, St., Åkerström, Å.: Acta chem. Scand. 6 (1952) 468.
187. Kumar, V., Gupta, Y. P.: J. Phys. Chem. Solids 30 (1969) 677.
188. Mitoff, S. P., J. Chem. Phys. 36 (1962) 1383.

189. Osburn, C. M., Vest, R. W.: J. Amer. Ceram. Soc. 54 (1971) 428.
190. Lindner, R., Parfitt, G. D.: J. Chem. Phys. 26 (1957) 182.
191. Oshi, Y., Kingery, W. D.: J. Chem. Phys. 33 (1960) 905.
192. Copeland, W. D., Swalin, R. A.: J. Phys. Chem. Solids, 29 (1968) 313.
193. Murarka, S. P., Swalin, R. A.: J. Phys. Chem. Solids 32 (1971) 1277.
194. Murarka, S. P., Swalin, R. A.: J. Phys. Chem. Solids 32 (1971) 2015.
195. Kubaschewski, O., Evans, E. Ll., Alcock, C. B.: Metallurgical Thermochemistry, 4th edition, Oxford: Pergamon-Press 1967.
196. Brook, R. J., Yee, J., Kröger, F. A.: J. Amer. Ceram. Soc. 54 (1971) 444.
197. Pappis, J., Kingery, W. D.: J. Amer. Ceram. Soc. 44 (1961) 459.
198. Peters, D. W., Feinstein, L. F., Peltzer, Ch.: J. Chem. Phys. 42 (1964) 2345.
199. Hauffe, K., Hoeffgen, D.: Ber. Bunsenges. phys. Chemie 74 (1970) 639.
200. Paladino, A. E., Kingery, W. D.: J. Chem. Phys. 37 (1962) 957.
201. Oishi, Y., Kingery, W. D.: J. Chem. Phys. 33 (1960) 480.
201a. Paladino, A. E., Coble, R. L.: J. Amer., Ceram. Soc. 46 (1963) 133.
202. Kingery, W. D., Meiling, G. E.: J. Appl. Phys. 32 (1961) 556.
203. Fischer, W. A., Ackermann, W.: Arch. Eisenhüttenw. 39 (1968) 273.
204. Tallan, N. M., Vest, R. W.: J. Amer. Ceram. Soc. 49 (1966) 401.
205. Schieltz, J., Patterson, J. W., Wilder, D. R.: J. Electrochem. Soc. 118 (1971) 1140.
206. Berard, M. F., Wilder, D. R.: J. Appl. Phys. 34 (1963) 2318.
207. Berard, M. F., Wirkus, C. D., Wilder, D. R.: J. Amer. Ceram. Soc. 51 (1968) 643.
208. Schmalzried, H.: Z. phys. Chem. N. F. 38 (1963) 87.
209. Tare, V. B., Schmalzried, H.: Z. phys. Chem. N. F. 43 (1964) 30.
210. Stone, G. D., Weber, G. R., Eyring, L.: Mass Transport in Oxides, Proc. Symp. Gaithersburg, Maryland, 22. 10. 67, Nat. Bur. Stand. 1968, Spec. Publ. 296.
211. Wirkus, C. D., Berard, M. F., Wilder, D. R.: J. Amer. Ceram. Soc. 52 (1969) 456.
212. Burdick, R. B., Hoskyns, W. R.: Research on the Thermal Properties of Zirconia. ARL 63-170 (1963). Aerospace Research Lab., USAF.
213. Duwez, P., Odell, F., Brown jr., F. H.: J. Amer. Ceram. Soc. 35 (1952) 109.
214. Hund, F.: Z. phys. Chem. (A) 199 (1952) 142.
215. Dietzel, A., Tober, H.: Ber. Dt. Keram. Ges. 30 (1953) 47 u. 71.
216. Tien, T. Y., Subbarao, E. C.: J. Chem. Phys. 39 (1963) 1041.
217. Strickler, D. W., Carlson, W. G.: J. Amer. Ceram. Soc. 47 (1964) 122.
218. Baukal, W., Scheidegger, R.: Ber. Dt. Keram. Ges. 45 (1968) 610.
219. Garvie, R. C.: J. Amer. Ceram. Soc. 51 (1968) 553.
220. Subbarao, E. C., Sutter, P. H.: J. Phys. Chem. Solids 25 (1964) 148.
221. Traverse, J.-P., Foëx, M.: High Temp.-High Press. 1 (1969) 407.
222. Whittemore, O. J., Ault, N. N.: J. Amer. Ceram. Soc. 39 (1954) 443.
223. Hund, F.: Z. phys. Chem. 199 (1952) 142.
224. Fischer, W. A., Hoffmann, A.: Arch. Eisenhüttenw. 28 (1957) 771.
225. Hoffmann, A., Fischer, W. A.: Z. phys. Chem. N. F. 17 (1958) 30.
226. Hoffmann, A., Fischer, W. A.: Z. phys. Chem. N. F. 35 (1962) 95.
227. Fischer, W. A.: Arch. Eisenhüttenw. 38 (1967) 422.
228. Fischer, W. A., Oels, W.-D.: Köln—Opladen: Forschungsber. des Landes NRW (1969). Nr. 2042.
229. Volchenkova, Z. S., Palguev, S. F.: Trans. Inst. Electrochem. 1 (1961) 97.
230. Cocco, A., Babariol, I.: Università degli Studi di Trieste, Istituto di Chimica applicata, N. 15 (1963).
231. Dixon, J., La Grange, L., Merten, U., Miller, C., Porter, J.: J. Electrochem. Soc. 110 (1963) 276.
232. Tien, T. Y.: J. Amer. Ceram. Soc. 47 (1964) 430.
233. Neuimin, A. D., Palguev, S. F.: Akad. Nauk SSSR, Uralsk Filial, 5 (1964) 145.

234. Strickler, D. W., Carlsson, W. G.: J. Amer. Ceram. Soc. 47 (1964) 122.
235. Fischer, W. A., Pieper, Ch.: Arch. Eisenhüttenw. 44 (1973) 251.
236. Johansen, H. A., Cleary, J. G.: J. Electrochem. Soc. 111 (1964) 100.
237. Rhodes, W. H., Carter, R. E.: J. Amer. Ceram. Soc. 49 (1966) 243.
238. Möbius, H.-H., Witzmann, H., Gerlach, D.: Z. Chem. 4 (1964) 154.
239. Kingery, W. D., Pappis, J., Doty, M. E., Hill, D. C.: J. Amer. Ceram. Soc. 42 (1959) 393.
240. Simpson, L. A., Carter, R. E.: J. Amer. Ceram. Soc. 49 (1966) 139.
241. Viechnicki, D., Stubican, V. S.: J. Amer. Ceram. Soc. 48 (1965) 293.
242. Rabenau, A.: Z. anorg. allg. Chem. 228 (1956) 221.
243. Otto, H. E.: in Phase Diagrams for Ceramists (E. M. Levin, C. R. Robbins, H. F. McMurdie). The American Ceramic Society, Columbus, Ohio, 1964, S. 140, und P. S. Duwez, F. H. Brown jr., F. Odell: J. Electrochem. Soc. 98 (1951) 356.
244. Fukang, F., Kuznetsov, A. K., Keler, E. K.: Izv. Akad. Nauk SSSR, Otd. Khim. Nauk, No. 4 (1963) 601.
245. Hund, F.: Z. Elektrochem. angew. phys. Chem. 55 (1951) 363.
246. Lefèvre, J.: Ann. Chim. France 8 (1963) 117.
247. Nernst, W.: Z. Elektrochem. 6 (1899) 41.
Nernst, W., Wild, W.: Z. Elektrochem. 7 (1900) 373.
248. Wagner, C.: Naturwiss. 31 (1943) 265.
249. Weininger, J. L., Zemany, P. D.: J. Chem. Phys. 22 (1954) 1469.
250. Bratton, R. J.: J. Amer. Ceram. Soc. 52 (1969) 213.
251. Rohland, B., Möbius, H. H.: Abh. sächs. Akad. Wiss. 49 (1968) 355.
252. Hartung, R.: Dissert. Univ. Greifswald 1968.
253. Rutman, D. S., Taksis, G. A., Toropov, Yu. S., Maurer, A. F.: Ogneupory 34 (1969) 34.
254. Casselton, R. E. W.: Phys. stat. sol. (a) 2 (1970) 571.
255. Fischer, W. A., Janke, D.: Köln—Opladen: Forschungsber. des Landes NRW Nr. 2289, 1972.
256. Möbius, H.-H.: Z. Chem. 4 (1964) 81.
257. Perez y Jorba, M.: Ann. Chim. (Paris) 7 (1962) 479.
258. Tannenberger, H., Siegert, H.: Adv. Chem. 90 (1969) 281.
259. Guillou, M., Millet, J., Asquedge, M., Busson, N., Jacquin, M., Palous, S., Pithon, M., Lecante, A.: Rev. Int. Hautes Temp. et Réfract. 4 (1967) 273.
260. Strickler, D. W., Carlsson, W. G.: J. Amer. Ceram. Soc. 48 (1965) 286.
261. Möbius, H.-H., Pröve, G.: Z. Chem. 5 (1965) 431.
262. Levin, E. M., Robbins, C. R., McMurdie, H. F.: Phase Diagrams for Ceramists; 1969 Supplement. The American Ceramic Society, Columbus, Ohio, USA.
263. Subbarao, E. C., Sutter, P. H., Hrizo, J.: J. Amer. Ceram. Soc. 48 (1965) 445.
264. Hund, F., Mezger, R.: Z. phys. Chem. 201 (1952) 268.
265. Brauer, G., Gradinger, H.: Z. anorg. allg. Chem. 276 (1954) 209.
266. Padurov, N. N., Schusterius, C.: Ber. Dt. Keram. Ges. 30 (1953) 251.
267. Alcock, C. B., Steele, B. C. H.: Science of Ceramics 2 (1965) 397, London and New York: Academic Press.
268. Lasker, M. F., Rapp, R. A.: Z. phys. Chem. 49 (1966) 198.
269. Fischer, W. A., Janke, D.: Köln—Opladen: Forschungsber. des Landes NRW Nr. 2289, 1972.
270. Wimmer, J. M., Bidwell, L. R., Tallan, N. M.: J. Amer. Ceram. Soc. 50 (1967) 198.
271. Steele, B. C. H., Alcock, C. B.: Trans. Met. Soc. AIME 233 (1965) 1359.
272. Bauerle, J. E.: J. chem. Phys. 45 (1966) 4162.
273. Möbius, H.-H., Witzmann, H., Witte, W.: Z. Chem. 4 (1964) 152.
274. Hund, F., Dürrwächter, W.: Z. anorg. allg. Chem. 265 (1951) 67.

275. Alper, A. M., McNally, R. N., Ribbe, P. G., und Doman, R. C.: J. Amer. Ceram. Soc. 45 (1962) 264.
276. Schlaudt, C. M., Roy, D. M.: J. Amer. Ceram. Soc. 48 (1965) 250.
277. Whitney, W. P., Stubican, V. S.: J. Amer. Ceram. Soc. 54 (1971) 349.
278. Fischer, W. A., Janke, D.: Arch. Eisenhüttenw. 40 (1969) 837.
279. Fischer, W. A., Janke, D., Engell, H.-J.: Arch. Eisenhüttenw. 37 (1966) 853.
280. Bowen, N. L., Greig, J. W.: J. Amer. Ceram. Soc. 7 (1924) 238.
281. Toropov, N. A., Galakhov, F. Y.: Dokl. Akad. Nauk USSR 78 (1951) 299.
282. Trömel, G., Obst, K.-H., Konopicky, K., Bauer, H., Patzak, I.: Ber. DKG 34 (1957) 397.
283. Aramaki, S., Roy, R.: J. Amer. Ceram. Soc. 45 (1962) 229.
284. Gelsdorf, G., Schwiete, H.-E.: Arch. Eisenhüttenw. 27 (1956) 807.
285. Gelsdorf, G., Müller-Hesse, H., Schwiete, H.-E.: Arch. Eisenhüttenw. 29 (1958) 513.
286. Matwejew, G. M., Agarkow, A. S.: Silikattechnik 18 (1967) 324.
287. Taylor, W. H.: Z. Kristallogr. 68 (1928) 503 u. Trans. Brit. Ceram. Soc. 32 (1933) 7.
288. Hensler, J. R., Henry, E. C.: J. Amer. Ceram. Soc. 36 (1953) 76.
289. Fischer, W. A., Janke, D.: Arch. Eisenhüttenw. 40 (1969) 707.
290. Löscher, W.: Hoesch-Ber. H. 1 (1970) 30.
291. Fischer, W. A., Janke, D.: unveröffentlicht.
292. Bowen, N. L., Andersen, O.: Amer. J. Sci. 37 (1914) 488.
Greig, J. W.: Amer. J. Sci. 13 (1927) 133.
Ol'Shanskij, Y. I.: Dokl. Akad. Nauk SSSR 76 (1951) 95.
Schlaudt, C. M., Roy, D. M.: J. Amer. Ceram. Soc. 48 (1965) 250.
293. Bragg, W. L., Brown, G. B.: Z. Krist. 63 (1926) 538.
294. Pluschkell, W., Engell, H.-J.: Ber. Dt. Keram. Ges. 45 (1968) 388.
295. Kubaschewski, O., Evans, Ll., Alcock, C. B.: Metallurgical Thermochemistry, 4th Edition, Oxford: Pergamon-Press 1967.
296. Roy, D. M., Roy, R., Osborn, E. F.: J. Amer. Ceram. Soc. 36 (1953) 149.
297. Fischer, W. A., Hoffmann, A.: Arch. Eisenhüttenw. 26 (1955) 63.
298. Fischer, W. A.: Electrical Measurements on Oxides and Solid Cells at Temperatures from 1200 to 1800 °C.
In: The Physical Chemistry of Steelmaking, Ed.: J. F. Elliott, Boston, MIT: 1956.
299. Fischer, W. A., Janke, D.: Arch. Eisenhüttenw. 40 (1969) 837.
300. Pluschkell, W.: Arch. Eisenhüttenw. 40 (1969) 401.
301. Saalfeld, H.: Z. anorg. allg. Chem. 286 (1956) 174.
302. Rolin, M., Thanh, Ph. H.: Rev. Int. Hautes Temp. et Réfract. 2 (1965) 178.
303. De Vries, R. C., Roth, W. L.: J. Amer. Ceram. Soc. 52 (1969) 364.
304. Liebertz, J.: Ber. Dt. Keram. Ges. 49 (1972) 288.
305. Beavers, C. A., Ross, M. A. S.: Z. Kristallogr. 97 (1937) 59.
306. Yu Yao, Y. F., Kummer, J. T.: J. inorg. nucl. Chem. 29 (1967) 2453.
307. Whittingham, M. St., Huggins, R. A.: J. Chem. Phys. 54 (1971) 414.
308. Whittingham, M. St., Huggins, R. A.: J. Electrochem. Soc. 118 (1971) 1.
308a. Choudhury, N. S.: I. Electrochem. Soc. 120 (1973) 1663.
309. Trömel, G., Fix, W.: Arch. Eisenhüttenw. 32 (1961) 209.
310. Welch, J. H., Gutt, W.: J. Chem. Soc. (1961) 4442.
311. Fischer, W. A., Janke, D., Zielinski, K.: Radex-Rundsch. H. 2 (1972) 98.
312. Bragg, W. L.: Proc. Roy. Soc. A 89 (1914) 468.
313. Hauffe, K.: Reaktionen in und an festen Stoffen, 2. Aufl. Berlin, Heidelberg, New York: Springer 1966.
314. Matzke, H.-J.: J. Phys. Chem. Solids 32 (1971) 437.
315. Naumov, A. N., Ptashnik, V. B.: Fiz. Tverd. tela. 10 (1968) 3710.
316. Mapother, D., Crooks, H. N., Maurer, R.: J. Chem. Phys. 18 (1950) 1231.

317. Laurent, J. F., Bénard, J.: J. Phys. Chem. Solids 3 (1957) 7.
318. Bénière, F., Bénière, M., Chemla, M.: J. Phys. Chem. Solids 31 (1970) 1205.
319. Laurance, N.: Phys. Rev. 1 (1960) 57.
320. Bénière, F., Bénière, M., Chemla, M.: C. R. Acad. Sci., Paris 267 (1968) 633.
321. Dobrovinskaja, O. R., Solunskij, V. I., Shakhova, A. G.: Ukr. Fiz. Zh. 12 (1967) 868.
322. Bénière, M., Bénière, F., Chemla, M.: J. Chem. Phys. 67 (1970) 1312.
323. Fuller, R. G.: Phys. Rev. 142 (1966) 524.
324. Chemla, M.: Thèse, Université de Paris (1954).
325. Chandra, S., Rolfe, J.: Can. J. Phys. 48 (1970) 397.
326. Friauf, R. J.: Phys. Rev. 105 (1957) 843.
327. Reade, R. F., Martin, D. S.: J. Appl. Phys. 31 (1960) 1965.
328. Crompton, W. D., Maurer, R. J.: J. Phys. Chem. Solids 1 (1956) 191.
329. Lakatos, E., Lieser, K. H.: Z. phys. Chem. NF 48 (1966) 213.
330. Mrin, A.: Conf. on Use of Radioisotopes, UNESCO, Paris, 1957.
331. Kvist, A., Tarneberg, R., Josefson, A. M.: Europhysics Conference Atomic Transport in Solids and Liquids, Marstrand (1970).
332. Teltow, J.: Ann. Phys. 5 (1949) 63.
333. Ebert, I., Teltow, J.: Ann. Phys. 15 (1955) 268.
334. Lieser, K. H.: Z. phys. Chem. NF 9 (1956) 216.
335. Lieser, K. H.: Z. phys. Chem. NF 9 (1956) 302.
336. Patterson, J. W.: J. Electrochem. Soc. 118 (1971) 1033.
337. Ketelaar, J. A. A.: Z. phys. Chem. (B) 26 (1934) 327 u. Trans. Farad. Soc. 34 (1938) 874.
338. Koch, E., Wagner, C.: Z. phys. Chem. (B) 34 (1936) 317.
339. Bradley, J. N., Greene, P. D.: Trans. Faraday Soc. 62 (1966) 2069; Trans. Faraday Soc. 63 (1967) 425, 1023 u. 2516.
340. Owens, B. B., Argue, G. R.: Science 157 (1967) 308.
341. Bentle, G. G.: J. Appl. Phys. 39 (1968) 4036.
342. Oxley, J. E., Humphrey, J. R.: Atomics Int., Final Report, July 22—Oct. 22 (1968).
343. Raleigh, D. O.: J. Appl. Phys. 41 (1970) 1876.
344. Owens, B. B., Argue, G. R.: J. Elektrochem. Soc. 117 (1970) 898.
345. Scrosati, B., Germano, G., Pistoria, G.: J. Electrochem. Soc. 118 (1971) 86.
346. Hauffe, K., Hoeffgen, D.: Z. phys. Chem. NF 49 (1966) 94.
347. Kvist, A., Lundén, A.: Z. Naturforschg. 21a (1966) 1509.
348. Matzke, H.-J., Lindner, R.: Z. Naturforschg. 19a (1964) 1178.
349. Bérard, M. F.: J. Amer. Ceram. Soc. 54 (1971) 144.
350. Barsis, E., Taylor, A.: J. Chem. Phys. 45 (1966) 1154.
351. Matzke, H.-J.: J. Mater. Sci. 5 (1970) 831.
352. Baker, M., Taylor, A.: J. Phys. Chem. Solids 30 (1969) 1003.
353. Fischer, W. A., vom Ende, H.: Arch. Eisenhüttenw. 21 (1950) 217.
354. Fischer, W. A., vom Ende, H.: Arch. Eisenhüttenw. 22 (1951) 417.
355. Ure, R. W., Jr.: J. Chem. Phys. 26 (1957) 1363.
356. Baak, T.: J. Chem. Phys. 29 (1958) 1195.
357. Short, J., Roy, R.: J. Phys. Chem. 67 (1963) 1861.
358. Wagner, C.: J. Electrochem. Soc. 115 (1968) 933.

4. Eigenschaften elektrolytisch leitender Stoffe im schmelzflüssigen Zustand

4.1. Oxidschmelzen

Eine teilweise oder überwiegende elektrolytische Dissoziation von Oxidschmelzen — nach dem Vorbild geschmolzener Salze — gilt auf Grund neuerer Erkenntnisse als gesichert. Anlaß zur Annahme einer elektrolytischen Dissoziation gab die Beobachtung, daß physikalische Eigenschaften wie die elektrische Leitfähigkeit und die Viskosität von Silikatschmelzen auf der Grundlage einer „Molekularhypothese" nicht ausreichend erklärt werden konnten. Messungen der elektrischen Leitfähigkeit schmelzflüssiger Silikate, z. B. von C. Doelter [1] an Silikatmineralien (Diopsid, Hornblende, Augit), von F. Farup, W. Fleischer und E. Holtan [2] an $CaO-SiO_2$-Schmelzen und von A. Wejnarth [3] an $FeO-SiO_2$-Schmelzen, ergaben hohe, Salzschmelzen vergleichbare Werte. Bemerkenswert ist besonders der frühzeitige Versuch von R. H. Aiken [4], aus einer $FeO-SiO_2$-Schmelze metallisches Eisen an der Kathode elektrolytisch abzuscheiden. F. Sauerwald und G. Neuendorff [5] sowie W. Geller [6] bestätigten später durch gleichartige Versuche den elektrolytischen Charakter von Eisensilikatschmelzen. In diesem Zusammenhang seien auch die Untersuchungen von W. Ruff [7] erwähnt, der an Hochöfen galvanische Spannungen zwischen der Schlackenphase und der Roheisenschmelze beobachtete und, durch diese Beobachtung angeregt, Laborexperimente an der Zelle ⊖ Graphit | $FeO-SiO_2$-Schmelze | festes Eisen ⊕ durchführte, die kurzzeitig EMK-Werte bis zu 150 mV lieferten.

Im Anschluß an diese experimentellen Arbeiten folgerte P. Herasymenko [8], daß metallurgische Schlackenschmelzen weitgehend in Ionen dissoziiert sind. Diese „Ionenhypothese" geht davon aus, daß metallurgische Schlacken, vorwiegend Silikate und Phosphate, bereits im festen Zustand ein Ionennetzwerk bilden. Dieses Netzwerk bleibt nach dem Aufschmelzen zumindest teilweise erhalten. P. Herasymenko wies erstmals darauf hin, daß eine Berechnung der Gleichgewichtszustände metallurgischer Reaktionen, an denen Schlackenphasen beteiligt sind, nicht sinnvoll ist, wenn die Schlackenkomponenten in Form einfacher Moleküle in die Rechnung einbezogen werden. Die Aktivitäten der angenommenen Einzeloxide oder Oxidverbindungen müssen vielmehr durch die Aktivitäten der tatsächlich vorhandenen Ionen ersetzt werden. Für die Grundlagen der Ionenhypothese von P. Herasymenko sind die drei Gesichtspunkte maßgebend:

a) Basische Schlacken enthalten die Kationen Fe^{2+}, Fe^{3+}, Mn^{2+}, Ca^{2+},

Mg^{2+} und die Anionen O^{2-}, S^{2-}, F^-, SiO_4^{4-}, PO_4^{3-}, AlO_3^{3-}. (Das Auftreten von komplexen FeO_3^{3-}-, FeO_2^{2-}- und $Fe_2O_4^{2-}$-Anionen ist weniger wahrscheinlich.)

b) Die Konzentration einer Kationen- oder Anionenart ist durch das Verhältnis

$$N_K = \frac{n_K}{\sum (n_K + n_A)}\,; \; N_A = \frac{n_A}{\sum (n_K + n_A)} \tag{4.1}$$

definiert (N_K, N_A Ionenbruch einer Kationen- oder Anionenart; n_K, n_A Molzahl einer Kationen- oder Anionenart)

c) Die Ionen befinden sich in der Schlackenschmelze in idealer Lösung.

Die Ansätze von P. Herasymenko erfuhren später durch M. Temkin [9, 10] eine Abwandlung in der Weise, daß die Ionenbrüche wie folgt angegeben wurden:

$$N_K = \frac{n_K}{\sum n_K}\,; \; N_A = \frac{n_A}{\sum n_A}\,. \tag{4.2}$$

Die Aktivität eines in der Schlackenschmelze dissoziierten Stoffes KA ist damit gleich

$$a_{KA} = a_K \cdot a_A = \frac{n_K}{\sum n_K} \cdot \frac{n_A}{\sum n_A} = N_K \cdot N_A\,. \tag{4.3}$$

Dabei ist wiederum eine ideale Lösung der Ionen vorausgesetzt.

Weitere Überlegungen von H. Flood und K. Grjotheim [11] beruhten auf der Annahme, daß zwischen verschiedenen Ionen einer Schlackenschmelze mehr oder weniger starke Wechselwirkungen zu berücksichtigen sind. Die Größe dieser Wechselwirkungen in Gestalt der Aktivitätskoeffizienten einzelner Ionenarten ist experimentell jedoch bisher nur in Einzelfällen bestimmt worden. Erfolgversprechende Möglichkeiten zur direkten Messung der Aktivität freier Sauerstoffionen in Silikat-, Phosphat- und Boratschmelzen bietet die Anwendung von Sauerstoff-Festelektrolytzellen, worauf später eingegangen wird.

Die Aktivität freier Sauerstoffionen wurde verschiedentlich als Maß der Basizität für Salz- und Glasschmelzen [12, 13] und in neuerer Zeit auch für metallurgische Schlacken [14—16] vorgeschlagen. Das Dissoziationsschema zur Kennzeichnung der Basizität von Oxiden sieht eine Aufnahme von freien Sauerstoffionen durch *saure* Oxide

$$2\,O^{2-} + SiO_2 \rightleftharpoons SiO_4^{4-} \tag{4.4}$$

$$3\,O^{2-} + P_2O_5 \rightleftharpoons 2\,PO_4^{3-} \tag{4.5}$$

bzw. eine Abgabe freier Sauerstoffionen durch *basische* Oxide vor

$$CaO \rightleftharpoons Ca^{2+} + O^{2-} \tag{4.6}$$

$$FeO \rightleftharpoons Fe^{2+} + O^{2-}. \tag{4.7}$$

Die Zahl der *freien* Sauerstoffionen einer aus sauren und basischen Oxiden bestehenden Schmelze ergibt sich aus der Differenz der von den basischen Oxiden abgegebenen und der zur Bildung von Anionenkomplexen verbrauchten Sauerstoffionen. Diese Zahl beträgt z. B. für eine FeO, CaO, SiO_2 und P_2O_5 enthaltende Schmelze:

$$n_{O^{2-}} = n_{FeO} + n_{CaO} - 2n_{SiO_2} - 3n_{P_2O_5} \tag{4.8}$$

Die Größe der Ionenradien der in Oxidschmelzen vorkommenden Ionenarten ist Tabelle 4.1 zu entnehmen. Physikalische Eigenschaften von Oxidschmelzen wie die elektrische Leitfähigkeit und die Viskosität sind stark vom Ionenradius

Tabelle 4.1. Radien der in metallurgischen Schlacken auftretenden Ionenarten

Kationen	Ionenradius Å	Ionen-feldstärke Ladungszahl/(Radius)^2	Anionen	Ionenradius Å	Ionen-feldstärke Ladungszahl/(Radius)^2
K^+	1,33	0,55	SiO_4^{4-}	2,79	0,51
Na^+	0,95	1,11	PO_4^{3-}	2,76	0,39
Ca^{2+}	0,99	2,04	S^{2-}	1,84	0,59
Mn^{2+}	0,80	3,13	O^{2-}	1,40	1,02
Fe^{2+}	0,75	3,56	F^-	1,36	0,84
Ti^{4+}	0,68	8,64			
Mg^{2+}	0,65	4,73			
Cr^{3+}	0,64	7,32			
Fe^{3+}	0,60	8,33			
Al^{3+}	0,50	12,0			
Si^{4+}	0,41	24,4			
P^{5+}	0,34	43,2			

und den elektrostatischen Anziehungskräften zwischen den Ionen abhängig. Ein ideales Lösungsverhalten ist umso eher zu erwarten, je mehr die Ionen in ihrer Ladungszahl und ihrem Radius übereinstimmen. Die Wechselwirkung der Ionen untereinander ist näherungsweise durch ihre Ionenfeldstärke, das Verhältnis der Ladung zum Quadrat des Radius, gekennzeichnet (vgl. Tabelle 4.1). Kleine Kationen mit höherer Ladungszahl (Si^{4+}, P^{5+}) neigen zur Bildung größerer Anionenkomplexe, da sie die Sauerstoffionen stark polarisieren. Eingehend behandelt wurde die Komplexbildung beim Übergang von basischen zu sauren Silikatschmelzen, die durch die folgenden Polymerisations- oder Dissoziationsgleichgewichte beschrieben werden kann:

$$2SiO_4^{4-} \rightleftharpoons Si_2O_7^{6-} + O^{2-} \tag{4.9}$$

$$Si_2O_7^{6-} + SiO_4^{4-} \rightleftharpoons Si_3O_{10}^{8-} + O^{2-}. \tag{4.10}$$

Dabei entstehen mit abnehmendem O/Si-Verhältnis in den Komplexen aus der tetraedischen Form des SiO_4^{4-}-Anions höher polymerisierte Anionen in Form von Ketten bzw. Netzwerken in räumlicher Ausdehnung [17, 18] (Bild 4.1). Die Größe der Silikationen-Komplexe wächst mit zunehmendem SiO_2-Gehalt.

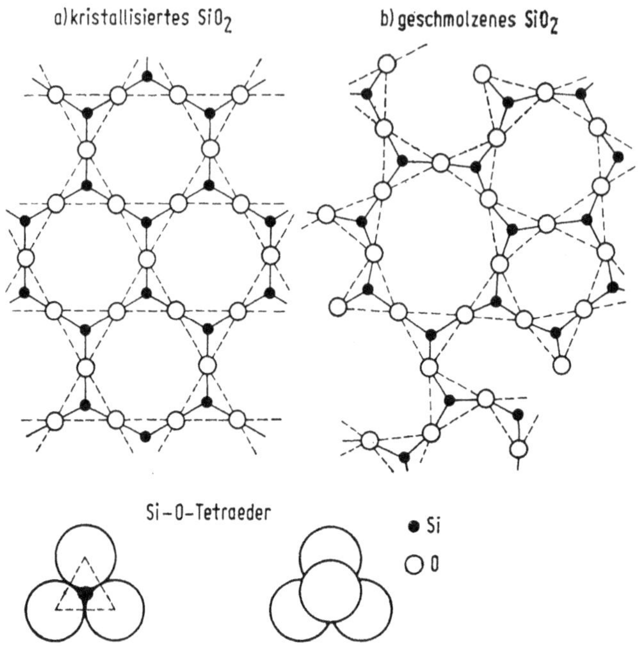

Bild 4.1. Tetraedernetzwerk von (a) kristallisiertem und (b) geschmolzenem SiO_2 [18]

Sie wird durch die steigende Viskosität der Schmelzen sowie durch die steigende Aktivierungsenergie des viskosen Fließens angezeigt. J. O. M. Bockris, J. D. Mackenzie und J. A. Kitchener [19] nehmen an, daß die Ketten bildenden $Si_2O_7^{6-}$- und $Si_3O_{10}^{8-}$-Ionen bei höheren SiO_2-Gehalten über 50 Mol-% sich zu Ringen mit der Struktur $Si_3O_9^{6-}$, $Si_4O_{12}^{8-}$ usw. zusammenschließen und schließlich zu kompakten Gebilden verdichten. Durch eine Nachlieferung von O^{2-}-Ionen bei Zusatz von basischen Metalloxiden kann die Silikatstruktur wieder aufgebrochen und die Polymerisation schrittweise rückgängig gemacht werden (Bild 4.2) [18].

Ähnliche Komplexbildungen wie die der Anionen in Silikatschmelzen sind auch in Phosphat-, Aluminat- und Boratschmelzen anzunehmen.

Die Anziehungskräfte der Kationen und Anionen in Oxidschmelzen können nach neueren Erkenntnissen exakter durch die Anteile der heteropolaren (ionischen) und homöopolaren (kovalenten) Bindung beschrieben werden [20]. Nach L. Pauling [21] läßt sich der Grad der ionischen Bindung zweier Atome

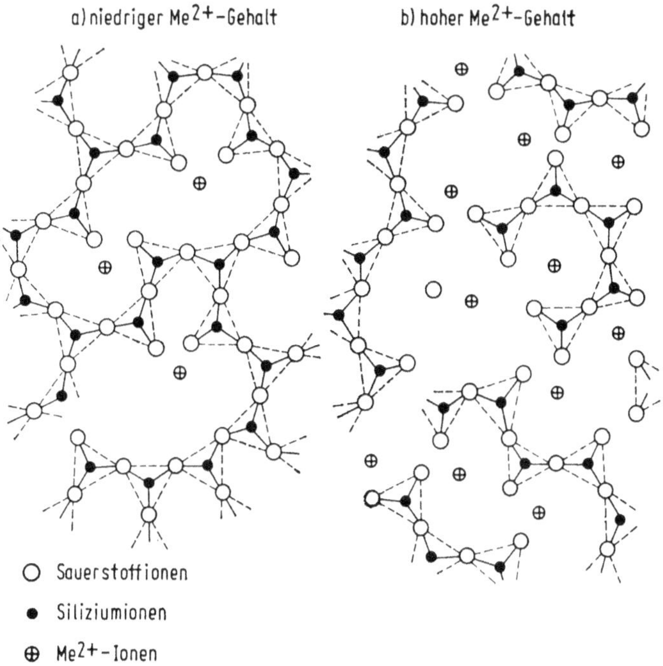

Bild 4.2. Silikatnetzwerk
(a) bei niedrigem und (b) bei höherem Gehalt an Me^{2+}-Kationen [18]

durch die Differenz ihrer *Elektronegativitäten*, d. h. durch die wechselseitigen Affinitäten der beiden Atome für die Elektronen der äußeren Schalen kennzeichnen. Einem hohen Anteil der Ionenbindung beider Atome entspricht eine starke Neigung für einen Elektronenaustausch und somit eine relativ große Differenz der Elektronegativitäten. Tabelle 4.2 gibt eine Übersicht neuerer

Tabelle 4.2. Elektronegativitäten verschiedener Kationen und Anionen nach W. Gordy und W. J. O. Thomas [22]

Ion	Elektronegativität	Ion	Elektronegativität
K^+	0,8	Cr^{3+}	1,6
Na^+	0,9	Ti^{4+}	1,6
Ba^{2+}	0,9	Fe^{2+}	1,7
Sr^{2+}	1,0	Fe^{3+}	1,8
Ca^{2+}	1,0	Si^{4+}	1,8
Mg^{2+}	1,2	B^{3+}	2,0
Mn^{2+}	1,4	P^{5+}	2,1
Be^{2+}	1,5	S^{2-}	2,5
Zn^{2+}	1,5	O^{2-}	3,5
Al^{3+}	1,5	F^-	3,95

Zahlenwerte [22] für die Elektronegativitäten einiger Kationen und Anionen. Von A. F. Wells [23] wurde eine einfache Beziehung angegeben, aus der sich für die vorgegebene Differenz der Elektronegativitäten $x_{Anion} - x_{Kation}$ eines Kation—Anion-Paars der prozentuale Anteil der Ionenbindung ablesen läßt. (Bild 4.3). Der überwiegend kovalente Charakter des P—O-Paares wird z. B. durch einen Anteil der Ionenbindung von nur 30% ausgewiesen, während die Bindung zwischen Ca und F zu 78% Ionencharakter besitzt.

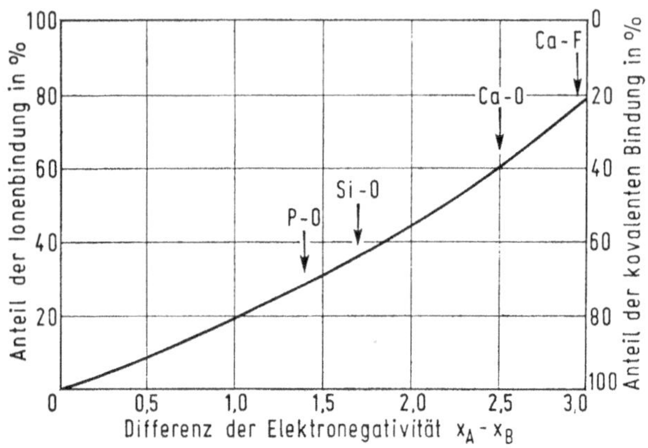

Bild 4.3. Zusammenhang zwischen Ionenleitung und Differenz der Elektronegativitäten eines Kation—Anion-Paares nach A. F. Wells [23]

4.1.1. Silikatschmelzen

Die Mehrzahl der bisher vorliegenden Untersuchungen der Struktur und Eigenschaften von Oxidschmelzen wurde an binären und ternären Silikatschmelzen im Temperaturbereich von 1000 bis 1800 °C durchgeführt. Hauptziel nahezu aller Arbeiten ist die Aufklärung der in der flüssigen Phase beständigen Silikatstrukturen in Abhängigkeit vom Silizium—Sauerstoff-Verhältnis sowie von der Art und Menge des Zusatzes an basischen Metalloxiden. Dazu werden experimentelle Methoden wie die Bestimmung der elektrischen Leitfähigkeit und deren Aktivierungsenergie sowie die Ermittlung der Stromausbeute im Elektrolyseversuch herangezogen. Hieraus ergeben sich Hinweise auf die Ionenleitfähigkeit der Schmelzen und auf die Wechselwirkung zwischen den beweglicheren Metallkationen und den unbeweglicheren Anionenkomplexen. Ergänzende Aussagen zur Beweglichkeit der Metallionen können aus Messungen der Selbstdiffusionskoeffizienten hergeleitet werden. Untersuchungen der Viskosität und der Dichte der Schmelzen ermöglichen andererseits Rückschlüsse auf die Größe und Zusammensetzung der Silikatkomplexe.

Bisher verfügbare Daten der elektrischen Leitfähigkeit, der Ionenüberführungszahlen, der Selbstdiffusionskoeffizienten und der Viskosität von

Silikatschmelzen werden in den folgenden Teilabschnitten zusammengestellt und kommentiert. Einige typische Meßanordnungen zur Bestimmung der elektrischen Leitfähigkeit, der bei der Kennzeichnung elektrolytisch leitender Oxidschmelzen eine wesentliche Bedeutung zukommt, sind in Bild 4.4 schematisch wiedergegeben. Schmelztiegel und Elektroden bestehen in der Regel aus Platin oder Molybdän.

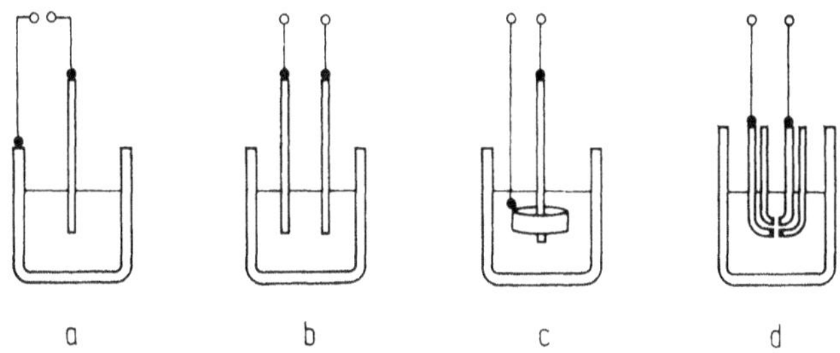

Bild 4.4. Anordnungen zur Messung des spezifischen Widerstandes in Oxidschmelzen (schematisch)

a) W. A. Fischer, H. vom Ende [24, 25], J. O. M. Bockris und Mitarb. [26]; b) J. O. M. Bockris und Mitarb. [27], W. A. Fischer, D. Janke [28], H.-J. Engell, P. Vygen [29]; c) H. Winterhager und Mitarb. [30]; d) C. Kröger, P. Weisgerber [31]

4.1.1.1. Alkalisilikatschmelzen

Untersuchungen an Alkalisilikatschmelzen werden bei hohen Alkalioxidgehalten durch die Abdampfung der basischen Oxide, bei hohen SiO_2-Gehalten dagegen durch die hohe Viskosität der Schmelze erschwert. Sie beschränken sich daher auf einen Konzentrationsbereich von 15 bis 50 mol-% Alkalioxid.

Die elektrische Leitfähigkeit der Alkalisilikatschmelzen erreicht sehr hohe, den gut leitenden Salzschmelzen vergleichbare Werte (Tabelle 4.3). Aus dem

Tabelle 4.3. Elektrische Leitfähigkeit von Alkalisilikatschmelzen [26, 27]

Kation	Zusammensetzung der Schmelze	$\varkappa$ bei 1750 °C $Ohm^{-1} \cdot cm^{-1}$	Aktivierungsenergie eV
Li^+	$Li_2O \cdot 2SiO_2$	2,5	0,50
	$Li_2O \cdot SiO_2$	5,5	0,46
	$2Li_2O - SiO_2$	23,2	0,42
Na^+	$Na_2O \cdot 2SiO_2$	2,1	0,59
	$Na_2O \cdot SiO_2$	4,8	0,59
K^+	$K_2O \cdot 2SiO_2$	1,5	0,36
	$K_2O \cdot SiO_2$	2,4	0,35

in weiten Temperaturgrenzen (1000 bis 1800 °C) linearen Verlauf der Temperaturabhängigkeit lg $\varkappa$ gegen $1/T$ errechnen sich niedrige Aktivierungsenergien zwischen 0,35 und 0,59 eV [26, 27], die in allen Schmelzen mit Ausnahme des Systems Na_2O-SiO_2 mit steigendem Alkalioxidgehalt abnehmen. Mit steigendem Alkalioxidgehalt nimmt gleichzeitig die elektrische Leitfähigkeit zu. Dies zeigen die Leitfähigkeitsisothermen beispielsweise im System Na_2O-SiO_2, die in Bild 4.5 für Temperaturen von 900 bis 1400 °C dargestellt sind [31]. Der

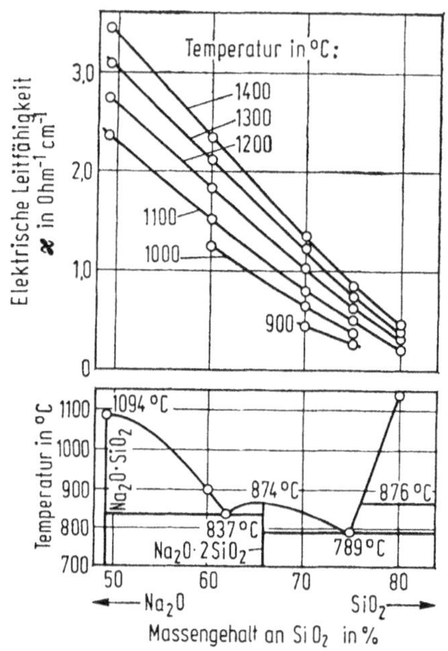

Bild 4.5. Isothermen der elektrischen Leitfähigkeit im System Na_2O-SiO_2 nach C. Kröger und P. Weisgerber [31]

vorherrschende Ionencharakter der Leitfähigkeit in Alkalisilikatschmelzen wurde im Elektrolyseversuch an Schmelzen des Systems Li_2O-SiO_2 bei Li_2O-Gehalten zwischen 20 und 45 mol-% nachgewiesen [32, 33]. Die anodisch abgeschiedene Menge an gasförmigem Sauerstoff entsprach einer Stromausbeute von 98 ± 3%. In weiteren Elektrolyseversuchen an Li_2O-SiO_2-Schmelzen der Zusammensetzung 32 Gew.-% Li_2O/68 Gew.-% SiO_2 mit getrenntem Kathoden- und Anodenraum ergab sich eine Überführungszahl t_{Li^+} von etwa 0,81 [33].

Einen weiteren Hinweis auf die hohe Beweglichkeit der Alkaliionen in Silikatschmelzen geben die Messungen der Selbstdiffusionskoeffizienten des Natriums in Na_2O-SiO_2-Schmelzen mit Hilfe des Isotops Na^{22} [34]. Bei dem angewandten Kapillarverfahren taucht eine mit Schmelze gefüllte Platinkapillare in einen größeren Platintiegel, der die Schmelze der gleichen Zusammensetzung enthält. Das in der Kapillare angereicherte Na^{22} diffundiert in den größeren Schmelzvorrat des Platintiegels. Zur Aufnahme des örtlichen Konzentrationsverlaufs in der Kapillare wurden die erstarrten Schmelzproben in Längsrichtung schichtenweise abgetragen und einer autoradiographischen Analyse unterzogen. Die ermittelten Selbstdiffusionskoeffizienten des Natriums folgen im Temperaturbereich von 850 bis 1500 °C den in Tabelle 4.4 angegebe-

Tabelle 4.4. Selbstdiffusion des Natriums in Na_2O-SiO_2-Schmelzen

$D^* = D_0 \exp(-Q/kT)$

Schmelze	D_0 $cm^2 \cdot s^{-1}$	Q eV	D^* bei 1350 °C $cm^2 \cdot s^{-1}$	Autoren
$24Na_2O, 76SiO_2$	$4{,}7 \cdot 10^{-3}$	0,70	$3{,}2 \cdot 10^{-5}$	Y. P. Gupta, T. B. King [34]
$Na_2O \cdot 2SiO_2$	$2{,}3 \cdot 10^{-3}$	0,54	$4{,}9 \cdot 10^{-5}$	Y. P. Gupta, T. B. King [34]
	$1{,}8 \cdot 10^{-3}$	0,52	$4{,}5 \cdot 10^{-5}$	V. J. Malkin u. Mitarbeiter [35]

nen Beziehungen [34, 35]. Die auffallend gute Übereinstimmung der Aktivierungsenergien der Selbstdiffusion (0,54 eV) und der elektrischen Leitfähigkeit (0,59 eV) einer Schmelze der angenäherten Zusammensetzung $Na_2O \cdot 2SiO_2$ bestätigen die Annahme einer vorherrschenden Natriumionenbeweglichkeit.

Während die elektrische Leitfähigkeit der Silikatschmelzen im wesentlichen von Gehalt und der Größe der Alkaliionen abhängig ist, wird die Viskosität der Schmelzen eindeutig durch die Beweglichkeit der Silikationengruppen bestimmt. Diese haben wegen ihrer Größe eine sehr geringe Beweglichkeit, wie aus dem Vergleich der Aktivierungsenergien für die elektrische Leitfähigkeit und das viskose Fließen zu ersehen ist (Tabelle 4.5) [26, 36]. Alkalisilikatschmelzen sind daher festen Gläsern oder auch festen kristallisierten Verbindungen mit einer unipolaren Ionenleitung vergleichbar. Abnehmende Alkalioxidgehalte führen zu einem Ansteigen der Viskosität bei gleichzeitiger

Tabelle 4.5. Aktivierungsenergien der elektrischen Leitfähigkeit und des viskosen Fließens in Alkalisilikatschmelzen [26, 36]

Schmelze	Alkalioxid %	Aktivierungsenergie der elektrischen Leitfähigkeit $Q_\varkappa$ eV	Aktivierungsenergie des viskosen Fließens Q_η eV
Li_2O-SiO_2	25	0,48	1,13
	35	0,45	0,78
Na_2O-SiO_2	30	0,47	1,87
K_2O-SiO_2	30	0,48	1,95
	40	0,43	2,43

Abnahme der Ionenleitfähigkeit. Diesen Zusammenhang haben K. Endell und J. Hellbrügge [17] erstmals herausgestellt (Bild 4.6). Ähnliche Ergebnisse für Alkalisilikatschmelzen liegen von J. O. M. Bockris, J. D. Mackenzie und J. A. Kitchener [37] vor.

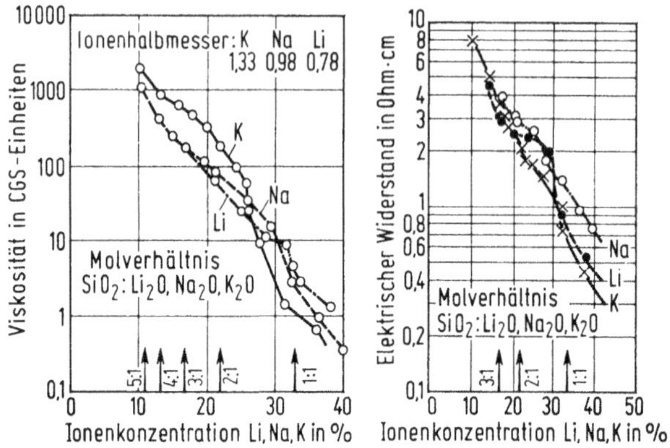

Bild 4.6. Zusammenhang zwischen der Viskosität bzw. dem elektrischen Widerstand und dem Alkalioxidgehalt von Alkalisilikatschmelzen nach K. Endell und J. Hellbrügge [17]

4.1.1.2. Erdalkalisilikatschmelzen

Auch die Silikate der Erdalkalioxide MgO, CaO, SrO und BaO sind im schmelzflüssigen Zustand als gut leitend zu bezeichnen (Tabelle 4.6) [26, 27]. Ihre Ionenleitfähigkeit beruht wie diejenige der Alkalisilikatschmelzen auf der hohen Beweglichkeit der Kationen in den Lücken des Silikatnetzwerkes. Wie

Tabelle 4.6. Elektrische Leitfähigkeit von Erdalkalisilikatschmelzen [26, 27]

Kation	Zusammensetzung der Schmelze	$\varkappa$ bei 1750 °C $Ohm^{-1} \cdot cm^{-1}$	Aktivierungsenergie eV
Mg^{2+}	$MgO \cdot 2SiO_2$	0,23	1,47
	$MgO \cdot SiO_2$	0,72	1,04
	$2MgO \cdot SiO_2$	2,15	0,74
Ca^{2+}	$CaO \cdot 2SiO_2$	0,31	1,30
	$CaO \cdot SiO_2$	0,83	0,87
	$2CaO \cdot SiO_2$	1,15	0,87
Sr^{2+}	$SrO \cdot 2SiO_2$	0,21	1,56
	$SrO \cdot SiO_2$	0,63	1,16
	$2SrO \cdot SiO_2$	1,4	0,74
Ba^{2+}	$BaO \cdot 2SiO_2$	0,18	1,44
	$BaO \cdot SiO_2$	0,60	0,76
	$2BaO \cdot SiO_2$	1,32	0,39

die Darstellung der Leitfähigkeitsisothermen im System $CaO-SiO_2$ für 1550 und 1700 °C zeigt, nimmt die elektrische Leitfähigkeit mit steigendem Anteil des basischen Oxids stetig zu (Bild 4.7) [27].

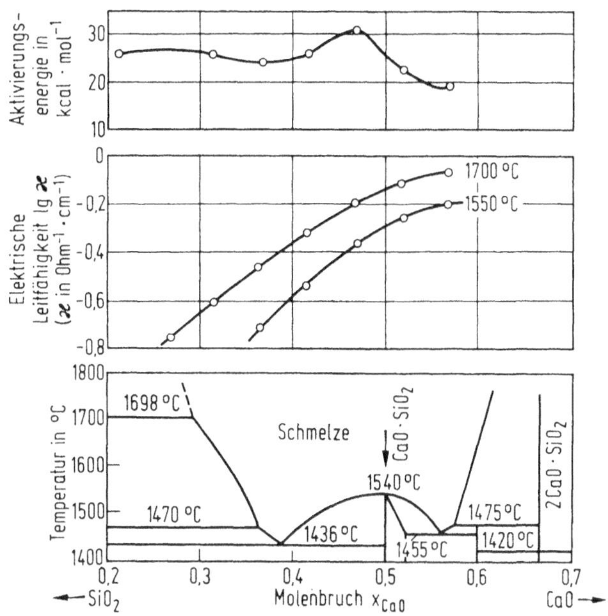

Bild 4.7. Elektrische Leitfähigkeit und deren Aktivierungsenergie in Schmelzen des Systems $CaO-SiO_2$ nach J. O. M. Bockris und Mitarb. [27]

Wenn eine Oxidschmelze bei der Abkühlung kristallisiert, so wird dieser Übergang in den festen Zustand oft durch einen steilen Leitfähigkeitsabfall angezeigt. Silikatschmelzen neigen jedoch beim Übergang in den festen Zustand zur Unterkühlung, wobei sich vorübergehend eine feste Glasphase bildet. Die Leitfähigkeit fällt dann zunächst stetig wie im schmelzflüssigen Zustand ab. Dieses Unterkühlungsverhalten zeigt Bild 4.8 am Beispiel einer äquimolaren $CaO-SiO_2$-Schmelze [26].

Die vollständige Ionenleitfähigkeit von $CaO-SiO_2$-Schmelzen mit CaO-Gehalten zwischen 47 und 55 mol-% konnte durch das Elektrolyseexperiment nachgewiesen werden [33].

Neuere Ergebnisse von Messungen der Ca- und Si-Diffusion in $CaO-SiO_2$-Schmelzen bei 1700 °C [38] sind nicht ohne weiteres mit den Daten der elektrischen Leitfähigkeit in Einklang zu bringen. Bei der Konzentration des Kalziummetasilikates $CaO \cdot SiO_2$ tritt eine Unstetigkeit im Verlauf der chemischen Diffusionskoeffizienten und auch der Aktivierungsenergie der Diffusion auf, die als eine auf die Verbindung ausgerichtete, strukturelle Vororientierung in der Schmelze gewertet wird.

Wie in Alkalisilikatschmelzen lassen auch in $CaO-SiO_2$-Schmelzen die unterschiedlichen Aktivierungsenergien der elektrischen Leitfähigkeit und des viskosen Fließens auf verschiedene Transportmechanismen dieser beiden Vorgänge schließen. Für eine äquimolare $CaO-SiO_2$-Schmelze wurde im Fall der Leitfähigkeit ein Energiebetrag von 0,87 eV [26], im Fall des viskosen Fließens dagegen ein wesentlich höherer Energiebetrag von 1,48 eV [36] ermittelt.

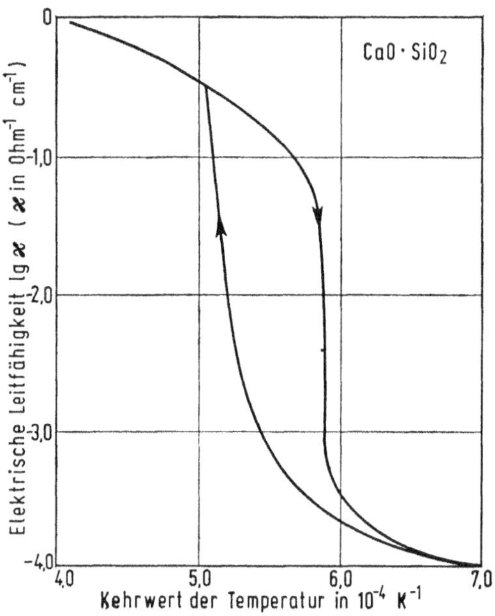

Bild 4.8. Unterkühlungsverhalten einer äquimolaren $CaO-SiO_2$-Schmelze nach J. O. M. Bockris und Mitarb. [26]

4.1.1.3. Bleisilikatschmelzen

Die elektrische Leitfähigkeit von Bleisilikatschmelzen wurde bei PbO-Gehalten von 20 bis 100% und Temperaturen zwischen 900 und 1400 °C untersucht [39]. In Bild 4.9 ist die spezifische Leitfähigkeit für 900 und 1150 °C und in Bild 4.10 die Aktivierungsenergie der Leitfähigkeit in Abhängigkeit von der Schmelzzusammensetzung dargestellt. Basische Bleisilikatschmelzen besitzen bemerkenswert hohe Leitfähigkeiten über 1 $Ohm^{-1} \cdot cm^{-1}$ und geringe Aktivierungsenergien unter 0,5 eV. Ihre Verdampfungsverluste lassen sich in erträglichen

Grenzen halten[1]. Elektrolyseversuche an $PbO-SiO_2$-Schmelzen mit PbO-Gehalten zwischen 50 und 100 mol-% ergaben Stromausbeuten zwischen 98 und 102% [39].

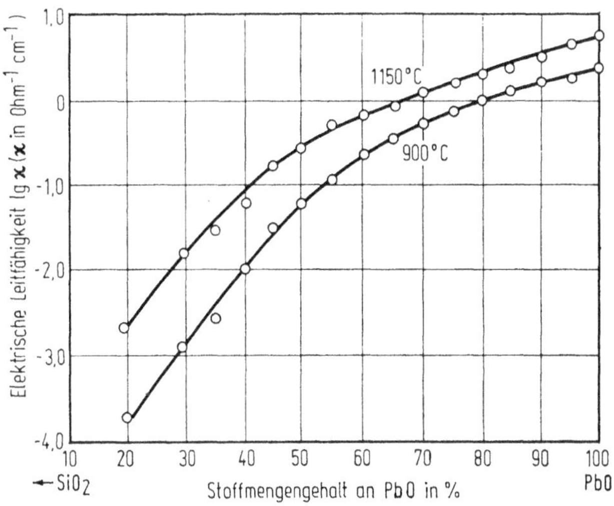

Bild 4.9. Elektrische Leitfähigkeit von $PbO-SiO_2$-Schmelzen bei 900 und 1150°C nach J. O. M. Bockris und G. W. Mellors [39]

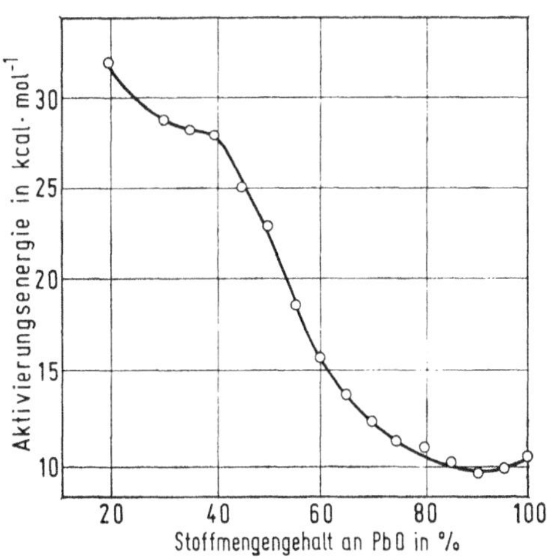

Bild 4.10. Aktivierungsenergie der elektrischen Leitfähigkeit von $PbO-SiO_2$-Schmelzen nach J. O. M. Bockris und G. W. Mellors [39]

---

[1] Der Gewichtsverlust einer Schmelze mit 99,8% PbO wurde nach einer Schmelzdauer von 8 Stunden bei 1100°C und Formiergas-Atmosphäre zu 0,6 Gew.-% ermittelt.

4.1.1.4. $Al_2O_3-SiO_2$-Schmelzen

Die elektrische Leitfähigkeit von $Al_2O_3-SiO_2$-Schmelzen wurde nur bei Al_2O_3-Gehalten von 2 bis 8 mol-% untersucht (Temperatur: 1600 und 1700 °C) [27]. Sie ist um zwei bis drei Größenordnungen geringer als die der Alkali- und Erdalkalisilikatschmelzen. Dies Ergebnis wird darauf zurückgeführt, daß die zugesetzten Al^{3+}-Ionen nicht frei beweglich sind, sondern in das Silikat-Netzwerk der Schmelzen eingebaut werden.

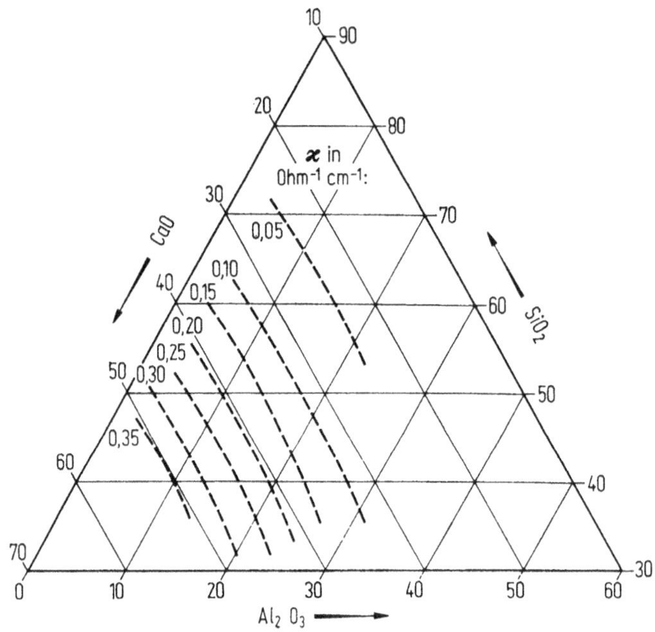

Bild 4.11. Linien gleicher elektrischer Leitfähigkeit bei 1550 °C im Teildiagramm $CaO-Al_2O_3-SiO_2$ nach H. Winterhager, L. Greiner und R. Kammel [30]

4.1.1.5. $CaO-Al_2O_3-SiO_2$-Schmelzen

Vergleichsweise zahlreiche Daten zur Leitfähigkeit, Diffusion und Viskosität liegen für Schmelzen des Systems $CaO-Al_2O_3-SiO_2$ vor, die als Schlacken für die Metallurgie der Roheisenherstellung im Hochofen von besonderer Bedeutung sind. Der interessierende Temperaturbereich ist, durch die Schmelzführung bedingt, auf Werte zwischen 1350 und 1550 °C abzugrenzen. Die Schmelzzusammensetzung variiert im allgemeinen zwischen Basizitätsgraden CaO/SiO_2 (in Massenanteilen) von 0,7 („sauer") bis 1,5 („basisch"), wobei die Al_2O_3-Gehalte 10 bis 20% betragen.

Eingehende Untersuchungen der elektrischen Leitfähigkeit in CaO—Al_2O_3—SiO_2-Schmelzen wurden von H. Winterhager, L. Greiner und R. Kammel [30] durchgeführt. Ihre Ergebnisse sind im ternären Zustandsschaubild in Bild 4.11 als Linien gleichen elektrischen Leitvermögens sowie in Bild 4.12 als Linien gleicher Aktivierungsenergie wiedergegeben. Die Iso-Leitfähigkeits-Kurven verlaufen im untersuchten Konzentrationsbereich nahezu parallel zu

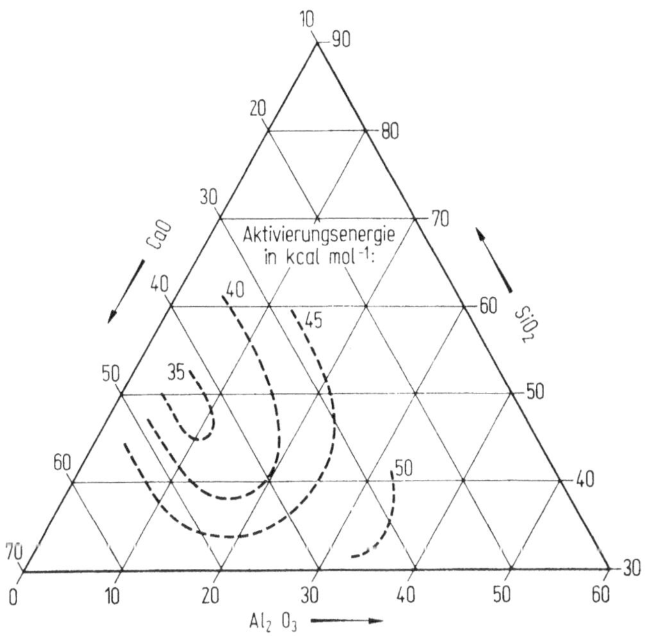

Bild 4.12. Linien gleicher Aktivierungsenergie der elektrischen Leitfähigkeit im Teildiagramm CaO—Al_2O_3—SiO_2 nach H. Winterhager, L. Greiner und R. Kammel [30]

den CaO-Konzentrationsgeraden. Dies Ergebnis macht deutlich, daß das elektrische Leitvermögen im wesentlichen durch den CaO-Gehalt bzw. durch den Transport von Ca^{2+}-Ionen in der Schmelze bestimmt wird. Dies Ergebnis stimmt überein mit Bestimmungen der Überführungszahlen der Ca^{2+}-Ionen von W. J. Malkin und Mitarb. [40]. Die Werte $t_{Ca^{2+}}$ in Al_2O_3-ärmeren Schmelzen tendieren mit zunehmendem Verhältnis % CaO/% Al_2O_3 gegen 1 (Tabelle 4.7). Daraus ist zu schließen, daß der Ladungstransport überwiegend von den Ca^{2+}-Ionen übernommen wird und Al^{3+} vermutlich an der Bildung von Alumino-silikat-Komplexen beteiligt wird.

Aus dem Verlauf der berechneten Aktivierungsenergien im Dreistoffsystem (Bild 4.12) ist zu ersehen, daß mit zunehmender Konzentration der Ca^{2+}-Ionen (wegen des fortschreitenden Abbaus des Silikatnetzwerkes) die für die

Tabelle 4.7. Überführungszahlen der Ca^{2+}-Ionen in $CaO-Al_2O_3-SiO_2$-Schmelzen bei 1550 °C [40]

Schmelze			Verhältnis	Überführungszahl
% CaO	% Al_2O_3	% SiO_2	% CaO/% Al_2O_3	$t_{Ca^{2+}}$
23	32	45	0,72	0,44
23	18	59	1,28	0,66
37	18	45	2,06	0,89

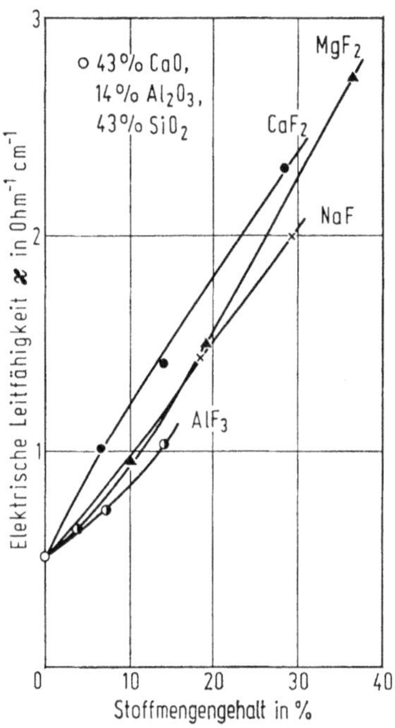

Bild 4.13. Elektrische Leitfähigkeit einer Schmelze der Zusammensetzung 43 CaO, 14 Al_2O_3, 43 SiO_2 (in mol-%) in Abhängigkeit vom Zusatz an Metallfluoriden nach M. Kato und S. Minowa [41]

Ionenwanderung erforderliche Energie geringer wird. Der Wiederanstieg der Aktivierungsenergien bei sehr hohen CaO-Gehalten sollte auf die zunehmende Viskosität dieser Schmelzen zurückzuführen sein.

M. Kato und S. Minowa [41] stellten fest, daß die elektrische Leitfähigkeit von Schmelzen der Zusammensetzung 43 CaO, 14 Al_2O_3, 43 SiO_2 (in mol-%) durch Zusätze der Oxide Cr_2O_3, P_2O_5, TiO_2 und der Fluoride NaF, CaF_2, MgF_2, AlF_3 (Bild 4.13) erhöht werden kann. Die gleichen Autoren [42] fanden in den ternären Schmelzen der angegebenen Zusammensetzung auch einen eindeutigen Zusammenhang zwischen der elektrischen Leitfähigkeit $\varkappa$ und der Viskositiät η entsprechend der Beziehung $\eta \cdot \varkappa = \text{const.}$

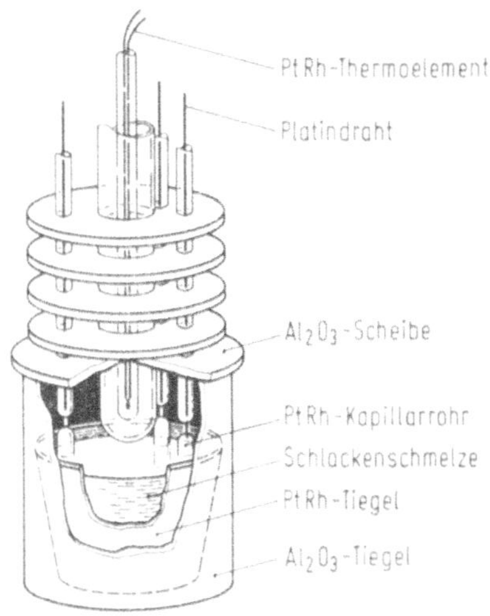

Bild 4.14. Diffusionszelle zur Bestimmung der Sauerstoffbeweglichkeit in Oxidschmelzen nach P. J. Koros und T. B. King [47]

In $CaO-Al_2O_3-SiO_2$-Schmelzen wurde die Beweglichkeit der Kalzium-, Silizium-, Aluminium- und Sauerstoffionen mit Hilfe radioaktiver Isotope gemessen. In Bild 4.14 ist als Beispiel eine Diffusionszelle zur Bestimmung der

Tabelle 4.8. Selbstdiffusionskoeffizienten der Ionen in $CaO-Al_2O_3-SiO_2$-Schmelzen bei 1350 bis 1550 °C

Schmelze[1]			diffundierendes Ion[2]	Selbstdiffusionskoeffizient D_i^* $cm^2 \cdot s^{-1}$	Verfasser
% CaO	% Al_2O_3	% SiO_2			
40	20	40	Ca	$1{,}3 \cdot 10^3 \exp(-3{,}10/kT)$	H. Towers, M. Paris, J. Chipman [43]
40	19	41	Ca	10 (1440°C)	T. Saito, K. Maruya [45]
39	21	40	Ca	$1{,}1 \cdot 10^3 \exp(-3{,}06/kT)$	H. Towers, J. Chipman [44]
			Si	$8{,}17 \cdot 10 \exp(-3{,}00/kT)$	
40	20	40	Al	$5{,}4 \exp(-2{,}60/kT)$	J. Henderson, L. Yang G. Derge [46]
40	20	40	O	$4{,}69 \cdot 10^5 \exp(-3{,}69/kT)$	P. J. Koros, T. B. King [47]

[1] Schmelzzusammensetzung in Massen-%
[2] Tracer-Methode (Ca^{45}, Si^{31}, Al^{26}, O^{18})

Sauerstoffbeweglichkeit in Oxidschmelzen wiedergegeben [47]. Mehrere Platinkapillaren, die mit O^{18}-angereicherter Schlacke gefüllt sind, tauchen in die O^{18}-freie Schmelze gleicher Zusammensetzung ein. Nach vorgebenen Diffusionszeiten werden die erstarrten Kapillarproben in Scheiben zerlegt und mit Kohlenstoff reduziert. Das entwickelte CO-Gas wird zu CO_2 oxidiert und

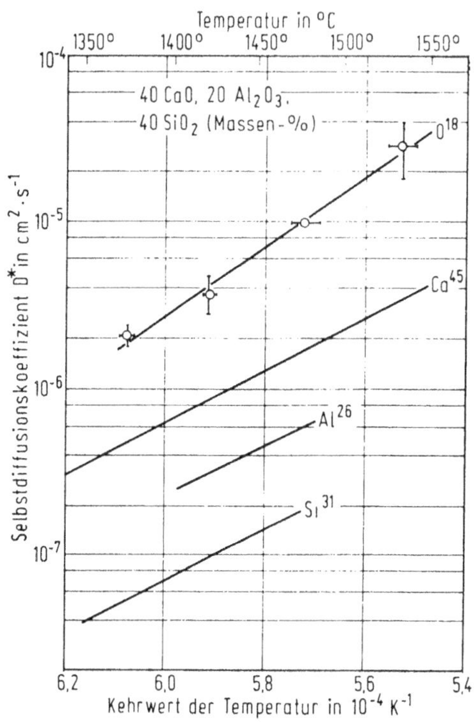

Bild 4.15. Selbstdiffusionskoeffizienten von Sauerstoff, Kalzium, Aluminium und Silizium in einer Schmelze der Zusammensetzung 40% CaO, 20% Al_2O_3, 40% SiO_2 in Abhängigkeit von der reziproken Temperatur [43–47]

zur Bestimmung des Verhältnisses $(CO)_2^{46}/(CO_2)^{44}$ in ein Massenspektrometer geleitet. Tabelle 4.8 enthält alle an Schmelzen der Zusammensetzung 40% CaO, 20% Al_2O_3, 40% SiO_2 ermittelten Gleichungen für die Temperaturabhängigkeit der Selbstdiffusionskoeffizienten zwischen 1350 und 1550 °C [43–47], die in Bild 4.15 graphisch dargestellt sind. Auf Grund der hier gezeigten Ergebnisse kommt dem Sauerstoff die größte und dem Silizium die geringste Beweglichkeit zu. Die Beweglichkeit der Metallionen nimmt in der Reihenfolge Ca^{2+}, Al^{3+}, Si^{4+} ab. Eine Erklärung für die hohen Sauerstoffdiffusionskoeffizienten suchen J. P. Koros und T. B. King [47] in der Annahme eines Transportmechanismus, der einen erleichterten Austausch von O^{2-}-Ionen zwischen benachbarten Anionenkomplexen oder auch von Sauerstoffatomen zwischen Netzwerklücken vorsieht.

4.1.1.6. Eisen- und manganoxidhaltige Silikatschmelzen

System FeO_n-SiO_2. Die elektrische Leitfähigkeit binärer FeO_n-SiO_2-Schmelzen wurde mehrfach untersucht [24, 25, 48–50]. Die Eisensilikate wurden in Eisentiegeln unter Stickstoff-Atmosphäre aufgeschmolzen, woraus sich eine Beschränkung der Temperaturen auf maximal 1500 °C ergab. Eisensilikatschmelzen enthalten im Gleichgewicht mit festen Eisen neben Fe^{2+}-Ionen einen

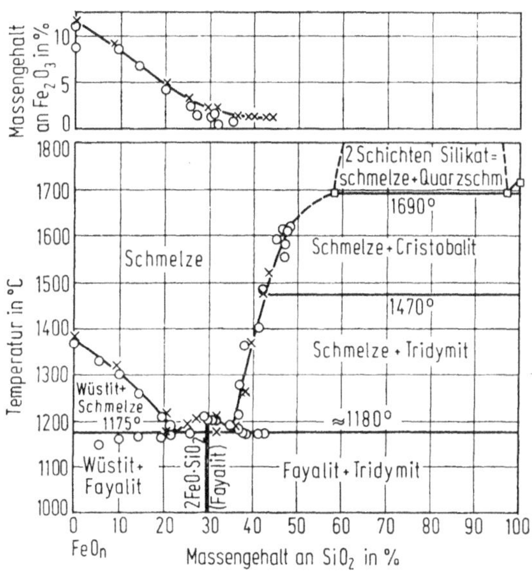

Bild 4.16. Phasendiagramm FeO_n-SiO_2 [24, 51]

geringeren Anteil Fe^{3+}-Ionen. Der entsprechende Gehalt an Fe_2O_3 verringert sich von 12 Gew.-% in reinen FeO_n-Schmelzen auf etwa 1 Gew.-% in SiO_2-gesättigten FeO_n-SiO_2-Schmelzen bei 1400 °C und 42 Gew.-% SiO_2 (Bild 4.16) [24, 51]. Bei den Leitfähigkeitsmessungen dienten der Eisentiegel selbst sowie ein zentrisch in die Schmelze tauchender Eisenstab als Elektroden.

Bild 4.17 zeigt den Temperaturverlauf der elektrischen Leitfähigkeit einer reinen FeO_n-Probe sowie von FeO_n-SiO_2-Proben mit 12, 23 und 36% SiO_2 in der Auftragung lg $\varkappa$ gegen $1/T$ [24, 25]. Die zugehörigen Leitfähigkeitsfunktionen sowie Zahlenwerte für 1400 °C enthält Tabelle 4.9. Bemerkenswert

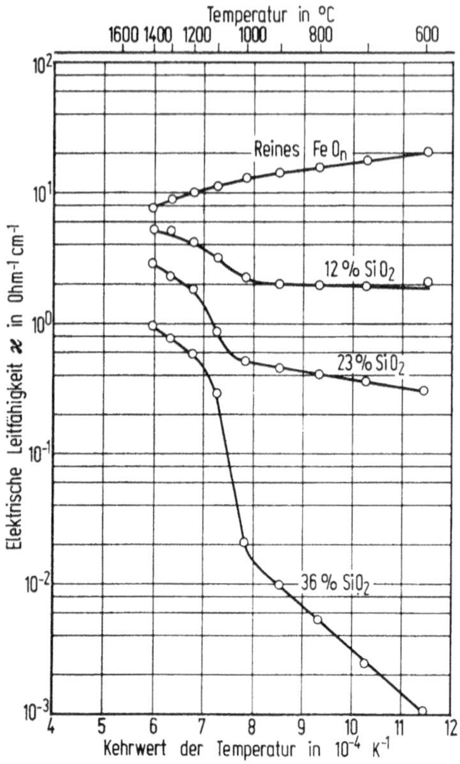

Bild 4.17. Elektrische Leitfähigkeit von Wüstit sowie von Eisensilikaten in Abhängigkeit von der reziproken Temperatur (Die Proben befinden sich im Gleichgewicht mit festem Eisen) [24, 25]

Tabelle 4.9. Elektrische Leitfähigkeit von Wüstit- und Eisensilikatschmelzen im Gleichgewicht mit festem Eisen bei 1200 bis 1400 °C [24, 25]

Schmelze				$\varkappa = \varkappa_0 \exp(-Q/kT)$	$\varkappa$ bei 1400 °C
% FeO	% Fe_2O_3	% Fe	% SiO_2	$Ohm^{-1}\,cm^{-1}$	$Ohm^{-1}\,cm^{-1}$
92,8	5,58	1,5	—	1,21 exp (0,27/kT)	7,85
80,8	4,23	1,1	12,3	23,1 exp (−0,21/kT)	5,2
73,6	2,57	0,5	23,2	8,5 exp (−0,49/kT)	2,9
61,5	1,06	0,5	36,0	5,36 exp (−0,58/kT)	0,98

ist die Umkehrung des Temperaturkoeffizienten der Leitfähigkeit beim Übergang vom reinen Eisenoxid zu den Eisensilikaten sowie das geringe Niveau der Aktivierungsenergien zwischen 0,2 und 0,6 eV. Die sehr hohe spezifische Leitfähigkeit der reinen Wüstitschmelzen von etwa 10 $Ohm^{-1} \cdot cm^{-1}$ verringert sich mit zunehmendem SiO_2-Gehalt um insgesamt eine Zehnerpotenz nahe der SiO_2-Sättigung der Schmelzen. Gleichzeitig erhöht sich der Anteil der Ionenleitung, wie M. T. Simnad, G. Derge und J. George [52] durch die Elektrolyse von Eisensilikatschmelzen bei 1400 °C zeigen konnten (Bild 4.18). In diesen Versuchen wurden gleichfalls der Eisentiegel und ein tauchender Eisenstab als Elektroden benutzt.

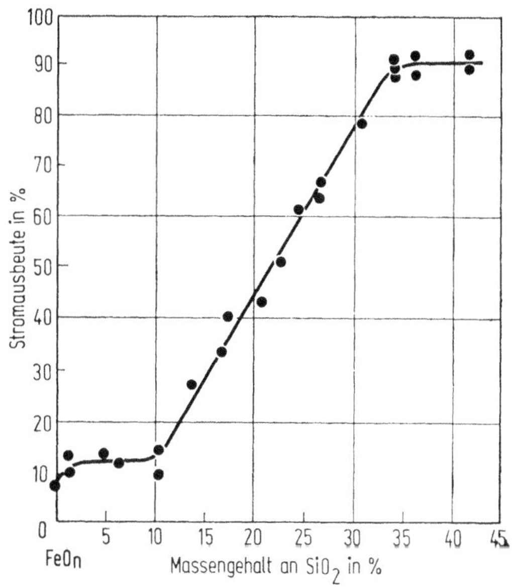

Bild 4.18. Stromausbeute bei der Elektrolyse von Eisensilikatschmelzen im Eisentiegel bei 1400 °C nach M. T. Simnad, G. Derge und I. George [52]

Spätere Messungen des Selbstdiffusionskoeffizienten des Eisens mit Hilfe des Isotops $Fe^{55,59}$ ergaben für eine FeO_n-SiO_2-Schmelze mit 39% SiO_2 bei 1250 °C relativ hohe Werte um 10^{-4} $cm^2 \cdot s^{-1}$, gleichzeitig jedoch auch eine hohe Aktivierungsenergie [53]:

$$D^*_{Fe} = 4{,}31 \cdot 10^{-4} \exp\left(-\frac{2{,}23}{kT}\right) \tag{4.11}$$

Obwohl die angegebene Temperaturabhängigkeit des Selbstdiffusionskoeffizienten D^*_{Fe} nur für einen engen Bereich zwischen 1250 und 1305 °C ermittelt wurde, muß in Betracht gezogen werden, daß der Vorgang der Selbstdiffusion mit einer Energie von mehr als 2 eV auf einem anderen Mechanismus als die elektrische Leitfähigkeit mit einer Energie von nur 0,6 eV beruht.

System $FeO_n-CaO-SiO_2$. Schmelzen dieses ternären Systems bilden die

Grundlage für den Aufbau der metallurgischen Schlacken beim Erschmelzen von Stahl aus phosphorarmem Roheisen.

Bereits die frühen Untersuchungen von A. Wejnarth [48] ergaben, daß sich die elektrische Leitfähigkeit von FeO_n-SiO_2-Schmelzen verringert, wenn das Eisenoxid bei gleichbleibendem Verhältnis $(FeO_n + CaO)/SiO_2$ durch steigende Mengen an Kalziumoxid ersetzt wird. In Bild 4.19 wird für Messungen

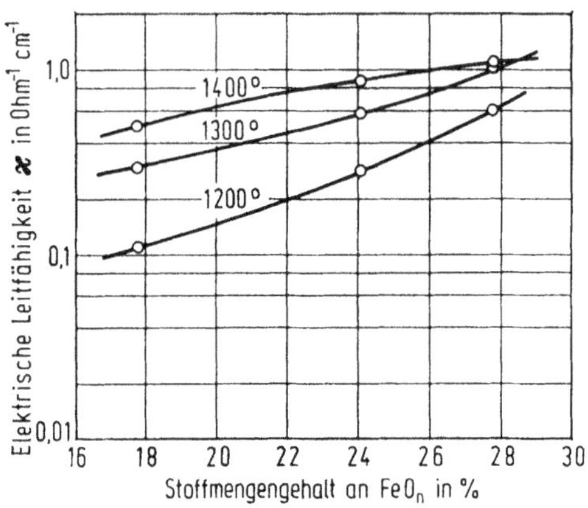

Bild 4.19. Elektrische Leitfähigkeit von $FeO_n-CaO-SiO_2$-Schmelzen mit einem Massenverhältnis $CaO : SiO_2 = 1{,}6$ in Abhängigkeit vom Gehalt an Wüstit (Die Schmelzen befinden sich im Gleichgewicht mit festem Eisen) [24, 25]

im Eisentiegel gezeigt, wie die Leitfähigkeit in basischen Schmelzen bei einem konstanten Verhältnis CaO/SiO_2 von 1,6 (in Massenanteilen) mit abnehmendem FeO_n-Gehalt absinkt [24, 25].

An binären FeO_n-SiO_2-Schmelzen im Gleichgewicht mit festem Eisen wurde gezeigt, daß die Ionenleitfähigkeit vom FeO_n-Gehalt und damit nach Bild 4.16 auch von der Verhältniszahl der Fe^{2+}- und Fe^{3+}-Ionen abhängig ist. Dieser Befund gilt grundsätzlich auch für ternäre FeO_n-haltige Oxidschmelzen im Gleichgewicht mit festem oder flüssigem Eisen. Systematische Untersuchungen der elektrischen Leitfähigkeit in $FeO_n-CaO-SiO_2$-Schmelzen in Abhängigkeit vom *Oxydationsgrad*

$$x = \frac{n_{Fe}^{3+}}{n_{Fe}^{3+} + n_{Fe}^{2+}} \tag{4.12}$$

bei einem molaren $CaO-SiO_2$-Verhältnis von 0,79 und abgestuften Eisenoxidgehalten zwischen 0 und 44 mol-% ($FeO_n = FeO + Fe_2O_3$) wurden von H.-J. Engell und P. Vygen [29] durchgeführt. Als Meßelektroden dienten Platindrähte. Die Oxidmischungen wurden bei 1600 °C in Platintiegeln unter Gleichgewichtsgasgemischen eingeschmolzen. Dabei konnten Oxydationsgrade zwischen 0,25 und 0,77 eingestellt werden. Der Oxydationsgrad hängt innerhalb der vorgegebenen Schlackenzusammensetzungen (Bild 4.20) allein vom Sauerstoffpartialdruck ab. Bild 4.21 zeigt die Ergebnisse der Leitfähigkeitsmessungen. Die eingezeichneten Kurven sind nach der Gleichung

$$\varkappa = \varkappa_0 - ax - bx(1 - x) \tag{4.13}$$

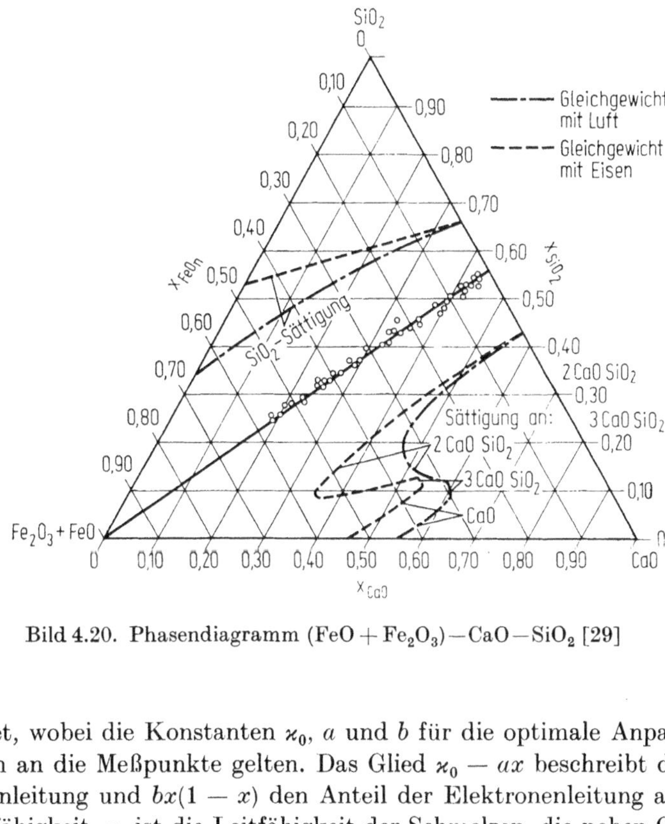

Bild 4.20. Phasendiagramm $(FeO + Fe_2O_3)-CaO-SiO_2$ [29]

berechnet, wobei die Konstanten $\varkappa_0$, a und b für die optimale Anpassung der Funktion an die Meßpunkte gelten. Das Glied $\varkappa_0 - ax$ beschreibt den Anteil der Ionenleitung und $bx(1 - x)$ den Anteil der Elektronenleitung an der Gesamtleitfähigkeit. $\varkappa_0$ ist die Leitfähigkeit der Schmelzen, die neben Ca^{2+}-Ionen ausschließlich Fe^{2+}-Ionen enthalten ($x = 0$). Diese Voraussetzung gilt angenähert nur für Schmelzen mit geringen molaren Eisenoxidanteilen:

$$N_{FeO_n} = (n_{FeO} + n_{Fe_2O_3})/(n_{FeO} + n_{Fe_2O_3} + n_{CaO} + n_{SiO_2}). \tag{4.14}$$

Bei höheren Eisenoxidanteilen durchläuft die Abhängigkeit der Leitfähigkeit vom Oxydationsgrad ein Maximum, das sich bei $N_{FeO_n} = 0{,}44$ schließlich auf einen Wert $x = 0{,}5$ bzw. $Fe^{3+}/Fe^{2+} = 1$ einstellt. Der in Gleichung (4.13) gewählte Ansatz für das Glied $bx(1 - x)$ beruht auf der Annahme, daß die elektronische Leitfähigkeit durch Elektronensprünge zwischen Fe^{2+} und Fe^{3+}

zustande kommt. Die Zahl der Fe^{3+}-Ionen, in deren Nachbarschaft sich ein Fe^{2+}-Ion befindet, ist proportional dem Glied $x(1-x)$. Damit erreicht die Zahl der Sprungmöglichkeiten für den Oxydationsgrad $x = 0{,}5$ ihren höchsten Wert. Der Vorgang des Elektronensprungs vom Fe^{3+}-Ion zum Fe^{2+}-Ion wird von den Verfassern an Hand zweier Modelle erörtert: Im ersten Fall wird eine

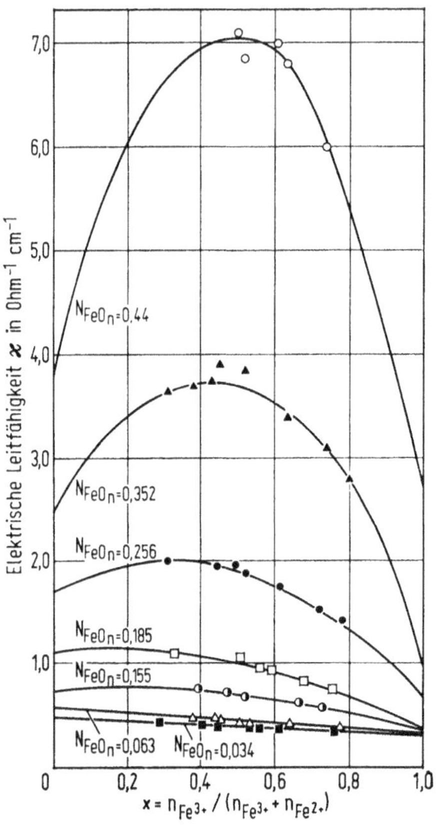

Bild 4.21. Elektrische Leitfähigkeit von $FeO_n-CaO-SiO_2$-Schmelzen mit einem Molverhältnis $CaO : SiO_2 = 0{,}79$ und FeO_n-Gehalten von 0 bis 44 mol-% in Abhängigkeit vom Oxydationsgrad nach H.-J. Engell und P. Vygen [29]

Tunnelung der Elektronen zwischen unbeweglichen Leitungszentren, im andern Fall eine von der Stoßzahl abhängige Reaktion zwischen Fe^{2+}- und Fe^{3+}-Ionen angenommen.

Die Frage der Beweglichkeit der Fe^{2+}- und Fe^{3+}-Ionen in $FeO_n-CaO-SiO_2$-Schmelzen ist von ausschlaggebender Bedeutung für den Ablauf der Frischreaktion im Reaktionssystem Eisenschmelze/Oxidschlacke/sauerstoffhaltige Gasphase, wie es in metallurgischen Herdfrischöfen gegeben ist. H.-J. Engell [55] konnte im Quarztiegel an Eisenschmelzen, die mit einer $FeO_n-CaO-SiO_2$-

Schlacke abgedeckt waren, nachweisen, daß die Geschwindigkeit der „Frischreaktion“[1]

$$O_2(\text{Gas}) + 2\,\text{Fe (Metall)} \rightleftharpoons 2\,\text{FeO (Oxidschmelze)} \qquad (4.15)$$

durch den Stofftransport in der Schlackenschmelze bestimmt und mit zunehmendem FeO_n-Gehalt dieser Schmelze erhöht wird (Bild 4.22). Daraus ist zu schließen, daß Eisenionen die Träger dieses Stofftransports sind. Diese

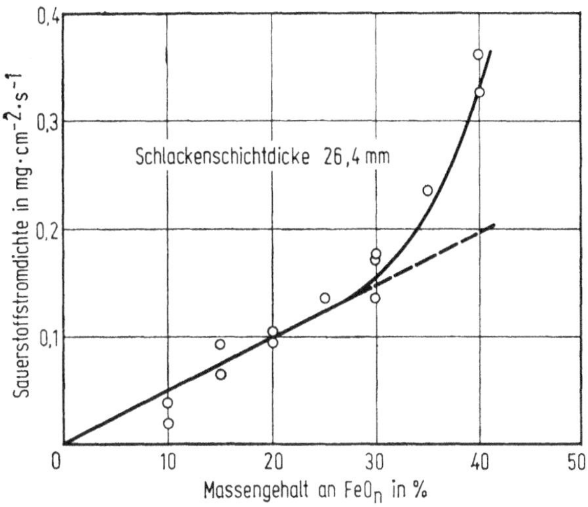

Bild 4.22. Sauerstoffstromdichte in einer an SiO_2 gesättigten $FeO_n-CaO-SiO_2$-Schmelze bei 1600 °C in Abhängigkeit vom FeO_n-Gehalt nach H.-J. Engell [55] (Dicke der Schlackenschicht 26,4 mm)

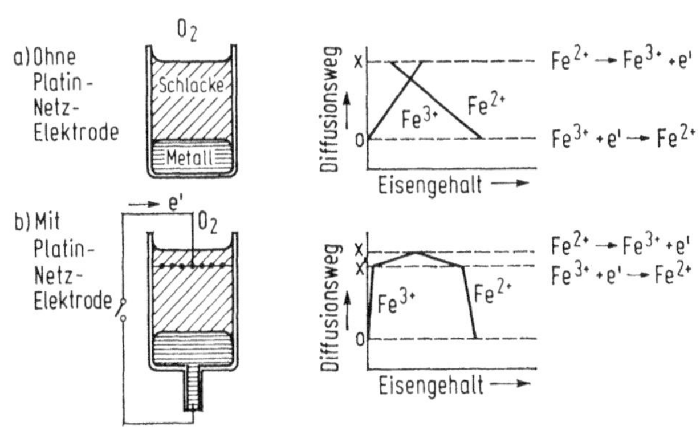

Bild 4.23. Diffusion von zwei- und dreiwertigem Eisen in SiO_2-gesättigten $FeO_n-CaO-SiO_2$-Schmelzen im Reaktionssystem Eisen$|FeO_n-CaO-SiO_2|$Sauerstoff nach H. J. Engell [55] (schematisch)

[1] Der Ablauf der Reaktion wurde durch Wägung verfolgt.

Annahme belegt der Verlauf der Konzentrationen des zwei- und dreiwertigen Eisens in der erstarrten Schlacke nach dem Versuch (Bild 4.23a). Danach diffundiert Fe^{2+} vom Metall zur Schlackenoberfläche und wird hier durch den Sauerstoff der Gasphase zu Fe^{3+} oxydiert. Dieses dreiwertige Eisen diffundiert zur Metallphase zurück, wo es sich mit dem metallischen Eisen wieder zu zweiwertigem Eisen umsetzt. Der gesamte Diffusionsvorgang kann beschleunigt werden, wenn der Diffusionsweg zwischen Metallphase und Schlackenoberfläche durch Anbringen einer Platin-Netz-Elektrode dicht unterhalb der Schlackenoberfläche verkürzt wird. Die Umladung $Fe^{3+} + e' \rightleftharpoons Fe^{2+}$ sollte dann an dieser Platinelektrode erfolgen. Im Experiment konnte gezeigt werden, daß in diesem Fall die Konzentrationsgradienten des zwei- und dreiwertigen Eisens im wesentlichen zwischen der Platinelektrode und der Schlackenoberfläche liegen und die Diffusion somit hauptsächlich in diesem Bereich stattfindet (Bild 4.23b). Damit wurde der Nachweis erbracht, daß Ionen des zwei- und dreiwertigen Eisens in der Schlacke diffundieren.

Mit dieser *Eisendiffusion* verbunden ist ein *Sauerstofftransport*, wenn man z. B. annimmt, daß bei der Oxydation $Fe^{2+} \rightarrow Fe^{3+}$ an der Schlackenoberfläche ein *komplexes Anion* $Fe_2O_4^{2-}$ gebildet wird:

$$4\,Fe^{2+} + 2\,O_2 + 4\,Si_nO_{2n+1}^{2-} \rightarrow 2\,Fe_2O_4^{2-} + 4n\,SiO_2 \qquad (4.16)$$

das sich an der Grenzfläche Schlacke/Metall wieder zersetzt:

$$2\,Fe_2O_4^{2-} + 2\,Fe + 8n\,SiO_2 \rightarrow 6\,Fe^{2+} + 8\,Si_nO_{2n+1}^{2-} \qquad (4.17)$$

Für eine Umsetzung nach Gleichung (4.16) und (4.17) sprechen die experimentellen Beobachtungen, daß an der Phasengrenze von Metall und Schlacke SiO_2 aus dem Quarztiegel gelöst und an der Phasengrenze Schlacke/Luft als feste Haut wieder abgeschieden wird. Das Auftreten eines komplexen Anions $Fe_2O_4^{2-}$ konnte weiter durch EMK-Messungen an einer Bildungszelle $Fe|FeO_n-CaO-SiO_2|O_2|Pt$ erhärtet werden.

Die in Bild 4.22 erkennbare überproportionale Abhängigkeit der Transportgeschwindigkeit des Sauerstoffs vom Eisengehalt der Schlackenschmelze bei $\geqq 25$ bis 30% FeO_n ist auf eine merkliche Elektronenleitfähigkeit zurückzuführen. Auf die bei höheren FeO_n-Gehalten und einem Oxydationsgrad um 0,5 stark ansteigende Elektronenleitfähigkeit von $FeO_n-CaO-SiO_2$-Schmelzen wurde bereits hingewiesen. Sie trägt hier zu einer Beschleunigung des Sauerstofftransports bei.

Tabelle 4.10. Elektrische Leitfähigkeit von $MnO-SiO_2$-Schmelzen [27]

Zusammensetzung der Schmelze	$\varkappa$ bei 1750 °C $Ohm^{-1}\,cm^{-1}$	Aktivierungsenergie eV
$MnO \cdot 2SiO_2$	0,55	1,04
$MnO \cdot SiO_2$	1,8	0,70
$2MnO \cdot SiO_2$	6,3	0,52

System MnO—SiO$_2$. MnO—SiO$_2$-Schmelzen erreichen ein ähnlich hohes elektrisches Leitvermögen wie FeO$_n$—SiO$_2$-Schmelzen (Größenordnung 0,1 bis 10 Ohm^{-1} · cm^{-1}). Ihre Leitfähigkeit steigt mit zunehmendem MnO-Gehalt an, wie aus der Darstellung in Bild 4.24 zu ersehen ist [27]. Einige Daten für die Leitfähigkeit und die Aktivierungsenergien sind in Tabelle 4.10 zusammengestellt [27]. Elektrolyseversuche in MnO—SiO$_2$-Schmelzen ergaben Stromausbeuten von 82 ± 3% bei 63 mol-% MnO in der Schmelze.

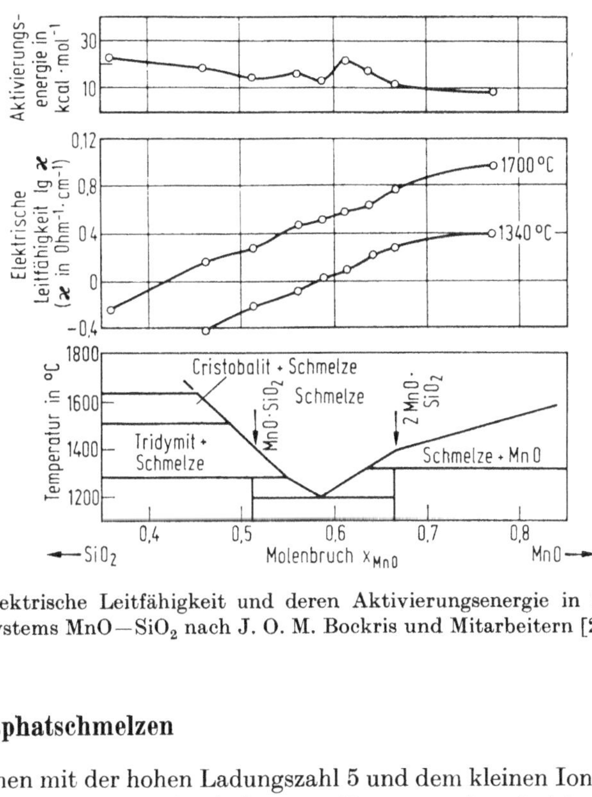

Bild 4.24. Elektrische Leitfähigkeit und deren Aktivierungsenergie in Schmelzen des Systems MnO—SiO$_2$ nach J. O. M. Bockris und Mitarbeitern [27]

4.1.2. Phosphatschmelzen

Phosphorionen mit der hohen Ladungszahl 5 und dem kleinen Ionenradius 0,34 werden in Oxidschmelzen durch Sauerstoffionen stark polarisiert und zählen wie Siliziumionen (Radius 0,41) zu den Netzwerkbildern. Phosphatschmelzen sind daher vermutlich gleichfalls aus schwer beweglichen Anionenkomplexen aufgebaut. Ihr Leitvermögen muß überwiegend der Beweglichkeit metallischer Kationen in den Lücken des Phosphatnetzwerks zugeschrieben werden. Leitfähigkeitsdaten sind bisher nur vereinzelt bekannt.

W. A. Fischer und D. Janke [28] ermittelten die elektrische Leitfähigkeit an Schmelzen des Systems CaO—P$_2$O$_5$ im Platintiegel an Luft. In Bild 4.25 werden ϰ-Werte für eine *basische* Schmelze mit 56,2% CaO sowie einige *saure* Schmelzen mit CaO-Gehalten zwischen 51,7 und 33,9% bei 1650 °C wiedergegeben. Das Bild vermittelt die gleiche Tendenz einer abnehmenden Leitfähigkeit mit steigendem Anteil an komplexen Anionen, wie sie an $CaO-SiO_2$-Schmelzen beobachtet wurde. Die elektrische Leitfähigkeit einer Schmelze der Zusammensetzung 33,9% CaO und 66,1% P_2O_5 folgt im Temperaturbereich von 1400 bis 1650 °C der Beziehung

$$\varkappa = 2{,}56 \exp\left(-\frac{0{,}37}{kT}\right) \tag{4.18}$$

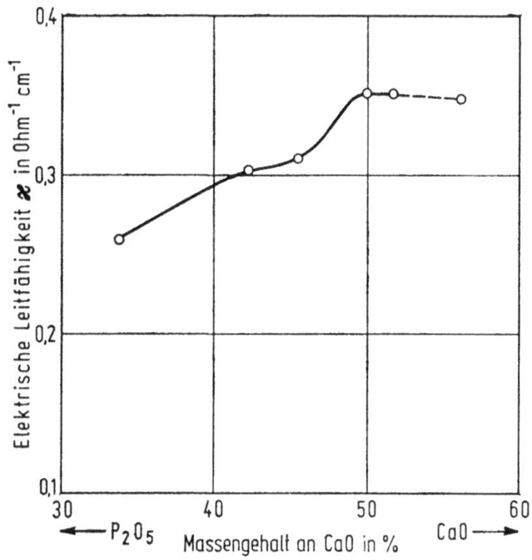

Bild 4.25. Elektrische Leitfähigkeit von $CaO-P_2O_5$-Schmelzen bei 1650 °C [28]

Die Aktivierungsenergie der Leitfähigkeit ist noch geringer als die einer $CaO-SiO_2$-Schmelze entsprechender Zusammensetzung, (Tabelle 4.6). Am Beispiel der gleichen $CaO-P_2O_5$-Schmelze sei auf den großen Leitfähigkeitssprung von mehr als drei Größenordnungen beim Übergang vom festen in den flüssigen Zustand hingewiesen (Bild 4.26) [28]. Im Phasendiagramm wird für diese Probe eine eutektische Temperatur T_E von 960 °C und eine Liquidustemperatur T_L von 1050 °C angegeben.

Gleichfalls in sauren $CaO-P_2O_5$-Schmelzen wurden die Überführungszahlen des Kalziums und des Phosphors bestimmt [56, 57]. Die Messungen basieren auf einem kombinierten Verfahren der elektrolytischen Überführung und der Anwendung der radioaktiven Indikatoren Ca^{45} und P^{32}. Die in Tabelle 4.11 angeführten Ergebnisse lassen eine überwiegende Beweglichkeit der Kalziumionen vermuten.

Tabelle 4.11. Überführungszahlen des Kalziums und Phosphors in $CaO-P_2O_5$-Schmelzen

Zusammensetzung		Indikator	Temperatur	Überführungszahlen	
% CaO	% P_2O_5		°C	t_{Ca}	t_P
27	73	Ca^{45}	1000	1,05	— [56]
27	73	Ca^{45}	1060	0,8	— [57]
30	70	Ca^{45}, P^{32}	1160	0,6	0,3 [57]
53	68	P^{32}	1160	—	0,3 [57]

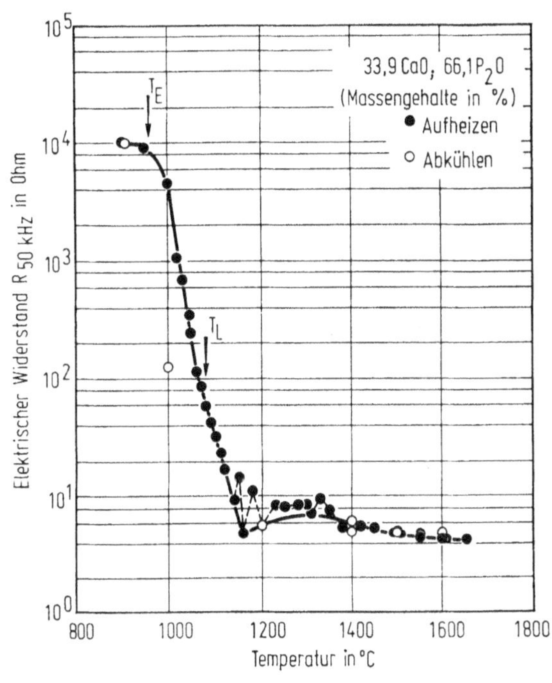

Bild 4.26. Elektrischer Widerstand einer Probe der Zusammensetzung 33,9% CaO, 66,1% P_2O_5 beim Übergang vom festen in den schmelzflüssigen Zustand [28]

4.1.3. Aluminatschmelzen

Eingehende Untersuchungen über das Leitvermögen von Aluminatschmelzen liegen bisher nicht vor. Nicht zuverlässig geklärt ist auch die Frage, unter welchen Voraussetzungen das Al_2O_3 in Aluminatschmelzen in Al^{3+}-Ionen dissoziiert oder Anionenkomplexe des Typs AlO_3^{3-} und AlO_4^{5-} bildet.

In $CaO-Al_2O_3$-Schmelzen mit annähernd äquimolarer Zusammensetzung wurde bei 1500 °C eine elektrische Leitfähigkeit von 0,34 $Ohm^{-1} \cdot cm^{-1}$ (Aktivierungsenergie 1,4 eV) [58] und bei 1485 °C ein Selbstdiffusionskoeffizient des Kalziums von $7{,}8 \cdot 10^{-7}$ cm² · s⁻¹ (Aktivierungsenergie 2,6 eV) [59] ermittelt.

Ergebnisse für die elektrische Leitfähigkeit von $FeO-Al_2O_3$-Schmelzen im Gleichgewicht mit festem Eisen wurden von Th. Myslivec und C. Černy [49] veröffentlicht. Die bei 1400 bis 1500 °C angegebenen Werte ($3 \cdot 10^2$ bis $9 \cdot 10^1$ $Ohm^{-1} \cdot cm^{-1}$) lassen mit steigendem Al_2O_3-Gehalt bis 8,2% die erwartete abnehmende Tendenz erkennen.

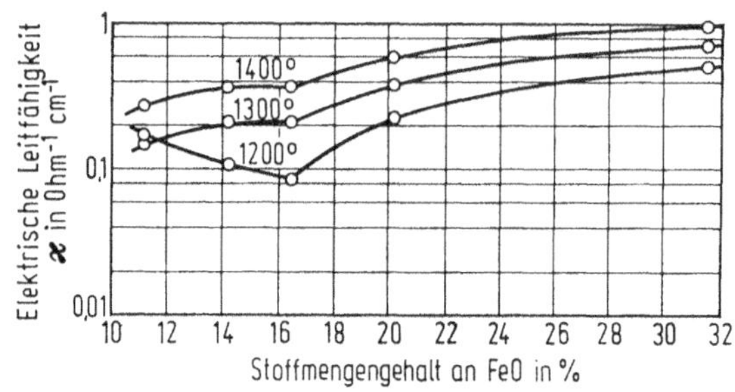

Bild 4.27. Elektrische Leitfähigkeit von $FeO_n-CaO-Al_2O_3$-Schmelzen mit einem Gewichtsverhältnis $CaO : Al_2O_3 = 1$ in Abhängigkeit vom Gehalt an Wüstit (Die Schmelzen befinden sich im Gleichgewicht mit festem Eisen) [24, 25]

W. A. Fischer und H. vom Ende [24, 25] geben Leitfähigkeitsdaten für $FeO_n-CaO-Al_2O_3$-Schmelzen im Gleichgewicht mit festem Eisen an. Für ein konstantes Verhältnis Gew.-% CaO/Gew.-% Al_2O_3 von etwa 1 ist die Leitfähigkeit der Schmelzen mit zunehmendem FeO_n-Gehalt in Bild 4.27 wiedergegeben. In den festen Schlacken (1000 °C) zeichnet sich bei 16,5 mol-% FeO_n ein Minimum ab, das beim Übergang in den flüssigen Zustand (1200 bis 1400 °C) noch als Knick erkennbar bleibt. Bis zu dieser Konzentration wurde in der festen Schlacke die Verbindung $5CaO \cdot 3Al_2O_3$ festgestellt. $\lg \varkappa - 1/T$-Funktionen für Schmelzen unterschiedlicher Zusammensetzung im Temperaturbereich von 1200 bis 1400 °C sind in Tabelle 4.12 zusammengestellt.

Tabelle 4.12. Elektrische Leitfähigkeit in $FeO_n-CaO-Al_2O_3$-Schmelzen im Gleichgewicht mit festem Eisen bei 1200 bis 1400 °C [25]

Zusammensetzung der Schmelze				Leitfähigkeit $\varkappa$	$\varkappa$ bei 1400 °C
% FeO	% Fe_2O_3	% CaO	% Al_2O_3	$Ohm^{-1} \cdot cm^{-1}$	$Ohm^{-1} \cdot cm^{-1}$
11,0	2,87	44,8	42,0	$1{,}74 \cdot 10^3 \exp(-1{,}27/kT)$	0,27
13,8	3,56	39,9	42,9	$2{,}09 \cdot 10^3 \exp(-1{,}25/kT)$	0,36
16,1	3,03	39,6	41,4	$3{,}8 \cdot 10^3 \exp(-1{,}33/kT)$	0,36
19,4	4,85	35,7	37,9	$6{,}6 \cdot 10^2 \exp(-1{,}01\ kT)$	0,57
29,8	5,60	29,8	34,3	$1{,}05 \cdot 10^2 \exp(-0{,}68/kT)$	0,94

4.1.4. FeO_n—CaO-Schmelzen

Reine FeO—Fe_2O_3-Schmelzen wurden bereits in Abschnitt 4.1.1. als überwiegend elektronenleitend gekennzeichnet. Die Elektronenleitfähigkeit dieser Schmelzen im Gleichgewicht mit festem Eisen kann durch Zusätze von Kalziumoxid in eine gemischte Ionen- und Elektronenleitfähigkeit verändert

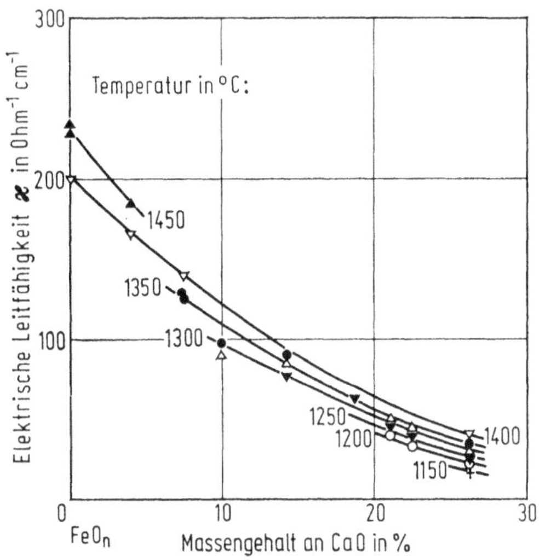

Bild 4.28. Elektrische Leitfähigkeit von FeO_n—CaO-Schmelzen in Abhängigkeit vom FeO_n-Gehalt nach E. A. Dancy und G. Derge [60] (Die Schmelzen befinden sich im Gleichgewicht mit festem Eisen)

werden [25, 60]. Bild 4.28 zeigt, daß die elektrische Leitfähigkeit mit steigenden CaO-Gehalten von 0 bis 27% um etwa eine Größenordnung abnimmt [60]. Gleichzeitig erhöht sich der Anteil der Ionenleitung von annähernd 0 auf 17% [60]. Dieses Ergebnis entstammt Elektrolyseversuchen, die im Eisentiegel mit einer zentrischen Eisenelektrode durchgeführt wurden.

4.2. Halogenidschmelzen

Halogenidschmelzen, insbesondere auf der Basis der elektrolytisch leitenden Alkali- und Erdalkalihalogenide, haben sich in der Schmelzflußelektrolyse zur elektrolytischen Darstellung und Raffination der Metalle Aluminium, Magnesium, Titan und Beryllium und der Seltenen Erdmetalle bewährt.

4.2.1. Alkalihalogenidschmelzen

Zur Messung der elektrischen Leitfähigkeit von Halogenidschmelzen ist, um merkliche Polarisationswiderstände an den Elektroden zu vermeiden, die Anwendung von Wechselstrom höherer Frequenzen notwendig. Im allgemeinen ist eine Meßfrequenz von 50 kHz ausreichend.

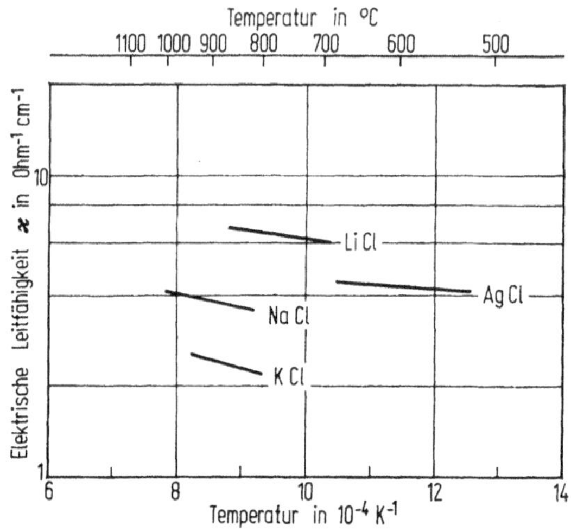

Bild 4.29. Elektrische Leitfähigkeit von geschmolzenem LiCl, AgCl, NaCl und KCl in Abhängigkeit von der reziproken Temperatur nach H. Winterhager und L. Werner [61]

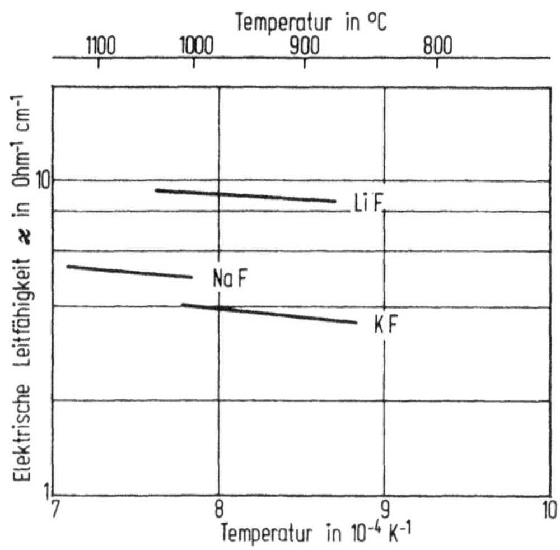

Bild 4.30. Elektrische Leitfähigkeit von geschmolzenem LiF, NaF und KF in Abhängigkeit von der reziproken Temperatur nach H. Winterhager und L. Werner [62]

Die Temperaturabhängigkeit der elektrischen Leitfähigkeit ist in Bild 4.29 für die geschmolzenen Chloride LiCl, NaCl, KCl und AgCl [61] und in Bild 4.30 für die geschmolzenen Fluoride LiF, NaF und KF [62] wiedergegeben. Die Leitfähigkeitswerte liegen bei 700 bis 1100 °C zwischen 2 und 9 $Ohm^{-1} \cdot cm^{-1}$. Sie nehmen von den Lithium- über die Natrium- zu den Kaliumhalogeniden hin ab. Daraus kann auf eine überwiegende Kationenleitfähigkeit dieser geschmolzenen Salze geschlossen werden, wobei dem relativ kleinen Li^+-Ion die höchste Beweglichkeit zukommt. Diese Tendenz ist auch aus den Aktivierungsenergien der Leitfähigkeit abzulesen, die äußerst geringe Beträge zwischen 0,05 und 0,1 eV aufweisen (Tabelle 4.13) [61, 62]. Der Wert von 0,088 eV für das Natriumchlorid z. B. stimmt mit Ergebnissen anderer Autoren [63, 64] recht gut überein.

Tabelle 4.13. Elektrische Leitfähigkeit geschmolzener Alkalihalogenide [61, 62]

Verbindung	Temperaturbereich °C	Elektrische Leitfähigkeit $\varkappa$ $Ohm^{-1} \cdot cm^{-1}$	$\varkappa$ bei 800 °C ¹) bzw. 1000 °C ²) $Ohm^{-1} \cdot cm^{-1}$
LiCl	688— 860	$11{,}5 \exp(-0{,}053/kT)$	6,5 ¹)
NaCl	814—1005	$9{,}16 \exp(-0{,}088/kT)$	3,5 ¹)
KCl	798— 940	$7{,}1 \exp(-0{,}107/kT)$	2,2 ¹)
LiF	875—1037	$15{,}4 \exp(-0{,}057/kT)$	9,1 ²)
NaF	1003—1138	$10{,}5 \exp(-0{,}082/kT)$	4,9 ²)
KF	859—1012	$9{,}96 \exp(-0{,}103/kT)$	4,0 ²)

Deutlich höhere Aktivierungsenergien in der Größenordnung von 0,35 eV ergaben sich dagegen aus Messungen der Selbstdiffusionskoeffizienten in NaF- und KF-Schmelzen mit Hilfe der radioaktiven Indikatoren Na^{22} bzw. K^{42} (Tabelle 4.14) [65]. Diese höheren Energiebeträge der Selbstdiffusion sind aufzubringen, wenn man annimmt, daß in den Schmelzen nicht nur freie

Tabelle 4.14. Selbstdiffusionskoeffizienten in Alkalifluoriden [65]

Verbindung	Indikator	Temperaturbereich °C	Selbstdiffusionskoeffizient D^* $cm^2 \cdot s^{-1}$	D^* bei 1000 °C $cm^2 \cdot s^{-1}$
NaF	Na^{22}	1022—1132	$3{,}08 \cdot 10^{-3} \exp(-0{,}38/kT)$	$9{,}85 \cdot 10^{-5}$
KF	K^{42}	870—1017	$2{,}46 \cdot 10^{-3} \exp(-0{,}33/kT)$	$1{,}3 \cdot 10^{-4}$

Kationen, sondern auch assoziierte Kationengruppen auftreten, die etwa dem Dissoziationsgleichgewicht

$$2NaF \rightleftharpoons Na^+ + NaF_2^- \tag{4.19}$$

entsprechen.

Die überwiegende Kationenleitfähigkeit in Alkalihalogenidschmelzen läßt sich auch durch Messungen der Überführungszahlen nachweisen. O. M. Shabanov und M. V. Smirnov [66] erhielten für NaCl bei 816 °C Werte von $t_{Na} = 0{,}62$ und $t_{Cl} = 0{,}38$.

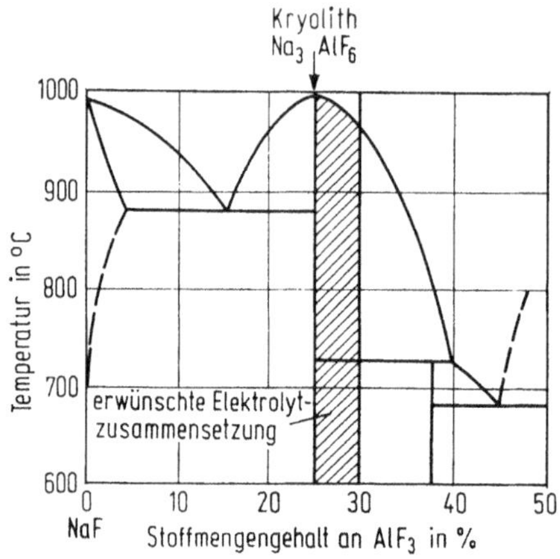

Bild 4.31. Phasendiagramm NaF—AlF_3 nach P. P. Fedotieff und W. P. Iljinsky [67]

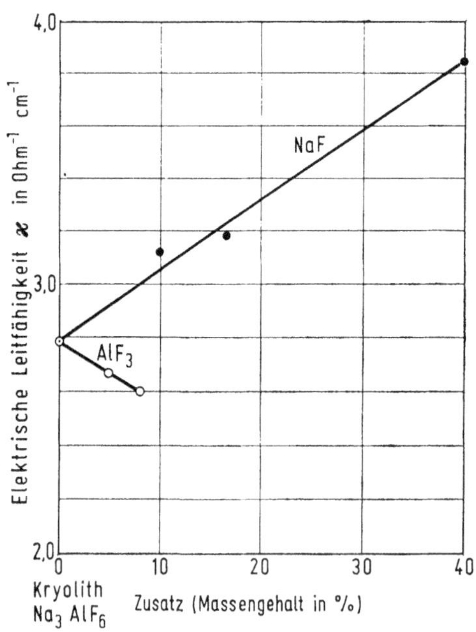

Bild 4.32. Einfluß eines NaF- bzw. AlF_3-Überschusses auf die elektrische Leitfähigkeit von schmelzflüssigem Kryolith Na_3AlF_6 bei 1000 °C nach J. D. Edwards u. a. [68]

Von wesentlicher Bedeutung für die technische Schmelzflußelektrolyse zur Gewinnung des Aluminiums sind Schmelzen auf der Basis $NaF-AlF_3$, die als Lösungsmittel für das Aluminiumoxid dienen. Wie im Phasendiagramm $NaF-AlF_3$ in Bild 4.31 [67] eingezeichnet, wird eine Schmelzzusammensetzung im Bereich der Verbindung Kryolith Na_3AlF_6 mit einem Überschuß an AlF_3 angestrebt. Die elektrische Leitfähigkeit von Schmelzen dieses Systems ist in Bild 4.32 wiedergegeben [68]. Die mit abnehmendem NaF-Gehalt sinkende Leitfähigkeit der Schmelzen läßt erkennen, daß auch hier den freien Alkaliionen die entscheidende Bedeutung für den Ladungstransport zukommt. Schmelzen der Zusammensetzung des Kryoliths können z. B. nach dem Schema

$$Na_3AlF_6 \rightleftharpoons 3\,Na^+ + AlF_6^{3-} \rightleftharpoons 3\,Na^+ + 3\,F^- + AlF_3 \qquad (4.20)$$

dissoziieren, wobei mit weiter sinkendem NaF-Gehalt steigende Anteile an neutralen AlF_3-Komplexen entstehen. Die relativ hohe Beweglichkeit des Natriums ergibt sich auch aus dem Vergleich der Selbstdiffusionskoeffizienten, die an $NaF-AlF_3$-Schmelzen mit Hilfe der radioaktiven Indikatoren Na^{22}, Al^{26} und F^{18} bestimmt wurden (Tabelle 4.15) [69, 70].

Tabelle 4.15. Selbstdiffusionskoeffizienten in $NaF-AlF_3$-Schmelzen [69, 70]

AlF_3-Gehalt mol-%	Indikator	Temperatur °C	Selbstdiffusionskoeffizient $D^* \cdot 10^5$ $cm^2 \cdot s^{-1}$
2	Al^{26}	1050	5,4
13,5	Na^{22}	1050	10,6
	Al^{26}	1050	7,4
	F^{18}	1050	7,6
25 (Kryolith)	Na^{22}	1050	9,4
	Al^{26}	1050	6,8
	F^{18}	1050	5,7
37,5	Na^{22}	950	8,0
	F^{18}	950	5,4

4.2.2. Erdalkalihalogenidschmelzen

Unter den Erdalkalihalogeniden ist die Bedeutung des Kalziumfluorides CaF_2 besonders hervorzuheben. Seine chemische Beständigkeit bei hohen Temperaturen (Schmelzpunkt um 1415 °C) sowie seine hohe Ionenleitfähigkeit [24, 25, 71] machen das Kalziumfluorid als Grundstoff für den Aufbau flüssiger Schlacken in *elektrometallurgischen* Schmelzverfahren interessant. Daten zur elektrischen Leitfähigkeit des CaF_2 bei 1450 bis 1550 °C sowie der Verbindungen

$CaCl_2$ und $BaCl_2$ bei 780 bis 1080 °C sind in Tabelle 4.16 und Bild 4.33 enthalten [62, 71].

Tabelle 4.16. Elektrische Leitfähigkeit geschmolzener Erdalkalihalogenide [62, 71]

Verbindung	Temperaturbereich °C	Elektrische Leitfähigkeit $\varkappa$ $Ohm^{-1} \cdot cm^{-1}$	$\varkappa$ bei 1000 °C [1]) bzw. 1500 °C [2]) $Ohm^{-1} \cdot cm^{-1}$
$CaCl_2$	785– 960	$11{,}6 \exp(-0{,}152/kT)$	2,85 [1])
$BaCl_2$	968–1084	$9{,}6 \exp(-0{,}24/kT)$	4,70 [1])
CaF_2	1450–1550	$22{,}2 \exp(-0{,}24/kT)$	4,70 [2])

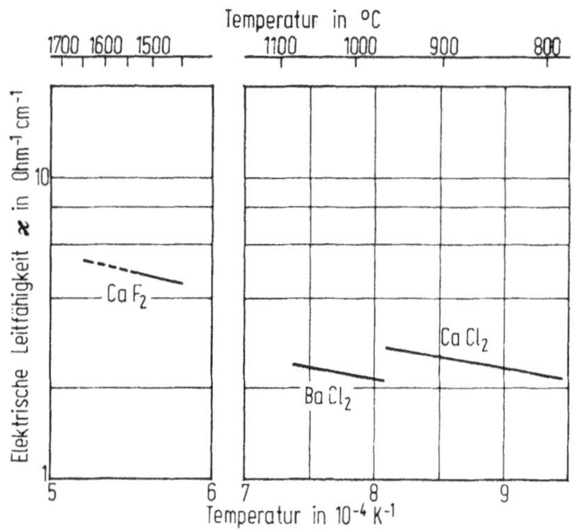

Bild 4.33. Elektrische Leitfähigkeit von geschmolzenem CaF_2 [71] sowie $CaCl_2$ und $BaCl_2$ [62] in Abhängigkeit von der reziproken Temperatur

4.2.3. Mischungen flüssiger Halogenide und Oxide

4.2.3.1. Schmelzelektrolyte für die Aluminiumelektrolyse

Als Basisschmelze bei der Aluminiumelektrolyse dient Kryolith Na_3AlF_6, dem dosierte Mengen an Aluminiumoxid zugesetzt werden. Messungen der elektrischen Leitfähigkeit solcher $NaF-AlF_3-Al_3O_3$-Schmelzen wurden von H. Winterhager und L. Werner [62] durchgeführt. Ihre Ergebnisse sind in Bild 4.34 als $\varkappa-T$-Geraden für unterschiedliche NaF-Gehalte zwischen 63,5 und 76,0 mol-% und konstante Al_2O_3-Gehalte um 1 mol-% dargestellt. Auch hier zeigt sich eine Erhöhung der Leitfähigkeit mit zunehmendem NaF/AlF_3-Verhältnis. Die Beweglichkeit der Natriumionen wird bei konstantem NaF/AlF_3-Verhältnis durch steigende Al_2O_3-Gehalte der Schmelzen herabgesetzt.

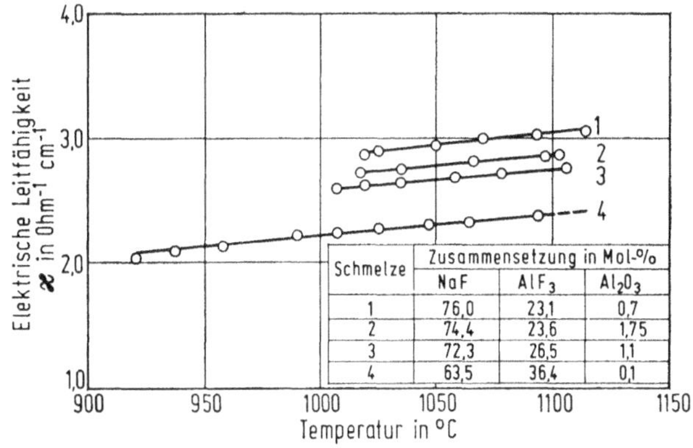

Bild 4.34. Temperaturabhängigkeit der elektrischen Leitfähigkeit von $NaF-AlF_3-Al_2O_3$-Schmelzen unterschiedlicher Zusammensetzung [62]

Dies zeigen Messungen der Selbstdiffusionskoeffizienten an Kryolithschmelzen (molares Verhältnis $NaF/AlF_3 = 1$) mit Al_2O_3-Gehalten zwischen 0 und 14% (Tabelle 4.17) [72].

Tabelle 4.17. Selbstdiffusionskoeffizienten in Na_3AlF_6-Schmelzen (Kryolith) mit Al_2O_3-Zusatz [72]

% Al_2O_3	Temperatur °C	Selbstdiffusionskoeffizienten $\times 10^5$ [$cm^2 \cdot s^{-1}$] $D^*_{Na^{22}}$	$D^*_{F^{18}}$
0	1034	8,99	5,70
0	1052	9,28	5,81
0	1065	9,87	6,10
12,0	1054	8,09	—
12,9	1052	7,73	3,81
14,0	1045	7,50	—

4.2.3.2. Elektroschlacken für das Umschmelzen von Sonderstählen

Das Elektroschlacke-Umschmelzverfahren (ESU) in offenen, wassergekühlten Kokillen hat sich in den letzten Jahren im Schmelzbetrieb zur Erzeugung hochwertiger Edelstähle durchgesetzt [73, 74]. Das Verfahren ist dadurch gekennzeichnet, daß der umzuschmelzende Block als selbstverzehrende Elektrode in eine Schlacke taucht, die beim Durchgang eines Stromes von der Elektrode zur Bodenplatte der Kokille erhitzt wird (Widerstandsbeheizung). Der an der Elektrodenspitze abschmelzende Stahl tropft durch die schmelzflüssige Schlacke, wobei gute Bedingungen für eine metallurgische Raffination gegeben sind, und bildet einen Sumpf. Die erstarrte Schlackenschicht am Blockrand isoliert den erstarrenden Block gegen die äußere Atmosphäre. Durch die Wahl günstiger Betriebsbedingungen ist es möglich, weitgehend seigerungsfreie und homogene Stahlblöcke von hoher Reinheit aufzubauen. Das Verfahren eignet sich auch für das Umschmelzen von Nichteisenmetallen [75].

Gut leitende Schlacken für das Elektroschlacke-Umschmelzverfahren (ESU) basieren auf Kalziumfluorid, dem vorzugsweise Kalziumoxid und Aluminiumoxid zugesetzt werden. Typische Schlackenzusammensetzungen sind in Tabelle 4.18 angegeben.

Tabelle 4.18. Typische Zusammensetzung von Elektroschlacken für das Umschmelzen von Sonderstählen nach dem ESU-Verfahren

% CaF_2	% Al_2O_3	% CaO	% MgO
95	—	5	—
65—75	—	25—35	—
60—70	30—40	—	—
65	30	5	—
20	40	25	15

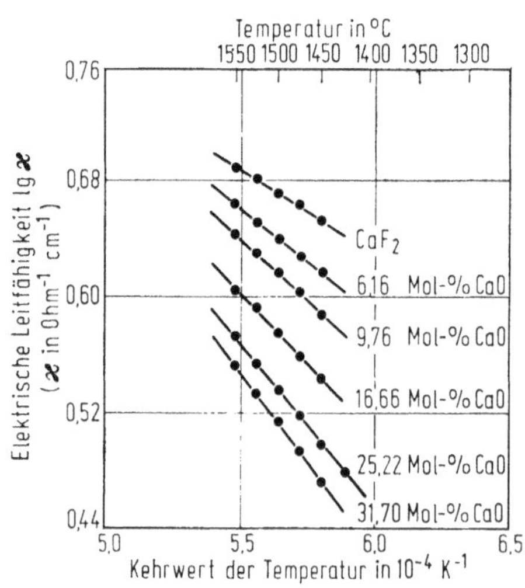

Bild 4.35. Elektrische Leitfähigkeit von CaF_2—CaO-Schmelzen in Abhängigkeit von der reziproken Temperatur nach H. Winterhager, R. Kammel und A. Gad [71]

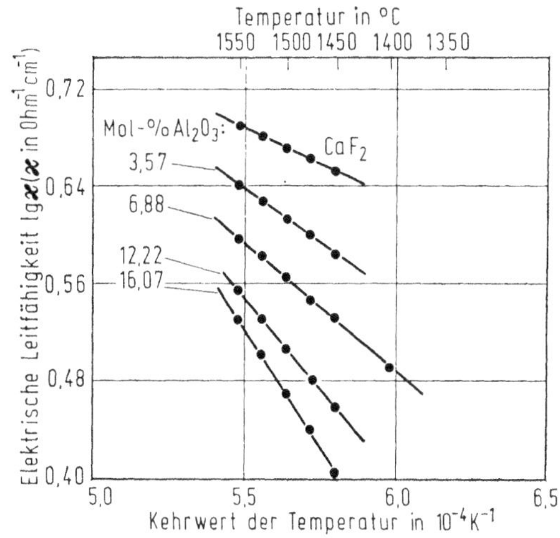

Bild 4.36. Elektrische Leitfähigkeit von $CaF_2-Al_2O_3$-Schmelzen in Abhängigkeit von der reziproken Temperatur nach H. Winterhager, R. Kammel und A. Gad [71]

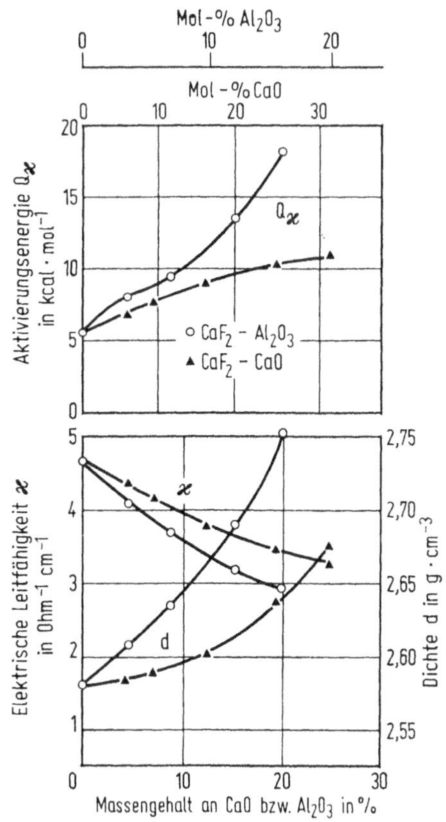

Bild 4.37. Elektrische Leitfähigkeit $\varkappa$, Aktivierungsenergie $Q_\varkappa$ und Dichte von CaF_2-CaO- bzw. $CaF_2-Al_2O_3$-Schmelzen in Abhängigkeit von deren Zusammensetzung bei 1500°C nach H. Winterhager, R. Kammel und A. Gad [71]

Systematische Untersuchungen der elektrischen Leitfähigkeit binärer CaF_2—CaO- und CaF_2—Al_2O_3-Schmelzen sowie ternärer CaF_2—CaO—Al_2O_3-Schmelzen wurden von H. Winterhager, R. Kammel und A. Gad [70] durchgeführt. Die Leitfähigkeit in Abhängigkeit von der Temperatur ist in Bild 4.35 für CaF_2-Schmelzen mit 0 bis 31,7 mol-% CaO-Zusatz und in Bild 4.36 für CaF_2-Schmelzen mit 0 bis 16 mol-% Al_2O_3-Zusatz wiedergegeben. Die Aktivierungsenergien der Leitfähigkeit erhöhen sich von 0,24 eV für reines CaF_2

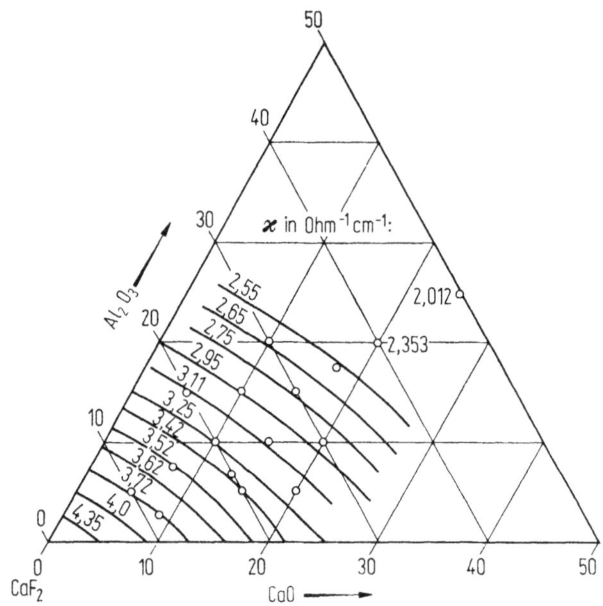

Bild 4.38. Linien gleicher elektrischer Leitfähigkeit bei 1500 °C im Teildiagramm CaF_2—CaO—Al_2O_3 nach H. Winterhager, R. Kammel und A. Gad [71]

auf 0,46 eV beim höchsten CaO-Zusatz bzw. auf 0,78 eV beim höchsten Al_2O_3-Zusatz. Die elektrische Leitfähigkeit der Schmelzen wird in beiden Fällen durch Al_2O_3-Zugaben stärker als durch CaO-Zugaben erniedrigt (Bild 4.37) [70]. Für diesen Befund wird folgende Erklärung gegeben: Reine CaF_2-Schmelzen sind weitgehend in freie Ca^{2+}- und F^--Ionen dissoziiert. Durch den Zusatz der stärker polarisierenden O^{2-}-Ionen (im Vergleich zu F^-) bzw. Al^{3+}-Ionen (im Vergleich zu Ca^{2+}) werden die Bindungskräfte zwischen Kationen und Anionen erhöht, woraus sich eine eingeschränkte Beweglichkeit der freien Ionen sowie eine Zunahme der Dichte der Schmelzen ergibt.

Meßergebnisse für ternäre CaF_2—CaO—Al_2O_3-Schmelzen sind in Bild 4.38 als Linien gleicher elektrischer Leitfähigkeit bei 1500 °C im ternären Zustandsschaubild dargestellt. Auch hier zeigt sich, daß die Zunahme der Oxidkonzentration der Schmelzen mit einer Abnahme der elektrischen Leitfähigkeit verbunden ist.

Mit Rücksicht auf schädliche Fluoremissionen ist es wünschenswert, den Kalziumfluorid-Gehalt von Elektroschlacken niedrig zu halten. Grundlegende Untersuchungen zur Entwicklung leistungsfähiger und zugleich „umweltfreundlicher" ESU-Schlacken ohne CaF_2-Zusatz stehen vorerst noch aus.

Literatur

1. Doelter, C.: Monatschr. 28 (1907) 1313.
2. Farup, F., Fleischer, W., Holtan, E.: Chem. und Industrie 12 (1924) 11.
3. Wejnarth, A.: Trans. Amer. Electrochem. Soc. 65 (1934) 177; 66 (1935) 329. Arch. Erzaufbereitung Metallhüttenw. 1 (1931) 191.
4. Aiken, R. H.: U. S. Patent 816142 (March 27, 1906).
5. Sauerwald, F., Neuendorff, G.: Z. Elektrochem. 31 (1925) 643; 34 (1928) 199; 38 (1932) 76.
6. Geller, W.: Z. Elektrochem. 46 (1940) 277.
7. Ruff, W.: Stahl u. Eisen 47 (1927) 1543.
8. Herasymenko, P.: Trans. Faraday Soc. 34 (1938) 1245.
9. Temkin, M.: Acta Phys. Chim. URSS 20 (1945) 411.
10. Samarin, A., Temkin, M., Schwarzman, L.: Acta Phys. Chim. URSS 20 (1945) 421.
11. Flood, H., Grjotheim, K.: J. Iron Steel Inst. 171 (1952) 64; Z. anorg. Chem. 276 (1954) 289.
12. Lux, H.: Z. Elektrochem. 45 (1939) 304; 52 (1948) 220 u. 52 (1948) 224.
13. Stegmaier, W., Dietzel, A.: Glastechn. Ber. 18 (1940) 297.
14. Fischer, W. A., Schäfer, R.: Arch. Eisenhüttenw. 24 (1953) 307 (siehe besonders Erörterung).
15. Frohberg, M. G.: Arch. Eisenhüttenw. 32 (1961) 597.
16. Frohberg, M. G.: Stahl u. Eisen 91 (1971) 182.
17. Endell, K., Hellbrügge, J.: Naturwiss. 30 (1942) 421.
18. Richardson, F. D.: In: The Physical Chemistry of Steelmaking. Ed.: J. F. Elliott, MIT (1958) 55.
19. Bockris, J. O. M., Mackenzie, J. D., Kitschener, J. A.: Trans. Faraday Soc. 51 (1955) 1734.
20. Ward, R.G.: An Introduction to the Physical Chemistry of Iron and Steelmaking. London. Arnold 1962.
21. Pauling, L.: The Nature of Chemical Bond, Ithaca, Cornell University Press 1960.
22. Gordy, W., Thomas, W. J. O.: J. Chem. Phys. 24 (1956) 439.
23. Wells, A. F.: Structural Inorganic Chemistry, Oxford: Clarendon Press 1950.
24. Fischer, W. A., vom Ende, H.: Arch. Eisenhüttenw. 21 (1950) 217.
25. Fischer, W. A., vom Ende, H.: Arch. Eisenhüttenw. 22 (1951) 417.
26. Bockris, J. O. M., Kitchener, J. A., Ignatowicz, S., Tomlinson, J. W.: Trans. Faraday Soc. 48 (1952) 75.
27. Bockris, J. O. M., Kitchener, J. A., Ignatowicz, S., Tomlinson, J. W.: Disc. Faraday Soc. 4 (1948) 265.
28. Fischer, W. A., Janke, D.: Arch. Eisenhüttenw. 37 (1966) 963.
29. Engell, H.-J., Vygen, P.: Ber. Bunsenges. phys. Chemie 72 (1968) 5.

30. Winterhager, H., Greiner, L., Kammel, R.: Köln—Opladen: Forschungsber. des Landes NRW Nr. 1630, 1966.
31. Kröger, C., Weisgerber, P.: Z. phys. Chem. NF 18 (1958) 90.
32. Bockris, J. O. M., Kitchener, J. A., Davies, A. E.: J. Chem. Phys. 19 (1951) 255.
33. Bockris, J. O. M., Kitchener, J. A., Davies, A. E.: Trans. Faraday Soc. 48 (1952) 536.
34. Gupta, Y. P., King, T. B.: Trans. Met. Soc. AIME 239 (1967) 1701.
35. Malkin, V. L., Khoklov, S. P., Schwarzman, L. A.: Radioisotopes in Physical Sciences and Industry. JAEA, Vienna 1962, p. 169.
36. Endell, K., Heidtkamp, G., Hax, L.: Arch. Eisenhüttenw. 10 (1936) 85.
37. Bockris, J. O. M., Mackenzie, J. D., Kitchener, J. A.: Trans. Faraday Soc. 51 (1955) 1734.
38. Majdic, A., Hennig, H.: Ber. Dt. Keram. Ges. 47 (1970) 53.
39. Bockris, J. O. M., Mellors, G. W.: J. Phys. Chem. 60 (1956) 1321.
40. Malkin, W. J., Chokhlov, S. F., Schwarzmann, L. A.: Inst. J. appl. Radiation and Isotopes 2 (1957) 19.
41. Kato, M., Minowa, S.: Trans. ISIJ 9 (1969) 39.
42. Kato, M., Minowa, S.: Trans. ISIJ 9 (1969) 47.
43. Towers, H., Paris, M., Chipman J.: J. Metals, Trans.AIME (1953) 1455.
44. Towers, H., Chipman, J.: J. Metals, Trans. AIME (1957) 769.
45. Saito, T., Maruya, K.: Sci. Rep. Res. Inst. Tohoku Univ., Ser. A, 10 (1958) 306.
46. Henderson, J., Yang, L., Derge, G.: Trans. Met. Soc. AIME 221 (1961) 56.
47. Koros, P. J., King, T. B.: Trans. Met. Soc. AIME 224 (1962) 299.
48. Wejnarth, A.: 65. Hauptvers. der American Electrochemical Society, 25. bis 28. 4. 1934, Asheville, N. C., s. auch: Stahl u. Eisen 54 (1934) 1266.
49. Björling, G.: The Conductivity of Some Molten Silicates on Fayalite Basis, Trans. of the Royal Institute of Technology, Stockholm, Sweden, Nr. 59, 1952.
50. Myslivec, Th., Černy, V.: Kovové Materiály 4 (1966) 95.
51. Bowen, N. L., Schairer, J. F.: Amer. J. Sci., 5th Ser., 24 (1942) 200.
52. Simnad, M. T., Derge, G., George, J.,: J. Metals, Trans. AIME (1954) 1386.
53. Yang, L., Chien, Ch.-Y., Derge, G.: J. Chem. Phys. 30 (1959) 1627.
54. Levin, E. M., Robbins, C. R., McMurdie, H. F.: Phase Diagrams for Ceramists, Columbus/Ohio: 1964, Fig. 586, S. 204.
55. Engell, H.-J.: Techn. Mitt. Krupp 24 (1966) 1.
56. Malkin, W. J., Schwarzman, L. A.: Dokl. Akad. Nauk SSSR 102 (1955) 961.
57. Esin, O. A., Teterin, G. A.: Dokl. Akad. Nauk SSSR 128 (1959) 567.
58. Mori, K., Matsushita, Y.: J. Iron Steel Inst. Japan 38 (1952) 283, 531.
59. Saito, T., Maruya, K.: Sci. Rep. Tohoku Univ., Ser. A, 10 (1958) 306.
60. Dancy, E. A., Derge, G.: Trans. Met. Soc. AIME 236 (1966) 1642.
61. Winterhager, H., Werner, L.: Köln—Opladen: Forschungsber. des Landes NRW Nr. 341, 1956.
62. Winterhager, H., Werner, L.: Köln—Opladen: Forschungsber. des Landes NRW Nr. 438, 1957.
63. Lee, E. K., Pearson, E. D.: Trans. Electrochem. Soc. 88 (1945) 171.
64. Kröger, C., Weisgerber, P.: Z. phys. Chem. NF 18 (1958) 90.
65. Grjotheim, K., Zuca, S.: Acta Chem. Scand. 2 (1968) 537.
66. Shabanov, O. M., Smirnow, M. V.: Trans. (Trudy) No 12 of the Institute of Electrochemistry, Urals Academy of Sciences.
Electrochemistry of Molten and Solid Electrolytes, Ed.: S. F. Palguev, Vol. 9, Consultants Bureau, New York, London, 1972, S. 16.
67. Fedotieff, P. P., Iljinsky, W. P.: Z. anorg. allg. Chem. 80 (1913) 117.

68. Edwards, J. D., Taylor, C. S., Cosgrove, L. A., Russel, A. S.: J. Electrochem. Soc. 100 (1953) 508.
69. Harari, D., Lantelme, F., Chemla, M.: J. Chim. Phys. Physicochim. Biol. 66, No. 7/8, (1969) 1286.
70. Harari, D., Lantelme, F., Chemla, M.: C. R. Acad. Sci. Paris, Ser. C, 270 (1970) 653.
71. Winterhager, H., Kammel, R., Gad, A.: Köln—Opladen: Forschungsber. des Landes NRW Nr. 2115, 1970.
72. Lantelme, F., Chemla, M.: C. R. Acad. Sci. Paris, Ser. C, 262 (1968) 281.
73. Holzgruber, W., Plöckinger, E.: Stahl u. Eisen 88 (1968) 638.
74. Kammel, R., Winterhager, H.: Erzmetall 21 (1968) 399.
75. Kammel, R., Winterhager, H.: Erzmetall 21 (1968) 471.

5. Zellen mit festen Oxidelektrolyten auf der Basis von Zirkonoxid und Thoriumoxid

5.1. Entwicklung der Sauerstoff-Festelektrolytzelle zur Messung in Metallschmelzen

Die ersten Versuche zur Entwicklung einer Sauerstoffmeßzelle mit einem hochtemperaturbeständigen Oxidelektrolyten wurden von W. A. Fischer und R. Schäfer [1, 2] durchgeführt. Die Verfasser wurden durch Beobachtungen beim Schmelzen von Eisen im Induktionsofen angeregt, wo zwischen der Tiegelzustellung aus Quarzsand, Korund oder Magnesia und der Schmelze

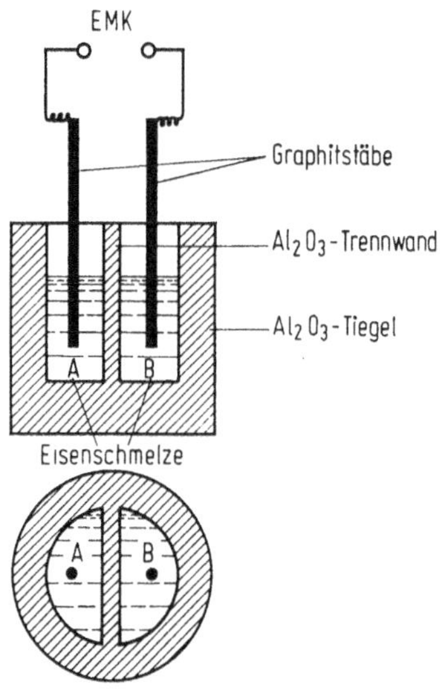

Bild 5.1. Zweigeteilte Festelektrolytzelle aus Aluminiumoxid nach W. A. Fischer und R. Schäfer [1, 2]

meßbare elektrische Spannungen auftraten. Sie nahmen an, daß diese sich aus einem galvanischen und einem thermoelektrischen Anteil zusammensetzten.

Zur Untersuchung des galvanischen Spannungsanteils wurde die in Bild 5.1 dargestellte Meßzelle erprobt [1]. Sie besteht aus einem Zweikammer-Tiegel aus Korund, einer an Kohlenstoff gesättigten Eisenschmelze I und einer Eisenschmelze II mit variierenden Kohlenstoffgehalten sowie ableitenden Graphitstäben, über die bei 1500 °C die Zellspannung gemessen wurde. Die

Zellspannung ist ein Maß für den Kohlenstoffgehalt der Schmelze II und damit gleichzeitig für deren Sauerstoffaktivität (Bild 5.2). Die theoretischen EMK-Werte für eine überwiegende Ionenleitung des Festelektrolyten wurden in dieser Anordnung, vermutlich wegen eines merklichen Elektronenleitungsanteils, jedoch nicht erreicht. Das verstärkte Interesse galt daher der Erprobung von

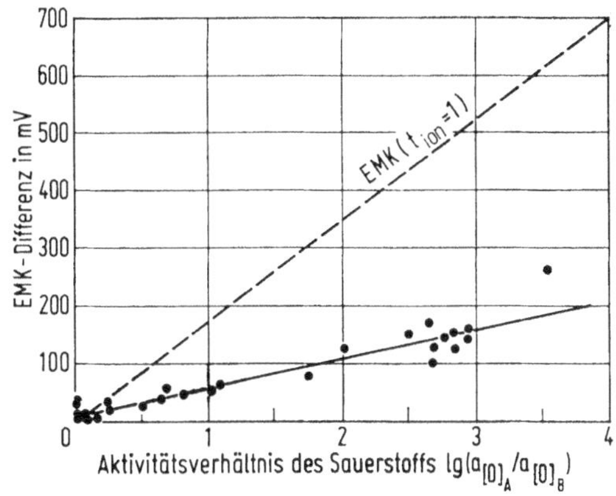

Bild 5.2. Zellspannung in Abhängigkeit vom Verhältnis der Sauerstoffaktivitäten in den Eisenschmelzen I und II nach W. A. Fischer und R. Schäfer [1, 2]

Festelektrolytzellen aus ZrO_2 mit CaO- und MgO-Stabilisierung, von denen eine überwiegende Sauerstoffionenleitung und damit eine korrekturfreie Sauerstoffpotentialmessung zu erwarten war. Ein Zitat aus einer Arbeit von W. A. Fischer und A. Hoffmann [3] verdeutlicht das angestrebte Ziel: „Eine Sauerstoffionenleitung im Temperaturbereich der Stahlschmelzen wäre metallurgisch bedeutsam, da in diesem Fall an eine unmittelbare elektrochemische Messung des Sauerstoffpotentials von Stahlschmelzen und Schlacken gedacht werden könnte. Aus diesem Grunde wurden die Untersuchungen — gemeint ist die Stabilität von feuerfesten Oxiden beim Eindringen von FeO_n aus einer Eisenschmelze — auf das Zirkonoxid ausgedehnt, da dieses beim Zusatz von zwei- oder dreiwertigen Oxiden durch Mischkristallbildung in eine kubische Fluoritphase mit Sauerstoffionen-Leerstellen übergehen kann."

Gleichzeitig beschäftigten sich C. Wagner [4, 5] und H.-H. Möbius [6, 7] mit der Erprobung galvanischer Festkörperzellen zur Messung thermodynamischer Gleichgewichtsdaten für Metall-Metalloxid- und Gasreaktionen im Bereich mittlerer Temperaturen zwischen 700 und 1100 °C. Beispielgebend für eine Vielzahl nachfolgender Untersuchungen wurde die Arbeit von K. Kiukkola und C. Wagner [4, 5], die die theoretischen Grundlagen zur Potentialbildung in Sauerstoffkonzentrationszellen darlegte, den Nachweis für eine überwiegende Ionenleitung in ZrO_2- und ThO_2-Mischoxiden erbrachte und die

Anwendbarkeit dieser Mischoxide in Festelektrolytzellen zur Messung der Bildungsenthalpien fester Metalloxide aufzeigte. Weiter gefördert wurde die Entwicklung der Sauerstoffmeßzellen durch die Untersuchungen von H.-H. Möbius [8, 9] und J. Weissbart und R. Ruka [10—12], die eine Anwendung von Festelektrolytzellen als Sauerstoffpotentialsonden in Gasen und als Brennstoffelemente anstrebten, sowie durch die Abhandlungen von H. Schmalzried [13, 14] zur Ionen- und Elektronenleitfähigkeit in festen Oxidelektrolyten.

Das Problem der Messung der Sauerstoffaktivität in hochschmelzenden Metallen gestaltete sich zunächst schwieriger. Die beträchtliche Temperaturwechselempfindlichkeit und die Porosität der gesinterten Festelektrolyte, aber auch Reaktionen zwischen dem in der Metallschmelze gelösten Sauerstoff und dem Festelektrolyten sowie der Mangel an geeigneten metallischen Ableitungen für die Schmelzen erschwerten die Entwicklung zuverlässig arbeitender Meßzellen. Während eine Reihe von Autoren sich auf Untersuchungen der Sauerstofflöslichkeit in niedrig schmelzenden Metallen wie Zinn und Blei [15, 16, 17] sowie Kupfer [18—20] beschränkte, ergaben Messungen in Eisenschmelzen mit ZrO_2—CaO- [21] und MgO-Elektrolyten [22—24] zunächst wenig ermutigende Resultate.

Einen entscheidenden Fortschritt brachte die von W. A. Fischer [25, 26] entwickelte Hochtemperaturmeßzelle zur Messung des Sauerstoffpotentials

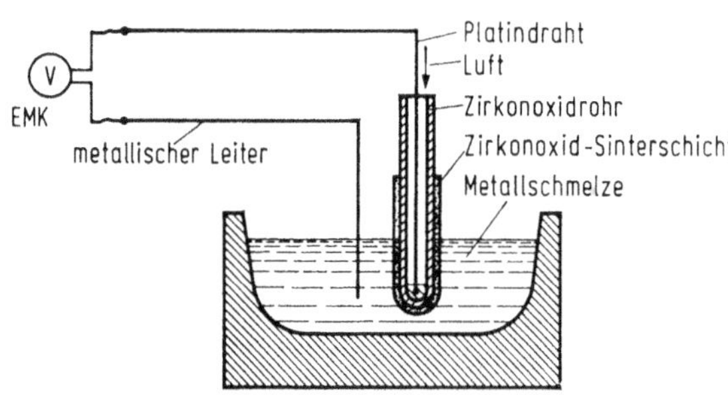

Bild 5.3. Prinzip der Messung der Sauerstoffaktivität in Eisenschmelzen mit Hilfe einer Festelektrolytzelle nach W. A. Fischer und W. Ackermann [25, 26]

in hochschmelzenden Metallen und heißen Gasen. Wesentliche Voraussetzungen für eine zuverlässige Messung in Metallschmelzen bei Temperaturen um 1600 °C wie die Verminderung der Temperaturwechselempfindlichkeit des CaO-stabilisierten Zirkonoxids und die Einführung einer inerten Bezugselektrode mit temperaturunabhängigem Sauerstoffpartialdruck wurden in dieser Zelle verwirklicht. Bild 5.3 zeigt schematisch den Aufbau der Sauerstoffkonzentrationszelle:

$$\text{PtRh}|\text{Luft}\,\|\,ZrO_2(\text{CaO})\,\|\,\text{sauerstoffhaltige Eisenschmelze}.$$

Das einseitig geschlossene, gasdichte Festelektrolytrohr aus ZrO_2 mit etwa 7% CaO + MgO wird mit dem Metall unmittelbar über dem Tiegel aufgeheizt und anschließend in das aufgeschmolzene Metall eingetaucht. Dabei erfolgt eine momentane Meßwertanzeige. Eine äußere Verkleidung aus einer porösen ZrO_2—CaO-Masse schützt das Elektrolytrohr gegen Temperaturwechselbeanspruchungen und gegen das frühzeitige Eindiffundieren von Metalloxiden aus der Schmelze. Die innere Bezugselektrode bildet ein am Boden des Rohres eingesinterter Platindraht, der von einem schwachen Luftstrom umspült wird. Die äußere Elektrode stellt die sauerstoffhaltige Metallschmelze dar, in die ein metallischer Leiter, z. B. ein Platin-Rhodium-Draht, kurzzeitig eintaucht. Die später verbesserte Ausführung mit einem fest in den Tiegelboden eingesinterten Metalldraht [27, 28, 29) erlaubte kontinuierliche Aufzeichnungen der Zellspannung. Zwischen der PtRh-Luft-Elektrode und der metallischen Ableitung der Schmelze wird im stromlosen Zustand mit einem hochohmigen Voltmeter eine EMK registriert, die ein unmittelbares Maß für die Aktivität des im Metall gelösten Sauerstoffs darstellt:

$$E = E^0 - \frac{RT}{2F} \ln \frac{a_O \text{ (Metallschmelze)}}{p_{O_2}^{1/2} \text{ (Luft)}} \tag{5.1}$$

$$E^0 = -\frac{\Delta G^0_{[O]}}{2F} \tag{5.2}$$

Eine zusätzliche Temperaturmessung wurde thermoelektrisch im Elektrolytrohr über ein PtRh 18-Thermoelement (Legierung 70% Pt / 30% Rh plus gegen 94% Pt / 6% Rh minus) durchgeführt, dessen Plusschenkel gleichzeitig als innerer Kontakt zur EMK-Messung diente.

Mit dieser Zelle gelangen auf Anhieb zuverlässige Messungen der Sauerstoffaktivität in Reineisenschmelzen über einen Zeitraum von mehreren Stunden. Bild 5.4 gibt die erste Eichkurve wieder, bei der die gemessenen Zellspannungen über dem Sauerstoffgehalt des Eisens aufgetragen sind, der an abgeschreckten Saugproben nach dem Heißextraktionsverfahren mit Argon-Trägergas analysiert wurde. Die in das Bild eingezeichnete Kurve für eine Temperatur von 1600 °C wurde mit der von N. Dastur und J. Chipman [30] angegebenen Freien Enthalpieänderung $\Delta G^0_{[O]} = -29000$ cal/g-Atom Sauerstoff und einem Aktivitätskoeffizienten $f_O = 1$ nach Gleichung (5.1) berechnet. Auf Abweichungen der Meßwerte von dieser Kurve im Bereich sehr niedriger und sehr hoher Sauerstoffgehalte wird an anderer Stelle eingegangen. Die Messung der Sauerstoffaktivität mit der beschriebenen Methode wurde mit Erfolg auf die Schmelzen anderer Metalle wie Kobalt, Nickel, Kupfer [31], Silber, Zinn und Blei [32] ausgedehnt.

Auch für die Messung des Sauerstoffpotentials in Mischgasen erwies sich die skizzierte Meßzelle als geeignet. So konnten mit der in Bild 5.5 dargestellten

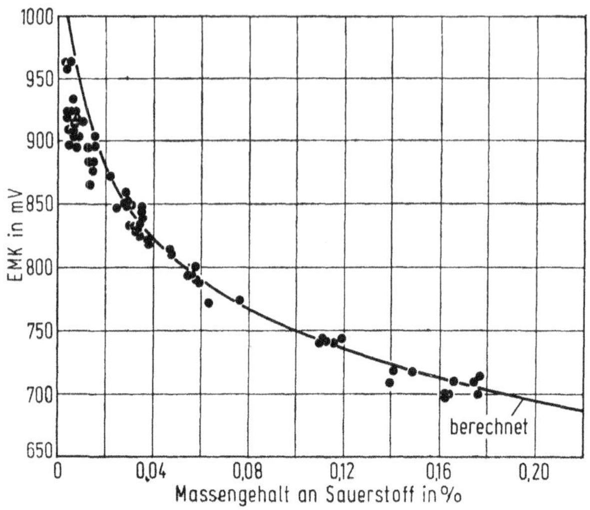

Bild 5.4. Erste Eichkurve zur elektrochemischen Messung des Sauerstoffgehaltes in Reineisenschmelzen bei 1600 °C (Referenzelektrode Pt/Luft) [25]

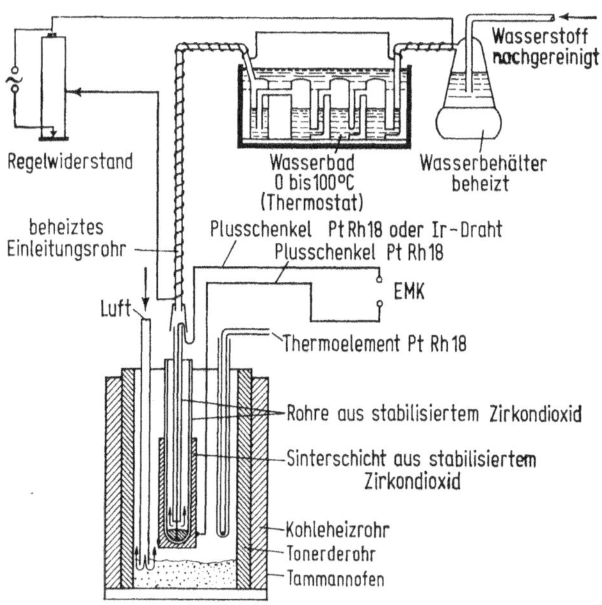

Bild 5.5. Anordnung zur EMK-Messung an der Zelle Pt|Luft‖ZrO_2(CaO)‖H_2O-H_2|Ir (schematisch) [33, 34]

Anordnung [33, 34]

$$PtRh|Luft \,\|\, ZrO_2(CaO) \,\|\, H_2O-H_2|Iridium$$

die Sauerstoffgleichgewichtsdrücke von H_2O-H_2-Gasmischungen in einem weiten Temperaturbereich zwischen 800 und 1750 °C elektrochemisch bestimmt werden (Bild 5.6) [34]. Auch hier treten bei hohen Temperaturen und niedrigen Sauerstoffdrücken negative Abweichungen der EMK-Meßwerte vom linearen Verlauf auf.

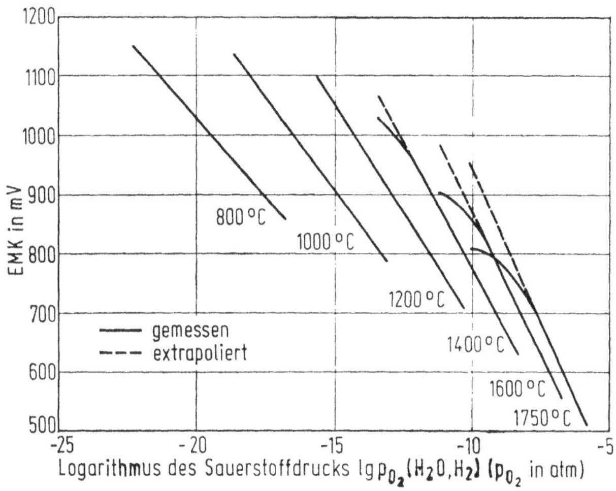

Bild 5.6. EMK der Zelle $Pt|Luft\|ZrO_2(CaO)\|H_2O-H_2|Ir$ in Abhängigkeit vom Sauerstoffpartialdruck im H_2O-H_2-Gasgemisch nach W. A. Fischer und D. Janke [34]

Der Weg zu einer erfolgreichen Anwendung von Festelektrolyt-Sauerstoffmeßzellen für den Bereich der bei hohen Temperaturen ablaufenden metallurgischen Reaktionen war damit aufgezeigt. Eine Vielzahl metallurgischer Arbeiten in den nachfolgenden Jahren hat diesen Weg beschritten und der Hochtemperatur-Sauerstoffzelle ein breites Spektrum von Anwendungsmöglichkeiten erschlossen.

5.2. Anwendung von Sauerstoff-Festelektrolytzellen in der Grundlagenforschung

5.2.1. Messung der Aktivität des Sauerstoffs in reinen Metallschmelzen

Gasförmiger Sauerstoff ist in den Schmelzen reiner Metalle in beträchtlichen Mengen löslich. Die Temperaturabhängigkeit der Sättigungsgehalte an Sauerstoff in verschiedenen Metallschmelzen ist aus Tabelle 5.1 zu ersehen [35—43].

Tabelle 5.1. Sättigungsgehalte an gelöstem Sauerstoff in verschiedenen Schmelzen

$\lg [\%\,O]_{\text{sätt.}} = A/T + B$	Temperaturbereich °C	$[\%\,O]_{\text{sätt.}}$ bei 1600 °C	Autoren
Eisenschmelzen			
$-6800/T + 3{,}12$	1550–1700	0,31	F. Körber, W. Oelsen (1932) [35]
$-6320/T + 2{,}734$	1550–1700	0,23	C. R. Taylor, J. Chipman (1943) [36]
$-6320/T + 2{,}734$	1550–1700	0,23	W. A. Fischer, H. vom Ende (1952) [37]
$-5762/T + 2{,}435$	1550–1700	0,23	N. A. Gokcen (1956) [38]
$-7214/T + 3{,}210$	1550–1700	0,23	V. V. Averin, A. Y. Polyakov, A. M. Samarin (1957) [39]
$-5909/T + 2{,}516$	1550–1700	0,23	E. S. Tankins, N. A. Gokcen, G. R. Belton (1964) [40]
$-6213/T + 2{,}695$	1550–1700	0,24	B. F. Belov, J. A. Novochatskij, Y. A. Lobanov (1967) [41]
Kobaltschmelzen			
$-9090/T + 4{,}208$	1510–1700	0,23	V. V. Averin, A. Y. Polyakov, A. M. Samarin (1957) [39]
$-10000/T + 4{,}777$	1550–1700	0,28	E. S. Tankins, N. A. Gokcen, G. R. Belton (1964) [40]
$-9470/T + 4{,}408$	1510–1700	0,22	B. F. Belov, J. A. Novochatskij, Y. A. Lobanov (1967) [41]
Nickelschmelzen			
$-10270/T + 5{,}40$	1450–1690	0,79	H. A. Wriedt, J. Chipman (1955) [42]
$-12830/T + 6{,}90$	1450–1700	1,10	J. E. Bowers (1961/62) [43]
$-10580/T + 5{,}433$	1500–1700	0,62	E. S. Tankins, N. A. Gokcen, G. R. Belton (1964) [40]
$-7750/T + 4{,}06$	1500–1700	0,82	B. F. Belov, J. A. Novochatskij, Y. A. Lobanov (1967) [41]

Bei vorgegebener Temperatur steigt der Sauerstoffpartialdruck in der Schmelze mit dem Quadrat der chemischen Aktivität des gelösten Sauerstoffs $a_O = f_O \cdot [\%O]$[1] entsprechend der Gleichgewichtsbeziehung

$$p_{O_2} = \frac{1}{K_{[O]}^2} \cdot a_O^2 \tag{5.3}$$

für die Reaktion

$$\frac{1}{2} O_{2\,\text{Gas}} \rightleftharpoons [O]_{\text{Metallschmelze}} \tag{5.4}$$

Dieser Zusammenhang wird in Bild 5.7 für Fe-, Co- und Ni-Schmelzen bei 1600 °C [31, 44], in Bild 5.8 für Kupfer- und Silberschmelzen [31, 32, 45] bei

[1] Bezugszustand der Sauerstoffaktivität: $\lim f_O = 1$; $\%\,O \to$ Null (Massengehalt in Prozent).

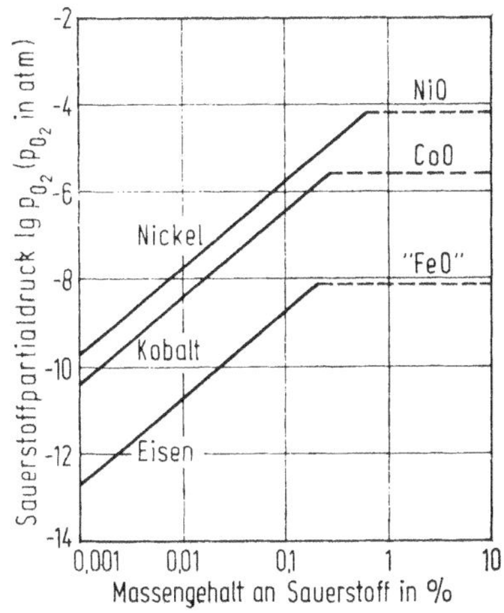

Bild 5.7. Sauerstoffpartialdruck und Sauerstofflöslichkeit in Eisen-, Kobalt- und Nickelschmelzen bei 1600 °C [31, 44]

1200 °C und in Bild 5.9 für Zinn- und Bleischmelzen [32] bei 800 °C in doppeltlogarithmischer Darstellung wiedergegeben:

$$\lg p_{O_2} = 2 \lg [\%O] - 2 \lg K_{[O]} \tag{5.5}$$

oder

$$\lg p_{O_2} = 2 \lg [\%O] + \frac{2\Delta G^{\circ}_{[O]}}{2.303RT} \tag{5.6}$$

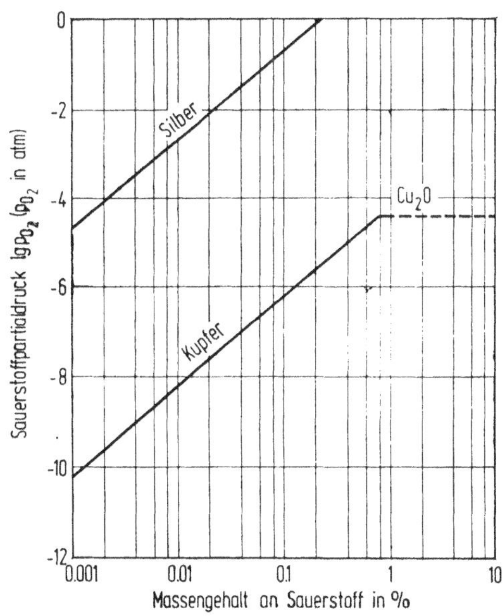

Bild 5.8. Sauerstoffpartialdruck und Sauerstofflöslichkeit in Kupfer- und Silberschmelzen bei 1200 °C [31, 32, 45]

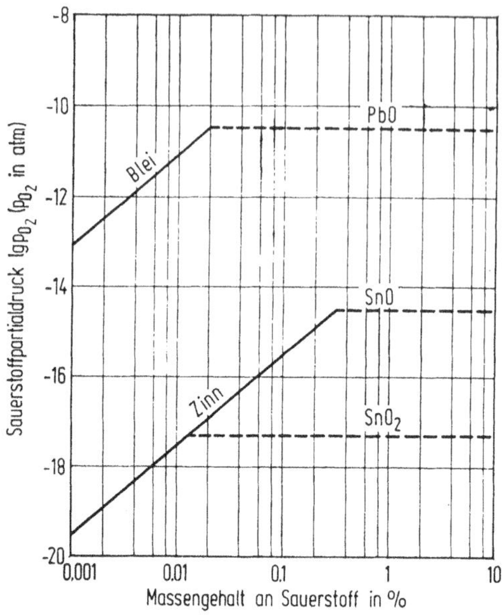

Bild 5.9. Sauerstoffpartialdruck und Sauerstofflöslichkeit in Zinn- und Bleischmelzen bei 800°C [32]

Als Berechnungsunterlagen für die in diesen Bildern dargestellten Geraden dienten Gleichgewichtskonstanten, die mit Hilfe von Festelektrolytzellen ermittelt wurden, wobei ein Aktivitätskoeffizient $f_O = 1$ vorausgesetzt wird. Der Sauerstoffpartialdruck reiner Eisenschmelzen bei 1600°C z. B. erhöht sich von etwa 10^{-13} atm bei 0,001%[O] auf etwa 10^{-8} atm bei 0,20%[O]. Demgegenüber ändert das flüssige Nickel seinen Sauerstoffpartialdruck von $10^{-9,7}$ atm bei 0,001%[O] auf $10^{-4,2}$ atm bei 0,6%[O]. Die unterschiedliche Sauerstoffaktivität in den verschiedenen Metallschmelzen ist dadurch gekennzeichnet, daß bei gleichem Sauerstoffgehalt das *edlere* Nickel den höheren Sauerstoffpartialdruck als das *unedlere* Eisen aufweist oder aber, daß bei gleichem Sauerstoffpartialdruck das unedlere Eisen eine größere Sauerstofflöslichkeit als das edlere Nickel zeigt.

Die Sauerstofflöslichkeit in den verschiedenen Metallschmelzen wird durch die Bildungsdrücke der Metalloxide begrenzt, die aus der Gleichgewichtsbeziehung

$$p_{O_2} = \frac{1}{K^2_{Me_xO_y}} \tag{5.7}$$

für die Reaktion

$$x\,\mathrm{Me}_{\text{flüssig}} + \frac{y}{2}\,\mathrm{O}_{2\,\text{Gas}} \rightleftharpoons \mathrm{Me}_x\mathrm{O}_{y\,\text{fest oder flüssig}} \tag{5.8}$$

resultieren und als gestrichelte Sättigungsgeraden in Bild 5.7 bis 5.9 eingezeichnet sind. So ergeben sich in den einzelnen Metallschmelzen folgende Sättigungsgehalte an Sauerstoff: a) 1600 °C Eisen 0,20%; Kobalt 0,26%; Nickel 0,60%; b) 1200 °C Kupfer 0,80%; c) 800 °C Zinn 0,012% für das Gleichgewicht mit SnO_2 bzw. 0,32% für das Gleichgewicht mit SnO; Blei 0,02%.

Zur elektrochemischen Bestimmung der Gleichgewichtskonstanten bzw. der Freien Reaktionsenthalpien der Reaktion (5.4) bieten sich zwei Verfahren an:

1. An der Festelektrolytzelle

(I) PtRh|Luft ‖ ZrO_2(CaO) ‖ sauerstoffhaltige Metallschmelze

ist die EMK bei festgelegter Temperatur linear vom logarithmisch aufgetragenen Sauerstoffgehalt der Metallschmelze abhängig. Dieser Zusammenhang wird in Bild 5.10 für Fe-, Co- und Ni-Schmelzen bei 1600 °C sowie in Bild 5.11 für Cu- und Ag-Schmelzen bei 1200 °C dargestellt und durch die folgenden Gleichungen beschrieben (E in Volt):

$$E = 0{,}571 - 0{,}186 \lg [\% \text{ O}] \text{ für Eisen bei } 1600\,°\text{C [28]} \quad (5.9)$$

$$E = 0{,}345 - 0{,}186 \lg [\% \text{ O}] \text{ für Kobalt bei } 1600\,°\text{C [31]} \quad (5.10)$$

$$E = 0{,}282 - 0{,}186 \lg [\% \text{ O}] \text{ für Nickel bei } 1600\,°\text{C [31]} \quad (5.11)$$

$$E = 0{,}258 - 0{,}146 \lg [\% \text{ O}] \text{ für Kupfer bei } 1200\,°\text{C [31]} \quad (5.12)$$

$$E = -0{,}133 - 0{,}146 \lg [\% \text{ O}] \text{ für Silber bei } 1200\,°\text{C [32]} \quad (5.13)$$

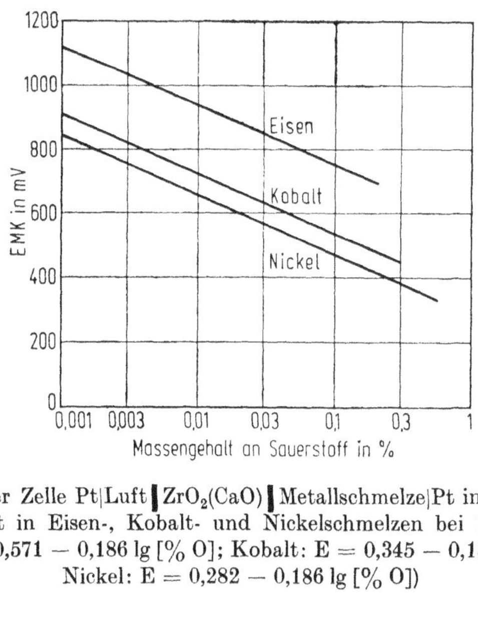

Bild 5.10. EMK der Zelle Pt|Luft ‖ ZrO_2(CaO) ‖ Metallschmelze|Pt in Abhängigkeit vom Sauerstoffgehalt in Eisen-, Kobalt- und Nickelschmelzen bei 1600 °C [28, 31] (Eisen: E = 0,571 – 0,186 lg [% O]; Kobalt: E = 0,345 – 0,186 lg [% O]; Nickel: E = 0,282 – 0,186 lg [% O])

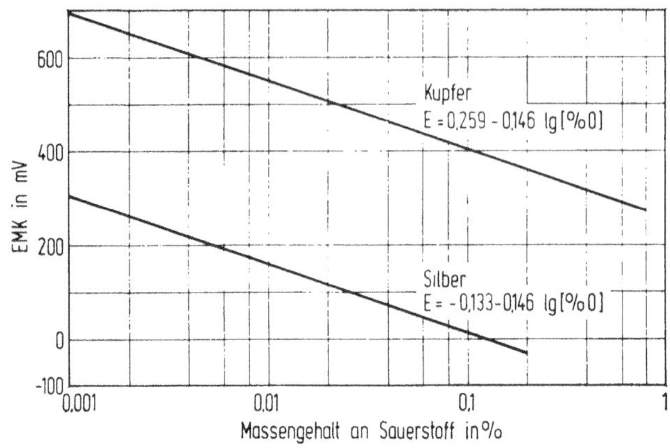

Bild 5.11. EMK der Zelle Pt|Luft|ZrO_2(CaO)|Metallschmelze|Pt in Abhängigkeit vom Sauerstoffgehalt in Kupfer- und Silberschmelzen bei 1200 °C [31, 32]

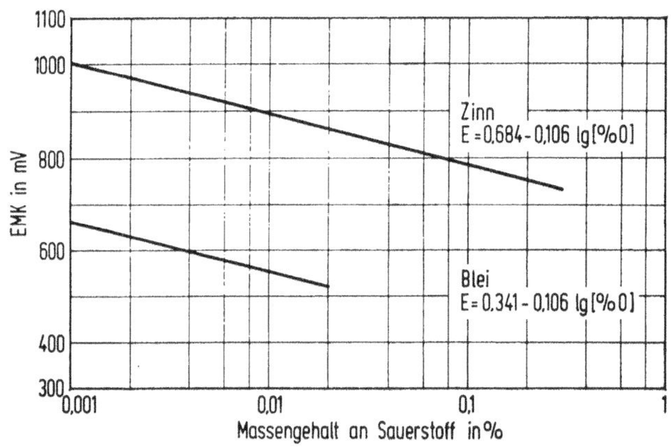

Bild 5.12. EMK der Zelle Pt|Luft|ZrO_2(CaO)|Metallschmelze|Pt in Abhängigkeit vom Sauerstoffgehalt in Zinn- und Bleischmelzen bei 800 °C [32]

Die entsprechenden Beziehungen für Zinn- und Bleischmelzen bei 800 °C lauten:

$$E = 0{,}684 - 0{,}106 \lg [\%\ O]\ \text{(Zinn)}\ [32] \tag{5.14}$$

$$E = 0{,}341 - 0{,}106 \lg [\%\ O]\ \text{(Blei)}\ [32] \tag{5.15}$$

Sie sind in Bild 5.12 dargestellt.

Aus der gemessenen EMK und den zugehörigen Sauerstoffgehalten von Schmelzproben kann bei vorgegebener Temperatur und $f_O = 1$ die Freie

Reaktionsenthalpie $\Delta G^\circ_{[O]}$ berechnet werden. In Tabelle 5.2 sind die auf diese Weise elektrochemisch bestimmten Temperaturfunktionen von $\Delta G^\circ_{[O]}$ für Eisen-, Kobalt-, Nickel-, Kupfer-, Silber-, Zinn- und Blei-Schmelzen zusammengestellt [28, 31, 32]. Die Voraussetzung $f_O = 1$ gilt auf Grund der vorliegenden Messungen bei Sauerstoffgehalten bis etwa 0,1% für Fe-, Co-, Ni- und Cu-Schmelzen. Neuere elektrochemische Untersuchungen von W. A.

Tabelle 5.2. Freie Reaktionsenthalpien $\Delta G^\circ_{[O]}$ für die Auflösung von gasförmigem Sauerstoff in Metallschmelzen [28, 31, 32]

1/2 O_2 (Gas) $\rightleftharpoons$ [O] (Metallschmelze)

Metall	$\Delta G^\circ_{[O]} = \Delta H^\circ_{[O]} - T\,\Delta S^\circ_{[O]}$ cal/g-Atom Sauerstoff	Temperaturbereich °C	$\Delta G^\circ_{[O]}$ bei T °C
Eisen	$-37700 + 4{,}85\,T$	1550–1750	−28620 [1])
Kobalt	$-23480 + 2{,}50\,T$	1510–1680	−18800 [1])
Nickel	$-23200 + 3{,}93\,T$	1470–1660	−15840 [1])
Kupfer	$-17500 + 2{,}22\,T$	1110–1420	−14230 [2])
Silber	$-2500 + 4{,}31\,T$	1000–1400	+3840 [2])
Zinn	$-46060 + 11{,}98\,T$	780–1180	−33200 [3])
Blei	$-26430 + 7{,}54\,T$	630–980	−17340 [3])

[1]) 1600°C; [2]) 1200°C; [3]) 800°C

Fischer und D. Janke [49] ergaben für die Abhängigkeit des Koeffizienten $\lg f_O$ vom Sauerstoffgehalt in Eisenschmelzen die Beziehung $\lg f_O = -0{,}30\,[\%\,O]$. Über Hilfsgasgleichgewichte fanden T. P. Floridis und J. Chipman [50] $\lg f_O = -0{,}20\,[\%\,O]$

2. An der Festelektrolytzelle

(II) $Ir|H_2O-H_2\,\|\,ZrO_2(CaO)\,\|$ sauerstoffhaltige Metallschmelze

kann durch Angleichung der Sauerstoffpartialdrücke in der H_2O-H_2-Gasphase und der Metallschmelze die Zellspannung Null eingestellt werden. Für die Zellspannung $E = 0$ ergibt sich nach Gleichung (5.1) und (5.2) die Freie Reaktionsenthalpie der Reaktion (5.4)

$$\Delta G^\circ_{[O]} = -RT \ln \frac{[\%\,O]_{\text{Schmelze}}}{p_{O_2}^{1/2}(H_2O-H_2)} \tag{5.16}$$

aus den Sauerstoffgehalten der Schmelzproben und den zugehörigen Sauerstoffpartialdrücken der H_2O-H_2-Gemische, die durch die jeweilige Wassertemperatur des Wasserdampf-Sättigers vorgegeben werden [33, 34]. Bild 5.13 veranschaulicht den Zusammenhang zwischen dem Sauerstoffpartialdruck und der Sauerstofflöslichkeit in Eisenschmelzen bei 1550 bis 1750°C [46].

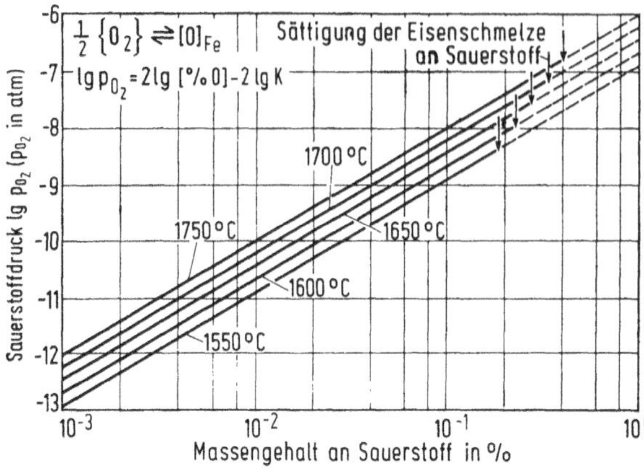

Bild 5.13. Sauerstoffpartialdruck und Sauerstofflöslichkeit in Eisenschmelzen bei 1550 bis 1750 °C [46]

5.2.2. Messung der Aktivität des Sauerstoffs in legierten Metallschmelzen

Die Aktivität des gelösten Sauerstoffs im Grundmetall Me wird bei gleichbleibender Temperatur durch die Menge und die Sauerstoffaffinität des zugesetzten Legierungsmetalls X beeinflußt.

Der Koeffizient der Sauerstoffaktivität in einer legierten Schmelze Me—O—X ist nach der von C. Wagner [51] angegebenen Taylor-Reihenentwicklung wie folgt zu formulieren:

$$\begin{aligned} \lg f_O = \lg f_O^\circ &+ \left[\frac{\partial \lg f_O}{\partial [\%\,O]}\right] \cdot [\%\,O] + \left[\frac{\partial \lg f_O}{\partial [\%\,X]}\right] \cdot [\%\,X] \\ &+ \frac{1}{2}\left[\frac{\partial^2 \lg f_O}{\partial [\%\,O]^2}\right] \cdot [\%\,O]^2 \\ &+ \left[\frac{\partial^2 \lg f_O}{\partial [\%\,O] \cdot \partial [\%\,X]}\right] \cdot [\%\,O] \cdot [\%\,X] \\ &+ \frac{1}{2}\left[\frac{\partial^2 \lg f_O}{\partial [\%\,X]^2}\right] \cdot [\%\,X]^2 + \cdots \end{aligned} \tag{5.17}$$

Hierin gelten alle Ableitungen des Aktivitätskoeffizienten $\lg f_O$ für die stark verdünnte Lösung.

In vereinfachten Ansätzen gilt für Me—O—X-Schmelzen bei geringen Gehalten an Legierungsmetall X

$$\lg f_O = \lg f_O^\circ + \left[\frac{\partial \lg f_O}{\partial [\%\,X]}\right] \cdot [\%\,X] \tag{5.18}$$

und für Me—O—X_1—X_2— ··· Schmelzen bei geringen Gehalten der Legierungsmetalle X_1, X_2, ...

$$\lg f_O = \lg f_O^\circ + \left[\frac{\partial \lg f_O}{\partial\,[\%\,X_1]}\right] \cdot [\%\,X_1] + \left[\frac{\partial \lg f_O}{\partial\,[\%\,X_2]}\right] \cdot [\%\,X_2] + \cdots \tag{5.19}$$

Mit der Einführung des konzentrationsunabhängigen *Wirkungsparameters* $e_O^X = \partial \lg f_O / \partial\,[\%\,X]$ erhält Gleichung (5.19) die Form

$$\lg f_O = \lg f_O^\circ + e_O^{X_1} \cdot [\%\,X_1] + e_O^{X_2} \cdot [\%\,X_2] + \cdots \tag{5.20}$$[1]

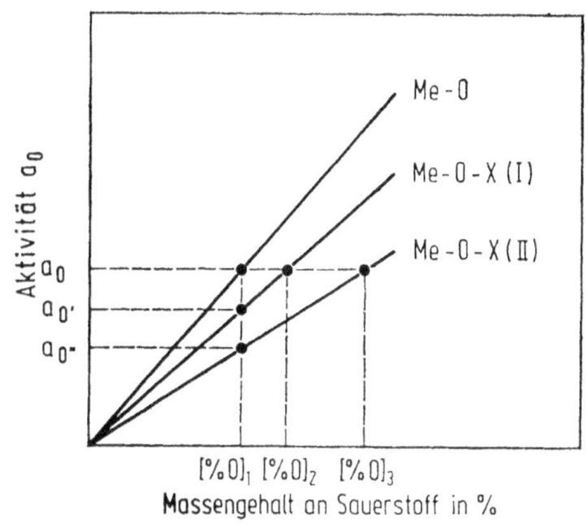

Bild 5.14. Einfluß sauerstoffaffiner Legierungsmetalle X auf Aktivität und Löslichkeit des Sauerstoffs in ternären Me—O—X-Schmelzen bei konstanter Temperatur und starker Verdünnung (schematisch)

Für ternäre Me—X—O-Schmelzen mit geringen Gehalten eines hochsauerstoffaffinen Legierungsmetalls X läßt sich dessen Einfluß auf die Sauerstoffaktivität mit Hilfe der schematischen Darstellung in Bild 5.14 wiedergeben. Der Einfluß zunehmender Gehalte an X kommt hierin bei konstantem Sauerstoffgehalt durch die von a_O nach a_O'' abnehmende Sauerstoffaktivität oder bei konstanter Sauerstoffaktivität durch eine Erhöhung der Sauerstofflöslichkeit von $[\%\,O]_1$ auf $[\%\,O]_3$ zum Ausdruck.

Die in ternären Me—X—O-Schmelzen mit einer Festelektrolytzelle meßbare EMK folgt der Gleichung

$$E = -\frac{\Delta G_{[O]}^\circ}{2F} - \frac{RT}{2F} \ln \frac{f_O^X \cdot [\%\,O]}{p_{O_2}^{1/2}\,(\text{Ref.})} \tag{5.21}$$

[1] Das Produkt $e_O^X \cdot [\%\,X] = \lg f_O^X$ wird im Schrifttum als Logarithmus des Wirkungskoeffizienten f_O^X bezeichnet.

wobei ein Wirkungskoeffizient $f_O^O = 1$ vorausgesetzt wird und die Größen $\Delta G^\circ_{[O]}$ und f_O^X je nach der Wahl des Grundmetalls und des Legierungsmetalls vertauschbar sind. Die in Gleichung (5.21) formulierte EMK ist ein Maß für die Aktivität des Sauerstoffs $a_O = f_O^X \cdot [\%\ O]$ in der ternären Me—O—X-Schmelze. Die EMK der Festelektrolytzelle wird durch Zusatzelemente, die die Sauerstoffaktivität der Metallschmelze erniedrigen, erhöht (und umgekehrt). Die Wirkungskoeffizienten f_O^X für die Beeinflussung der Sauerstoffaktivität durch das Element X lassen sich aus der Differenz der EMK-Meßwerte für die ternären Me—O—X-Schmelzen und die binären Me—O-Schmelzen gleichen Sauerstoffgehaltes bestimmen:

$$\lg f_O^X = \frac{2F(E_{\text{binär}} - E_{\text{ternär}})}{2.303RT} \tag{5.22}$$

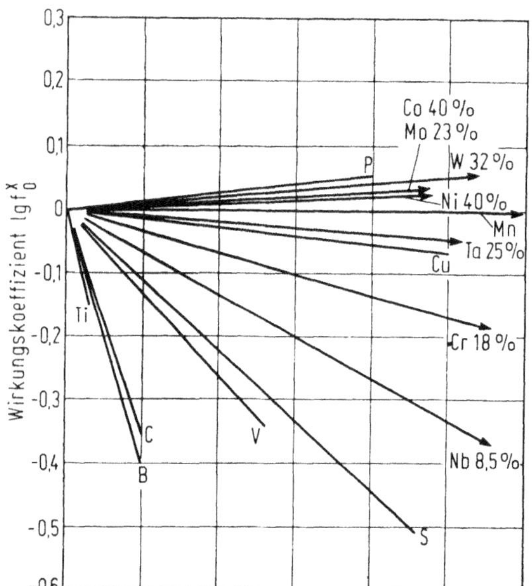

Bild 5.15. Elektrochemisch ermittelte Wirkungskoeffizienten f_O^X für den Einfluß verschiedener Legierungselemente X auf die Aktivität des in Eisenschmelzen gelösten Sauerstoffs nach W. A. Fischer und Mitarb. [26, 44, 47, 48, 49, 52, 60, 61]

Die Auftragung der $\lg f_O^X$-Werte über dem Gehalt des Legierungselementes X ergibt die gebräuchlichen, in verdünnten Lösungen konzentrationsunabhängigen Wirkungsparameter e_O^X.

In *Eisenschmelzen* bei Temperaturen um 1600 °C wurde eine Reihe solcher Wirkungsparamter e_O^X nach der beschriebenen Methode bestimmt. Bild 5.15

und Tabelle 5.3 geben eine Übersicht der Wirkungsparameter nach W. A. Fischer und Mitarbeitern [26, 44, 47, 48, 49, 52, 60, 61] für die Zusatzelemente C, P, S, Cr, V, Mn, Ti, B, Mo, W, Nb, Ta, Co, Ni und Cu. Sie werden ergänzt durch elektrochemische Bestimmungen von R. J. Fruehan [53—56] für die Elemente Cr, V, B, Ti und Al (Tabelle 5.4). Eine Einschränkung der EMK-Methode wie auch anderer Bestimmungsverfahren ist für stark desoxydierende Zusatzelemente anzumerken [49]. Zusätze von Si, Al, Zr oder Ce führen zwar

Tabelle 5.3. Elektrochemisch ermittelte Wirkungsparameter für den Einfluß von Legierungselementen auf die Aktivität des Sauerstoffs in Eisenschmelzen bei 1600 °C nach W. A. Fischer und Mitarbeitern

Legierungselement X	Wirkungsparameter e_O^X	gültig bis % X	Zitat
Phosphor	0,014	4	[26]
Wolfram	0,011	32	[52]
Molybdän	0,007	23	[52]
Kobalt	0,007	40	[48]
Nickel	0,006	40	[48]
Tantal	−0,009	25	[52]
Kupfer	−0,013	5	[44]
Mangan	−0,028	28	[49]
Chrom	−0,031	18	[48]
	−0,035	18	[60]
Niob	−0,066	8,5	[52]
Schwefel	−0,104	4,5	[61]
	−0,12	4,5	[26]
Vanadin	−0,13	2,5	[48, 60]
Kohlenstoff	−0,36	1	[47]
Bor	−0,40	1,2	[49]
Titan	−0,45	0,3	[49]

Tabelle 5.4. Elektrochemisch ermittelte Wirkungsparameter für den Einfluß von Legierungselementen auf die Aktivität des Sauerstoffs in Eisenschmelzen bei 1600 °C nach R. J. Fruehan [53—56]

Legierungselement X	Wirkungsparameter e_O^X	gültig bis % X
Chrom	−0,037	20
Vanadin	−0,14	5
Titan	−1,12	0,08
Bor	−2,6	0,15
Aluminium	−3,9	0,3

zu deutlich überhöhten Zellspannungen, die auf eine starke Aktivitätserniedrigung des Sauerstoffs hinweisen. Eine quantitative Auswertung solcher Messungen ist jedoch aus verschiedenen Gründen fragwürdig:

a) Bei Zusätzen von Al, Zr oder Ce treten Sauerstoffgleichgewichtsgehalte unter 0,001% auf. Die Analyse dieser geringen Gehalte nach den herkömmlichen Verfahren ist jedoch mit so großen Unsicherheiten behaftet, daß in einem Bereich, in dem kleinste Änderungen des Sauerstoffgehaltes erhebliche EMK-Änderungen bewirken, eine sichere Zuordnung der gemessenen EMK und der Gehalte des analysierten Sauerstoffs nicht mehr gewährleistet ist.

b) In silizium- [29] und aluminiumhaltigen [57] Eisenschmelzen treten Übersättigungen an Desoxydationsmetall auf, die zur Berechnung scheinbar größerer Wirkungskoeffizienten f_O^X führen.

c) In der Eisenschmelze gelöste Desoxydationsmetalle wie Zirkon oder Cer [58] bewirken eine Reduktion der üblichen Tiegelwerkstoffe oder deren Beimengungen und somit eine unerwünschte Verunreinigung der Schmelze.

d) Eine überwiegende Ionenleitung der ZrO_2—CaO-Festeleketrolyte ist bei den extrem niedrigen Sauerstoffpotentialen Al-, Zr- oder Ce-haltiger Eisenschmelzen bisher nicht durch Versuche abgesichert.

Auch in den ternären Schmelzen von *Nichteisenmetallen* wurde die Beein-

Tabelle 5.5. Elektrochemisch ermittelte Wirkungsparameter für den Einfluß von Legierungselementen auf die Aktivität des Sauerstoffs in Kobalt-, Nickel- und Kupferschmelzen

Grundmetall	Legierungs-element X	Wirkungs-parameter e_O^X	gültig bis % X	Temperatur °C	Verfasser
Kobalt	Nickel	0,002	30	1600	[44]
	Kupfer	−0,009	4	1600	[59]
	Eisen	−0,015	50	1600	[44]
	Chrom	−0,070	16	1600	[60]
	Schwefel	−0,133	5	1600	[61]
	Vanadin	−0,26	2,4	1600	[60]
Nickel	Kobalt	−0,004	55	1600	[44]
	Kupfer	−0,008	3	1600	[59]
	Eisen	−0,025	25	1600	[44]
	Schwefel	−0,089	5	1600	[61]
Kupfer	Nickel	0,037	20	1200	[62]
		−0,035	3	1600	[59]
	Silber	0,033	10	1200	[62]
		0,013	50	1135	[63]
	Gold	0,032	15	1200	[62]
	Platin	0,030	20	1200	[62]
	Zinn	−0,022	60	1135	[63]
	Kobalt	−0,15	2	1600	[59]
	Eisen	−0,27	3	1600	[44]

flussung der Sauerstoffaktivität durch Zusatzelemente elektrochemisch untersucht. In Tabelle 5.5 sind einige Wirkungsparameter e_O^X für Kobalt-, Nickel-, Kupfer- und Silber-Basisschmelzen zusammengestellt [44, 59–63].

Diese Parameter geben die Abhängigkeit $\lg f_O$ von [% O] nur in einem eingeschränkten Konzentrationsbereich wieder. EMK-Messungen an Cu–O–P-Schmelzen bei Temperaturen von 1150 und 1600 °C und Phosphorgehalten bis 2% ergaben, daß die Abhängigkeit $\lg f_O$ von [% O] hier durch ein Polynom höheren Grades beschrieben wird (Bild 5.16) [64]. Die im Versuch ermittelten Kurven folgen den Beziehungen

$$\lg f_O = -5{,}91\,[\%\,P] + 10{,}34\,[\%\,P]^2 - 6{,}80\,[\%\,P]^3 + 1{,}48\,[\%\,P]^4 \text{ (für 1150 °C)} \tag{5.23}$$

$$\lg f_O = -2{,}48\,[\%\,P] + 3{,}71\,[\%\,P]^2 - 2{,}01\,[\%\,P]^3 + 0{,}36\,[\%\,P]^4 \text{ (für 1600 °C)}. \tag{5.24}$$

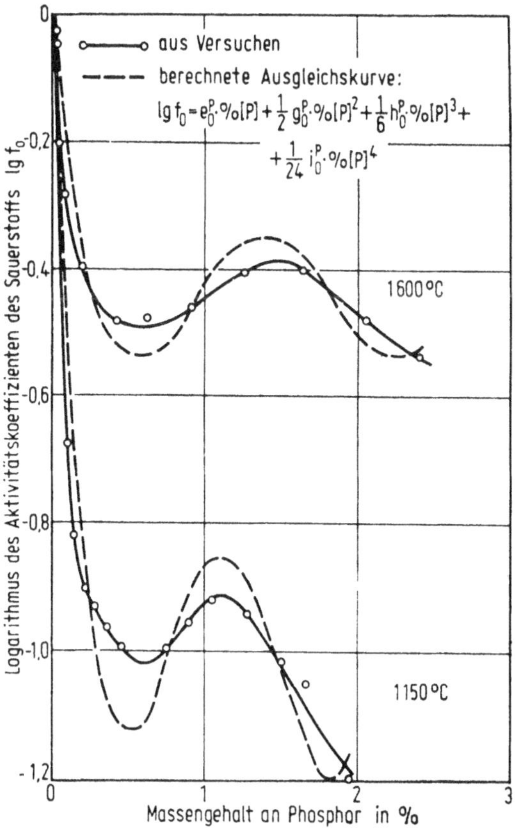

Bild 5.16. Aktivitätskoeffizient des Sauerstoffs in Abhängigkeit vom Phosphorgehalt in Kupferschmelzen [64]

Mit der Vereinfachung, daß alle Ableitungen des Aktivitätskoeffizienten $\partial \lg f_O / \partial [\%\, O]$ gleich Null sind, folgt andererseits aus der Taylor-Reihe Gleichung (5.17) für den Aktivitätskoeffizienten $\lg f_O$ in Cu—O—P-Schmelzen die Beziehung:

$$\lg f_O = \left[\frac{\partial \lg f_O}{\partial [\%\, P]}\right] [\%\, P] + \frac{1}{2!}\left[\frac{\partial^2 \lg f_O}{\partial [\%\, P]^2}\right] [\%\, P]^2$$

$$+ \frac{1}{3!}\left[\frac{\partial^3 \lg f_O}{\partial [\%\, P]^3}\right] [\%\, P]^3 + \frac{1}{4!}\left[\frac{\partial^4 \lg f_O}{\partial [\%\, P]^4}\right] [\%\, P]^4 \qquad (5.25)$$

Ein Vergleich der rechnerisch ermittelten Beziehungen (5.23) und (5.24) mit dieser Potenzreihe ergibt die Wirkungsparameter höherer Ordnung $\partial^n \lg f_O / \partial [\%\, P]^n$ für $n = 1, 2, 3, 4$, die den Zusammenhang zwischen $\lg f_O$ und dem Phosphorgehalt beschreiben.

In mehrfach legierten Metallschmelzen $Me—O—X_1—X_2— \cdots$ ist eine Berechnung der Sauerstoffaktivität über den vereinfachten Ansatz (5.20) nicht ohne weiteres zulässig. EMK-Messungen mit Festelektrolytzellen in Fe—O—V—Cr- und Co—O—V—Cr-Schmelzen bei 1600 °C [60] liefern die experimentelle Bestätigung dafür, daß bei Chromgehalten bis 20% und Vanadingehalten bis 3% auch eine Wechselwirkung der gelösten Elemente Chrom und Vanadin in Rechnung zu stellen ist. So ergibt sich für den Wirkungsparameter e_O^V in Fe—O—V—Schmelzen ein Wert von —0,13, in Fe—O—V—Cr-Schmelzen mit 17% Chrom dagegen ein Wert von —0,064.

Aus den EMK-Meßwerten einer Sauerstoffkonzentrationszelle können ebenfalls die integralen Freien Enthalpien

$$\Delta G_{[O]} = \Delta G^\circ_{[O]} + RT \ln f_O^X \qquad (5.26)$$

und die integralen Freien Mischungsenthalpien

$$\Delta G_O^M = \Delta G_{[O]} - [x_{Me} \cdot \Delta G^\circ_{[O]} \text{ (in Me)} - x_X \cdot \Delta G^\circ_{[O]} \text{ (in X)}] \qquad (5.27)$$

für die Auflösung des Sauerstoffs in ternären Me—O—X-Schmelzen berechnet werden. Ein Beispiel solcher Auswertungen zeigt Bild 5.17 für Fe—O—Co-, Fe—O—Ni- und Fe—O—Cu-Schmelzen bei 1600 °C [44].

Aus der Temperaturabhängigkeit der elektrochemisch ermittelten $\Delta G_{[O]}$-Werte läßt sich schließlich auch die Enthalpieänderung

$$\Delta H_{[O]} = \frac{d(\Delta G_{[O]}/T)}{d(1/T)} = -R \frac{d \ln K_{[O]}}{d(1/T)} \qquad (5.28)$$

und die Entropieänderung

$$\Delta S_{[O]} = -\frac{d\Delta G_{[O]}}{dT} \tag{5.29}$$

der Sauerstoffauflösung in ternären Metallschmelzen bestimmen. Bild 5.18 zeigt den Verlauf der Enthalpieänderung $\Delta H_{[O]}$ und der Entropieänderung $\Delta S_{[O]}$ im System Eisen-Nickel bei 1450 bis 1750 °C [44].

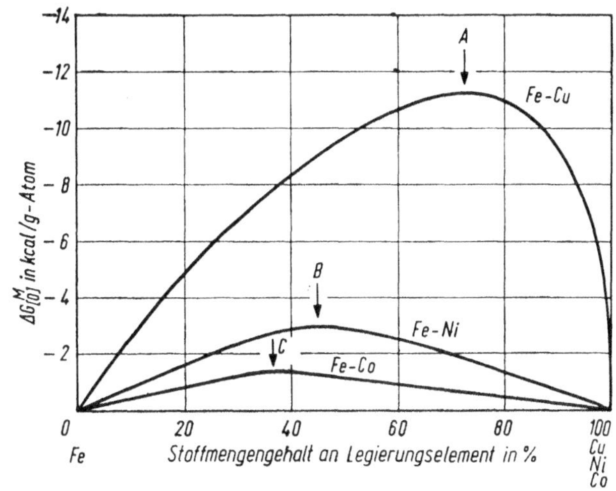

Bild 5.17. Integrale Freie Mischungsenthalpien für die Auflösung von Sauerstoff in Fe—Co-, Fe—Ni- und Fe—Cu-Schmelzen bei 1600 °C [44]

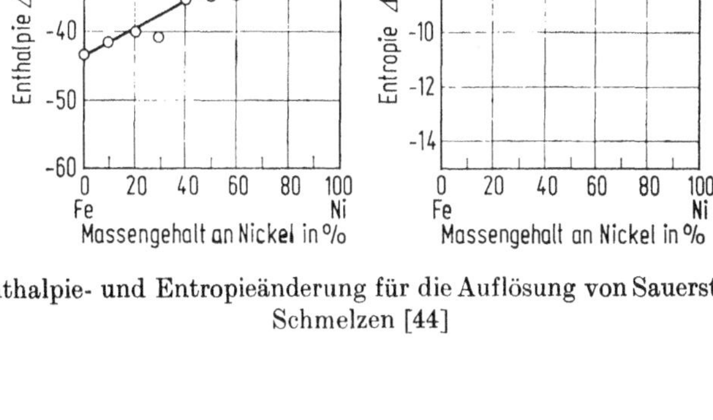

Bild 5.18. Enthalpie- und Entropieänderung für die Auflösung von Sauerstoff in Fe—Ni-Schmelzen [44]

5.2.3. Messung der Aktivität metallischer Komponenten in Metallschmelzen

Mit Hilfe einer Sauerstoff-Festelektrolytzelle kann in ternären Me—O—X-Schmelzen auch die Aktivität des zugesetzten Elements X ermittelt werden. Die Methode sei am Beispiel der Untersuchungen von C. R. Cavanaugh und J. F. Elliott [17] an Ni—O—Pb-Schmelzen erläutert. Benutzt wurde die Zelle

Ni_{fest}, NiO_{fest} | $ZrO_2(CaO)$ | Ni—O—Pb-Schmelze, NiO_{fest} zwischen 700 und

1100 °C. Die EMK dieser Zelle folgt der Beziehung

$$E = \frac{2{,}303RT}{4F}\,[\lg p_{O_2}(\text{Ni—Pb-Schmelze}) - \lg p_{O_2}(\text{Ni, fest})] \tag{5.30}$$

Für den Sauerstoffpartialdruck der festen Bezugselektrode gilt

$$\lg p_{O_2}(\text{Ni}) = -2 \lg K_{NiO} - 2 \lg a_{Ni} \tag{5.31}$$

entsprechend der Reaktion

$$\text{Ni}_{fest} + \frac{1}{2}\,O_2 \rightleftharpoons \text{NiO}_{fest} \tag{5.32}$$

und für den Sauerstoffdruck der Schmelze

$$\lg p_{O_2}(\text{Ni—Pb}) = -2 \lg K_{NiO} - 2 \lg a_{Ni(Pb)} \tag{5.33}$$

entsprechend der Reaktion

$$[\text{Ni}]_{Schmelze} + \frac{1}{2}\,O_2 \rightleftharpoons \text{NiO}_{fest} \tag{5.34}$$

Mit $a_{Ni} = 1$ ergibt sich aus den Gleichungen (5.31) und (5.33) für die EMK der Ausdruck

$$E = \frac{2{,}303RT}{2F} \lg a_{Ni} \tag{5.35}$$

und für die Aktivität des Nickels in der Ni—O—Pb-Schmelze

$$\lg a_{Ni} = -\frac{2FE}{2{,}303RT}. \tag{5.36}$$

In Bild 5.19 sind die nach dem beschriebenen Verfahren ermittelten Nickelaktivitäten in Ni—Pb-Schmelzen für verschiedene Temperaturen in Abhängigkeit vom Nickelgehalt dargestellt [17].

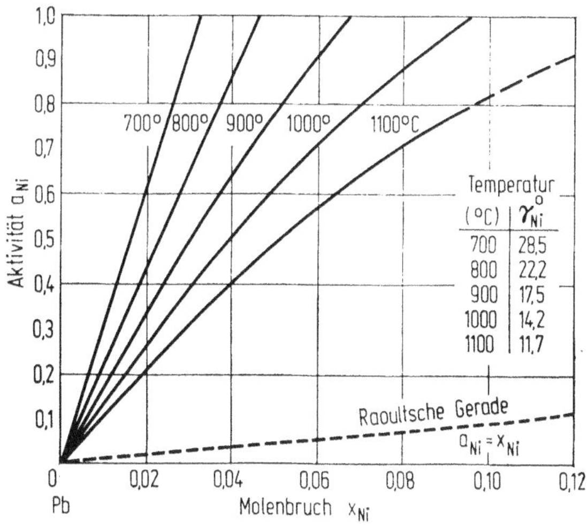

Bild 5.19. Aktivität des Nickels in Pb—Ni-Schmelzen bei 700 bis 1100 °C nach C. R. Cavanaugh und J. F. Elliott [17] (Bezugszustand reines festes Nickel)

Weitere elektrochemische Bestimmungen dieser Art wurden ausgeführt für

a) die Aktivität des Zinns in Sn—Pb-Schmelzen an der Zelle Sn_{fl}, SnO_{2f} | $ZrO_2(CaO)$ | Sn—Pb_{fl}, SnO_{2f} bei 700 bis 900 °C [65] (Bild 5.20);

b) die Aktivität des Zinks in Cu—Zn-Schmelzen an der Zelle Ni_f, NiO_f | $ZrO_2(CaO)$ | Zn—Cu_{fl}, ZnO_{fl} bei 995 °C [66];

c) die Aktivität des Kupfers in festen Cu—Au-Legierungen an der Zelle Cu_f, Cu_2O_f | $ZrO_2(CaO)$ | Cu—Au_f, Cu_2O_f bei 720 bis 920 °C [67];

d) die Aktivität des Eisens in Sn—Fe-Schmelzen an der Zelle Fe_f, FeO_f | $ZrO_2(CaO)$ | Sn—Fe_{fl}, FeO_f bei 900 bis 1350 °C [68];

e) die Aktivität des Siliziums in Fe—Si-Schmelzen an der Zelle Cr_f, Cr_2O_{3f} | $ThO_2(Y_2O_3)$ | Fe—Si_{fl}, SiO_{2f} bei 1500 bis 1600 °C [69];

f) die Aktivität des Chroms in Fe—Cr-Schmelzen an der Zelle Cr_f, Cr_2O_{3f} | $ZrO_2(CaO)$ | Fe—Cr_{fl}, Cr_2O_{3f} bei 1600 °C [56] (Bild 5.21) und in Ni—Cr-Schmelzen an der Zelle Cr_f, Cr_2O_{3f} | $ZrO_2(CaO)$ | Ni—Cr_{fl}, Cr_2O_{3f} bei 1600 °C [55].

Wie die angegebenen Beispiele b) und e) zeigen, muß bei der Wahl der Bezugselektrode nicht auf das gleiche Metall wie in der Me—X-Schmelze zurückgegriffen werden. Die Bezugselektrode kann auch durch eine Gasphase bekannten Sauerstoffpartialdruckes mit einer Edelmetallableitung oder durch eine Metallschmelze mit einer definierten Sauerstoffaktivität ersetzt werden.

Die Metalloxid-Gleichgewichtsphase XO zur Me—X-Schmelze ist im Fall von Cu—Zn-Schmelzen bereits bei kleinsten Sauerstoffgehalten durch die

Bildung von ZnO in der Schmelze gegeben [66]. Sie wird in Schmelzen der Metalle Me und X, deren Sauerstoffaffinitäten weniger stark voneinander verschieden sind, durch die Benutzung von Tiegeln aus dem Oxid XO, z. B. SiO_2-Tiegel für Fe—Si-Schmelzen [69], durch die Zugabe von Oxidpulver, z. B. MnO zu Fe—Mn-Schmelzen [70] oder durch die Einstellung von Sauerstoffsättigungsgehalten, z. B. in Fe—Cr-Schmelzen [56] gewährleistet.

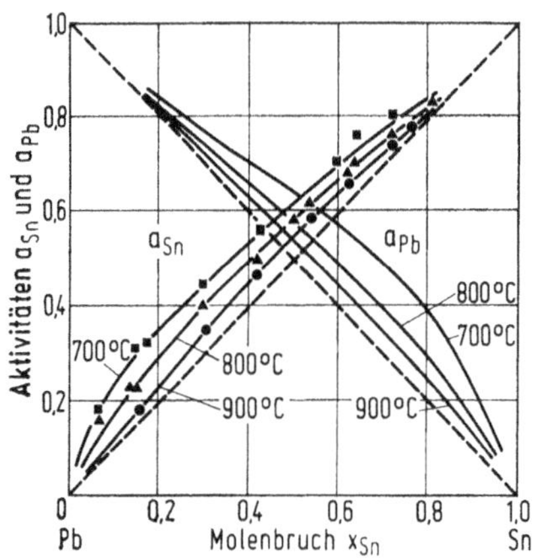

Bild 5.20

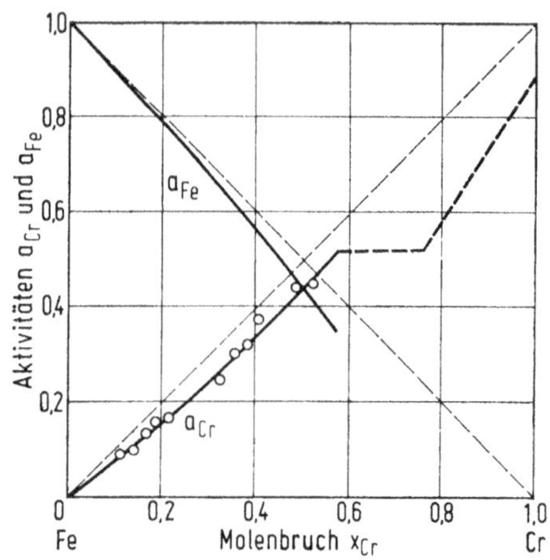

Bild 5.21

Bild 5.20. Aktivitäten von Zinn und Blei in Pb—Sn-Schmelzen bei 700 bis 900 °C nach K. Gotó und G. R. St. Pierre [65]

Bild 5.21. Aktivitäten von Chrom und Eisen in Fe—Cr-Schmelzen bei 1600 °C nach R. J. Fruehan [55]

Die EMK-Messung in sauerstoffhaltigen Metallschmelzen bietet schließlich auch eine einfache Möglichkeit, die Freien Reaktionsenthalpien fester Metalloxide zu bestimmen. An der Festelektrolytzelle

$$Cr_f,\ Cr_2O_{3f}\ \big|\ ThO_2(Y_2O_3)\ \big|\ Si_{fl},\ SiO_{2f}$$

ermittelte R. J. Fruehan [69] für die Freie Bildungsenthalpie des Siliziumdioxids über den Ansatz

$$Si_{fl} + O_{2gas} \rightleftharpoons SiO_{2f} \tag{5.37}$$

$$\Delta G^\circ_{SiO_2} = RT \ln p_{O_2}\,(\text{Si-Schmelze}) = RT \ln p_{O_2}\,(Cr, Cr_2O_3) - 4FE \tag{5.38}$$

bei 1600 °C einen Wert von −134,3 kcal/mol, der mit anderen Angaben von −134,5 [71], −134,9 [72] und −133,6 kcal/mol [73] sehr gut übereinstimmt.

In gleicher Weise bestimmte K. Schwerdtfeger [70] an der Zelle

$$\mathrm{Pt|CO-CO_2} \,\|\, \mathrm{ThO_2(Y_2O_3)} \,\|\, \mathrm{Mn_{fl}, MnO_f}$$

im Temperaturbereich von 1260 bis 1550 °C die Freie Bildungsenthalpie für die Reaktion

$$\mathrm{Mn_{fl}} + \frac{1}{2}\,\mathrm{O_{2Gas}} \rightleftharpoons \mathrm{MnO_f} \tag{5.39}$$

und erhielt eine Temperaturfunktion

$$\Delta G^{\circ}_{\mathrm{MnO}} = -97\,940 + 21{,}37\,T\,, \tag{5.40}$$

die sich sehr gut mit Daten von J. P. Coughlin [74] vergleichen läßt.

5.2.4. Sättigungslöslichkeit des Sauerstoffs in Metallschmelzen

Die EMK-Messung an einer galvanischen Festelektrolytzelle bietet die Möglichkeit, die maximale Löslichkeit des Sauerstoffs in Metallschmelzen experimentell zu bestimmen und damit den Verlauf von Liquiduskurven in Metall-Sauerstoff-Systemen festzulegen. Ein erheblicher Vorteil der EMK-Methode besteht darin, daß sie unmittelbar in der Schmelze angewendet werden kann und die Meßwerte nicht wie beim Abschrecken von Schmelzproben durch Entmischung verfälscht werden können.

Die Erhöhung des Sauerstoffgehaltes der Metallschmelze bis zur Einstellung der Sättigung kann durch laufende Zugaben an Metalloxid, aber auch durch coulometrische Titration über die Festelektrolytzelle vorgenommen werden. Derartige Messungen wurden von J. Osterwald und Mitarbeitern [75] an der Zelle

$$\mathrm{Pt|Luft} \,\|\, \mathrm{ZrO_2(CaO)} \,\|\, \mathrm{Cu-O_{fl}|Pt\ mit\ Cr_2O_3}$$

bei Temperaturen zwischen 1080 und 1320 °C im System Kupfer-Sauerstoff mit einer Mischungslücke im flüssigen Zustand oberhalb 1215 °C ausgeführt. Die sauerstoffhaltige Kupferschmelze wurde über den Festelektrolyten ZrO_2(CaO) oxydierend elektrolysiert. Die gleichzeitige EMK-Änderung der Zelle wurde stromlos verfolgt. Bild 5.22 zeigt zwei typische EMK-Kurven für 1150 und 1300 °C. In beiden Fällen nimmt die EMK linear mit dem Sauerstoffgehalt ab, bis die Sättigungsgrenzen bei 1% [O] bzw. 4% [O] erreicht sind. Die Kurve für 1300 °C zeigt, daß die EMK im zweiphasigen Bereich der Mischungslücke von koexistierender Kupfer- und Kupferoxidschmelze konzentrationsunabhängig ist und erst beim Eintritt in den Bereich der homogenen Oxidschmelze weiter abnimmt. Die beiden Knickpunkte der EMK-lg [% O]-

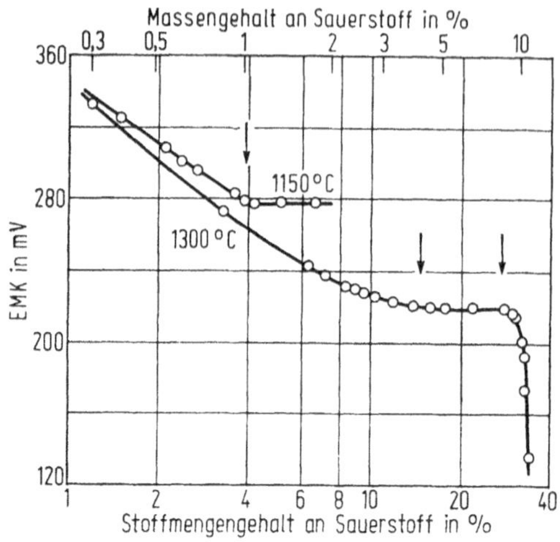

Bild 5.22. EMK der Zelle Pt|Luft|ZrO_2(CaO)|Kupferschmelze|Pt in Abhängigkeit vom Sauerstoffgehalt der Kupferschmelze bei 1150 und 1300 °C nach J. Osterwald und Mitarb. [75]

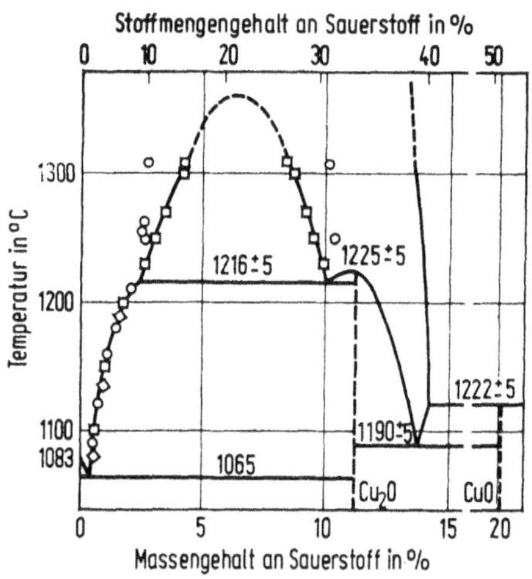

Bild 5.23. Liquiduskurve im System Kupfer-Sauerstoff nach J. Osterwald und Mitarb. [75] (□ EMK-Messungen, ○ Analyse abgeschreckter Schmelzproben)

Funktion markieren die Phasengrenzen der Mischungslücke. In Bild 5.23 wurden die auf diese Weise bestimmten Löslichkeitsgrenzwerte in das Zustandsschaubild Cu—O eingetragen. Für die Festlegung der Liquiduslinie zwischen 1065 und 1215 °C erbrachten coulometrische Messungen und Abschreckversuche übereinstimmende Ergebnisse. Im Bereich der Mischungslücke bei

Temperaturen über 1215 °C ergaben die Abschreckproben geringere bzw. höhere Werte als die coulometrisch bestimmten Sauerstoffsättigungsgehalte. Diese Abweichungen werden mit Entmischungserscheinungen in den Abschreckproben erklärt.

In diesem Zusammenhang sei auch auf die Untersuchungen von C. B. Alcock und T. N. Belford [15, 16] hingewiesen, welche die Sättigungslöslichkeit des Sauerstoffes in Bleischmelzen an den Zellen

$$Cu_f, Cu_2O_f \,|\, ZrO_2(MgO) \,|\, Pb{-}O\text{-Schmelze}$$

$$Ni_f, NiO_f \,|\, ThO_2(Y_2O_3) \,|\, Pb{-}O\text{-Schmelze}$$

sowie in Zinnschmelzen an der Zelle

$$Ni_f, NiO_f \,|\, ThO_2(Y_2O_3) \,|\, Sn{-}O\text{-Schmelze}$$

durch coulometrische Titration bestimmten.

5.2.5. Diffusion des Sauerstoffs in festen und flüssigen Metallen

An einer galvanischen Konzentrationszelle kann bei Stromdurchgang die Diffusion des Sauerstoffs in den festen oder flüssigen Metallen gemessen werden. An der in Bild 5.24 dargestellten Zelle mit einer Platin-Luft-Bezugselektrode kann der Reaktionsablauf schematisch wie folgt beschrieben werden:

$$\frac{1}{2}\, O_{2\,\text{Gasraum}} \rightleftharpoons \frac{1}{2}\, O_{2\,\text{Phasengrenze I}}$$

$$\frac{1}{2}\, O_{2\,\text{Phasengrenze I}} + 2e' \rightleftharpoons O^{2-}{}_{\text{Phasengrenze I}}$$

$$O^{2-}_{\text{Phasengrenze I}} \rightleftharpoons O^{2-}_{\text{Phasengrenze II}}$$

$$O^{2-}_{\text{Phasengrenze II}} \rightleftharpoons O_{\text{Phasengrenze II}} + 2e'$$

$$\underline{O_{\text{Phasengrenze II}} \rightleftharpoons [O]_{\text{Metall}}}$$

$$\frac{1}{2}\, O_{2\,\text{Gasraum}} \rightleftharpoons [O]_{\text{Metall}}$$

Die Voraussetzungen für eine zuverlässige Messung bestehen darin, daß

a) Polarisationsspannungen an beiden Phasengrenzen vernachlässigbar gering sind und

b) die Diffusion des Sauerstoffs in der Metallphase für den Transport des Sauerstoffes durch die Zelle geschwindigkeitsbestimmend ist.

Polarisationsspannungen müssen bei Messungen an Festleiterketten grundsätzlich berücksichtigt werden. Platin-Luft-Elektroden sind nach Angaben verschiedener Verfasser [76—78] bei Temperaturen zwischen 500 und 1400 °C polarisierbar. Eine Polarisation tritt bei Verwendung einer $ZrO_2(CaO)$-Rohrzelle

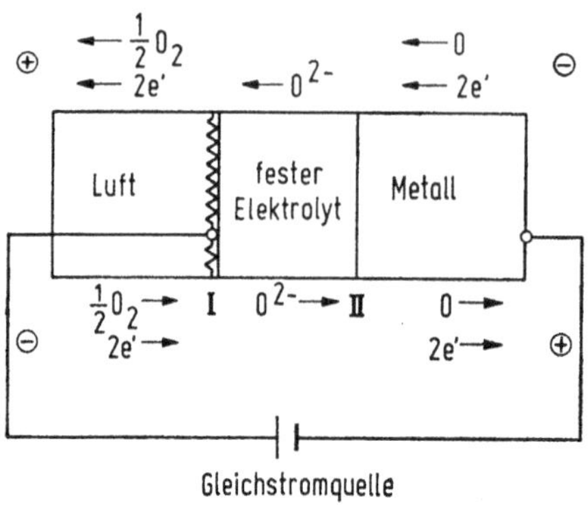

Bild 5.24. Stoff- und Ladungstransport in der Zelle Pt|Luft ▌sauerstoffionenleitender Festelektrolyt ▌Metall bei Stromdurchgang (schematisch)

vorwiegend an der inneren Dreiphasengrenze Platin|Luft|Festelektrolyt mit der geringeren Kontaktfläche auf und wird erst bei Temperaturen über 1400 °C vernachlässigbar [77] (Bild 5.25). Eine Vergrößerung der Dreiphasengrenz-

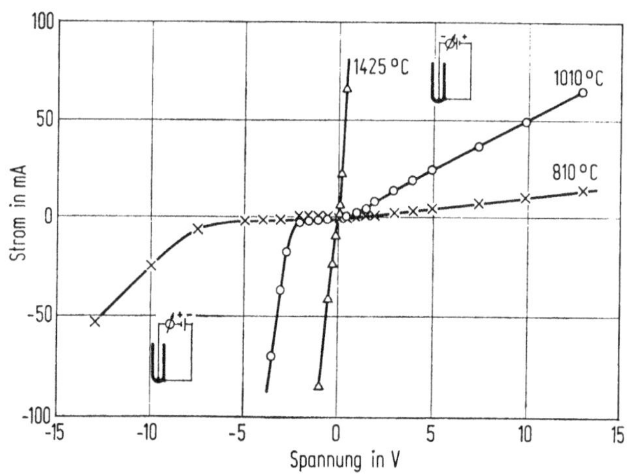

Bild 5.25. Strom-Spannung-Charakteristik der Zelle Pt|Luft ▌$ZrO_2(CaO)$ ▌Luft|Pt bei 810 bis 1425 °C [77]

fläche verringert die Polarisationsspannungen ebenso wie ein engerer, gleichmäßigerer Kontakt zwischen dem Platin und dem Festelektrolyten [76, 77]. Auch an festen Metalloxid-Metall-Elektroden wie Cu_2O, Cu und FeO, Fe_3O_4 wurde von J. Iskoe u. W. L. Worrell [79] eine spürbare Polarisierbarkeit

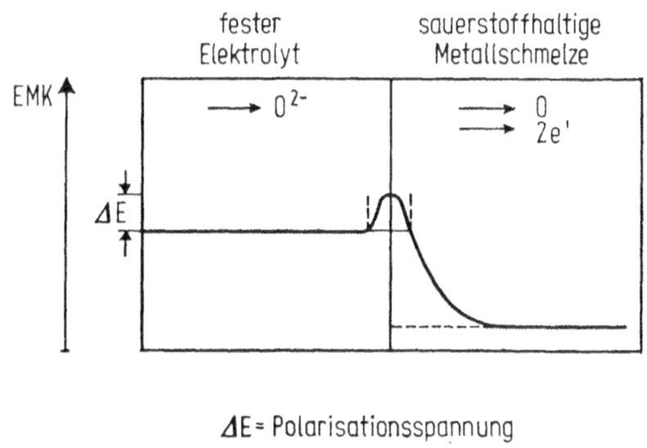

Bild 5.26. Polarisationsspannung ΔE an der Phasengrenze Festelektrolyt/Metallschmelze [80]

festgestellt. An den Phasengrenzen zwischen sauerstoffhaltigen Silberschmelzen und ZrO_2 (CaO)-Elektrolyten wurden Polarisationsspannungen beobachtet, die sehr stark von der Größe der Kontaktfläche zwischen Metall und Elektrolyt abhängig sind [80] (Bild 5.26).

Die Methoden zur elektrochemischen Bestimmung der Sauerstoffdiffusion in Metallen lassen sich in zwei Gruppen aufteilen:

a) Ein Sauerstoffdiffusionsstrom im Metall kann durch das Anlegen einer äußeren Gleichspannung an die Festelektrolytzelle erzeugt werden. Liegt der positive Pol auf der Seite der Bezugslektrode, so diffundiert Sauerstoff an der Phasengrenze Metall/Elektrolyt aus dem Metall in den Elektrolyten und wird als Sauerstoffionenstrom zur anderen Seite des Elektrolyten überführt. Der im äußeren Kreis fließende Strom ist ein Maß für die Diffusionsgeschwindigkeit des Sauerstoffs aus dem Metall. Dabei muß jedoch darauf geachtet werden, daß eine merkliche Elektronenleitung im Elektrolyten vermieden wird, da sonst neben dem Sauerstoffionenstrom auch ein Elektronenstrom fließt. Die Auswertung hängt von der Zellgeometrie (lineare oder radiale Anordnung) und von den vorgegebenen Randbedingungen ab.

Bei Anwendung der *potentiostatischen Methode* wird nach der Einstellung eines gleichmäßigen Sauerstoffniveaus im Metall eine zeitlich konstante Spannung angelegt und damit die Sauerstoffaktivität an der Phasengrenze Metall/Elektrolyt erniedrigt (Bild 5.27). Der geschaffene Niveauunterschied bedingt eine nichtstationäre Sauerstoffdiffusion im Metall. Der Sauerstoffionenstrom im Elektrolyten und damit der im äußeren Kreis gemessene elektrische Strom schwächt sich mit der Zeit ab und geht gegen Null, wenn die Sauerstoffdiffusion im Metall zum Stillstand kommt.

Bei der Wahl der *galvanostatischen Methode* wird nach der Einstellung des gewünschten Sauerstoffniveaus im Metall die Sauerstoffaktivität an der

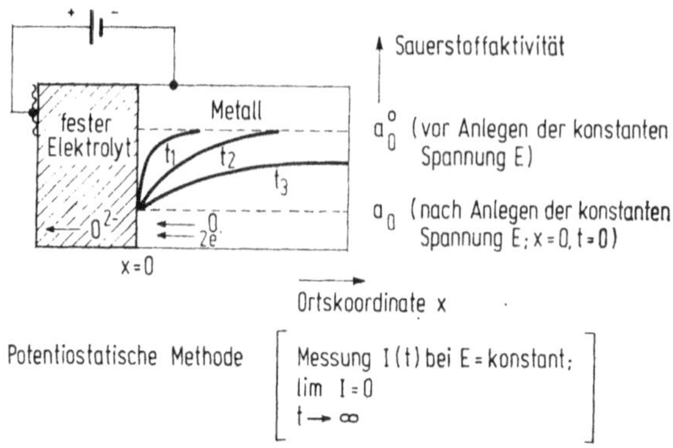

Bild 5.27. Potentiostatische Methode zur Bestimmung des Sauerstoffdiffusionskoeffizienten in Metallen (schematisch)

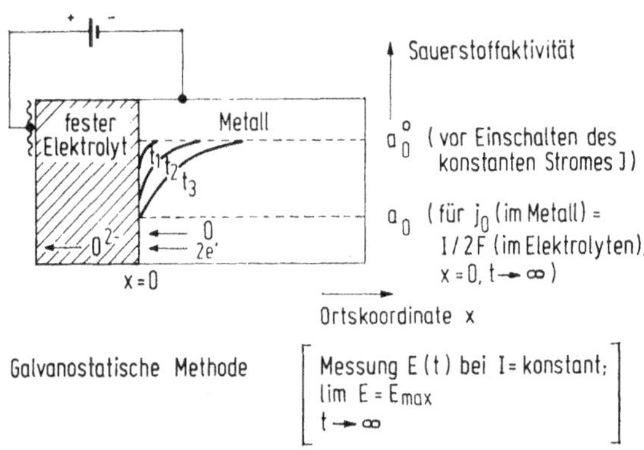

Bild 5.28. Galvanostatische Methode zur Bestimmung des Sauerstoffdiffusionskoeffizienten in Metallen (schematisch)

Phasengrenze Metall/Elektrolyt durch Vorgabe eines zeitlich konstanten Stromes erniedrigt (Bild 5.28). Auch hier wird eine nichtstationäre Sauerstoffdiffusion im Metall eingeleitet. Die laufend bei kurzzeitiger Stromunterbrechung gemessene Spannung strebt einem Höchstwert zu, der erreicht wird, wenn der Sauerstoffstrom im Metall angenähert gleich dem vorgegebenen Sauerstoffionenstrom im Elektrolyten ist (Diffusionsgrenzstrom).

Die Funktionen $a_O(x, t)$ für die nichtstationäre Diffusion können durch Lösungen des 2. Fickschen Gesetzes

$$\frac{\partial a_O}{\partial t} = D_O \cdot \frac{\partial^2 a_O}{\partial x^2} \tag{5.41}$$

für die vorgegebenen Anfangs- und Randbedingungen und die gewählte Zellgeometrie erhalten werden.

Wird eine stationäre Sauerstoffdiffusion im Metall an dünnen Scheiben untersucht, so kann der Diffusionskoeffizient des Sauerstoffs auch durch die Aufnahme von *Strom-Spannung-Kurven* ermittelt werden [81] (Bild 5.29).

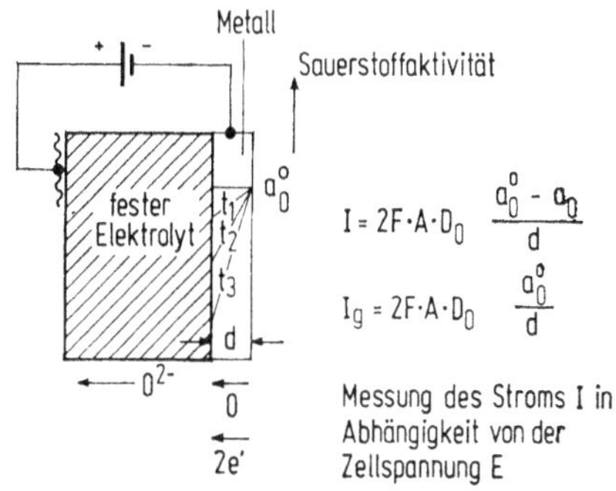

Bild 5.29. Bestimmung des Sauerstoffdiffusionskoeffizienten in Metallen durch Aufnahme von Diffusionsstrom-Spannung-Kurven (schematisch) [81]

Hierfür gilt mit der Annahme eines linearen Aktivitätsgradienten das 1. Ficksche Diffusionsgesetz

$$I = 2F \cdot A \cdot D_O \frac{a_O^0 - a_O}{d} \tag{5.42}$$

A Kontaktfläche in cm^2
d Dicke der Metallscheibe in cm
a_O^0 Anfangsaktivität des Sauerstoffs
a_O momentane Aktivität des Sauerstoffs an der Phasengrenze Metall/Elektrolyt
D_O Diffusionskoeffizient des Sauerstoffs in $cm^2 \cdot s^{-1}$

Durch ständige Erhöhung der äußeren Spannung wird die Sauerstoffaktivität a_O an der Phasengrenze Metall/Elektrolyt gegenüber der Anfangsaktivität a_O^0 laufend erniedrigt. Gleichzeitig erhöht sich der Stromdurchgang der Zelle, bis die Sauerstoffaktivität an der Phasengrenze gegenüber der Anfangsaktivität vernachlässigbar ist und ein Diffusionsgrenzstrom I_g erreicht wird, der durch den Ansatz gegeben ist

$$I_g = 2F \cdot A \cdot D_O \cdot \frac{a_O^0}{d} \tag{5.43}$$

Damit kann aus dem gemessenen Grenzstrom I_g bei bekannter Anfangsaktivität a_O^0 der Diffusionskoeffizient des Sauerstoffs berechnet werden.

b) Eine Bestimmung der Sauerstoffdiffusion in Metallen kann auch ohne das Anlegen einer äußeren Gleichspannung an die Festelektrolytzelle vorgenommen werden, wenn die Metallphase mit einer definierten Gasatmosphäre ins Gleichgewicht gesetzt wird, deren Sauerstoffpartialdruck p'_{O_2} anschließend spontan auf einen Wert p''_{O_2} geändert wird. Auch hier wird eine nichtstationäre Sauerstoffdiffusion eingeleitet, deren Ablauf über die Zeitabhängigkeit der stromlos gemessenen Zellspannung verfolgt werden kann.

Voraussetzungen für eine zuverlässige Berechnung der Diffusionskonstanten nach diesen Methoden sind eine vernachlässigbare Konvektion im Metall und ein verzögerungsfreies Ansprechen der EMK auf die Änderung des Sauerstoffpotentials an der Phasengrenze Metall/Elektrolyt.

5.2.5.1. Messung der Sauerstoffdiffusion in flüssigen Metallen

Die elektrochemische Bestimmung des Sauerstoffdiffusionskoeffizienten wurde bisher für Silberschmelzen zwischen 1000 und 1200 °C [82, 83] und Kupferschmelzen zwischen 1100 und 1400 °C [82, 84, 89] durchgeführt.

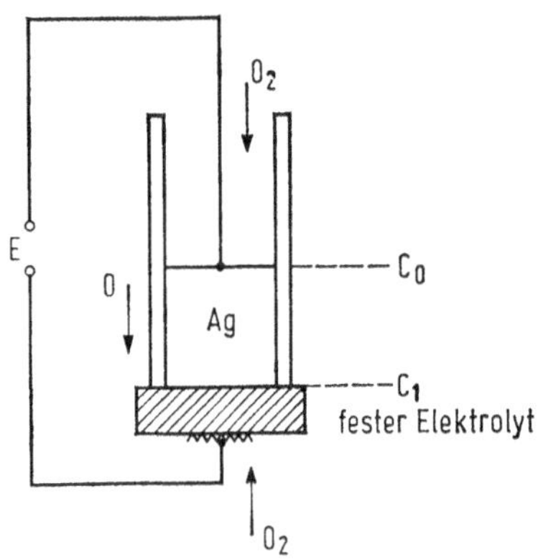

Bild 5.30. Stromlose Methode zur Bestimmung des Sauerstoffdiffusionskoeffizienten in Metallen (schematisch) [83]

Als Beispiel für die *stromlose* Methode seien hier Messungen zur Sauerstoffdiffusion in Silberschmelzen angeführt [83], die grundsätzlich bereits in einer früheren Arbeit von C. Diaz, C. R. Masson und F. D. Richardson [85] angeregt wurden. Die Metallphase in der in Bild 5.30 dargestellten Zelle befindet sich zunächst unter einer Argonatmosphäre, die dann abrupt gegen eine reine Sauerstoffatmosphäre ausgetauscht wird. Als Referenz wird eine Platin-Sauerstoff-Elektrode verwendet. Gleichzeitig wird die zeitabhängige EMK der ZrO_2-Zelle gemessen (Bild 5.31). Zur Lösung des 2. Fickschen Gesetzes für die

Anfangsbedingung $t = 0,\ c = 0$ und die
Randbedingungen $x = 0,\ c = c_0$
$x = L,\ \partial c/\partial x = 0$

wurde der Ansatz

$$\frac{c_1}{c_0} = 1 - \frac{4}{\pi} \sum_{n=0}^{\infty} \frac{(-1)^n}{2n + 1} \exp\left[-\frac{D_O(2n+1)^2 \pi^2 t}{4L^2}\right] \tag{5.44}$$

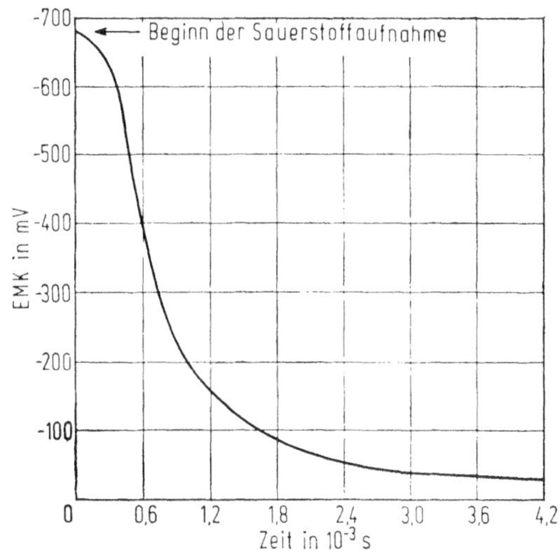

Bild 5.31. Zeitliche EMK-Änderung der Sauerstoffdiffusionszelle Pt|O_2|Festelektrolyt| Silberschmelze bei 1200 °C nach dem Austausch der Sauerstoffatmosphäre über dem Silber gegen eine Argonatmosphäre [83]

unter Einbeziehung der zeitlich veränderlichen Zellspannung

$$E = \frac{RT}{2F} \ln \frac{c_1}{c_0} \tag{5.45}$$

benutzt. Es bedeuten:

c_1 Sauerstoffkonzentration an der Phasengrenze Silber/ZrO_2; $x = L$

c_0 reiner Sauerstoff (Phasengrenze Silber/O_2, $x = 0$)

L Höhe der Silberschmelze

t Zeit in Sekunden

Die Kombination der Gleichungen (5.44) und (5.45) und die Auftragung des Parameters $D_O\, t/L^2$ gegen t führt zur Bestimmung des Diffusionskoeffizienten D_O (siehe Tabelle 5.6).

J. Osterwald und G. Schwarzlose [84] untersuchten die Sauerstoffdiffusion in flüssigem Kupfer bei Stromdurchgang an einer gleichartig aufgebauten ZrO_2-Zelle. Unter galvanostatischen Bedingungen wurde der Kupferschmelze Sauerstoff entzogen und die EMK bei kurzzeitigen Stromunterbrechungen von 1 s laufend verfolgt.

Mit der Anfangsbedingung

$$c = c_0,\ x \geqq 0$$

und den Randbedingungen

$$c = c_0,\ x = \infty$$

$$\frac{\partial c}{\partial x} = \frac{I}{2F \cdot D_0 \cdot A},\ x = 0$$

wird eine vereinfachte Lösung des 2. Fickschen Gesetzes angestrebt mit der Begründung, daß nur die Zeitabhängigkeit der Sauerstoffkonzentration c_1 an der Phasengrenze Kupfer/ZrO_2 interessiert:

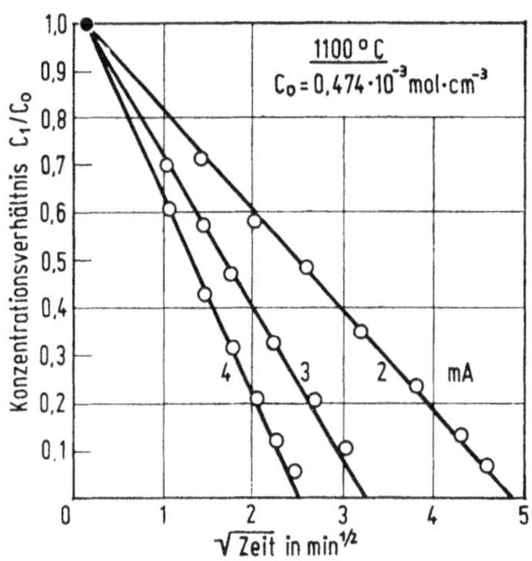

Bild 5.32. Konzentrationsverhältnis des Sauerstoffs c_1/c_0 in einer Kupferschmelze in Abhängigkeit von $\sqrt{t}$ (galvanostatischer Versuch) nach J. Osterwald und G. Schwarzlose [84]

$$\frac{c_1}{c_0} = 1 - k\sqrt{t} \tag{5.46}$$

$$k = \frac{1}{\sqrt{\pi}} \cdot \frac{I}{F \cdot A \cdot c_0 \sqrt{D_0}} \tag{5.47}$$

Die Auftragung des Konzentrationsverhältnisses c_1/c_0 als Funktion von $\sqrt{t}$ ergibt Geraden mit der Steigung k, aus der sich der Diffusionskoeffizient berechnen läßt (Bild 5.32).

Sowohl für Silber- als auch für Kupferschmelzen wurde auf eine Berücksichtigung des Aktivitätskoeffizienten des Sauerstoffs im Metall verzichtet, da dieser als angenähert 1 angenommen werden kann.

Tabelle 5.6 enthält die in Blei-, Silber-, Kupfer- und Eisenschmelzen elektrochemisch ermittelten Diffusionskoeffizienten des Sauerstoffs und mit Ausnahme des Eisens auch ihre Temperaturabhängigkeiten [82–84, 86–91].

Tabelle 5.6. Diffusionskoeffizienten des Sauerstoffs in flüssigen Metallen nach der EMK-Methode

Metall	$D_O = D_O^\circ \exp(-Q_O/RT)$ $cm^2 \cdot s^{-1}$	Temperaturbereich °C	D_O bei T °C $cm^2 \cdot s^{-1}$	Verfasser
Blei	$9{,}65 \cdot 10^{-5} \exp(-4800/RT)$	800–1100	$4{,}23 \cdot 10^{-5}$ 1)	S. Honma, N. Sano, Y. Matsushita [86]
Silber	$5{,}15 \cdot 10^{-3} \exp(-9900/RT)$	970–1200	$1{,}18 \cdot 10^{-3}$ 2)	C. R. Masson, S. G. Whiteway [87]
	$3{,}2 \cdot 10^{-3} \exp(-9200/RT)$	1000–1200	$8{,}17 \cdot 10^{-4}$ 2)	N. Sano, S. Honma, Y. Matsushita [83]
	$2{,}63 \cdot 10^{-3} \exp(-7300/RT)$	990–1220	$8{,}90 \cdot 10^{-4}$ 2)	H. Rickert, A. A. El Miligy [82]
	$1{,}85 \cdot 10^{-3} \exp(-7500/RT)$	1000–1200	$6{,}08 \cdot 10^{-4}$ 2)	S. Otsuka, J. Katayama, Z. Kozuka [88]
	$2{,}8 \cdot 10^{-3} \exp(-8300/RT)$	1000–1200	$8{,}17 \cdot 10^{-4}$ 2)	R. A. Rapp u. Mitarbeiter [89]
Kupfer	$2{,}63 \cdot 10^{-3} \exp(-9370/RT)$	1100–1400	$1{,}09 \cdot 10^{-4}$ 2)	J. Osterwald, G. Schwarzlose [84]
	$1{,}22 \cdot 10^{-2} \exp(-14400/RT)$	1100–1250	$9{,}37 \cdot 10^{-5}$ 2)	H. Rickert, A. A. El Miligy [82]
	$6{,}9 \cdot 10^{-3} \exp(-12900/RT)$	1110–1350	$8{,}39 \cdot 10^{-5}$ 2)	R. A. Rapp u. Mitarbeiter [89]
			$2 \cdot 10^{-5}$ 2)	M. G. Frohberg u. Mitarbeiter [90]
Eisen			$1{,}5 \cdot 10^{-4}$ 3)	R. A. Rapp u. Mitarbeiter [91]

1) 1000 °C 2) 1200 °C 3) 1620 °C

5.2.5.2. Messung der Sauerstoffdiffusion in festen Metallen

Für die elektrochemische Bestimmung der Sauerstoffdiffusion in festen Metallen liegen gleichfalls Untersuchungen an Silber bei 600 bis 900 °C [81, 92, 93] und Kupfer bei 800 bis 1000 °C [94] vor.

H. Rickert und R. Steiner [92, 93] untersuchten die Sauerstoffdiffusion in festem Silber mit Hilfe der potentiostatischen Methode an der Festelektrolytzelle:

$$\oplus\ \mathrm{Fe, FeO} \;|\; \mathrm{ZrO_2\,(CaO)} \;|\; \mathrm{Silber}\ \ominus$$

$$\underset{\leftarrow 2e'}{} \qquad \underset{\leftarrow O^{2-}}{} \qquad \underset{\leftarrow 2e'}{\leftarrow O}$$

Durch die konstante äußere Gleichspannung der angegebenen Polung wird die Sauerstoffkonzentration an der Phasengrenze ZrO_2/Silber ($x = 0$) nahezu auf Null abgesenkt. Der sich ständig abschwächende elektrische Strom wird laufend gemessen. Für eine lineare Zellgeometrie wurde das 2. Ficksche Diffusionsgesetz mit folgenden Anfangs- und Randbedingungen gelöst:

$$c = c_0,\ 0 < x < \infty,\ t = 0$$

$$c = 0,\ x = 0, \qquad t > 0$$

$$c = c_0 \operatorname{erf} \frac{x}{2\sqrt{D_0 t}} \tag{5.48}$$

$$\operatorname{erf} z = \frac{2}{\sqrt{\pi}} \int_0^z e^{-\xi^2}\, d\xi^{1} \tag{5.49}$$

Mit Gleichung (5.48) und (5.49) ergibt sich an der Stelle $x = 0$ aus dem 1. Fickschen Gesetz der Diffusionsstrom

$$|j| = D_0 \left.\frac{\partial c}{\partial x}\right|_{x=0} = \frac{c_0 \sqrt{D_0}}{\sqrt{\pi \cdot t}} \tag{5.50}$$

bzw. die elektrische Stromdichte

$$|i| = |2Fj| = 2F\, \frac{c_0 \sqrt{D_0}}{\sqrt{\pi \cdot t}} \tag{5.51}$$

Wird $|i|$ über $1/\sqrt{t}$ aufgetragen, so erhält man aus der Geradensteigung bei bekannter Sauerstoffkonzentration c_0 den Diffusionskoeffizienten D_0 (Bild 5.33), für den Werte von $1{,}5 \cdot 10^{-5}\ cm^2 \cdot s^{-1}$ bei 760 °C, $2{,}3 \cdot 10^{-5}\ cm^2 \cdot s^{-1}$ bei 850 °C und $2{,}9 \cdot 10^{-5}\ cm^2 \cdot s^{-1}$ bei 900 °C ermittelt wurden.

Eine stationäre Messung der Sauerstoffdiffusion an dünnen Silberscheiben wurde mit Hilfe von Diffusionsstrom-Spannung-Kurven an der Zelle

$$\oplus\ O_2|Pt\ \|\ ZrO_2\,(CaO)\ \|\ Ag{-}O_{fest}|Pt\ \ominus$$

durchgeführt [81]. Bild 5.34 zeigt eine solche Kurve für eine Temperatur von 800 °C. Der hieraus für den Diffusionsgrenzstrom nach dem 1. Fickschen Gesetz berechnete Diffusionskoeffizient beträgt etwa $2{,}8 \cdot 10^{-5}\ cm^2 \cdot s^{-1}$.

---

[1] Lösung des Integrals ist die Reihenentwicklung

$$z - \frac{z^3}{3 \cdot 1!} + \frac{z^5}{5 \cdot 2!} - \frac{z^7}{7 \cdot 3!} + \cdots$$

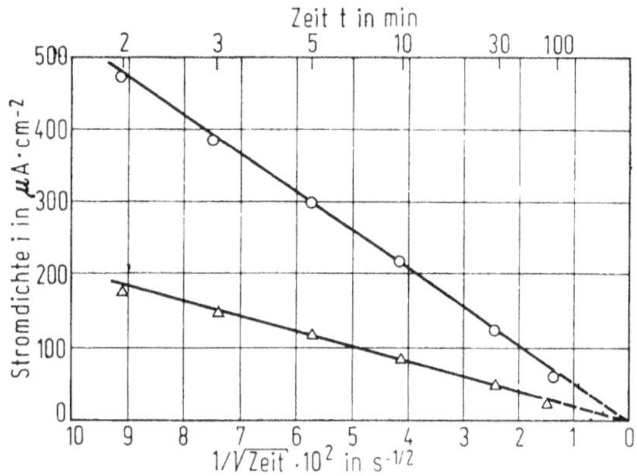

Bild 5.33. Elektrische Stromdichte i in Abhängigkeit von $1/\sqrt{t}$ (potentiostatischer Versuch an festem Silber) nach H. Rickert und R. Steiner [92, 93] (Diffusionstemperatur 800 °C; ○ Sättigung mit Sauerstoff bei 800 °C, △ Sättigung mit Sauerstoff bei 600 °C)

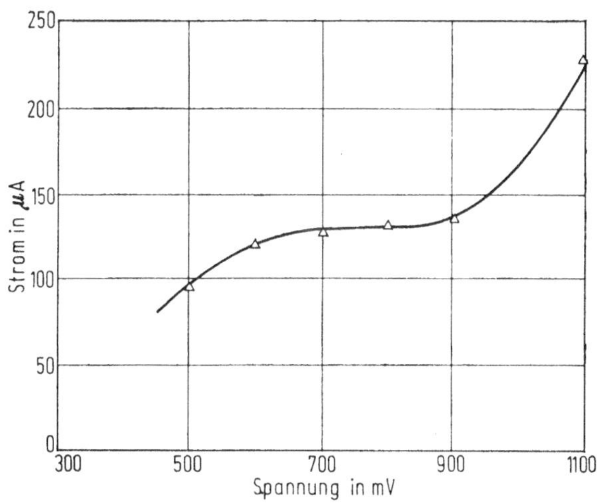

Bild 5.34. Diffusionsstrom-Spannung-Kurve für die Diffusion von Sauerstoff in festem Silber bei 820 °C nach J. Bazán [81]

Die Diffusion des Sauerstoffs in festem Kupfer wurde von R. L. Pastorek und R. A. Rapp [94] an einer Doppelzelle

$$\mathrm{Pt|FeO,\ Fe_3O_4} \overset{\mathrm{I}}{\|} \mathrm{ZrO_2\,(CaO)} \overset{\mathrm{II}}{\|} \mathrm{Cu-O_{fest}} \| \mathrm{ZrO_2\,(CaO)} \overset{\mathrm{III}}{\|} \mathrm{FeO,\ Fe_3O_4|Pt}$$

untersucht, wobei sowohl die potentiostatische als auch die galvanostatische Methode Anwendung fand. Unter potentiostatischen Bedingungen wurde die

Sauerstoffkonzentration an den Phasengrenzen des Kupfers durch die Plusschaltung der Phasengrenze II und die Minusschaltung der Phasengrenzen I und III auf ein höheres Niveau angehoben und eine nichtstationäre Sauerstoffdiffusion bei symmetrischer Konzentrationsverteilung eingeleitet. Unter galvanostatischen Bedingungen wurde zunächst durch Kurzschluß der Zelle die Sauerstoffaktivität in der Kupferphase und den $FeO-Fe_3O_4$-Phasen ausgeglichen und anschließend durch die Plusschaltung der Phasengrenzen II und III ein konstanter Sauerstoffstrom durch das Kupfer von links nach rechts erzeugt. Die Auswertung der nach beiden Methoden erzielten Resultate ergab für den Diffusionskoeffizienten des Sauerstoffs im festen Kupfer die Beziehung

$$D_O = 1.7 \cdot 10^{-2} \exp\left[-\frac{16000}{RT}\right] \mathrm{cm^2 . s^{-1}} \qquad (5.52)$$

5.2.6. Messung des Anteils an gelösten Sauerstoff während der Desoxydation von Metallschmelzen

Durch die EMK-Messung mit Festelektrolytzellen in Metallschmelzen werden die Anteile des gelösten Sauerstoffs, nicht jedoch die Anteile der oxidischen Suspensionen erfaßt, die sich nach der Zugabe von Desoxydationsmitteln bilden. Die gemeinsame Durchführung einer Gesamtsauerstoffanalyse von erstarrten Schmelzproben und einer unmittelbaren elektrochemischen Bestimmung des gelösten Sauerstoffs in der Schmelze ermöglicht die vollständige Untersuchung von Desoxydationsabläufen. Der Sauerstoffanteil der oxidischen Einschlüsse ergibt sich dabei aus der Differenz

$$O_{\text{oxidisch}} = O_{\text{gesamt}} - O_{\text{gelöst}}$$

Erste Untersuchungen von V. P. Luzgin, A. F. Viškarev und V. I. Javoiskij [24] sowie K. Gotó und Y. Matsushita [21] bereits ließen erkennen, daß der Unterschied zwischen Gesamtsauerstoff und gelöstem Sauerstoff während der Desoxydation von Eisenschmelzen recht erhebliche Werte annehmen kann. Bild 5.35 zeigt als ausgezogene Kurve den zeitlichen EMK-Verlauf in einer Eisenschmelze nach der Aluminiumzugabe, wie er mit Hilfe einer Festelektrolytzelle

$$\text{Graphit} \mid ZrO_2(CaO) \mid \text{Eisenschmelze}$$

bei 1550 °C aufgezeichnet wurde [21]. Gegenübergestellt wird eine gestrichelt gezeichnete EMK-Kurve, die aus den Werten der Gesamtsauerstoffanalyse berechnet wurde. Auffallend ist, daß nach der Abscheidung der Desoxydationsprodukte beide Kurven nicht auf die gleiche EMK entsprechend dem gleichen Sauerstoffgehalt einlaufen.

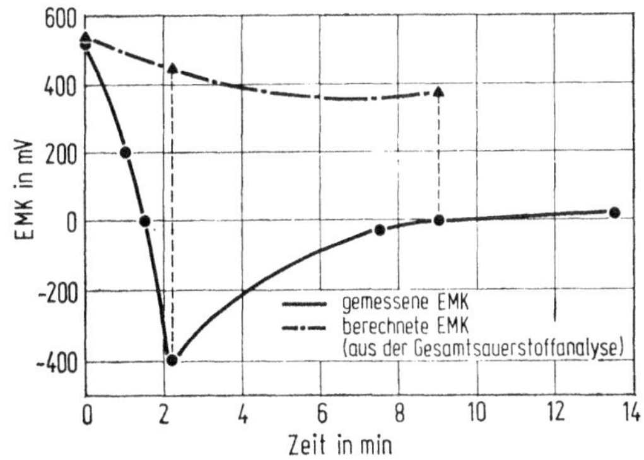

Bild 5.35. Elektrochemische Aufzeichnung des Sauerstoffabbaus bei der Desoxydation einer Eisenschmelze mit Aluminium nach K. Gotó und Y. Matsushita [21]

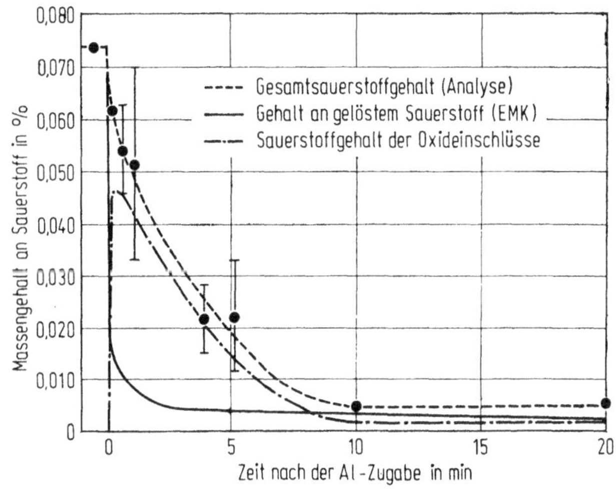

Bild 5.36. Elektrochemische Aufzeichnung des Sauerstoffabbaus in einer induktiv gerührten Eisenschmelze nach der Zugabe von Aluminium nach C. Gatellier, K. Torssell und M. Olette [95]

Spätere Versuche zeigen, daß dies gelingt, wenn die Schmelzen im Gegensatz zu den ersten Untersuchungen induktiv gerührt werden, wie am Beispiel der Aluminiumdesoxydation einer sauerstoffhaltigen Eisenschmelze in Bild 5.36 [95] und der Zirkondesoxydation in Bild 5.37 [96] zu erkennen ist.

Die Zeit für die Abscheidung der Desoxydationsprodukte aus der Schmelze ist von der Rührgeschwindigkeit, der zugesetzten Menge an Desoxydationsmetall sowie dem verwendeten Tiegelmaterial und der Schlacke abhängig [97].

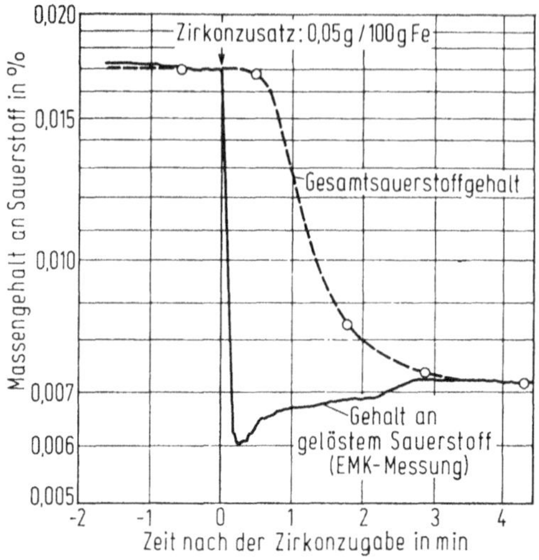

Bild 5.37. Sauerstoffabbau in einer induktiv gerührten Eisenschmelze bei der Desoxydation mit Zirkon nach C. A. Duckwitz, E. Förster und H. Richter [96]

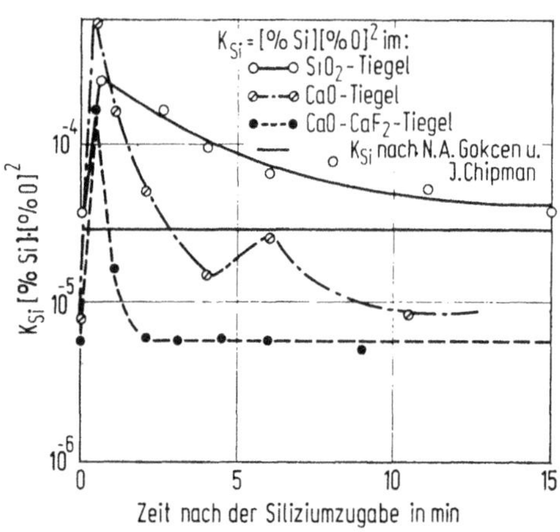

Bild 5.38. Gleichgewichtskennzahl $K_{Si} = [\% \text{ Si}] \cdot [\% \text{ O}]^2$ bei 1600 °C für induktiv gerührte Eisenschmelzen in verschiedenen Tiegelzustellungen nach der Zugabe von 0,6% Si [97]

Bei der Desoxydation einer Eisenschmelze mit Silizium in einem $CaO-CaF_2$-Tiegel wird im Vergleich zur Desoxydation im SiO_2-Tiegel sowohl die Abscheidungsgeschwindigkeit der Silikate stark erhöht als auch die Kennzahl für das Desoxydationsgleichgewicht erheblich unterschritten (Bild 5.38). Die Zeit zur Einstellung der Gleichgewichtskennzahl für die Siliziumdesoxydation nimmt mit steigenden Siliziummengen zu (Bild 5.39).

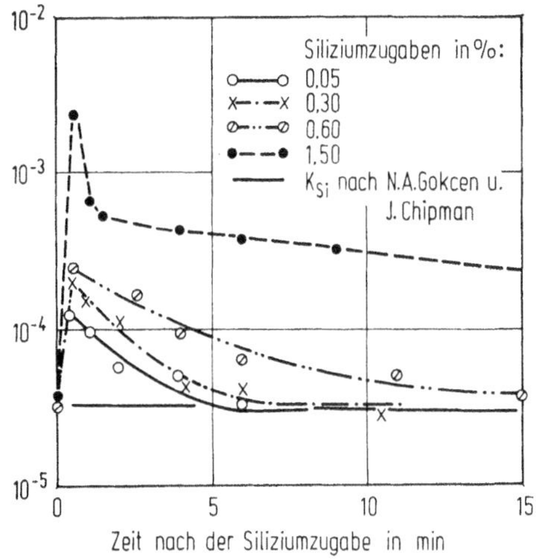

Bild 5.39. Gleichgewichtskennzahl $K_{Si} = [\% \text{ Si}] \cdot [\% \text{ O}]^2$ bei 1600 °C für induktiv gerührte Eisenschmelzen im SiO_2-Tiegel nach der Zugabe von 0,05, 0,30, 0,60 und 1,50% Si [97]

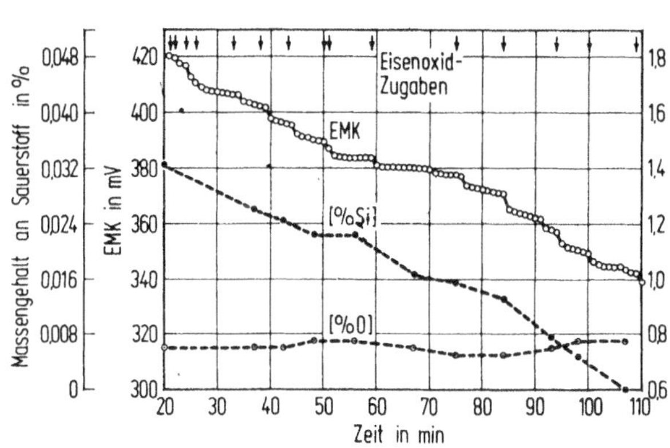

Bild 5.40. EMK einer Sauerstoffmeßzelle sowie Analysenwerte für Silizium und Sauerstoff während der Oxydation einer induktiv gerührten siliziumhaltigen Eisenschmelze bei 1600 °C [98]

Wird eine Eisenschmelze mit höherem Siliziumgehalt nach der Gleichgewichtseinstellung langsam *gefrischt*, dann erniedrigt sich die EMK der Meßzelle laufend bei gleichbleibendem Sauerstoffgehalt der Schmelze (Bild 5.40) [98]. Die nach der Gleichung

$$E = -\frac{\Delta G^\circ_{[\text{O}]}}{2F} - \frac{2.303RT}{2F}\left[\lg \frac{[\%\,\text{O}]}{p_{\text{O}_2}^{1/2}\,(\text{Luft})} + e_{\text{O}}^{\text{Si}} \cdot [\%\,\text{Si}]\right] \quad (5.53)$$

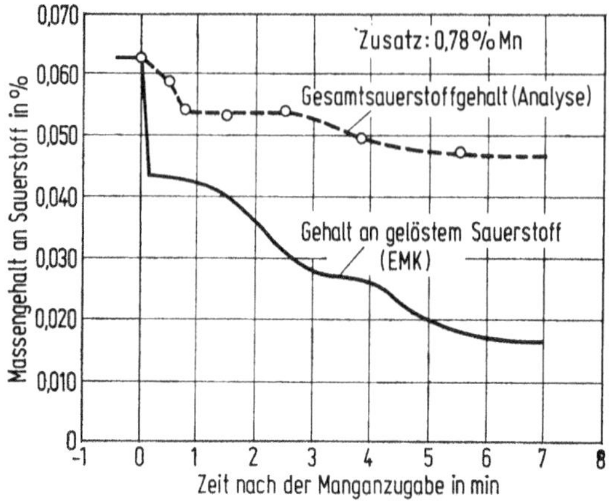

Bild 5.41. Sauerstoffabbau in einer induktiv gerührten Eisenschmelze bei 1600 °C nach der Zugabe von Mangan nach L. von Bogdandy, E. Förster, W. Klapdar und H. Richter [101]

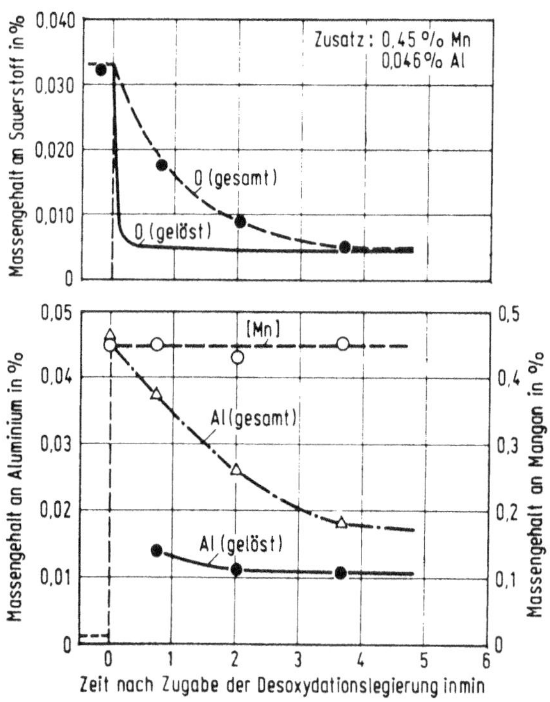

Bild 5.42. Sauerstoff- und Aluminiumabbau in einer induktiv gerührten Eisenschmelze bei 1600 °C nach der Zugabe einer Desoxydationslegierung mit 65% Mn, 7% Al und 5% C nach E. Förster und H. Richter [102]

mit den Analysenwerten für [Si] und [O] errechneten EMK-Werte stimmen mit den gemessenen Werten überein, wenn ein Wirkungsparameter $e_O^{Si} = -0{,}14$ verwendet wird. Im Schrifttum wird ein Parameter $e_O^{Si} = -0{,}137$ [99] angegeben.

Für das [C]—[O]-Gleichgewicht in Eisenschmelzen ist seit langem bekannt, daß unter Bedingungen einer erschwerten Keimbildung für die Kohlenmonoxid-Bildung starke Sauerstoffübersättigungen in der Schmelze auftreten können [100]. Ähnliche Beobachtungen wurden in jüngerer Zeit auch bei der Desoxydation von Eisenschmelzen mit schwächer wirkenden Desoxydationsmetallen wie Mangan gemacht, wobei die aus EMK-Messungen errechneten Gehalte an gelöstem Sauerstoff gegenüber den Analysenwerten stark erniedrigt sind (Bild 5.41) [101]. Bei Verwendung einer Desoxydationslegierung mit 65% Mn, 7% Al, 5% C tritt nach der Abscheidung der Desoxydationsprodukte 4 Minuten nach der Zugabe jedoch eine Übereinstimmung der Gehalte für den Gesamtsauerstoff und gelösten Sauerstoff auf, wobei die Desoxydation allein durch das Aluminium erfolgt (Bild 5.42) [102].

Die in diesem Abschnitt behandelten Anwendungsbeispiele von Festelektrolytzellen sind nur als Ansatzpunkte für eine gezielte Untersuchung von Desoxydationsvorgängen zu verstehen. Die weitreichenden Möglichkeiten der Anwendung solcher Zellen im Bereich der Desoxydationsforschung sind bisher noch weitgehend ungenutzt.

5.2.7. Elektrolytische Desoxydation von Metallschmelzen

Die Methode der coulometrischen Titration über eine Festelektrolytzelle

Metallschmelze | fester Sauerstoffionenleiter | Referenzelektrode

läßt sich zur Regulierung des Sauerstoffgehalts von Metallschmelzen ausnutzen. Je nach der Polung der äußeren Spannung kann die Metallschmelze elektrolytisch desoxydiert oder oxydiert werden.

Bei einer negativen Polung der Metallschmelze findet eine fortlaufende Desoxydation statt. Dabei wird der Sauerstoff gegen seinen Potentialgradienten durch die Zelle *gepumpt* (Elektrolysestrom und galvanischer Zellstrom haben ein entgegengesetztes Vorzeichen) und an der Anode abgeschieden. Die Zellspannung folgt der Beziehung

$$E = \frac{RT}{4F} \ln \frac{p_{O_2}\,(\text{Referenz})}{p_{O_2}\,(\text{Metall})} = U - I_{\text{ion}} \cdot R_{\text{ion}} \qquad (5.54)$$

E stromlos gemessene Zellspannung in Volt,

U äußere Zellspannung bei Stromfluß in Volt,

I_{ion} Ionenstrom in A,

R_{ion} Ionenwiderstand des Festelektrolyten in Ohm

Erfolgt der Sauerstoffumsatz in der Zelle nach den Faradayschen Gesetzen, so wird beim Durchgang einer Strommenge von 12060 As 1 Gramm Sauerstoff elektrolytisch überführt:

$$n_O = \frac{I \cdot t}{2F} \text{ (Mole Sauerstoff)} \tag{5.55}$$

oder

$$m_O = \frac{I \cdot t \cdot M_O}{2F} \text{ (Gramm Sauerstoff)} \tag{5.56}$$

Es bedeuten:

t Zeit in Sekunden,

M_O Atommasse des Sauerstoffs,

F Faraday-Konstante 96500 As · mol^{-1}

Zur coulometrischen Titration von Sauerstoff eignen sich Festelektrolyte mit einer überwiegenden Sauerstoffionenleitfähigkeit. Oxidelektrolyte mit einer Kationenleitfähigkeit kommen hier nicht in Betracht, da sie allgemein eine geringere elektrische Gesamtleitfähigkeit besitzen und da außerdem die kathodische Abscheidung der Metallionen den Ablauf der Zellreaktion beeinträchtigen würde.

Auf die Anwendung der Titrationsmethode zur Bestimmung der Sauerstofflöslichkeit in flüssigem Blei [103], Zinn [104] und Kupfer [105] sowie der Diffusionskoeffizienten des Sauerstoffs in flüssigem Blei [89], Zinn [89], Silber [89, 107] und Kupfer [89, 107] wurde bereits in den Abschnitten 5.2.4. und 5.2.5. eingegangen. Im folgenden seien einige Laborversuche erläutert, die den Vorgang der elektrolytischen Sauerstoffüberführung grundlegend beschreiben und Möglichkeiten für eine technologische Anwendung andeuten sollen.

Das Verfahren kann in Zellen unterschiedlichen Aufbaus durchgeführt werden (Bild 5.43) [108]. Der Zelltyp a) besteht aus einem einseitig geschlossenen Zirkonoxidrohr, das von oben in die Metallschmelze eintaucht oder von unten durch den Tiegelboden eingeführt wird. Als innere Anode wird eine Metallschmelze mit einem Graphit-Kontaktstab oder ein Platinbelag bzw. Platinnetz vorgeschlagen. Im Falle des Zelltyps b) befindet sich die Metallschmelze in einem Zirkonoxidtiegel mit einer Metallableitung. Der Tiegel selbst, mit einer äußeren Platin-Sauerstoff-Anode versehen, dient hier als Festelektrolyt. Dieser Typ kann auch in der Weise abgewandelt werden, daß die Metallschmelze kontinuierlich durch ein Zirkonoxidrohr fließt [106]. Der Zelltyp c) stellt einen Zirkonoxidtiegel mit mehreren getrennten Schmelzkammern dar, die wahlweise als Kathode oder Anode geschaltet werden können. Hier kann der Sauerstoff elektrolytisch von einer Schmelze in die andere transportiert werden.

Die elektrolytische Sauerstoffüberführung mittels einer Festelektrolytzelle kann grundsätzlich an einer Reihe technisch wichtiger Metalle, so etwa an Zinn- und Bleischmelzen bei Temperaturen um 600 °C, an Silber- und Kupferschmelzen bei Temperaturen um 1200 °C und an Nickel-, Kobalt- und Eisenschmelzen bei Temperaturen um 1600 °C vorgenommen werden. Bei Temperaturen um 1600 °C ist der besondere Vorteil der Methode darin zu sehen, daß mit einem geringen Zellwiderstand um 0,5 Ohm bei einer Wandstärke des Festelektrolyten von 1 bis 2 mm gearbeitet werden kann. Zirkonoxidrohre

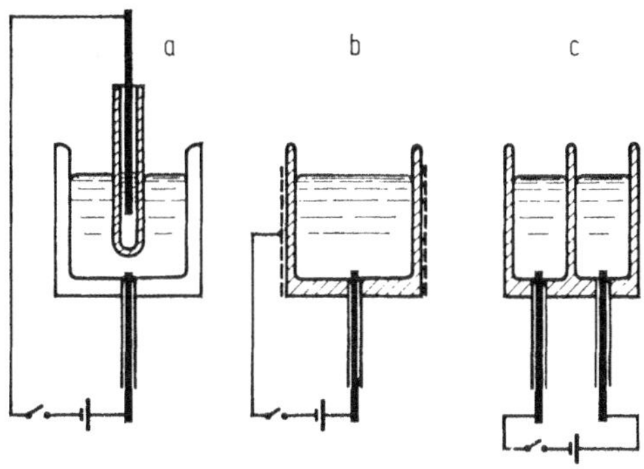

Bild 5.43. Verschiedene Zelltypen zur elektrolytischen Sauerstoffüberführung in Metallschmelzen [108]

und -tiegel dieser Wandstärke sind im Handel zu beziehen oder können aus Pulvern nach üblichen Verfahren selbst hergestellt werden.

Für eine Reihe grundlegender Untersuchungen bei 1600 °C wurde der Zelltyp a gewählt [108, 109]. Neben der in Bild 5.43 dargestellten *Elektrolysezelle* aus Zirkonoxid der Zusammensetzung $0{,}87\ ZrO_2 \cdot 0{,}13\ CaO$ wurde zusätzlich eine *Meßzelle* aus dem gleichen Elektrolytmaterial verwendet, die eine laufende Überwachung des Sauerstoffgehalts in der Schmelze während der Elektrolyse ermöglichte. Die Änderung des Sauerstoffgehalts wurde außerdem durch die Analyse von erstarrten Schmelzproben verfolgt. In der Elektrolysezelle[1] diente als Anode flüssiges Kupfer, dessen Sauerstoffgehalt durch die Reduktion mit dem Graphit-Kontaktstab ständig auf einem niedrigen Niveau von etwa 10 ppm gehalten werden konnte. Die Versuche wurden an mechanisch gerührten 450-g-Schmelzen unter strömendem Argon-Schutzgas in einem Kohlewiderstandsofen durchgeführt.

Bild 5.44a und b zeigt den Elektrolyseverlauf einer reinen Eisen- und Nickelschmelze mit einem Sauerstoff-Ausgangsgehalt um 0,048% [111].

[1] Abmessungen des Rohres: Außendurchmesser 8 mm, Innendurchmesser 5 mm, Länge 400 mm.

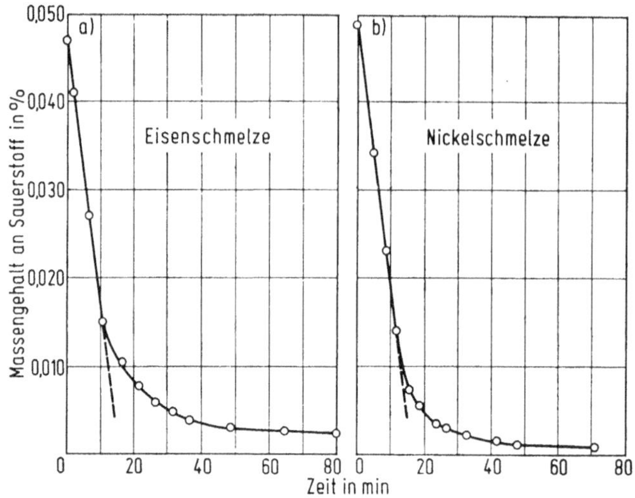

Bild 5.44. Elektrolytische Desoxydation a) einer Eisenschmelze und b) einer Nickelschmelze bei 1600 °C mit Hilfe einer Festelektrolytzelle bei ständiger Bewegung der Schmelzen [111]

Die Stromstärke betrug 2,5 A bei einer Elektrolysespannung zwischen 2,5 und 3 V (kathodische Stromdichte 0,15 A $\cdot$ cm^{-2}; anodische Stromdichte 0,53 A $\cdot$ cm^{-2}).

Eine vollständige Stromausbeute entsprechend den Faradayschen Gesetzen wurde bei der Desoxydation bis auf Sauerstoffgehalte um 0,015% erreicht[1]. Unterhalb dieses Grenzwertes verzögert sich die Desoxydation zunehmend und kommt schließlich bei Sauerstoffgehalten zwischen 0,001 und 0,002% zum Stillstand. Ein ähnlicher Desoxydationsverlauf wurde auch bei der Elektrolyse von Kupferschmelzen bei 1150 °C beobachtet [106, 110].

Im Bereich geringer Sauerstoffgehalte der Metallschmelzen ist der Sauerstoffionentransport durch den Festelektrolyten offenbar nicht mehr der geschwindigkeitsbestimmende Teilschritt im Desoxydationsablauf. Es ist vielmehr mit dem Aufbau einer Diffusionsgrenzschicht in der Schmelze zu rechnen, die den Sauerstofftransport zur Grenzfläche Schmelze/Elektrolyt behindert und steuert. Bei sehr geringen Sauerstoffgehalten kann die schwache Oxydation der Schmelze über die Argon-Gasphase den Desoxydationsablauf entscheidend behindern und schließlich zum Stillstand bringen. Dieser Zustand ist gegeben, wenn die Transportströme des Sauerstoffs von der Gasphase in die Schmelze und durch die Diffusionsschicht an der Grenzfläche Metall/Elektrolyt einander gleich sind.

---

[1] Der Nachweis wurde über die Wägung und Analyse erstarrter Schmelzproben geführt.

Wie weit außerdem in reinen Eisenschmelzen bei geringen Sauerstoffgehalten eine Elektronenteilleitfähigkeit des Elektrolyten ins Spiel kommt und die Stromausbeute der Zelle verringert, kann nicht mit Sicherheit geklärt werden, da die maßgeblichen Sauerstoffpartialdrücke an der Phasengrenze Metall/Elektrolyt nicht genau bekannt sind.

In den beschriebenen Elektrolyse-Experimenten ist auf die Zersetzungsspannung des Zirkonoxid-Elektrolyten und seiner Beimengungen zu achten. Tabelle 5.7 enthält a) eine Durchschnittsanalyse des verwendeten Zirkonoxids sowie b) die theoretischen Zersetzungsspannungen der reinen Oxide. Diese können jedoch nur als Orientierungsgrößen für die wahren Zersetzungsspannungen der Oxide in der Zelle aufgefaßt werden, da die Oxide im Elektrolyten in fester Lösung bzw. als Verbindungen vorliegen.

Tabelle 5.7

a) *Analyse des Zirkonoxids in den Elektrolysezellen*

6,94% CaO, 0,22% MgO, 0,90% SiO_2, 0,15% Al_2O_3, 0,33% FeO_n

b) *Theoretische Zersetzungsspannungen $E°$ reiner Oxide bei 1600°C in Volt*

Y_2O_3	2,461
CaO	2,257
ThO_2	2,253
ZrO_2	1,927
Al_2O_3	1,861
MgO	1,794
TiO_2	1,580
SiO_2	1,479
FeO_n	0,755

Praktische Beobachtungen zeigen, daß in der gewählten Anordnung mit einer Elektrolysespannung von 2,5 bis 3 V (bei einem galvanischen Anteil zwischen etwa 1,0 und 1,5 V) im Grenzbereich der Elektrolyt-Zersetzung gearbeitet wurde [111]. Dies gilt zumindest für die Beimengungen SiO_2 und Al_2O_3 und sei am Beispiel zweier Nickelschmelzen gezeigt. Die in Bild 5.44 dargestellte Elektrolyse wurde bei ständig gerührter Schmelze durchgeführt. Bild 5.45 gibt dagegen eine Elektrolyse wieder, die unter gleichen Bedingungen in einer nicht gerührten Schmelze ablief [111]. Nach der anfangs zügig verlaufenden Desoxydation setzt hier bei einem Sauerstoffgehalt von 0,005% eine elektrolytische Reduktion des SiO_2 und Al_2O_3 im Elektrolyten ein, die durch eine Zunahme der Gehalte an gelöstem Silizium und Aluminium sowie einen vorübergehenden Anstieg der Sauerstoffgehalte in der Schmelze gekennzeichnet ist. Abgeschiedene Oxide wurden als starke Trübung auf der Schmelzoberfläche beobachtet. Eine Zersetzung von Zirkonoxid trat, wie die sehr

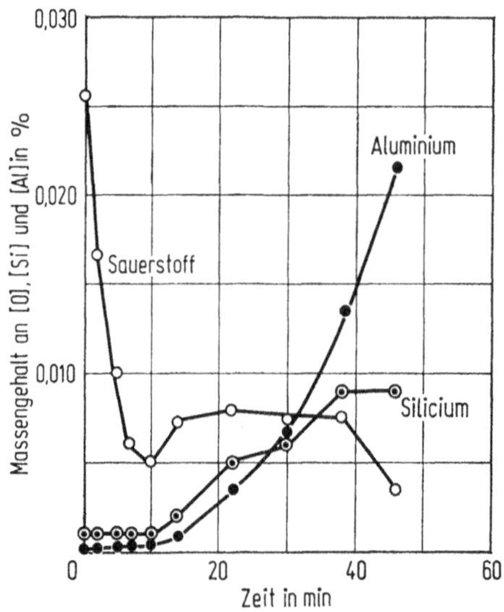

Bild 5.45. Elektrolytische Desoxydation einer nicht gerührten Nickelschmelze mit Hilfe einer Festelektrolytzelle bei 1600 °C. Beginn der elektrolytischen Zersetzung der SiO_2- und Al_2O_3-Beimengungen im ZrO_2-Festelektrolyten [111]

geringen, unveränderlichen Zirkongehalte der Schmelze von 8 ± 3 ppm zeigten, noch nicht auf.

Die bei kurzzeitiger Stromunterbrechung gemessene Zellspannung fällt mit fortschreitender Zeit ab und nähert sich dem Wert, welcher der Sauerstoffaktivität in der Schmelze entspricht. Dieser EMK-Abfall wird durch ein kräftiges Rühren der Schmelze wesentlich beschleunigt. Hieraus kann geschlossen werden, daß der Sauerstoffpartialdruck an der Phasengrenze Metall/Elektrolyt in der konvektiv bewegten Schmelze stets höher und die gemessene

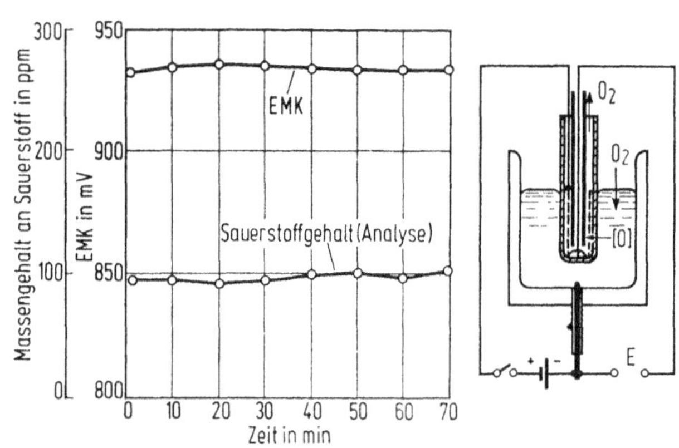

Bild 5.46. ZrO_2-Festelektrolytzelle zur kombinierten Messung und Regulierung des Sauerstoffgehalts in Metallschmelzen [112]

Zellspannung niedriger als in der unbewegten Schmelze ist. Durch den Rühreffekt kann unter den gegebenen Bedingungen der Elektrolyse eine Reduktion des Elektrolyten vermieden werden (Bild 5.44b).

Ein wesentlicher Vorteil des elektrolytischen Verfahrens der Desoxydation besteht darin, daß die behandelten Metalle frei von Oxid- und Gaseinschlüssen sind.

Von besonderem Interesse für eine praktische Anwendung dürften Festelektrolytzellen sein, mit denen der Sauerstoffgehalt von Metallschmelzen gleichzeitig gemessen und reguliert werden kann. In Bild 5.46 ist eine solche kombinierte *Meß- und Dosierzelle* schematisch wiedergegeben [112]. Im Innenraum der Zelle befindet sich außer dem PtRh-Meßkontakt ein an die Zellenwand angedrücktes PtRh-Netz, das zur Stromzuführung dient. Mit Hilfe eines geringen Elektrolysestroms kann der Sauerstoffgehalt einer Metallschmelze in einer schwach oxidierenden oder reduzierenden Atmosphäre reguliert und auf einem angestrebten Niveau gehalten werden.

Eine künftige Anwendung der beschriebenen elektrolytischen Verfahren sowohl zur Raffination von Metallschmelzen als auch zur Regulierung ihres Sauerstoffgehaltes während des Ablaufs vorwiegend kontinuierlicher Prozesse bietet interessante technische Ausblicke.

5.2.8. Messung des Sauerstoffpotentials von Oxidschmelzen

In neuerer Zeit werden EMK-Messungen mit Festelektrolytzellen auch dazu herangezogen, die Aktivität von Metalloxiden in binären Metalloxidschmelzen unmittelbar zu messen. Die bisher vorliegenden Arbeiten befassen sich mit der elektrochemischen Bestimmung des Sauerstoffpotentials in Schlacken, die im schmelzflüssigen Zustand neben komplexen Anionen freie Sauerstoffionen enthalten, und beschränken sich im wesentlichen auf binäre Silikatsysteme. Mehrfach untersucht wurden die flüssigen Schlacken des Zweistoffsystems $PbO-SiO_2$, die wegen ihrer niedrigen Schmelztemperaturen (Bild 5.47) beim Arbeiten mit $ZrO_2(CaO)$-Festelektrolyten keine besonderen Schwierigkeiten bereiten und für Metallurgen und Keramiker von technischen Interesse sind [113—117]. Derartige Untersuchungen vermitteln Daten für die thermochemischen Eigenschaften solcher Schlacken, lassen aber auch Erkenntnisse über deren Ionenstruktur erwarten, die gegebenenfalls auf die höherschmelzenden, eisenoxidhaltigen Schlacken übertragbar sind.

Bei Temperaturen zwischen 700 und 1100 °C wurde an Sauerstoffkonzentrationszellen des Typs

$$\text{(I)}\quad Pb, PbO-SiO_2 \,|\, ZrO_2\,(CaO) \,|\, Pb, PbO$$

und

$$\text{(II)}\quad Pb, PbO-SiO_2 \,|\, ZrO_2\,(CaO) \,|\, O_2|Pt$$

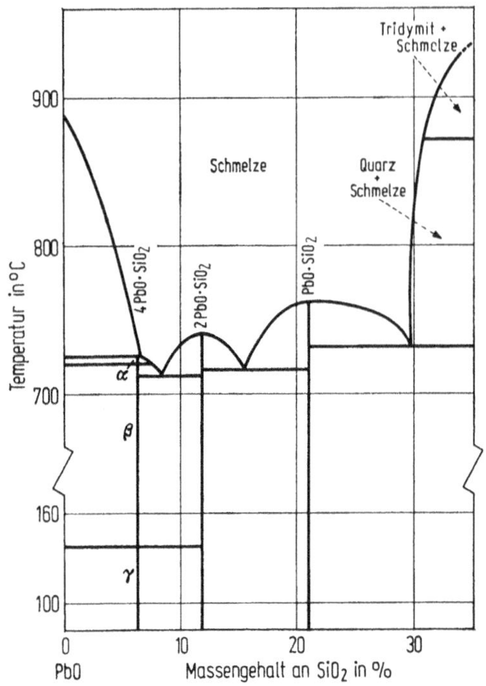

Bild 5.47. Phasendiagramm $PbO-SiO_2$ nach R. F. Geller, A. S. Creamer und E. N. Bunting [112a]

die Aktivität des Blei(II)-oxids in $PbO-SiO_2$-Schmelzen bei Gegenwart einer flüssigen Bleiphase gemessen.

Die gemessene Zellspannung ist durch die Differenz der Sauerstoffpartialdrücke an beiden Elektroden gegeben:

$$E = \frac{RT}{4F} \ln \frac{p_{O_2}(PbO, Pb)}{p_{O_2}(PbO-SiO_2, Pb)}, \tag{5.57}$$

wobei der Sauerstoffpartialdruck der PbO—Pb-Bezugselektrode sich durch EMK-Messungen an der Kette

(III) Pb, PbO | ZrO_2 (CaO) | O_2| Pt

bestimmen läßt. Die EMK als Maß für die Aktivität a_{PbO} in der Bleisilikatschmelze wird durch die Beziehung wiedergegeben

$$E = E^0 - RT \ln a_{PbO} \tag{5.58}$$

Stellvertretend für die Untersuchungen der eingangs zitierten anderen Autoren seien hier die Ergebnisse von M. L. Kapoor und M. G. Frohberg [117] im Konzentrationsbereich von reinem PbO bis zu einem Molenbruch $x_{PbO} = 0{,}6$ vorgestellt. Bild 5.48 zeigt den Verlauf der gemessenen Aktivität a_{PbO} über dem Molenbruch x_{SiO_2} für Temperaturen von 800, 900 und 1000 °C. Der Verlauf der Aktivität a_{SiO_2} kann mit Hilfe der Gibbs-Duhem-Gleichung

$$x_{PbO}\,\mathrm{d}\ln\gamma_{PbO} + x_{SiO_2}\,\mathrm{d}\ln\gamma_{SiO_2} = 0 \tag{5.59}$$

berechnet werden.

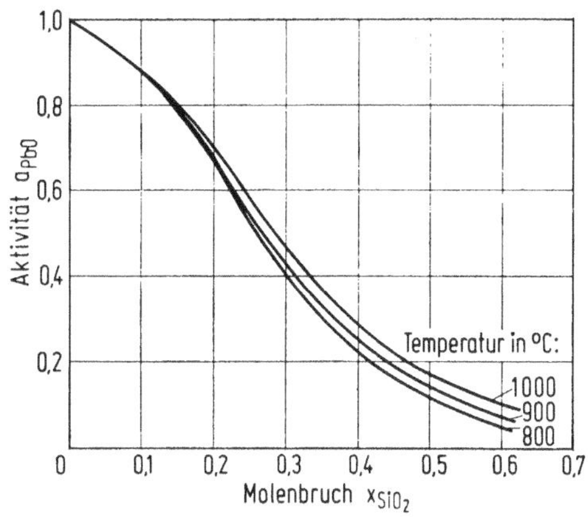

Bild 5.48. Aktivität des Bleioxids PbO in PbO—SiO$_2$-Schmelzen nach M. L. Kapoor und M. G. Frohberg [117]

Aus den Aktivitäten a_{PbO} und a_{SiO_2} wurde für die flüssigen PbO—SiO$_2$-Mischungen die integrale Freie Mischungsenthalpie

$$\Delta G^{M} = RT\,(x_{PbO}\cdot\ln a_{PbO} + x_{SiO_2}\cdot\ln a_{SiO_2}) \tag{5.60}$$

und aus deren Temperaturabhängigkeit die integrale Mischungsenthalpie

$$\Delta H^{M} = \left[\frac{\partial(\Delta G^{M}/T)}{\partial(1/T)}\right]_{x_{PbO},\,x_{SiO_2}} \tag{5.61}$$

sowie die integrale Mischungsentropie

$$\Delta S^{M} = \left[\frac{\partial\Delta G^{M}}{\partial T}\right]_{x_{PbO},\,x_{SiO_2}} \tag{5.62}$$

hergeleitet (Bild 5.49).

Der experimentell bestimmte Verlauf der Aktivität a_{PbO} in PbO—SiO$_2$-Schmelzen kann mit theoretischen Aktivitätskurven verglichen werden, die unter bestimmten Annahmen über die Ionenstruktur der Schmelzen mit der Voraussetzung eines idealen Lösungsverhaltens der Ionen zu berechnen sind. Die folgenden Ausführungen geben Rechnungen wieder, die von G. G. Charette und S. N. Flengas [114] ausgeführt wurden. In Silikatschmelzen können auf Grund einer starken Neigung zur Polymerisation eine Vielzahl von Anionen und Anionenstrukturen auftreten. Im Konzentrationsbereich zwischen dem reinen PbO und dem Orthosilikat $2PbO \cdot SiO_2$ existieren neben Pb^{2+}-Kationen die beiden Anionenarten SiO_4^{4-} und O^{2-}.

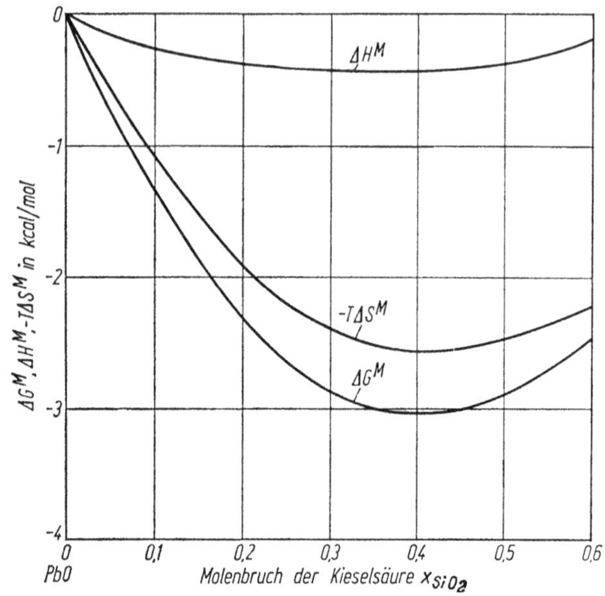

Bild 5.49. Integrale Mischungsenthalpie ΔH^M, Produkt $- T \cdot \Delta S^M$ und integrale Freie Mischungsenthalpie ΔG^M in $PbO-SiO_2$-Schmelzen bei 1000°C nach M. L. Kapoor und M. G. Frohberg [117]

Zur Bildung des Orthosilikatkomplexes SiO_4^{4-} werden Sauerstoffionen benötigt, welche die Bindungen des SiO_2 aufbrechen

$$2O^{2-} + SiO_2 \rightleftharpoons SiO_4^{4-} \tag{5.63}$$

und von dem Metalloxid PbO geliefert werden. Diesem Umsatz entspricht für die Anionen der Schmelze die Bilanz

$$n_{SiO_4^{4-}} = n_{SiO_2} \tag{5.64}$$

$$n_{O^{2-}} = n_{PbO} - 2n_{SiO_2} \tag{5.65}$$

Die Aktivität des Bleioxids kann damit nach dem einfachen Ansatz von M. Temkin [118] wie folgt formuliert werden

$$a_{PbO} = N_{Pb^{2+}} \cdot N_{O^{2-}} = \frac{n_{O^{2-}}}{n_{O^{2-}} + n_{SiO_4^{4-}}} \tag{5.66}$$

Hierin ist $N_{Pb^{2+}} = 1$ der Ionenbruch der Kationen, $N_{O^{2-}}$ der Ionenbruch der Anionen. Aus Gleichung (5.66) folgt unter Einbeziehung der Gleichungen (5.64) und (5.65) für die Abhängigkeit der Aktivität a_{PbO} vom Molenbruch x_{PbO} die Beziehung

$$a_{PbO} = \frac{3\,x_{PbO} - 2}{2\,x_{PbO} - 1}, \tag{5.67}$$

wobei $x_{PbO} = n_{PbO}/(n_{PbO} + n_{SiO_2})$ ist.

Wird den Berechnungen der PbO-Aktivität die Bildung des Metasilikatkomplexes SiO_3^{2-} entsprechend dem Umsatz

$$O^{2-} + SiO_2 \rightleftharpoons SiO_3^{2-} \tag{5.68}$$

zugrunde gelegt, so ergibt sich die Beziehung

$$a_{PbO} = N_{O^{2-}} = \frac{n_{O^{2-}}}{n_{O^{2-}} + n_{SiO_3^{2-}}} = \frac{2\,x_{PbO} - 1}{x_{PbO}} \tag{5.69}$$

In Bild 5.50 sind die mit der Annahme des Orthosilikatkomplexes SiO_4^{4-} und des Metasilikatkomplexes SiO_3^{2-} berechneten Aktivitäten a_{PbO} über dem Molen-

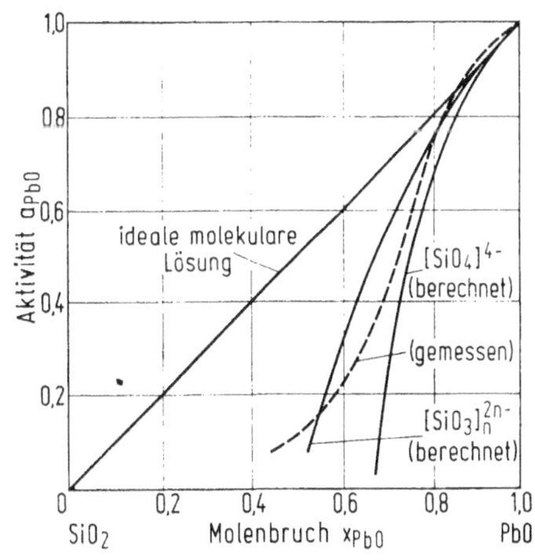

Bild 5.50. Aktivität des Bleioxids PbO in PbO—SiO_2-Schmelzen. Vergleich der gemessenen und mit der Annahme von $[SiO_4]^{4-}$- bzw. $[SiO_3]_n^{2n-}$-Komplexen berechneten a_{PbO}-Wert nach G. G. Charette und S. N. Flengas [114]

bruch x_{PbO} als ausgezogene Kurven dargestellt. Der Vergleich mit der elektrochemisch ermittelten Aktivitätskurve (gestrichelt) zeigt, daß für den untersuchten Konzentrationsbereich der Bleisilikatschmelzen keine der beiden Annahmen über die Ionenstruktur exakt zutrifft.

Weitere elektrochemische Messungen an schmelzflüssigen Silikaten liegen für die Systeme SnO—SiO_2 [119], NiO—SiO_2 [120] und CoO—SiO_2 [120] vor.

5.2.9. Messung der Bildungsdrücke von Oxiden und Mischoxiden

Der Bildungs- und Zersetzungsdruck ist die bestimmende Kenngröße für die chemische Stabilität von Metalloxiden. Er ist für das Metalloxid Me_xO_y über die chemische Gleichgewichtskonstante der Reaktion

$$x\text{Me} + \frac{y}{2}\,\text{O}_2 \rightleftharpoons \text{Me}_x\text{O}_y \tag{5.70}$$

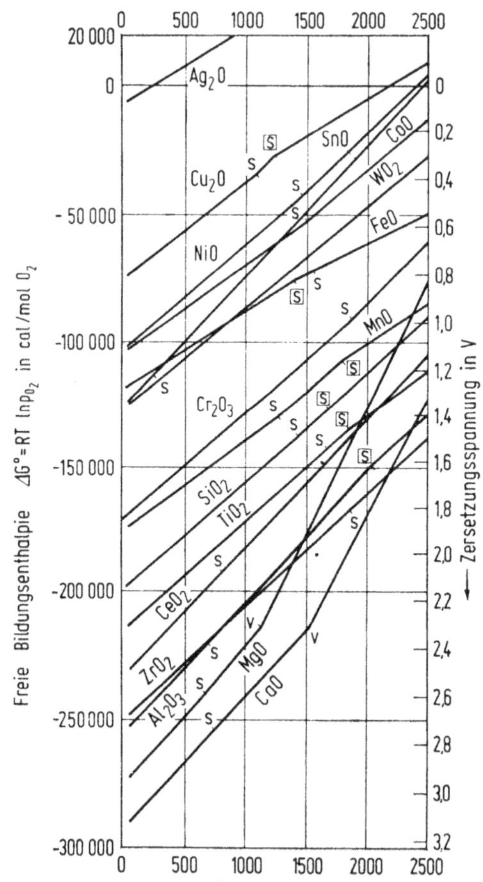

Bild 5.51. Freie Reaktionsenthalpien [121] sowie daraus errechnete Zersetzungsspannungen metallurgisch wichtiger Metalloxide in Abhängigkeit von der Temperatur

S = Schmelzpunkt Metall, [S] = Schmelzpunkt Metalloxid, V = Verdampfungspunkt Metall

mit der Freien Reaktionsenthalpie verknüpft:

$$\Delta G^0_{\mathrm{Me}_x\mathrm{O}_y} = \frac{y}{2} RT \ln p_{\mathrm{O}_2}, \tag{5.71}$$

wobei für den Bezugszustand der Reaktionspartner reines Metalloxid und reines Metall sowie gasförmiger Sauerstoff von 1 atm gewählt sind. Die Temperaturfunktionen der Freien Reaktionsenthalpien einer Reihe metallurgisch wichtiger Metalloxide

$$\Delta G^0_{\mathrm{Me}_x\mathrm{O}_y} = \Delta H^0_{\mathrm{Me}_x\mathrm{O}_y} - T\Delta S^0_{\mathrm{Me}_x\mathrm{O}_y} \tag{5.72}$$

mit

$$\Delta H^0_{\mathrm{Me}_x\mathrm{O}_y} = A \text{ und } -\Delta S^0_{\mathrm{Me}_x\mathrm{O}_y} = B$$

als angenäherten Konstanten sind in Bild 5.51 und Tabelle 5.8 nach den Angaben von J. F. Elliott, M. Gleiser und V. Ramakrishna [121] zusammengestellt.

Tabelle 5.8. Freie Reaktionsenthalpien für die Bildung von Metalloxiden bei hohen Temperaturen $\Delta G^0 = A + B \cdot T$ (cal · mol^{-1}) nach J. F. Elliott, M. Gleiser, V. Ramakrishna [121]

Reaktion	Temperaturbereich °C	A cal	B cal · K^{-1}	lg p_{O_2} bei 1600 °C p_{O_2} in atm
$2\,\mathrm{Al_{fl}} + 3/2\,\mathrm{O_2} \rightleftharpoons \mathrm{Al_2O_{3f}}$	1230–1730	−401500	76,91	−20,04
$2\,\mathrm{Cr_f} + 3/2\,\mathrm{O_2} \rightleftharpoons \mathrm{Cr_2O_{3f}}$	1230–1730	−270550	61,35	−12,12
$\mathrm{Co_f} + 1/2\,\mathrm{O_2} \rightleftharpoons \mathrm{CoO_f}$	1230–1490	− 56900	17,50	–
$\mathrm{Co_{fl}} + 1/2\,\mathrm{O_2} \rightleftharpoons \mathrm{CoO_f}$	1490–1730	− 60500	19,53	− 5,58
$2\,\mathrm{Cu_{fl}} + 1/2\,\mathrm{O_2} \rightleftharpoons \mathrm{Cu_2O_{fl}}$	1230–1730	− 34950	14,40	− 1,86
$\mathrm{Fe} + 1/2\,\mathrm{O_2} \rightleftharpoons$ „FeO"$_\mathrm{f}$	1230–1380	− 62600	15,18	–
$\mathrm{Fe} + 1/2\,\mathrm{O_2} \rightleftharpoons$ „FeO"$_\mathrm{fl}$	1390–1530	− 54850	10,47	–
$\mathrm{Fe_{fl}} + 1/2\,\mathrm{O_2} \rightleftharpoons$ „FeO"$_\mathrm{fl}$	1530–1730	− 56900	11,82	− 8,11
$3\,\mathrm{Fe} + 2\,\mathrm{O_2} \rightleftharpoons \mathrm{Fe_3O_{4f}}$	1230–1390	−259450	70,84	–
$3\,\mathrm{Fe} + 2\,\mathrm{O_2} \rightleftharpoons \mathrm{Fe_3O_{4f}}$	1390–1530	−259550	70,91	–
$2\,\mathrm{Fe} + 3/2\,\mathrm{O_2} \rightleftharpoons \mathrm{Fe_2O_{3f}}$	1230–1390	−191300	57,60	–
$2\,\mathrm{Fe} + 3/2\,\mathrm{O_2} \rightleftharpoons \mathrm{Fe_2O_{3f}}$	1390–1530	−190950	57,46	–
$\mathrm{Mn_{fl}} + 1/2\,\mathrm{O_2} \rightleftharpoons \mathrm{MnO_f}$	1245–1730	− 97550	21,22	−13,49
$3\,\mathrm{Mn_{fl}} + 2\,\mathrm{O_2} \rightleftharpoons \mathrm{Mn_3O_{4f}}$	1245–1560	−339050	89,06	–
$\mathrm{Mo_f} + \mathrm{O_2} \rightleftharpoons \mathrm{MoO_{2f}}$	1230–1730	−130800	34,17	− 7,80
$\mathrm{Ni_f} + 1/2\,\mathrm{O_2} \rightleftharpoons \mathrm{NiO_f}$	1230–1450	− 55900	20,01	–
$\mathrm{Ni_{fl}} + 1/2\,\mathrm{O_2} \rightleftharpoons \mathrm{NiO_f}$	1455–1730	− 60350	22,61	− 4,20
$\mathrm{Si_{fl}} + \mathrm{O_2} \rightleftharpoons \mathrm{SiO_{2f}}$	1415–1710	−226500	47,50	−16,05
$\mathrm{Sn_{fl}} + \mathrm{O_2} \rightleftharpoons \mathrm{SnO_{2f}}$	1230–1625	−135500	47,15	− 5,51
$\mathrm{Sn_{fl}} + \mathrm{O_2} \rightleftharpoons \mathrm{SnO_{2fl}}$	1625–1730	−122650	40,33	–
$2\,\mathrm{Ta_f} + 5/2\,\mathrm{O_2} \rightleftharpoons \mathrm{Ta_2O_{5f}}$	1230–1730	−475450	94,08	−13,96
$\mathrm{Ti_f} + \mathrm{O_2} \rightleftharpoons \mathrm{TiO_{2f}}$	1230–1665	−223500	41,55	−17,01
$\mathrm{V_f} + 1/2\,\mathrm{O_2} \rightleftharpoons \mathrm{VO_f}$	1230–1730	− 96000	17,78	− 7,32
$\mathrm{W_f} + \mathrm{O_2} \rightleftharpoons \mathrm{WO_{2f}}$	1230–1730	−134800	38,92	− 7,22
$\mathrm{Zr_f} + \mathrm{O_2} \rightleftharpoons \mathrm{ZrO_{2f}}$	1230–1730	−258000	42,50	−20,82

Zur Bestimmung der Sauerstoffgleichgewichtsdrücke von Metalloxiden wurden bisher vorwiegend die folgenden Methoden angewandt:

a) Die Berechnung aus den Standard-Bildungswärmen und -bildungsentropien sowie den kalorimetrisch ermittelten Wärmeinhaltsdaten für höhere Temperaturen.

b) Die unmittelbare Messung der Zersetzungsdrücke im Fall leicht dissoziierender Metalloxide.

c) Die Anwendung von Hilfsgasgleichgewichten zur Oxydation oder Reduktion im heterogenen Reaktionssystem wie z. B.

$$\mathrm{Me}_x\mathrm{O}_y + yH_2 \rightleftharpoons x\mathrm{Me} + y\mathrm{H_2O}$$

Eine weitere Methode, die der Messung des Sauerstoffpotentials in einer galvanischen Zelle, ist grundsätzlich ebenfalls seit langem bekannt. Sie wurde jedoch lange Zeit wegen des Mangels an geeigneten Festelektrolyten im Bereich höherer Temperaturen nur vereinzelt benutzt, so etwa von W. D. Treadwell [122], der an Sauerstoffkonzentrationszellen mit Quarz- oder Porzellanrohren als Elektrolyt und einer an Sauerstoff bei $p_{\mathrm{O}_2} = 1$ atm gesättigten Silberschmelze als Bezugselektrode um 1000 °C die Sauerstoffpotentiale Fe—FeO-, FeO—$\mathrm{Fe_3O_4}$-, Ni—NiO-, Pb—PbO-, Cu—$\mathrm{Cu_2O}$-, $\mathrm{Fe_3O_4}$—$\mathrm{Fe_2O_3}$- und $\mathrm{Cu_2O}$—CuO-Gemengen bestimmte.

Erst nach der Wiederentdeckung des Festelektrolyten dotiertes Zirkonoxid und dem Erscheinen der anregenden Arbeiten von K. Kiukkola und C. Wagner [123, 124] sowie H. Peters und H.-H. Möbius [125, 126] fand die EMK-Methode schlagartig Eingang in zahlreiche Forschungslaboratorien. Seitdem sind in der verhältnismäßig kurzen Zeit von 15 Jahren die Sauerstoffgleichgewichtsdrücke nahezu aller technisch bedeutsam reinen Metalloxide und einer Vielzahl von Mischoxiden und ternären Oxidverbindungen über galvanische Zellen mit Zirkonoxid- oder Thoriumoxid-Festelektrolyten gemessen worden. Die gewonnenen Daten stimmen in der Regel mit den nach den Verfahren a) bis c) ermittelten Ergebnissen gut überein. Im folgenden wird über die EMK-Messungen an einzelnen Metalloxiden an Hand ausgewählter Beispiele berichtet.

5.2.9.1. Reine Metalloxide

Die Zellreaktion in einer Sauerstoffkonzentrationszelle

$$\mathrm{Me, MeO\ (I)} \,|\, \mathrm{Festelektrolyt} \,|\, \mathrm{Me, MeO\ (II)}$$

mit einem überwiegend ionenleitenden Elektrolyten kann als Überführung des Sauerstoffs aus der Metall-Metalloxid-Phase I in die Metall-Metalloxid-Phase II formuliert werden, womit die meßbare Zellspannung der Beziehung

$$E = \frac{\Delta G^0_{MeO}(I) - \Delta G^0_{MeO}(II)}{2F} = \frac{RT}{4F} \ln \frac{p_{O_2}(I)}{p_{O_2}(II)} \quad (5.73)$$

folgt. Als Sauerstoffvergleichselektrode wird häufig ein Metall-Metalloxid-Gemenge gewählt, dessen Gleichgewichtspotential aus tabellierten Daten hinreichend genau bekannt ist oder an einer galvanischen Zelle gegen eine Platin-Luft- oder eine Platin-Sauerstoff-Elektrode experimentell bestimmt wurde. Gelegentlich wird auch die Platin-Sauerstoff-Elektrode unmittelbar als Referenzelektrode verwendet.

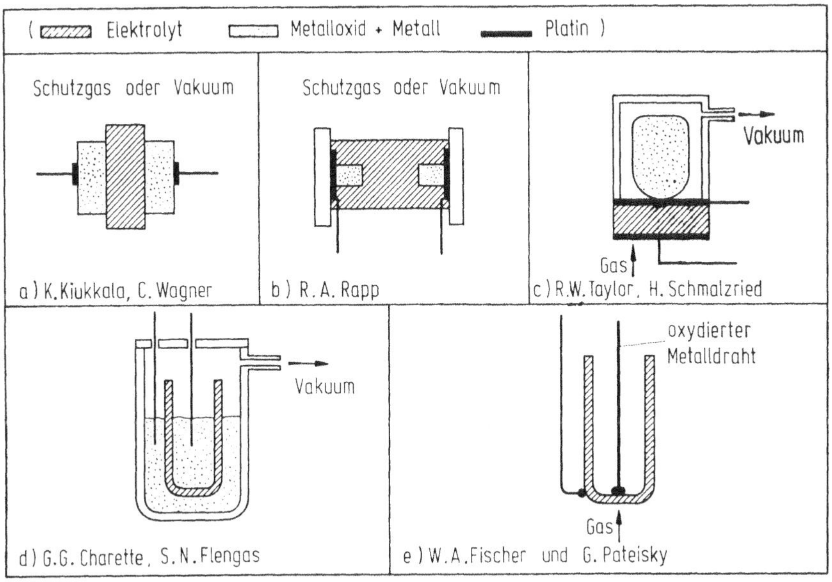

Bild 5.52. Zelltypen zur elektrochemischen Messung der Sauerstoffgleichgewichtsdrücke von Metalloxiden

a) [124]; b) [183]; c) [237]; d) [131]; e) [127]

Einige grundsätzliche Zelltypen zur elektrochemischen Messung des Sauerstoffpotentials von Metalloxiden sind in Bild 5.52 schematisch dargestellt. Bei allen Meßanordnungen ist sorgfältig zu beachten, daß sich die Metall-Metalloxid-Pulverproben unter Schutzgasatmosphären aus Ar, N_2 oder He oder unter kontrollierten Mischgasatmosphären befinden. Gelegentlich wird in geschlossenen Reaktionssystemen während der Messungen auch ein Vakuum aufrechterhalten. Die Einstellung des Gleichgewichtszustandes von Metall und Metalloxid erfordert im Bereich der hier in Frage kommenden Meßtemperaturen (500 bis 1400 °C) Wartezeiten in der Größenordnung von 10 bis 30

Stunden. Eine Sonderstellung nimmt der von W. A. Fischer und G. Pateisky [127] vorgeschlagene und erprobte Zelltyp ein, in dem an Stelle von Pulvergemischen 1 mm starke, oxydierte Metalldrähte als innere Meßelektroden in Zirkonoxid-Rohrzellen verwendet wurden. Diese Zellen zeigten schon nach Haltezeiten von 10 bis 15 Minuten konstante und reproduzierbare EMK-Werte.

Eisenoxide

Das Eisen bildet mit dem Sauerstoff in festem Zustand die drei stabilen Verbindungen $Fe_{1-x}O$, Fe_3O_4 und Fe_2O_3, die in einem Ausschnitt des Zustandsschaubildes in Bild 5.53 wiedergegeben sind [126a].

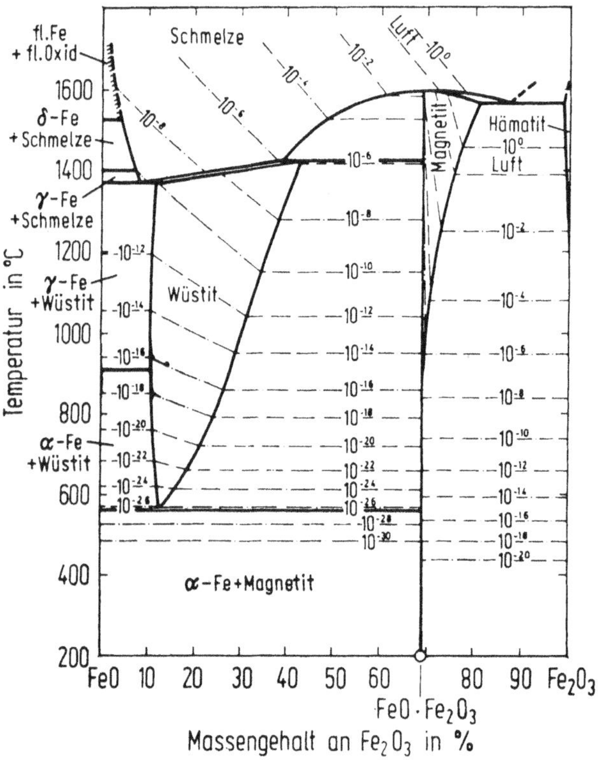

Bild 5.53. Phasendiagramm $FeO-Fe_2O_3$ nach A. Muan und E. F. Osborn [126 a] (gestrichelte Linien sind Sauerstoff-Isobaren in atm)

Die Verbindung Wüstit $Fe_{1-x}O$ stellt eine homogene Mischphase mit einem vollbesetzten Sauerstoffteilgitter und Leerstellen im Eisenionengitter dar und existiert bei Sauerstoffgehalten zwischen 23,1 und 25,6% und Temperaturen zwischen 570 und 1420 °C. Durch EMK-Messungen an Festelektrolytzellen konnten wesentliche Beiträge zur Untersuchung der thermodynamischen Eigenschaften der Wüstitphase erbracht werden. So wurden die Freien Reaktionsenthalpien für die Gleichgewichte mit den Nachbarphasen reines Eisen und Magnetit Fe_3O_4 unmittelbar gemessen, die Sauerstoffgrenzgehalte für den Existenzbereich im Zustandsschaubild festgelegt und der Fehlordnungsgrad in Abhängigkeit vom Sauerstoffpartialdruck der Gasphase bestimmt.

Für das über EMK-Messungen ermittelte Reaktionsgleichgewicht

$$2(1-x)\,\mathrm{Fe} + \mathrm{O}_2 \rightleftharpoons 2\,\mathrm{Fe}_{1-x}\mathrm{O} \tag{5.74}$$

sind die Freien Bildungsenthalpien in Abhängigkeit von der Temperatur in Tabelle 5.9 zusammengestellt. Die von den verschiedenen Bearbeitern ermit-

Tabelle 5.9. $2(1-x)\,\mathrm{Fe} + \mathrm{O}_2 \rightleftharpoons 2\,\mathrm{Fe}_{1-x}\mathrm{O}$

$\Delta G^0 = A + BT$ cal · mol^{-1}	Genauigkeit cal	Temperaturbereich °C	Autoren
$-115220 + 28{,}26\,T$	± 600	500— 906	Y. Matsushita, K. Gotó [156]
$-126100 + 31{,}50\,T$		730—1230	J. D. Tretyakov, H. Schmalzried [129]
$-124900 + 30{,}26\,T$	± 1500	540—1200	H. F. Rizzo, R. S. Gordon, I. B. Cutler [130]
$-125900 + 30{,}98\,T$		630—1270	G. G. Charette, S. N. Flengas [131]
$-127100 + 31{,}68\,T$		700—1100	J. Moriyama, N. Sato, H. Asao, Z. Kozuka [132]
$-127600 + 32{,}57\,T$		530—1370	W. A. Fischer, G. Pateisky [127]
$-108690 + 20{,}94\,T$		1370—1530	W. A. Fischer, G. Pateisky [127]

telten Enthalpie- und Entropieglieder stimmen untereinander recht gut überein [127—132]. Die Änderung der Reaktionsentropie nach dem Schmelzen der Wüstitphase bei 1370 °C wird durch einen flacheren Anstieg der ΔG^0-Funktion deutlich angezeigt [127].

Das elektrochemisch gemessene Gleichgewicht der Reaktion

$$6(1-x)\,\mathrm{FeO} + \mathrm{O}_2 \rightleftharpoons 2\,\mathrm{Fe}_{3-y}\mathrm{O}_4 \tag{5.75}$$

wird durch die in Tabelle 5.10 wiedergegebenen Beziehungen zwischen ΔG^0 und der Temperatur beschrieben, die ebenfalls eine gute Übereinstimmung der Untersuchungsergebnisse verschiedener Verfasser erkennen lassen. Über die Reaktion

$$\left(\frac{(3-y)}{2}\right)\mathrm{Fe} + \mathrm{O}_2 \rightleftharpoons \frac{1}{2}\,\mathrm{Fe}_{3-y}\mathrm{O}_4 \tag{5.76}$$

unterhalb 570 °C liegt eine Arbeit von G. Barbi [133, 134] vor (Tabelle 5.10).

Tabelle 5.10

$\Delta G^0 = A + BT$ cal · mol^{-1}	Temperaturbereich °C	Autoren
	$6(1-x)\,FeO + O_2 \rightleftharpoons 2\,Fe_{3-y}O_4$	
$-151930 + 60{,}87\,T$	900–1200	H. F. Rizzo, R. S. Gordon, I. B. Cutler [130]
$-149080 + 58{,}75\,T$	675– 900	G. G. Charette, S. N. Flengas [131]
$-151400 + 60{,}37\,T$	700–1100	J. Moriyama, N. Sato H. Asao, Z. Kozuka [132]
	$3/2(1-x)\,Fe + O_2 \rightleftharpoons 1/2\,Fe_{3-y}O_4$	
$-134775 + 41{,}58\,T$	430–570	G. Barbi [133, 134]

Die Phasengrenzen für den Existenzbereich des Wüstits wurden durch eine coulometrische Änderung des Fe/O-Verhältnisses in einer Festleiterzelle

$$Pt|Fe,\ Fe_{1-x}O \,\|\, ZrO_2(CaO) \,\|\, Fe_{1-x}O\ (Vakuum)|Pt$$

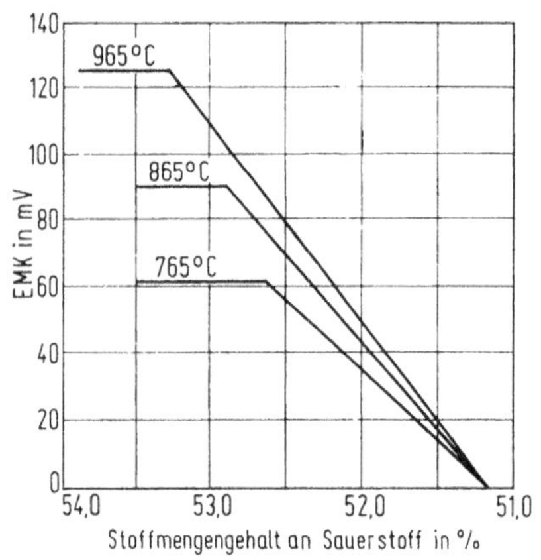

Bild 5.54. EMK der Zelle Pt|Fe, $Fe_{1-x}O \| ZrO_2(CaO) \| Fe_{1-x}O|Pt$ in Abhängigkeit vom Sauerstoffgehalt der Wüstitphase $Fe_{1-x}O$ nach F. E. Rizzo u. a. [135, 136]

untersucht [135, 136]. Bild 5.54 zeigt, daß die EMK im Bereich der homogenen Wüstitphase linear vom Sauerstoffgehalt abhängt, in den heterogenen Bereichen Fe + $Fe_{1-x}O$ und $Fe_{1-x}O$ + Fe_3O_4 dagegen konstant bleibt. Die Sauerstoffgrenzgehalte können bei 765 °C mit 51,2 und 52,6 At.-%, bei 865 °C mit 51,2 und 52,9 At.-% und bei 965 °C mit 51,2 und 53,3 At.-% angegeben werden.

In der Wüstitphase werden die entsprechend dem Eisenunterschuß x vorhandenen Eisenionenleerstellen V''_{Fe} durch je zwei dreiwertige Eisenionen auf Gitterplätzen der zweiwertigen Eisenionen bzw. durch je zwei Defektelektronen $h^{\cdot}$ repräsentiert (Bild 5.55) [136a]. Diese Gitterfehlordnung kann durch die

Reaktionsgleichung

$$\frac{1}{2}\,O_2\,(\text{Gas}) + Fe_{Fe} \rightleftharpoons V''_{Fe} + 2h^{\cdot} + FeO \tag{5.77}$$

beschrieben werden. Im Gleichgewichtsfall ergibt sich aus dieser Beziehung mit der Annahme ideal verdünnter Lösungen der Fehlstellen die Abhängigkeit

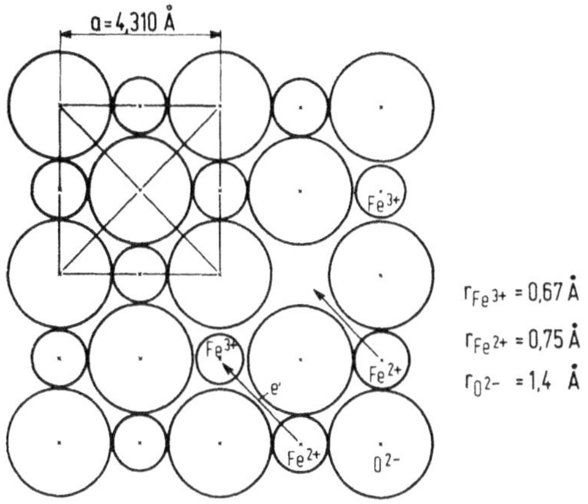

Bild 5.55. Ionengitter des Wüstits $Fe_{1-x}O$ mit einer Eisenionenleerstelle und zwei dreiwertigen Eisenionen nach L. von Bogdandy und H.-J. Engell [136a]

der Konzentration der Eisenionenleerstellen bzw. des Eisenunterschusses x vom Sauerstoffpartialdruck

$$[V''_{Fe}] = x = k \cdot p_{O_2}^{1/6} \tag{5.78}$$

Der Fehlordnungsgrad x des Wüstits und seine Abhängigkeit vom Sauerstoffpartialdruck wurden durch coulometrische Titration an einer Festelektrolytzelle untersucht, deren Aufbau als geschlossenes System in Bild 5.52c wiedergegeben ist [137]. Mit Hilfe eines elektrischen Gleichstroms wird eine vorgegebene Menge an Sauerstoff

$$n_{O_2} = \frac{I \cdot t}{4F} \tag{5.79}$$

n_{O_2} Mole Sauerstoff
I Titrationsstrom in A
t Titrationszeit in s
F Faraday-Konstante

durch den Festelektrolyten in den Gasraum der Wüstitprobe hineintransportiert. Damit wird in der Probe und deren Umgebung ein erhöhter Sauerstoffpartialdruck eingestellt. Die angebotene Sauerstoffmenge wird von der Probe aufgenommen, über der sich dementsprechend ein erhöhter Sauerstoffpartialdruck einstellt. Bei Anwendung dieser Methode wird vorausgesetzt, daß kein Sauerstoff von außen in den geschlossenen Gasraum einwandert. Die Änderung des Fehlordnungsgrades, bezogen auf einen bekannten Wert bei festgelegtem Sauerstoffpartialdruck, ergibt sich aus der titrierten Sauerstoffmenge nach der Beziehung

$$\Delta x = \frac{2M_{\mathrm{FeO}}}{m_{\mathrm{FeO}}} \cdot \Delta n_{\mathrm{O}_2} \tag{5.80}$$

M Molmasse
m Masse in g

Bild 5.56 zeigt die ermittelte $x - p_{\mathrm{O}_2}$-Abhängigkeit in doppelt-logarithmischer Darstellung [137]. Sie befolgt bei 1200 °C bis zu x-Werten von 0,10 den nach Gleichung (5.78) geforderten Anstieg d lg x/d lg $p_{\mathrm{O}_2} = 1/6$, der dann mit weiter steigendem x bis auf 1/8 nahe dem Gleichgewicht $\mathrm{Fe}_{1-x}\mathrm{O}/\mathrm{Fe}_3\mathrm{O}_4$ ($x = 0{,}145$) abnimmt. Als Bezugsgröße für den Eisenunterschuß x wurde der Wert 0,05 [138] bei 1200 °C entsprechend dem Fe—$\mathrm{Fe}_{1-x}\mathrm{O}$-Gleichgewicht gewählt.

Die Verbindung Magnetit $\mathrm{Fe}_{3-y}\mathrm{O}_4$ ist ebenfalls, allerdings erst bei Temperaturen über 900 °C und in einem enger begrenzten Konzentrationsbereich, als eine homogene Mischphase mit einem Eisenunterschuß zu betrachten. Die

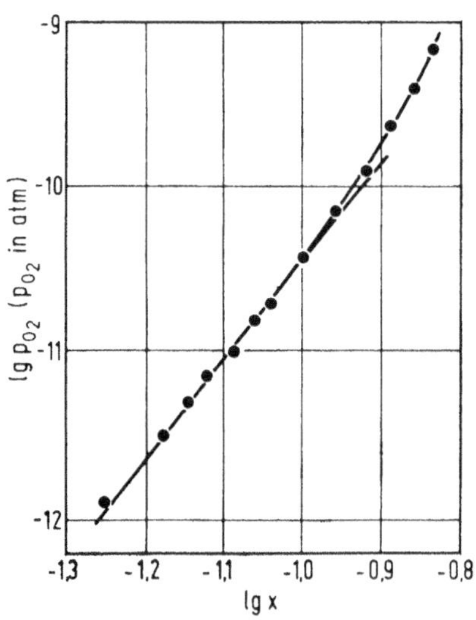

Bild 5.56.

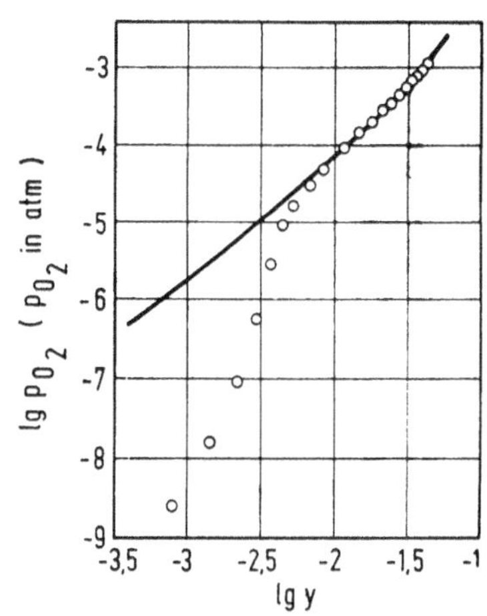

Bild 5.57.

Bild 5.56. Sauerstoffpartialdruck in Abhängigkeit vom Eisendefizit x im Wüstit $\mathrm{Fe}_{1-x}\mathrm{O}$ bei 1200 °C nach H.-G. Sockel und H. Schmalzried [137]

Bild 5.57. Sauerstoffpartialdruck in Abhängigkeit vom Eisendefizit y im Magnetit $\mathrm{Fe}_{3-y}\mathrm{O}_4$ bei 1200 °C nach H.-G. Sockel und H. Schmalzried [137]

Abhängigkeit des Eisenunterschusses y gegenüber der stöchiometrischen Zusammensetzung Fe_3O_4 vom Sauerstoffpartialdruck wurde gleichfalls durch coulometrische Sauerstofftitration an einer Festelektrolytzelle untersucht. Die Ergebnisse enthält Bild 5.57 [137]. Die Meßwerte für 1200 °C befolgen bei y-Werten über 0,004 bis zu 0,055 für das $Fe_{3-y}O_4$—Fe_2O_3-Gleichgewicht den theoretischen Kurvenverlauf für eine inverse oder statistische Verteilung der Kationen.

Die Temperaturabhängigkeit der Gleichgewichtskonstanten für die Reaktion

$$4\,Fe_3O_4 + O_2 \rightleftharpoons 6\,Fe_2O_3 \tag{5.81}$$

wurde von verschiedenen Verfassern durch EMK-Messungen an Festelektrolytzellen bestimmt [131, 132, 139, 140]. Dabei wurde eine Fehlordnung in den Oxiden nicht berücksichtigt. Die ΔG^0-Temperatur-Funktionen im Temperaturbereich zwischen 700 und 1100 °C sind in Tabelle 5.11 zusammengefaßt.

Tabelle 5.11. $4\,Fe_3O_4 + O_2 \rightleftharpoons 6\,Fe_2O_3$

$\Delta G^\circ = A + BT$ cal · mol^{-1}	Temperaturbereich °C	Autoren
$-103\,860 + 70{,}78\,T$	815—1050	R. N. Blumenthal, D. H. Whitmore [139]
$-118\,094 + 67{,}72\,T$	695—1100	G. G. Charette, S. N. Flengas [131]
$-124\,000 + 71{,}70\,T$	700—1100	J. Moriyama, N. Sato, H. Asao, Z. Kozuka [132]
$-118\,530 + 67{,}99\,T$	800—1050	P. E. C. Bryant, W. W. Smeltzer [140]

Manganoxide

Das Mangan bildet mit dem Sauerstoff in festem Zustand ähnlich dem Eisen mehrere stabile Verbindungen der Zusammensetzung „MnO", „Mn_3O_4", „Mn_2O_3" und „MnO_2". Ein vollständiges Zustandsschaubild Mangan-Sauerstoff wurde bisher nicht aufgestellt, da die verfügbaren Daten besonders über Abweichungen der angegebenen Verbindungen von der stöchiometrischen Zusammensetzung und den Existenzbereich homogener Mischphasen mit einer sauerstoffdruckabhängigen Gitterfehlordnung noch lückenhaft sind.

Die EMK-Methode wurde bisher nur zur Bestimmung der Freien Bildungsenthalpien verschiedener Manganoxide benutzt. Tabelle 5.12 gibt eine Übersicht der elektrochemisch ermittelten Gleichgewichtsdaten für die Reaktionen

$$2\,Mn_{fl} + O_2 \rightleftharpoons 2\,MnO \; [141] \tag{5.82}$$

$$6\,MnO + O_2 \rightleftharpoons 2\,Mn_3O_4 \; [131, 139, 142) \tag{5.83}$$

$$4\,Mn_3O_4 + O_2 \rightleftharpoons 6\,Mn_2O_3 \; [131] \tag{5.84}$$

Tabelle 5.12

$\Delta G^0 = A + BT$ cal · mol^{-1}	Temperaturbereich °C	Autoren
	$2\,Mn_{fl} + O_2 \rightleftharpoons 2\,MnO$	
$-195880 + 42{,}74\,T$	1260–1550	K. Schwerdtfeger [141]
	$6\,MnO + O_2 \rightleftharpoons 2\,Mn_3O_4$	
$-\ 92790 + 53{,}62\,T$	788–1051	R. N. Blumenthal, D. H. Whitmore [139]
$-111700 + 56{,}3\,T$	925–1200	K. Schwerdtfeger, A. Muan [142]
$-106310 + 53{,}17\,T$	720–1120	G. G. Charette, S. N. Flengas [131]
	$4\,Mn_3O_4 + O_2 \rightleftharpoons 6\,Mn_2O_3$	
$-\ 54220 + 44{,}02\,T$	610–850	G. G. Charette, S. N. Flengas [131]

Weitere EMK-Messungen könnten wesentliche Kenntnisse über den Existenzbereich und die Fehlordnung von Manganoxid-Mischphasen vermitteln und damit zu einer Vervollständigung des Zustandsdiagramms beitragen.

Kobaltoxid

Ähnlich dem Eisenoxid $Fe_{1-x}O$ stellt auch das Kobaltoxid $Co_{1-x}O$ eine Mischphase mit Metallunterschuß dar [143]. Die Sauerstoffpartialdrücke des $Co_{1-x}O$ im Gleichgewicht mit metallischem Kobalt wurden von mehreren Verfassern im Temperaturbereich von 600 bis 1440 °C elektrochemisch untersucht [124, 127, 129, 132] (Tabelle 5.13).

Tabelle 5.13. $2(1-x)\,Co + O_2 \rightleftharpoons 2\,Co_{1-x}O$

$\Delta G^0 = A + BT$ cal · mol^{-1}	Temperaturbereich °C	Autoren
$-112700 + 34{,}2\ T$	900–1100	K. Kiukkola, C. Wagner [124]
$-115200 + 27{,}22\,T$	730–1230	J. D. Tretyakov, H. Schmalzried [129]
$-112000 + 33{,}83\,T$	700–1100	J. Moriyama, N. Sato, H. Asao, Z. Kozuka [132]
$-111350 + 33{,}74\,T$	600–1440	W. A. Fischer, G. Pateisky [127]

Eine Untersuchung des Fehlordnungsgrades der $Co_{1-x}O$-Phase in Abhängigkeit vom Sauerstoffpartialdruck der Gasatmosphäre wurde mit Hilfe der coulometrischen Sauerstofftitration durchgeführt [137]. Sie basiert auf der Annahme, daß die Fehlordnung auf der Bildung von Kationenleerstellen und Defektelektronen beruht. Bild 5.58 zeigt in doppelt-logarithmischer Darstellung den geradlinigen Verlauf des Kobaltunterschusses $\varkappa$ mit dem Sauerstoffpartialdruck bei 1200 °C zwischen $p_{O_2} = 10^{-2}$ und 10^{-7} atm. Für den Fehlordnungsgrad x des $Co_{1-x}O$ im Gleichgewicht mit Co wurde bei 1200 °C ein Wert von etwa $4 \cdot 10^{-5}$ ermittelt. Der Anstieg der $\lg x - \lg p_{O_2}$-Funktion

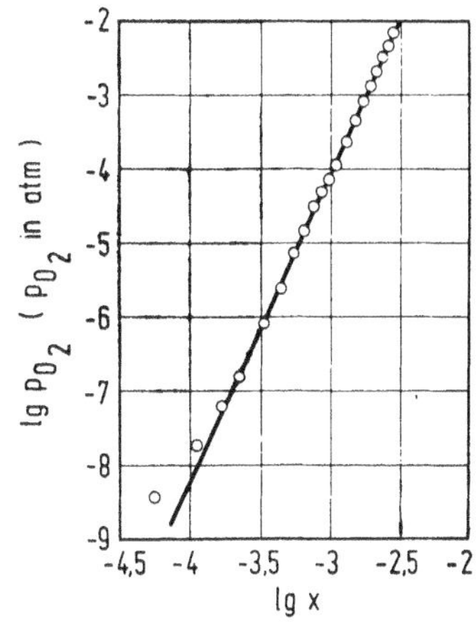

Bild 5.58. Sauerstoffpartialdruck in Abhängigkeit vom Kobaltdefizit x im Kobaltoxid $Co_{1-x}O$ bei 1200 °C nach H.-G. Sockel und H. Schmalzried [137]

beträgt 1/4, woraus auf eine Fehlordnung einwertiger Kationenleerstellen entsprechend der Gleichung

$$\frac{1}{2} O_2 \text{ (Gas)} + Co_{Co} \rightleftharpoons V'_{Co} + h^{\cdot} + CoO \tag{5.85}$$

geschlossen werden kann. Die Existenz der $Co_{1-x}O$-Mischphase bis zu einem Kobaltunterschuß x von $3 \cdot 10^{-3}$ wurde durch diese Messungen nachgewiesen.

Nickeloxid

Auch für das Nickeloxid $Ni_{1-x}O$ ist eine Abweichung x von der stöchiometrischen Zusammensetzung anzunehmen [144, 145]. Die Gleichgewichte des $Ni_{1-x}O$ mit metallischem Nickel werden durch die in Tabelle 5.14 dargestellten Daten

Tabelle 5.14. $2(1 - x)\, Ni + O_2 \rightleftharpoons 2\, Ni_{1-x}O$

$\Delta G^0 = A + BT$ cal · mol^{-1}	Temperaturbereich °C	Autoren
$-112260 + 40{,}8\, T$	750–1140	K. Kiukkola, C. Wagner [124]
$-113300 + 41{,}5\, T$	500–1100	T. L. Markin, L. E. J. Roberts, A. Walter [146]
$-116000 + 44{,}84\, T$	530– 930	G. Barbi [133]
$-112100 + 40{,}8\, T$	730–1230	J. D. Tretjakov, H. Schmalzried [129]
$-112200 + 40{,}8\, T$	730–1050	S. Pizzini, R. Morlotti [147]
$-111688 + 40{,}58\, T$	640–1100	G. G. Charette, S. N. Flengas [131]
$-114000 + 42{,}01\, T$	700–1100	J. Moriyama, N. Sato, H. Asao, Z. Kozuka [132]
$-110200 + 39{,}33\, T$	600–1450	W. A. Fischer, G. Pateisky [127]

für 500 bis 1450 °C beschrieben, die sämtlich über EMK-Messungen ermittelt wurden [124, 127, 129, 133, 146, 147].

Eine coulometrische Sauerstofftitration der $Ni_{1-x}O$-Phase in einer ZrO_2-Festelektrolytzelle wurde von H.-G. Sockel und H. Schmalzried [137] sowie Y. D. Tretyakov und R. A. Rapp [148] vorgenommen. Die Auftragung des

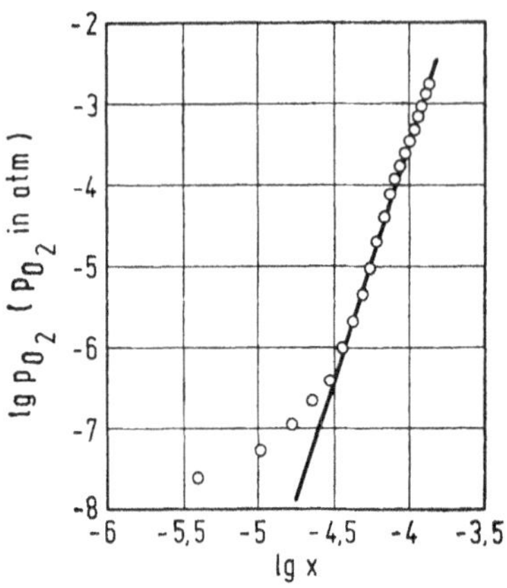

Bild 5.59. Sauerstoffpartialdruck in Abhängigkeit vom Nickeldefizit x in Nickeloxid $Ni_{1-x}O$ bei 1200 °C nach H.-G. Sockel und H. Schmalzried [137]

Fehlordnungsgrades $\lg x$ gegen den Sauerstoffgleichgewichtsdruck $\lg p_{O_2}$ der Gasphase ergibt übereinstimmend einen Anstieg von 1/6, der mit einer Bildung von zweiwertigen Kationenleerstellen nach dem Fehlordnungsgleichgewicht

$$\frac{1}{2}\, O_2\,(\text{Gas}) + Ni_{Ni} \rightleftharpoons V''_{Ni} + 2h^{\cdot} + NiO \tag{5.86}$$

zu erklären ist [137] (Bild 5.59). Die Temperaturabhängigkeit der Nickelionenleerstellen-Konzentration folgt im Bereich zwischen 800 und 1100 °C der Beziehung [148]

$$[V''_{Ni}] = x = 0{,}51 \cdot p_{O_2}^{1/6} \exp\left(-\frac{0.82}{kT}\right), \tag{5.87}$$

wobei der Präexponentialterm mit Fehlern von +0,21 und −0,15 und der Exponent mit einem Fehler von ±0.38 eV behaftet ist. Der lineare Zusammenhang zwischen dem Fehlordnungsgrad und dem Sauerstoffdruck

$$\lg x = \frac{1}{6} \lg p_{O_2} + \lg k \tag{5.88}$$

gilt in einem Bereich zwischen $x \approx 2 \cdot 10^{-5}$ und $x = 1.6 \cdot 10^{-4}$, wobei der erste Wert dem Gleichgewicht $Ni_{1-x}O/Ni$ entspricht [137].

Kupferoxide

Das Kupfer bildet mit dem Sauerstoff zwei feste Verbindungen: 1. das bei 1225 °C kongruent schmelzende Kupfer(I)-oxid Cu_2O und 2. das bei 1122 °C inkongruent schmelzende Kupfer(II)oxid CuO (Bild 5.23).

Das Reaktionsgleichgewicht

$$4\,Cu + O_2 \rightleftharpoons 2\,Cu_2O \tag{5.89}$$

wurde mehrfach über Festleiterzellen untersucht [124, 127, 128, 131, 132, 149—151], da $Cu—Cu_2O$-Gemenge häufig als feste Referenzelektroden dienen. Tabelle 5.15 gibt eine Übersicht der Gleichgewichtsdaten für diese Reaktion bei 500 bis 1080 °C.

Tabelle 5.15

$\Delta G^0 = A + BT$ cal · mol^{-1}	Temperaturbereich °C	Autoren
	$4\,Cu + O_2 \rightleftharpoons 2\,Cu_2O$	
−83940 + 37,26 *T*	800—1050	K. Kiukkola, C. Wagner [124]
−70720 + 33,36 *T*	500—1080	Y. Matsushita, K. Gotó [128]
−30640	1150	W. Pluschkell, H.-J. Engell [149]
−32400	1100	T. C. Wilder [150]
−26200	1200	T. C. Wilder [150]
−80400 + 34,74 *T*	700—1030	F. E. Rizzo, L. R. Bidwell, D. F. Frank [151]
−79710 + 34,08 *T*	650—1055	G. G. Charette, S. N. Flengas [131]
−81700 + 35,37 *T*	700—1100	J. Moriyama, N. Sato, H. Asao, Z. Kozuka [132]
−79220 + 33,68 *T*	600—1080	W. A. Fischer, G. Pateisky [127]
	$2\,Cu_2O + O_2 \rightleftharpoons 4\,CuO$	
−71500 + 39,94 *T*	700—1000	L. R. Bidwell [152]
−62690 + 45,28 *T*	620—1050	G. G. Charette, S. N. Flengas [131]

Die für die Reaktion

$$2\,Cu_2O + O_2 \rightleftharpoons 4\,CuO \tag{5.90}$$

elektrochemisch gemessenen Freien Bildungsenthalpien sind in Tabelle 5.15 angegeben [131, 152].

Eine Untersuchung über den Existenzbereich fehlgeordneter Kupferoxidphasen durch coulometrische Sauerstofftitration ist bisher nicht bekannt geworden. Für das Kupfer(I)-oxid Cu_2O werden bei höheren Sauerstoffdrücken

Metallionenleerstellen nach der Fehlordnungsgleichung

$$\frac{1}{2}\,O_2\,(\mathrm{Gas}) + 2\,Cu_{Cu} \rightleftharpoons 2\,V'_{Cu} + 2\,h^{\cdot} + Cu_2O, \tag{5.91}$$

bei niedrigeren Sauerstoffdrücken außerdem das Fehlordnungsgleichgewicht

$$\mathrm{Null} \rightleftharpoons h^{\cdot} + e' \tag{5.92}$$

angenommen [153].

Zinkoxid

Die Freie Bildungsenthalpie des festen Zinkoxids

$$2\,Zn\,(\mathrm{flüssig}) + O_2 \rightleftharpoons 2\,ZnO\,(\mathrm{fest}) \tag{5.93}$$

wurde im Temperaturbereich des schmelzflüssigen Zinks an der Konzentrationszelle

$$Pt|Ni, NiO \,|\, ZrO_2\,(CaO) \,|\, Zn, ZnO|Ta \; [154]$$

bestimmt. Die Messungen ergaben die Beziehung

$$\Delta G^0_{ZnO} = -170160 + 51{,}4\,T\;(\pm 200\ \mathrm{cal}) \tag{5.94}$$

für Temperaturen zwischen 420 und 900 °C.

Das Zinkoxid gehört in die Gruppe der Oxide, deren Abweichung von der stöchiometrischen Zusammensetzung durch einen Metallionenüberschuß entsprechend den Fehlordnungsgleichungen

$$ZnO + V_i \rightleftharpoons Zn_i^{\cdot\cdot} + 2\,e' + \frac{1}{2}\,O_2\,(\mathrm{Gas}) \tag{5.95}$$

bzw.

$$ZnO + V_i \rightleftharpoons Zn_i^{\cdot} + e' + \frac{1}{2}\,O_2\,(\mathrm{Gas}) \tag{5.96}$$

oder durch ein Sauerstoffdefizit entsprechend der Fehlordnungsgleichung

$$O_O \rightleftharpoons V_O^{\cdot\cdot} + 2\,e' + \frac{1}{2}\,O_2\,(\mathrm{Gas}) \tag{5.97}$$

beschrieben werden kann. Für eine eindeutige Entscheidung zwischen diesen beiden Fehlordnungstypen fehlen die notwendigen experimentellen Unterlagen [155].

Zinnoxide

Durch EMK-Messungen an Festleiterzellen wurden die Freien Bildungsenthalpien für das Zinn(II)-oxid

$$2\,Sn\,(\mathrm{flüssig}) + O_2 \rightleftharpoons 2\,SnO\,(\mathrm{fest}) \tag{5.98}$$

bei 500 bis 1100 °C zu

$$\Delta G^0_{SnO} = -122000 + 47{,}42\,T \ (\pm 100 \text{ cal}) \ [156] \qquad (5.99)$$

und für das Zinn(IV)-oxid

$$\text{Sn (flüssig)} + O_2 \rightleftharpoons SnO_2 \text{ (fest)} \qquad (5.100)$$

bei 500 bis 710 °C zu

$$\Delta G^0_{SnO_2} = -140180 + 51{,}52\,T \ (\pm 500 \text{ cal}) \ [157] \qquad (5.101)$$

bestimmt.

Das Zinn(IV)-oxid SnO_2 gehört nach Angaben von C. Wagner [158] wie das Zinkoxid ZnO in die Gruppe der Oxide, deren Fehlordnung durch einen Metallüberschuß bzw. einen Sauerstoffunterschuß gekennzeichnet ist.

Bleioxid

Die Bestimmung der Sauerstoffgleichgewichtsdrücke für die Reaktion

$$2\,\text{Pb (flüssig)} + O_2 \rightleftharpoons 2\,\text{PbO (fest oder flüssig)} \qquad (5.102)$$

wurde an der Konzentrationszelle

$$\left.\begin{matrix} Cu, Cu_2O \\ \text{oder} \\ Ni, NiO \end{matrix}\right| \begin{matrix} ZrO_2(CaO) \\ \text{oder} \\ ThO_2(Y_2O_3) \end{matrix} \left| \; Pb_{fl}, PbO_{f\ \text{oder}\ fl}\right.$$

durchgeführt [157, 159]. Tabelle 5.16 gibt die Gleichgewichtsdaten für die Bildung von festem und flüssigem Bleioxid wieder. Das Bleioxid PbO stellt nach Untersuchungen der elektrischen Eigenschaften von L. Hejne [160] einen Fehlordnungstyp dar, der bei höheren Sauerstoffpartialdrücken der Gasphase einen Sauerstoffüberschuß bzw. ein Metalldefizit, bei niedrigen Sauerstoffpartialdrücken dagegen einen Metallüberschuß bzw. ein Sauerstoffdefizit aufweist.

Tabelle 5.16. 2 Pb (flüssig) + $O_2 \rightleftharpoons$ 2 PbO (fest oder flüssig)

$\Delta G^0 = A + BT$ cal · mol^{-1}	Genauigkeit cal	Temperatur °C	Autoren
$-91420 + 46{,}94\,T$	±200	500–890	Y. Matsushita, K. Gotó [157]
$-81680 + 35{,}64\,T$	±200	890–1150	Y. Matsushita, K. Gotó [157]
$-104860 + 48{,}24\,T$	±600	450–800	C. B. Alcock, T. N. Belford [159]

Vanadinoxide

Für die Bildung der Vanadinoxide VO, V_2O_3, VO_2 und V_2O_5 wurden von J. F. Elliott, M. Gleiser und V. Ramakrishna [121] die in Tabelle 5.17 zusammengestellten ΔG^0-Temperatur-Funktionen veröffentlicht. Eine Überprüfung dieser Angaben durch thermodynamisch zuverlässige EMK-Messungen ist nicht bekannt. M. S. Yakovleva und S. M. Ariya [161] erhielten an einer Festleiterzelle

Tabelle 5.17. Freie Bildungsenthalpien der Vanadinoxide

Reaktion	$\Delta G^0 = A + BT$ cal · mol⁻¹	Temperatur °C
$2V_f + O_2 \rightleftharpoons VO_f$	$-192000 + 35{,}56\,T$	1230–1730
$4/3V_f + O_2 \rightleftharpoons 2/3V_2O_{3f}$	$-191500 + 36{,}0\,T$	1230–1730
$V_f + O_2 \rightleftharpoons VO_{2f}$	$-165500 + 35{,}4\,T$	1230–1545
$V_f + O_2 \rightleftharpoons VO_{2fl}$	$-150850 + 27{,}24\,T$	1545–1730
$4/5V_f + O_2 \rightleftharpoons 4/5V_2O_{5fl}$	$-138600 + 30{,}33\,T$	1230–1730

$$Fe, Fe_{1-x}O \,|\, ZrO_2(CaO) \,|\, VO_{1,61}$$

bei 980 °C eine Zellspannung von 0,022 V gegenüber einer berechneten EMK von 0,308 V und erklären diese EMK-Verfälschung mit der Bildung einer potentialverändernden Reaktionsschicht an der Phasengrenze Vanadinoxid/Elektrolyt. EMK-Messungen mit einer festen Vanadin-Vanadinoxid-Bezugselektrode in einer Zelle

$$Ir|V, V_xO_y \,|\, ZrO_2(CaO) \,|\, \text{sauerstoffhaltige Eisenschmelze}$$

scheinen diese Beobachtung zu bestätigen [162]

Nioboxide

Das Niob bildet mit dem Sauerstoff die festen Verbindungen NbO, NbO_{2-x} und Nb_2O_{5-x}. Die Freien Bildungsenthalpien der Nioboxide

$$2Nb + O_2 \rightleftharpoons 2NbO \tag{5.103}$$

$$2NbO + (1-x)\,O_2 \rightleftharpoons 2NbO_{2-x} \tag{5.104}$$

$$4NbO_{2-x} + (1+x)\,O_2 \rightleftharpoons 2Nb_2O_{5-x} \tag{5.105}$$

wurden mehrfach mit recht guter Übereinstimmung an Festelektrolytzellen bestimmt (Tabelle 5.18) [163–167]. Neben der üblichen stationären Methode der stromlosen Zellspannungsmessung im Gleichgewichtsfall wurde von G. Barbi [165] auch ein nichtstationäres Polarisationsverfahren angewandt.

Tabelle 5.18

$\Delta G^\circ = A + BT$ cal · mol^{-1}	Genauigkeit cal	Temperatur °C	Autoren
		$2Nb + O_2 \rightleftharpoons 2NbO$	
$-195580 + 39{,}76\,T$	±1000		W. N. Drobyshew, T. N. Rezukhina [163]
$-200270 + 43{,}0\,T$		1020–1300	W. L. Worrell [164]
$-200400 + 42{,}2\,T$		730–1130	G. B. Barbi [165]
$-199000 + 41{,}4\,T$	±1000	905–1115	T. Hiraoka, N. Sano, Y. Matsushita [166]
		$2NbO + O_2 \rightleftharpoons 2NbO_{2-x}$	
$-369000 + 77{,}4\,T$	±1000	845–1090	T. Hiraoka, N. Sano, Y. Matsushita [166]
		$4NbO_{2-x} + O_2 \rightleftharpoons 2Nb_2O_{5-x}$	
$-860960 + 186{,}3\,T$		1020–1300	W. L. Worrell [164]
$-880400 + 188{,}2\,T$	±1000	775–1025	T. Hiraoka, N. Sano, Y. Matsushita [166]

Dabei wurde die Konzentrationszelle

$$Pt|Nb, NbO \,\|\, ThO_2(La_2O_3) \,\|\, Fe, Fe_{1-x}O|Pt$$

zunächst mit einer definierten Ladungsmenge polarisiert und nach der Entlastung die Einstellung des EMK-Plateaus für das Nb—NbO-Gleichgewicht messend verfolgt (Bild 5.60). Die nach beiden Methoden erhaltene Temperaturabhängigkeit der EMK im Bereich zwischen 730 und 1130°C zeigt eine befriedigende Übereinstimmung (Bild 5.61).

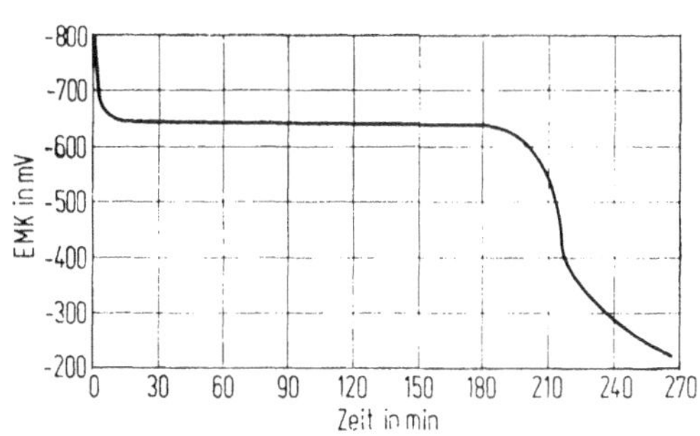

Bild 5.60. Zeitlicher EMK-Verlauf der Zelle $Pt|Nb, NbO \,\|\, ThO_2(La_2O_3) \,\|\, Fe, Fe_{1-x}O|Pt$ bei 850°C nach dem Durchgang einer Ladungsmenge von 3 As nach G. Barbi [165]

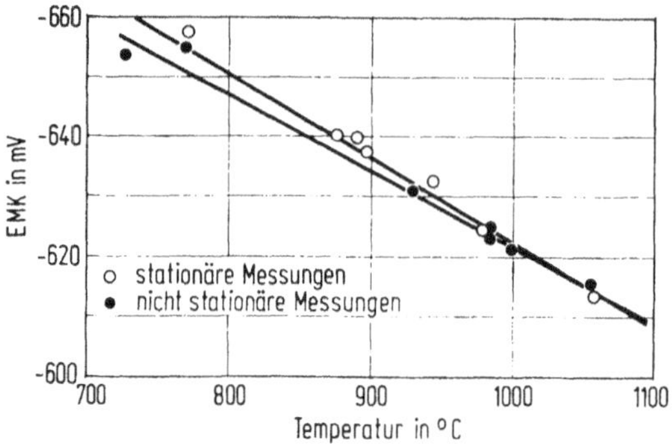

Bild 5.61. Temperaturabhängigkeit der EMK der Zelle
Pt|Nb, NbO ‖ $ThO_2(La_2O_3)$ ‖ Fe, $Fe_{1-x}O$|Pt nach G. Barbi [165]

Der Existenzbereich der fehlgeordneten NbO_{2-x}-Phase wurde durch EMK-Messungen an der Zelle

$$\text{Fe, Fe}_{1-x}\text{O} \,\|\, \text{ThO}_2(\text{Y}_2\text{O}_3) \,\|\, \text{NbO}_{2-x}$$

bei Temperaturen zwischen 850 und 1050°C untersucht [168]. Der Fehlordnungsgrad x wurde durch eine Gleichgewichtsbehandlung mit definierten H_2O-H_2-Gasgemischen eingestellt und nach der EMK-Messung durch gravimetrische Analyse kontrolliert. Bild 5.62 zeigt die Abhängigkeit der EMK von der Temperatur für verschiedene Verhältnisse O/Nb in den homogenen NbO_{2-x}-Proben. Die NbO_{2-x}-Phase erstreckt sich von $x \approx 0$ im Gleichgewicht mit dem Nb_2O_{5-x} bis zu x-Werten von $> 0{,}012$ im Gleichgewicht mit dem NbO. Die Auftragung von $\lg x$ über $\lg p_{O_2}$ in Bild 5.63 ergibt einen linearen Verlauf im Bereich zwischen $\lg p_{O_2} = -17$ und -20.

Entsprechende Untersuchungen für die Fehlordnung in der Nb_2O_{5-x}-Phase an der Konzentrationszelle

$$\text{Fe, Fe}_{1-x}\text{O} \,\|\, \text{ZrO}_2 \cdot (\text{CaO}) \,\|\, \text{Nb}_2\text{O}_{5-x}$$

liegen von R. N. Blumenthal, J. B. Moser und D. H. Whitmore [167] für x zwischen 0,007 und 0,159 vor. Im Gleichgewicht mit festem NbO_2 ändert sich die Abweichung x des Nb_2O_{5-x} von der Stöchiometrie von 0,113 bei 890°C bis 0,159 bei 1090°C. Die thermogravimetrisch bestimmte Gewichtsänderung des Nioboxids Nb_2O_{5-x} in Abhängigkeit von Sauerstoffpartialdruck folgt in Übereinstimmung mit Ergebnissen von P. Kofstad und P. B. Anderson [169, 170] der Beziehung

$$\lg(\Delta m) = -\frac{1}{6} \lg p_{O_2} \pm \lg k \qquad (5.106)$$

(Δm) Massenverlust

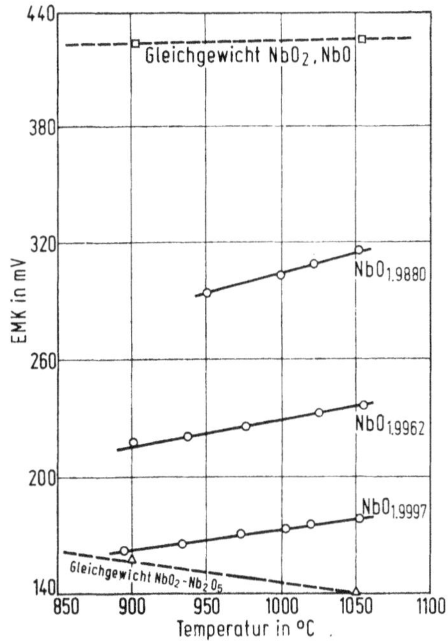

Bild 5.62. EMK der Zelle Fe, $Fe_{1-x}O$ | $ThO_2(Y_2O_3)$ | NbO_{2-x} in Abhängigkeit von der Temperatur für verschiedene Fehlordnungsgrade x nach C. B. Alcock, S. Zador und B. C. H. Steele [168]

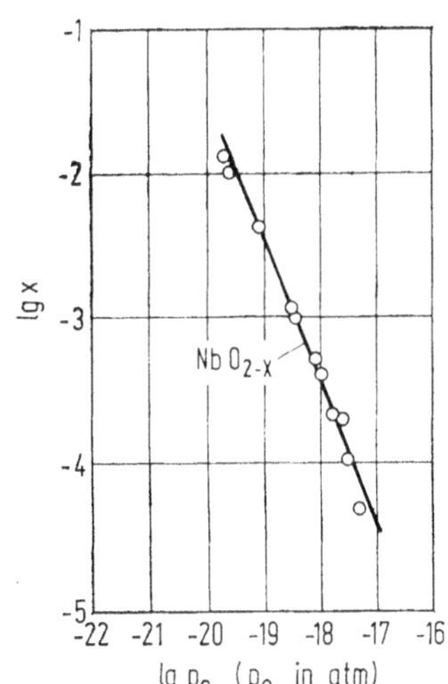

Bild 5.63. Sauerstoffdefizit x in Nioboxid NbO_{2-x} in Abhängigkeit vom Sauerstoffpartialdruck bei 1000 °C nach C. B. Alcock, S. Zador und B. C. H. Steele [168]

Tantaloxid

Für die Bildung der Verbindung Tantal(V)-oxid nach der Reaktion

$$\frac{4}{5}\,\mathrm{Ta} + \mathrm{O_2} \rightleftharpoons \frac{2}{5}\,\mathrm{Ta_2O_5} \tag{5.107}$$

wurde die ΔG^0-Temperatur-Funktion an Festleiterzellen bei Temperaturen zwischen 800 und 1200 °C bestimmt [128, 164 164a] (Tabelle 5.19).

Tabelle 5.19. $4/5\,\mathrm{Ta} + \mathrm{O_2} \rightleftharpoons 2/5\,\mathrm{Ta_2O_5}$

$\Delta G^0 = A + BT$ cal · mol⁻¹	Genauigkeit cal	Temperatur °C	Autoren
$-165600 + 28{,}26\,T$	±300	800—1200	Y. Matsushita, K. Gotó [128]
$-192640 + 38{,}88\,T$		780—1030	W. L. Worrell [164]
$-192040 + 39{,}06\,T$		800—1100	S. Ignatowicz, M. W. Davies [164a]
$-190180 + 37{,}63\,T$		1230—1730	J. F. Elliott, M. Gleiser, V. Ramakrishna [121]
$-196400 + 67{,}36\,T$ $-8{,}28\,T\lg T$		25—1730	O. Kubaschewski, E. LL. Evans, C. B. Alcock [189]

Im Tantal(V)-oxid kann nach der Methode der coulometrischen Titration ein Sauerstoffunterschuß erzeugt werden [171]. Versuche dieser Art wurden an der Zelle

$$\mathrm{Pt|Ta_2O_{5-x}\,\|\,ThO_2(La_2O_3)\,\|\,Fe,\ Fe_{0,95}O|Pt}$$

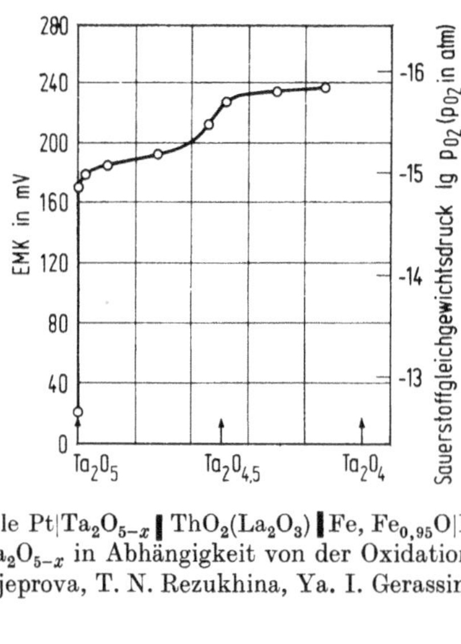

Bild 5.64. EMK der Zelle $\mathrm{Pt|Ta_2O_{5-x}\,\|\,ThO_2(La_2O_3)\,\|\,Fe,\ Fe_{0,95}O|Pt}$ und Sauerstoffpartialdruck im Tantaloxid $\mathrm{Ta_2O_{5-x}}$ in Abhängigkeit von der Oxidationsstufe bei 1160 °C nach V. G. Dnjeprova, T. N. Rezukhina, Ya. I. Gerassimov [171]

ausgeführt, wobei die Zusammensetzung des Tantaloxids zwischen den Oxydationsstufen Ta_2O_{5-x} ($x < 0{,}002$) und $Ta_2O_{4,12}$ geändert wurde. Bild 5.64 zeigt die stromlos gemessene Zellspannung sowie die daraus berechneten Sauerstoffgleichgewichtsdrücke der Oxidphase in Abhängigkeit von der Zusammensetzung Ta_2O_{5-x}. Die schroffe Änderung der EMK bzw. des Drucks p_{O_2} für die Oxydationsstufe $Ta_2O_{4,5}$ läßt auf die Bildung einer neuen Oxidphase schließen.

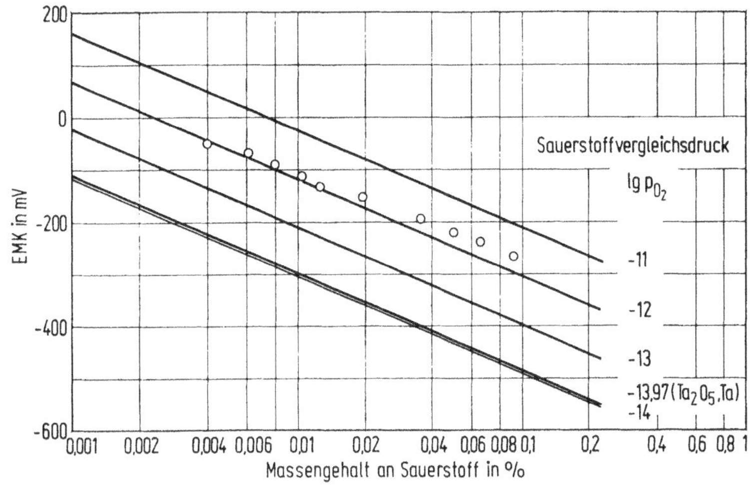

Bild 5.65. EMK der Zelle Ta-Oxid, Ta | $ZrO_2(CaO)$ | Eisenschmelze in Abhängigkeit vom Sauerstoffgehalt der Eisenschmelze bei 1600 °C [172]

Zur Messung der Sauerstoffaktivität in Metallschmelzen wurden Ta_2O_5—Ta-Pulvergemenge mit einem Tantal-Ableitungsdraht als feste Bezugselektroden erprobt [172]. Bild 5.65 zeigt die EMK-Abhängigkeit einer ZrO_2-Festelektrolytzelle vom Sauerstoffgehalt einer Eisenschmelze bei 1600 °C unter Verwendung einer solchen Bezugselektrode, deren Sauerstoffgleichgewichtsdruck bei etwa 10^{-12} atm anzunehmen ist. Er liegt um zwei Größenordnungen höher als derjenige für das Ta_2O_5—Ta-Gleichgewicht nach Angabe von J. F. Elliott, M. Gleiser und V. Ramakrishna [121].

Chromoxid

In Tabelle 5.20 sind die über EMK-Messungen ermittelten Gleichgewichtsdaten für die Bildung des Chromoxids Cr_2O_3

$$\frac{4}{3}\,Cr + O_2 \rightleftharpoons \frac{2}{3}\,Cr_2O_3 \tag{5.108}$$

im Temperaturbereich von 700 bis 1300 °C zusammengestellt [129, 173, 174].

Gemenge aus Chrom und Chromoxid haben sich als feste Bezugselektroden in Festelektrolytzellen, besonders zur Messung der Sauerstoffaktivität in

Tabelle 5.20. $4/3\,Cr + O_2 \rightleftharpoons 2/3\,Cr_2O_3$

$\Delta G^0 = A + BT$ cal · mol^{-1}	Temperatur °C	Autoren
$-172490 + 36{,}82\,T$	730–1230	J. D. Tretyakov, H. Schmalzried [129]
$-179800 + 42{,}0\,T$	940–1310	J. D. Tretyakov [173]
$-180160 + 44{,}57\,T$	800–1175	L. A. Pugliese, G. R. Fitterer [174]
$-180460 + 40{,}92\,T$	1230–1730	J. F. Elliot, M. Gleiser, V. Ramakrishna [121]
$-178590 + 40{,}42\,T$	25–1830	O. Kubaschewski, E. LL. Evans, C. B. Alcock [189]

Metallschmelzen, bewährt [149, 175–178]. Bild 5.69 zeigt die Abhängigkeit der EMK von Zirkonoxidzellen mit $Cr-Cr_2O_3$-Referenzelektroden vom Sauerstoffgehalt in reinen Eisenschmelzen bei 1600 °C [178, 179]. Der theoretisch

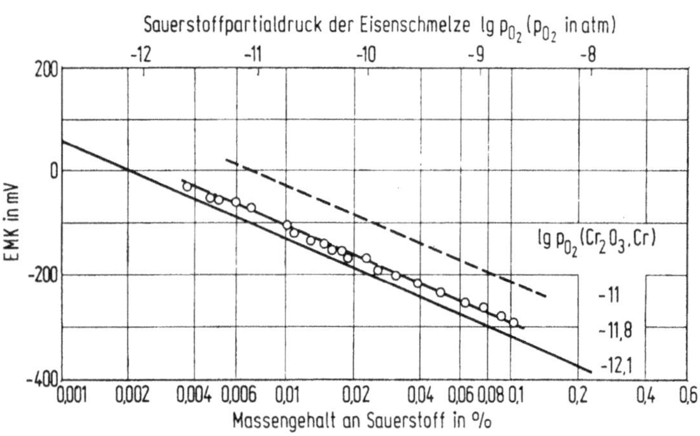

Bild 5.66. EMK der Zelle Pt|Cr, Cr_2O_3 ‖ ZrO_2(CaO) ‖ Eisenschmelze|Pt in Abhängigkeit vom Sauerstoffgehalt der Schmelze bei 1600 °C nach W. A. Fischer und D. Janke [178] sowie E. Förster und H. Richter [179] (Berechnete Gerade nach J. F. Elliot, M. Gleiser und V. Ramakrishna [121])

geforderte Anstieg der EMK-lg [% O]-Geraden von $-0{,}186$ wird in beiden zitierten Untersuchungen erreicht. An Stelle eines Sauerstoffpartialdrucks der $Cr-Cr_2O_3$-Elektrode von $\lg p_{O_2} = -12{,}1$ [121] errechnen sich aus diesen EMK-Messungen Sauerstoffpartialdrücke von $\lg p_{O_2} = -11{,}8$ [178] bzw. $\lg p_{O_2} = -11{,}0$ [179].

Für das Fehlordnungsmodell des Chromoxids Cr_2O_3 wurden drei verschiedene Vorstellungen entwickelt:

1. Das Modell einer Eigenstörstellenleitung für das reine Cr_2O_3 [180]

$$Cr_{Cr} + V_i \rightleftharpoons V_{Cr}''' + Cr_i^{\cdot\cdot} + h^{\cdot} \qquad (5.109)$$

2. Das Modell einer Eigenhalbleitung für dotiertes Cr_2O_3 oberhalb 1700 °C [181, 182]

$$\text{Null} \rightleftharpoons h^{\cdot} + e'$$
$$(2\,Cr^{3+} \rightleftharpoons Cr^{4+} + Cr^{2+}) \qquad (5.110)$$

3. Das Modell einer Störstellenleitung für dotiertes Cr_2O_3 unterhalb 1700 °C [181, 182]

$$Me_2O + 2\,Cr_{Cr} + O_2\,(\text{Gas}) \rightleftharpoons 2\,Me_{Cr}'' + 4h^{\cdot} + Cr_2O_3 \qquad (5.111)$$

Molybdänoxide

Molybdän und Sauerstoff bilden die festen Verbindungen MoO_2 und MoO_3. Das Molybdän(VI)-oxid MoO_3 verdampft aus fester Phase bei Temperaturen über 1280 °C, während das Molybdän(IV)-oxid MoO_2 in Gegenwart von metallischem Molybdän auch bei höheren Temperaturen beständig bleibt. Die an Festleiterzellen ermittelten ΔG^0-Temperatur-Funktionen für das Gleichgewicht der Reaktion

$$Mo\,(\text{fest}) + O_2 \rightleftharpoons MoO_2\,(\text{fest}) \qquad (5.112)$$

finden sich in Tabelle 5.21 und Bild 5.67 [127, 133, 183, 184a]. Bemerkenswert sind die Ergebnisse der Untersuchungen von W. A. Fischer und G. Pateisky [127] in einem Temperaturbereich bis zu 1700 °C, die einen Knick der ΔG^0-Temperatur-Geraden bei 1400 °C anzeigen und damit eine Phasenumwandlung des MoO_2 möglich erscheinen lassen. Mo—MoO_2-Gemenge sind ebenso wie

Tabelle 5.21. $Mo + O_2 \rightleftharpoons MoO_2$

$\Delta G^0 = A + BT$ cal · mol^{-1}	Temperatur °C	Autoren
$-137500 + 40{,}0\,T$	750—1050	R. A. Rapp [183]
$-138350 + 42{,}5\,T$	530— 930	G. B. Barbi [133]
$-137580 + 40{,}48\,T$	1260—1360	W. N. Drobyschew, T. N. Rezukhina, L. A. Tarasova [184]
$-135200 + 43{,}8\,T$	600—1400	W. A. Fischer, G. Pateisky [127]
$-121500 + 31{,}4\,T$	1400—1700	[dgl. 127]
$-130800 + 34{,}17\,T$	1230—1730	J. F. Elliott, M. Gleiser, V. Ramakrishna [121]
$-140500 - 4{,}6\,T \lg T + 55{,}8\,T$	25—1030	O. Kubaschewski, E. LL. Evans, C. B. Alcock [189]

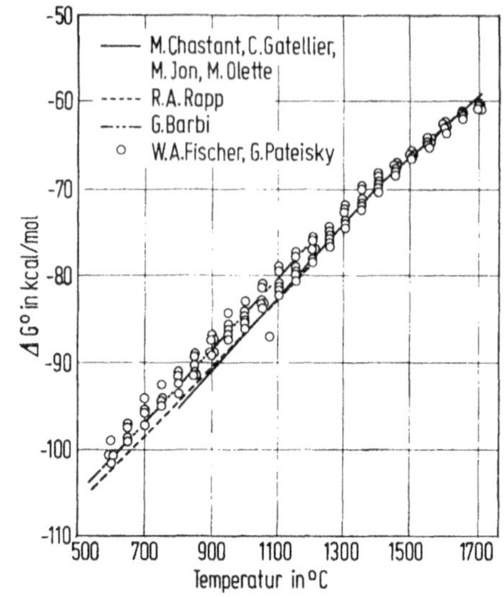

Bild 5.67. Freie Bildungsenthalpie von Molybdänoxid MoO_2 nach G. Barbi [133], R. A. Rapp [183], T. N. Rezukhina und Mitarbeitern [184], W. A. Fischer und G. Pateisky [127] sowie M. Chastant, C. Gatellier, M. Jon u. M. Olette [184a]

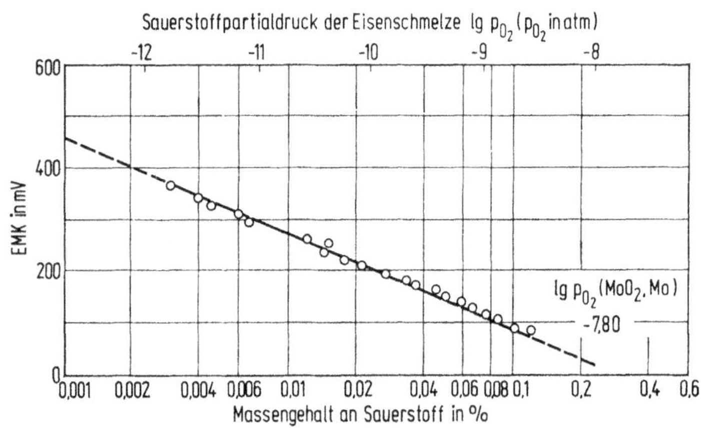

Bild 5.68. EMK der Zelle Mo, MoO_2 | $ZrO_2(CaO)$ | Eisenschmelze in Abhängigkeit vom Sauerstoffgehalt der Schmelze bei 1600 °C nach W. A. Fischer und D. Janke [178] (Berechnete Gerade nach J. F. Elliott, M. Gleiser und V. Ramakrishna [121])

$Cr-Cr_2O_3$-Gemenge geeignete Bezugselektroden in Festelektrolytzellen, besonders in Temperaturbereichen zwischen 1400 und 1700 °C, in denen eine Verwendung von $Fe-Fe_{1-x}O$-, $Co-CoO$- und $Ni-NiO$-Elektroden wegen des Aufschmelzens der Metalle bzw. des Wüstits $Fe_{1-x}O$ experimentelle Schwierigkeiten bereitet. Bild 5.68 gibt die Eichgerade einer Zirkonoxidzelle mit $Mo-MoO_2$-Bezugselektrode für Eisenschmelzen bei 1600 °C wieder [178].

Die Verbindungen MoO_2 und MoO_3 sind den n-leitenden Oxiden mit einem Metallionenüberschuß bzw. einem Sauerstoffunterschuß zuzurechnen [185]. Eingehende Untersuchungen der Fehlordnung dieser Oxide bei höheren Temperaturen liegen bisher nicht vor.

Wolframoxide

Während der Oxydation von Wolfram bei niedrigen Temperaturen bilden sich nacheinander die folgenden Wolframoxide:

$$WO_2 \rightarrow WO_{2,72} \rightarrow WO_{2,90} \rightarrow WO_3 .$$

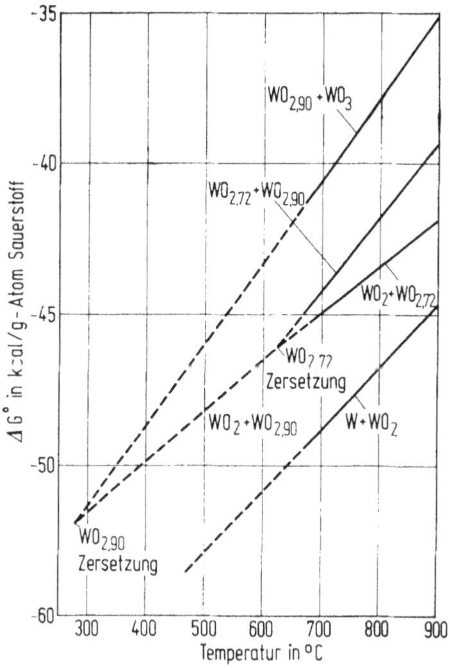

Bild 5.69. Freie Bildungsenthalpie verschiedener Wolframoxide nach F. E. Rizzo, L. R. Bidwell und D. F. Frank [187]

Ein Dreiphasengleichgewicht $WO_2/WO_{2,72}/WO_{2,90}$ ist bei einer Temperatur von 620 °C, ein Dreiphasengleichgewicht $WO_2/WO_{2,90}/WO_3$ ist bei einer Temperatur von 280 °C eingestellt [187]. Das Oxid $WO_{2,90}$ zersetzt sich unterhalb 280 °C, das Oxid $WO_{2,72}$ unterhalb 620 °C. Bei Temperaturen über 620 °C sind alle vier Oxydationsstufen beständig. Dieser Sachverhalt wird durch das ΔG^0-Temperatur-Diagramm in Bild 5.69 veranschaulicht.

Einige der an Sauerstoffkonzentrationszellen ermittelten Gleichgewichtsdaten für die Reaktionen

$$W + O_2 \rightleftharpoons WO_2 \text{ [133, 186, 187]} \tag{5.113}$$

und

$$\frac{2}{0{,}72} WO_2 + O_2 \rightleftharpoons \frac{2}{0{,}72} WO_{2,72} \text{ [186, 187]} \tag{5.114}$$

$$\frac{2}{0{,}18} WO_{2,72} + O_2 \rightleftharpoons \frac{2}{0{,}18} WO_{2,90} \text{ [187]} \tag{5.115}$$

und

$$\frac{2}{0{,}10} WO_{2,90} + O_2 \rightleftharpoons \frac{2}{0{,}10} WO_3 \text{ [187]} \tag{5.116}$$

sind in Tabelle 5.22 zusammengestellt.

Tabelle 5.22

$\Delta G^\circ = A + BT$ cal · mol^{-1}	Genauigkeit cal	Temperatur °C	Autoren
	$W + O_2 \rightleftharpoons WO_2$		
$-146580 + 48{,}2\,T$		550—950	G. B. Barbi [133]
$-137320 + 40{,}62\,T$	± 600	700—1000	F. E. Rizzo, L. R. Bidwell, D. F. Frank [187]
	$2/0{,}72\,WO_2 + O_2 \rightleftharpoons 2/0{,}72\,WO_{2,72}$		
$-119280 + 30{,}02\,T$	± 600	700—1000	F. E. Rizzo, L. R. Bidwell, D. F. Frank [187]
	$2/0{,}18\,WO_{2,72} + O_2 \rightleftharpoons 2/0{,}18\,WO_{2,90}$		
$-135720 + 48{,}42\,T$	± 600	700—1000	F. E. Rizzo, L. R. Bidwell, D. F. Frank [187]
	$2/0{,}10\,WO_{2,90} + O_2 \rightleftharpoons 2/0{,}10\,WO_3$		
$-133530 + 53{,}52\,T$	± 1000	700—1000	F. E. Rizzo, L. R. Bidwell, D. F. Frank [187]

EMK-Messungen an Zirkonoxidzellen unter Verwendung von Wolfram-Wolframoxid-Referenzelektroden führten zu keinem befriedigenden Ergebnis [127], da sich an der Phasengrenze Festelektrolyt/W, WO_{2+x} vermutlich kein eindeutiges, zeitlich konstantes Sauerstoffvergleichspotential einstellte.

Aluminiumoxid

An der Zelle

$$Al, Al_2O_3 \,|\, ThO_2(La_2O_3) \,|\, Fe, Fe_{1-x}O$$

wurde nach vorangegangener Polarisation das EMK-Plateau für die Einstellung des $Al-Al_2O_3$-Gleichgewichtes bestimmt [188]. Die Messung ergab für 675 °C eine Freie Bildungsenthalpie $\Delta G^0_{Al_2O_3} = -319{,}5$ kcal/mol gegenüber $-330{,}2$ kcal/mol nach O. Kubaschewski, E. LL. Evans und C. B. Alcock [189]. Bei 1000 °C wurde an der Zelle

$$Al, Al_2O_3 \,|\, \text{Aluminiumsilikat}^1 \,|\, \text{Luft}|Pt \; [190]$$

ein Wert $\Delta G^0_{Al_2O_3} = -298{,}5$ kcal/mol Al_2O_3 ermittelt gegenüber $-303{,}2$ kcal/mol [189].

Titanoxide

Das Titan bildet mit dem Sauerstoff eine Reihe stabiler hochschmelzender Verbindungen mit z. T. breiten Homogenitätsbereichen: „TiO", „Ti_2O_3" und „TiO_2" [191]. Das Titan(IV)-oxid Rutil TiO_{2-x} ist ein n-leitendes Oxid mit einem Sauerstoffionendefizit entsprechend der Fehlordnungsgleichung

$$O_O \rightleftharpoons V_O^{\cdot\cdot} + 2e' + \frac{1}{2}\, O_2 \,(\text{Gas}). \tag{5.117}$$

Für die Abhängigkeit des Sauerstoffunterschusses x vom Sauerstoffpartialdruck wurden im Temperaturgebiet von 700 bis 1250 °C Exponenten zwischen $-1/4{,}5$ und $-1/6$ gefunden [192]. Dieser Fehlordnungstyp wurde mehrfach durch EMK-Messungen an Festleiterzellen bestätigt [168, 193–195]. C. B.

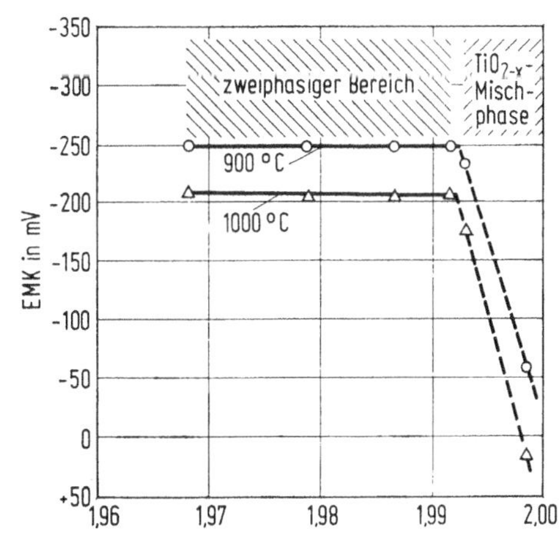

Bild 5.70. EMK der Zelle $Pt|TiO_{2-x} \,|\, ZrO_2(CaO) \,|\, Fe_{1-x}O, Fe|Pt$ in Abhängigkeit vom Sauerstoffdefizit x im Titanoxid TiO_{2-x} bei 900 und 1000 °C nach R. N. Blumenthal und D. H. Whitmore [193]

---

[1] Der Festelektrolyt Aluminiumsilikat hatte die Zusammensetzung 62,8% Al_2O_3, 33,2% SiO_2, 0,83% MgO, 0,55% Fe_2O_3, 1,00% Na_2O, 3,64% K_2O.

Alcock, S. Zador und B. C. H. Steele [168] ermittelten bei 1000 °C und x-Werten zwischen 0,001 und 0,01 einen Exponenten von $-1/4{,}8$. EMK-Messungen von R. N. Blumenthal und D. H. Whitmore [193] bei 850 bis 1050 °C ergaben Hinweise auf einen 2phasigen Bereich zwischen $x = 0{,}032$ und 0,008 und eine homogene TiO_{2-x}-Phase zwischen $x = 0{,}008$ und 0,002 (Bild 5.70).

Ceroxide

Das Ceroxid CeO_{2-x} erstreckt sich bei Temperaturen um 1000 °C in homogener Phase zwischen den Zusammensetzungen $CeO_{1,5}$ und CeO_2 [196]. Der Fehlordnungsgrad x dieser Mischphase in Abhängigkeit vom Sauerstoffgleichgewichtsdruck konnte über EMK-Messungen an Festelektrolytzellen bestimmt werden [197, 198], wobei auch das Verfahren der coulometrischen Sauerstofftitration Anwendung fand [198]. Bild 5.71 zeigt den Verlauf des Sauerstoffpotentials im CeO_{2-x} mit dem O/Ce-Verhältnis bei 800 und 1000 °C [198] im Vergleich zu Ergebnissen, die mit Hilfe einer $CO-CO_2$-Gas-Equilibrierung erhalten wurden [199]. Der flache Verlauf der Kurven bei O/Ce-Verhältnissen zwischen 1,5 und 1,75 deutet auf eine Entmischung hin. Mit der Annäherung an die stöchiometrische Zusammensetzung CeO_2 bei O/Ce-Verhältnissen zwi-

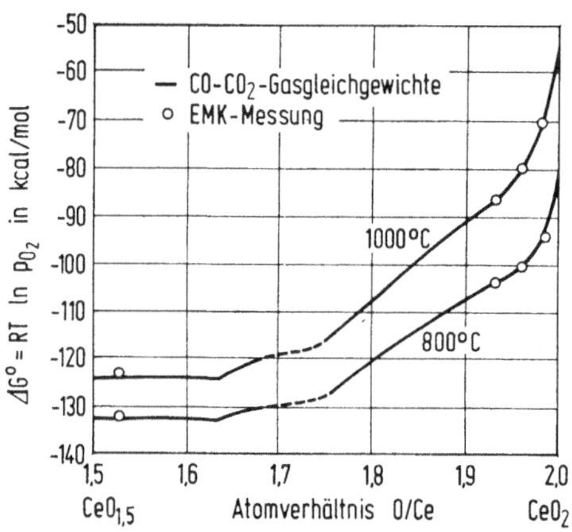

Bild 5.71. Freie Bildungsenthalpie von Ceroxid CeO_{2-x} in Abhängigkeit vom Sauerstoffdefizit x bei 800 und 1000 °C nach T. L. Markin, R. J. Bones und V. J. Wheeler [198] (Vergleich mit Ergebnissen über $CO-CO_2$-Hilfsgasgleichgewichte nach D. J. M. Bevan und J. Kerdis [199])

schen 1,75 und 2,0 steigt das Sauerstoffpotential zunehmend steiler an, was auf die Bildung einer Mischphase schließen läßt.

Natriumoxid

Die Gleichgewichte des festen Natriumoxids Na_2O (Schmelzpunkt 920 °C [189]) mit flüssigem Natrium wurden von B. Minuschkin und G. Kissel [200] an der Zelle

$$Pt|O_2\ (1\ atm)\ \|\ ThO_2(Y_2O_3)\ \|\ Na,\ Na_2O$$

untersucht. Die ΔG^0-Werte für die Reaktion

$$4\,Na\ (\text{flüssig}) + O_2 \rightleftharpoons 2\,Na_2O\ (\text{fest}) \tag{5.118}$$

folgen im Temperaturgebiet von 300 bis 550 °C der Beziehung

$$\Delta G^0_{Na_2O} = -189\,800 + 56{,}6\ T \tag{5.119}$$

Von J. F. Elliott und M. Gleiser [201] wird die Beziehung

$$\Delta G^0_{Na_2O} = -201\,000 + 70{,}2\ T \tag{5.120}$$

angegeben, die sich von der obigen im Enthalpie- und Entropieglied merklich unterscheidet.

Rutheniumoxid, Rhodiumoxid, Palladiumoxid

Die Freien Bildungsenthalpien der Oxide RuO_2, Rh_2O_3 und PdO wurden mit Hilfe von EMK-Messungen an Zellen mit $ZrO_2(Y_2O_3)$- oder ZrO_2(CaO)-Festelektrolyten und $Fe-Fe_{1-x}O$- oder $Cu-Cu_2O$-Bezugselektroden bestimmt [202—206]. Die ermittelten Gleichgewichtsdaten sind in Tabelle 5.23 wiedergegeben, wobei für die Bildung des Rh_2O_3 und PdO nicht die unmittelbaren Versuchswerte, sondern empfohlene ΔG^0-Temperatur-Beziehungen angegeben sind, die sich aus dem Vergleich mit den Resultaten anderer Autoren ergeben [207—211].

Tabelle 5.23

$\Delta G^0 = A + BT$ cal · mol⁻¹	Genauigkeit cal	Temperatur °C	Autoren
		$Ru + O_2 \rightleftharpoons RuO_2$	
$-79\,150 + 48{,}0\ T$		510— 770	H. Kleykamp [202]
$-71\,440 + 38{,}97\ T$	±120	600—1 000	D. Chatterij, R. W. Vest [205]
$-73\,350 + 41{,}88\ T$		500—1 000	S. Pizzini, L. Rossi [206]
		$4/3\,Rh + O_2 \rightleftharpoons 2/3\,Rh_2O_3$	
$-70\,700 + 52{,}0\ T$	±2000	25—1 130	H. Kleykamp [203]
		$2\,Pd + O_2 \rightleftharpoons 2\,PdO$	
$-59\,320 - 12{,}51\ T \lg T + 90{,}0\ T$	±1000	25—875	H. Kleykamp [204]

Uranoxide

Aus dem Teilschaubild des Zustandsdiagramms U—O [212] (Bild 5.72) ist zu ersehen, daß Uran und Sauerstoff mehrere stabile Verbindungen mit Homogenitätsbereichen bilden, in denen sich das Verhältnis O/U z. T. erheblich ändern kann: UO_{2+x}, U_4O_{9-y} ($UO_{2,25}$) und U_3O_{8-z} ($UO_{2,667}$). Die entsprechenden

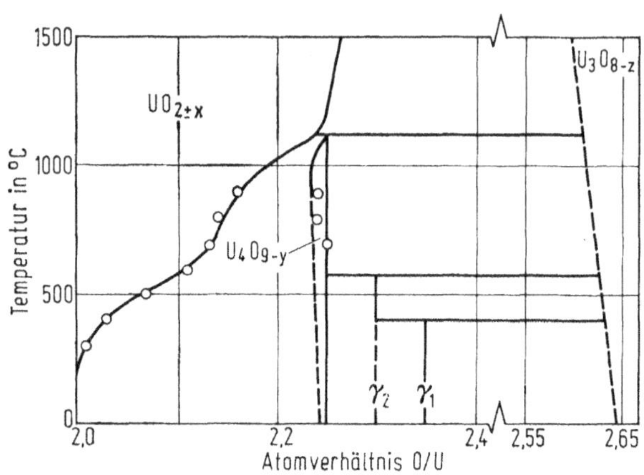

Bild 5.72. Phasendiagramm UO_2—U_3O_8 [212]

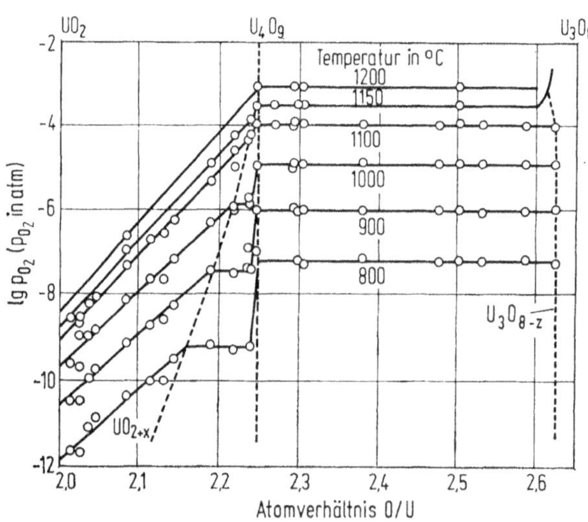

Bild 5.73. Sauerstoffgleichgewichtsdrücke im System UO_2—U_3O_8 bei 800 bis 1200 °C nach K. Kiukkola und C. Wagner [216]

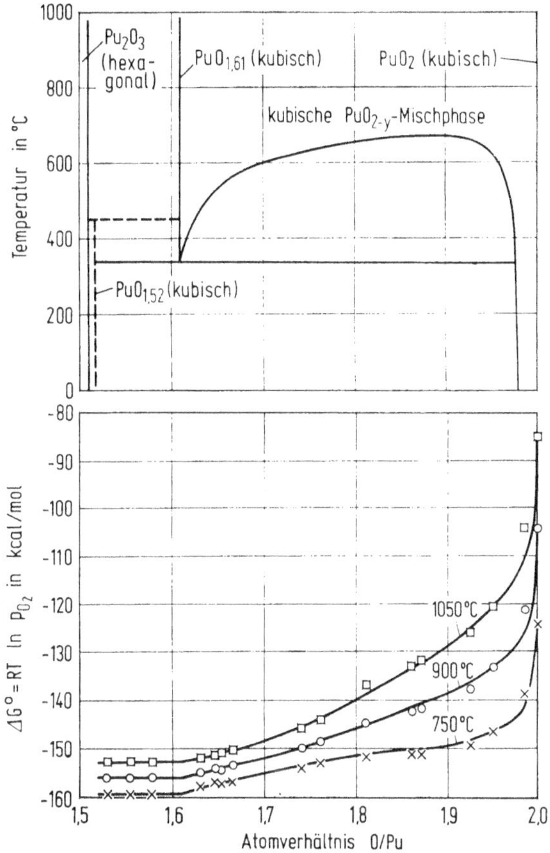

Bild 5.74. a) Phasendiagramm Pu_2O_3—PuO_2 [217] b) Freie Bildungsenthalpie von Plutoniumoxiden bei 750, 900 und 1050 °C nach T. L. Markin und M. H. Rand [217]

Umsätze des Sauerstoffs mit dem Uran sind wie folgt zu formulieren:

$$U + O_2 \rightleftharpoons UO_2 \tag{5.121}$$

$$8\,UO_2 + O_2 \rightleftharpoons 2\,U_4O_9 \tag{5.122}$$

$$\frac{6}{5}\,U_4O_9 + O_2 \rightleftharpoons \frac{8}{5}\,U_3O_8 \tag{5.123}$$

Die UO_2-Phase kann sowohl ein Sauerstoffdefizit als auch einen Sauerstoffüberschuß aufweisen.

Die Abhängigkeit der Sauerstoffgleichgewichtsdrücke in den Oxiden $UO_{2\pm x}$, U_4O_{9-y} und U_3O_{8-z} vom Fehlordnungsgrad x, y oder z wurde mehrfach durch EMK-Messungen untersucht [213—216]. Bild 5.73 zeigt Ergebnisse solcher Untersuchungen bei Temperaturen zwischen 800 und 1200 °C und O/U-Verhältnissen von 2,0 bis 2,62 [216].

Plutononiumoxid

In Bild 5.74a ist das Teilschaubild Plutonium-Sauerstoff für O/Pu-Verhältnisse zwischen 1,5 und 2,0 wiedergegeben [217]. Bei Temperaturen um 1000 °C existieren die Verbindungen Pu_2O_{3+x} (hexagonal) und PuO_{2-x} (kubisch). Die PuO_{2-x}-Phase kann ihren Sauerstoffunterschuß x in weiten Grenzen zwischen 0 und 0,4 ändern. Die Änderung der Sauerstoffgleichgewichtsdrücke des Plutoniumoxids PuO_{2-x} in Abhängigkeit vom O/Pu-Verhältnis wurde an der Zelle

$$\begin{matrix}\text{Ni, NiO oder}\\ \text{Fe, Fe}_{1-x}\text{O}\end{matrix} \,\Big|\, ZrO_2(CaO) \,\Big|\, PuO_{2-x}$$

gemessen und ist in Bild 5.74b für Temperaturen von 750 bis 1050 °C dargestellt [217].

5.2.9.2. Binäre Mischoxide

Einige Metalloxide, bei denen die Gleichheit des Formeltyps und des Gittertyps sowie nur mäßige Unterschiede in der Gitterkonstante gegeben sind, bilden lückenlose Mischkristallreihen. Zu diesen gehören die Oxide FeO, NiO, MgO und MnO[1].

An einer galvanischen Zelle

$$\text{Me, MeO}_{\text{rein}}(\text{I}) \,|\, ZrO_2(CaO) \,|\, \text{Me, MeO}_{\text{feste Lösung}}(\text{II})$$

kann die Aktivität des Metalloxids MeO in der festen Lösung eines binären oder ternären Mischkristalls in Abhängigkeit von dessen Zusammensetzung bestimmt werden. Sie ergibt sich aus der Bruttoreaktion der Zelle:

$$\text{MeO}_{\text{rein}}(\text{I}) \rightleftharpoons \text{MeO}_{\text{feste Lösung}}(\text{II}) \tag{5.124}$$

$$\Delta G = \Delta G_{\text{MeO(II)}} - \Delta G^0_{\text{MeO(I)}} = RT \ln a_{\text{MeO(II)}} = -zFE \tag{5.125}$$

$$a_{\text{MeO(II)}} = \exp\left[-\frac{zFE}{RT}\right] \tag{5.126}$$

Als Bezugszustand $a_{\text{MeO}} = 1$ ist dabei das reine Metalloxid MeO gewählt. Das Sauerstoffpotential der Metalloxidphasen ist in der beschriebenen Anordnung jeweils durch das Gleichgewicht mit der reinen Metallphase festgelegt. Dabei wird vorausgesetzt, daß sich auf der Seite des Mischoxids keine

[1] In diesem Abschnitt wird die Fehlordnung der Oxide in der Formel nicht besonders gekennzeichnet.

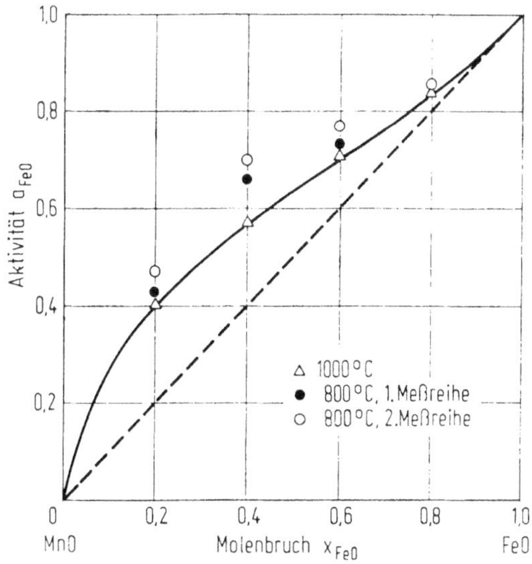

Bild 5.75. Aktivitätsverlauf a_{FeO} in MnO—FeO-Mischkristallen nach H.-J. Engell [218]

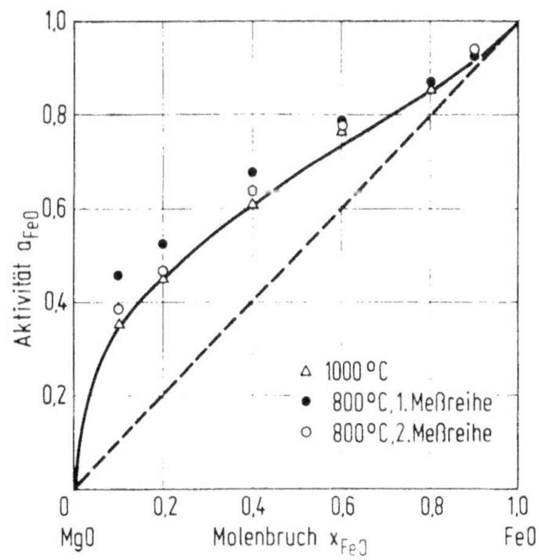

Bild 5.76. Aktivitätsverlauf a_{FeO} in MgO—FeO-Mischkristallen nach H.-J. Engell [218]

nennenswerten Mengen an Fremdmetall in der vorhandenen Metallphase lösen.

Durch EMK-Messungen wurde auf diesem Wege die Aktivität a_{FeO} in den Systemen FeO—MnO [218], FeO—MgO [218, 219], NiO—MgO [220], NiO—MnO [221, 222] und CoO—MnO [223] bestimmt. Die Bilder 5.75 und 5.76 zeigen den ermittelten Aktivitätsverlauf in den Systemen MnO—FeO

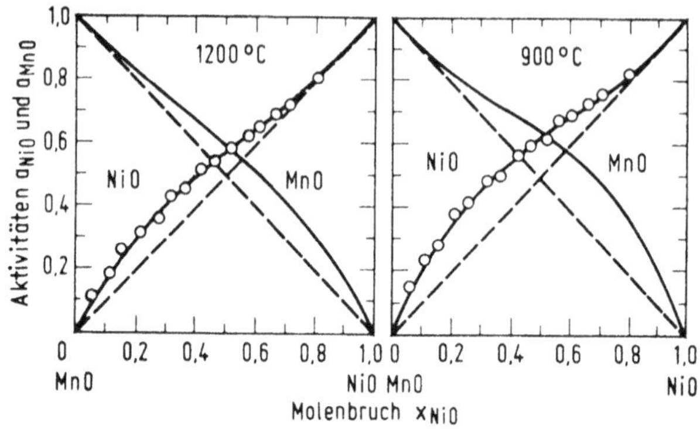

Bild 5.77. Aktivitätsverlauf a_{NiO} in MnO—NiO-Mischkristallen nach D. J. Cameron und A. E. Unger [222]

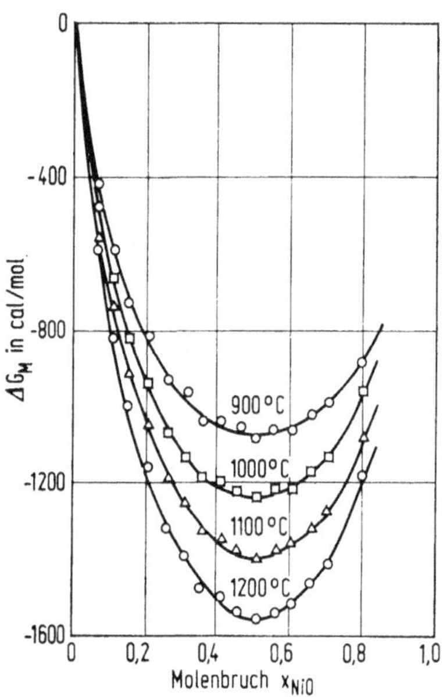

Bild 5.78. Integrale Freie Mischungsenthalpie in MnO—NiO-Mischkristallen nach D. J. Cameron und A. E. Unger [222]

und MgO—FeO [218], deren lückenlose Mischbarkeit nachgewiesen ist [224 bis 226]. In beiden Systemen ist eine Tendenz zur Entmischung erkennbar. Die gleiche Tendenz zeigt sich auch in der Mischkristallreihe des Systems MnO—NiO (Bild 5.77), deren Freie Mischungsenthalpien bei 900 und 1200°C in Bild 5.78 wiedergegeben werden [222]. In allen Fällen ist mit steigender Temperatur eine Annäherung der Aktivitätskurven an die Raoult'sche Gerade zu beobachten.

5.2.9.3. Ternäre Oxidverbindungen

Ternäre Oxidverbindungen entstehen aus der Reaktion zweier Einzeloxide, die bereits im festen Zustand ablaufen kann z. B.:

$$AO + BO_2 \rightleftharpoons ABO_3 \tag{5.127}$$

$$2AO + BO_2 \rightleftharpoons A_2BO_4 \tag{5.128}$$

$$AO + B_2O_3 \rightleftharpoons AB_2O_4 \tag{5.129}$$

Dabei bilden sich nicht durchweg stöchiometrisch zusammengesetzte Verbindungstypen, sondern häufig homogene Mischphasen mit einem abgegrenzten Existenzbereich und einer temperatur-, druck- und konzentrationsabhängigen Gitterfehlordnung. Die Untersuchung solcher Oxidbildungsreaktionen ist nicht nur von grundsätzlicher Bedeutung im Hinblick auf die Kennzeichnung des Reaktionsmechanismus und die Festlegung der Fehlordnungstypen, sondern liefert auch Erkenntnisse für Vorgänge von technischem Interesse wie die Oxydation von Metallegierungen oder die Reduktion von Metallen aus vergesellschafteten Metalloxiden.

EMK-Messungen an galvanischen Zellen sind ein wichtiges Hilfsmittel zur Bestimmung der Freien Bildungsenthalpien und des Fehlordnungsbereichs ternärer Oxidverbindungen. Die im folgenden behandelten Anwendungsbeispiele beziehen sich auf Messungen an Zellen mit sauerstoffionenleitenden Festelektrolyten wie dotiertes Zirkonoxid oder Thoriumoxid. Es wird vorausgesetzt, daß die Phasengleichgewichte in den zu untersuchenden Systemen A—B—O bekannt sind und die Metallphasen nur in praktisch reiner Form auftreten. Um an den Festleiterzellen thermodynamisch eindeutige EMK-Werte zu erhalten, sollten die Messungen in einer inerten Gasatmosphäre ablaufen. Da jedoch auch in gereinigten Schutzgasatmosphären endliche Sauerstoffpartialdrücke nicht zu vermeiden sind, ist eine Beteiligung gasförmigen Restsauerstoffs an der Festkörperreaktion, besonders bei betont langsamer Gleichgewichtseinstellung der festen Reaktionspartner, nicht völlig zu vermeiden.

Die Messung der Freien Bildungsenthalpien von ternären Oxidverbindungen in Festkörperzellen sei an einem Beispiel erörtert. Im System Ni—Al—O bestehen nach den Angaben des Zustandsdiagramms die festen Phasen Ni, Al_2O_3 und $NiAl_2O_4$ im Gleichgewicht nebeneinander. Die Freie Bildungsenthalpie des Spinells $NiAl_2O_4$ kann somit an der Zelle

$$Pt|Ni, Al_2O_3, NiAl_2O_4 \,\|\, ZrO_2(CaO) \,\|\, Ni, NiO|Pt$$

gemessen werden. Die Sauerstoffpartialdrücke zu beiden Seiten des Elektrolyten sind durch die Reaktionsgleichgewichte gegeben:

$$Ni + \frac{1}{2} O_2 + Al_2O_3 \rightleftharpoons NiAl_2O_4 \quad (5.130)$$

$$Ni + \frac{1}{2} O_2 \rightleftharpoons NiO \quad (5.131)$$

Die gemessene Zellspannung gibt die Differenz der Sauerstoffgleichgewichtsdrücke der beiden Phasengemenge wieder:

$$E = \frac{RT}{4F} \left[\ln p_{O_2} (Ni, NiO) - \ln p_{O_2} (Ni, Al_2O_3, Ni\,Al_2O_4) \right] \quad (5.132)$$

$$E = -\frac{1}{2F} [\Delta G^0_{NiAl_2O_4} - \Delta G^0_{NiO}] \quad (5.133)$$

Der Klammerausdruck ist gleichbedeutend mit der Freien Enthalpie für die Spinellbildungsreaktion

$$NiO + Al_2O_3 \rightleftharpoons Ni\,Al_2O_4 . \quad (5.134)$$

In der vorangestellten Erörterung wird vorausgesetzt, daß die ternäre Oxidverbindung $NiAl_2O_4$ nur bei ihrer stöchiometrischen Zusammensetzung beständig ist und mit dem NiO oder Al_2O_3 keine feste Lösung eingeht. Tatsächlich neigen jedoch die ternären Oxidverbindungen zur Bildung homogener Mischphasen mit Abweichungen zu nichtstöchiometrischen Verhältnissen und einer damit zusammenhängenden Fehlordnung des Mischkristallgitters. Die Mischkristallbildung führt im allgemeinen zu einer Fehlordnung der Kationen im Kristallgitter. Grundsätzliche Überlegungen über die Fehlordnungsmöglichkeiten der Kationen in ternären Ionenkristallen wurden von H. Schmalzried und C. Wagner [227] angestellt. Mit Hilfe der EMK-Methode ist es möglich, die Sauerstoffgleichgewichtsdrücke der fehlgeordneten ternären Mischoxide in Abhängigkeit von der Zusammensetzung und der Temperatur zu bestimmen.

Im folgenden seien eine Reihe von ternären Oxidverbindungen aufgezählt, deren Freie Bildungsenthalpien an Hand von Festleiterzellen gemessen wurden, wobei besonders die Mitarbeitergruppen von H. Schmalzried, von T. N. Rezukhina und von Y. D. Tretyakov hervorzuheben sind:

Ferrite: Fe_3O_4 [129, 228], $CoFe_2O_4$ [129, 228, 229], $NiFe_2O_4$ [129, 229], $MgFe_2O_4$ [129, 230], $MnFe_2O_4$ [231, 232]

Aluminate: $FeAl_2O_4$ [233], $NiAl_2O_4$ [234, 235], $CoAl_2O_4$ [129, 234, 235], $Cu_2Al_2O_4$ [234]

Silikate: $PbSiO_3$ [236], Pb_2SiO_4 [236], Pb_4SiO_6 [236], Fe_2SiO_4 [237], Ni_2SiO_4 [237]

Titanate: $FeTiO_3$ [237], Fe_2TiO_4 [237], $CoTiO_3$ [237, 238], Co_2TiO_4 [237], $NiTiO_3$ [237], $CaTiO_3$ [239]

Chromite: $FeCr_2O_4$ [129, 240, 241], $NiCr_2O_4$ [129, 234, 242], $CoCr_2O_4$ [129, 243], $Cu_2Cr_2O_4$ [129]

Molybdate: $CoMoO_3$ [244], $MgMoO_3$ [245], $MgMoO_4$ [245, 246]

Wolframate: $CaWO_4$ [247, 248], Ca_3WO_6 [248], $MgWO_4$ [249], $SrWO_4$ [250], $BaWO_4$ [248], Ba_3WO_6 [248]

Ausgewählte Gleichgewichtsdaten für die Bildung dieser Oxidverbindungen sind in Tabelle 5.24 für *Ferrite*, in Tabelle 5.25 für *Aluminate*, in Tabelle 5.26

Tabelle 5.24. Bildung von Ferriten

Reaktion	$\Delta G^0 = A + BT$ cal · mol^{-1}	Genauigkeit cal	Temperatur °C	Autoren
$FeO + Fe_2O_3 \rightleftharpoons Fe_3O_4$	$-4030 - 2{,}76\,T$	±250	830–1430	Y. D. Tretyakov,
$CoO + Fe_2O_3 \rightleftharpoons CoFe_2O_4$	$-5400 - 3{,}20\,T$	±400	900–1430	H. Schmalzried
$NiO + Fe_2O_3 \rightleftharpoons NiFe_2O_4$	$-5400 - 1{,}00\,T$	±300	900–1200	[129]
$MgO + Fe_2O_3 \rightleftharpoons MgFe_2O_4$	$-5750 - 3{,}20\,T$	±400	830–1430	

Tabelle 5.25. Bildung von Aluminaten

Reaktion	$\Delta G^\circ = A + BT$ cal · mol^{-1}	Genauigkeit cal	Temperatur °C	Autoren
$CoO + Al_2O_3 \rightleftharpoons CoAl_2O_4$	-4900	±200	1000	H. Schmalzried [234]
	$-10700 + 2{,}67\,T$	±500	730–1230	Y. D. Tretyakov, H. Schmalzried [129]
$CoO + 1{,}235Al_2O_3 \rightleftharpoons CoAl_{2,47}O_{4,70}$	$-12118 + 3{,}46\,T$	± 75	1030–1230	V. A. Levitskij, T. N. Rezukhina [235]
$NiO + Al_2O_3 \rightleftharpoons NiAl_2O_4$	-5200	±200	1000	H. Schmalzried [234]
$NiO + 1{,}136Al_2O_3 \rightleftharpoons NiAl_{2,27}O_{4,41}$	$-5550 - 0{,}42\,T$	± 50	1030–1230	V. A. Levitskij, T. N. Rezukhina [235]
$FeO + Al_2O_3 \rightleftharpoons FeAl_2O_4$	$-10800 + 4{,}08\,T$	± 35	960–1050	T. N. Rezukhina, V. A. Levitskij, P. Ozhegov [233]
$Cu_2O + Al_2O_3 \rightleftharpoons Cu_2Al_2O_4$	-4000	±400	1000	H. Schmalzried [234]

Tabelle 5.26. Bildung von Silikaten

Reaktion	$\Delta G^\circ = A + BT$ cal · mol^{-1}	Temperatur C°	Autoren
2 „FeO“ + $SiO_2 \rightleftharpoons FeSiO_4$	$-6550 + 2{,}0\,T$	900–1100	R. W. Taylor, H. Schmalzried [237]
2 NiO + $SiO_2 \rightleftharpoons Ni_2SiO_4$	$-3750 + 2{,}0\,T$	800–1100	
PbO + $SiO_2 \rightleftharpoons PbSiO_3$	-5200	640	R. Benz H. Schmalzried [236]
2 PbO + $SiO_2 \rightleftharpoons Pb_2SiO_4$	-7500	640	
4 PbO + $SiO_2 \rightleftharpoons Pb_4SiO_6$	-8500	640	

Tabelle 5.27. Bildung von Titanaten

Reaktion	$\Delta G^0 = A + BT$ cal · mol^{-1}	Temperatur °C	Autoren
„FeO“ + $TiO_2 \rightleftharpoons FeTiO_3$	$-10110 + 4{,}3\,T$	800–1200	R. W. Taylor, H. Schmalzried [237]
2 „FeO“ + $TiO_2 \rightleftharpoons Fe_2TiO_4$	$-10420 + 3{,}0\,T$	800–1200	
CoO + $TiO_2 \rightleftharpoons CoTiO_3$	$-7080 + 2{,}5\,T$	800–1200	
2 CoO + $TiO_2 \rightleftharpoons Co_2TiO_4$	$-11100 + 4{,}1\,T$	800–1200	
NiO + $TiO_2 \rightleftharpoons NiTiO_3$	$-3770 + 1{,}0\,T$	800–1200	

Tabelle 5.28. Bildung von Chromiten

Reaktion	$\Delta G^0 = A + BT$ cal · mol^{-1}	Genauigkeit cal	Temperatur °C	Autoren
FeO + $Cr_2O_3 \rightleftharpoons FeCr_2O_4$	$-13750 + 3{,}93\,T$	±200	730–1230	Y. D. Tretyakov, H. Schmalzried [129]
NiO + $Cr_2O_3 \rightleftharpoons NiCr_2O_4$	$-12930 + 5{,}17\,T$	±500	730–1230	
	-6000	±500	1000	H. Schmalzried [234]
CoO + $Cr_2O_3 \rightleftharpoons CoCr_2O_4$	$-19360 + 5{,}77\,T$	±200	730–1230	Y. D. Tretyakov, H. Schmalzried [129]
$Cu_2O + Cr_2O_3 \rightleftharpoons Cu_2Cr_2O_4$	$-12270 + 1{,}84\,T$	±400	730–1230	
$Fe_{fl} + 2\,Cr_{fl} + 4[O] \rightleftharpoons FeCr_2O_4$	-79800	±1500	1600	R. Fruehan [240]

für *Silikate*, in Tabelle 5.27 für *Tintanate*, in Tabelle 5.28 für *Chromite* und in Tabelle 5.29 für *Wolframate* zusammengestellt. Trotz des bereits vorhandenen, hier zitierten Schrifttums wären jedoch entsprechende Messungen an weiteren metallurgisch wichtigen Oxidverbindungen, besonders in den Systemen

Tabelle 5.29. Bildung von Wolframaten

Reaktion	$\Delta G^0 = A + BT$ cal · mol^{-1}	Genauigkeit cal	Temperatur °C	Autoren
$CaO + W + 3/2O_2 \rightleftharpoons CaWO_4$ [1])	$-140900 + 64{,}68\,T$		800–1100	T. N. Rezukhina, V. I. Lavrentev, V. A. Levitskij, F. A. Kuznetsov [247]
$MgO + W + 3/2O_2 \rightleftharpoons MgWO_4$	$-224370 + 65{,}67\,T$	± 600	950–1100	T. N. Rezukhina V. A. Levitskij [249]

[1]) berechnet durch Verknüpfung mit den Gleichgewichtsdaten der Reaktion $3Fe_{1-x}O \rightleftharpoons 3(1-x)\ Fe + 3/2O_2$ ($\Delta G^0 = 189000 - 47{,}35\,T$) nach Y. D. Tretyakov, H. Schmalzried [129]

Ca—Si—O, Mg—Si—O, Mn—Si—O, Ca—Cr—O, Mg—Cr—O und Ca—Fe—O, wünschenswert.

Auch in ternären Mischphasen kann mit Hilfe von EMK-Messungen der Fehlordnungsgrad in Abhängigkeit vom Sauerstoffgleichgewichtsdruck bestimmt werden. I. V. Gordeev und Y. D. Tretyakov [230] ermittelten im System MgO—FeO—O die Sauerstoffpartialdrücke für das Gleichgewicht der beiden Mischphasen $(Mg, Fe)_3O_4$ und (Mg, Fe)O an der Zelle

$$Fe,\ Fe_{1-y}O \,|\, ZrO_2\,(CaO) \,|\, (Mg, Fe)_3O_4,\ (Mg, Fe)O$$

bei unterschiedlichen Verhältnissen Mg/Fe und Temperaturen zwischen 900 und 1200 °C. Das Reaktionsgleichgewicht zwischen der Magnesiowüstitphase (Mg, Fe)O und der Spinellphase $(Mg, Fe)_3O_4$ kann allgemein mit der Gleichung

$$6\,Mg_{x/3}Fe_{1-x/3}O + O_2 \rightleftharpoons 2\,Mg_xFe_{3-x}O_4 \tag{5.135}$$

beschrieben werden, wobei $x = 1$ den Grenzfall des Spinells $MgFe_2O_4$ und $x = 0$ den Grenzfall des Spinells Fe_3O_4 darstellt. Die in Bild 5.79 und Bild 5.80 dargestellten Ergebnisse lassen erkennen, daß die Sauerstoffgleichgewichtsdrücke durch die Änderung von x mäßig, durch die Änderung der Temperatur dagegen stark beeinflußt werden.

Weitere derartige Untersuchungen wurden an den ternären und quaternären Oxidmischphasen durchgeführt:

$Mn_xFe_{3-x}O_4$ [142, 251, 252], $MgFe_{2-x}Cr_xO_4$ [253, 254], $Ti_{0.5}Nb_{0.5}O_{2+x}$ [168], $U_yTh_{1-y}O_{2+x}$ [255], $U_yZr_{1-y}O_{2+x}$ [256], $U_yPu_{1-y}O_{2\pm x}$ [257]

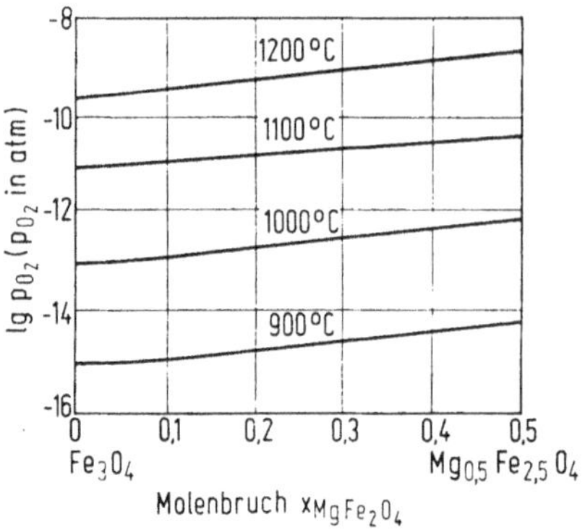

Bild 5.79. Sauerstoffgleichgewichtsdrücke in Fe_3O_4—$MgFe_2O_4$-Mischkristallen in Abhängigkeit vom Molenbruch $x_{MgFe_2O_4}$ nach I. V. Gordeev und Y. D. Tretyakow [230]

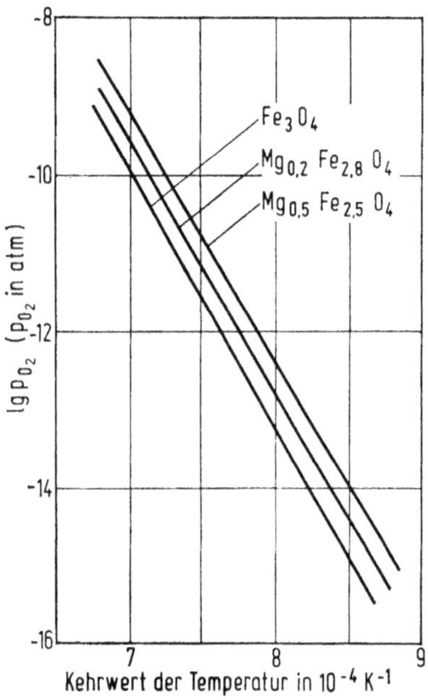

Bild 5.80. Sauerstoffgleichgewichtsdrücke in Fe_3O_4—$MgFe_2O_4$-Mischkristallen in Abhängigkeit von der Temperatur nach I. V. Gordeev und Y. D. Tretyakow [230]

5.2.10. Messung der Freien Bildungsenthalpien nichtoxidischer Verbindungen

Grundsätzlich ist auch die Möglichkeit gegeben, durch EMK-Messungen an Sauerstoffkonzentrationszellen die Freien Bildungsenthalpien *nichtoxidischer* Verbindungen experimentell zu ermitteln. Auch dieses Meßverfahren beruht auf der Bestimmung des unbekannten Sauerstoffpartialdrucks der Meßelektrode bezogen auf den bekannten Sauerstoffpartialdruck der Referenzelektrode. Der Sauerstoffpartialdruck der Meßelektrode wird durch ein heterogenes Reaktionssystem festgelegt, in dem sich die nichtoxidische Verbindung mit einer oxidischen und einer reinen Nichtmetallphase (Zelle (I)) oder zwei oxidischen Phasen (Zelle (II)) im Gleichgewicht befindet.

An der Zelle

(I) MeX_{fest}, MeO_{fest}, X_{fest} | oxidischer Festelektrolyt | Referenzelektrode

wird der zu messende Sauerstoffpartialdruck durch das Reaktionsgleichgewicht

$$MeX_{fest} + \frac{1}{2} O_2 \rightleftharpoons MeO_{fest} + X_{fest} \tag{5.136}$$

bestimmt (MeX = feste nichtoxidische Verbindung, MeO = feste Oxidverbindung, X = festes Nichtmetall). Durch Verknüpfung mit der Oxidbildungsreaktion

$$Me_{fest} + \frac{1}{2} O_2 \rightleftharpoons MeO_{fest} \tag{5.137}$$

ergibt sich daraus die Reaktion der Verbindungsbildung

$$Me_{fest} + X_{fest} \rightleftharpoons MeX_{fest}. \tag{5.138}$$

An der Zelle

(II) MeX_{fest}, MeO_{fest}, XO (Gas) | oxidischer Festelektrolyt | Referenzelektrode

entspricht der durch die EMK-Messung bestimmte Sauerstoffpartialdruck dem Gleichgewicht der Reaktion

$$MeO_{fest} + XO\,(Gas) \rightleftharpoons MeX_{fest} + O_2. \tag{5.139}$$

Das Reaktionsgleichgewicht ergibt sich hier durch die Verknüpfung mit den Reaktionen für die Bildung der Oxide MeO_{fest} und XO (Gas).

Metallkarbide

H. Mabuchi, N. Sano und Y. Matsushita [258] bestimmten an der Festelektrolytzelle

$$Pt|Cr, Cr_2O_3 \,|\, ThO_2(Y_2O_3) \,|\, Cr_3C_2, C, Cr_2O_3|Pt$$

über das Reaktionsschema

$$\frac{4}{9}\,Cr_3C_2 + O_2 \rightleftharpoons \frac{2}{3}\,Cr_2O_3 + \frac{3}{9}\,C \qquad (5.140)$$

$$\frac{4}{3}\,Cr + O_2 \rightleftharpoons \frac{2}{3}\,Cr_2O_3 \qquad (5.141)$$

$$\frac{4}{3}\,Cr + \frac{3}{9}\,C \rightleftharpoons \frac{4}{9}\,Cr_3C_2 \qquad (5.142)$$

$$\Delta G = -4FE = \frac{4}{9}\,\Delta G^0_{Cr_3C_2} \qquad (5.143)$$

$$\Delta G^0_{Cr_3C_2} = 9FE \qquad (5.144)$$

die Freien Bildungsenthalpien des *Chromkarbids* Cr_3C_2 im Temperaturbereich zwischen 800 und 1100 °C:

$$\Delta G^0_{Cr_3C_2} = -10400 - 7{,}35\,T\;(\pm 330)\;\text{cal}\cdot\text{mol}^{-1} \qquad (5.145)$$

Metallsilizide

S. R. Levine und M. Kolodney [259] befaßten sich mit der Bestimmung der Freien Bildungsenthalpien von *Tantalsiliziden* an der Zelle

$$Pt|Fe,\, Fe_{1-x}O\,\|\,ThO_2(Y_2O_3)\,\|\,TaSi_2,\, Ta_5Si_3,\, SiO_2|Pt$$

Die Ermittlung dieser Daten ist von technischem Interesse, um das Oxydationsverhalten von Ta—Si-Legierungen bei höheren Temperaturen voraussagen zu können, das zu der erwünschten Siliziumoxydation

$$5\,TaSi_2 + 7\,O_2 \rightleftharpoons 7\,SiO_2 + Ta_5Si_3 \qquad (5.146)$$

(SiO_2 bildet einen schützenden, glasigen Überzug), aber auch zu der unerwünschten, gleichzeitigen Tantaloxydation

$$4\,TaSi_2 + 13\,O_2 \rightleftharpoons 8\,SiO_2 + 2\,Ta_2O_5 \qquad (5.147)$$

führen kann (Ta_2O_5 zerstört den glasigen SiO_2-Überzug).

Die Durchführung der EMK-Messungen an der Festleiterzelle wurde dadurch erschwert, daß sich auf der Elektrodenoberfläche nach längeren Zeiten dünne SiO_2-Schichten mit geringer Leitfähigkeit ausbildeten und daß es infolge einer zu hohen Porosität der Proben nicht gelang, sehr niedrige Sauerstoffpartialdrücke an der Grenzfläche Elektrode/Elektrolyt einzustellen.

In Anlehnung an das Reaktionsschema

$$5\,TaSi_2 + 7\,O_2 \rightleftharpoons 7\,SiO_2 + 5\,Ta_5Si_3 \qquad (5.148)$$

$$14\,Fe + 7\,O_2 \rightleftharpoons 14\;\text{„FeO"} \qquad (5.149)$$

$$5\,TaSi_2 + 14\,\text{„FeO"} \rightleftharpoons 7\,SiO_2 + 5\,Ta_5Si_3 + 14\,Fe \qquad (5.150)$$

kann die Freie Bildungsenthalpie des Tantalsilizids $TaSi_2$ nach der Gleichung

$$\Delta G^0_{TaSi_2} = \frac{2}{5} FE + \frac{7}{5} \Delta G^0_{SiO_2} + \frac{1}{5} \Delta G^0_{Ta_5Si_3} - \frac{14}{5} \Delta G^0_{„FeO“} \qquad (5.151)$$

aus der gemessenen Zellspannung berechnet werden, wenn außer den bekannten ΔG°-Werten des SiO_2 und des Wüstits auch derjenige der Verbindung Ta_5Si_3 verfügbar ist.

In ähnlicher Weise wurden auch die ΔG^0-Werte der Tantalsilizide Ta_5Si_3, Ta_2Si und $Ta_{4,5}Si$ ermittelt. Die Ergebnisse für Temperaturen zwischen 925 und 1125 °C sind Tabelle 5.30 zu entnehmen.

Tabelle 5.30. Freie Reaktionsenthalpien ΔG^0 in kcal je g-Atom für die Bildung von Tantalsiliziden nach S. R. Levine und M. Kolodney [259]

Temperatur	$1/2\,TaSi_2$	$1/3\,Ta_5Si_3$	Ta_2Si	$Ta_{4,5}Si$
925		−24,8	−28,1	−39,2
1025	−8,1	−24,0	−27,2	−37,3
1125		−23,1	−26,1	−35,5

Metallsulfide

Eine eingehende elektrochemische Untersuchung der Freien Bildungsenthalpien einer Reihe von Metallsulfiden wurde von H. R. Larson und J. F. Elliott [260] an Festelektrolytzellen des Typs

$$\mathrm{Pt}|\overset{(I)}{\mathrm{MeS_{fest}}, \mathrm{MeO_{fest}}, \underset{(1\,atm)}{\mathrm{SO_2\,(Gas)}}}\,\|\,\mathrm{ZrO_2(CaO)}\,\|\,\overset{(II)}{\underset{(1\,atm)}{\mathrm{O_2}}}|\mathrm{Pt}$$

durchgeführt. Für die gegenüber dem reinen Metall stabilen Sulfide PtS und Rh_xS resultiert der meßbare Sauerstoffpartialdruck aus dem Gleichgewicht der Reaktion

$$\mathrm{Me_{fest}} + \mathrm{SO_2\,(Gas)} \rightleftharpoons \mathrm{MeS_{fest}} + \mathrm{O_2\,(Gas)} \qquad (5.152)$$

Sind wie im Fall der Sulfide ZnS, MnS und MoS_2 die Metalloxide neben den Metallsulfiden beständig, so bestimmt die Reaktion

$$\mathrm{MeO_{fest}} + \mathrm{SO_2\,(Gas)} \rightleftharpoons \mathrm{MeS_{fest}} + \frac{3}{2}\,\mathrm{O_2\,(Gas)} \qquad (5.153)$$

den Sauerstoffgleichgewichtsdruck. Besitzen die Metalloxide gegenüber den Metallsulfiden eine relativ hohe Stabilität (NbS_2, TaS_2), so empfiehlt sich eine Gleichgewichtseinstellung mit gasförmigem Schwefel anstelle von Schwefeldioxid

$$\mathrm{MeO_{fest}} + \mathrm{S_2\,(Gas)} \rightleftharpoons \mathrm{MeS_{fest}} + \frac{1}{2}\,\mathrm{O_2\,(Gas)} \qquad (5.154)$$

Bild 5.81 gibt die Meßapparatur schematisch wieder. Die heterogene Metallsulfid-Metalloxid-Probe befindet sich in einem Platinnetz-Behälter im Innenraum eines einseitig geschlossenen Rohres aus $ZrO_2(CaO)$ (9/6 mm ⌀ × 360 mm Länge) und wird von Schwefeldioxid umspült. Durch den Außenraum der Zelle strömt reiner Sauerstoff. Platindraht bildet die Ableitungen der O_2-Kathode und der $MeS-MeO-SO_2$-Anode.

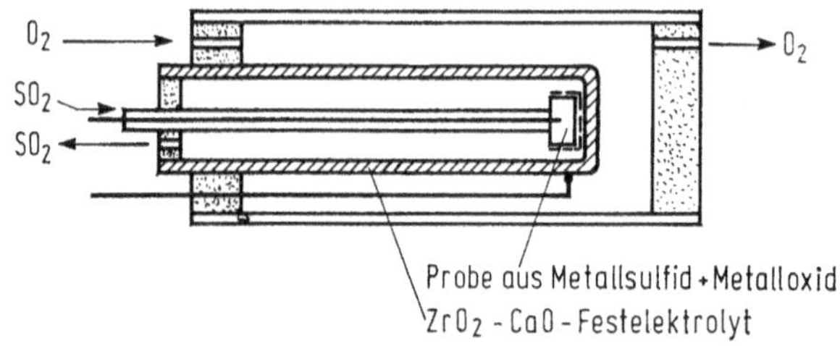

Bild 5.81. Anordnung zur Messung der Freien Bildungsenthalpie von Metallsulfiden (schematisch) nach H. R. Larson und J. F. Elliott [260]

Ausgehend von der Zellreaktion

$$O_2(II) \rightleftharpoons O_2(I) \tag{5.155}$$

und der maximalen Reaktionsarbeit

$$\Delta G = \mu_{O_2}(I) - \mu_{O_2}(II) = RT \ln \frac{p_{O_2}(I)}{p_{O_2}(II)} = -4FE \tag{5.156}$$

ergibt sich der gemessene Sauerstoffpartialdruck $p_{O_2(I)}$ zu

$$\ln p_{O_2(I)} = -\frac{4FE}{RT} \tag{5.157}$$

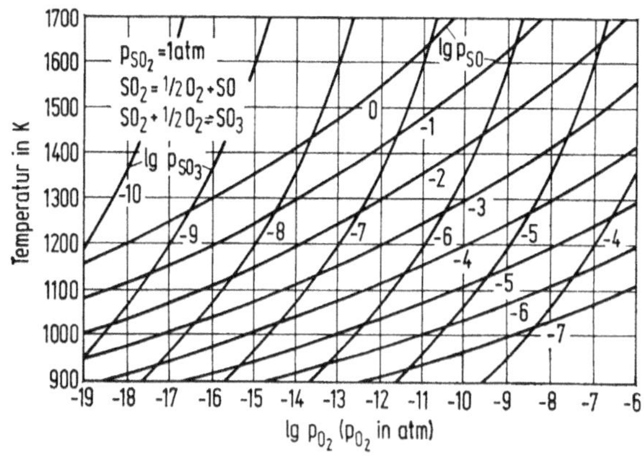

Bild 5.82. Dissoziationsgleichgewichte $SO_3 \rightleftharpoons SO_2 + \frac{1}{2} O_2$ und $SO_2 \rightleftharpoons SO + \frac{1}{2} O_2$ bei unterschiedlichen Temperaturen und Sauerstoffpartialdrücken und $p_{SO_2} = 1$ atm [260]

Mit diesen Sauerstoffdrücken und den zu korrigierenden Partialdrücken des SO_2 oder S_2 können die ΔG^0-Werte der Reaktionen (5.152), (5.153) und (5.154) berechnet werden. Eine Korrektur der p_{SO_2}- und p_{S_2}-Werte ist wegen der Dissoziationsgleichgewichte der Schwefel-Sauerstoff-Verbindungen vorzunehmen.

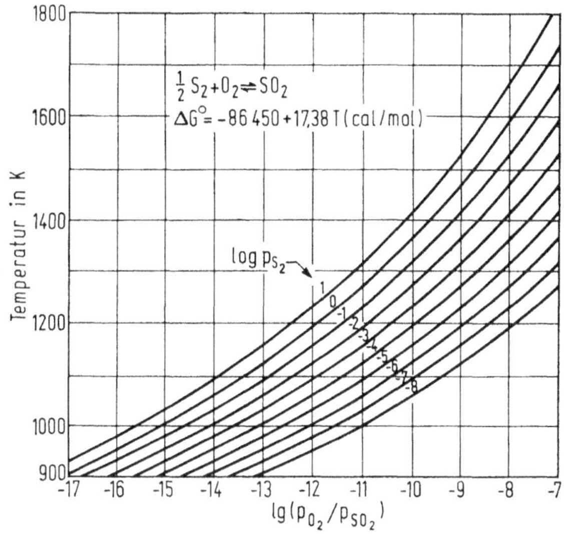

Bild 5.83. Dissoziationsgleichgewicht $SO_2 \rightleftharpoons \frac{1}{2} S_2 + O_2$ bei unterschiedlichen Temperaturen und Verhältnissen p_{SO_2}/p_{O_2}

Diese Werte können aus Bild 5.82 und Bild 5.83 entnommen werden. Die berechneten Freien Bildungsenthalpien der Metallsulfide sind in Tabelle 5.31 enthalten.

Tabelle 5.31. Freie Reaktionsenthalpien ΔG° für die Bildung von Metallsulfiden nach H. R. Larson und J. F. Elliott [260]

Reaktion	$\Delta G^0 = \Delta H^0 - T \cdot \Delta S^0$ cal · mol^{-1}	Temperaturbereich °C
$Mn_f + 1/2 S_2 \rightleftharpoons MnS_f$	$-$ 67190 + 16,17 T	750–1085
$Zn_{fl} + 1/2 S_2 \rightleftharpoons ZnS_f$	$-$ 65690 + 25,36 T	725–1105
$Mo_f + S_2 \rightleftharpoons MoS_{2f}$	$-$ 88100 + 37,33 T	780–1100
$Ta_f + S_2 \rightleftharpoons TaS_{2f}$	$-$ 98810 + 31,15 T	790–1095
$Nb_f + S_2 \rightleftharpoons NbS_{2f}$	$-$106980 + 38,02 T	815–1085
$Pt_f + 1/2 S_2 \rightleftharpoons PtS_f$	$-$ 34300 + 22,55 T	760–1110
$x Rh_f + 1/2 S_2 \rightleftharpoons Rh_x S$	$-$ 20460 + 5,61 T	810–1085

5.2.11. Messung der Aktivität metallischer Komponenten in festen Metallegierungen

Mit Festelektrolytzellen kann der Verlauf der Aktivitäten und der integralen molaren Mischungsgrößen in festen metallischen Lösungen ermittelt sowie der Bereich von intermediären Phasen und Mischungslücken festgelegt werden.

Der grundlegende Zelltyp für die Untersuchung binärer Metallegierungen A—B ist die Zelle

A, AO(I) | Festelektrolyt | A—B, AO(II)

Unter der Voraussetzung, daß die Metalle A und B eine hinreichend unterschiedliche Sauerstoffaffinität besitzen, ergibt sich mit den Annahmen $a_{AO}(I)$, $a_{AO}(II)$ und $a_A(I) = 1$ für die Aktivität des Metalls A in der Legierung der Ausdruck

$$\ln a_A(II) = \frac{2FE}{RT} \tag{5.158}$$

Mit der bekannten Aktivität des Metalls A läßt sich die Aktivität des Metalls B in der Legierung nach der Gleichung von Gibbs-Duhem berechnen:

$$\ln a_B = \int_{x_B=1}^{x_B} -\frac{x_A}{x_B}\,\mathrm{d}\ln a_A \tag{5.159}$$

Zur elektrochemischen Bestimmung der thermodynamischen Kennwerte in binären metallischen Lösungen wurden Systeme herangezogen, deren Daten für das Metall-Metalloxid-Gleichgewicht als zuverlässig bekannt sind: Fe, $Fe_{1-x}O$; Ni, NiO; Co, CoO; Cu, Cu_2O; Cr, Cr_2O_3; Mo, MoO_2; Nb, NbO. Als Festelektrolyte finden $ZrO_2(CaO)$- oder $ThO_2(Y_2O_3)$-Mischungen in Form von zylindrischen Proben oder einseitig geschlossenen Rohren Verwendung.

Systeme Ni—X

Eine Tendenz zur Entmischung zeigen die Aktivitätsverläufe in den festen Lösungen der Systeme Ni—Cu [261, 262] und Ni—Au [263] (Bild 5.84 und Bild 5.85). Ebenfalls wurden in den Ni—Au-Legierungen die Phasengrenzen der Mischungslücke mit einer kritischen Zusammensetzung $x_{Ni} = 0{,}72$ und einer kritischen Temperatur von 810 °C festgelegt (Bild 5.86) [263].

Die Aktivitätsverläufe im System Ni—Pt deuten dagegen auf eine Neigung zur Verbindungsbildung innerhalb der lückenlosen Mischkristallreihe hin [264].

Im System Ni—Pd neigen Pd-reiche Mischkristalle zu einer Verbindungsbildung, während Ni-reiche Mischkristalle zu einer Entmischung tendieren [264, 265]. Die Umkehrung dieses Lösungsverhaltens wird bei einem Molenbruch von $x_{Ni} = 0{,}55$ erreicht.

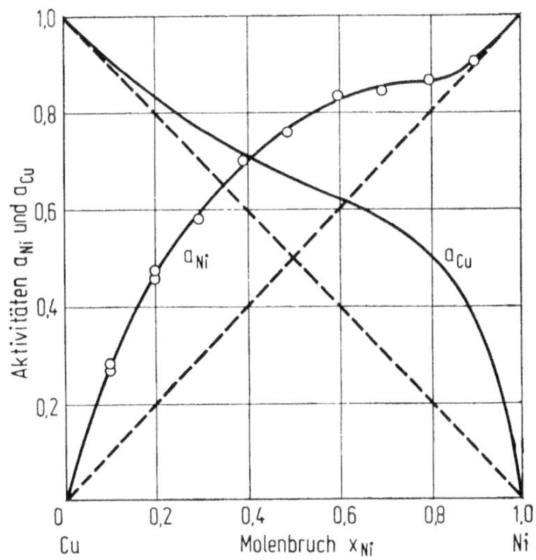

Bild 5.84. Aktivitäten von Ni und Cu in festen Cu—Ni-Legierungen bei 700 °C nach R. A. Rapp und F. Maak [261]

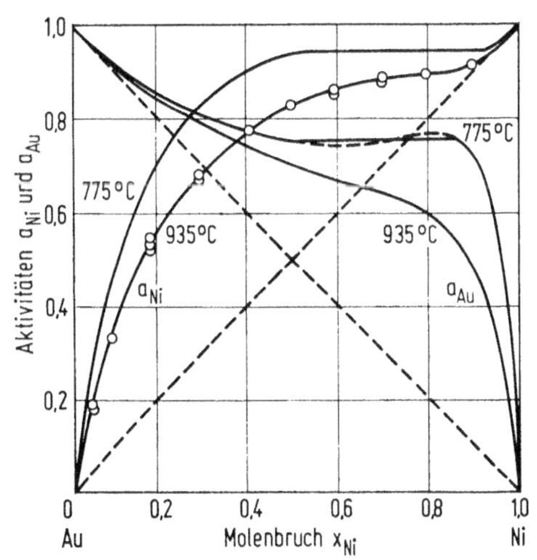

Bild 5.85. Aktivitäten von Ni und Au in festen Au—Ni-Legierungen nach C. M. Sellars und F. Maak [263]

Systeme Co—X

Co—Au-Legierungen weisen eine breite Mischungslücke auf, deren Grenzen bei 850 °C bei $x_{Co} = 0{,}1$ und x_{Co} sehr nahe 1 liegen [266]. Wie die Ni—Pd-Legierungen zeigen auch Co—Pd-Mischkristalle bei höheren Palladiumgehalten

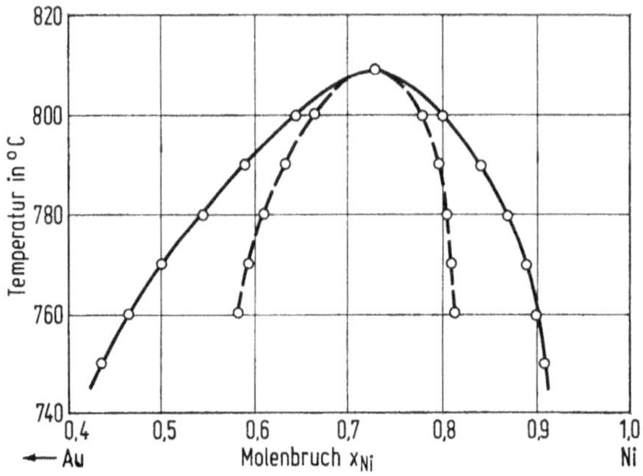

Bild 5.86. Entmischung in festen Au—Ni-Legierungen nach C. M. Sellars und F. Maak [263]

eine negative Abweichung, bei höheren Kobaltgehalten dagegen eine positive Abweichung von der Raoultschen Geraden. Ein ideales Lösungsverhalten des Kobalts ist bei einem Molenbruch $x_{Co} = 0{,}45$ gegeben [264].

Systeme Fe—X

Starke Tendenzen zur Verbindungsbildung zeigt das System Fe—Pt [267] (Bild 5.87), während das System Fe—Au eine Mischungslücke aufweist, deren Grenzen bei 850 °C mit $x_{Fe} = 0{,}5$ und x_{Fe} sehr nahe 1 anzugeben sind [266]. Fe—Pd-Mischkristalle sind wie feste Ni—Pd- und Co—Pd-Lösungen durch ein ambivalentes Lösungsverhalten gekennzeichnet. Die Neigung zur Ver-

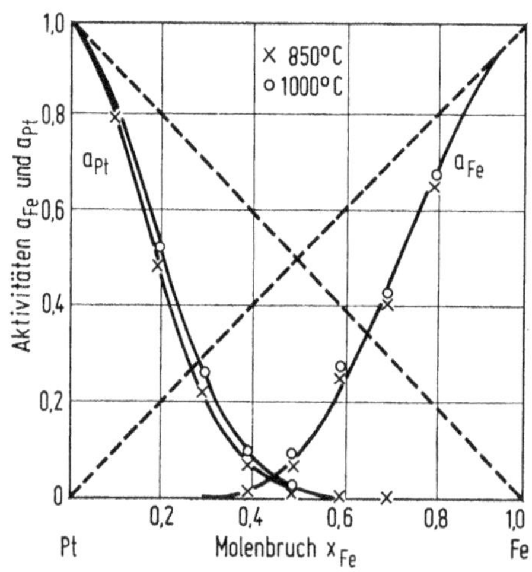

Bild 5.87. Aktivitäten von Fe und Pt in festen Pt—Fe-Legierungen bei 800 und 1000 °C nach C. B. Alcock und A. Kubik [267]

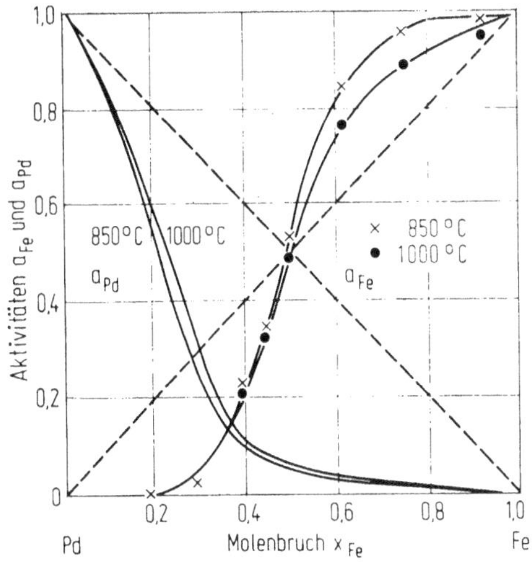

Bild 5.88. Aktivitäten von Fe und Pd in festen Pd—Fe-Legierungen nach C. B. Alcock und A. Kubik [267]

bindungsbildung geht bei einem Molenbruch $x_{Fe} \triangleq 0{,}5$ in eine Neigung zur Entmischung über (Bild 5.88) [267].

Systeme Cu—X

Untersuchungen liegen für die Systeme Cu—Pt [268], Cu—Pd [269] und Cu—Co [269a] vor. Der Tendenz zur Verbindungsbildung im System Cu—Pt entspricht das Auftreten einer Ordnungsphase Cu_3Pt (Maximaltemperatur 740 °C bei $x_{Pt} = 0{,}15$) [268].

Systeme Cr—X

Entmischungserscheinungen wurden für die Systeme Cr—Fe und Cr—Ni nachgewiesen. Die Untersuchungen an Fe—Cr-Legierungen bei 1130 °C deuten sowohl für die γ- als auch für die α-Mischphase eine Tendenz zur Entmischung an [270]. Die Phasengrenzen für das heterogene α—γ-Gebiet werden bei 8 bzw. 13 mol-% angegeben. Sie liegen niedriger bzw. höher als neuere mit Hilfe anderer Methoden ermittelte Grenzwerte [271]. Im System Cr—Ni tritt eine breite Mischungslücke auf. Die Grenzwerte wurden elektrochemisch z. B. bei 1100 °C zu 10 bzw. 55 mol-% Cr festgelegt (Bild 5.89) [174]. Sie stimmen mit dem Phasendiagramm recht gut überein [272].

Systeme Nb—X und Mo—X

Die Systeme Nb—Co und Mo—Co bilden im festen Zustand mehrere intermediäre Phasen. Für das System Nb—Co wurden an der Festleiterzelle

$$Pt|Fe, Fe_{1-x}O \,\|\, ThO_2(La_2O_3) \,\|\, Co{-}Nb, NbO|Pt$$

die Freien Bildungsenthalpien der Verbindungen Co_3Nb (η-Phase) und Co_2Nb (ε-Phase) bei 1000 bis 1150 °C ermittelt [273]:

$$\Delta G^0_{Co_3Nb} = -14100 + 1{,}14\,T \tag{5.160}$$

$$\Delta G^0_{Co_2Nb} = -13740 + 1{,}52\,T \tag{5.161}$$

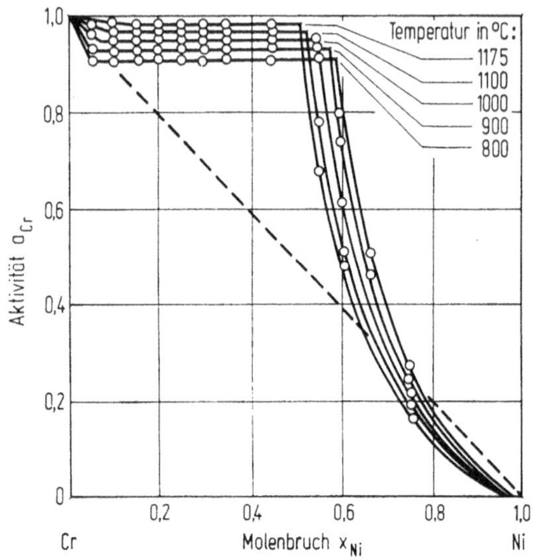

Bild 5.89. Aktivitäten von Ni und Cr in festen Cr—Ni-Legierungen nach L. A. Pugliese und G. R. Fitterer [174]

Entsprechende Untersuchungen im System Mo—Co an der Zelle

$$\mathrm{Pt|Mo, MoO_2} \,\|\, \mathrm{ThO_2(La_2O_3)} \,\|\, \mathrm{Co{-}Mo, MoO_2|Pt}$$

ergaben für die auftretenden intermediären Phasen Θ bei $x_{Mo} = 0{,}18$, K bei $x_{Mo} = 0{,}245$ und ε bei $x_{Mo} = 0{,}45$ die Freien Bildungsenthalpien im Temperaturbereich zwischen 900 und 1200 °C [274]:

$$\Delta G^0_{(\Theta)} = -490 - 0{,}2\,T \tag{5.162}$$

$$\Delta G^0_{(K)} = -1490 + 0{,}46\,T \tag{5.163}$$

$$\Delta G^0_{(\varepsilon)} = -1350 + 0{,}1\,T \tag{5.164}$$

Für Legierungen im System Molybdän-Tantal deutet sich in den Aktivität-Konzentration-Kurven eine merkliche Tendenz zur Verbindungsbildung an (Bild 5.90) [275].

Erwähnt seien weiterhin elektrochemische Untersuchungen im System Ni—Ga mit einer Ga_2O_3-Gleichgewichtsphase [276] sowie im System Pd—Sn mit einer SnO-Gleichgewichtsphase [269].

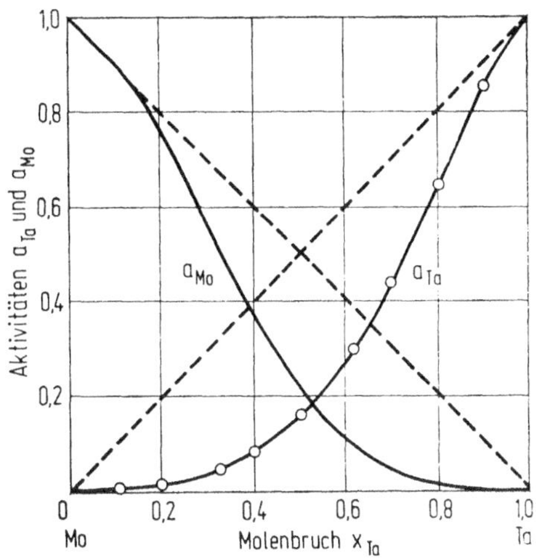

Bild 5.90. Aktivitäten von Ta und Mo in festen Mo—Ta-Legierungen bei 925 °C nach S. C. Singhal und W. L. Worrell [275]

Die integralen molaren Mischungsgrößen ΔG^M, ΔS^M und ΔH^M der Systeme Au—Ni [263], Pd—Ni [265] und Fe—Cr [270] sind in der Tabelle 5.32 zusammengestellt.

Tabelle 5.32

	System Au—Ni [263]	
x_{Ni}	900 °C ΔG^M cal/mol	ΔS^M cal/mol · K
0,1	−420	0,77
0,2	−555	1,22
0,3	−610	1,54
0,4	−615	1,75
0,5	−585	1,84
0,6	−535	1,82
0,7	−470	1,68
0,8	−390	1,40
0,9	−285	0,94

Tabelle 5.32 (Fortsetzung)

System Pd—Ni [265]			
		900 °C	
x_{Ni}	ΔG^M cal/mol	ΔS^M cal/mol · K	ΔH^M cal/mol
0,135	−1342	0,983	−189
0,223	−1801	1,296	−281
0,319	−2132	1,554	−309
0,436	−2271	1,746	−225
0,526	−2214	1,784	−121
0,618	−2034	1,719	− 18
0,713	−1731	1,531	66
0,809	−1317	1,243	141
0,893	−860	0,847	133

System Fe—Cr [270]			
		1330 °C	
x_{Cr}	ΔG^M cal/mol	ΔS^M cal/mol · K	ΔH^M cal/mol
0,1	−900	0,91	550
0,2	−1350	1,40	950
0,3	−1650	1,77	1235
0,4	−1750	1,97	1420
0,5	−1850	2,05	1500
0,6	−1750	1,97	1420
0,7	−1600	1,73	1235
0,8	−1350	1,37	950
0,9	−1000	0,94	550

5.2.12. Messung der Sauerstofflöslichkeit in festen Metallen

Nach der beschriebenen EMK-Methode für flüssige Metalle kann auch die Löslichkeit des Sauerstoffs in festen Metallen bestimmt werden. Messungen dieser Art wurden unter Verwendung von $ThO_2(Y_2O_3)$-Elektrolyten für die Metalle Vanadium [277], Niob [278] und Tantal [278] durchgeführt. Bild 5.91 zeigt die Abhängigkeit der EMK von der Sauerstoffkonzentration (At-%) in festem Vanadium bei 1000 °C für Messungen gegen eine Vanadium-Vergleichselektrode mit einem konstanten Sauerstoffgehalt von 10 At-%. Die aus den EMK-Messungen errechneten Sauerstoffgleichgewichtsdrücke in Abhängigkeit von der Sauerstoffkonzentration bei Temperaturen zwischen 600 und 1100 °C sind in Bild 5.91 dargestellt. Die Temperaturabhängigkeit der Freien Bildungsenthalpie der Sauerstoffauflösung

$$\frac{1}{2}\, O_2 \rightleftharpoons [O]_{\alpha\text{-Vanadium}} \tag{5.165}$$

im α-Vanadium-Mischkristall ist in Tabelle 5.33 angegeben. Sie enthält auch die entsprechenden Daten für die α-Mischphasen der Metalle Niob und Tantal.

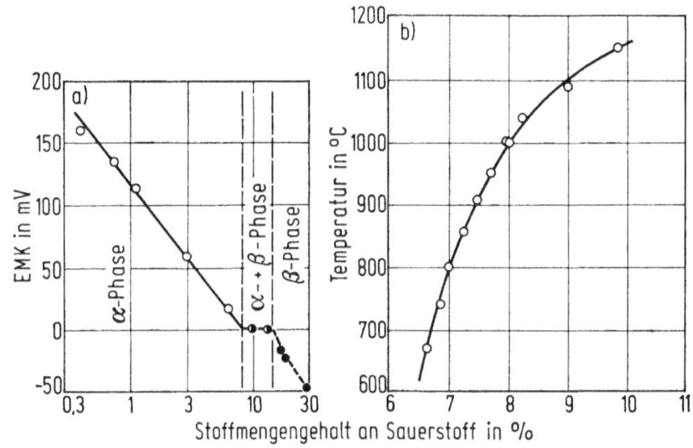

Bild 5.91. a) EMK der Zelle sauerstoffhaltiges Vanadium | $ThO_2(Y_2O_3)$ | Vanadium mit 10 At.-% O bei 1000°C in Abhängigkeit vom Sauerstoffgehalt • b) Sättigungslöslichkeit des Sauerstoffs in α-Vanadium. Verfasser: E. Fromm und R. Kirchheim [277]

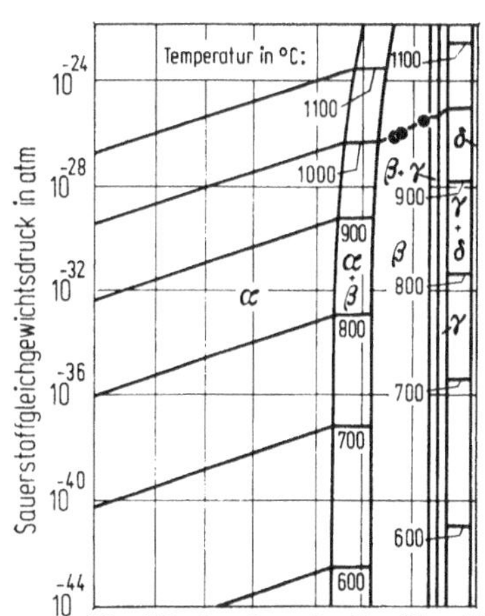

Bild 5.92. Sauerstoffpartialdruck und Sauerstoffkonzentration im System Vanadium-Vanadium(II)oxid nach E. Fromm und R. Kirchheim [277]

Tabelle 5.33. Änderung der Freien Enthalpie $\Delta G^\circ_{[O]}$ für die Auflösung von Sauerstoff $1/2\,O_2 \rightleftharpoons [O]_{Metall}$ in festen Metallen [277, 278]

Metall	$\Delta G^\circ_{[O]}$ cal · g-Atom^{-1}	Temperaturbereich °C
α-Vanadium	$-100970 + 24{,}1\,T$	800–1200
α-Niob	$-92300 + 23{,}0\,T$	800–1200
α-Tantal	$-89000 + 21{,}1\,T$	800–1200

Die Ergebnisse lassen erkennen, daß die Sauerstofflöslichkeit bei 1000 °C in Vanadium bis an die Löslichkeitsgrenze von 8 At-%, in Niob und Tantal bis mindestens 2 At-% dem Henry'schen Gesetz folgt.

5.2.13 Messung von Sauerstoffpartialdrücken in Gasphasen

Elektrochemische Messungen des Sauerstoffpartialdrucks in Gasphasen lassen sich prinzipiell an Festelektrolytzellen ausführen, die als Sauerstoffkonzentrationsketten der Art

$$\mathrm{Pt}|\mathrm{Gas\ I}\ (p_{O_2}^{I})\ \| \ \mathrm{Festelektrolyt}\ \|\ \mathrm{Gas\ II}\ (p_{O_2}^{II})|\mathrm{Pt}$$

aufgebaut sind. Der gesuchte Sauerstoffpartialdruck, beispielsweise der Gasphase II mit dem niedrigeren Niveau, kann unmittelbar aus der gemessenen Zellspannung E berechnet werden, wenn der Sauerstoffpartialdruck der Gasphase I bekannt ist:

$$p_{O_2}^{II} = p_{O_2}^{I} \exp\left[-\frac{4FE}{RT}\right] \tag{5.166}$$

Die elektrochemische Sauerstoffpartialdruckmessung kann bei Normaldruck und unter Vakuumbedingungen, in strömenden und ruhenden Gasen sowie in offenen und geschlossenen Systemen vorgenommen werden. Ein unmittelbarer Einsatz der Sauerstoffzelle in einem Reaktionssystem ist möglich, wenn sich das System auf einer ausreichend hohen Temperatur (oberhalb etwa 600 °C) befindet. Gehalte an freiem Sauerstoff in Gasströmen können jedoch auch in einer separaten, beheizten Sauerstoffzelle gemessen werden. Die EMK von Festelektrolyt-Gas-Zellen ist bei genügend hoher Temperatur unabhängig davon, welches elektronisch leitende Material als Ableitung verwendet wird [279]. Als besonders geeignet dafür haben sich hochschmelzende Edelmetalle wie Platin und Iridium erwiesen. Die Elektrodenpotentiale bilden sich bei der Meßtemperatur in lokalen Dreiphasenbereichen zwischen dem Festelektrolyten, der Gasphase und der metallischen Ableitung aus.

Für den Aufbau gasförmiger Bezugselektroden sind am einfachsten reiner Sauerstoff, Luft sowie Gemische von Inertgasen (N_2, Ar, He) mit Sauerstoff zu verwenden (Gaselektroden 1. Art [280]). Ihr Sauerstoffpartialdruck ist temperaturunabhängig und wird bei konstantem Gesamtdruck allein durch das Verdünnungsverhältnis bestimmt. Die Sauerstoffpartialdrücke der Bezugselektroden können auch über ein homogenes Gasgleichgewicht (Gaselektrode 2. Art), z. B.

$$CO_2 \rightleftharpoons CO + \frac{1}{2} O_2 \tag{5.167}$$

oder ein heterogenes Gas-Festkörper-Gleichgewicht (Gaselektrode 3. Art), z. B.

$$C + O_2 \rightleftharpoons CO_2 \tag{5.168}$$

$$2CO + O_2 \rightleftharpoons 2CO_2 \tag{5.169}$$

$$C + CO_2 \rightleftharpoons 2CO \tag{5.170}$$

festgelegt werden. Sie sind in diesen beiden Fällen jedoch stark temperaturabhängig. Zu ihrer Bestimmung ist daher eine genaue Temperaturmessung sowie die Kenntnis zuverlässiger thermodynamischer Gleichgewichtsdaten erforderlich.

Die Anwendungsbereiche von Festelektrolyt-Gas-Zellen erstrecken sich auf:

a) Die Bestimmung von Sauerstoffgehalten in Inertgas-Sauerstoff-Gemischen. Besondere Bedeutung kommt hierbei dem Nachweis von Sauerstoffspuren in gereinigten Inertgasen zu.

b) Die Messung des Sauerstoffpotentials von Gleichgewichtsphasen. Damit werden solche Gasphasen in ihrer oxydierenden oder reduzierenden Wirkung auf feste oder flüssige Stoffe unmittelbar kontrollierbar.

c) Die coulometrische Dosierung und Entfernung von Sauerstoff in Gasströmen und geschlossenen Gassystemen.

d) Die Messung von Temperaturen durch Beschickung der Sauerstoffzelle mit Gleichgewichtsgasgemischen bekannten Sauerstoffpotentials.

Eine Reihe von Anwendungsbeispielen werden auf den folgenden Seiten geschildert.

5.2.13.1. Zelltypen zur Sauerstoffpartialdruckmessung in Gasen

Die ersten erfolgreichen Versuche zur elektrochemischen Bestimmung der Sauerstoffpartialdrücke in Gasphasen stellen die Arbeiten von H. Peters und H.-H. Möbius [281] sowie J. Weissbart und R. Ruka [282] dar. Die genannten Autoren verwendeten gasförmige Bezugselektroden sowie poröse Platinauflagen als Elektrodenkontakte. Ihre Gasmeßzellen sind stationäre, beheizbare Aggregate. Von H. Peters und H.-H. Möbius [281] sowie H. Schmalzried [283] wurde auch eine bewegliche Gasmeßsonde mit einer festen Ni—NiO-Innenelektrode vorgeschlagen. Feste Metall-Metalloxid-Bezugselektroden wurden auch in stationärer Anordnung erprobt [284, 285]. Die weitere Entwicklung konzentrierte sich auf bewegliche Gasmeßsonden mit gasförmigen Bezugselektroden zur direkten Registrierung der Sauerstoffpartialdrücke in heißen Ofengasen und zur Anzeige von Sauerstoffspuren in gereinigten Inertgasen

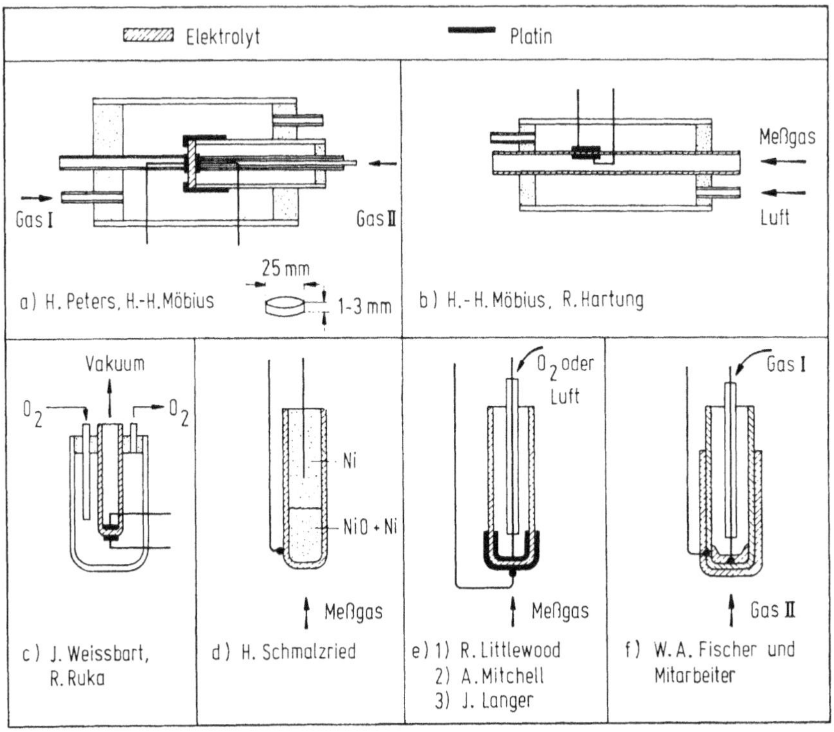

Bild 5.93. Zelltypen zur Messung von Sauerstoffpartialdrücken in Gasen
a) [281]; b) [297]; c) [282]; d) [283]; e) [286]; [288]; [289]; f) [292—296]

[286—291]. Untersuchungen von W. A. Fischer und Mitarbeitern [292—296] an Festelektrolyt-Gas-Zellen mit Luftbezugspotential erbrachten den Nachweis, daß auch in Zirkonoxidpulver eingesinterte Platindrähte oder -netze eine verzögerungsfreie Potentialbildung gewährleisten und somit, zumindest bei höheren Temperaturen, auf poröse Platinschichten verzichtet werden kann.

Eine vielfach benutzte stationäre Anordnung besteht aus zwei ineinandergeschobenen, beiderseitig offenen keramischen Rohren [297]. Das innere *Festelektrolytrohr* trägt auf der Innen- und Außenwand einen Platin-Meßkontakt. Dieses Festelektrolytrohr wird innen mit dem Meßgas und an der Außenwand mit Luft bespült.

Die wichtigsten Grundtypen der erläuterten Gasmeßzellen sind in Bild 5.93a) bis f) zusammengestellt.

5.2.13.2. Messung des Sauerstoffpartialdrucks im Vakuum und in Inertgas-Sauerstoff-Gemischen

J. Weissbart und R. Ruka [282] erprobten eine Festelektrolytzelle des Typs

$$Pt|O_2\ (1\ atm)\ \|\ ZrO_2(CaO)\ \|\ O_2\ (100\ bis\ 0{,}01\ Torr)|Pt$$

zur Messung der Sauerstoffrestdrücke in dem schrittweise evakuierten Innenraum der Zelle (Bild 5.93c).

Die bei Arbeitstemperaturen zwischen 610 und 750 °C aufgenommenen Eichgeraden befolgen die geforderte halblogarithmische Abhängigkeit zwischen der EMK und dem Sauerstoffunterdruck, der manometrisch gemessen wurde (Bild 5.94).

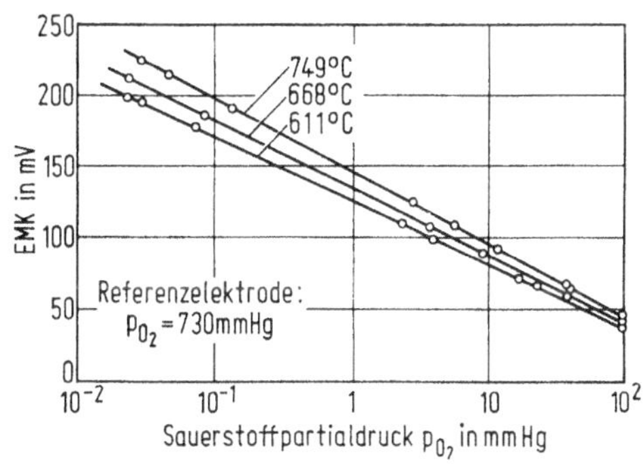

Bild 5.94. EMK der Zelle $Pt|O_2$ (1 atm) ‖ ZrO_2 (CaO) ‖ O_2 (0,01 bis 100 Torr)|Pt nach J. Weissbart und R. Ruka [282]

Auch die Konzentrationszelle Luft gegen reinen Sauerstoff liefert bei Atmosphärendruck und ausreichend hohen Temperaturen reproduzierbare Meßwerte, die mit den theoretischen Werten gut übereinstimmen [298, 299]. Ebenso können die Sauerstoffpartialdrücke weiter verdünnter Inertgas-Sauerstoff-Gasströme in Festelektrolytzellen gegen eine Platin-Sauerstoff-Elektrode gemessen werden, wie das in Bild 5.95 wiedergegebene Beispiel einer Sauerstoffkonzentrationszelle

$$Pt|O_2\ (1\ atm)\ \|\ ZrO_2(CaO)\ \|\ N_2 - O_2\ (p_{O_2} = 0{,}2\ bis\ 2 \cdot 10^{-5}\ atm)|Pt$$

zeigt [296]. Zu niedrige und nicht sicher kontrollierbare Zellspannungen stellen sich jedoch bei höheren Temperaturen auf Grund einer spürbaren *Sauerstoff-*

durchlässigkeit des Festelektrolyten ein, wenn der Sauerstoffpartialdruck im Inertgas Werte von 0,01 atm unterschreitet. Störeffekte dieser Art treten auch in Argon-Sauerstoff- und Helium-Sauerstoff-Gasströmen auf [284, 285, 296, 297, 300, 301]. Bei Temperaturen unter 900 °C werden positive Abweichungen

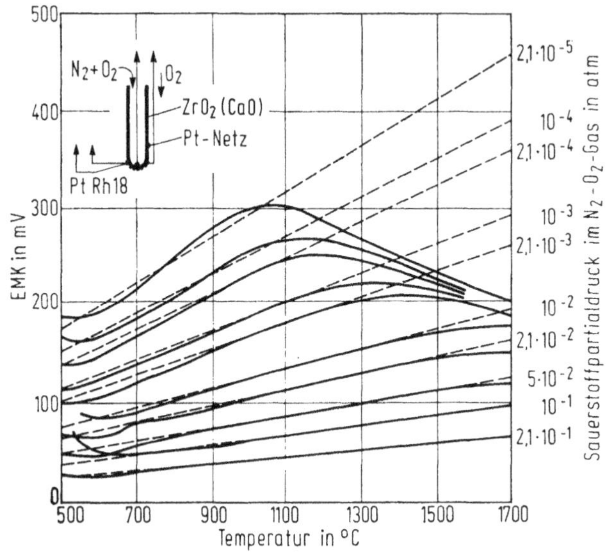

Bild 5.95. EMK der Zelle $Pt|O_2$ (1 atm) | $ZrO_2(CaO)$ | $N_2-O_2|Pt$ bei unterschiedlichen Temperaturen und Sauerstoffpartialdrücken im N_2-O_2-Gasgemisch [296]

von der theoretischem EMK beobachtet. Störeffekte dieser Art werden später eingehender behandelt.

Mit Erfolg können Festelektrolyt-Meßzellen zur Untersuchung der Kinetik von Metall-Gas-Reaktionen eingesetzt werden. So wurde der Entkohlungsablauf von Eisenschmelzen beim Überleiten von Argon-Sauerstoff-Gemischen verfolgt [302]. Dabei wurde der Sauerstoffpartialdruck sowohl des einströmenden als auch des ausströmenden Gases in einer separaten, beheizten Zirkonoxidzelle registriert. Die Entkohlungsgeschwindigkeit wurde über den Ansatz

$$-\frac{d\,[\%\,C]}{dt} = k \cdot v_{Gas}(p'_{O_2} - p''_{O_2}) \qquad (5.171)$$

berechnet.

v_{Gas} Strömungsgeschwindigkeit des Gases in $cm^3 \cdot min^{-1}$

p'_{O_2} p''_{O_2} Partialdruck des einströmenden bzw. ausströmenden Gases,

k Konstante.

Eine andere Arbeit [303] befaßt sich mit der Oxydationskinetik von Eisen tropfen beim Schwebeschmelzverfahren in strömendem Helium-Sauerstoff-Mischgas. Auch hier wird der Sauerstoffpartialdruck im einströmenden Frischgas und im ausströmenden Reaktionsgas nach einer zwischengeschalteten Gasreinigung in einer separaten Zirkonoxidzelle gemessen. Eine korrekte elektrochemische p_{O_2}-Messung ist nur möglich, wenn sich die Eisenverdampfung in bestimmten Grenzen hält. Diese Grenzbedingungen werden bei einer Temperatur des Eisentropfens von etwa 1750 °C eingehalten, solange ein Sauerstoffpartialdruck im Argon von 0,015 atm bzw. eine Gasströmungsgeschwindigkeit von 8 l/min nicht überschritten werden.

5.2.13.3. Messung des Sauerstoffpotentials von Reaktionsgasgleichgewichten

Sehr niedrige Sauerstoffpartialdrücke in Gasphasen unterhalb von etwa 10^{-8} atm sind praktisch nicht mehr durch Evakuieren oder durch die Entfernung des freien Restsauerstoffs aus Inertgasen einzustellen, sondern nur mit Hilfe von Reaktionsgas-Gleichgewichten zu erreichen. Die bei der Einstellung solcher dynamischen Gasgleichgewichte auftretenden äußerst geringen Mengen an freiem Sauerstoff sind ausreichend, um den Ablauf der potentialbildenden Reaktion

$$\frac{1}{2}\,O_2\,(\text{Gas}) + V_O^{\cdot\cdot} + 2\,e' \rightleftharpoons O_O \qquad (5.172)$$

an der Grenzfläche Elektrode/Festelektrolyt zu gewährleisten.

Das Gleichgewicht der Reaktion

$$H_2 + \frac{1}{2}\,O_2 \rightleftharpoons H_2O \qquad (5.173)$$

wurde an der Sauerstoffkonzentrationszelle

$$\text{Pt Rh}|\text{Luft}\,\|\,ZrO_2(CaO)\,\|\,H_2O - H_2|\text{Ir}$$

in einem weiten Temperaturbereich von 800 bis 1750 °C eingehend untersucht [292, 293]. Für die Herstellung der Wasserdampf-Wasserstoff-Gemische in der Zelle wurde nachgereinigter Wasserstoff mit einer gleichbleibenden Geschwindigkeit von 18 l/h zur Einstellung der Wasserdampfsättigung durch ein Wasserbad geleitet, dessen Temperatur zwischen 0 und 100 °C regelbar war. Die jeder Wassertemperatur entsprechenden Wasserdampf-Sättigungsdrücke $p^0_{H_2O}$ können Tabellen[1] entnommen werden. Mit dieser Methode sind in den Gleichgewichtsgasphasen Sauerstoffpartialdrücke von 10^{-22} bis 10^{-17} atm bei 800 °C bzw. von 10^{-6} bis 10^{-10} atm bei 1750 °C einzustellen und in der Fest-

[1] Zum Beispiel D'Ans, J., E. Lax: Taschenbuch für Chemiker u. Physiker, Bd. 1, Berlin/Heidelberg/New York: Springer 1967, s. bes. S. 608.

elektrolytzelle unmittelbar zu bestimmen:

$$p_{O_2(H_2O-H_2)} = p_{O_2\,(Luft)} \exp\left[-\frac{4FE}{RT}\right] \tag{5.174}$$

Daraus lassen sich die Gleichgewichtskonstanten der Reaktion (5.173) mit $p_{H_2} = 1 - p_{H_2O}$ bei verschiedenen Gleichgewichtstemperaturen berechnen:

$$\lg K = \lg \frac{p_{H_2O}}{p_{H_2}} - \frac{1}{2} \lg p_{O_2(H_2O-H_2)} \tag{5.175}$$

Für den Bereich von 800 bis 1750 °C wurden die Temperaturabhängigkeiten der Gleichgewichtskonstanten

$$\lg K = \frac{13000}{T} - 2{,}971 \tag{5.176}$$

und der Freien Bildungsenthalpie

$$\Delta G^0 = -59500 + 13{,}59\,T \tag{5.177}$$

ermittelt.

Ein Vergleich dieser Ergebnisse mit Daten, die nach anderen Methoden bestimmt wurden (Tabelle 5.34), zeigt eine gute Übereinstimmung der Enthalpie- und Entropieglieder der ΔG^0-Temperatur-Funktion.

Tabelle 5.34. Freie Reaktionsenthalpie ΔG^0 für die Reaktion H_2 (Gas) + $1/2\,O_2$ (Gas) $\rightleftharpoons$ H_2O (Gas) nach verschiedenen Verfassern

$\Delta G^0 = \Delta H^0 - T\,\Delta S^0$ cal · mol^{-1}	Temperaturbereich °C	Verfasser
$-60180 + 13{,}93\,T$	1230–1730	J. Chipman [294a]
$-59000 + 13{,}37\,T$	100–2230	F. D. Richardson, J. H. E. Jeffes [294b]
$-59600 + 13{,}52\,T$	800–1750	IRSID-Tafeln [294c]
$-58900 + 13{,}1\,T$	25–2230	In: O. Kubaschewski, E. L. Evans [294d]
$-60090 + 13{,}84\,T$	25–2230	JANAF Thermochemical Data [294e]
$-59100 + 13{,}76\,T$	1550–1750	W. A. Fischer, M. Hausmann [294f]
$-59500 + 13{,}59\,T$	800–1750	W. A. Fischer, D. Janke [293]

Auch bei diesen Messungen traten im Bereich höherer Temperaturen und niedriger Sauerstoffpartialdrücke infolge einer merklichen Sauerstoffdurchlässigkeit des Festelektrolyten negative Abweichungen von den theoretischen Zellspannungen auf (Bild 5.96) [293], die auch von anderen Bearbeitern beobachtet wurden [298, 299, 304].

Das Gasgleichgewicht

$$CO + \frac{1}{2} O_2 \rightleftharpoons CO_2 \tag{5.178}$$

wurde an der Sauerstoffkonzentrationszelle

$$Pt|O_2 \text{ (1 atm)} \| ZrO_2(Y_2O_3) \| CO-CO_2 \text{ (+Eisenoxid)}|Pt$$

bei 725 bis 1325 °C bestimmt [305, 306]. In dieser Zelle wird der Sauerstoffpartialdruck im $CO-CO_2$-Gemisch durch das vorgeschaltete Dissoziationsgleichgewicht des Eisenoxids festgelegt, wobei das Eisenoxid gleichzeitig Katalysator ist. Für das Gleichgewicht der $CO-CO_2$-Reaktion (5.178) ergaben

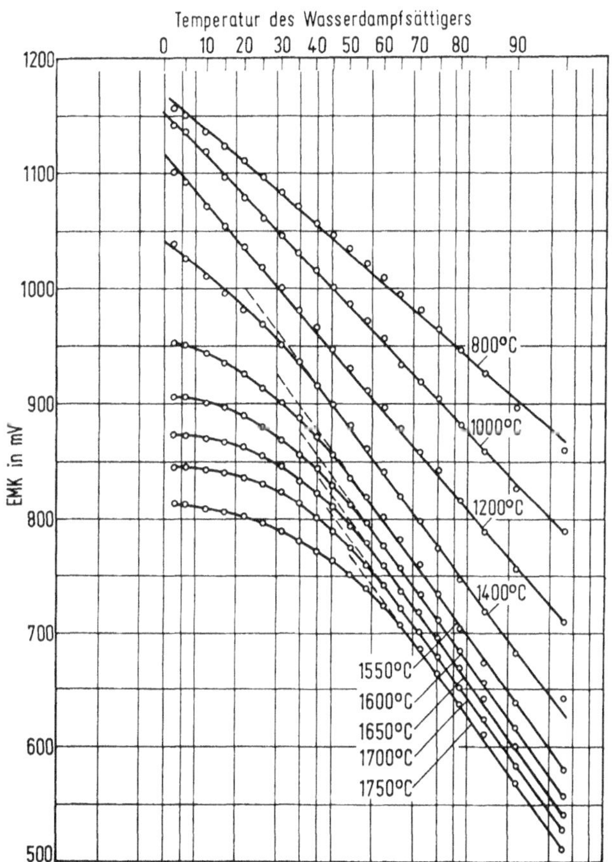

Bild 5.96. EMK der Zelle Pt|Luft $\|$ $ZrO_2(CaO)$ $\|$ H_2O-H_2|Ir bei unterschiedlichen Temperaturen und Verhältnissen p_{H_2O}/p_{H_2} im Gleichgewichtsgas [293]

sich im angegebenen Temperaturbereich die Beziehungen

$$\lg K = \frac{14766}{T} - 4{,}594 \tag{5.179}$$

$$\Delta G^0 = -67560\ (\pm 200) + 21{,}02\ (\pm 0{,}15)\ T \tag{5.180}$$

Auch das Boudouard-Gasgleichgewicht

$$C + CO_2 \rightleftharpoons 2CO \tag{5.181}$$

wurde von den gleichen Autoren [305, 306] über EMK-Messungen an der Sauerstoffkonzentrationszelle

$$Pt|CO-CO_2\ (+\ \text{Eisenoxid})\,\|\,ZrO_2(Y_2O_3)\,\|\,C-CO-CO_2\ (+\ \text{Eisenoxid})|Pt$$

untersucht. Die Zellspannung folgt der Beziehung

$$E = \frac{RT}{4F} \ln \frac{p_{O_2}(CO-CO_2\text{-Bezugselektrode})}{p_{O_2}(C-CO-CO_2\text{-Meßelektrode})} \tag{5.182}$$

Diese Gleichung kann mit der Einführung der Gleichgewichtskonstanten K_1 und K_2 für die Reaktionen (5.178) und (5.181) wie folgt umgeschrieben werden:

$$E = \frac{2{,}3R}{4F} [\lg K_2 - \lg K_1] \tag{5.183}$$

Aus der gemessenen Spannung E und der bekannten Konstanten K_1 (Gleichung 5.179) läßt sich die Gleichgewichtskonstante K_2 der Boudouard-Reaktion berechnen. Für Temperaturen von 725 bis 1325 °C ergaben sich die Beziehungen:

$$\lg K = -\frac{8618}{T} + 8{,}923 \tag{5.184}$$

$$\Delta G^\circ = 39430\ (\pm 120) - 40{,}83\ (\pm 0{,}10)\ T \tag{5.185}$$

Aus dem Bild 5.97 können für die betrachteten Reaktionen der CO_2-Dissoziation (5.178) und der CO-Dissoziation (5.181) sowohl die Sauerstoffpartialdrücke als auch die EMK-Werte einer Zelle

$$Pt|O_2\ (1\ \text{atm})\,\|\,\text{Festelektrolyt}\,\|\,\text{Reaktionsgas nach}|Pt$$
(5.178) oder (5.181)

abgelesen werden. Bei 900 °C ergeben sich z. B. für die CO_2-Dissoziation bei einem $CO-CO_2$-Gemisch im Verhältnis 10 : 1 ein Sauerstoffgleichgewichtsdruck $p_{O_2} = 10^{-18}$ atm bzw. eine Zellspannung $E = 1{,}050$ V. Bei der gleichen Temperatur ist das Gleichgewicht der CO-Dissoziation durch die Daten $p_{O_2} = 10^{-19}$ atm und $E = 1{,}120$ V bestimmt.

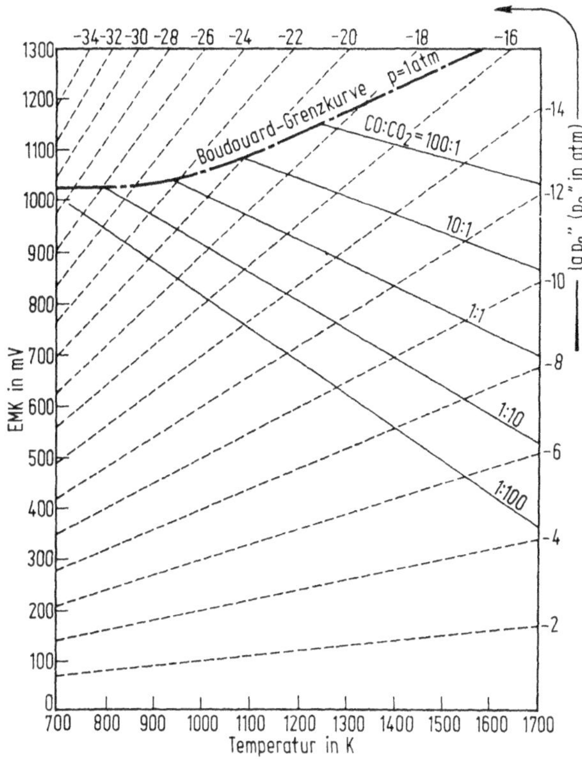

Bild 5.97. Berechnete EMK der Gasmeßzellen

a) Pt|O_2 (1 atm) ‖ Festelektrolyt ‖ $O_2(p''_{O_2})$|Pt

b) Pt|O_2 (1 atm) ‖ Festelektrolyt ‖ CO—CO_2|Pt

c) Pt|O_2 (1 atm) ‖ Festelektrolyt ‖·C—CO—CO_2|Pt

in Abhängigkeit von der Temperatur nach H. Peters und H.-H. Möbius [281]

5.2.13.4. Coulometrische Sauerstoffdosierung in Gasen

Konzentrationszellen mit sauerstoffionenleitenden Festelektrolyten sind dazu geeignet, Sauerstoff in ruhenden oder strömenden Gasen mit Hilfe einer angelegten Gleichspannung genau zu dosieren.

Wird mit Hilfe einer Zirkonoxidzelle Sauerstoff aus einem Gasraum elektrolytisch entfernt, so kommt dieser Vorgang schließlich beim Erreichen eines unteren Sauerstoffgrenzdruckes zum Stillstand. Dieser Zustand ist dann erreicht, wenn der Sauerstoffrückstrom infolge der Sauerstoffdurchlässigkeit des Festelektrolyten die Größe des Sauerstoffelektrolysestroms erreicht. D. Yuan und F. A. Kröger [307] ermittelten in Laborversuchen bei der elektrolytischen

Entfernung von Sauerstoff aus strömendem Stickstoff (16 l/h) untere p_{O_2}-Grenzwerte von 10^{-38} atm bei 530 °C, $3 \cdot 10^{-30}$ atm bei 700 °C und $3 \cdot 10^{-27}$ atm bei 800 °C.

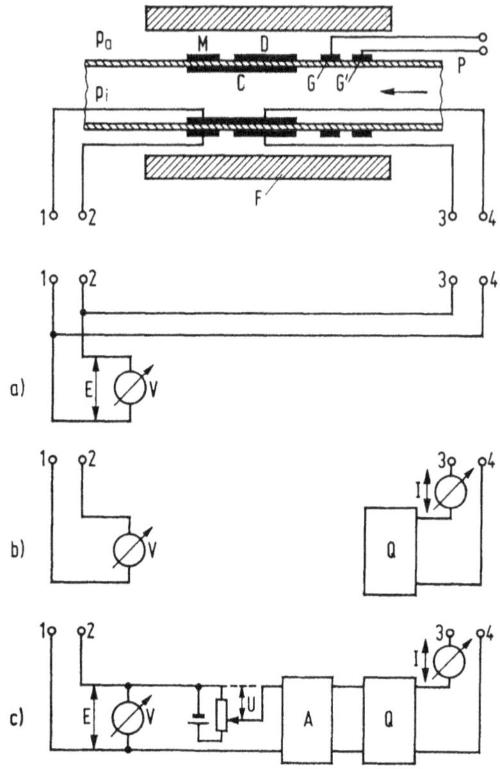

Bild 5.98. Schematische Anordnung zur Messung und Regelung des Sauerstoffpartialdrucks in Gasen nach N. M. Beekmans und L. Heyne [308]

P Festelektrolytrohr, *C* Innenelektrode, *M* Meßelektrode, *D* Dosierelektrode, *F* Ofen, *G* und *G'* Elektroden zur Temperaturregelung, p_i und p_a Sauerstoffpartialdrücke innerhalb und außerhalb des Festelektrolytrohres, *V* Voltmeter, *Q* Stromquelle, *I* Strommesser, *A* Verstärker, *U* regelbare Hilfsspannung

Schaltungen: a) zur Messung; b) zur Dosierung; c) zur automatischen Regelung des Sauerstoffpartialdrucks

Die Erprobung dieser vielversprechenden Methode der Sauerstoffdosierung befindet sich zur Zeit noch im Versuchsstadium. Eine bemerkenswerte Anordnung zur gleichzeitigen Messung und automatischen Regelung des Sauerstoffpartialdrucks in Gasen ist schematisch in Bild 5.98 dargestellt [308]. Sie entspricht dem Zelltyp

$$\text{Pt}|\text{Luft}\,\|\,\text{ZrO}_2(\text{CaO})\,\|\,\text{Meßgas}|\text{Pt}$$

Der Sauerstoffpartialdruck des strömenden Meßgases im Inneren des Zirkonoxidrohres wird über die Kontakte der Meßelektrode *M* und der Innenelektrode *C* kontinuierlich gemessen. Die Sauerstoffdosierung wird mit Hilfe der Stromquelle *Q* über die Kontakte der Dosierelektrode *D* und der Innenelektrode *C* vorgenommen. Der Sauerstoffpartialdruck im Meßgas kann automatisch dadurch geregelt werden, daß die Stromquelle *Q* über einen Verstärker *A* durch die Zellspannung *E* an den Kontakten *M* und *C* gesteuert wird. Dabei wird dem Verstärker jeweils die Differenz zwischen der Spannung *E* und einer wählbaren Spannung *U* zugeführt. Bei der Verwendung von porösen Platinelektroden kann mit dieser Apparatur eine Arbeitstemperatur von 600 °C eingehalten werden.

5.2.13.5. Temperaturmessung mit Gas-Festelektrolyt-Zellen

Auf die Möglichkeit einer thermodynamischen Temperaturmessung mit Gas-Festelektrolyt-Zellen wurde von H.-H. Möbius [309] hingewiesen. Eine solche Temperaturmessung läßt sich z. B. an einer Konzentrationszelle mit strömendem Meßgas und Bezugsgas

$$Pt|Luft \,\|\, ZrO_2(CaO) \,\|\, H_2O-H_2|Pt$$

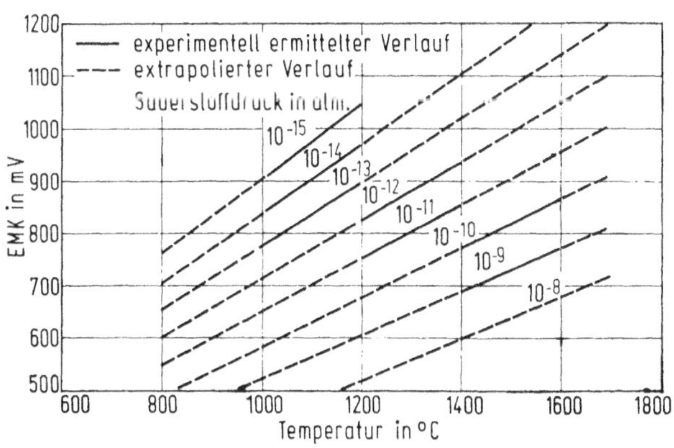

Bild 5.99. EMK der Zelle $Pt|Luft \,\|\, ZrO_2(CaO) \,\|\, H_2O-H_2|Pt$ bei unterschiedlichen Temperaturen und Sauerstoffpartialdrücken im Gleichgewichtsgas [293]

mit hoher Genauigkeit ausführen, da für die Sauerstoffpartialdrücke in H_2O-H_2-Gasphasen und ihre sehr empfindliche Temperaturabhängigkeit zuverlässige Meßergebnisse vorliegen. Mit diesen Daten [293] können in bestimmten Temperaturbereichen EMK-Temperatur-Eichkurven angegeben werden (Bild 5.99).

5.2.14. Messung des Sauerstoffpotentials in heterogenen Reaktionssystemen

In heterogenen Systemen können Reaktionsabläufe, an denen der Sauerstoff maßgeblich beteiligt ist, über Festelektrolyt-Meßsonden kontinuierlich aufgezeichnet werden. Soll die Einstellung von Gleichgewichtszuständen untersucht werden, so genügt es häufig, das Sauerstoffpotential einer Phase zu messen und den konstanten EMK-Endwert abzuwarten. Mehrere Meßzellen können aber auch gleichzeitig eingesetzt werden, wenn die Annäherung an das Gleichgewicht in allen beteiligten Phasen verfolgt werden soll. Die hier angedeuteten Möglichkeiten sind bisher wenig genutzt. Einige Experimente werden im folgenden kurz beschrieben.

5.2.14.1. Sauerstoffpotentiale im System Metallschmelze—Gas

Die Messung des Sauerstoffpotentials in Metallschmelzen wird häufig mit einseitig geschlossenen, rohrförmigen Festelektrolytzellen durchgeführt. Dabei wird zur Änderung des Sauerstoffgehalts der Schmelze das Sauerstoffpotential der Gasphase über der Schmelze schrittweise erhöht oder erniedrigt und die erneute Einstellung des Reaktionsgleichgewichts verfolgt. Dieses Verfahren wurde zur elektrochemischen Bestimmung der Sauerstoffpartialdrücke in reinen Silber- [310] und Kupferschmelzen [311] angewandt. C. Diaz, C. R. Masson und F. D. Richardson [310] verwendeten die Zelle

$$\underset{\text{innen}}{\text{Fe—Cr—Ni}|\text{Ag}_{\text{fl}}\ (p_{O_2} = 1\ \text{atm})}\,\Big|\,\text{ZrO}_2(\text{CaO})\,\Big|\,\underset{\text{außen}}{\text{Ag}_{\text{fl}}\ (p_{O_2} \leq 1\ \text{atm})|\text{Fe—Cr—Ni}}$$

mit abgeschlossenen Gasräumen über der inneren und äußeren Silberschmelze. Nach der Evakuierung wurde dem Gasraum über der äußeren Silberschmelze ein dosiertes Sauerstoffvolumen zugeführt und die EMK der Zelle in der nicht bewegten Schmelze sowie der Sauerstoffpartialdruck über der Schmelze mit einem Manometer messend verfolgt. Der in Bild 5.100a) und b) dargestellte Reaktionsablauf zeigt, daß das Sauerstoffgleichgewicht bei 980 °C nach einer Anhebung des Sauerstoffpartialdrucks vom Vakuumausgangszustand auf 200 mm Hg unter den gegebenen Versuchsbedingungen erst in 12 bis 13 Stunden erreicht wird. Aus dem Verlauf der Meßwerte (Kurve *A*) und der berechneten Werte (Kurven *B* und *C*) wird geschlossen, daß die äußere Elektrode den Sauerstoffpartialdruck in der Schmelzoberfläche anzeigt. Dieser nimmt zunächst überhöhte Werte an und fällt erst mit fortschreitendem Konzentrationsausgleich auf das Gleichgewichtsniveau ab. Ähnliche Beobachtungen wurden auch von W. A. Fischer und D. Janke [312] an Eisenschmelzen unter Argonatmosphäre gemacht.

Bei den Messungen von M. M. A. El-Naggar, G. B. Horsley und N. A. D.

Parlee [311] an der Zelle

$$\text{Pt}|\text{Luft}\,\|\,\text{ZrO}_2(\text{CaO})\,\|\,\text{Gas (über einer Kupferschmelze)}|\text{Pt}$$

wurde die Änderung des Sauerstoffpartialdrucks der Gasphase über einer induktiv gerührten Kupferschmelze nach der Evakuierung des Reaktionsraumes und der Zugabe einer dosierten Sauerstoffmenge elektrochemisch aufgezeichnet. Der Tiegel mit der Kupferschmelze steht in einer rohrförmigen Reaktionskammer aus stabilisiertem Zirkonoxid mit inneren und äußeren Pt-Ableitungen.

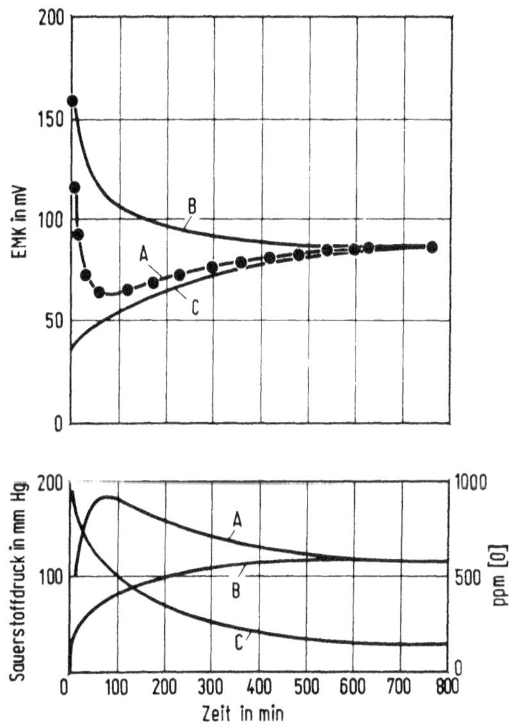

Bild 5.100. EMK-Messung in einer nicht bewegten Silberschmelze bei 980°C nach der Änderung des Sauerstoffpartialdrucks über der Schmelze von 0 auf 200 mm Hg nach C. Diaz, C. R. Masson und F. D. Richardson [310]

Zelle: Ag-Schmelze ($p_{O_2} = 1$ atm) $\|$ $ZrO_2(CaO)$ $\|$ Ag-Schmelze ($p_{O_2} < 1$ atm)

a) *A* Gemessener EMK-Verlauf
B EMK, berechnet aus dem Anteil an gelöstem Sauerstoff bei gleichmäßiger Verteilung in der Schmelze
C EMK, berechnet aus dem Sauerstoffpartialdruck über der Schmelze

b) *A* Sauerstoffpartialdruck der Schmelze, berechnet aus der gemessenen EMK
B mittlerer Sauerstoffgehalt der Schmelze
C Sauerstoffpartialdruck über der Schmelze

Nach der Einstellung des EMK-Endwertes ergibt sich die Sauerstoffkonzentration der Schmelze aus der bekannten, zugesetzten Sauerstoffmenge und dem bekannten Schmelzvolumen sowie der Abnahme der Zellspannung vom Augenblick der Sauerstoffzugabe bis zur Gleichgewichtseinstellung.

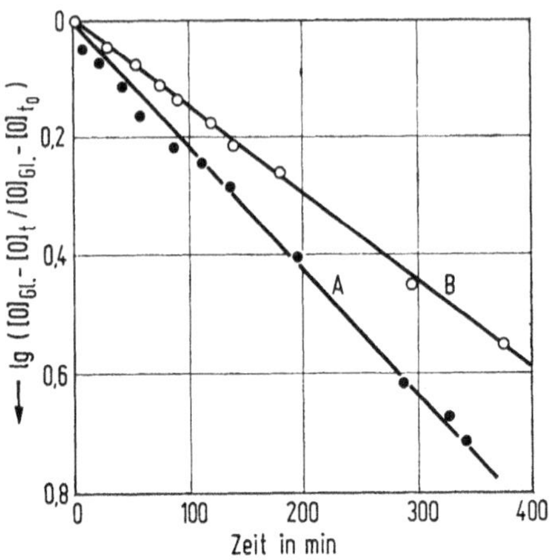

Bild 5.101. Sauerstoffaufnahme einer Kupferschmelze beim Einblasen von CO_2—CO-Gasgemischen nach C. Diaz und F. D. Richardson [313]

(Gerade *A*: 35,6 g Cu; 1100 °C; $p_{CO_2}/p_{CO} = 1180$; $v_{Gas} = 340\ cm^3 \cdot min^{-1}$; $[O]_0 = 0{,}061\%$; $[O]_{Gl.} = 0{,}165\%$.
Gerade *B*: 33,4 g Cu; 1200 °C; $p_{CO_2}/p_{CO} = 960$; $v_{Gas} = 345\ cm^3 \cdot min^{-1}$; $[O]_0 = 0{,}165\%$; $[O]_{Gl.} = 0{,}452\%$)

Andere Versuche zielen darauf hin, den Oxydationsablauf von Metallschmelzen während des Einblasens von oxydierenden Gasen mit Hilfe von Festelektrolytzellen aufzuzeichnen und dabei Einblick in den Reaktionsmechanismus zu gewinnen. C. Diaz und F. D. Richardson [313] oxydierten Kupferschmelzen fortlaufend durch das Einblasen von CO_2—CO-Gasgemischen definierter Zusammensetzung bis zur Einstellung des Gleichgewichtszustandes. Dabei wurden die Sauerstoffanfangs- und endgehalte analytisch bestimmt und alle Sauerstoffzwischengehalte aus der gemessenen Zellspannung berechnet. Bild 5.101 zeigt ein Auswertungsbeispiel. Der geradlinige Verlauf des logarithmischen Ausdrucks mit der Zeit soll einen geschwindigkeitsbestimmenden Stofftransport durch die Gasphase ausschließen, jedoch noch keine Entscheidung darüber zulassen, ob der Ablauf der Oxydation

$$CO_2\ (Gas) \rightleftharpoons CO\ (Gas) + [O]_{Cu} \tag{5.186}$$

durch den Sauerstofftransport in der Schmelze oder durch eine Phasengrenzreaktion zwischen Gas und Schmelze bestimmt wird.

Untersuchungen der Gaszusammensetzung dicht über der Metallschmelze haben K. Gotó, M. Kawakami und M. Someno [314] beim *Frischen von Fe—C-Schmelzen* und bei der *Graphitverbrennung* durchgeführt. Sie verwendeten die in Bild 5.102 schematisch dargestellte Anordnung. Das Oxydationsgas, CO oder

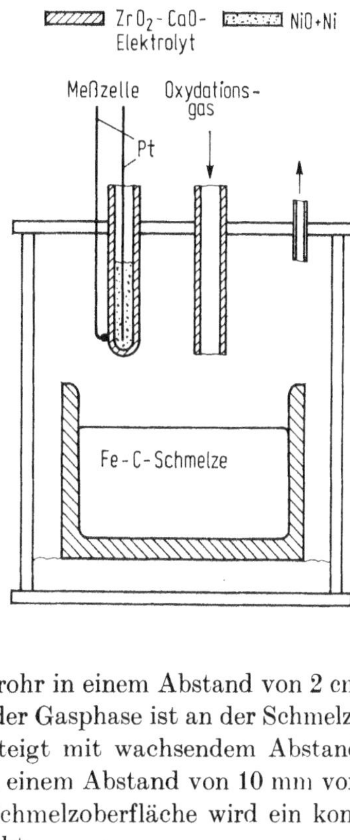

Bild 5.102. Schematische Anordnung zur Messung der Gaszusammensetzung bei der Oxydation von Fe—C-Schmelzen bzw. Graphit nach K. Gotó, M. Kawakami und M. Someno [314]

ein CO—CO_2-Gemisch, wurde durch ein Quarzrohr in einem Abstand von 2 cm aufgeblasen (12 bis 24 l/h). Der CO_2-Gehalt in der Gasphase ist an der Schmelz- bzw. Graphitoberfläche praktisch Null und steigt mit wachsendem Abstand von der Oberfläche laufend an (Bild 5.103). In einem Abstand von 10 mm von der Graphitoberfläche bzw. 20 mm von der Schmelzoberfläche wird ein konstanter CO_2-Gehalt von 60 bis 65 Vol-% erreicht.

5.2.14.2. Sauerstoffpotentiale im System Festkörper—Gas

In Metalloxidpulvern läßt sich während der *Reduktion* mit strömenden Gasen durch die Anwendung geeigneter Festelektrolytzellen der Sauerstoffabbau verfolgen. Verschiedene Oxydationsstufen einzelner Metalloxide können hierbei mit ausreichender Genauigkeit festgelegt werden. Voraussetzung für eine zuverlässige Berechnung des Sauerstoffpotentials der unterschiedlichen Oxydationsstufen aus der gemessenen Zellspannung ist, daß sich das strömende Reduktionsgas in den Poren mit dem Metalloxid-Gemenge ins Gleichgewicht setzt. Untersuchungen dieser Art wurden an Wolfram- und Kupferoxiden

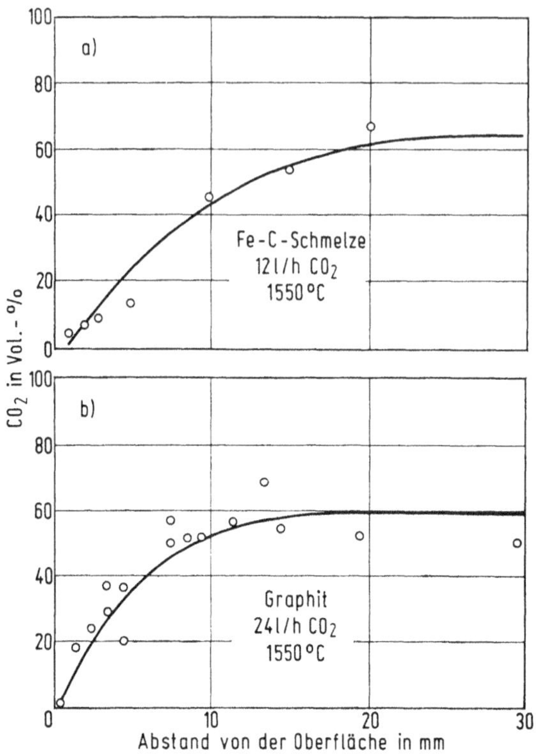

Bild 5.103. In geringem Abstand von der Oberfläche gemessener CO_2-Gehalt bei der Oxydation (a) einer Fe—C-Schmelze und (b) von Graphit mit einem CO—CO_2-Gas nach K. Gotó, M. Kawakami und M. Someno [314]

ausgeführt [315]. Bild 5.104 zeigt die benutzte Meßanordnung. Bild 5.105 veranschaulicht den zeitlichen EMK-Verlauf während der Reduktion von Wolframoxid WO_3 mit Wasserstoff.

Auch für die Untersuchung der *Oxydation* von Metallen in sauerstoffhaltigen Gasatmosphären mit Festelektrolytzellen liegen Beispiele vor. Oxydationsvorgänge, die durch die Sauerstoffdiffusion im Metall bestimmt sind, wurden bereits behandelt. Einen Oxydationsablauf mit geschwindigkeitsbestimmender Phasengrenzreaktion haben V. B. Tare und H. Schmalzried [316, 317] in einer Studie der Oxydation einer Eisenfolie in einer definierten CO—CO_2-Gasphase untersucht. Die Versuchsanordnung ist in Bild 5.106 skizziert. Der ZrO_2(CaO)-Elektrolyt befindet sich in festem Kontakt zwischen einer Pt—O_2-Bezugselektrode und einer 5 µm starken Eisenfolie, die von einer CO—CO_2-Atmosphäre bekannter Zusammensetzung umgeben ist. Mit der Annahme, daß die CO—CO_2-Gasphase und die Eisenfolie sich im thermodynamischen Gleichgewicht befinden, sind die Sauerstoffpartialdrücke an beiden Phasengrenzflächen der

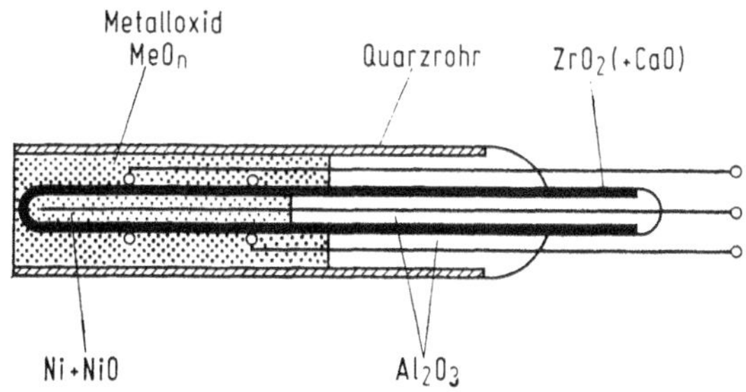

Bild 5.104. Schematische Anordnung zur Messung des Sauerstoffabbaus in Metalloxidpulvern bei der Reduktion mit strömendem Wasserstoff nach K. Kashida, K. Gotó und M. Someno [315]

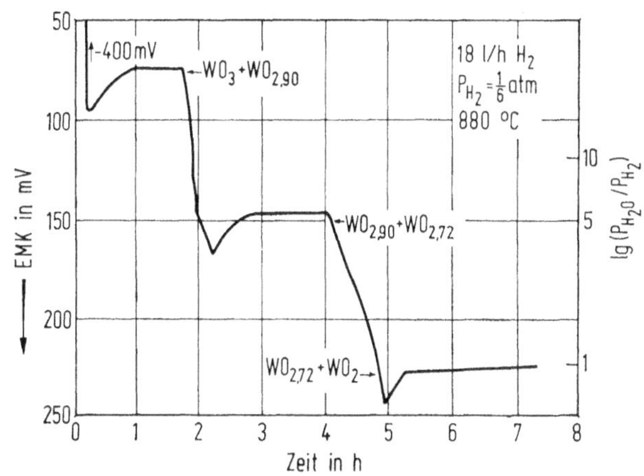

Bild 5.105. EMK der Zelle Wolframoxid | ZrO_2(CaO) | Ni, NiO und Verhältnis p_{HO_2}/p_{H_2} im Reaktionsgas bei der Reduktion von WO_3 mit Wasserstoff bei 880 °C nach K. Kashida, K. Gotó und M. Someno [315]

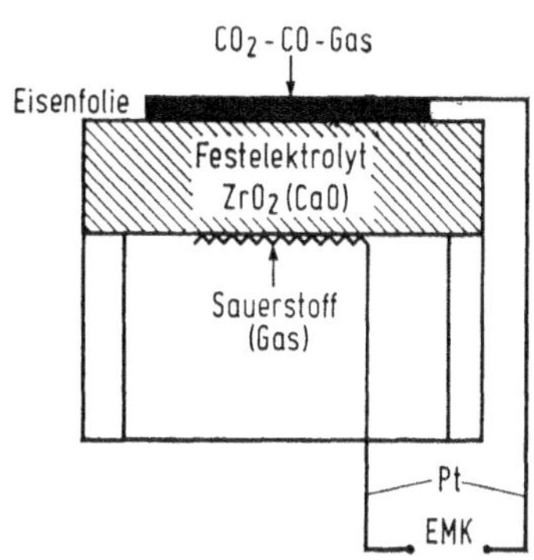

Bild 5.106. Schematische Anordnung zur Untersuchung des Oxydationsablaufs in einer Eisenfolie nach V. B. Tare und H. Schmalzried [316, 317]

Eisenfolie gleich: $p_{O_2}(CO, CO_2/Fe) = p_{O_2}(Fe/ZrO_2)$, und die meßbare EMK folgt der Beziehung

$$E = \frac{RT}{4F} [\ln p_{O_2}(1 \text{ atm}) - \ln p_{O_2}(Fe/ZrO_2)] \qquad (5.187)$$

Wird der Sauerstoffpartialdruck p_{O_2} (CO, CO_2) momentan auf einen Wert p'_{O_2} (CO, CO_2) erhöht, so erniedrigt sich mit fortschreitender Zeit auch der Sauerstoffdruck p_{O_2} (Fe/ZrO_2) und mit ihm die EMK.

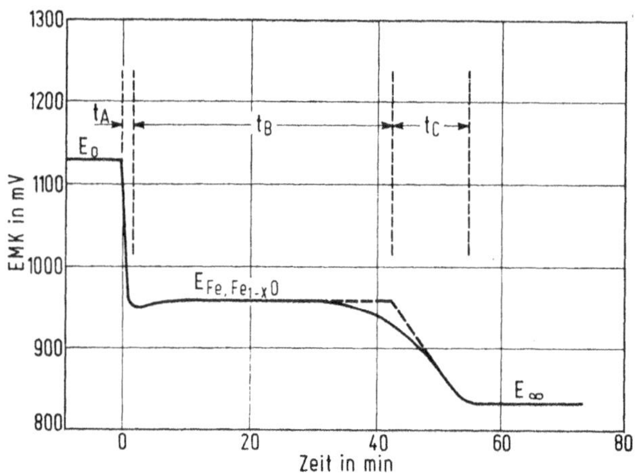

Bild 5.107. EMK-Änderung der Zelle Pt|O_2 (1 atm)|ZrO_2(CaO)|Fe|CO_2|Pt während der Oxydation des Eisens nach V. B. Tare und H. Schmalzried [316, 317] (Dicke der Eisenfolie 0,005 mm, Temperatur 960 °C)

Unter der Annahme, daß an der Phasengrenze Eisen/ZrO_2 das lokale Gleichgewicht eingestellt ist und ein Konzentrationsgradient in der $CO-CO_2$-Gasphase nicht vorliegt, können bei einem eindimensionalen Sauerstoffstrom aus der EMK-Zeit-Kurve kinetische Parameter für die geschwindigkeitsbestimmenden Teilschritte hergeleitet werden. Bild 5.107 zeigt den zeitlichen Verlauf der EMK bei einer Temperatur von 960 °C. Zur Zeit t_0 wird der Sauerstoffpartialdruck p_{O_2} des Gasgemisches, das sich mit Eisen im Gleichgewicht befindet, abrupt auf einen Druck p'_{O_2} entsprechend dem Gleichgewicht mit einem Wüstit $Fe_{1-x}O$ definierter Zusammensetzung erhöht. Die EMK der Zelle ändert sich dabei sehr schnell von E_0 auf den Wert $E_{Fe/Fe_{1-x}O}$, der längere Zeit erhalten bleibt. Nach erreichter Sauerstoffsättigung im festen Eisen im Zeitabschnitt t_A (2 bis 3 Minuten) erfordert die Durchoxydation der Folie im Zeitabschnitt t_B etwa 40 Minuten und die Gleichgewichtseinstellung des Wüstits mit der Gasphase in der Zeit t_C weitere 12 Minuten.

Für die ausgedehnte Periode t_B wird angenommen, daß die Gesamtreaktion durch die Geschwindigkeit der Phasengrenzreaktion

$$CO_2 \rightleftharpoons CO + O\,(ad) \tag{5.188}$$

bestimmt ist. Diese ist durch die Beziehung [317a]

$$\frac{dn_O}{dt} = k_1 \cdot p_{CO_2} - k_2 \cdot p_{CO} \cdot \Gamma O(ad) \tag{5.189}$$

gegeben ($\Gamma O(ad)$ = Oberflächenkonzentration der adsorbierten Sauerstoffatome; n_O = Zahl der Grammatome Sauerstoff je cm² Grenzfläche; k_1, k_2 = Geschwindigkeitskonstanten). Im Zeitabschnitt t_B ergibt sich mit der Gleichgewichtsbedingung $(dn_O/dt)_G = 0$ und $n_O = (\delta \cdot \varrho_{Fe})/(1-x)\,M_{Fe}$ durch Integration über die Zeit t_B die Bestimmungsgleichung für die Phasengrenzreaktionskonstante k_1

$$k_1 = \frac{\delta \cdot \varrho_{Fe}}{(1-x)\,M_{Fe} \cdot t_B}\left[p_{CO_2} - \frac{(p_{CO_2})_G}{(p_{CO})_G} \cdot p_{CO}\right]^{-1} \tag{5.190}$$

δ Dicke der Eisenfolie

ϱ Dichte

M_{Fe} Atommasse

Der Index G bedeutet Gleichgewicht $Fe/Fe_{1-x}O$

In Tabelle 5.35 sind die Meßergebnisse und die berechneten Reaktionskonstanten k_1 zusammengestellt.

Tabelle 5.35. Ergebnisse zur Oxydation von Eisenfolien[1])

T(°C)	$\delta(\mu)$	E_0(mV)	E_∞(mV)	t_B(min)	$k_1(\mathrm{mol \cdot cm^{-2} \cdot s^{-1} \cdot atm^{-1}})$
850	10	1050	860	215	$1{,}4 \cdot 10^{-8}$
890	10	1000	870	120	$2{,}8 \cdot 10^{-8}$
930	10	970	860	104	$3{,}2 \cdot 10^{-8}$
930	10	1070	840	131	$2{,}5 \cdot 10^{-8}$
930	5	1065	860	53	$3{,}4 \cdot 10^{-8}$
960	10	1050	780	93	$3{,}0 \cdot 10^{-8}$
960	10	1142	830	73	$4{,}5 \cdot 10^{-8}$
960	5	1135	833	42	$3{,}7 \cdot 10^{-8}$
975	10	1100	870	72	$6{,}5 \cdot 10^{-8}$
975	10	1020	809	76	$4{,}0 \cdot 10^{-8}$

[1]) Gesamtdruck 1 atm; Sauerstoffdruck der Referenzelektrode 1 atm

5.3. Anwendungsmöglichkeiten von Sauerstoff-Festelektrolytzellen in der industriellen Technik

5.3.1. Zellen zur Awendung in Metallschmelzen

5.3.1.1. Die elektrochemische Bestimmung der Sauerstoffaktivität in Stahlschmelzen

W. A. Fischer und A. Hoffmann [318] haben 1957 angeregt, sauerstoffionenleitende Festelektrolyte in Zellen zur Messung der Sauerstoffaktivität in *Stahlschmelzen* einzusetzen. Seit etwa 10 Jahren wird in nahezu allen stahlerzeugenden Ländern an der Entwicklung solcher Meßzellen gearbeitet, die unter den rauhen Bedingungen des Schmelzbetriebes wie hohe Temperatur, schroffe Temperaturwechsel, chemische Beanspruchung durch Schlacken und mechanische Beanspruchung durch das Schmelzbad eine direkte, zuverlässige Messung der Sauerstoffaktivität in der Stahlschmelze gewährleisten.

Die elektrochemische Zelle liefert als Meßwert die Sauerstoffaktivität

$$\lg a_{\mathrm{O}} = -\frac{2FE}{2{,}303RT} + \frac{1}{2} \lg p_{\mathrm{O}_2}^{\mathrm{Ref.}} \tag{5.191}$$

Hierin bedeuten:

E Zellspannung in V

F Faraday-Konstante (23066 cal · V^{-1} · mol^{-1})

R Gaskonstante (1,986 cal · K^{-1} · mol^{-1})

T Temperatur in K

$p_{\mathrm{O}_2}^{\mathrm{Ref.}}$ Sauerstoffpartialdruck der Referenzelektrode in atm.

Die Gleichung besagt, daß zur Bestimmung der Sauerstoffaktivität neben der EMK-Messung auch eine Temperaturmessung des Stahlbades notwendig ist.

Der Gehalt an *gelöstem* Sauerstoff ergibt sich durch Umrechnung aus der Beziehung

$$\lg [\%\ \mathrm{O}] = \lg a_{\mathrm{O}} - \lg f_{\mathrm{O}} \tag{5.192}$$

Der Aktivitätskoeffizient f_{O} in unlegierten Stahlschmelzen kann annähernd gleich 1 gesetzt werden[1]. In legierten Stahlschmelzen sind für jedes Legierungselement Korrekturen des Aktivitätskoeffizienten entsprechend der Beziehung

$$\lg f_{\mathrm{O}} = e_{\mathrm{O}}^{\mathrm{C}} \cdot [\%\ \mathrm{C}] + e_{\mathrm{O}}^{\mathrm{Cr}} \cdot [\%\ \mathrm{Cr}] + e_{\mathrm{O}}^{\mathrm{Mn}} \cdot [\%\ \mathrm{Mn}] + e_{\mathrm{O}}^{\mathrm{Si}} \cdot [\%\ \mathrm{Si}] + \ldots \text{ usw.} \tag{5.193}$$

[1] Nach N. M. Dastur, J. Chipman [319]: $\lg f_{\mathrm{O}} = -0{,}20\,[\%\ \mathrm{O}]$; nach W. A. Fischer, D. Janke [320]: $\lg f_{\mathrm{O}} = -0{,}30\,[\%\ \mathrm{O}]$.

vorzunehmen. Die in Klammern gesetzten Konzentrationen stellen die Gehalte an gelösten Legierungselementen dar. Für die Wirkungsparameter e_O^X liegen zuverlässige Angaben im Schrifttum vor [53—56, 320—323]. Die hier interessierenden Wirkungsparameter und ihr Gültigkeitsbereich werden in den Tabellen 5.3 und 5.4 angeführt. Mit ihrer Hilfe lassen sich für verschiedene legierte Stahlschmelzen Nomogramme aufstellen, die ein Ablesen des Sauerstoffgehalts aus der gemessenen EMK gestatten.

Im Schmelzbetrieb vieler Stahlwerke wird zur Zeit das Prinzip der *Einzel-Tauchmessung* (one-reading probe) erprobt. Diese Messung erfordert einen sehr geringen Zeitaufwand von 10 bis 20 Sekunden. Die Meßeinrichtung besteht aus dem Meßkopf, der die Sauerstoff- und Temperatur-Meßzelle sowie einen Metallkontakt für die Stahlschmelze enthält und nach jeder Tauchmessung ausgewechselt werden muß; dem Halterohr, das den Meßkopf trägt und die Meßleitungen enthält, sowie Geräten zur Messung der EMK bzw. des eingeeichten Sauerstoffgehalts und der Temperatur.

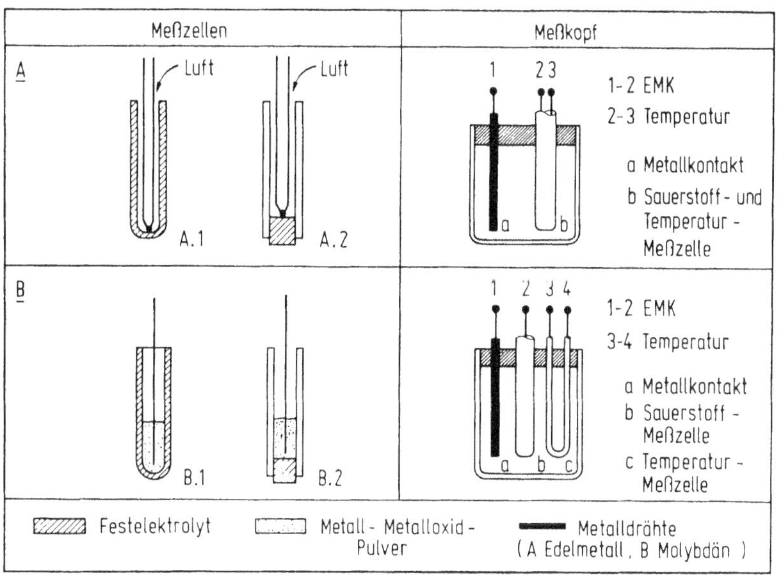

Bild 5.108. Aufbau von Sauerstoffmeßzellen zur Tauchmessung in Stahlschmelzen

Für den Aufbau der Sauerstoffmeßzelle wurden verschiedene Typen vorgeschlagen (Bild 5.108). Sie unterscheiden sich in der Ausbildung des Festelektrolyten, in der Wahl der Bezugselektrode und in der Art der gleichzeitigen Temperaturmessung.

Der Typ A.1 sieht ein gasdichtes, einseitig geschlossenes Rohr als Festelektrolyt vor [324]. In den Zellen des Typs A. 2 ist der Festelektrolyt in

Gestalt einer Tablette in das untere Ende eines Quarzrohres eingeschweißt [325—330]. Beide Zelltypen arbeiten mit einer Platin-Luft-Vergleichselektrode. Normalerweise wird ein schwacher Luftstrom in die Zelle eingeleitet. Unter bestimmten Bedingungen kann jedoch auch der im Elektrodenraum eingeschlossene Luftvorrat für eine kurzzeitige Messung ausreichend sein [328, 331]. Die Platin-Luft-Elektrode bietet den Vorteil, daß eine gemeinsame EMK- und Temperaturmessung vorgenommen werden kann, wobei ein Schenkel des eingeführten Pt—PtRh-Thermoelementes zur Messung der Sauerstoffaktivität benutzt wird. Den Kontakt zur Stahlschmelze bildet ein Eisen- oder Molybdändraht, der zusammen mit der kombinierten Sauerstoff- und Temperaturmeßzelle in den Meßkopf eingebaut ist. Der Meßkopf wird beim Tauchen durch die Schlackenphase von einer Stahlblechkappe geschützt. Die EMK der Zellen mit Luft als Sauerstoffvergleichspotential ist nur sehr schwach temperaturabhängig (vgl. Abschnitt 5.4.5).

Die Zellen des Typs B. 1 (einseitig geschlossenes Festelektrolytrohr) [332—334] und B. 2 (Quarzrohr mit Festelektrolyt-Tablette) [335—339] arbeiten sämtlich mit festen Metall-Metalloxid-Bezugselektroden (Mo—MoO_2- oder Cr—Cr_2O_3-Gemenge mit Mo-Ableitungsdraht). Da das Sauerstoffpotential dieser Elektroden stark von der Temperatur abhängt, ist hier eine Temperaturmessung unumgänglich. Sie wird, um eine schnelle unverfälschte Anzeige zu erhalten, mit einem dünnen PtRh-Thermoelement in einem gesonderten U-Rohr aus Quarzglas durchgeführt. Der gesamte Meßkopf enthält die Festelektrolytzelle, das Thermoelement und den Molybdän-Kontaktstab, der auch durch einen isolierten Stahlring am äußeren Umfang des Meßkopfes ersetzt werden kann [338].

Die kurze Ansprechzeit aller Zelltypen nach dem Eintauchen in die Stahlschmelze wird durch eine weitgehende Miniaturisierung der Bestandteile des Meßkopfes erreicht (Wandstärken der Elektrolytrohre etwa 1 mm; Abmessungen der Elektrolyttabletten: etwa 5 mm Höhe, 3 mm Durchmesser; Stärke der Meßdrähte $\leq$ 0,1 mm). Ist eine Zirkonoxidzelle bereits vor dem Tauchen auf die Meßtemperatur um 1600 °C vorgeheizt, so erhält man eine Ansprechzeit von einigen Millisekunden nach dem Tauchen in die Schmelze [340]. Die Ansprechzeit einer auf Raumtemperatur befindlichen Meßzelle nach dem Tauchen richtet sich nach deren Abmessungen sowie der spezifischen Wärmeleitfähigkeit des Elektrolytmaterials. In Bild 5.109 wird gezeigt, in welcher Weise die Zellspannung in der Anlaufphase durch die galvanische EMK und eine zusätzliche Thermospannung beeinflußt wird, die sich aus dem anfänglichen Temperaturgefälle im Festelektrolyten ergibt [341]. Eine konstante, rein galvanische Zellspannung stellt sich nach dem Abfall der Thermospannung auf Null in der untersuchten Zelle in 12 s ein.

Typische Meßschriebe von Zellen des Typs A. 2 sind in Bild 5.110 dargestellt. Sie enthalten Temperatur- und EMK-Meßkurven und gelten für eine Messung a) während des Sauerstoffblasens in einem 25-t-Lichtbogenofen,

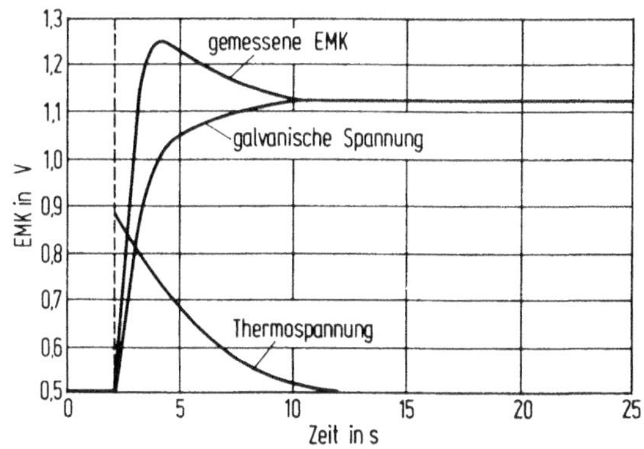

Bild 5.109. Zeitlicher Verlauf des angezeigten Spannungsmeßwertes einer Zelle nach dem Tauchen in die Stahlschmelze (Beispiel nach J. K. Pargeter und D. K. Farschou [341])

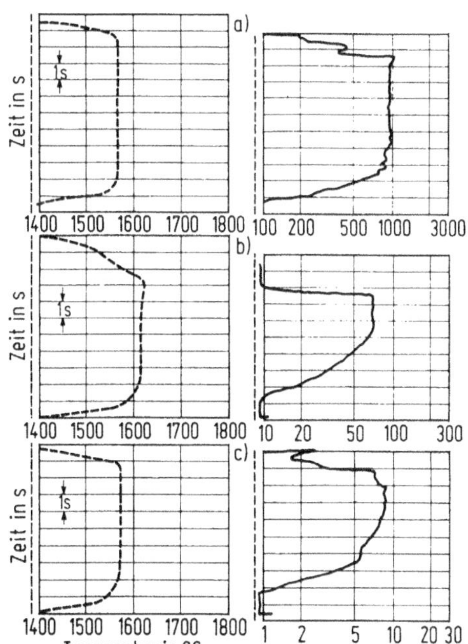

Bild 5.110. Meßschriebe von Sauerstoffmeßzellen bei der Tauchmessung in Stahlschmelzen nach B. Hanas u. a. [331]

a) während des Sauerstoffblasens in einem 25-t-Lichtbogenofen; b) kurz vor dem Abstich; c) nach der Aluminiumdesoxydation in der Gießpfanne

b) kurz vor dem Abstich und c) nach der Aluminiumdesoxydation in der Gießpfanne [331].

Theoretische Eichgeraden für die elektrochemische Messung des Sauerstoffgehaltes in reinen Eisenschmelzen bei 1600 °C sind in Bild 5.111 zusammen-

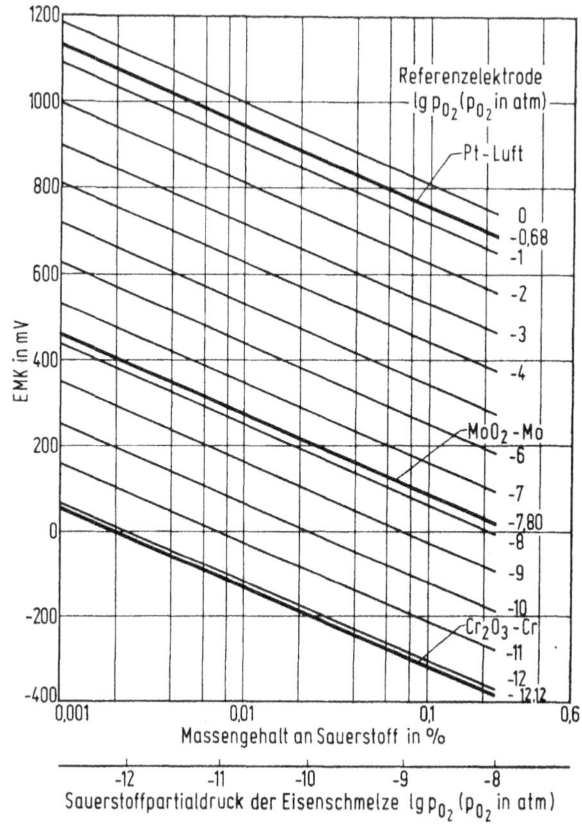

Bild 5.111. Berechnete Eichgeraden für die Messung des Sauerstoffgehalts in reinen Eisenschmelzen bei 1600 °C

Referenzelektroden: a) Pt-Luft; b) Mo—MoO_2; c) Cr—Cr_2O_3

gestellt. Sie gelten für die gebräuchlichen Sauerstoffvergleichspotentiale a) Luft, b) Mo—MoO_2 und c) Cr—Cr_2O_3.

Die erreichbare relative Meßgenauigkeit in Labor- und Betriebsschmelzen kann mit ±10% angegeben werden. Sie wird aus Eichgeraden abgelesen, die sich durch die Auftragung der gemessenen EMK über den durch Analyse[1]

[1] Methode der Heißextraktion.

ermittelten Sauerstoffgehalten von abgeschreckten Schmelzproben ergeben. Bild 5.112 zeigt ein Beispiel für Messungen mit der Platin-Luft-Bezugselektrode [342]. Der Vergleich der elektrochemisch und analytisch bestimmten Sauerstoffgehalte setzt voraus, daß die Schmelzen während der EMK-Messung frei von Oxidsuspensionen sind, der Sauerstoff in den abgeschreckten Proben

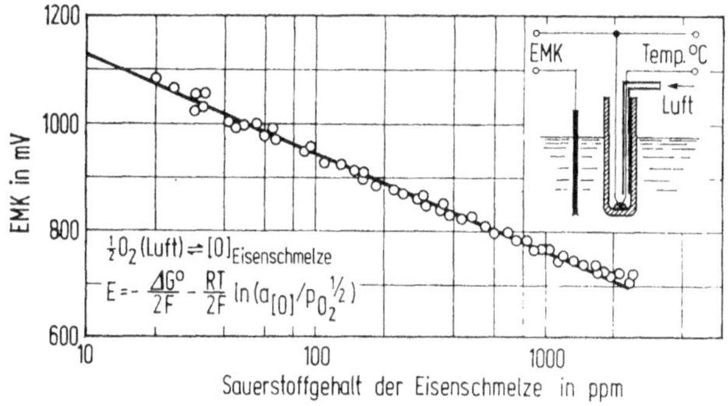

Bild 5.112. Berechnete und gemessene EMK der Zelle Pt|Luft|ZrO_2(CaO)|Eisenschmelze|Pt bei 1600 °C in Abhängigkeit vom Sauerstoffgehalt der Schmelze nach W. A. Fischer und D. Janke [333]

homogen verteilt ist und die Sauerstoffgehalte der Proben repräsentativ für die der gesamten Schmelze sind. Berücksichtigt man die hier angedeuteten Fehlermöglichkeiten sowie die Genauigkeit der Analysenmethode, so sind die angegebenen Streugrenzen von $\pm 10\%$ nicht unmittelbar kennzeichnend für die EMK-Methode, deren wahre Meßfehler mit großer Wahrscheinlichkeit unterhalb der hier angegebenen Grenzen liegen.

Das Prinzip der Einzelmessung kann auch in einer kleinen Probenkokille verwirklicht werden, in die Schöpf- oder Gießproben flüssigen Stahls eingefüllt werden [343]. Auch hier ist eine gleichzeitige EMK- und Temperaturmessung mit eingebauten, schnell anzeigenden Meßzellen möglich.

In zukünftigen Anlagen für das kontinuierliche Erschmelzen und Vergießen von Stahl wäre eine *fortlaufende Messung* der Sauerstoffaktivität von besonderem Interesse. Diese könnte durch fest eingebaute auswechselbare Meßfühler in Schmelzöfen, Schmelzbehandlungs- und Transportgefäßen sowie in Transport- und Gießrinnen verwirklicht werden. Für eine solche Dauermessung über viele Stunden eignet sich wahrscheinlich nur die in Bild 5.108 als Typ A. 1 bezeichnete Zelle in der Form eines einseitig geschlossenen Festelektrolyt-Hohlkörpers mit einer Platin-Gas-Elektrode. Zellen dieser Art wurden in die Stirnwand eines 300-kg-Trommelkonverters (Bild 5.113) [330], in die Seitenwand eines 3-t-Sauerstoffaufblaskonverters [344] und in die Transportrinne einer Versuchsanlage zur kontinuierlichen Stahlerzeugung eingebaut [345]. Bild 5.114 gibt den Verlauf der EMK und der Temperatur sowie der Kohlenstoff- und Sauerstoffgehalte beim Frischen einer Roheisenschmelze im 300-kg-Versuchskonverter wieder [330].

Umfangreiche Untersuchungen von Frisch- und Desoxydationsvorgängen mit kontinuierlich messenden Sauerstoffzellen wurden in Mittelfrequenz-Induktionsöfen durchgeführt [332, 342, 346, 347 347a]. Dabei wurden eine oder

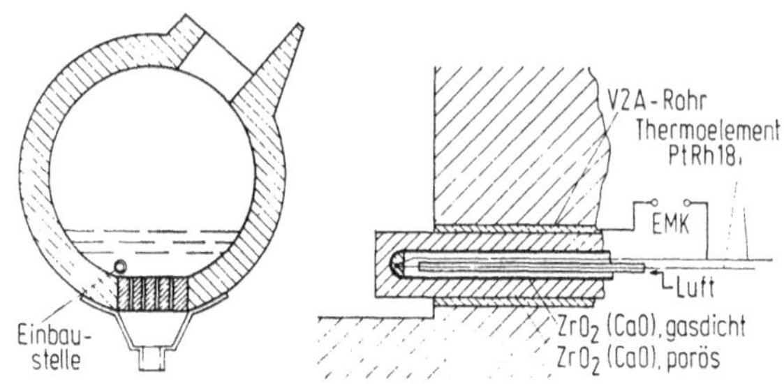

Bild 5.113. Einbau einer Zirkonoxid-Meßzelle in einen 300-kg-Versuchskonverter nach W. A. Fischer [330]

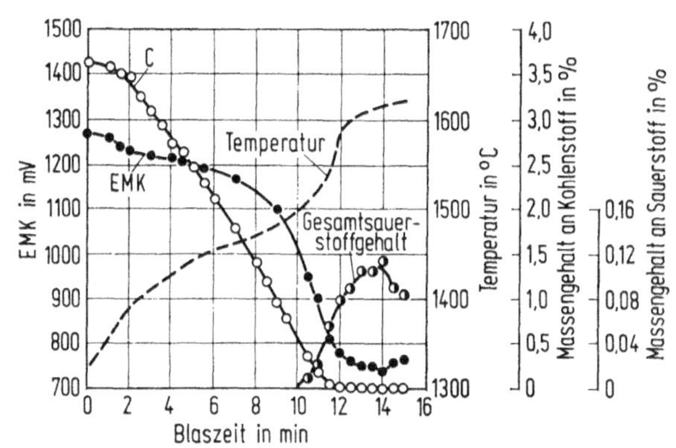

Bild 5.114. EMK-Verlauf beim Frischen einer Roheisenschmelze im 300-kg-Versuchskonverter nach W. A. Fischer [330]

mehrere Zirkonoxidmeßzellen zusammen mit einer Eisenableitung fest in den Boden des Schmelztiegels eingebaut (Bild 5.115). Die Zelle ragt etwa 3 cm tief in die Stahlschmelze hinein und ist mit einem keramischen Kitt gegen die Tiegelzustellung abgedichtet. Mit der beschriebenen Meßanordnung wurde der Entkohlungsablauf hochkohlenstoffhaltiger Eisenschmelzen bei freier Badoberfläche und Temperaturen zwischen 1400 und 1600 °C elektrochemisch aufgezeichnet. Bild 5.116 zeigt eine Parallelmessung mit zwei Zirkonoxidzellen bei 1600 °C [346]. Es enthält die zugehörigen Kohlenstoff- und Sauerstoffgehalte, die an abgeschreckten Proben analytisch bestimmt wurden. Bild 5.117

läßt erkennen, daß die EMK-Meßwerte verschiedener Schmelzen reproduzierbar gemessen und bestimmten Kohlenstoffgehalten zugeordnet werden können. Da der gelöste Kohlenstoff in diesen Schmelzen allein die Sauerstoffaktivität bestimmt, kann an Hand der Kurve der Kohlenstoffgehalt aus den EMK-

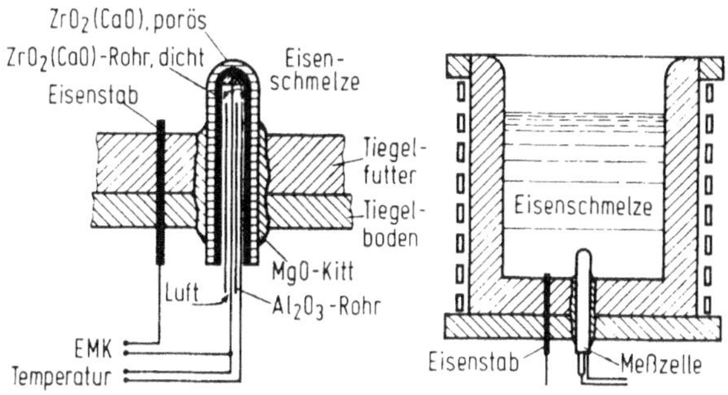

Bild 5.115. Anordnung zur EMK-Messung in Stahlschmelzen im Mittelfrequenz-Induktionsofen nach W. A. Fischer und Mitarb. [332, 342, 346, 347]

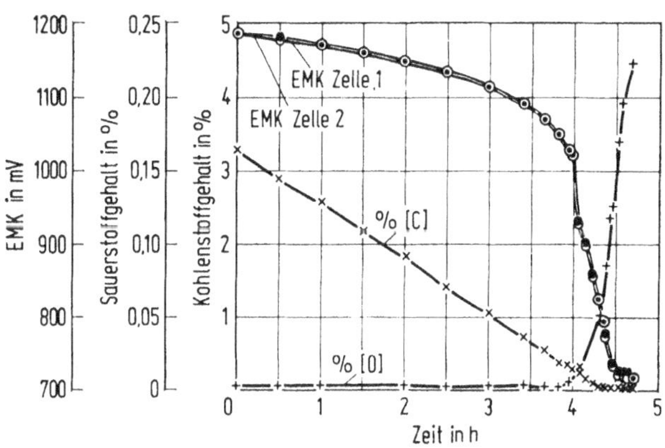

Bild 5.116. EMK-Verlauf zweier Zirkonoxid-Meßzellen mit Platin-Luft-Referenzelektroden während der Entkohlung einer Eisenschmelze bei 1600 °C nach W. A. Fischer und D. Janke [346]

Meßwerten abgelesen werden. In ähnlicher Weise können Desoxydationsabläufe in unlegierten und legierten Stahlschmelzen messend verfolgt werden.

Beim heutigen Stand der Entwicklung technisch brauchbarer Meßzellen zur direkten elektrochemischen Bestimmung des Sauerstoffgehalts von Stahlschmelzen können nur einige der Fragen befriedigend beantwortet werden, die sich dem Praktiker stellen. Es sind dies die Fragen nach 1. der Dauer der Sauerstoffbestimmung, 2. dem Preis der Einzelmessung, 3. der Zuverlässigkeit der Meßmethode und 4. dem Nutzen solcher Messungen.

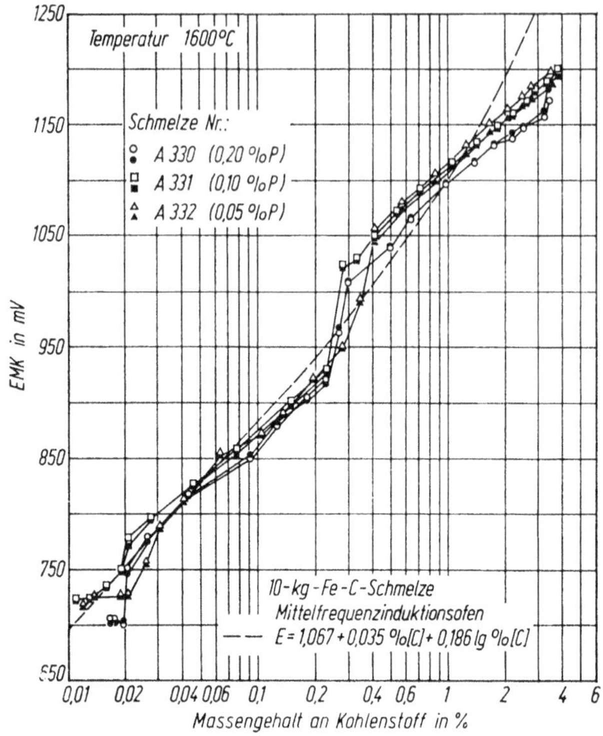

Bild 5.117. EMK von Zirkonoxid-Meßzellen mit Platin-Luft-Referenzelektroden in Abhängigkeit vom Kohlenstoffgehalt in Eisenschmelzen bei 1600°C nach W. A. Fischer und D. Janke [346]

Die erste Frage kann eindeutig zugunsten der elektrochemischen Methode beantwortet werden, da diese gegenüber den bekannten Methoden der Heißextraktion und der Neutronen-Aktivierungsanalyse weder eine Probenahme aus dem Schmelzgefäß noch einen Probentransport und eine Probenvorbereitung im Labor erfordert. Die Analysendauer von 10 bis 20 Sekunden dürfte von keinem anderen Verfahren unterboten werden können.

Der Preis der Sauerstoff-Einzelmessung beträgt für die zur Zeit angebotenen Meßköpfe noch ein mehrfaches des Preises für die thermoelektrische Tauch-Temperatur-Messung. Es ist jedoch zu erwarten, daß dieser Preis sich bei einer Großserien-Fertigung erheblich verringern wird.

Die Frage nach der Zuverlässigkeit der bis heute entwickelten Sauerstoffmeßzellen kann zur Zeit nicht eindeutig beantwortet werden, da ausreichende Unterlagen noch nicht vorliegen. Die guten Ergebnisse zahlreicher Labormessungen lassen für die Zukunft jedoch auch eine erfolgreiche und nutzbringende betriebliche Anwendung erwarten.

5.3.1.2. Elektrochemische Bestimmung der Sauerstoffaktivität in Kupferschmelzen

Versuche zur elektrochemischen Messung der Sauerstoffaktivität in flüssigem Kupfer im Schmelzbetrieb wurden erst in jüngster Zeit durchgeführt. Dabei wurden sowohl Einzeltauchmessungen mit einmalig verwendbaren Meßköpfen

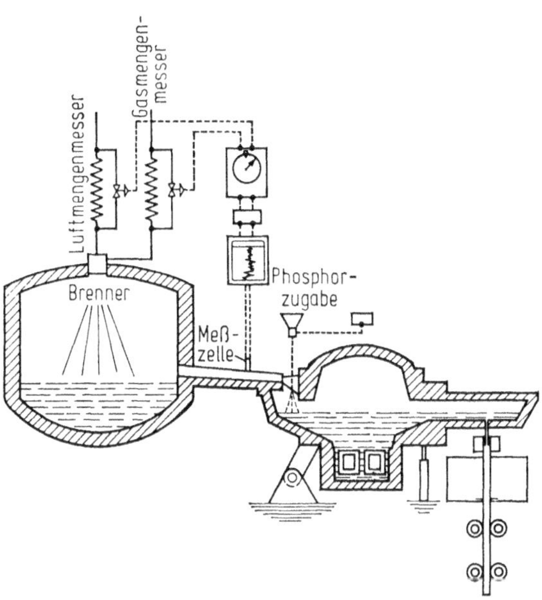

Bild 5.118. Laufende Überwachung des Sauerstoffgehalts von flüssigem Kupfer in einer Stranggußanlage nach J. M. Dompas und P. C. Lockyer [350]

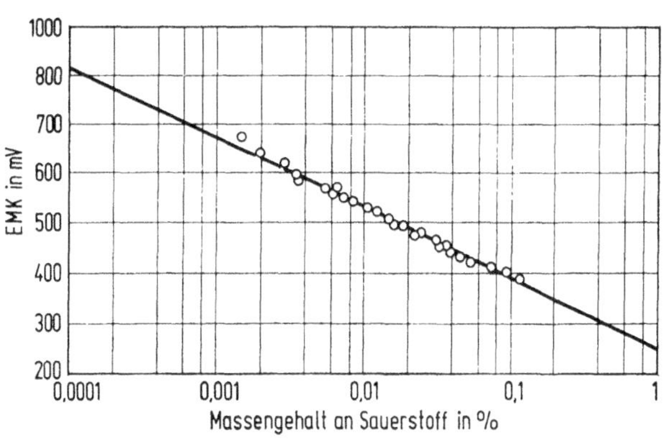

Bild 5.119. Berechnete und gemessene EMK der Zelle Pt|Luft ‖ ZrO_2(CaO) ‖ Kupferschmelze|Pt bei 1150°C in Abhängigkeit vom Sauerstoffgehalt der Schmelze nach W. A. Fischer und D. Janke [351]

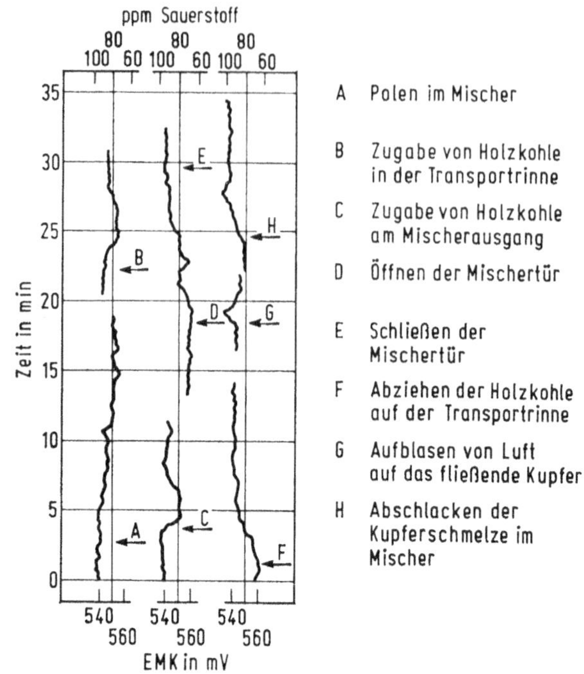

Bild 5.120. Meßschriebe von Zirkonoxidzellen bei der kontinuierlichen Sauerstoffmessung in einer Kupfergießanlage nach J. M. Dompas und P. C. Lockyer [350]

[348] als auch kontinuierliche Tauchmessungen [349, 350] erprobt. Eine laufende Überwachung des Sauerstoffgehaltes von flüssigem Kupfer beim Abstich und Vergießen ist von erheblicher Bedeutung, da überschüssig gelöster Sauerstoff durch Reaktion mit Wasserstoff zur Blasenbildung und zu Rissen in den erstarrten Kupferbarren führt. Zirkonoxidtauchzellen mit Platin-Luft-Bezugselektroden wurden zur kontinuierlichen Aufzeichnung der Sauerstoffgehalte in einer Schmelz- und Gießanlage eingesetzt (Bild 5.118) [350]. Das Kupfer wird im Mischer unter einer Brenngasatmosphäre flüssig gehalten und läuft über eine Transportrinne in einen geschlossenen Vorherd zur Stranggußanlage. Messungen mit der ZrO_2-Tauchzelle ergaben, daß beispielsweise ein im Mischer über das Brenngas eingestellter Sauerstoffgehalt von 80 ppm sich in der Rinne auf dem Weg zum Vorherd auf einen Wert von 250 ppm erhöhte. Entsprechend der Anzeige der Sauerstoffmeßzelle können die Mengen der Kupfer-Phosphor-Zusätze zur Desoxydation bemessen werden. Durch ein Rückkoppelungssystem zwischen Meßzelle und Brenner ist außerdem über das Brenngas-Luft-Verhältnis eine Änderung des Sauerstoffgehalts im Mischer möglich.

Die elektrochemische Sauerstoffbestimmung in Kupferschmelzen kann mit guter Reproduzierbarkeit ausgeführt werden. Bild 5.119 zeigt in halblogarithmischer Darstellung eine Eichgerade für reine Kupferschmelzen bei 1150 °C [351]. Die Sauerstoffaktivität kann im gesamten Konzentrationsbereich dem Sauerstoffgehalt gleichgesetzt werden. Eine Korrektur der errechneten Sauerstoffgehalte auf Grund der Aktivitätsbeeinflussung durch Nebenelemente ist im raffinierten Kupfer nicht notwendig.

Bild 5.120 zeigt einige Meßschriebe der ZrO_2-Tauchzelle in der beschriebenen Schmelzanlage [350]. Die möglichen Meßperioden einer Zelle werden bei intermittierender Anwendung mit 70 h und bei kontinuierlicher Anwendung mit 150 h angegeben.

5.3.1.3. Elektrochemische Bestimmung des Sauerstoffgehalts in Natriumschmelzen

Flüssiges Natrium wird als Kühlmittel in Kernreaktoren verwendet. Es wird in einem Kreislauf durch die Brennkammern gepumpt, erhitzt sich dort auf 300 bis 500 °C und fließt dann in einen Wärmeaustauscher zur Abhitzeverwertung. Für das Kühlsystem werden überwiegend Rohre aus nichtrostendem Stahl benutzt. Die Korrosion legierter Stähle wie auch anderer Metalle in flüssigem Natrium wird wesentlich durch dessen Sauerstoffgehalt beeinflußt.

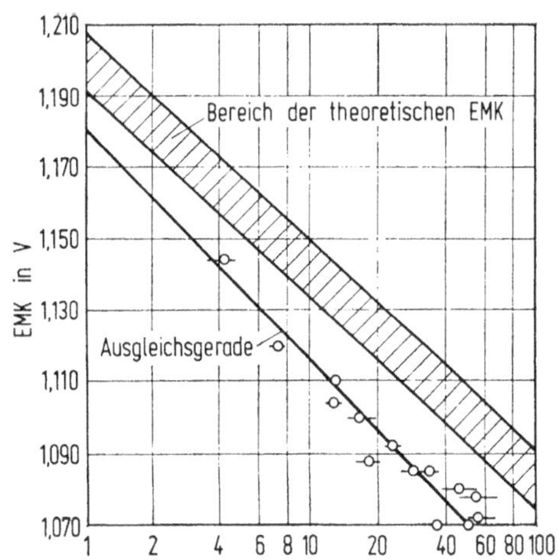

Bild 5.121. Elektrochemische Bestimmung des Sauerstoffgehalts in Natriumschmelzen bei 320 °C, nach M. Kolodney, B. Minushkin und H. Steinmetz [352]
(Festelektrolyt: 0,85 $ThO_2 \cdot 0{,}15\, Y_2O_3$; Referenzelektrode Cu, Cu_2O)

Eine laufende Überwachung des Sauerstoffgehalts, der weniger als 50 ppm betragen soll, ist mit Hilfe von Festelektrolytzellen möglich. Bewährt haben sich Zellen mit $ThO_2-Y_2O_3$-Elektrolyten der Zusammensetzung 85% ThO_2/15% Y_2O_3 und $Cu-Cu_2O$- oder Platin-Luft-Referenzelektroden [352 bis 354]. Bild 5.121 zeigt Meßwerte in der Darstellung Zellspannung gegen Gehalt an Sauerstoff bei 320 °C [352]. Die Sauerstoffgehalte wurden aus der Temperatur der in den Natriumkreislauf eingeschalteten Kühlfalle und dem Verlauf der Sättigungslinie im System $Na-Na_2O$ ermittelt.

Die Meßzellen konnten bei einer Temperatur von 320 °C und Sauerstoffgehalten zwischen 1 und 10 ppm über mehr als 2000 h betrieben werden.

5.3.2. Zellen zur Anwendung in Gasen

5.3.2.1. Zellen zur Messung und Regulierung des Sauerstoffpotentials in Gasen

Für Gas-Meßsonden im industriellen Betrieb ist eine Vielzahl von Einsatzmöglichkeiten denkbar. Einige dieser Möglichkeiten, die über den rein metallurgischen Anwendungsbereich z. T. hinausgehen, sind im neueren Schrifttum ausführlich behandelt und seien hier kurz angedeutet.

Eine wichtige Aufgabe können elektrochemische Meßsonden bei der Reindarstellung von Inertgasen (Stickstoff, Edelgase) zur Kontrolle des Restsauerstoffgehalts übernehmen. Diese Aufgabe erstreckt sich auch auf die Anzeige von Sauerstoffspuren bei der Edelgasfüllung von Glühlampen und Leuchtgasröhren [355, 356] sowie auf die Überwachung „sauerstoffreier" Gasatmosphären bei der Herstellung von Einkristallen, Halbleitern und Hochspannungstransistoren [357—360]. In Kühlgaskreisläufen ist eine Kontrolle des Sauerstoffrestgehaltes wünschenswert [361]. Ebenso sind Festelektrolytzellen als Sauerstoff-Leckdetektoren in Vakuumsystemen geeignet [360, 361].

In Abschnitt 5.2.13. wurde gezeigt, daß an galvanischen Zellen mit sauerstoffionenleitenden Festelektrolyten bei Temperaturen um 1000 °C Sauerstoffpartialdrücke in einem weiten Bereich zwischen etwa 10^{-20} und 1 atm gemessen werden können. Damit wird auch eine Messung in Brenngasatmosphären möglich, deren Sauerstoffpartialdrücke sich in dem erwähnten Temperaturgebiet zwischen 10^{-20} und 10^{-10} atm bewegen. Mit Hilfe von Festelektrolytzellen ist es möglich, den Umsatz brennbarer Gase mit Sauerstoff laufend zu registrieren. Solange ein Überschuß an Brenngas bestehen bleibt, verändert sich der Sauerstoffpartialdruck der Gasphase mit dem Zusatz von Sauerstoff wenig. In der Nähe der Gaszusammensetzung, die einer vollständigen Umsetzung chemisch äquivalenter Mengen an Brenngas und Sauerstoff entspricht (Äquivalenzpunkt), tritt eine EMK-Änderung um mehrere 100 mV bzw. eine p_{O_2}-Änderung um mehrere Zehnerpotenzen ein. Die Festelektrolytzelle dient somit als zuverlässiges Hilfsmittel zur Aufnahme „gaspotentiometrischer Titrationskurven" und vor allem zur Festlegung des Äquivalenzpunktes einer optimalen Brenngasausnutzung [355, 357, 362, 363].

Bild 5.122 zeigt eine Einrichtung zur gaspotentiometrischen Titration und Bild 5.123 Titrationskurven, die mit dieser Einrichtung in der Zelle

$$\mathrm{Pt|Luft} \,\|\, \mathrm{ZrO_2(MgO)} \,\|\, \mathrm{Brenngas + Luft|Pt}$$

für Stadtgas, Wasserstoff und ein $CO-CO_2$-Mischgas im Verhältnis 47,8 : 52,2 erhalten wurden [363].

Das geschilderte Verfahren gestattet nicht nur die Einstellung eines optimalen Brenngas-Luft-Verhältnisses in gasbeheizten Öfen (z. B. SM-Öfen, Tieföfen, Wärmebehandlungsöfen) und Verbrennungsmaschinen, sondern ermöglicht gleichzeitig auch die Bestimmung des CO-Gehalts in Verbrennungsabgasen [360]. Der unmittelbare Zusammenhang zwischen der EMK der Meßzelle und dem Partialdruck des Kohlenmonoxids im Abgas ergibt sich aus der

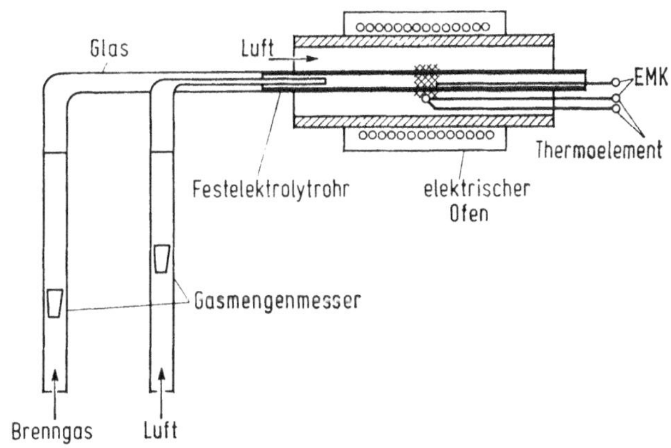

Bild 5.122. Einrichtung zur gaspotentiometrischen Titration nach H.-H. Möbius [363] (schematisch)

Verbrennungsgleichung

$$CO + 1/2\,O_2 \rightleftharpoons CO_2 \tag{5.194}$$

über den Ansatz:

$$\ln p_{O_2}(CO, CO_2) = 2 \ln \frac{p_{CO_2}}{p_{CO}} + \ln K \tag{5.195}$$

$$E = \frac{RT}{4F}\left[\ln \frac{p_{O_2}(\text{Luft})}{K} + 2 \ln \frac{p_{CO}}{p_{CO_2}}\right] \tag{5.196}$$

Bei kleinen CO-Gehalten (< 10 Vol-%) ist p_{CO_2} praktisch konstant und aus der Reaktionsgleichung der vollständigen Verbrennung ($C + O_2 \rightleftharpoons CO_2$) zu

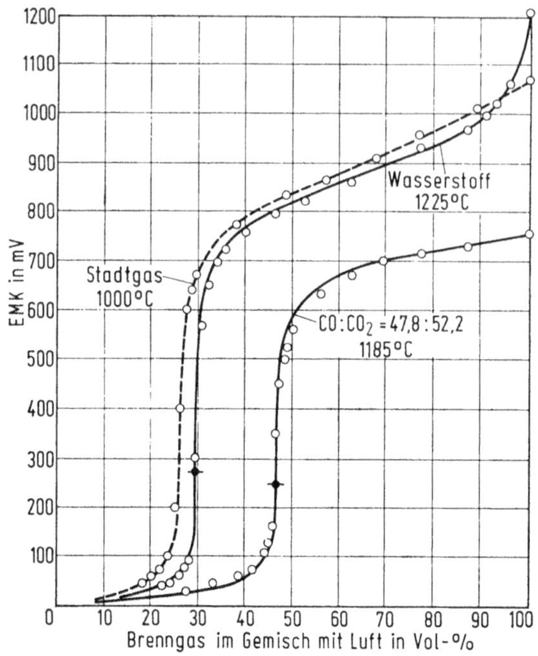

Bild 5.123. Gaspotentiometrische Titrationskurven an der Zelle Pt|Luft ‖ ZrO_2(MgO) ‖ Brenngas + Luft|Pt nach H.-H. Möbius [363]

entnehmen. Damit wird die EMK der Zelle ein Maß für den Kohlenmonoxidpartialdruck:

$$E = a + b \lg p_{CO} \tag{5.197}$$

Bei vielen metallurgischen Vorgängen des Glühens und des Sinterns von Werkstoffen wird die möglichst genaue Einstellung eines bestimmten Oxydations- oder Reduktionsgrades der Ofenatmosphäre angestrebt. Die elektrochemische Sauerstoffmeßsonde gibt unmittelbar den Sauerstoffpartialdruck an, der das Redoxvermögen eines Mischgases kennzeichnet[1]. Die Einhaltung eines bestimmten Sauerstoffpotentials der Gasatmosphäre ist z. B. bei Glühbehandlungen von Metallen [359, 364], bei der Reduktion von Oxidpulvern in Wasserstoff zur Herstellung von Metallegierungen [359] und beim Umschmelzen reiner Metalle in reduzierender Atmosphäre, aber auch beim Sintern elektrokeramischer Erzeugnisse (Ferrite mit vorgegebenem Verhältnis Fe^{3+}/Fe^{2+}) [356, 360]

[1] H.-H. Möbius [357] definiert für Gasphasen analog zum pH-Wert in wäßrigen Elektrolytlösungen einen pO-Wert, der exakt dem negativen Logarithmus der Sauerstofffugazität $p^*_{O_2}$ bzw. näherungsweise dem negativen Logarithmus des Sauerstoffpartialdrucks p_{O_2} gleichzusetzen ist.

und bei der Herstellung farbiger Glasuren auf Gebrauchskeramik [364] erforderlich.

Bei niedrigen Temperaturen können Trocknungseffekte durch Einleiten des verwendeten H_2-haltigen Gases in eine beheizte Festelektrolytzelle verfolgt werden [357, 361].

Die Möglichkeit einer elektrochemischen Bestimmung des durch die Dissoziation bedingten Sauerstoffgehalts von überhitztem Wasserdampf in einem Autoklaven wurde von H. Wagner und H. Sundermann beschrieben [365].

Auch in der medizinischen Forschung und Gesundheitsfürsorge sind Versuche mit Sauerstoff-Festelektrolytzellen ausgeführt worden. J. E. Sodal, R. R. Bowman und G. F. Filley [366] experimentierten mit einer Zelle zur laufenden Kontrolle des Sauerstoffgehalts der vom Menschen ein- und ausgeatmeten Luft. Die Entwicklungsarbeiten zielen auf eine möglichst schnelle Meßwertanzeige (Größenordnung 50 ms) und eine gute Reproduzierbarkeit der Meßwerte ab.

Bisher wenig erkannt sind die Einsatzmöglichkeiten von Sauerstoff-Festelektrolytzellen im Aufgabenbereich des Umweltschutzes. L. P. J. Hoogeveer und P. F. Butzelaar [367] arbeiteten an der Entwicklung einer Zirkonoxidmeßzelle zur Bestimmung des CSB-Wertes (chemischer Sauerstoffbedarf), der eine Maßzahl für die Verunreinigung von Wasser durch organische Stoffe darstellt. Die beheizte Meßzelle wird von reinem Stickstoff durchströmt, dessen Sauerstoffgehalt über eine Meßelektrode registriert und über eine Dosierelektrode konstant gehalten wird. In diesen Gasstrom wird eine Probe des organisch verunreinigten Wassers eingespritzt. Der durch Reaktion mit den organischen Verbindungen verbrauchte Sauerstoff wird elektrolytisch über die Dosierelektrode wieder ergänzt, wobei der benötigte *Transportstrom* ein Maß für den verbrauchten Sauerstoff, d. h. für den CSB-Wert, darstellt.

Wird eine Sauerstoff-Festelektrolytzelle mit Gleichstrom betrieben, so kann auf elektrochemischem Wege reiner Sauerstoff erzeugt werden, wie dies schematisch in Bild 5.124a gezeigt wird [368]. Dabei wird das Reaktionsgas an der Kathode umgesetzt und Sauerstoff gegen sein Potentialgefälle durch den Festelektrolyten gepumpt und an der Anode gasförmig freigesetzt. Das angegebene Beispiel läßt erkennen, daß z. B. Wasserdampf und Kohlendioxid, die Atemprodukte des Menschen, auf diese Weise in Sauerstoff umgesetzt werden können [369]. Ein geschlossener Kreislauf, etwa für die Sauerstoffversorgung,

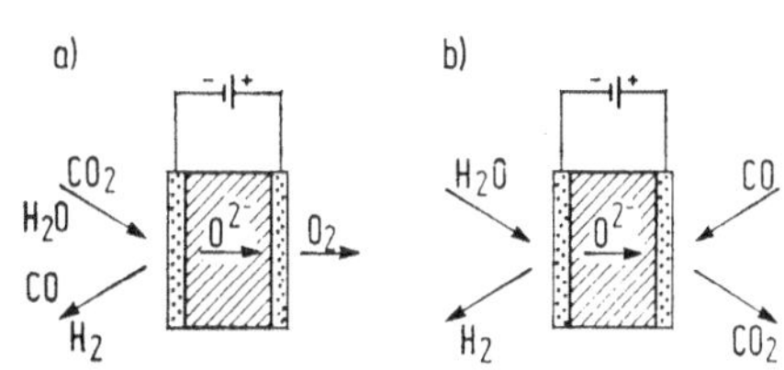

Bild 5.124. Festelektrolytzelle zur Erzeugung von (a) Sauerstoff und (b) Wasserstoff [368] (schematisch)

einer bemannten Weltraum- oder Unterwasserstation, ist zu verwirklichen, wenn in dem System ein chemischer Konverter zur Rückoxydation des CO und H_2 zur Verfügung steht [370].

An der im vorhergehenden beschriebenen Festelektrolytzelle kann auch eine Elektrolyse mit dem Ziel der Wasserstoff-Gewinnung durchgeführt werden. Der in Bild 5.124b schematisch dargestellte Reaktionsablauf [368] entspricht gleichfalls einer elektrolytischen Sauerstoffüberführung, wobei an der Anode CO zu CO_2 oxydiert wird, während an der Kathode die Reduktion des Wasserdampfs zu Wasserstoff stattfindet. Von besonderer Bedeutung ist hier die Tatsache, daß das an die Anode herangeführte Kohlenmonoxid nicht vorgereinigt werden muß, während der an der Kathode erzeugte Wasserstoff in großer Reinheit anfällt. Der beschriebene Prozeß der elektrolytischen CO-Konvertierung zu H_2 wurde als Forschungsprojekt in einer Einheit verwirklicht, die 250 Batterien zu je 10 Zellen umfaßt [371].

5.3.2.2. Zellen zur Erzeugung und Speicherung elektrischer Energie

Prinzip

In Brennstoffzellen findet die Oxydation eines gasförmigen *Brennstoffs* (Wasserstoff, Erdgas, Kohlenwasserstoffe) durch ein *Oxydationsmittel* (Sauerstoff, Luft) auf elektrochemischem Wege statt. Die Freie Enthalpie der Oxydation wird dabei unmittelbar in elektrische Energie umgesetzt. Die Reaktionspartner, das Brenngas und das oxydierende Gas, werden der Zelle laufend zugeführt.

Mischoxide auf der Basis von Zirkonoxid und Thoriumoxid mit der bekannten hohen Sauerstoffionenleitfähigkeit sind als Festelektrolyte in *Hochtemperaturzellen* bevorzugt untersucht worden. Sie arbeiten bei einer optimalen Betriebstemperatur von 800 bis 1000 °C. In Bild 5.125 ist das Prinzip einer Festelektrolyt-Brennstoffzelle am Beispiel der Knallgaskette

$$\mathrm{Pt}|\mathrm{O_2}\,\|\,\text{fester } \mathrm{O^{2-}}\text{-Ionenleiter}\,\|\,\mathrm{H_2O}-\mathrm{H_2}|\mathrm{Pt}$$

dargestellt. Der an der Kathode ionisierte Sauerstoff wandert bei geschlossenem äußeren Stromkreis durch den Elektrolyten und oxydiert an der Anode den laufend herangeführten Wasserstoff. Die Gesamt-Zellreaktion läßt sich durch das folgende Schema beschreiben

$$1/2\,\mathrm{O_2} + 2\mathrm{e'} \rightleftharpoons \mathrm{O^{2-}} \tag{5.198}$$

(kathodische Teilreaktion)

$$\mathrm{H_2} + \mathrm{O^{2-}} \rightleftharpoons \mathrm{H_2O} + 2\mathrm{e'} \tag{5.199}$$

(anodische Teilreaktion)

$$\mathrm{H_2} + 1/2\,\mathrm{O_2} \rightleftharpoons \mathrm{H_2O} \tag{5.200}$$

(Gesamtreaktion)

Die Zellreaktion bestimmt die im stromlosen Zustand meßbare EMK der Brennstoffzelle:

$$E^0 = -\frac{\Delta G^0}{2F} \tag{5.201}$$

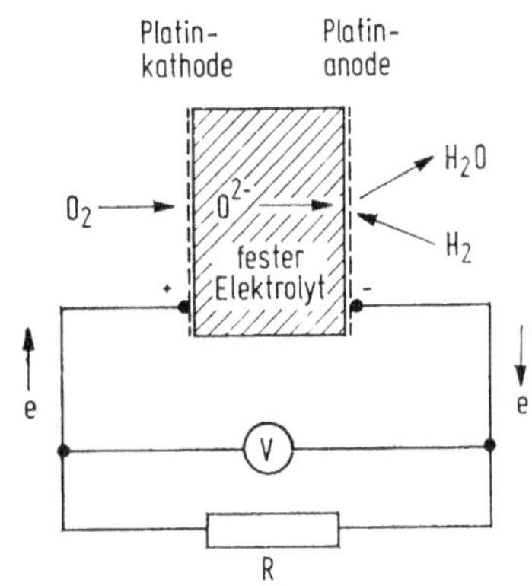

Bild 5.125. Prinzip einer Festelektrolyt-Brennstoffzelle

ΔG^0 ist gleich der Freien Standardenthalpie der Verbrennungsreaktion (5.200) und gibt die maximale Reaktionsenergie an, die theoretisch aus der Zelle zu gewinnen ist. Dementsprechend kann für die Brennstoffzelle ein idealer thermischer Wirkungsgrad $q_i = \Delta G^0/\Delta H^0 = 2FE^0/\Delta H^0$ definiert werden. Die Werte E^0, ΔG^0, ΔH^0 und q_i sind in Tabelle 5.36 für einige Verbrennungsreaktionen zusammengestellt [372].

Tabelle 5.36. Daten einiger Grundreaktionen in Brennstoffzellen bei 1250 K [372]

Reaktion	E^0 V	ΔG^0 cal	ΔH^0 cal	thermischer Wirkungsgrad $q_i = \Delta G^0/\Delta H^0$
$H_2 + 1/2\,O_2 \rightleftharpoons H_2O$	0,924	−42600	−59700	0,71
$CO + 1/2\,O_2 \rightleftharpoons CO_2$	0,898	−41400	−67400	0,61
$CH_4 + 2\,O_2 \rightleftharpoons CO_2 + H_2O$	1,039	−191900	−191500	1,00

Die Energie ΔG^0 könnte nur bei reversiblem Reaktionsablauf in der Zelle vollständig in elektrische Energie umgesetzt werden. Tatsächlich arbeiten Brennstoffzellen bei der Stromentnahme jedoch nicht mehr reversibel. Es muß vielmehr ein Energieverlust in Form von Joulescher Wärme berücksichtigt werden, der durch den inneren Zellwiderstand R_i sowie den in der Zelle fließenden Strom I bestimmt ist:

$$Q = I^2 \cdot R_i \tag{5.202}$$

Die verfügbare Zellspannung E liegt unter der theoretischen Zellspannung E^0 und ist stromabhängig. Die Differenz $E^0 - E$ wird als *Widerstandspolarisation* bezeichnet. Das Verhältnis der Klemmenspannung E einer stromliefernden Zelle zur theoretischen Zellspannung E^0 wird als Spannungswirkungsgrad $q_U = 2FE/\Delta G^0 = E/E^0$ definiert. Der reale thermische Wirkungsgrad ist entsprechend durch die Beziehung

$$q_r = q_i \cdot q_U = \frac{2FE}{\Delta H^0} \tag{5.203}$$

gegeben. Berücksichtigt man weiter die Stromausbeute $q_F = (It)/(2F)$ in der Brennstoffzelle, so ergibt sich deren Gesamtwirkungsgrad q zu

$$q = \frac{2FE}{\Delta H^0} \cdot q_F \tag{5.204}$$

(q_F Stromausbeute oder Faraday-Wirkungsgrad).

Festelektrolyte und Elektroden

Eine wesentliche Voraussetzung für die erfolgreiche Nutzung der Brennstoffzellen ist ein geringer Zellwiderstand. Dieser kann durch die Verwendung von Oxidelektrolyten mit möglichst hoher Ionenleitfähigkeit und durch eine möglichst weitgehende Verminderung der Elektrolytdicke angestrebt werden.

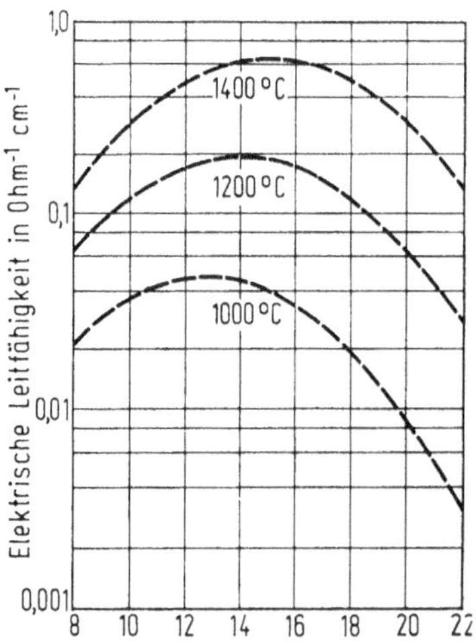

Bild 5.126. Elektrische Leitfähigkeit von ZrO_2-CaO-Mischoxiden in Abhängigkeit vom CaO-Gehalt nach R. E. Carter und W. L. Roth [373]

In ZrO_2-CaO-Mischphasen wurde bei 1000 °C der geringste spezifische Widerstand von 20 Ohm · cm an einer Probe mit 13 Mol-% CaO gemessen (Bild 5.126) [373]. Für $ZrO_2-Y_2O_3$-Mischphasen bei 1000 °C ergab sich ein Minimum des spezifischen Widerstandes von 10 Ohm · cm an einer Probe mit

9,5 mol-% Y_2O_3 (Bild 5.127) [374]. Es ist jedoch darauf hinzuweisen, daß die gemessenen Widerstände zeitabhängig sind. So steigt der spezifische Widerstand einer Probe der Zusammensetzung 0,87 $ZrO_2 \cdot 0{,}13\, CaO$ bei 1000 °C in 300 Stunden von 30 auf 70 Ohm · cm an[1]. An $ZrO_2-Y_2O_3$-Proben tritt, wie aus den Kurven *a* (Zeit gegen unendlich) und *b* (Meßdauer 1 Stunde) in Bild 5.127

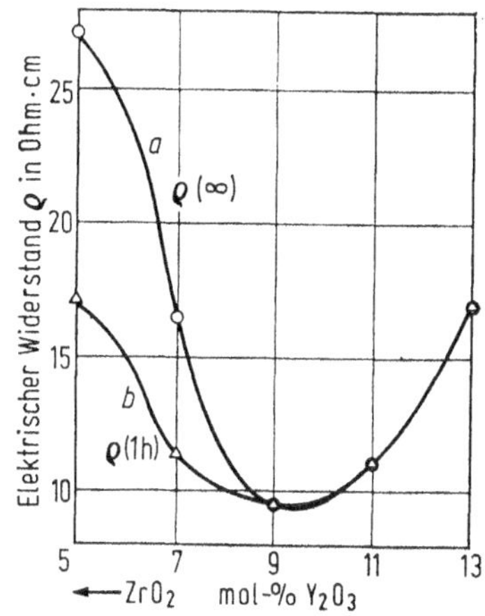

Bild 5.127. Elektrischer Widerstand von $ZrO_2-Y_2O_3$-Mischoxiden bei 1000 °C in Abhängigkeit vom Y_2O_3-Gehalt nach T. Takahashi und Y. Suzuki [374]
a Meßdauer gegen unendlich, *b* Meßdauer 1 h

zu ersehen ist, eine Widerstandserhöhung mit fortschreitender Zeit nur bei Y_2O_3-Gehalten unter 9 mol-% auf. Der hier beobachtete Alterungseffekt der Mischoxide wird auf Unordnung-Ordnungs-Umwandlungen zurückgeführt [373, 375]. Er kann sich, zumindest in der Anlaufperiode, störend auf den Betrieb der Brennstoffzelle auswirken.

Der spezifische Widerstand der verfügbaren Zirkonoxidelektrolyte ist bei Temperaturen um 1000 °C jedoch noch vergleichsweise groß, so daß leistungsfähige Festelektrolyt-Brennstoffzellen nur bei einer drastischen Verringerung der Elektrolytdicke verwirklicht werden können. Eine Elektrolytdicke von

Tabelle 5.37. Spannungsabfall ΔU an Festelektrolyten der Dicke $l = 0{,}1$ cm bei einer Stromdichte $i = 200$ mA/cm²

Festelektrolyt	spezifischer Widerstand ϱ bei 1000 °C Ohm · cm	Spannungsabfall $\Delta U = i \cdot \varrho \cdot l$ V
$0{,}87\,ZrO_2 \cdot 0{,}13\,CaO$	20	0,4
$0{,}90\,ZrO_2 \cdot 0{,}10\,Y_2O_3$	10	0,2

[1] Die Probe wurde vorher bei 2000 °C in Luft gesintert, bei 1600 °C weiter getempert, langsam auf Raumtemperatur abgekühlt und wieder auf die Meßtemperatur von 1000 °C erhitzt.

0,1 cm erscheint noch zu groß, wenn man die in Tabelle 5.37 angeführte Überschlagsrechnung für eine Stromdichte von 200 mA/cm^2 und spezifische Widerstände von 20 Ohm · cm (0,87 ZrO_2 · 0,13 CaO) bzw. 10 Ohm · cm (0,90 ZrO_2 · 0,10 Y_2O_3) zu Grunde legt. Hiernach ergäben sich verhältnismäßig hohe Spannungsabfälle an den Elektrolyten von 0,4 bzw. 0,2 V gegenüber theoretischen Zellspannungen um 1 V (vgl. Tabelle 5.36). Wesentliche Fortschritte in der Entwicklung der Festelektrolyt-Brennstoffzellen sind von neuen Techniken der Erzeugung extrem dünner Schichtelektrolyte aus stabilisiertem Zirkonoxid zu erwarten. Es wurden bisher Schichtdicken von 0,1 mm (durch Flammspritzen oder Plasmaschweißen) [376, 377], 0,01 mm (durch thermische Zersetzung von $ZrCl_4$ und $CaCl_2$ [378] und 0,001 mm (durch Beschichtung von Metallen im Elektronenstrahl-Vakuumofen) [379] erzielt.

Das Problem der Auswahl geeigneter Elektrodenmaterialien ist noch nicht ausreichend gelöst. In der Sauerstoffatmosphäre der *Kathoden* bewähren sich bei Betriebstemperaturen um 1000 °C vor allem Edelmetalle wie Platin, Palladium oder Gold. Ihrem Einsatz in Betriebseinheiten steht jedoch der hohe Preis der Edelmetalle entgegen. Weiterhin vorgeschlagen wurden reine oder dotierte Oxide mit hoher Elektronenleitfähigkeit wie CuO, MnO_2 [380] oder Li-dotiertes NiO [381, 382].

Als *Anoden* auf der Brennstoffseite wurden pulverisierte Metalle wie Ni, Co, Fe, Mn, Ti [383–385], Metalloxide wie NiO und TiO_2 [386] und Cermets der Systeme Ni–ZrO_2 und Co–ZrO_2 [387] erprobt.

Elektrodenvorgänge

Wie bereits beschrieben, wird die theoretische Zellspannung $E°$ der Brennstoffzelle bei Stromentnahme durch die Widerstandspolarisation auf kleinere

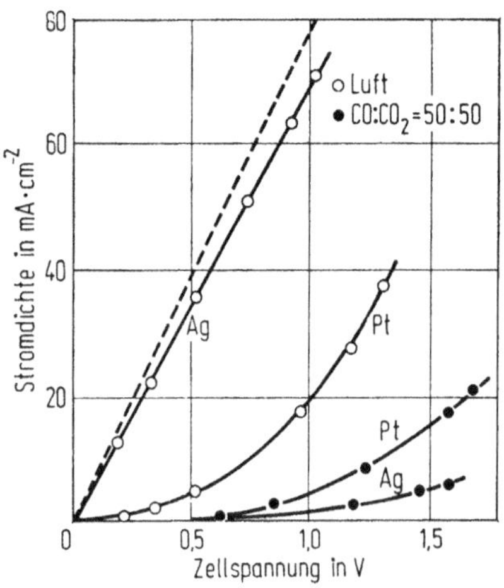

Bild 5.128. Polarisationserscheinungen an der Zelle Gas | ZrO_2(CaO) | Gas bei 800 °C für unterschiedliche Gase und metallische Ableitungen nach H.-H. Möbius und B. Rohland [388]

Werte E herabgesetzt. Weitere, über die Widerstandspolarisation hinausgehende Abweichungen von der theoretischen Zellspannung können dadurch zustandekommen, daß einzelne Reaktionsschritte an den Elektroden in ihrem Ablauf gehemmt sind. Aus dem in Bild 5.128 wiedergegebenen Beispiel [388] ist zu ersehen, daß solche Polarisationserscheinungen u. a. von der Art des metallischen Leiters und der verwendeten Gasphase abhängig sind. Unter den verschiedenen Arten der Polarisation ist in Hochtemperatur-Brennstoffzellen vor allem die *Diffusionspolarisation* zu beachten. Sie tritt auf, wenn die Anlieferung des Oxydationsgases zur Kathode oder des Brenngases zur Anode oder die Abführung der Verbrennungsprodukte langsamer als der entsprechende Stromtransport im Elektrolyten abläuft. Der erfolgreiche Betrieb von Brennstoffzellen ist wesentlich dadurch bestimmt, daß die geschwindigkeitseinschränkende Diffusionspolarisation durch die Auswahl „durchlässiger" Elektroden vermieden werden kann.

Zelltypen

Grundsätzliche theoretische Überlegungen zur Wirkungsweise und zum Betrieb von Brennstoffzellen mit festen Elektrolyten wurden von W. Schottky [389] veröffentlicht. Die erste Hochtemperatur-Brennstoffzelle mit einem sauerstoffionenleitenden Festelektrolyten wurde etwa zur gleichen Zeit von E. Baur und H. Preis [390] gebaut. Sie entspricht der elektrochemischen Zelle

$$Fe_3O_4 \,|\, 0{,}85\ ZrO_2(0{,}15\ Y_2O_3) \,|\, \text{Kohlenstoff}$$

mit dem Oxydationsmittel Magnetit an der Kathode, dem Brennstoff feste Kohle als Anode und dem Festelektrolyten $ZrO_2(Y_2O_3)$, der als „Nernstmasse"

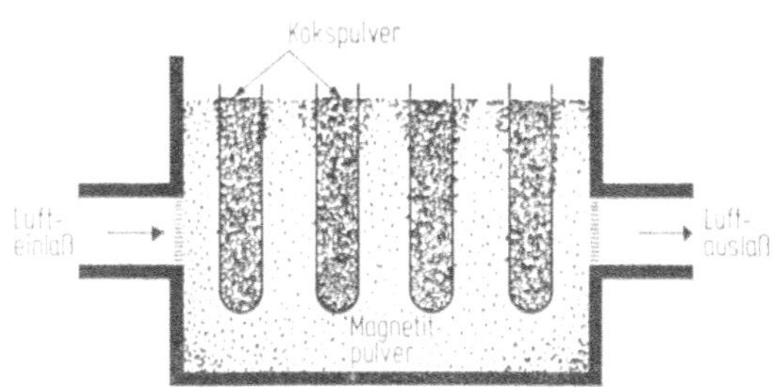

Bild 5.129. Festelektrolyt-Batterie mit Kokspulver als festem Brennstoff nach E. Baur und H. Preis [390]

frühzeitig für seine hohe Ionenleitfähigkeit bekannt war [391, 392]. Für den Festelektrolyten wurde die Form des einseitig geschlossenen Rohres gewählt. Bild 5.129 zeigt eine Batterie mit mehreren Festelektrolyt-Anodenkammern, die Kohle als festen Brennstoff enthalten [390]. Sie sind in die körnige Magnetitmasse eingebettet, die durch einen Luftstrom ständig nachoxydiert wird. In einer solchen Batterie wurden bei einer Spannung von 0,65 V und einem inneren Widerstand um 2 Ohm jedoch nur sehr geringe Stromdichten von weniger als 1 mA · cm^{-2} erreicht. Die Experimente ließen erkennen, daß die angestrebte unmittelbare Umsetzung fester Kohle in Brennstoffzellen nur schwer möglich ist, da technische Kohle bei Temperaturen um 1000 °C noch zu reaktionsträge

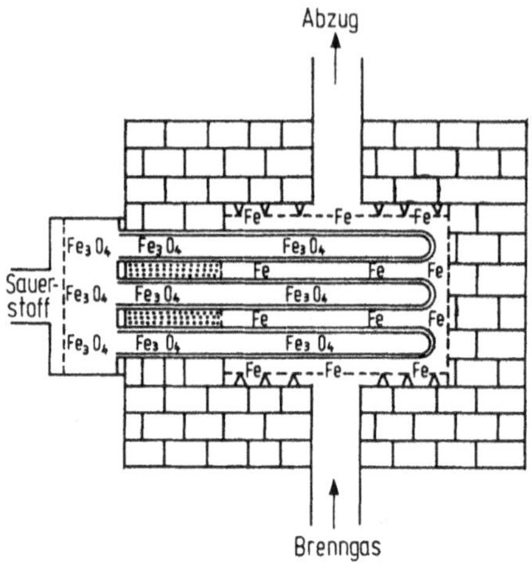

Bild 5.130. Festelektrolyt-Batterie mit gasförmigem Brennstoff nach E. Baur und H. Preis [390]

ist. Hinzu kommt eine Verunreinigung der Zelle durch die Kohlenasche. E. Baur wandte sich daher wenig später der Entwicklung von Zellen mit gasförmigen Brennstoffen zu. Eine von ihm vorgeschlagene technische Anlage zur elektrochemischen Umsetzung von Brenngasen ist in Bild 5.130 wiedergegeben.

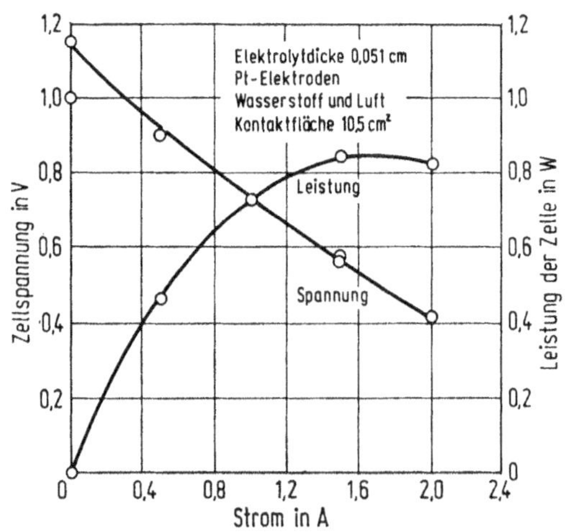

Bild 5.131. Spannungs- und Leistungskennlinie einer ZrO_2-Zelle bei 1010 °C mit Luft als Oxydationsgas und Wasserstoff als Brenngas nach D. H. Archer u. a. [394]

Neuere Entwicklungen wurden bei der Westinghouse Corporation in den USA [393–396], der Brown Boveri & Cie AG in Baden/Schweiz [397] und Heidelberg [398], den Battelle-Instituten in Genf [399, 400] und Frankfurt [401, 402] sowie an der Universität Greifswald [403, 404] durchgeführt. In den meisten Fällen wird ein Elektrolyt der Zusammensetzung 0,85 $ZrO_2 \cdot 0{,}15\,CaO$ verwendet. J. Weißbart und R. Ruka [393] erhielten an Zellen mit Wasserstoff und Sauerstoff als Reaktionsgasen zwischen 800 und 1100 °C einen linearen Spannung-Strom-Verlauf, der allein durch den Innenwiderstand der Zellen bestimmt war.

Bild 5.131 zeigt die Spannungs- und Leistungskennlinie einer Wasserstoff-Luft-Zelle bei 1010 °C [394].

Für den Aufbau von Batterien wurden verschiedene Einzelzelltypen entwickelt.

Bild 5.132 zeigt eine aus 0,5 mm dicken *Elektrolytplatten* zusammengesetzte Batterie [397]. Das Brenngas strömt durch einen zentralen Kanal in Längsrichtung der Batterie. Die einzelnen Zellen werden außen mit Luft bespült. Mit dieser Anordnung wurde bei 900 °C ein Leistungsvolumen von 250 kW/m³ erreicht.

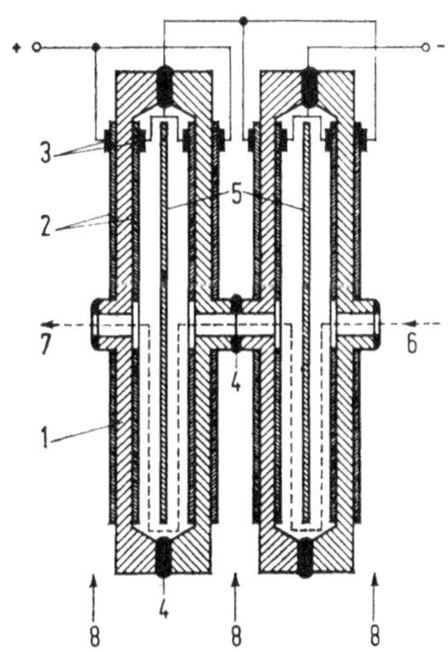

Bild 5.132. Festelektrolytplatten-Batterie nach O. Antonson, W. Baukal und W. Fischer [397]
1 Elektrolyt, *2* Elektroden, *3* Spannungsabgriffe, *4* Emaille-Dichtungen, *5* Umlenkbleche, *6* Brenngaszufuhr, *7* Gasauslaß, *8* Luftzufuhr

In einer anderen Bauart werden dünnwandige, 0,5 bis 1 mm starke *Elektrolytzylinder* verwendet [394, 395, 398], die außen und innen mit einer porösen Metallschicht belegt sind. Sie sind konisch geformt oder an einem Ende tassenförmig erweitert und werden so ineinander gesteckt, daß die äußere Elektrode eines Zylinders mit der inneren des nächsten Zylinders in Berührung ist (Bild 5.133). Da jeweils Brennstoffelektrode und Luftelektrode Kontakt haben, sind die Einzelzellen in Serie geschaltet. Der Brenngasstrom wird durch den Innenraum geführt. Besonders wichtig ist es, die Einzelzellen gasdicht und mechanisch fest miteinander zu verbinden. Dies kann durch Aufschmelzen eines Glases oder einer Metallegierung geschehen. In Westinghouse-Zellen dieser Art wurden bei 1000 °C und einer Zellspannung von 0,5 V Stromdichten um 500 mA · cm^{-2} erzielt.

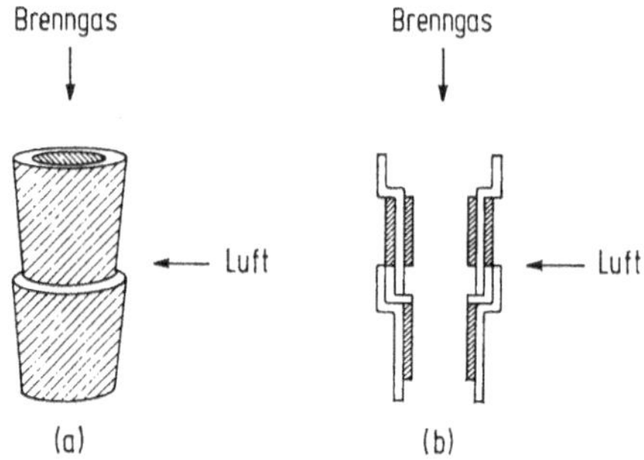

Bild 5.133. Zylindrische Elemente für eine Festelektrolyt-Batterie [394, 395, 398]

Ein großer Vorteil der Hochtemperatur-Festelektrolytzellen besteht darin, daß sie mit einer Vielzahl von gasförmigen Brennstoffen gespeist werden können. Hierzu gehören sowohl gasförmige Kohlenwasserstoffe als auch reformierte oder teilweise oxydierte Gase, die aus Kohlenwasserstoffen, Erdöl

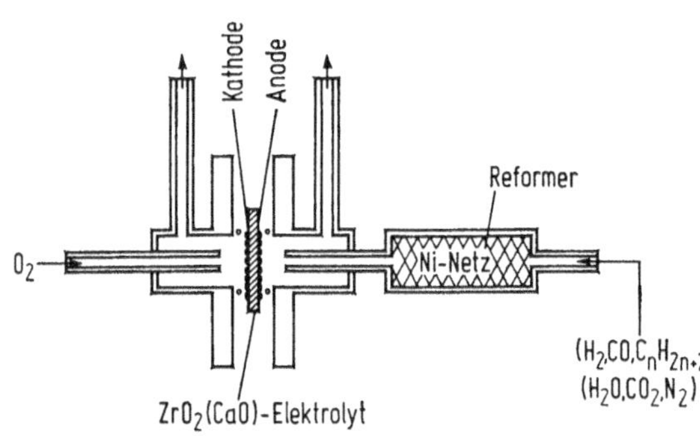

Bild 5.134. Festelektrolyt-Brennstoffzelle mit vorgeschaltetem Brenngas-Reformer nach G. Sandstede u. a. [405]

oder Kohle erzeugt werden. Da reine Kohlenwasserstoffe zur Abscheidung festen Kohlenstoffs neigen, werden sie vor der Einspeisung in die Brennstoffzelle zu wasserstoffreichen Brenngasen reformiert. Dieser Prozeß kann in der Zelle selbst ablaufen, wobei die Anode als Katalysator dient. In Bild 5.134 ist eine Brennstoffzelle dargestellt, der ein Reformer vorgeschaltet wurde [405].

5.4. Ursachen für EMK-Fehlmessungen an Festelektrolytzellen

Im vorliegenden Abschnitt sollen Einflußgrößen behandelt werden, die zu Fehlmessungen an Festelektrolytzellen führen können. Experimentelle Erfahrungen wurden bisher vorwiegend an Zellen mit *sauerstoffionenleitenden* Festelektrolyten gemacht. Eine Erniedrigung der Zellspannung tritt auf, wenn der Festelektrolyt eine elektronische Teilleitfähigkeit und/oder eine „Sauerstoffdurchlässigkeit" aufweist. Vorgänge an den Grenzflächen zwischen Elektrolyt und Elektroden sowie Thermospannungen in der Zelle können eine Erniedrigung oder Erhöhung der Zellspannung bewirken.

5.4.1. Elektronische Teilleitfähigkeit der Oxidelektrolyte

Festelektrolyte behalten ihre überwiegende Ionenleitfähigkeit[1] nur in bestimmten Grenzen des Sauerstoffpartialdrucks und der Temperatur bei. Der Sauerstoffdruckbereich der überwiegenden Ionenleitfähigkeit verengt sich mit steigender Temperatur. Merkliche Anteile einer Elektronen- oder Elektronendefektleitung führen zu einer Erniedrigung der gemessenen gegenüber der thermodynamisch berechenbaren Zellspannung.

In Weiterführung der Überlegungen von H. Schmalzried [406, 407] hat J. W. Patterson [408] die Zusammenhänge zwischen der Leitfähigkeit des Elektrolyten, dem Sauerstoffpartialdruck der Gasphase und der Temperatur anschaulich dargestellt. Die grundlegenden Beziehungen sind durch die folgenden Gleichungen gegeben:

$$t_{O^{2-}} = \frac{\varkappa_{O^{2-}}}{\varkappa_{O^{2-}} + \varkappa_{h^{\cdot}} + \varkappa_{e'}} = \frac{\varkappa_{O^{2-}}}{\varkappa_{ges.}} \tag{5.205}$$

$$\varkappa_{O^{2-}} = \varkappa^0_{O^{2-}} \exp\left(-\frac{Q_{O^{2-}}}{RT}\right) \tag{5.206}$$

$$\varkappa_{h^{\cdot}} = \varkappa^0_{h^{\cdot}}\, p_{O_2}^{1/n} \exp\left(-\frac{Q_{h^{\cdot}}}{RT}\right) \tag{5.207}$$

$$\varkappa_{e'} = \varkappa^0_{e'}\, p_{O_2}^{-1/n} \exp\left(-\frac{Q_{e'}}{RT}\right). \tag{5.208}$$

Hierin sind $\varkappa^0_{O^{2-}}$, $\varkappa^0_{h^{\cdot}}$, $\varkappa^0_{e'}$, $Q_{O^{2-}}$, $Q_{h^{\cdot}}$ und $Q_{e'}$ sauerstoffdruck- und temperaturunabhängige Größen. Auch der Exponent $1/n$ sollte vom Sauerstoffpartialdruck und der Temperatur unabhängig sein, wenn er thermodynamisch allein durch die Fehlordnung des sauerstoffionenleitenden Oxids bestimmt wird.

---

[1] Zur Kennzeichnung einer überwiegenden Ionenleitfähigkeit kann z. B. ein Zahlenwert $t_{ion} \geqq 0{,}99$ für die Überführungszahl der Ionen angegeben werden.

In der räumlichen Darstellung der Gesamtleitfähigkeit in Abhängigkeit vom Sauerstoffpartialdruck und der Temperatur (Bild 5.135) sind die Bereiche einer überwiegenden Leitfähigkeit der Ionen, der Elektronendefekte und der Elektronen kenntlich gemacht [408]. Für jeweils vorgegebene Tem-

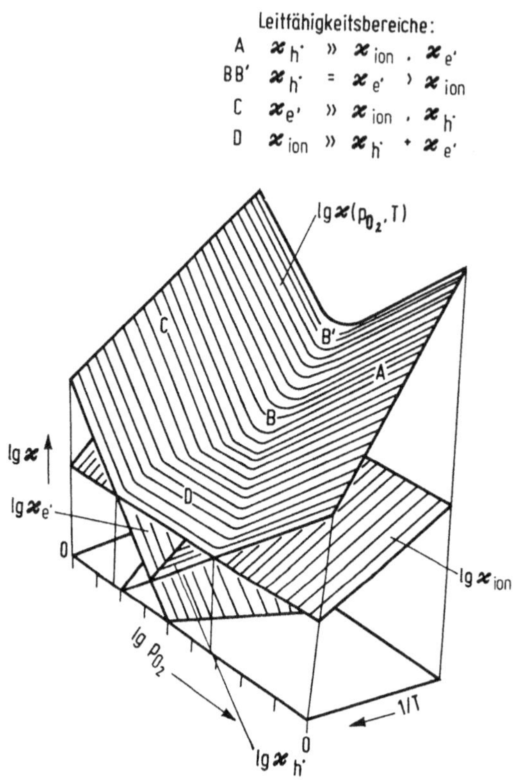

Bild 5.135. Räumliche Darstellung der elektrischen Gesamtleitfähigkeit eines festen Oxidelektrolyten in Abhängigkeit von Sauerstoffpartialdruck und Temperatur (schematisch) nach J. W. Patterson [408]

peraturen wird gezeigt, daß bei hohen p_{O_2}-Werten die Elektronendefektleitung und bei geringen p_{O_2}-Werten die Elektronenleitung dominiert. Dazwischen liegt ein Bereich, in dem die Leitfähigkeit der Ionen mit derjenigen der Gesamtleitfähigkeit identisch ist.

Die zweidimensionale Darstellung der Gesamtleitfähigkeit über dem Sauerstoffpartialdruck ist in Bild 5.136 gegeben. Hieraus sind die Grenzdrücke $p_{h^\cdot}$ und $p_{e'}$ für die Überführungszahlen $t_{O^{2-}}$ von 0,50 und 0,99 zu ersehen. Sie gelten mit den Bedingungen $\varkappa_{O^{2-}} = \varkappa_{h^\cdot}$ bzw. $\varkappa_{e'}$ für $t_{O^{2-}} = 0{,}5$ und $\varkappa_{O^{2-}} = 100\,\varkappa_{h^\cdot}$ bzw. $100\,\varkappa_{e'}$ für $t_{O^{2-}} = 0{,}99$.

Die Grenzlinien der verschiedenen Leitfähigkeitsbereiche sind in Bild 5.137 in der Darstellung lg p_{O_2} gegen $1/T$ wiedergegeben [408]. Sie ergeben sich durch Gleichsetzen der Leitfähigkeitsgleichungen (5.207) bzw. (5.208) mit (5.206)

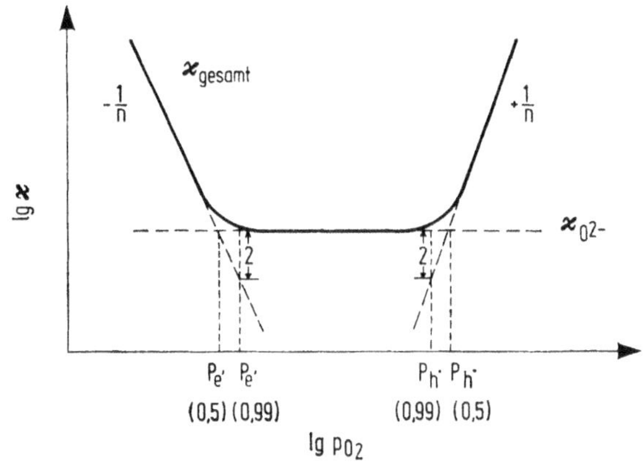

Bild 5.136. Analyse der elektrischen Gesamtleitfähigkeit von sauerstoffionenleitenden Oxiden im lg ϰ-lg p_{O_2}-Diagramm (schematisch) nach J. W. Patterson [408]

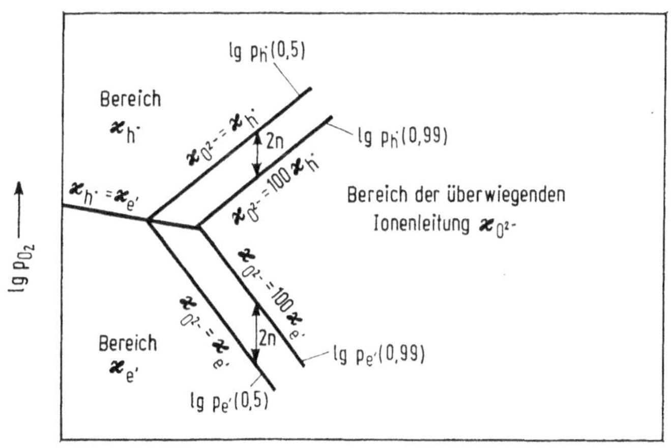

Bild 5.137. Leitfähigkeitsbereiche sauerstoffionenleitender Oxide im lg p_{O_2}-$1/T$-Diagramm (schematisch) nach J. W. Patterson [408]

Für die Grenzdrücke $p_{h^\cdot}$ (0,99) und $p_{e'}$ (0,99) der elektrolytischen Leitfähigkeit erhält man die Beziehungen

$$\lg p_{h^\cdot(0,99)} = -n\left(\frac{Q_{O^{2-}} - Q_{h^\cdot}}{2{,}303\,R}\right)\cdot\frac{1}{T} + n\lg\frac{\varkappa^0_{O^{2-}}}{100\,\varkappa_{h^\cdot}} \qquad (5.209)$$

und

$$\lg p_{e'(0,99)} = n\left(\frac{Q_{O^{2-}} - Q_{e'}}{2{,}303\,R}\right)\cdot\frac{1}{T} - n\lg\frac{\varkappa^0_{O^{2-}}}{100\,\varkappa_{e'}} \tag{5.210}$$

Damit sind die Grenzbedingungen für das Auftreten einer überwiegenden Ionenleitfähigkeit ($t_{O^{2-}} \geqq 0{,}99$) im Hinblick auf den Druck p_{O_2} und die Temperatur definiert.

Zur Bestimmung der Grenzdrücke $p_{h^\cdot}(t_{O^{2-}} \geqq 0{,}99)$ und $p_{e'}(t_{O^{2-}} \geqq 0{,}99)$ eignen sich verschiedene experimentelle Verfahren:

a) An einer *Sauerstoffkonzentrationszelle* mit reversiblen Sauerstoffelektroden bekannten Drucks p'_{O_2} und p''_{O_2} ($p'_{O_2} \ll p''_{O_2}$)

Pt|Gas (p'_{O_2})**|** sauerstoffionenleitendes Oxid **|** Gas (p''_{O_2})|Pt

kann die EMK gemessen und mit der theoretisch berechenbaren EMK verglichen werden. Daraus resultiert eine mittlere Überführungszahl

$$\bar{t}_{O^{2-}} = \frac{\text{E (gemessen)}}{\text{E (berechnet)}}, \tag{5.211}$$

die für den jeweiligen Gradienten des chemischen Potentials μ_{O_2} in der Zelle gilt. Durch Änderungen der Gaszusammensetzung können die Sauerstoffpartialdrücke p'_{O_2} bzw. p''_{O_2} variiert und auf Grenzwerte $p_{e'}$ bzw. $p_{h^\cdot}$ eingestellt werden, die einem Verhältnis E (gemessen)/E (berechnet) von 0,99 entsprechen. Anstelle von sauerstoffhaltigen Gasphasen kommen auch feste Metalloxid-Metall-Gemenge oder sauerstoffhaltige Metallschmelzen in Frage. Die Methode hat sich für den Nachweis der überwiegenden Ionenleitfähigkeit in ZrO_2—CaO-Mischphasen [409—412], ZrO_2—Y_2O_3-Mischphasen [411] und ThO_2—Y_2O_3-Mischphasen [410, 411, 413—415] bewährt. Die für die Anwendung im metallurgischen Bereich besonders interessierenden Grenzdrücke $p_{e'}$ einer beginnenden Elektronenleitfähigkeit konnten mit ihrer Hilfe jedoch nicht erfaßt werden, da diese äußerst niedrigen Sauerstoffpartialdrücke thermodynamisch nicht mehr sicher einzustellen sind und die Messungen außerdem durch die elektrochemische Sauerstoffpermeation in den Festelektrolyten verfälscht werden.

b) Der untere Grenzdruck $p_{e'}$ läßt sich auch mit Hilfe der *coulometrischen Titration* in einer Sauerstoffkonzentrationszelle

Pt|Gas (p'_{O_2})**|** sauerstoffionenleitendes Oxid **|** Gas (p''_{O_2})|Pt

bestimmen. Dabei gilt die Bedingung: $p''_{O_2} \gg p_{e'} \gg p'_{O_2}$. In dieser Zelle wird der Grenzdruck $p_{e'}$ durch den elektrolytischen Abbau der Sauerstoffkonzentration auf der Seite des Druckes p'_{O_2} angestrebt. Die schrittweise Erhöhung der äußeren Spannung führt schließlich zu einem oberen Grenzwert der stromlos gemessenen Zellspannung (Bild 5.138) [416]. Diese Zellspannung kennzeichnet einen Zustand, in dem der Gleichgewichtsdruck p'_{O_2} durch das Dissoziationsgleichgewicht des Elektrolytmaterials bestimmt wird. Der Druck $p_{e'}$ ist ein Minimalwert, bei dessen Einstellung der Elektronenteilstrom im Elektrolyten eine EMK-Erniedrigung von $\leqq 1\%$ zur Folge hat ($t_{O^{2-}} \geqq 0{,}99$).

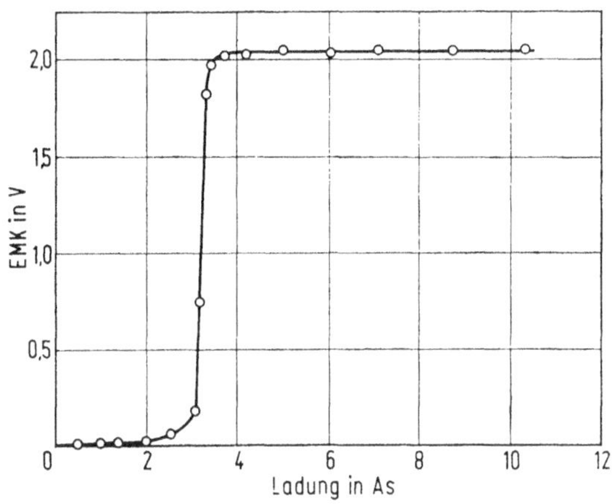

Bild 5.138. Coulometrische Sauerstofftitration an der Zelle
Pt|Luft|$ThO_2(Y_2O_3)$|$ZrO_2(CaO)$|Luft|Pt bei 900 °C nach J. D. Tretjakov und A. Muan [416]

Die Zellspannung ist im Bereich der gemischten Ionen- und Elektronenleitung für eine Überführungszahl $t_{O^{2-}} = 0{,}5$ durch den Ausdruck [406, 407]

$$E = \frac{RT}{F} \ln \frac{p''^{1/4}_{O_2} + p^{1/4}_{e'}}{p'^{1/4}_{O_2} + p^{1/4}_{e'}} \tag{5.212}$$

gegeben, der sich unter der Voraussetzung $p''_{O_2} \gg p_{e'} \gg p'_{O_2}$ weiter vereinfacht zu

$$E_{max} = \frac{RT}{4F} \ln \frac{p''_{O_2}}{p_{e'}} \tag{5.213}$$

Aus der maximalen Zellspannung folgt der Grenzdruck der Elektronenleitung

$$\lg p_{e'(0,5)} = \lg p''_{O_2} - \frac{4FE_{max}}{2{,}303\,RT} \tag{5.214}$$

Experimentelle Ergebnisse für die Temperaturabhängigkeit des Grenzdrucks $p_{e'(0.5)}$ der bekannten Festelektrolyte $ZrO_2(CaO)$ [417], $ZrO_2(Y_2O_3)$ [418] und $ThO_2(Y_2O_3)$ [416] sind in Tabelle 5.38 zusammengestellt. Der Sauerstoff wurde bei diesen Untersuchungen entweder aus einem inneren Gasraum [416] oder aus einer Metallschmelze (Silber, Kupfer) [417, 418] über den Festelektrolyten zur Seite einer Platin-Luft-Gegenelektrode überführt.

Tabelle 5.38. Temperaturabhängigkeit der Sauerstoffgrenzdrücke $p_{e'(0,5)}$ für verschiedene sauerstoffionenleitende Festelektrolyte (Methode der coulometrischen Sauerstofftitration)

Elektrolyt	Temperaturbereich °C	Sauerstoffgrenzdruck $\lg p_{e'(0,5)} = -A/T + B$ ($p_{e'(0,5)}$ in atm)	$\lg p_{e'(0,5)}$ bei 1600 °C	Verfasser
$90ZrO_2 \cdot 10CaO$	1000–1400	$-54500/T + 14{,}0$	−15,1 [1]	T. H. Etsell, S. N. Flengas [417]
$93ZrO_2 \cdot 7Y_2O_3$	1200–1650	$-57500/T + 14{,}5$	−16,2	D. A. J. Swinkels [418]
$92ThO_2 \cdot 8Y_2O_3$	730–1130	$-56250/T + 13{,}36$	−16,6 [1]	J. D. Tretyakov, A. Muan [416]

[1] extrapolierte Werte

c) Auch die *Gleichstrom-Polarisation* einer Sauerstoffkonzentrationszelle des Typs

reversible Sauerstoffelektrode (p''_{O_2})	sauerstoffionenleitendes Oxid	irreversible Sauerstoffelektrode (p'_{O_2})

ist ein Hilfsmittel zur Bestimmung des Sauerstoffgrenzdruckes $p_{e'}$ im Bereich der gemischten Ionen- und Elektronenleitung. Die irreversible Elektrode kann ein dichter Platinbelag auf dem Elektrolyten, eine Platin-Inertgas-Elektrode oder eine Metallschmelze mit sehr niedrigem Sauerstoffgehalt sein. Sie wirkt hier als *Ionensperre* und ermöglicht die Messung der reinen Elektronenteilleitfähigkeit bei unterschiedlichen Sauerstoffpartialdrücken p''_{O_2} der reversiblen Elektrode. Die Dichte des Elektronengrenzstroms ist nach M. Hebb [419] und C. Wagner [420] durch den Ansatz

$$i_\infty = i_{e'} + i_{h^\cdot}$$

$$= \frac{RT}{Fl}\left\{\varkappa^0_{h^\cdot}\left[1 - \exp\left(-\frac{EF}{RT}\right)\right] + \varkappa^0_{e'}\left[\exp\left(-\frac{EF}{RT}\right) - 1\right]\right\} \quad (5.215)$$

gegeben. Hier bedeuten:

i_∞ Grenzstromdichte in $A \cdot cm^{-2}$

E stromlos gemessene Zellspannung in V

l Dicke des Festelektrolyten in cm

In diesem Ansatz wird eine unabhängige Wanderung aller Ladungsträger, lokales Gleichgewicht in allen Teilen des Elektrolyten, eine nicht vorhandene Abhängigkeit der Beweglichkeiten $u_{h^\cdot}$ und $u_{e'}$ von den Ladungsträgerkonzentrationen, eine vernachlässigbar geringe Zersetzung des Elektrolyten und ein Ionenstrom Null im stationären Zustand vorausgesetzt. Dividiert man die Gleichung (5.215) durch den Ausdruck $1 - \exp(-EF/RT)$:

$$\frac{i_\infty}{1 - \exp(-EF/RT)} = \frac{RT}{Fl}\left[\varkappa^0_{h^\cdot} + \varkappa^0_{e'} \exp\left(\frac{EF}{RT}\right)\right] \tag{5.216}$$

so ergibt sich für den jeweiligen Sauerstoffpartialdruck p''_{O_2} in der Auftragung von $i_\infty/[1 - \exp(-EF/RT)]$ über $\exp(EF/RT)$ aus dem Anstieg die Teilleitfähigkeit $\varkappa^0_{e'}$ und aus dem Ordinatenabschnitt die Teilleitfähigkeit $\varkappa^0_{h^\cdot}$ [421]. Zur Bestimmung der Grenzdrücke $p_{h^\cdot}$ und $p_{e'}$ ist außerdem eine Wechselstrommessung der Gesamtleitfähigkeit im Bereich der überwiegenden Ionenleitung in der Anordnung

reversible Sauerstoffelektrode	sauerstoffionenleitendes Oxid	reversible Sauerstoffelektrode

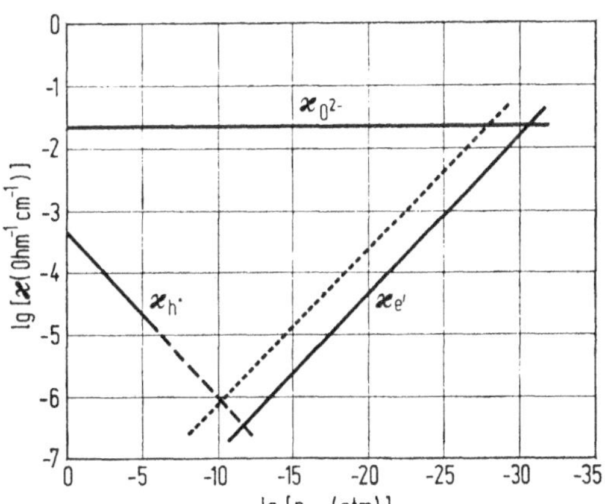

Bild 5.139. Teilleitfähigkeiten $\varkappa_{h^\cdot}$ und $\varkappa_{e'}$ im Mischoxid $Zr_{0,85}Ca_{0,15}O_{1,85}$ bei 1000 °C nach R. A. Rapp und Mitarbeitern [421]: —— und H. Rickert und Mitarbeitern [422]: - - -

bei gleichem Sauerstoffpartialdruck auf beiden Seiten des Elektrolyten notwendig. Die Grenzwerte $p_{h^\cdot}$ und $p_{e'}$ sind durch die Schnittpunkte der Teilleitfähigkeiten $\varkappa_{h^\cdot}$ und $\varkappa_{e'}$ mit der Horizontalen der Ionenleitfähigkeit $\varkappa_{O^{2-}}$ festgelegt. Untersuchungen dieser Art wurden ebenfalls an den bekannten Sauerstoffionenleitern $ZrO_2(CaO)$ [421–424], $ZrO_2(Y_2O_3)$ [422] und $ThO_2(Y_2O_3)$ [421, 422] durchgeführt. Ein Vergleich der Meßergebnisse verschiedener Autoren [421, 422] ist für einen $ZrO_2(CaO)$-Elektrolyten mit rd. 15 mol-% CaO bei 1000 °C in Bild 5.139 wiedergegeben.

d) Auch die Wechselstrommessung der elektrischen Gesamtleitfähigkeit allein in einem weit ausgedehnten Sauerstoffdruckbereich läßt eine Abschätzung der Grenzdrücke $p_{h'}$ und $p_{e'}$ zu. Bild 5.140 zeigt ein $\lg \varkappa - \lg p_{O_2}$-Diagramm, das für den Elektrolyten $0{,}85\,ZrO_2 \cdot 0{,}15\,CaO$ bei Verwendung reversibler Metall-Metalloxid-Elektroden erhalten wurde [421].

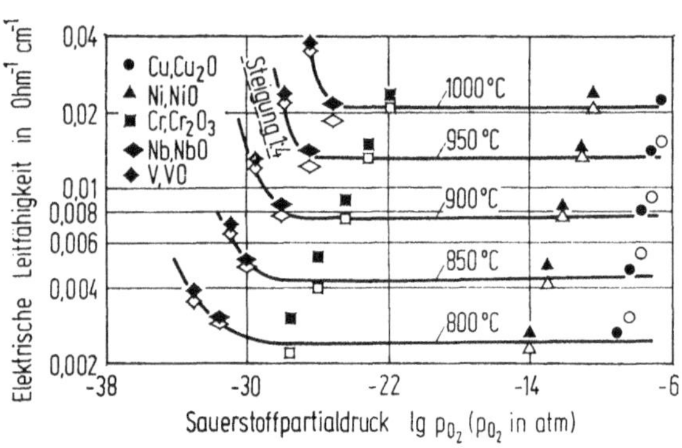

Bild 5.140. Elektrische Leitfähigkeit des Mischoxides $Zr_{0,85}Ca_{0,15}O_{1,85}$ bei 800 bis 1000 °C in Abhängigkeit vom Sauerstoffpartialdruck nach R. A. Rapp und Mitarbeitern [421] ● und ○ bezeichnen verschiedene Versuche

5.4.2. Porosität der Oxidelektrolyte

Grundsätzlich ist in einem erhitzten Oxidelektrolyten bei einer beidseitig vorgegebenen Sauerstoffdruckdifferenz mit einem Sauerstofftransport zur Seite des geringen Partialdrucks zu rechnen. In gesinterten Oxiden kommt als Transportmechanismus eine Diffusion gasförmigen Sauerstoffs über Mikrorisse und Poren sowie eine Sauerstoffdiffusion über Korngrenzen in Frage. Die einzelnen Mechanismen sind jedoch nur schwer voneinander zu unterscheiden. Die Sauerstoffdiffusion über *Mikroporen* (Knudsen-Diffusion) ist nach Untersuchungen von T. Y. Tien und E. C. Subbarao [425] an gesintertem, CaO-stabilisiertem Zirkonoxid als vernachlässigbar gering zu betrachten, wenn das Porenvolumen weniger als 10% beträgt. Der fortschreitende Sintervorgang an Proben aus $0{,}84\,ZrO_2 \cdot 0{,}16\,CaO$ unter dem Einfluß erhöhter Sintertemperaturen und verlängerter Sinterzeiten ist aus den Gefügeaufnahmen in Bild 5.141 zu ersehen. Dabei wird die Porosität der Proben von anfänglich 40% (1400 °C/15 min) auf 6% (2000 °C/8 h) verringert.

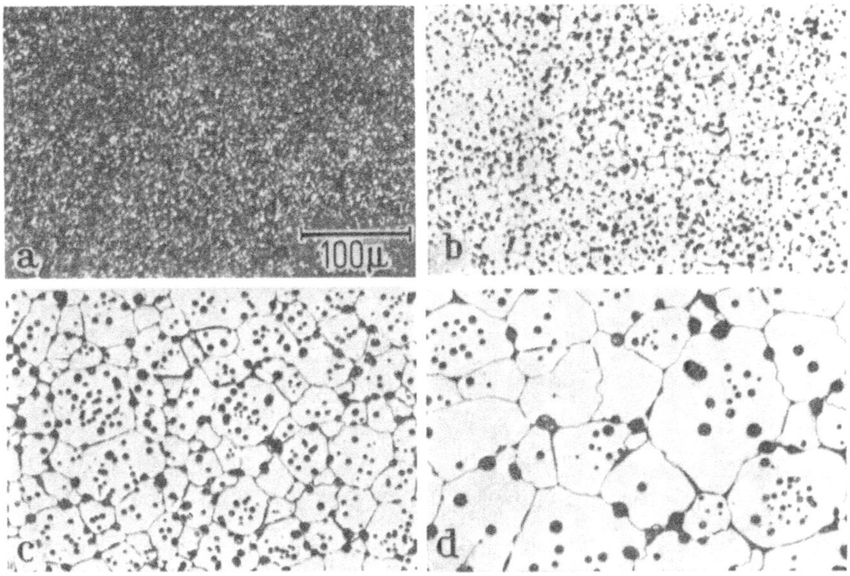

Bild 5.141. Gefügeaufnahmen eines gesinterten Mischoxids der Zusammensetzung $Zr_{0,84}Ca_{0,16}O_{1,84}$ nach T. Y. Tien und E. C. Subbarao [425]

a) 15 Min., 1400 °C, 40% Porenvolumen; b) 2 Stunden, 1700 °C, 17% Porenvolumen; c) 2 Stunden, 1900 °C, 8% Porenvolumen; d) 8 Stunden, 2000 °C, 6% Porenvolumen

5.4.3. Elektrochemische Sauerstoffpermeation

5.4.3.1. Grundlagen

Eine hohe, *selektive Durchlässigkeit* für Sauerstoff wurde erstmals an dicht gesinterten Rohren aus Aluminiumoxid bei Temperaturen zwischen 1500 und 1700 °C beobachtet [426]. Die Rohre wurden in einem Widerstandsofen erhitzt und dabei einer Atmosphäre strömenden Sauerstoffs, Stickstoffs oder Argons ausgesetzt. Als Maß für die *Permeabilität* diente die im Innern des evakuierten Aluminiumoxidrohres gemessene Druckzunahme. Eine merkliche Durchlässigkeit konnte nur für den Sauerstoff, nicht aber für Stickstoff und Argon festgestellt werden. Für den Mechanismus des Sauerstofftransports wurde eine Festkörperdiffusion angenommen.

H.-H. Möbius und R. Hartung [427] wählten erstmals die EMK-Methode zur Messung der Sauerstoffpermeabilität an Rohren aus Aluminiumoxid und MgO-stabilisiertem Zirkonoxid. Die benutzte Meßanordnung ist in Bild 5.142 dargestellt. Sie besteht aus zwei hintereinander aufgestellten Widerstandsöfen a) für das zu prüfende Rohr und b) für die Festelektrolyt-Meßzelle. Festelektrolytrohr und Prüfrohr stoßen unmittelbar aneinander und sind durch eine Schlauchmuffe gasdicht miteinander verbunden. Das Meßgas — gereinigter Stickstoff — durchströmt die Apparatur mit einer vorgegebenen Geschwindigkeit v zwischen 5 und 10 l/h in der eingezeichneten Richtung. Beide Rohre werden außen von Luft umspült (Außendurchmesser 6 mm, Innendurchmesser 3 mm).

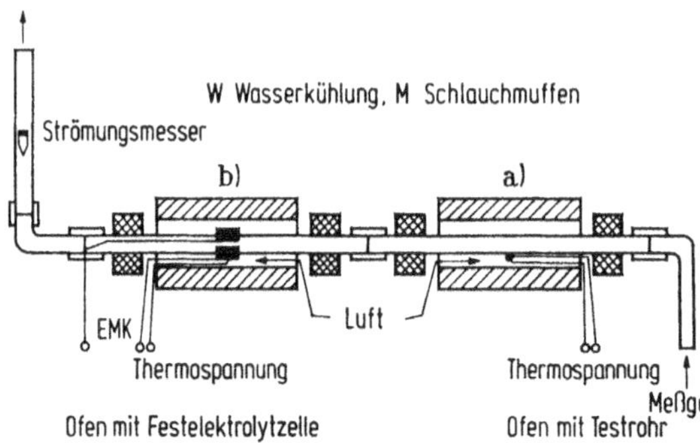

Bild 5.142. Schematische Anordnung zur Messung der Sauerstoffpermeabilität oxidkeramischer Rohre nach H.-H. Möbius und R. Hartung [427]

An der $ZrO_2(MgO)$-Zelle wird über Platinsonden die EMK

$$E = \frac{RT}{4F} \ln \frac{p_{O_2}^{(a)}}{p_{O_2}^{(i)}} = 0{,}03369\ T - 0{,}04960\ T \lg p_{O_2}^{(i)} \tag{5.217}$$

gemessen, die durch die Differenz des äußeren Drucks $p_{O_2}^{(a)}$ der Luft und des inneren Drucks $p_{O_2}^{(i)}$ des Meßgases bestimmt ist. Der eindiffundierende Sauerstoff erhöht den Sauerstoffpartialdruck $p_{O_2}^{(i)}$ um Δp_{O_2} und ändert die EMK der Meßzelle um den Betrag

$$\Delta E = -0{,}04960\ T \lg \left(\frac{p_{O_2}^{(i)} + \Delta p_{O_2}}{p_{O_2}^{(i)}} \right) \tag{5.218}$$

Die EMK-Änderung ΔE ist somit ein Maß für die Änderung des Sauerstoffpartialdrucks $p_{O_2}^{(i)}$ im Meßgas

$$\Delta p_{O_2} = p_{O_2}^{(i)} \left[\exp \left(- \frac{2{,}303\ \Delta E}{0{,}04960\ T} \right) - 1 \right] \tag{5.219}$$

Für den Vorgang der Sauerstoffpermeation kann unter den gegebenen Bedingungen (große Differenz $p_{O_2}^{(a)} - p_{O_2}^{(i)}$, dünnwandiges Keramikrohr) ein stationäres Gefälle der Sauerstoffkonzentration angenommen werden. Die Änderung des Sauerstoffpartialdrucks Δp_{O_2} im Meßgas ist von den Abmessungen des Prüfrohres, von der Strömungsgeschwindigkeit des Gases durch die

Apparatur und von der Druckdifferenz $p_{O_2}^{(a)} - p_{O_2}^{(i)}$ abhängig:

$$\Delta p_{O_2} = \pi_S \cdot \frac{A}{l} \cdot \frac{1}{v} (p_{O_2}^{(a)} - p_{O_2}^{(i)}) \tag{5.220}$$

Hierin bedeuten:

A Permeationsfläche $= 3.1416(D - d)\ L$ in cm^2 (D Außendurchmesser, d Innendurchmesser, L wirksame Länge, hier innerhalb einer Temperaturkonstanz von $\pm 15\,°C$)

l Wandstärke in cm

v Strömungsgeschwindigkeit des Meßgases in $Ncm^3 \cdot s^{-1}$

Der Proportionalitätsfaktor π_S in dieser Beziehung ist als spezifische Sauerstoffpermeabilität für die untersuchte Oxidkeramik definiert [428]. Mit der Vereinfachung $p_{O_2}^{(a)} \gg p_{O_2}^{(i)}$ ergibt sich aus (5.219) und (5.220)

$$\pi_S = \frac{v \cdot l}{A} \cdot \frac{p_{O_2}^{(i)}}{p_{O_2}^{(a)}} \left[\exp\left(-\frac{2{,}303\, \Delta E}{0{,}04960\, T} \right) - 1 \right] \tag{5.221}$$

bzw.

$$\pi_S = \frac{v \cdot l}{A} \cdot \frac{\Delta p_{O_2}}{p_{O_2}^{(a)}} \tag{5.222}$$

in der Dimension $Ncm^3 \cdot cm^{-1} \cdot s^{-1}$. Die spezifische Permeabilität π_s kann auch auf die Wandstärke des Keramikrohres bezogen werden:

$$\pi = \frac{v}{A} \cdot \frac{\Delta p_{O_2}}{p_{O_2}^{(a)}}. \tag{5.223}$$

Diese als *Permeabilität* bezeichnete Größe wird in der Dimension $Ncm^3 \cdot cm^{-2} \cdot s^{-1}$ angegeben.

Die Arbeiten von H.-H. Möbius und R. Hartung [427] sowie H. Ullmann [428] führten zu dem wichtigen Ergebnis, daß die Sauerstoffpermeabilität von sauerstoffionenleitenden Festelektrolyten wesentlich stärker — und zwar exponentiell — von der Temperatur abhängig ist, als dies für eine Gasdiffusion über Poren zu erwarten wäre:

$$\pi = \pi^0 \exp\left(-\frac{Q_\pi}{kT} \right) \tag{5.224}$$

Die Temperaturabhängigkeit der Sauerstoffpermeabilität für ein System Luft gegen gereinigten Stickstoff in Rohren aus $ZrO_2(MgO)$ und Al_2O_3 bei Temperaturen zwischen 1000 und 1600 °C ist in Bild 5.143 wiedergegeben [427].

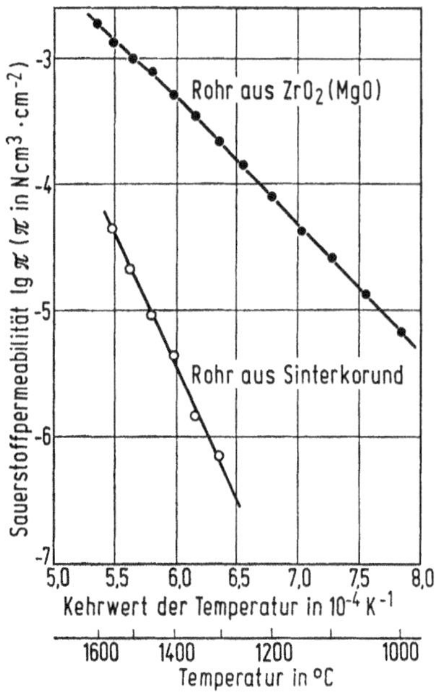

Bild 5.143. Temperaturabhängigkeit der Sauerstoffpermeabilität von Rohren aus (a) ZrO_2—MgO-Mischoxid und (b) Aluminiumoxid Al_2O_3 nach H.-H. Möbius und R. Hartung [427]

Tabelle 5.39. Sauerstoffpermeabilität und elektrische Leitfähigkeit in sauerstoffionenleitenden Festelektrolyten

Festelektrolyt	Permeabilität π_S bei 1200 °C ($cm^2 \cdot s^{-1}$)	Elektrische Leitfähigkeit bei 1200 °C ($Ohm^{-1} \cdot cm^{-1}$)	Aktivierungsenergien Q_π (eV)	$Q_\varkappa$ (eV)	Verfasser
$90ZrO_2 \cdot 10CaO$	$4 \cdot 10^{-6}$	10^{-3}	> 1200 °C : 1,89	—	[428]
			< 1200 °C : 2,40	1,05	
$89ZrO_2 \cdot 11MgO$	$9 \cdot 10^{-6}$	$7 \cdot 10^{-3}$	> 1200 °C : 1,81	—	[427]
			< 1200 °C : 1,99	0,91	
$80ThO_2 \cdot 20Y_2O_3$	$2 \cdot 10^{-5}$	$5 \cdot 10^{-2}$	1,1	1,05	[428]

In Tabelle 5.39 werden Daten der Permeabilität und der elektrischen Leitfähigkeit von ZrO_2- und ThO_2-Elektrolyten miteinander verglichen [427, 428]. Besonders darauf hinzuweisen ist, daß die Aktivierungsenergien der Sauerstoffpermeabilität und der Sauerstoffionenleitfähigkeit für den Elektrolyten $80ThO_2 \cdot 20Y_2O_3$ auffallend nahe übereinstimmen. Im Fall der Elektrolyte $90ZrO_2 \cdot 10CaO$ und $89ZrO_2 \cdot 11MgO$ dagegen wurden Werte um 2 eV für die Größe Q_π gegenüber Werten um 1 eV für die Größe $Q_\varkappa$ ermittelt.

Aus den Daten der Tabelle 5.39 ist zu ersehen, daß die Sauerstoffpermeabilität in ähnlicher Weise wie die elektrische Leitfähigkeit von der Art und Zusammensetzung der Oxidelektrolyte abhängig ist. Dies deutet darauf hin, daß beide Vorgänge durch den gleichen Mechanismus einer Festkörperdiffusion bestimmt werden. Die Sauerstoffpermeation hat aus Gründen der Elektroneutralität einen äquivalenten Strom von p-Elektronen in der gleichen Richtung oder von n-Elektronen in entgegengesetzter Richtung zur Folge[1]. Da die Konzentration der Sauerstoffionenleerstellen durch die Dotierung des Elektrolyten festgelegt ist, kommt der Konzentration der p-Elektronen unter dem Einfluß des äußeren Sauerstoffpartialdrucks die entscheidende Bedeutung für das Ausmaß der Sauerstoffpermeation zu.

Der Vorgang der Sauerstoffpermeation sollte grundsätzlich von der Teilchenart mit der niedrigeren Teilleitfähigkeit gesteuert werden. In $ThO_2-Y_2O_3$-Elektrolyten herrscht bei höheren Sauerstoffpartialdrücken die Elektronendefektleitung vor, so daß die Sauerstoffionenleitung für die Sauerstoffpermeation bestimmend wird. Dieser Befund kommt durch die Gleichheit der Aktivierungsenergien Q_π und $Q_\varkappa$ von 1 eV (Tabelle 5.39) zum Ausdruck. Andererseits überwiegt in ZrO_2(CaO)- und ZrO_2(MgO)-Elektrolyten auch bei höheren Sauerstoffpartialdrücken die Sauerstoffionenleitung, so daß die geringere Teilleitfähigkeit der p-Elektronen für den Ablauf der Sauerstoffpermeation entscheidend wird. Dafür sprechen experimentelle Ergebnisse wie die Abhängigkeit der Permeabilität von $p_{O_2}^{1/4}$ [424, 429] und die Überstimmung der Aktivierungsenergie Q_π (1,9 bis 2,4 eV [427, 428, 428a]) mit den Werten $Q_{h^\cdot}$, die zu 2,25 [430], 1,9 [431] und 2,4 eV [424] ermittelt wurden.

Das Verfahren zur Bestimmung der elektronischen Teilleitfähigkeit aus Permeabilitätsdaten wurde von R. Hartung und H.-H. Möbius [430] beschrieben und experimentell erprobt. Dabei wurde die in Bild 5.142 schematisch dargestellte Apparatur verwendet. Für die Auswertung wurde das 1. Ficksche Gesetz bei eindimensionalem, stationärem Sauerstofffluß zugrundegelegt:

$$\pi = -D_{O^{2-}} \frac{[O_2]_{II} - [O_2]_I}{l} \left[\frac{\text{mol}}{\text{cm}^2 \cdot \text{s}}\right], \tag{5.225}$$

wobei $[O_2]_I$ und $[O_2]_{II}$ die Konzentrationen des Sauerstoffs in den Gasräumen an den Phasengrenzen I und II sind.

In ZrO_2(CaO)-Elektrolyten wird die Sauerstoffdiffusion durch die Beweglichkeit $u_{h^\cdot}$ der p-Elektronen bestimmt. Unter dieser Voraussetzung kann der Diffusionskoeffizient des Sauerstoffs im Elektrolyten nach der Beziehung von Nernst-Einstein wie folgt formuliert werden:

$$D_{O_2} \approx \frac{RT}{z_{h^\cdot} F} \cdot u_{h^\cdot} \tag{5.226}$$

[1] Ein Elektronenstrom in entgegengesetzter Richtung kommt wegen der geringen Elektronenkonzentration bei höheren Sauerstoffpartialdrücken hier nicht in Betracht.

Die Beweglichkeit der p-Elektronen ist durch die Gleichung

$$u_{h^\cdot} = \frac{\varkappa_{h^\cdot}}{z_{h^\cdot} \cdot F\,[h^\cdot]} \tag{5.227}$$

und ihre Teilleitfähigkeit durch

$$\varkappa_{h^\cdot} = \varkappa^0_{h^\cdot} \exp\left(\frac{Q_{h^\cdot}}{RT}\right) \tag{5.228}$$

bestimmt. Die Konzentration des Sauerstoffs ist über die Einbaugleichung für Sauerstoff in den $ZrO_2(CaO)$-Elektrolyten

$$O_2\,(\mathrm{Gas}) + 2V_O^{\cdot\cdot} \rightleftharpoons 2O_O + 4h^\cdot \tag{5.229}$$

zu

$$[O_2] = \frac{1}{4}[h^\cdot] = \frac{1}{4}[h^\cdot]_{(p_{O_2}=1)} \cdot p_{O_2}^{1/4} \tag{5.230}$$

gegeben. Die Sauerstoffpermeation wird somit nach Gleichung (5.225) und (5.230) durch die Differenz $[h^\cdot]_I - [h^\cdot]_{II}$ bestimmt. Da in einer Sauerstoffkonzentrationszelle im allgemeinen die Bedingung $[O_2]_I \gg [O_2]_{II}$ erfüllt wird, ist die Konzentration $[h^\cdot]_I$ allein für die Sauerstoffpermeation ausschlaggebend. Aus den Gleichungen (5.225) bis (5.230) folgt dann für den Zusammenhang zwischen der Sauerstoffpermeabilität und der Elektronendefektleitung:

$$\pi = \frac{RT}{4F^2 l}\varkappa_{h^\cdot} = \frac{RT}{4F^2 l}\varkappa^0_{h^\cdot\,(p_{O_2}=1)} \cdot p_{O_2}^{1/4} \exp\left(\frac{Q_{h^\cdot}}{RT}\right) \tag{5.231}$$

Bei bekannter Permeabilität π kann nach dieser Gleichung die elektronische Teilleitfähigkeit $\varkappa_{h^\cdot}$ und bei Kenntnis der Gesamtleitfähigkeit auch die Überführungszahl

$$t_{h^\cdot} = \frac{\varkappa_{h^\cdot}}{\varkappa} \tag{5.232}$$

für verschiedene Sauerstoffpartialdrücke ermittelt werden. Die errechneten Daten π, $\varkappa_{h^\cdot}$ und $t_{h^\cdot}$ sind in Tabelle 5.40 für einen $ZrO_2(CaO)$- und einen $ZrO_2(MgO)$-Elektrolyten im Temperaturbereich von 800 bis 1400 °C zusammengestellt [430]. Die Aktivierungsenergien der Sauerstoffpermeation und der Elektronendefektleitung betragen 2,25 bzw. 1,87 eV.

In einer weiteren Arbeit von W. A. Fischer und Ch. Pieper [424] wurden die Teilleitfähigkeiten $\varkappa_{h^\cdot}$ als Funktion der Temperatur für den Elektrolyten $0{,}87\,ZrO_2 \cdot 0{,}13\,CaO$ durch ein kombiniertes Experiment überprüft. Bild 5.144 zeigt die Versuchsanordnung. Das beidseitig verschlossene Elektrolytrohr ist an seinem unteren Ende innen und außen mit einem feinmaschigen Platinnetz belegt. Das Gas im abgeschlossenen Innenraum kann mit Hilfe einer Pumpe zirkuliert werden. Der Außenraum wird von einem zweiten Gas durchströmt.

Tabelle 5.40. Sauerstoffpermeabilität und Elektronendefektleitung von $0{,}89\,ZrO_2 \cdot 0{,}11\,CaO$ und $0{,}86\,ZrO_2 \cdot 0{,}14\,MgO$ in Luft [430]

Temperatur °C	Permeabilität π^* [1] ($mol \cdot cm^{-1} \cdot s^{-1}$)	$\varkappa_{h^\cdot}$ ($Ohm^{-1} \cdot cm^{-1}$)	$\varkappa_{gesamt}$ ($Ohm^{-1} \cdot cm^{-1}$)	Überführungszahl $t_{h^\cdot}$
		a) $0{,}89\,ZrO_2 \cdot 0{,}11\,CaO$		
800	$3{,}4 \cdot 10^{-14}$	$1{,}4 \cdot 10^{-7}$	$3{,}7 \cdot 10^{-3}$	$3{,}8 \cdot 10^{-5}$
1000	$1{,}6 \cdot 10^{-12}$	$5{,}6 \cdot 10^{-6}$	$2{,}4 \cdot 10^{-2}$	$2{,}3 \cdot 10^{-4}$
1200	$2{,}5 \cdot 10^{-11}$	$7{,}6 \cdot 10^{-5}$	$1{,}2 \cdot 10^{-1}$	$6{,}3 \cdot 10^{-4}$
1400	$2{,}1 \cdot 10^{-10}$	$5{,}6 \cdot 10^{-4}$	$5{,}6 \cdot 10^{-1}$	$1{,}0 \cdot 10^{-3}$
		b) $0{,}86\,ZrO_2 \cdot 0{,}14\,MgO$		
800	$2{,}2 \cdot 10^{-13}$	$9{,}2 \cdot 10^{-7}$	$1{,}8 \cdot 10^{-2}$	$5{,}1 \cdot 10^{-5}$
1000	$5{,}5 \cdot 10^{-12}$	$1{,}9 \cdot 10^{-5}$	$1{,}0 \cdot 10^{-1}$	$1{,}9 \cdot 10^{-4}$
1200	$5{,}4 \cdot 10^{-11}$	$1{,}6 \cdot 10^{-4}$	$2{,}6 \cdot 10^{-1}$	$6{,}2 \cdot 10^{-4}$
1400	$3{,}2 \cdot 10^{-10}$	$8{,}6 \cdot 10^{-4}$	$5{,}1 \cdot 10^{-1}$	$1{,}7 \cdot 10^{-3}$

[1]) Für die Permeabilität gelten hier folgende Definitionen:

$\pi\,[mol \cdot cm^{-2} \cdot s^{-1}]$; $\pi^* = \pi \cdot l\,[mol \cdot cm^{-1} \cdot s^{-1}]$

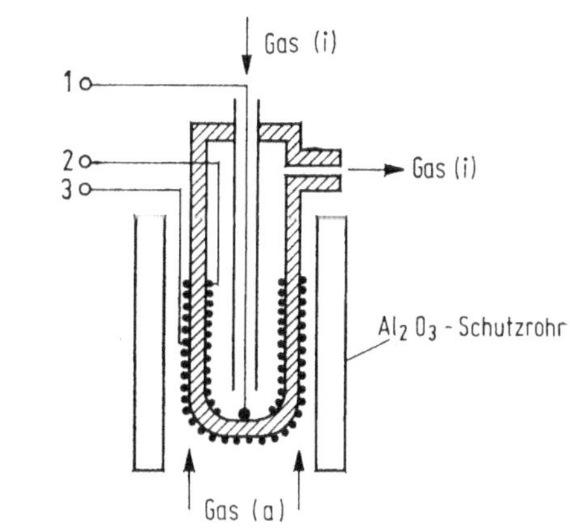

Bild 5.144. Einrichtung zur kombinierten Messung *1* der Sauerstoffpermeation, *2* des Stroms zur Kompensation der Sauerstoffpermeation und *3* des Polarisationsstroms an einer Festelektrolytzelle [424]

Die Kontakte 1 und 3 dienen zur stromlosen Messung der Zellspannung, während über die Kontakte 2(−) und 3(+) eine äußere Gleichspannung aufgegeben werden kann.

In dieser Zelle können folgende Transportströme gemessen werden:

1. In der Anordnung

$$Pt|O_2 \,\|\, \text{Festelektrolyt} \,\|\, N_2{-}O_2|Pt$$

resultiert aus der stromlos gemessenen Zellspannung für eine vorgegebene Differenz Δp_{O2} nach Gleichung (5.221) die *Sauerstoffpermeabilität* π. In Bild 5.145 wird gezeigt, daß die gemessene Sauerstoffpermeation vom Sauerstoffpartialdruck $p_{O_2}^{1/4}$ abhängig ist (Temperatur 1500 °C). Damit ist der überwiegend elektrochemische Charakter der Sauerstoffpermeation in dem

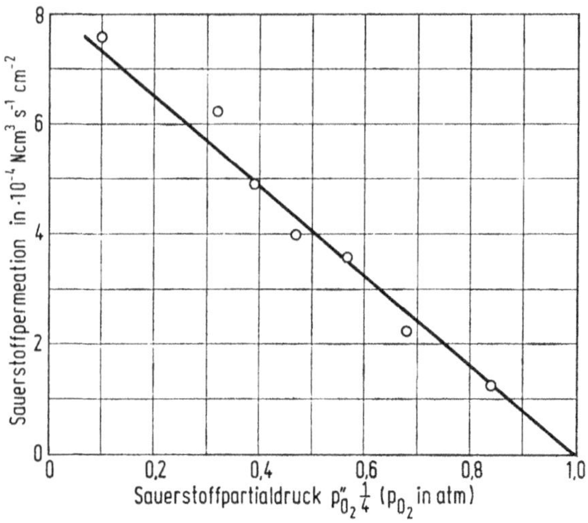

Bild 5.145. Sauerstoffpermeation in der Zelle
$Pt|O_2\,(p_{O_2'} = 1$ atm$)\,|\,ZrO_2(CaO)\,|\,N_2-O_2\,(p_{O_2''})|Pt$ bei 1500 °C in Abhängigkeit vom Sauerstoffpartialdruck $p_{O_2''}{}^{1/4}$ [424]

verwendeten Festelektrolyten nachgewiesen. Aus der Temperaturabhängigkeit der Sauerstoffpermeation resultiert eine Aktivierungsenergie von 2,4 eV (Sauerstoff gegen ein Gemisch 99% N_2/1% O_2).

2. In der gleichen Anordnung kann eine eingestellte Zellspannung E durch eine äußere Gleichspannung U gerade kompensiert und anschließend der *Kompensationsstrom* I gemessen werden. Daraus ergibt sich der Sauerstofftransportstrom zu

$$\pi = \frac{I}{2FA} \quad [\mathrm{g} \cdot \mathrm{cm}^{-2} \cdot \mathrm{s}^{-1}]. \tag{5.233}$$

In beiden Fällen 1. und 2. kann die Elektronendefektleitung $\varkappa_{h^\cdot}$ des Elektrolyten nach Gleichung (5.231) berechnet werden:

$$\varkappa_{h^\cdot} = \frac{4F^2 l}{RT} \cdot \pi \tag{5.234}$$

3. In der Kombination

$$Pt|O_2\,|\,\text{Festelektrolyt}\,|\,\text{Inertgas}|Pt$$

läßt sich der *Transportstrom der p-Elektronen* und damit die Teilleitfähigkeit $\varkappa_{h^{\cdot}}$ (und auch $\varkappa_{e'}$) unmittelbar durch die Polarisierung mit einer äußeren Gleichspannung bestimmen (vgl. Abschnitt 5.4.1., Gleichung (5.216)).

Eine Zusammenfassung der mit allen drei Methoden erzielten Ergebnisse enthält Bild 5.146 in der Darstellung lg $\varkappa_{h^{\cdot}}$ und lg $\varkappa_{e'}$ über der reziproken Temperatur [424]. Sie stimmen mit den Daten anderer Autoren [430, 431] zufriedenstellend überein.

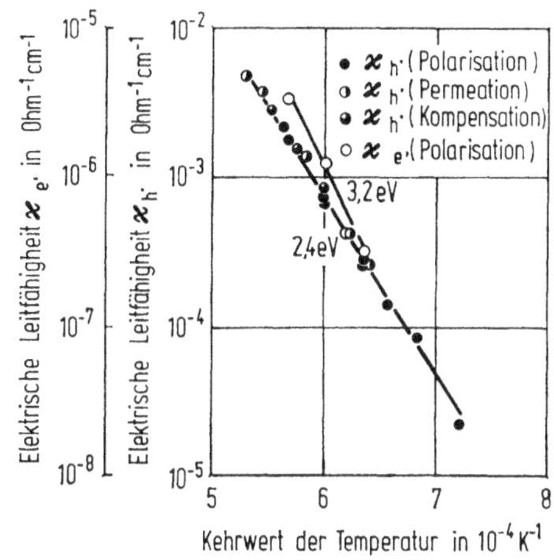

Bild 5.146. Elektronische Teilleitfähigkeit $\varkappa_{h^{\cdot}}$ und $\varkappa_{e'}$ im Mischoxid $Zr_{0,87}Ca_{0,13}O_{1,87}$ in Abhängigkeit von der Temperatur [424]

5.4.3.2. Auswirkungen

In einer Reihe von Versuchen an Zirkonoxid-Zellen konnte gezeigt werden, daß die elektrochemische Sauerstoffpermeation zur Ausbildung von Sauerstoffdiffusionsschichten in den Nachbarphasen des Festelektrolyten in unmittelbarer Nähe der Phasengrenzen führt. Je nach der Richtung des Sauerstoffstroms tritt an den Phasengrenzen bei unzureichender Konvektion bzw. Diffusion eine Verarmung oder Anreicherung an Sauerstoff auf, die eine verringerte Differenz der Sauerstoffpotentiale und damit eine erniedrigte EMK zur Folge hat. Dieser Sachverhalt ist in Bild 5.147 schematisch für eine Sauerstoffkonzentrationszelle wiedergegeben, in der eine Gasphase relativ hohen Sauerstoffpartialdrucks $p_{O_2(I)}$ durch den Elektrolyten von einer flüssigen Metallphase relativ niedrigen Sauerstoffpartialdrucks $p_{O_2(II)}$ getrennt ist.

Die experimentelle Bestätigung für den Einfluß der Konvektion in einer Gasphase und einer Schmelze auf die gemessene Zellspannung lieferten Unter-

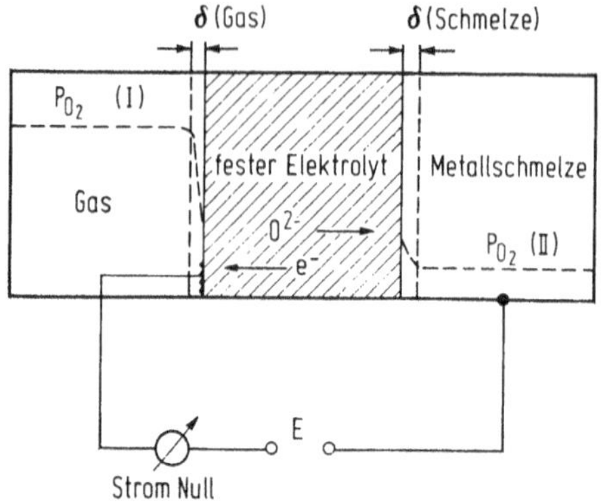

Bild 5.147. Sauerstoffdiffusions-Grenzschichten als Folge der elektrochemischen Sauerstoffpermeation im Festelektrolyten

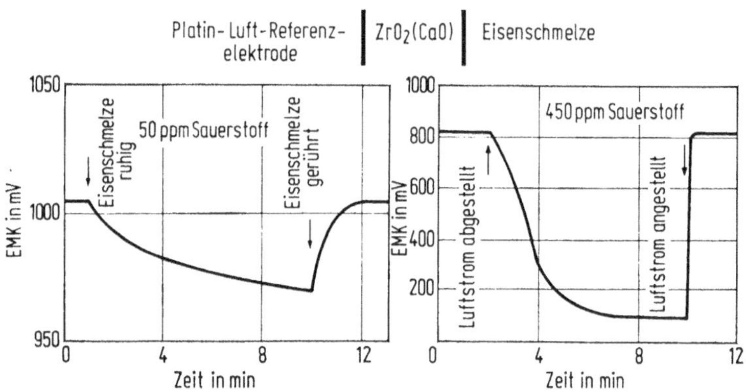

Bild 5.148. EMK-Abfall einer Festelektrolytzelle als Folge der elektrochemischen Sauerstoffpermeation im Festelektrolyten nach W. A. Fischer und D. Janke [432]

suchungen an der Festelektrolytzelle

$$\mathrm{Pt}|\mathrm{Luft}\ \|\ \mathrm{ZrO_2(CaO)}\ \|\ \mathrm{Eisenschmelze}|\mathrm{Fe_{fest}}$$

bei 1600 °C (Bild 5.148) [432]. In dieser Anordnung wurde die Eisenschmelze mit einem Sauerstoffgehalt von 0,005% ständig mechanisch gerührt und das einseitig geschlossene ZrO_2-Rohr innen mit einem Luftstrom von 20 l/h gespült. Die theoretische EMK von 1,005 V konnte gemessen werden, so lange die Rührwirkung und der Luftstrom aufrechterhalten blieben. Eine Unterbrechung des Rührens führt offensichtlich zu einer Sauerstoffanreicherung an der Grenzfläche Schmelze/Festelektrolyt und damit zu einem EMK-Abfall (Teilbild 5.148a). Es kommt schließlich zu einem stationären Zustand, bei dem der Sauerstoffstrom durch die Diffusionsschicht sich dem Sauerstoffpermeationsstrom durch den Elektrolyten angleicht. Nach der Wiederaufnahme des Rührens wird die theoretische Zellspannung innerhalb von 2 Minuten erreicht.

Wird der innere Luftstrom unterbunden, so fällt die EMK infolge der Sauerstoffverarmung an der Grenzfläche Gas/Festelektrolyt sehr stark ab (Teilbild 5.148 b). Der angenähert stationäre Zustand wird durch eine EMK von

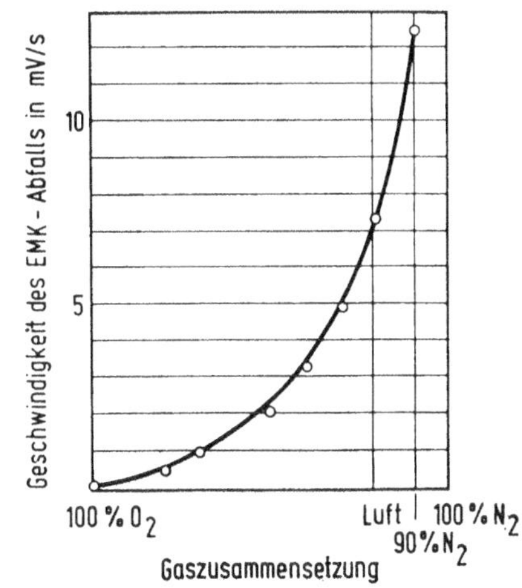

Bild 5.149. EMK-Abfall einer Zelle Eisenschmelze | $ZrO_2(CaO)$ | Gas|Pt bei 1600 °C in Abhängigkeit von der Gaszusammensetzung bei ruhender Gasphase nach W. A. Fischer und Mitarbeitern [433]

weniger als 100 mV angezeigt. Die ursprüngliche EMK nach dem Wiederanstellen des Luftstroms stellt sich in einer Zeit von etwa 1 s ein. In weiteren Versuchen mit einem abgeschlossenen inneren Gassystem ergab sich, daß der bei ruhender Gasphase beobachtete EMK-Abfall wesentlich von der Gaszusammensetzung abhängt (Bild 5.149) [433]. Die höchste EMK-Abnahme in $mV \cdot s^{-1}$ wurde bei einer Füllung des ZrO_2-Rohres mit einem Gasgemisch aus 90% N_2/10% O_2 ermittelt. Demgegenüber blieb die Zellspannung bei einer Füllung mit reinem Sauerstoff über einen Zeitraum von einigen Minuten unverändert, da die Sauerstoffpermeation in diesem Fall nicht die Bildung einer Diffusionszone, sondern lediglich eine Abnahme des Sauerstoffgesamtdrucks im inneren Gasraum zur Folge hat, die jedoch erst nach längeren Zeiten eine spürbare EMK-Erniedrigung bewirkt. Bild 5.150 zeigt die Auswirkungen der Sauerstoffpermeation aus strömender Luft in eine Eisenschmelze mit 0,1% Sauerstoff am Beispiel der EMK-Abnahme der Meßzelle sowie des Druckabfalls, der im abgeschlossenen inneren Gassystem manometrisch verfolgt wurde. Die EMK-Abnahme ist hier auf eine Sauerstoffanreicherung in der Eisenschmelze, der Druckabfall demgegenüber auf die entsprechende Sauerstoffverarmung im Elektrolytrohr zurückzuführen. Die Sauerstoffpermeation aus *strömender* Luft ist wegen der höheren Sauerstoffdruckdifferenz gegen die Eisenschmelze um ein Vielfaches größer als aus einer *ruhenden* Luftatmosphäre.

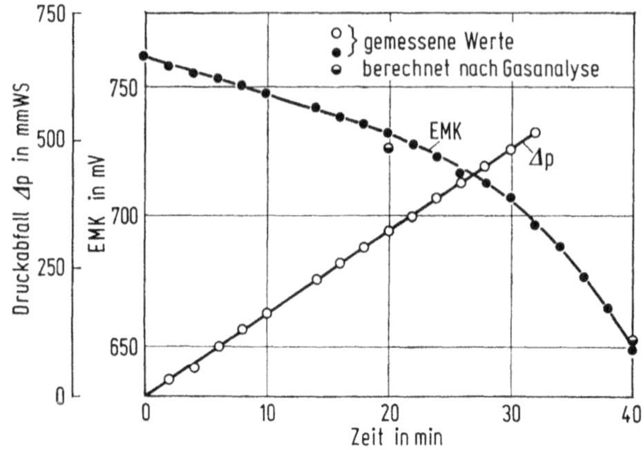

Bild 5.150. EMK-Abfall einer Zelle Eisenschmelze mit 0,1% [O] | ZrO_2(CaO) | strömende Luft|Pt und gleichzeitiger Druckabfall im geschlossenen inneren Gassystem bei 1600 °C [433]

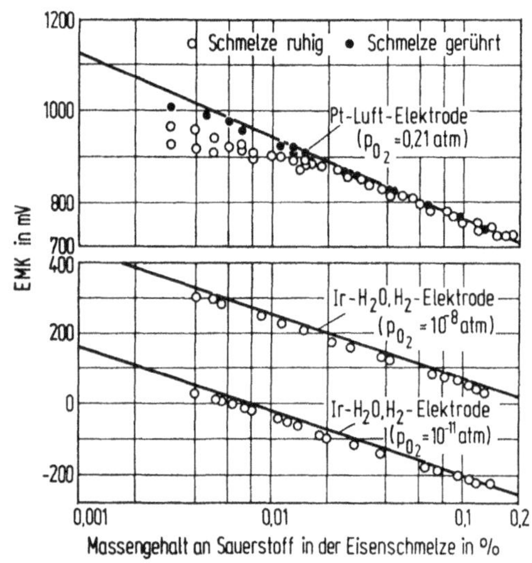

Bild 5.151. EMK der Zelle Pt|Gas | ZrO_2(CaO) | Eisenschmelze bei 1600 °C in Abhängigkeit vom Sauerstoffgehalt der Schmelze [432]

a) Pt-Luft-Elektrode, Schmelze ruhig oder gerührt; b) Ir—H_2O—H_2-Elektrode, Schmelze ruhig

Zur Messung von Sauerstoffaktivitäten in nicht gerührten Metallschmelzen ist es daher zweckmäßig, den Sauerstoffpartialdruck der Bezugselektrode nicht zu hoch gegenüber dem der Schmelze zu wählen. Bild 5.151 a zeigt, daß bei der Verwendung einer Pt-Luft-Elektrode in *nicht gerührten* Eisenschmelzen merkliche EMK-Fehlmessungen zustande kommen, wenn ein Sauerstoffgehalt von etwa 0,020% unterschritten wird [432][1]. Demgegenüber wird die wesentlich geringere Sauerstoffpermeation bei der Verwendung von $Ir-H_2O-H_2$-Elektroden mit Sauerstoffgleichgewichtsdrücken von 10^{-8} und 10^{-11} atm dadurch angezeigt, daß die in nicht gerührten Eisenschmelzen erhaltene Zellspannung auch im Bereich von 0,004 bis 0,020% O der theoretischen Abhängigkeit folgt (Bild 5.151 b).

In ausreichend *gerührten* Eisenschmelzen können auch mit Zellen aus stabilisiertem ZrO_2 und Pt-Luft- oder Pt-Sauerstoff-Bezugselektroden fehlerfreie EMK-Messungen ausgeführt werden.

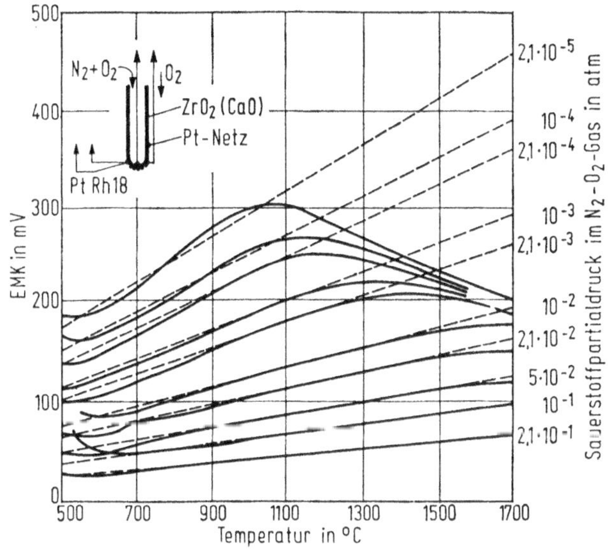

Bild 5.152. EMK der Zelle $Pt|O_2$ (1 atm) ‖ $ZrO_2(CaO)$ ‖ $N_2-O_2|Pt$ bei unterschiedlichen Temperaturen und Sauerstoffpartialdrücken im N_2-O_2-Gas nach W. A. Fischer und G. Pateisky [434]

Die Auswirkungen der Sauerstoffpermeation wurden auch an reinen Gas-Konzentrationsketten der Art

$$Pt|\text{Gas}\ (p'_{O_2})\ \|\ ZrO_2\ (CaO)\ \|\ \text{Gas}\ (p''_{O_2})|Pt$$

eingehend untersucht [434]. Aus Bild 5.152 ist zu ersehen, daß der EMK-erniedrigende Einfluß sich mit steigender Temperatur und zunehmender Differenz $p'_{O_2} - p''_{O_2}$ verstärkt. Negative Abweichungen von der theoretisch

[1] Fehlmessungen der gleichen Größenordnung treten auch bei höheren Sauerstoffgehalten auf, machen sich hier jedoch wegen der halblogarithmischen Abhängigkeit der EMK von [% O] nicht mehr deutlich bemerkbar.

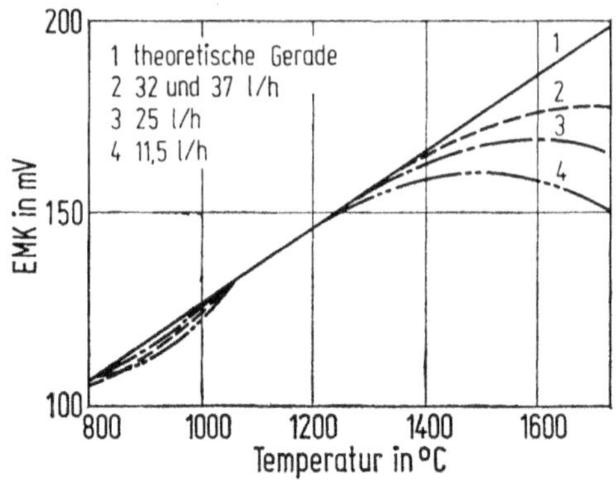

Bild 5.153. EMK der Zelle Pt|Luft ‖ ZrO_2(CaO) ‖ 99,79% N_2, 0,21% O_2|Pt bei unterschiedlichen Temperaturen und Strömungsgeschwindigkeiten des sauerstoffarmen Gases [434]

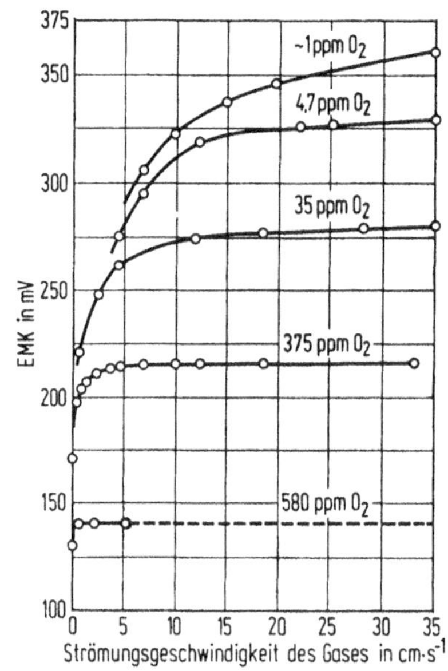

Bild 5.154. EMK der Zelle Pt|O_2 (1 atm) ‖ ZrO_2(CaO) ‖ Ar—O_2|Pt bei 1000 °C sowie unterschiedlichen Strömungsgeschwindigkeiten und Sauerstoffgehalten im Ar—O_2-Gas nach T. H. Etsell und S. N. Flengas [435]

erwarteten EMK im System $O_2(p'_{O_2})$ gegen ein N_2—O_2-Gemisch ($p''_{O_2} = 2 \times 10^{-5}$ atm) treten bei Temperaturen über 1000 °C auf. In der Zelle O_2 gegen Luft kann dagegen auch bei 1700 °C noch die berechnete Zellspannung gemessen werden. Bild 5.153 läßt erkennen, daß der EMK-Abfall bei höheren

Temperaturen sich mit wachsender Strömungsgeschwindigkeit des sauerstoffärmeren Gases verringert.

Ähnliche Beobachtungen liegen für Messungen in $Ar-O_2$-Gemischen vor, die zu niedrige Zellspannungen ergaben, wenn der Sauerstoffpartialdruck bei 1 000 °C weniger als 0,01 atm betrug (Vergleichselektrode reiner Sauerstoff) [435]. Wie Bild 5.154 zeigt, konnte auch hier die theoretische Zellspannung durch eine Steigerung der Gasströmungsgeschwindigkeit erreicht werden.

5.4.4. Reaktionen an den Grenzflächen zwischen Oxidelektrolyt und Elektroden

5.4.4.1. Festkörperreaktionen

In Sauerstoffkonzentrationszellen ist eine EMK-Änderung zu erwarten, wenn in den Elektroden Metalloxide vorliegen, die mit dem Festelektrolyten reagieren und dabei intermediäre Oxidverbindungen als dichte Zwischenphasen bilden. Allgemein gültige Gleichungen zur Definition der Gesamt-Zellspannung für solche Fälle wurden von C. Wagner [436] sowie K. Gotó und W. Pluschkell [437, 437a] formuliert. Die folgenden Betrachtungen beziehen sich auf die Zelle

$$\mathrm{Pt}|p'_{O_2}|\mathrm{Me, MeO} \overset{\mathrm{I}}{\Big|} \mathrm{MeZrO_3} \overset{\mathrm{II}}{\Big|} \mathrm{ZrO_2} \Big| \mathrm{O_2}|\mathrm{Pt}\ (p''_{O_2}).$$

Festkörperelektrode	Reaktionsprodukt	fester Elektrolyt	Gaselektrode

In dieser Zelle wird infolge der Festkörperreaktion

$$\mathrm{MeO} + \mathrm{ZrO_2} \rightleftharpoons \mathrm{MeZrO_3} \tag{5.235}$$

die Bildung einer intermediären Oxidphase $MeZrO_3$ mit gemischter Ionen- und Elektronenleitfähigkeit angenommen (Me^{2+}, Zr^{4+}, O^{2-}, e). Ihre Gesamt-Zellspannung ist durch den Ausdruck

$$E = \frac{1}{4F}(\mu''_{O_2} - \mu'_{O_2}) - \frac{1}{2F}\int_{\mathrm{I}}^{\mathrm{II}} t_{\mathrm{Me}^{2+}}\, d\mu_{\mathrm{MeO}}$$

$$-\frac{1}{4F}\int_{\mathrm{I}}^{\mathrm{II}} t_{\mathrm{Zr}^{4+}}\, d\mu_{\mathrm{ZrO_2}} - \frac{1}{2F}\int_{\mathrm{I}}^{\mathrm{II}} t_{\mathrm{e}}\, d\mu_{\mathrm{O}} \tag{5.236}$$

gegeben. Diese setzt sich aus der EMK am reinen Ionenleiter ZrO_2 für eine Potentialdifferenz $p''_{O_2} - p'_{O_2}$ und der zusätzlichen EMK am gemischten Leiter $MeZrO_3$ zwischen den Phasengrenzen I und II zusammen.

Im Fall einer *überwiegenden Elektronenleitfähigkeit* in der Oxidphase $MeZrO_3$ ist die Zellspannung durch die Gleichung

$$E = \frac{RT}{4F} \ln \frac{p''_{O_2}}{p_{O_2(II)}} \tag{5.237}$$

bestimmt. Der Sauerstoffpartialdruck $p_{O_2(II)}$ an der Phasengrenze II ist je nach der relativen Beweglichkeit der Ionenarten im $MeZrO_3$ unterschiedlich definiert.

1. Gilt die Bedingung $t_e \gg t_{O^{2-}} \gg t_{Me^{2+}}$ oder $t_{Zr^{4+}}$, so ist das chemische Potential des Sauerstoffs über die gesamte $MeZrO_3$-Phase konstant ($\mu_O = \mu_O^0$) und $p_{O_2(II)}$ wird gleich p'_{O_2}.

2. Unter der Voraussetzung $t_e \gg t_{Me^{2+}} \gg t_{Zr^{4+}}$ oder $t_{O^{2-}}$ bleibt das chemische Potential des Metalls Me über die gesamte $MeZrO_3$-Phase konstant ($\mu_{Me} = \mu_{Me}^0$). Der Sauerstoffpartialdruck $p_{O_2(II)}$ ergibt sich dann über den Ansatz

$$\Delta G_{MeZrO_3} = \mu^0_{MeZrO_3} - \mu^0_{Me} - \mu^0_{ZrO_2} - \frac{1}{2}\mu^0_{O_2} - \frac{1}{2} RT \ln p'_{O_2}$$
$$= \frac{1}{2} RT \ln p_{O_2(II)} \tag{5.238}$$

zu

$$\lg p_{O_2(II)} = \frac{2\Delta G^0_{MeZrO_3}}{2{,}303\, RT} + \lg p'_{O_2} \tag{5.239}$$

und die EMK zu

$$E = \frac{RT}{4F} \ln \frac{p''_{O_2}}{p'_{O_2}} - \frac{\Delta G^0_{MeZrO_3}}{2F} \tag{5.240}$$

Im Fall einer *überwiegenden Ionenleitfähigkeit* in der Oxidphase $MeZrO_3$ ist die Zellspannung nach (5.236) durch die Gleichung

$$E = \frac{1}{4F} (\mu''_{O_2} - \mu'_{O_2}) - \frac{1}{2F} \int_{I}^{II} t_{Me^{2+}}\, d\mu_{MeO} - \frac{1}{4F} \int_{I}^{II} t_{Zr^{4+}}\, d\mu_{ZrO_2} \tag{5.241}$$

bestimmt. Auch hier können Fälle unterschiedlicher Beweglichkeit der Ionenarten beschrieben werden.

1. Ist die Überführungszahl $t_{O^{2-}}$ in der Verbindung $MeZrO_3$ gleich 1, so folgt für die EMK:

$$E = \frac{RT}{4F} \ln \frac{p''_{O_2}}{p'_{O_2}}. \tag{5.242}$$

2. Ist die Überführungszahl $t_{Me^{2+}}$ in der Verbindung $MeZrO_3$ gleich 1, so gilt für die EMK nach (5.241):

$$E = \frac{RT}{4F} \ln \frac{p''_{O_2}}{p'_{O_2}} - \frac{\mu_{MeO} - \mu^0_{MeO}}{2F}. \tag{5.243}$$

Die EMK der Zelle ist hier zusätzlich durch ein Glied bestimmt, das sich aus der Differenz der chemischen Potentiale μ_{MeO} an den Phasengrenzen II und I ergibt. Die EMK nach Gleichung (5.243) kann mit $\mu_{MeO(II)} = \mu^0_{MeZrO_3} - \mu^0_{ZrO_2}$ und $\Delta G^0_{MeZrO_3} = \mu^0_{MeZrO_3} - \mu^0_{MeO} - \mu^0_{ZrO_2}$ auch in der Form

$$E = \frac{RT}{4F} \ln \frac{p''_{O_2}}{p'_{O_2}} - \frac{\Delta G^0_{MeZrO_3}}{2F} \tag{5.244}$$

geschrieben werden.

3. Analog zu diesem Ansatz ergibt sich für eine gemischte Kationenleitung ($t_{Me^{2+}} + t_{Zr^{4+}} = 1$) im $MeZrO_3$ die EMK

$$E = \frac{1}{4F} (\mu''_{O_2} - \mu'_{O_2}) - \frac{\mu''_{MeO} - \mu^0_{MeO}}{2F} - \frac{\mu^0_{ZrO_2} - \mu_{ZrO_2(I)}}{4F} \tag{5.245}$$

$$E = \frac{RT}{4F} \ln \frac{p''_{O_2}}{p'_{O_2}} + \frac{1}{4F} (t_{Zr^{4+}} - 2t_{Me^{2+}}) \Delta G^0_{MeZrO_3} \tag{5.246}$$

Die Bildung intermediärer Oxidphasen ist bei Messungen an ZrO_2-Zellen mit Festkörper-Bezugselektroden zu berücksichtigen, die über längere Zeiten ausgedehnt werden. Als Beispiel seien die zur Messung der Sauerstoffaktivität in Metallschmelzen verwendeten Vergleichselektroden in Form von $Mo-MoO_2$-, $Cr-Cr_2O_3$- oder $Ni-NiO$-Pulvergemengen genannt. Die genannten Oxide können sowohl mit dem Zirkondioxid als auch mit dem zur Stabilisierung beigegebenen Kalziumoxid intermediäre Verbindungen bilden.

Bei Messungen in *desoxidierten* Metallschmelzen können an der Grenzfläche Schmelze/Elektrolyt Reaktionen zwischen abgeschiedenen Desoxydationsprodukten und dem festen Elektrolyten auftreten. Experimentelle Beobachtungen während der elektrochemischen Aufzeichnung des Desoxydationsablaufs in Eisenschmelzen deuten auf Vorgänge dieser Art hin. Dies gilt besonders für die Fällungsdesoxydation mit Silizium oder Aluminium, bei der SiO_2- bzw. Al_2O_3-reiche Desoxydationsprodukte entstehen, die sich als Niederschlag an der Oberfläche der ZrO_2-Elektrolyt-Zelle absetzen[1]. Ein Modellversuch an der Zelle

$$\text{Pt}|\text{Luft} \,\|\, Al_2O_3 \,\|\, ZrO_2\,(\text{CaO}) \,\|\, \text{Eisenschmelze}|\text{Fe}_{\text{fest}}$$

[1] Eine weitere Ursache für Fehlinterpretationen der EMK ist in diesem Fall in der verzögerten Ausfällung der Oxide und der damit verbundenen Sauerstoffübersättigung der Schmelzen zu sehen.

bei 1600 °C (Bild 5.155) gibt einen Hinweis in dieser Richtung [438]. Das in die Eisenschmelze eintauchende ZrO_2-Rohr trug eine aufgesinterte Ummantelung aus Aluminiumoxid. Die bei unterschiedlichen Sauerstoffgehalten der Schmelze gemessene EMK dieser Zelle (untere Gerade) zeigt beträchtliche negative Abweichungen von der EMK, die mit einer ZrO_2-ummantel-

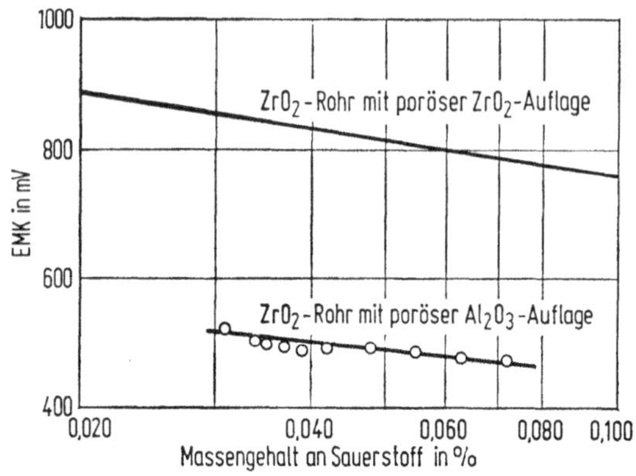

Bild 5.155. EMK der Zelle Pt|Luft | $ZrO_2(CaO)$ | Eisenschmelze bei 1600 °C in Abhängigkeit vom Sauerstoffgehalt der Schmelze nach W. A. Fischer und D. Janke [438]

a) Festelektrolyt mit poröser ZrO_2-Auflage; b) Festelektrolyt mit poröser Al_2O_3-Auflage

ten Zelle erhalten wurde (obere Gerade). Fehlmessungen in desoxidierten Metallschmelzen können auch bei Gegenwart oxidischer Verunreinigungen im Festelektrolyten entstehen. Wird die Sauerstoffaktivität in der Metallschmelze durch den Zusatz eines Desoxydationselements weit genug abgesenkt, so ist eine Reduktion der oxidischen Beimengungen Fe_2O_3, SiO_2, MgO und Al_2O_3 im angrenzenden Elektrolyten möglich [438]. Durch den Reduktionsvorgang kann an der Phasengrenze Schmelze/Elektrolyt eine Sauerstoffdiffusionsschicht aufgebaut und eine höhere Sauerstoffaktivität als in der Schmelze eingestellt werden.

In *nicht desoxydierten* Metallschmelzen wird nach längeren Meßzeiten an der Grenzfläche Schmelze/Elektrolyt eine Reaktion zwischen der sauerstoffhaltigen Schmelze und dem ZrO_2-Elektrolyten beobachtet. Bild 5.156 zeigt als Beispiel vier $ZrO_2(CaO)$-Meßzellen mit poröser $ZrO_2(CaO)$-Ummantelung, die bei 1600 °C 1 h lang in eine Eisenschmelze mit (a) 0,1% O; (b) 0,055% O; (c) 0,015% O bzw. (d) 0,003% O getaucht wurden [432]. Die Zellen wurden innen mit Luft gespült. Der Längsschnitt der Festelektrolytzelle (a) ist in Bild 5.157 wiedergegeben. Eine Sauerstoffanreicherung an der Phasengrenze Schmelze/ZrO_2 infolge der Sauerstoffpermeation wurde bereits im Abschnitt 5.4.3.2. beschrieben. Es muß vermutet werden, daß diese Sauerstoffanreicherung an der Grenzfläche bei höheren Sauerstoffdurchschnittsgehalten der Schmelzen

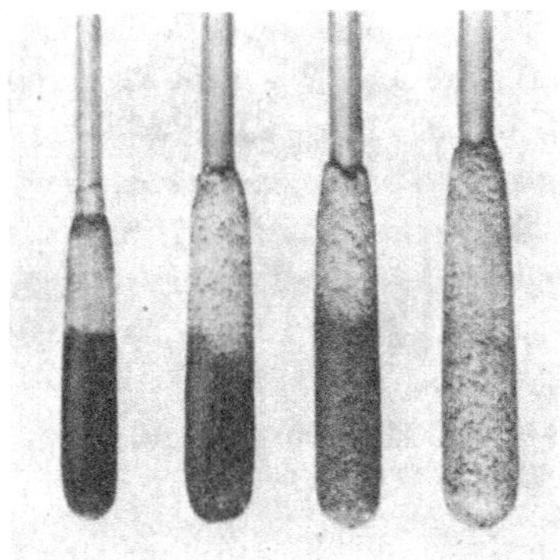

Bild 5.156. ZrO_2-Zellen mit poröser ZrO_2-Auflage nach einstündiger Messung in Eisenschmelzen nach W. A. Fischer und D. Janke [432]

Sauerstoffgehalte der Schmelzen: a) 0,1%; b) 0,055%; c) 0,015%; d) 0,003%

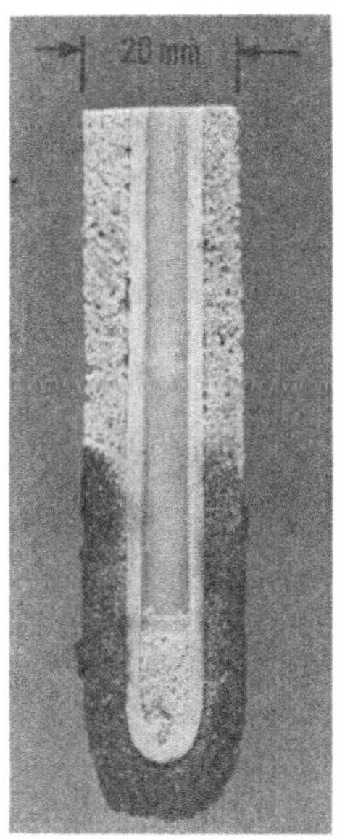

Bild 5.157. Längsschnitt einer Zirkondioxidzelle mit poröser ZrO_2-Auflage nach der Messung in einer Eisenschmelze [432]

bis zur Sauerstoffsättigung der Schmelze hinführt und damit die Bildung von flüssigem Eisen(II)oxid ermöglicht. Eine Reaktion der Eisenoxide mit der porösen ZrO_2-Schicht und der Oberfläche des dichtgesinterten ZrO_2-Rohres ist durch die Dunkelfärbung deutlich ausgewiesen.

Die kubische Fluoritphase des sauerstoffionenleitenden ZrO_2—CaO-Mischoxids bleibt auf Grund der röntgenographischen Untersuchungen von W. A. Fischerund A. Hoffmann [439 bis 441] bis zu einer Aufnahme von etwa 10 mol-% Eisenoxiden erhalten. Dieser Befund steht mit den experimentellen Beobachtungen im Einklang, daß die gemessenen Zellspannungen bis nahe der Sauerstoffsättigung der Eisenschmelzen nicht durch die Eisenoxidaufnahme des Festelektrolyten beeinträchtigt wurden. Sollte die Sauerstoffionenleitfähigkeit der intermediären FeO_n—CaO—ZrO_2-Phase bei höheren Eisenoxidgehalten in eine vorherrschende Elektronenleitfähigkeit übergehen, so folgt die gemessene Zellspannung der Beziehung (5.237) oder (5.240).

5.4.4.2. Abscheidung von Gasen aus Metallschmelzen

Auch die Bildung und Abscheidung von gasförmigen Reaktionsprodukten wie Kohlenmonoxid während des Frischens von kohlenstoffhaltigen Eisenschmelzen oder Phosphorpentoxid während der Desoxydation von Kupferschmelzen mit Phosphor kann die EMK-Messung mit Festelektrolytzellen beeinträchtigen.

Der Entkohlungsverlauf von Fe—C-Schmelzen wurde mit fest in den Tiegelboden eingebauten ZrO_2(CaO)-Zellen aufgezeichnet [442]. Beim Auftreten eines Siedeverzugs mit anschließendem Gasausbruch traten EMK-Abnahmen bis 40 mV auf. In dieser vorübergehenden Kochperiode ist die angezeigte EMK erheblichen Schwankungen unterworfen. Der Effekt kann als eine momentane Änderung des Sauerstoffpotentials an der Grenzfläche Schmelze/Festelektrolyt unter dem Einfluß der CO-Gasbildung betrachtet werden.

Erhebliche EMK-Fehlmessungen sind bei der Desoxydation *hochsauerstoffhaltiger* Kupferschmelzen mit Phosphor zu beobachten. Meßergebnisse für drei verschiedene Kupferschmelzen sind in Bild 5.158a in der Darstellung EMK gegen lg [% O] wiedergegeben [443][1]. Die Schmelzen enthielten anfangs 0,031, 0,097 bzw. 0,18% gelösten Sauerstoff. Die Darstellung läßt erkennen, daß in den Schmelzen vor der ersten Zugabe des Desoxydationsmittels die erwartete EMK gemessen wird, jedoch schon nach geringen Phosphorzugaben trotz einer starken Desoxydationswirkung nur eine schwache EMK-Änderung eintritt. Besonders ist hervorzuheben, daß die negativen EMK-Abweichungen umso größer sind, je höher der Anfangssauerstoffgehalt der Schmelzen gewählt wurde bzw. je größere Mengen an Desoxydationsprodukten gebildet und abgeschieden werden müssen.

Messungen in *sauerstoffarmen* Kupferschmelzen (Anfangssauerstoffgehalt 0,009%) zeigten nach der Phosphorzugabe dagegen die erwartete EMK (Bild 5.158b), wobei die mit steigenden Phosphorgehalten zunehmend positive EMK-Abweichung die desaktivierende Wirkung des Phosphors auf den gelösten Sauerstoff andeutet (der Wirkungsparameter e_O^P ist stark negativ). Zur Erklärung der beobachteten Fehlmessungen wird angenommen, daß der

[1] Die Sauerstoffgehalte wurden analytisch aus Saugproben bestimmt.

Phosphor aus hochsauerstoffhaltigen Kupferschmelzen in Form von Phosphor-Sauerstoff-Verbindungen abdampft[1]. Trifft diese Annahme zu, so sollte auch an der Grenzfläche Schmelze/Elektrolyt ständig P_2O_5-Gas freigesetzt und damit ein höheres Sauerstoffpotential $p_{P_2O_5}/p_{P_2}$ gegenüber dem der Schmelze eingestellt werden. Nach längeren Meßzeiten ist schließlich auch mit der Bildung einer intermediären $CaO-P_2O_5-ZrO_2$-Phase zu rechnen.

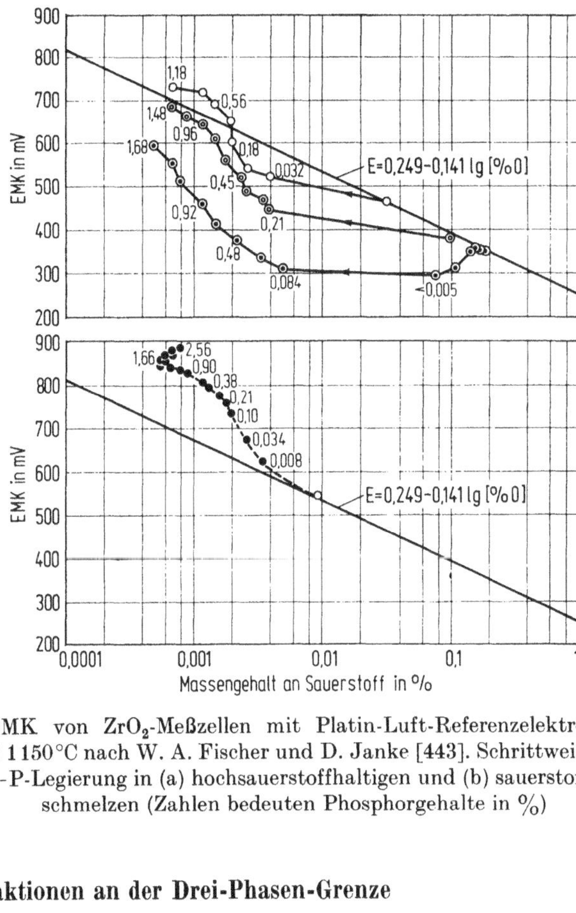

Bild 5.158. EMK von ZrO_2-Meßzellen mit Platin-Luft-Referenzelektrode in Kupferschmelzen bei 1150 °C nach W. A. Fischer und D. Janke [443]. Schrittweise Desoxydation mit einer Cu—P-Legierung in (a) hochsauerstoffhaltigen und (b) sauerstoffarmen Kupferschmelzen (Zahlen bedeuten Phosphorgehalte in %)

5.4.4.3. Reaktionen an der Drei-Phasen-Grenze Gas/Edelmetall/Oxidelektrolyt

Für die Anwendung reversibler Sauerstoffkonzentrationszellen in der Gasanalyse können relativ niedrige Betriebstemperaturen angestrebt werden. Diese bieten den Vorteil einer sehr geringen Sauerstoffpermeabilität der Elek-

[1] Eine Abdampfung von Phosphor-Sauerstoff-Verbindungen aus Eisenschmelzen wurde experimentell nachgewiesen [444].

trolyte auf der Grundlage von ZrO_2 bzw. ThO_2. Die Betriebstemperatur der Gasmeßzellen kann andererseits nicht wesentlich unter eine Grenze von etwa 600 °C herabgesetzt werden, da dann die Nernstsche EMK-Gleichung nicht mehr erfüllt wird.

Aus vorliegenden Untersuchungen geht hervor, daß die angegebene untere Temperaturgrenze von der Art und dem Aufbau der Elektroden abhängig ist. Dies ist z. B. aus Bild 5.159 zu ersehen [434]. In der hinsichtlich der Sauerstoffpartialdrücke symmetrischen Anordnung (einseitig geschlossenes Festelektrolytrohr)

$$Pt|O_2\ (1\ atm)\,\|\,ZrO_2(CaO)\,\|\,O_2\ (1\ atm)|Pt$$

wurde eine von der Temperatur und dem Aufbau der Außenelektrode abhängige *Asymmetriespannung* gemessen. Die Kurven gelten *a* für einen Ring aus 0,5 mm starkem Platindraht mit einer 9 mm dicken Ummantelung aus

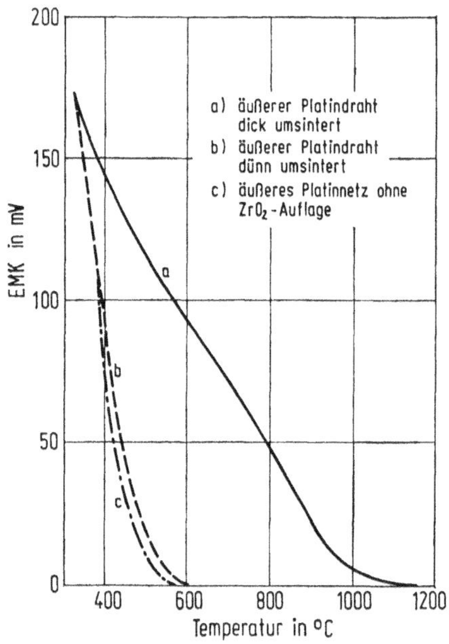

Bild 5.159. Asymmetriespannungen an der Zelle $Pt|O_2$ (1 atm) ‖ $ZrO_2(CaO)$ ‖ O_2 (1 atm)|Pt in Abhängigkeit von der Temperatur und dem Aufbau der Außenelektrode [434]

porösem $ZrO_2(CaO)$, *b* für den gleichen Ring mit einer 1 mm dicken $ZrO_2(CaO)$-Ummantelung und *c* für ein feinmaschiges Platinnetz ohne Ummantelung. Innen wurde in allen drei Fällen ein 0,5 mm starker Platin-Kontaktdraht verwendet, dessen unteres Ende 5 mm tief in poröses $ZrO_2(CaO)$ eingebettet war. Die Asymmetriespannung geht für die Außenelektroden *b* und *c* bei etwa 600 °C, für die dick ummantelte Außenelektrode a dagegen erst bei etwa 1100 °C gegen Null. Mit der gleichen Außenelektrode *a* wurden an der beschriebenen Zelle auch die Asymmetriespannungen bei Verwendung von Luft, Helium (10^{-2} Vol-% O_2) und Argon (10^{-3} Vol-% O_2) auf beiden Seiten des Elektrolyten ermittelt (Bild 5.160) [434]. Während in Sauerstoff und Luft bei

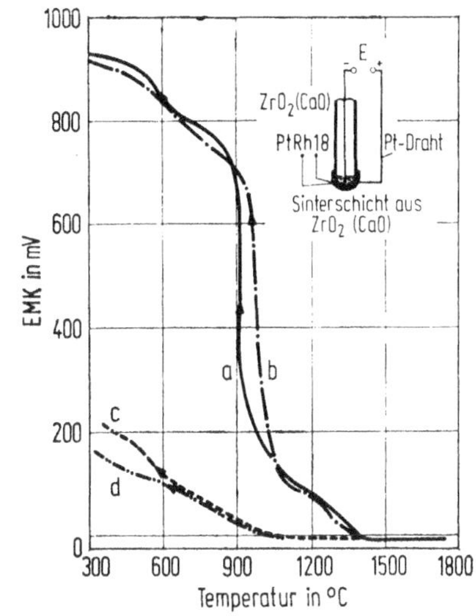

Bild 5.160. Asymmetriespannungen an der Zelle Pt|Gas | ZrO_2(CaO) | Gas|Pt in Abhängigkeit von der Temperatur und Gaszusammensetzung [434] a) Ar mit 0,001% O_2; b) He mit 0,01% O_2; c) Luft; d) Sauerstoff

400 °C Spannungen von 150 bis 200 mV erreicht werden, steigen diese Werte in Helium- und Argonatmosphäre auf 900 mV an. Diese Beobachtungen müssen zunächst ohne ausreichende Aufklärung hingenommen werden.

R. Hartung und H.-H. Möbius [445] gehen von der Annahme aus, daß von sauerstoffhaltigen Gasen umspülte Platinkontakte bei niedrigen Temperaturen nicht mehr als reversible Sauerstoffgaselektroden zu betrachten sind. Dazu wird das folgende Experiment an der Sauerstoffzelle

$$Pt|O_2 \,|\, ZrO_2(CaO) \,|\, Ag|O_2$$

angeführt. In dieser Zelle ist eine Stirnseite der Elektrolytscheibe platiniert und die andere mit einem Silbernetz belegt. Die Zelle wurde bei 800 °C in reinem Sauerstoff erhitzt und deren EMK anschließend bei langsamer Abkühlung gemessen (Bild 5.161).

Unterhalb 550 °C tritt eine meßbare Zellspannung auf. Diese läßt darauf schließen, daß in diesem Temperaturbereich nicht mehr das chemische Potential des reinen Sauerstoffs an der Drei-Phasen-Grenze $Pt|O_2|ZrO_2$(CaO) ausschlaggebend ist. Es muß vielmehr angenommen werden, daß sich Sauerstoff in der Oberfläche des Platins löst und undefinierte Pt—O-Mischphasen das Auftreten einer EMK bewirken[1]. Zum Vergleich sind die aus thermodynamischen Daten [446] berechneten Potentiale einiger definierter Platinoxide in Bild 5.161 eingezeichnet.

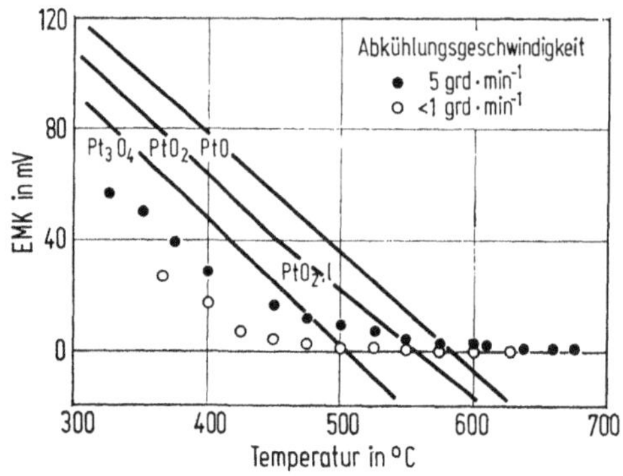

Bild 5.161. Asymmetriespannungen an der Zelle $Pt|O_2$ (1 atm) $\|$ $ZrO_2(CaO)$ $\|$ O_2 (1 atm)$|Ag$ in Abhängigkeit von der Temperatur nach R. Hartung und H.-H. Möbius [445]

Kommt es zur Bildung von Platinoxiden, so ist weiterhin eine Reaktion dieser Oxide mit den Komponenten des Festelektrolyten ZrO_2 und CaO zu berücksichtigen. Das Kalziumoxid bildet mit PtO_2 die Verbindungen $4CaO \cdot PtO_2$ und $CaO \cdot PtO_2$, die sich erst bei Temperaturen oberhalb 1035 bzw. 905 °C zersetzen [447].

Bei Temperaturen über 1000 °C kann das ZrO_2 unter stärker reduzierenden Bedingungen mit metallischem Platin unter Bildung stabiler intermetallischer Zr—Pt-Verbindungen, z. B. $ZrPt_3$, reagieren [447a].

5.4.5. Temperatureinflüsse

5.4.5.1. Temperaturmeßfehler

Zur korrekten Auswertung von EMK-Meßergebnissen ist eine genaue Temperaturmessung in der Festelektrolytzelle oder in deren unmittelbarer Nähe erforderlich. Allgemein gilt die Nernst'sche Gleichung:

$$E = \frac{R}{4F} (\ln p''_{O_2} - \ln p'_{O_2}) \cdot T \qquad (5.247)$$

[1] Da Silberoxid Ag_2O bei Temperaturen über 300 °C nicht beständig ist, kann die Ag/O_2-Elektrode in diesem Experiment als reversible Gaselektrode angesehen werden.

Die Sauerstoffpotentiale p''_{O_2} und p'_{O_2} sind für Inertgas-Sauerstoff-Gemische (Elektroden 1. Art) allein durch das Mischungsverhältnis vorgegeben, in allen anderen Fällen jedoch, in denen sie durch Gleichgewichtsphasen eingestellt werden (Elektroden 2. Art)[1], unterschiedlich stark von der Temperatur abhängig.

Die erforderliche Zuverlässigkeit der Temperaturmessung bei der elektrochemischen Bestimmung der Sauerstoffaktivität in Metallschmelzen sei an zwei Beispielen erläutert. Die EMK der Meßzelle ist hier durch die Gleichung

$$E = -\frac{\Delta G^0_{[O]}}{2F} - \frac{RT}{2F}\left(\ln a_{[O]} - \frac{1}{2}\ln p_{O_2}(\text{Ref.})\right) \qquad (5.248)$$

bestimmt. Darin bedeuten:

$\Delta G^0_{[O]}$ Freie Enthalpie der Auflösung von Sauerstoff in cal/g-Atom (leicht temperaturabhängig)

a_O Aktivität des gelösten Sauerstoffs

$p_{O_2}(\text{Ref.})$ Sauerstoffpartialdruck der Referenzelektrode in atm

T absolute Temperatur.

Wird eine Platin-Luft-Elektrode mit temperaturunabhängigem Sauerstoffpartialdruck $p_{O_2}(\text{Ref.})$ in der Meßzelle verwendet, so ergibt sich für die EMK nach Gleichung (5.248) bei gleichbleibender Sauerstoffaktivität eine schwache Temperaturabhängigkeit. Dies wird in Bild 5.162 an Hand dreier Eichgeraden für sauerstoffhaltige Reineisenschmelzen bei 1540, 1600 und 1660 °C verdeutlicht [432].

Ein stärkerer Temperatureinfluß macht sich unter gleichen Bedingungen bei der Verwendung einer $Cr-Cr_2O_3$-Elektrode mit temperaturabhängigem Sauerstoffpartialdruck $p_{O_2}(\text{Ref})$. bemerkbar (Bild 5.163) [432]. Eine Verschiebung der Meßtemperatur von 1600 auf 1660 °C hat hier beispielsweise bei gleicher EMK-Anzeige eine Änderung des Sauerstoffgehalts von 80 auf 120 ppm zur Folge. Die gleiche Temperaturverschiebung bewirkt dagegen nur eine geringe Abweichung des Sauerstoffgehalts von 80 auf 84 ppm, wenn gegen eine Platin-Luft-Elektrode gemessen wird.

5.4.5.2. Thermospannungen

Befinden sich die Potentialabgriffe in einer Festelektrolytzelle nicht auf gleicher Temperatur, so enthält die gemessene Zellspannung neben der rein galvanischen EMK eine für den Festelektrolyten (und gegebenenfalls auch die Elektroden)

---

[1] z. B. H_2O-H_2-Gasmischungen, Metall-Metalloxid-Gemenge, sauerstoffhaltige Metallschmelzen.

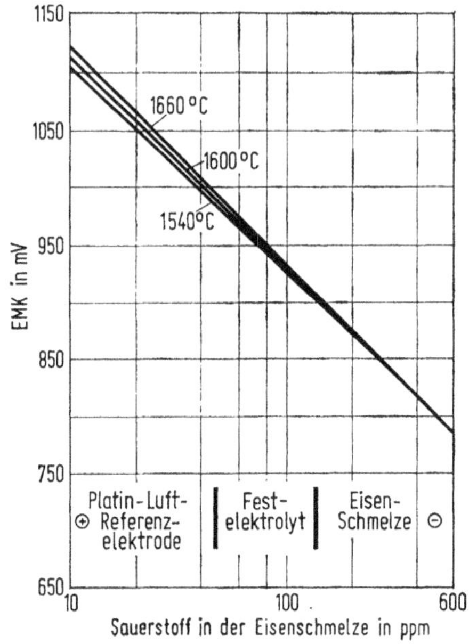

Bild 5.162. Berechnete EMK der Zelle Pt|Luft | $ZrO_2(CaO)$ | Eisenschmelze für unterschiedliche Temperaturen und Sauerstoffgehalte der Schmelze [432]

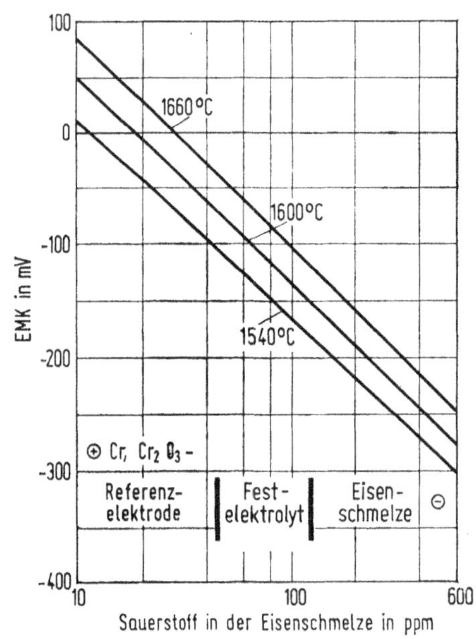

Bild 5.163. Berechnete EMK der Zelle Cr, Cr_2O_3 | $ZrO_2(CaO)$ | Eisenschmelze für unterschiedliche Temperaturen und Sauerstoffgehalte der Schmelze [432]

charakteristische Thermospannung:

Zellspannung = galvanische EMK + Thermospannung (Elektrolyt, Elektroden)

Thermospannungen gebräuchlicher Oxidelektrolyte wurden in Abschnitt 3.3.5 angegeben.

Außerdem ist die Thermospannung zu berücksichtigen, die bei Temperaturgleichheit in der Zelle, aber unterschiedlichen metallischen Zuleitungen auftritt:

Zellspannung = galvanische EMK + Thermospannung (Metallzuleitungen)

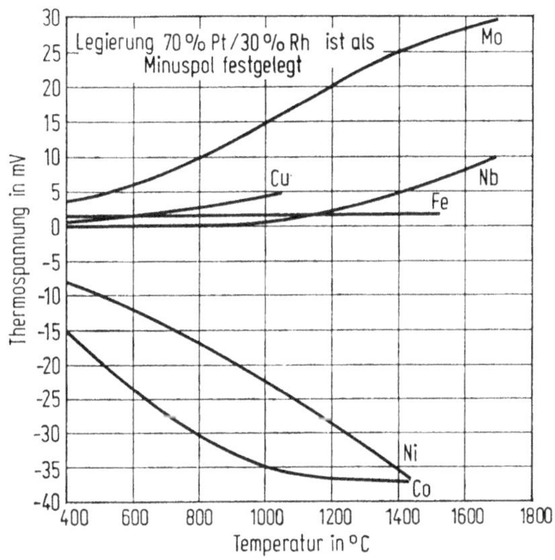

Bild 5.164. Thermospannungen verschiedener Metalle gegen die Legierung 70% Pt/30% Rh (positiver Schenkel des Thermoelements PtRh 18) nach W. A. Fischer und G. Pateisky [448]

In Bild 5.164 sind Thermospannungen einiger Metalle zusammengestellt, die in Hochtemperaturzellen mit sauerstoffionenleitenden Festelektrolyten verwendet werden [448]. Die Thermospannungen sind sämtlich auf die Legierung 70% Pt/30% Rh als Minuspol bezogen, die als positiver Schenkel des zur Temperaturmessung weit verbreiteten Thermoelements PtRh 18 verwendet wird:

$$\oplus \text{ Metall X}/70\% \text{ Pt, } 30\% \text{ Rh } \ominus$$

Bild 5.165 gibt die Thermospannungen der Legierungen 70% Pt/30% Rh und 94% Pt/6% Rh gegen Iridium wieder [449]. Iridium ist bei sehr hohen Temperaturen in H_2-Atmosphäre ein geeigneter Meßdraht.

Anstelle von Metallen können auch metallkeramische Werkstoffe (Cermets) als Potentialabgriffe an Sauerstoffmeßzellen benutzt werden. Ihre Anwendung muß jedoch auf niedrige Sauerstoffpartialdrücke an der jeweiligen Elektrode beschränkt bleiben, da die leitfähigkeitsbestimmende Metallkomponente der Cermets bei hohen Temperaturen im allgemeinen leicht oxydierbar ist [450]. Ein metallisch leitendes Cermet der Zusammensetzung 30% Nb/70% stabilisiertes ZrO_2 z. B. ergab in der Zelle

$$\text{Mo, MoO}_2 \,\|\, \text{ZrO}_2\text{(CaO)} \,\|\, \text{Eisenschmelze} \,|\, \text{Cermet}$$

bei 1600 °C bis zu Sauerstoffgehalten von höchstens 0,025% ($p_{O_2} = 10^{-10}$ atm) zuverlässige Meßwerte [448].

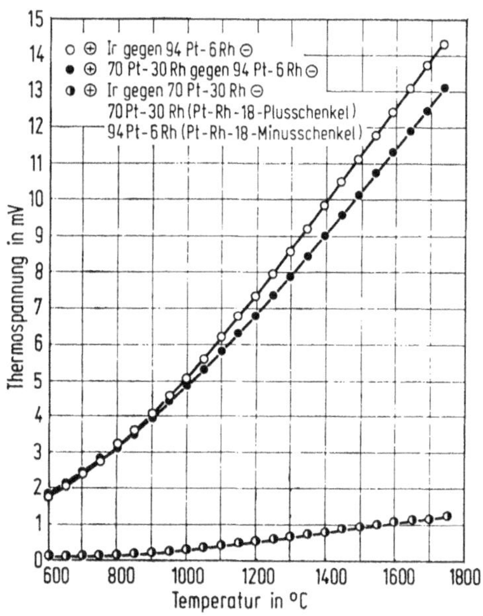

Bild 5.165. Thermospannungen verschiedener Edelmetallpaare nach W. A. Fischer und D. Janke [449]

Literatur

1. Schäfer, R.: Elektrochemische Untersuchungen metallurgischer Vorgänge an kohlenstoffhaltigen Eisenschmelzen und die Messung elektromotorischer Kräfte zwischen Metalloxiden bei hohen Temperaturen im System $FeO-Al_2O_3$. Dissert. Univ. Bonn, 1952.
2. Fischer, W. A., Schäfer, R.: Arch. Eisenhüttenw. 24 (1953) 105.
3. Fischer, W. A., Hoffmann, A.: Arch. Eisenhüttenw. 28 (1957) 739.
4. Kiukkola, K., Wagner, C.: J. Electrochem. Soc. 104 (1957) 308.
5. Kiukkola, K., Wagner, C.: J. Electrochem. Soc. 104 (1957) 379.

6. Peters, H., Möbius, H.-H.: Z. phys. Chem. 209 (1958) 298.
7. Peters, H., Möbius, H.-H.: Naturwiss. 45 (1958) 309.
8. Möbius, H.-H.: Z. Chem. 2 (1962) 100.
9. Möbius, H.-H.: Z. Chem. 4 (1964) 81.
10. Weissbart, J., Ruka, R.: Rev. sci. Instruments 32 (1961) 593.
11. Weissbart, J., Ruka, R.: J. Electrochem. Soc. 109 (1962) 723.
12. Weissbart, J., Ruka, R.: Fuel Cells 2 (1963) 37.
13. Schmalzried, H.: Z. Elektrochemie, Ber. Bunsenges. phys. Chemie 66 (1962) 572.
14. Schmalzried, H.: Z. phys. Chem. N. F. 38 (1963) 87.
15. Alcock, C. B., Belford, T. N.: Trans. Faraday Soc. 60 (1964) 822.
16. Belford, T. N., Alcock, C. B.: Trans. Faraday Soc. 61 (1965) 443.
17. Cavanaugh, Ch. R., Elliott, J. F.: Trans. Met. Soc. AIME 230 (1964) 633.
18. Osterwald, J.: Elektrochemische Gleichgewichtsuntersuchungen am System Kupfer–Sauerstoff zwischen 1065 und 1300°C. Hb.-Schr. Techn. Univ., Berlin 1965; Z. phys. Chem. N. F. 49 (1966) 138.
19. Pluschkell, W., Engell, H.-J.: Z. Metallkde. 56 (1965) 450.
20. Rickert, H., Wagner, H., Steiner, R.: Chem.-Ing.-Techn. 38 (1966) 618.
21. Gotó, K., Matsushita, Y.: Tetsu-to-Haganė 52 (1966) 827.
22. Ohtani, M., Sanbongi, K.: Tetsu-to-Haganė 48 (1962) 534.
23. Ohtani, M., Sanbongi, K.: Tetsu-to-Haganė 49 (1963) 22.
24. Luzgin, W. P., Vischkarev, A. F., Javoiskij, W. J.: Izv. Vyssich Ucebnich Zavedeni Cernaja Metallurgija 5 (1963) 44.
25. Fischer, W. A., Ackermann, W.: Arch. Eisenhüttenw. 36 (1965) 643 und 695.
26. Fischer, W. A.: DBP 1296834 (5. 1. 1963).
27. Fischer, W. A.: Berg- und hüttenmänn. Mh. 113 (1968) 141.
28. Fischer, W. A., Janke, D.: Arch. Eisenhüttenw. 41 (1970) 1027.
29. Fischer, W. A., Pateisky, G.: Arch. Eisenhüttenw. 41 (1970) 661.
30. Dastur, M. N., Chipman, J.: I. Metals, Trans. 185 (1949) 441.
31. Fischer, W. A., Ackermann, W.: Arch. Eisenhüttenw. 37 (1966) 43.
32. Fischer, W. A., Ackermann, W.: Arch. Eisenhüttenw. 37 (1966) 697.
33. Fischer, W. A., Haussmann, M.: Elektrochemische Messungen an Eisen–Sauerstoff-Schmelzen, Köln–Opladen: Forschungsber. des Landes NRW Nr. 1804, 1967.
34. Fischer, W. A., Janke, D.: Arch. Eisenhüttenw. 39 (1968) 89.
35. Körber, F., Oelsen, W.: KWI-Mitt. 14 (1932) 181.
36. Taylor, C. R., Chipman, J.: Trans. AIME (1943) 154 u. 228.
37. Fischer, W. A., vom Ende, H.: Arch. Eisenhüttenw. 23 (1952) 21.
38. Gocken, N. A.: J. Metals 8 (1956) 1558.
39. Averin, V. V., Polyakov, A. Y., Samarin, A. M.: Trans. 3rd Conf. Physico-Chemical Fundamentals of Steel Production, AN SSSR (1957) 201.
40. Tankins, E. S., Gokcen, N. A., Belton, G. R.: Trans. Metallurg. Soc. AIME 230 (1964) 820.
41. Belov, B. F., Novochatskij, J. A., Lobanov, Y. A.: Russian Metallurgy (Metally) No. 3 (1967) 19.
42. Wriedt, H. A., Chipman, J.: J. Metals 7 (1955) 477.
43. Bowers, J. E.: J. Inst. Metals 90 (1961–62) 321.
44. Fischer, W. A., Janke, D., Ackermann, W.: Arch. Eisenhüttenw. 41 (1970) 361.
45. Fischer, W. A., Janke, D.: Metall 26 (1972) 1123.
46. Fischer, W. A., Janke, D.: Arch. Eisenhüttenwes. 40 (1969) 707.
47. Fischer, W. A., Janke, D.: Arch. Eisenhüttenw. 42 (1971) 249.
48. Fischer, W. A., Haussmann, M.: Arch. Eisenhüttenw. 37 (1966), 959.
49. Fischer, W. A., Janke, D.: Arch. Eisenhüttenw. 42 (1971) 691.
50. Floridis, T. P., Chipman, J.: Trans. Met. Soc. AIME 212 (1958) 549.

51. Wagner, C.: Thermodynamics of Alloys, Cambridge, Mass.: Addison—Wesley 1952.
52. Fischer, W. A., Janke, D.: Arch. Eisenhüttenw. 42 (1971) 695.
53. Fruehan, R. J.: Metallurg. Trans. 1 (1970) 2083.
54. Fruehan, R. J.: Metallurg. Trans. 1 (1970) 3403.
55. Fruehan, R. J.: Trans. Met. Soc. AIME 242 (1968) 2007.
56. Fruehan, R. J.: Trans. Met. Soc. AIME 245 (1969) 1215.
57. Rohde, L. E., Choudhury, A., Wahlster, M.: Arch. Eisenhüttenw. 42 (1971) 165.
58. Fischer, W. A., Bertram, H.: Arch. Eisenhüttenw. 44 (1973) 87.
59. Fischer, W. A., Janke, D.: Z. Metallkde. 62 (1971) 747.
60. Čerkasov, P. A., Fischer, W. A.: Arch. Eisenhüttenw. 42 (1971) 699.
61. Fischer, W. A., Ackermann, W.: Arch. Eisenhüttenw. 37 (1966) 779.
62. El-Naggar, M. M. A., Parlee, N. A. D.: Metallurg. Trans. 2 (1971) 909.
63. Nanda, Ch. R., Geiger, G. H.: Metallurg. Trans. 1 (1970) 1235.
64. Janke, D., Fischer, W. A.: Arch. Eisenhüttenw. 44 (1973) 15.
65. Gotó, K., St. Pierre, G. R.: Tetsu-to-Haganè 49 (1963) 1873.
66. Wilder, T. C., Galin, W. E.: Trans. Met. Soc. AIME 245 (1969) 1287.
67. Trondsen, J., Bolsaitis, P.: Metallurg. Trans. 1 (1970) 2022.
68. Moriyama, J., Kozuka, Z.: Memoirs of the Faculty of Engineering, Kyoto University, Vol. 31, Part 4 (1969) 588.
69. Fruehan, R. J.: Metallurg. Trans. 1 (1970) 865.
70. Schwerdtfeger, K.: Trans. Met. Soc. AIME 239 (1967) 1276.
71. Schwerdtfeger, K., Engell, H.-J.: Arch. Eisenhüttenw. 35 (1964) 365.
72. Ancey-Moret, M. F., Olette, M., Richardson, F. D.: Mém. sci. Rev. Métallurg. 61 (1964) 169.
73. Ramstad, H. F., Richardson, F. D., Bowles, P. J.: Trans. Met. Soc. AIME 221 (1961) 1020.
74. Coughlin, J. P.: U. S. Bur. Mines, Bull. No. 542 (1954).
75. Gerlach, J., Osterwald, J., Stichel, W.: Z. Metallkde. 59 (1968) 576.
76. Karpachov, S., Filjajev, A.: Z. phys. Chem. 237 (1968) 284.
77. Fischer, W. A., Pateisky, G.: Elektrochemische Messungen an Inertgas—Sauerstoff—Gemischen, Köln—Opladen: Forschungsber. des Landes NRW Nr. 2154, 1970.
78. Yanagida, H., Brook, R. J., Kröger, F. A.: J. electrochem. Soc. 117 (1970) 593.
79. Iskoe, J., Worrell, W. L.: Priv. Mitt. in: K. Gotó, W. Pluschkell: Oxygen Concentration Cells (Physics of Electrolytes, Ed. J. Hladik, London, New York: Academic Press, 1972).
80. Gotó, K., Someno, M., Sano, M., Nagata, K.: Metallurg. Trans. 1 (1970) 23.
81. Bazán, J.: Electrochimica Acta 13 (1968) 1883.
82. Rickert, H., El Miligy, A. A.: Z. Metallkde. 59 (1968) 635.
83. Sano, N., Honma, S., Matsushita, Y.: Metallurg. Trans. 1 (1970) 301.
84. Osterwald, J., Schwarzlose, G.: Z. phys. Chem. N. F. 62 (1968) 119.
85. Diaz, C., Masson, C. R., Richardson, F. D.: Trans. Inst. Met. 75 (1966) C 183.
86. Honma, S., Sano, N., Matsushita, Y.: Metallurg. Trans. 2 (1971) 1494.
87. Masson, C. R., Whitenay, S. G.: Can. Met. Quart. 6 (1967) 199.
88. Otsuka, S., Katayama, J., Kozuka, Z.: Trans. Japan. Inst. Met. 12 (1971) 442.
89. Öberg, K. E., Friedman, L. M., Boorstein, W. M., Rapp, R. A.: Metallurg. Trans. 4 (1973) 61.
90. Kramss, J., Frohberg, M. G., Kapoor, M. L.: Metall 25 (1971) 1127.
91. Öberg, K. E., Friedman, L. M., Szwarc, R., Boorstein, W. M., Rapp, R. A.: J. Iron Steel Inst. 210 (1972) 359.
92. Rickert, H., Steiner, R.: Z. phys. Chem. N. F. 49 (1966) 127.
93. Rickert, H., Steiner, R.: Naturwiss. 52 (1965) 451.
94. Pastorek, R. L., Rapp, R. A.: Trans. Met. Soc. 245 (1969) 1711.

95. Gatellier, C., Torssell, K., Olette, M.: C.R.A.S. 266 (1968) 1753.
96. Duckwitz, C. A., Förster, E., Richter H.: Arch. Eisenhüttenw. 39 (1968) 333.
97. Fischer, W. A., Wahlster, M.: Arch. Eisenhüttenw. 28 (1957) 601.
98. Fischer, W. A., Pateisky, G.: Arch. Eisenhüttenw. 41 (1960) 661.
99. Matoba, S., Gunji, K., Kuwana, T.: Tetsu-to-Hagané 45 (1959) 229.
100. Körber, F., Oelsen, W.: Mitt. KWI f. Eisenforschg. 17 (1935) 39.
101. v. Bogdandy, L., Förster, E., Klapdar, W., Richter, H.: Stahl u. Eisen 89 (1969) 704.
102. Förster, E., Richter, H.: Radex-Rundschau (1969) 518.
103. Alcock, C. B., Belford, T. N.: Trans. Farad. Soc. 60 (1964) 822.
104. Belford, T. N., Alcock, C. B.: Trans. Farad. Soc. 61 (1965) 443.
105. Gerlach, J., Osterwald, J., Stichel, W.: Z. Metallkde. 59 (1968) 576.
106. Öberg, K. E., Friedman, L. M., Boorstein, W. M., Rapp, R. A.: Metallurg. Trans. 4 (1973) 75.
107. Rickert, H., El Miligy, A. A.: Z. Metallkde. 59 (1968) 635.
108. Fischer, W. A., Janke, D.: 23rd Meeting of the Internat. Soc. of Electrochemistry, Stockholm, Sept. 1972. Extended Abstracts.
109. Fischer, W. A., Janke, D.: Scripta Metallurgica 6 (1972) 923.
110. Korousic, B., Marinček, B.: Schweizer Archiv (1968) 209.
111. Janke, D., Fischer, W. A.: unveröffentlichte Ergebnisse (1972).
112. Janke, D., Fischer, W. A.: Proc. Advanced Study Institute: Fast Ion Transport in Solids. Solid State Batteries and Devices, Belgirate/Italy, Sept. 1972. Amsterdam: North Holland 1973.
112a. Geller, R. F., Creamer, A. S., Bunting, E. N.: J. Research Nat. Bur. Standards 13 (1934) 243.
113. Wu, Y. C., Gotó, K., Matsushita, Y.: Tetsu-to-Hagané 50 (1964) 3.
114. Charette, G. G., Flengas, S. N.: Canad. Metallurg. Quart. 7 (1968) 191.
115. Lenart, L., Korousič, B., Marinček, B.: Schweizer Archiv 35 (1969) 277.
116. Kozuka, Z., Samis, C. S.: Metallurg. Trans. 1 (1970) 871.
117. Kapoor, M. L., Frohberg, M. G.: Arch. Eisenhüttenw. 42 (1971) 5.
118. Temkin, M.: Acta Physicochim., URSS 20 (1945) 411.
119. Kozuka, Z., Siahaan, O. P., Moriyama, J.: Trans. Japan Inst. Metals 9 (1968) 200.
120. Ray, H. S.: Indian J. Chem. 6 (1968) 736 u. 738.
121. Elliott, J. F., Gleiser, M., Ramakrishna, V.: Thermochemistry for Steelmaking, vol. 2. Reading, Mass./ Palo Alto/London 1963.
122. Treadwell, W. D.: Z. Elektrochem. 22 (1916) 414.
123. Kiukkola, K., Wagner, C.: J. Electrochem. Soc. 104 (1957) 308.
124. Kiukkola, K., Wagner, C.: J. Electrochem. Soc. 104 (1957) 379.
125. Peters, H., Möbius, H.-H.: Z. phys. Chem. 209 (1958) 298.
126. Peters, H., Möbius, H.-H.: Naturwiss. 45 (1958) 309.
126a. Muan, A., Osborn, E. F.: Phase Equilibria among Oxides in Steelmaking, Reading/ Mass.: Addison-Wesley 1965.
127. Fischer, W. A., Pateisky, G.: Arch. Eisenhüttenw. 41 (1970) 661.
128. Gotó, K., Matsushita, Y.: Tetsu-to-Hagané 49 (1963) 1436.
129. Tretjakov, J. D., Schmalzried, H.: Ber. Bunsenges. phys. Chemie 69 (1965) 396.
130. Rizzo, H. F., Gordon, R. S., Cutler, I. B.: In: Mass Transport in Oxides, U. S. Dept. of Commerce, Nat. Bur. Standards 1967.
131. Charette, G. G., Flengas, S. N.: J. Electrochem. Soc. 115 (1968) 796.
132. Moriyama, J., Sato, N., Asao, H., Kozuka, Z.: Memoirs of the Faculty of Engineering, Kyoto University, vol., 31 part 2 (1969) 253.
133. Barbi, G.: J. Phys. Chem. 68 (1964) 1025.
134. Barbi, G.: J. Phys. Chem. 68 (1964) 2912.
135. Rizzo, F. E., Smith, J. V.: J. Phys. Chem. 72 (1968) 485.

136. Rizzo, H. F., Gordon, R. S., Cutler, I. B.: J. Electrochem. Soc. 116 (1969) 266.
136a. v. Bogdandy, L., Engell, H.-J.: Die Reduktion der Eisenerze. Berlin, Heidelberg, New York: Springer u. Düsseldorf: Verlag Stahleisen mbH 1967.
137. Sockel, H.-G., Schmalzried, H.: Ber. Bunsenges. phys. Chemie 72 (1968) 745.
138. Darken, L. S., Gurry, R. W.: J. Amer. Chem. Soc. 68 (1946) 798.
139. Blumenthal, R. N., Whitmore, D. H.: J. Amer. Ceram. Soc. 44 (1961) 508.
140. Bryant, P. E. C., Smeltzer, W. W.: J. Electrochem. Soc. 116 (1969) 1409.
141. Schwerdtfeger, K.: Trans. Met. Soc. AIME 239 (1967) 1276.
142. Schwerdtfeger, K., Muan, A.: Trans. Met. Soc. AIME 239 (1967) 1114.
143. Wagner, C., Koch, E.: Z. phys. Chem. B 32 (1936) 439.
144. v. Baumbach, H. H., Wagner, C.: Z. phys. Chem. B 24 (1934) 59.
145. Engell, H.-J., Hauffe, K.: Z. Elektrochem. Ber. Bunsenges. phys. Chemie 57 (1953) 762.
146. Markin, T. L., Roberts, L. E. J., Walter, A.: In: Thermodynamics of nuclear materials, Vienna, IAEA 1962, S. 693.
147. Pizzini, S., Morlotti, R.: J. Electrochem. Soc. 114 (1967) 1179.
148. Tretyakov, J. D., Rapp, R. A.: Trans. Met. Soc. AIME 245 (1969) 1235.
149. Pluschkell, W., Engell, H.-J.: Z. Metallkde. 56 (1965) 450.
150. Wilder, T. C.: Trans. Met. Soc. AIME 236 (1966) 1035.
151. Rizzo, F. E., Bidwell, L. R., Frank, D. F.: Trans. Met. Soc. AIME 239 (1967) 593.
152. Bidwell, L. R.: J. Electrochem. Soc. 114 (1967) 30.
153. Hauffe, K.: Reaktionen in und an festen Stoffen, 2. Aufl. Berlin, Heidelberg, New York: Springer 1966, S. 182.
154. Wilder, T. C., Galin, W. E.: Trans. Met. Soc. 245 (1969) 1287.
155. Hauffe, K.: Reaktionen in und an festen Stoffen, 2. Aufl. Berlin, Heidelberg, New York: Springer 1966, S. 201.
156. Gotó, K., Matsushita, Y.: Tetsu-to-Hagané 49 (1963) 1436.
157. Belford, T. N., Alcock, C. B.: Trans. Faraday Soc. 61 (1965) 443.
158. Wagner, C.: J. chem. Phys. 21 (1953) 1819.
159. Alcock, C. B., Belford, T. N.: Trans. Faraday Soc. 60 (1964) 822.
160. Heyne, L.: Philips Res. Rep. Suppl. 1961, Nr. 4.
161. Yakovleva, M. S., Ariya, S. M.: J. Phys. Chem. URSS 37 (1963) 1631.
162. Fischer, W. A., Janke, D.: unveröffentlichte Ergebnisse.
163. Drobyshev, W. N., Rezukhina, T. N.: Zhur. Fiz. Khim. 39 (1965) 151.
164. Worell, W. L.: In: Thermodynamics of nuclear materials, IAEA, Vienna 1966, vol. I, S. 131.
164a. Ignatowicz, S., Davies, M. W.: J. Less-Common Metals 15 (1968) 100.
165. Barbi, G.: Z. Naturforsch. 23a (1968) 800.
166. Hiraoka, T., Sano, N., Matsushita, Y.: Tetsu-to-Hagané 55 (1969) 470.
167. Blumenthal, R. N., Moser, J. B., Whitmore, D. H.: J. Amer. Ceram. Soc. 48 (1965) 617.
168. Alcock, C. B., Zador, S., Steele, B. C. H.: Proc. Brit. Ceram. Soc. 8 (1967) 231.
169. Kofstad, P., Anderson, P. B.: J. Phys. Chem. Solids 21 (1961) 280.
170. Kofstad, P.: J. Phys. Chem. Solids 23 (1962) 1571.
171. Dneprova, V. G., Rezukhina, T. N., Gerassimov, Ya. I.: Russ. J. Phys. Chem. 42 (1968) 802.
172. Fischer, W. A., Janke, D.: unveröffentlichte Ergebnisse.
173. Tretjakov, J. D.: Inorganic Materials 2 (1966) 432.
174. Pugliese, L. A., Fitterer, G. R.: Metallurg. Trans. 1 (1970) 1997.
175. Fruehan, R. J.: Trans. Met. Soc. AIME 242 (1968) 2007.
176. Fruehan, R. J., Martonik, L. J., Turkdogan, E. T.: Trans. Met. Soc. AIME 245 (1969) 1501.

177. v. Bogdandy, L., Förster, E., Klapdar, W., Richter, H.: Stahl u. Eisen 89 (1969) 704.
178. Fischer, W. A., Janke, D.: Hutnik, Katowice 39 (1972) 11.
179. Förster, E., Richter, H.: Arch. Eisenhüttenw. 40 (1969) 475.
180. Hauffe, K., Block, J.: Z. phys. Chem. 198 (1951) 232.
181. Fischer, W. A., Lorenz, G.: Arch. Eisenhüttenw. 28 (1957) 497.
182. Fischer, W. A., Lorenz, G.: Z. phys. Chem. N. F. 18 (1958) 265 u. 308.
183. Rapp, R. A.: Trans. Met. Soc. AIME 227 (1963) 371.
184. Drobyschev, W. N., Rezukhina, T. N., Tarasova, L. A.: Zhur. Fiz. Khim. 39 (1965) 141.
184a. Chastant, M., Gatellier, C., Ion, M., Olette, M.: IRSID-Report RE 138, Okt. 1973; s. a. Circ. Inform. techn. 31 (1974) Nr. 4, S. 951.
185. Hauffe, K.: Reaktionen in und an festen Stoffen, 2. Aufl. Berlin, Heidelberg, New York: Springer 1966, S. 219 u. 365.
186. Gerassimov, Y. J., Vasileva, I. A., Chosova, T. P., Timofeeva, M. A.: Russ. J. Phys. Chem. 36 (1962) 180.
187. Rizzo, F. E., Bidwell, L. R., Frank, D. F.: Trans. Met. Soc. AIME 239 (1967) 1901.
188. Barbi, G.: Trans. Faraday Soc. 62 (1966) 1589.
189. Kubaschewski, O., Evans, E. LL., Alcock, C. B.: Metallurgical Thermochemistry, 4. Aufl., Oxford/London: Pergamon Press 1967.
190. Fischer, W. A., Janke, D.: Arch. Eisenhüttenw. 40 (1969) 707.
191. Levin, E. M., Robbins, C. R., McMurdie, H. F.: Phase Diagrams for Ceramists, Columbus/Ohio 1964, S. 41.
192. Hauffe: K. Reaktionen in und an festen Stoffen, 2. Aufl. Berlin, Heidelberg, New York: Springer 1966, S. 208.
193. Blumenthal, R. N., Whitmore, D. H.: J. Electrochem. Soc. 110 (1963) 92.
194. Sanbongi, K., Suzuki, K.: Tetsu-to-Haganê 55 (1969) 73.
195. Suzuki, K., Sanbongi, K.: 2. Japan-USSR Joint Symposium on Physical Chemistry of Metallurgical Processes 1969, ISIJ, Special Report No. 10, S. 23.
196. Levin, E. M., Robbins, C. R., McMurdie, H. F.: Phase Diagrams for Ceramists, Columbus/Ohio 1964, S. 37.
197. Kuznetsov, F. A., Belyi, V. J., Rezukhina, T. N., Gerassimov, Y. J.: Dokl. Akad. Nauk SSR 139 (1961) 1405.
198. Markin, T. L., Bones, R. J., Wheeler, V. J.: Proc. Brit. Ceram. Soc. 8 (1967) 51.
199. Bevan, D. J. M., Kerdis, J.: J. Inorg. Nucl. Chem. 26 (1964) 1509.
200. Minushkin, B., Kissel, G.: In: Corrosion by Liquid Metals, Eds.: J. E. Draley, J. R. Weeks, New York/N. Y.: Plenum Press 1970.
201. Elliott, J. F., Gleiser, M.: Thermochemistry for Steelmaking, vol. 1, Reading, Mass./London, 1960.
202. Kleykamp, H.: Z. Phys. Chem. N. F. 66 (1969) 131.
203. Kleykamp, H.: Z. Phys. Chem. N. F. 67 (1969) 277.
204. Kleykamp, H.: Z. Phys. Chem. N. F. 71 (1970) 142.
205. Chatterij, D., Vest, R. W.: J. Amer. Ceram. Soc. 54 (1971) 73.
206. Pizzini, S., Rossi, L.: Z. Naturforschung 26a (1971) 177.
207. Schmahl, N. G., Minzl, E.: Z. Phys. Chem. N. F. 41 (1964) 78.
208. Merten, U., Bell, W. E.: GA-4500 (1963).
209. Schmahl, N. G., Minzl, E.: Z. Phys. Chem. N. F. 47 (1965) 142.
210. Bell, W. E., Inyard, R. E., Tagami, M.: J. Phys. Chem. 70 (1966) 3735.
211. Warner, J. S.: J. Electrochem. Soc. 114 (1967) 68.
212. Quarterly Reviews 15 (1961) 442, zitiert in: L. E. J. Roberts, Advances in Chemistry Series 39 (1963) 66.
Roberts, L. E. J.: Science of Ceramics 4 (1968) 329.
213. Aronson, S., Belle, J.: J. Chem. Phys. 29 (1958) 151.

214. Markin, T. L., Bones, R. J.: U. K. A. E. A. Report AERE R 4042 (1962).
215. Markin, T. L., Roberts, L. E. J., Walter, A.: In: Thermodynamics of nuclear materials, Vienna, IAEA, 1962, S. 693.
216. Kiukkola, K., Wagner, C.: Acta chem. Scand. 16 (1962) 327.
217. Markin, T. L., Rand, M. H.: In: Thermodynamics of nuclear materials, Vienna, IAEA, 1966, vol. I, S. 145.
218. Engell, H.-J.: Z. Phys. Chem. N. F. 35 (1962) 192.
219. Gordeev, I. V., Tretjakov, J. D., Komjakov, K. G.: Vestn. Mosk. Univ. Ser. II, Khim. 18 (1963) 59.
220. Seetharaman, S., Abraham, K. P.: Indian J. Technology 6 (1968) 123.
221. Seetharaman, S., Abraham, K. P.: Trans. Inst. Min. Met. C 77 (1968) 209.
222. Cameron, D. J., Unger, A. E.: Metallurg. Trans. 1 (1970) 2615.
223. Seetharaman, S., Abraham, K. P.: Scripta Met. 3 (1969) 911.
224. Foster, P. K., Welch, A. J. E.: Trans. Faraday Soc. 52 (1956) 1626.
225. Fischer, W. A., Fleischer, H. J.: Arch. Eisenhüttenw. 32 (1961) 1.
226. Bowen, N. L., Schairer, J. F.: Amer. J. Sci. 5th series 29 (1935) 153.
227. Schmalzried, H., Wagner, C.: Z. Phys. Chem. N. F. 31 (1962) 198.
228. Carter, R. E.: J. Amer. Ceram. Soc. 43 (1960) 448.
229. Schmalzried, H., Tretjakov, J. D.: Ber. Bunsenges. phys. Chemie 70 (1966) 180.
230. Gordeev, I. V., Tretjakov, J. D.: Russ. J. inorg. Chem. 8 (1963) 943.
231. Gordeev, I. V., Tretjakov, J. D., Komjakov, K. G.: Russ. J. inorg. Chem. 9 (1964) 89.
232. Roshchupkin, V. I., Lavrentev, V. I.: Izv. Akad. Nauk SSSR, Neorg. Mater. 3 (1967) 551.
233. Rezukhina, T. N., Levitskij, V. A., Ozhegov, P.: Russ. J. Phys. Chem. 37 (1963) 358.
234. Schmalzried, H.: Z. Phys. Chem. N. F. 25 (1960) 178.
235. Levitskij, V. A., Rezukhina, T. N.: Inorg. Mater. 2 (1966) 122.
236. Benz, R., Schmalzried, H.: Z. Phys. Chem. N. F. 29 (1961) 77.
237. Taylor, R. W., Schmalzried, H.: J. Phys. Chem. (1964) 2444.
238. Golubenko, A. N., Ustinov, O. A., Rezukhina, T. N.: Russ. J. Phys. Chem. 39 (1965) 616.
239. Golubenko, A. N., Rezukhina, T. N.: Russ. J. Phys. Chem. 38 (1964) 1587.
240. Fruehan, R. J.: Trans. Met. Soc. AIME 245 (1969) 1215.
241. Rezukhina, T. N., Levitskij, V. A., Istomin, B. A.: Electrochimija 1 (1965) 467; Sov. Electrochem. 1 (1965) 404.
242. Levitskij, V. A., Rezukhina, T. N., Dneprova, V. G.: Electrochimija 1 (1965) 933; Sov. Electrochem. 1 (1965) 833.
243. Levitskij, V. A., Rezukhina, T. N., Guzei, A. S.: Electrochimija 1 (1965) 237; Sov. Electrochem. 1 (1965) 200.
244. Levitskij, V. A., Frenkel, M. Y., Rezukhina, T. N.: Electrochimija 1 (1965) 1371; Sov. Electrochem. 1 (1965) 1229.
245. Rezukhina, T. N., Levitskij, V. A.: Izv. Akad. Nauk SSSR, Neorg. Mater. 3 (1967) 138.
246. Rezukhina, T. N., Levitskij, V. A., Kazimirova, N. M.: Zhur. Fiz. Khim. 35 (1961) 2639; Russ. J. Phys. Chem. 35 (1961) 1305.
247. Rezukhina, T. N., Lavrentev, V. I., Levitskij, V. A., Kuznetsov, F. A.: Russ. J. Phys. Chem. 35 (1961) 671.
248. Rezukhina, T. N., Levitskij, V. A., Frenkel, M. Y.: Izv. Akad. Nauk SSSR, Neorg. Mater., 2 (1966) 325; Inorg. Mater. 2 (1966) 279.
249. Rezukhina, T. N., Levitskij, V. A.: Zhur. Fiz. Khim. 37 (1963) 2357; Russ. J. Phys. Chem. 37 (1963) 1277.
250. Levitskij, V. A., Rezukhina, T. N.: Zhur. Fiz. Khim. 37 (1963) 1135; Russ. J. Phys. Chem. 37 (1963) 599.

251. Tretjakov, J. D.: Izv. Akad. Nauk SSSR, Neorg. Mater., 1 (1965) 1928.
252. Ulrich, K.-H., Bohnenkamp, K., Engell, H.-J.: Z. Phys. Chem. N. F. 51 (1966) 35.
253. Guzei, A. S., Lavrentev, V. I., Bulgakova, T. I., Zaitsev, O. S., Rosenfeld, E. I.: Izv. Akad. Nauk SSSR, Neorg. Mater. 3 (1967) 909.
254. Lavrentev, V. I., Guzei, A. S., Bulgakova, T. I., Sokolova, G. A.: Zhur. Fiz. Khim. 41 (1967) 3114; Russ.J. Phys. Chem. 41 (1967) 1676.
255. Aronson, S., Clayton, J. C.: J. Chem. Phys. 32 (1960) 749.
256. Aronson, S., Clayton, J. C.: J. Chem. Phys. 35 (1961) 1055.
257. Markin, T. L., McIver, E. J.: In: Plutonium 1965, Proc. 3rd Internat. Conf. on Plutonium, London, 1965, S. 845.
258. Mabuchi, H., Sano, N., Matsushita, Y.: Metallurg. Trans. 2 (1971) 1503.
259. Levine, S. R., Kolodney, M.: J. Electrochem. Soc. 116 (1969) 1420.
260. Larson, H. R., Elliott, J. F.: Trans. Met. Soc. AIME 239 (1967) 1713.
261. Rapp, R. A., Maak, F.: Acta Metallurg. 10 (1962) 63.
262. Barbi, G.: Ann. Chim. 56 (1966) 992.
263. Sellars, C. M., Maak, F.: Trans. Met. Soc. AIME 236 (1966) 457.
264. Schwerdtfeger, K., Muan, A.: Acta Metallurg. 13 (1965) 509.
265. Bidwell, L. R., Speiser, R.: Acta Metallurg. 13 (1965) 61.
266. Kubik, A., Alcock, C. B.: Metal Science Journal 1 (1967) 19.
267. Alcock, C. B., Kubik, A.: Acta Metallurg. 17 (1969) 437.
268. Bidwell, L. R., Schulz, W. J., Saxer, R. K.: Acta Metallurg. 15 (1967) 1143.
269. Pratt, J. N., Budgen, W. G.: U. S. Govt. Res. Develop. Rep. 68 (1968) 81; Avail. CFSTI, AD 665821, 1967, 33 S.
269a. Dench, W. A., Kubaschewski, O.: High Temp. — High Press. 1 (1969) 357.
270. Lidster, P. C., Bell, H. B.: Trans. Met. Soc. AIME 245 (1969) 2273.
271. Baerlecken, E., Fischer, W. A., Lorenz, K.: Stahl u. Eisen 81 (1961) 768.
272. Hansen, M., Anderko, K.: Constitution of Binary Alloys. 2. Aufl. New York: Mc. Graw Hill 1958.
273. Drobyshev, V. N., Rezukhina, T. N.: Izv. Akad. Nauk SSSR, Metal., (1966) 156; Russ. Met. (1966) 85.
274. Drobyshev, V. N., Rezukhina, T. N., Tarasova, L. A.: Zhur. Fiz. Khim. 39 (1965) 141; Russ. J. Phys. Chem. 39 (1965) 70.
275. Singhal, S. C., Worrell, W. L.: Proc. Int. Symp. Metallurg. Chem., Brunel Univ. Nat. Phys. Lab., Middlesex, England, 1971.
276. Seyboldt, A. U.: J. electrochem. Soc. 111 (1964) 697.
277. Fromm, E., Kirchheim, R.: J. Less-Common Metals 26 (1972) 403.
278. Fromm, E.: J. Less-Common Metals 22 (1970) 139.
279. Möbius, H.-H.: Dissert. Univ. Rostock 1958.
280. Möbius, H.-H.: Z. Phys. Chem. 230 (1965) 396.
281. Peters, H., Möbius, H.-H.: Z. Phys. Chem. 209 (1958) 298 und DDR-Patent WP 21673 (20. 5. 1958).
282. Weissbart, J., Ruka, R.: Rev. Sci. Instruments 32 (1961) 593.
283. Schmalzried, H.: Z. Elektrochem. Ber. Bunsenges. phys. Chemie 66 (1962) 572.
284. Gotó, K., St. Pierre, G. R.: Nippon Kinzoku Gakkai-Shi 49 (1963) 1760.
285. Deportes, C., Donneaud, P., Robert, G.: Bull. Soc. Chim. France (1964) No 9, 2221.
286. Littlewood, R.: Steel Times 189 (1964) 423.
287. Bates, R. E., Littlewood, R.: Acta IMEKO (1964) 33.
288. Mitchell, A.: Nature 201 (4917) (1964) 390.
289. Langer, J.: BBC-Nachrichten (Sept. 1964) 479.
290. Spacil, H. S.: Metal Progr. 96 (1969) 106.
291. Record, R. G. H.: Instrument Practice (März 1970) 161.

292. Fischer, W. A., Haussmann, M.: Elektrochemische Messungen an Eisen—Sauerstoff-Schmelzen, Köln—Opladen: Forschungsber. des Landes NRW Nr. 1804, 1967.
293. Fischer, W. A., Janke, D.: Arch. Eisenhüttenw. 39 (1968) 89.
294. Fischer, W. A., Janke, D.: Arch. Eisenhüttenw. 40 (1969) 707.
294a. Chipman, J.: Trans. Amer. Soc. Metals 30 (1942) 817.
294b. Richardson, F. D., Jeffes, J. H. E.: J. Iron Steel Inst. 160 (1948) 261; Berichtigung: 161 (1949) 229; Erörterung: 163 (1949) 147 und 163 (1949) 397.
294c. Recueil de données thermodynamiques à l'usage des sidérurgistes. Saint-Germain-en-Laye 1955 = Publications de l'Institut de Recherches de la Sidérurgie, Série B. No. 26.
294d. Kubaschewski, O., Evans, E. LL.: Metallurgische Thermochemie, Berlin: VEB Verlag Technik 1959, s. bes. S. 371.
294.e JANAF Thermochemical data. Ed. by the Dow Chemical Co. Midland/Mich. 1961.
294f. Fischer, W. A., Haussmann, M.: Elektrochemische Messungen an Eisen—Sauerstoff-Schmelzen. Köln—Opladen: Forschungsber. des Landes NRW Nr. 1804, 1967.
295. Fischer, W. A., Janke, D.: Arch. Eisenhüttenw. 40 (1969) 837.
296. Fischer, W. A., Pateisky, G.: Elektrochemische Messungen an Inertgas—Sauerstoff-Gemischen, Köln—Opladen: Forschungsber. des Landes NRW Nr. 2154, 1970.
297. Möbius, H.-H., Hartung, R.: Silikattechnik 16 (1965) 276.
298. Baker, R., West, J. M.: J. Iron Steel Inst. 204 (1966) 213.
299. Smajic, N.: Min. Metallurg. Quart. 1969, Nr. 2, S. 43.
300. Ullmann, H.: Z. Phys. Chem. 237 (1968) 71.
301. Ullmann, H., Naumann, D., Burk, W.: Z. Phys. Chem. 237 (1968) 337.
302. Whiteway, S. G., Peters, R. J. W., Jamieson, W. D., Masson, C. R.: Canad. Metallurg. Quart. 7 (1968) 211.
303. Distin, P. A., Whiteway, S. G.: Canad. Metallurg. Quart. 9 (1970) 419.
304. Möbius, H.-H.: Z. Phys. Chem. 233 (1966) 425.
305. Peters, H., Möbius, H.-H.: Z. Phys. Chem. 209 (1958) 298.
306. Peters, H., Möbius, H.-H.: Naturwiss. 45 (1958) 309.
307. Yuan, D., Kröger, F. A.: J. Electrochem. Soc. 116 (1969) 594.
308. Beekmans, N. M., Heyne, L.: Philips Techn. Rundsch. 31 (1970/71) 120.
309. Möbius, H.-H.: Z. Chem. 1 (1961) 63.
310. Diaz, C., Masson, C. R., Richardson, F. D.: Trans. Inst. Met. 75 (1966) C 183.
311. El-Naggar, M. M. A., Horsley, G. B., Parlee, N. A. D.: Trans. Met. Soc. AIME 239 (1967) 1994.
312. Fischer, W. A., Janke, D.: Arch. Eisenhüttenw. 41 (1970) 1027.
313. Diaz, C., Richardson, F. D.: Trans. Inst. Min. Metallurgy, Section C, 76 (1967) C 196 u. C 203.
314. Gotó, K., Kawakami, M., Someno, M.: Trans. Met. Soc. AIME 245 (1969) 293.
315. Kashida, K., Gotó, K., Someno, M.: Trans. Met. Soc. AIME 242 (1968) 82.
316. Tare, V. B., Schmalzried, H.: Trans. Met. Soc. AIME 236 (1966) 444.
317. Schmalzried, H.: Arch. Eisenhüttenw. 39 (1968) 531.
317a. Grabke, H.-J.: Ber. Bunsenges. phys. Chemie 69 (1965) 48.
318. Fischer, W. A., Hoffmann, A.: Arch. Eisenhüttenw. 28 (1957) 739.
319. Dastur, N. M., Chipman, J.: J. Metals, Trans. 185 (1949) 441.
320. Fischer, W. A., Janke, D.: Arch. Eisenhüttenw. 42 (1971) 691.
321. Elliott, J. F., Gleiser, M., Ramakrishna, V.: Thermochemistry for Steelmaking, vol. 2, Reading/Mass.: Addison-Wesley 1963.
322. Schenck, H., Steinmetz, E.: Wirkungsparameter von Begleitelementen flüssiger Eisenlegierungen und ihre gegenseitigen Beziehungen, Düsseldorf: Verlag Stahleisen 1968.
323. Fischer, W. A., Janke, D.: Arch. Eisenhüttenw. 42 (1971) 695.

324. Fischer, W. A., Ackermann, W.: Arch. Eisenhüttenw. 36 (1965) 643.
325. Fitterer, G. R.: J. Metals 18 (1966) 961.
326. Engell, H.-J., vor dem Esche, W., Schulte, E.: Hoesch-Ber. Heft 4, (1967) 146.
327. Pargeter, J. K.: J. Metals 20 (1968) 27.
328. Torssell, K., Widell, M.: Jernkont. Ann. 155 (1971) 217.
329. Catoul, Ph., Hans, A.: C.N.R.M. 27 (1971) 27.
330. Fischer, W. A.: Berg- und Hüttenmännische Monatshefte 113 (1968) 141.
331. Hanas, B., Widell, M., von Krusenstierna, O., Torssell, K.: Proc. Internat. Conf. on The Science and Technology of Iron and Steel, Tokyo (1970), Trans. Iron Steel Inst. Japan 11 (1971) Suppl.
332. Fischer, W. A., Pateisky, G.: Arch. Eisenhüttenw. 41 (1970) 661.
333. Fischer, W. A., Janke, D.: Hutnik, Katowice 39 (1972) 11.
334. Pluschkell, W., Pückoff, U.: Hoesch-Ber. Heft 4 (1972) 163.
335. Turkdogan, E. T., Fruehan, R. J.: 76th General Meeting of American Iron and Steel Inst., New York, May 23 (1968).
336. Fruehan, R. J., Martonik, L. J., Turkdogan, E. T.: Trans. Met. Soc. AIME 245 (1969) 1501.
337. von Bogdandy, L., Förster, E., Klapdar, W., Richter, H.: Stahl u. Eisen 89 (1969) 704.
338. Catoul, Ph.: Determination of the Oxygen Activity in Liquid Steel, Sonderber. C.R.M., June 7 (1972), vgl. auch: H. Surinx: Introduction of Oxygen Sensor CELOX, Sonderber. der Electro-Nite N. V., June 13 (1972).
339. Dukelow, D. A., Steltzer, J. M., Koons, G. F.: J. Metals 23 (1971) 22.
340. Fischer, W. A., Janke, D., Pieper, Ch.: unveröffentlichte Ergebnisse (1972).
341. Pargeter, J. K., Farschou, D. K.: J. Metals 21 (1969) 46.
342. Fischer, W. A., Janke, D.: Arch. Eisenhüttenw. 41 (1970) 1027.
343. Fitterer, G. R.: Measuring the Active Oxygen Content in Commercial Steel, Proc. 20th Internat. ISA Iron and Steel Instrumentation Symposium, March 23–25 (1970) Pittsburgh.
344. Ulrich, K.-H., Borowski, K.: Arch. Eisenhüttenw. 39 (1968) 259.
345. Gatellier, C., Torsell, K., Olette, M., Meysson, N., Chastant, M., Rist, A., Vicens, P.: Revue Métallurgie 66 (1969) 673.
346. Fischer, W. A., Janke, D.: Arch. Eisenhüttenw. 42 (1971) 249.
347. Fischer, W. A., Janke, D.: unveröffentlichte Ergebnisse (1972).
347a. Fischer, W. A., Janke, D.: The Electrochemical Determination of the Oxygen Potential of Gases, Solid Oxides, and Liquid Metals with Solid Electrolyte Cells. In: Determination of Chemical Composition. ISI/BISRA Conference, Brighton 1970. London: The Iron and Steel Institute 1971.
348. Thompson, W. T., Tarassoff, P.: Canad. Met. Quart. 10 (1971) 315.
349. Dompas, J. M., van Melle, J.: J. Inst. Metals (London) 98 (1970) 304.
350. Dompas, J. M., Lockyer, P. C.: Metallurg. Trans. 3 (1972) 2597.
351. Fischer, W. A., Janke, D.: Metall 26 (1972) 1123.
352. Kolodney, M., Minushkin, B., Steinmetz, H.: Electrochem. Technology 3 (1965) 244.
353. Salzano, F., Isaacs, H., Minushkin, B., Kissel, G., Kalinowski, W., Williams, V.: Oak Ridge Nat. Lab. Report 1968.
354. Berkey, E., Reed, W. H., Grundy, B. R., Cooper, M. H.: Trans. Am. Nucl. Soc. 12 (1969) 609.
355. Möbius, H.-H., Harzer, D., Schmidt, B.: Z. Chem. 2 (1962) 64.
356. Möbius, H.-H., Müller-Uri, R.: Z. Chem. 9 (1969) 158.
357. Möbius, H.-H.: Z. Phys. Chem. 230 (1965) 396.
358. Mitchell, A.: Nature 201 (4917) (1964) 390.
359. Spacil, H. S.: Metal Progr. 96 (1969) 106.

360. Beekmans, N. M., Heyne, L.: Philips Techn. Rundsch. 31 (1970/71) 120.
361. Langer, J.: BBC-Nachrichten, Sept. 1964, 479.
362. Möbius, H.-H., Schmidt, B.: DDR-Patentanmeldung (26. 6. 62).
363. Möbius, H.-H.: Z. Phys. Chem. 231 (1965) 209.
364. Record, R. G. H.: Instrument Practice (März 1970) 161.
365. Wagner, H., Sundermann, H.: Z. anal. Chem. 222 (1966) 217.
366. Sodal, J. E., Bowman, R. R., Filley, G. F.: J. Appl. Physiology 25 (1968) 181.
367. Hoogeveer, L. P. J., Butzelaar, P. F.: In: Handelsblatt v. 24. 11. 71.
368. Baukal, W.: Chem.-Ing.-Techn. 41 (1969) 791.
369. Smart, W. H., Weissbart, J.: J. Electrochem. Soc. 114 (1967) 72C.
370. Ceram. Age 81 (1965) 69.
371. Chem. Engineering News 46, Nr. 47 (1968) 48.
372. Takahashi, T.: Solid Electrolyte Fuel Cells. In: Physics of Electrolytes, Ed.: J. Hladik, vol. 2 London, New York: Academic Press 1972.
373. Carter, R. E., Roth, W. L.: G. E. Res. Rep. No. 63-RL-3479 M (1963).
374. Takahashi, T., Suzuki, Y.: Proc. J. Int. Etudes Piles Combust. 2 (1967) 378.
375. Baukal, W.: Electrochim. Acta (London) 14 (1969) 1071.
376. Bliton, J. L., Rechter, H. L., Harada, Y.: Ceram. Bull. 42 (1963) 6.
377. Tannenberger, H.: Battelle Institut, Genf: wie 372, S. 1020.
378. White, H. F.: Project Fuel Cell, O.C.R. Rep. No. 17 Contract No. 01-0001-500 (1966).
379. Schultz jr., E. B., Vorres, K. S., Marianowski, L. G., Linden, H. R.: Fuel Cells, Ed.: G. J. Young, vol. 2, New York: Reinhold 1963, S. 24.
380. Ranny, M. W.: Fuel Cells, Recent Developments, Noyes Development Corp., N. J., 1969, S. 99.
381. Verwey, E. J. W., Haaijmann, P. W., Romeijin, F. C., van Osterhout, G. W.: Philips Res. Rep. 5 (1950) 173.
382. van Houten, S.: J. Phys. Chem. Solids 17 (1960) 7.
383. Takahashi, T., Suzuki, Y., Ito, K., Yamanaka, H.: Denki Kagaku 36 (1968) 345.
384. Eysel, H. H.: Ext. Abst. No 36, Electrochem. Soc. Atlantic City Meeting, Oct.1970.
385. Clark, D. P., Meredith, R. E.: Electrochem. Techn. 5 (1967) 9.
386. Tedman, C. S., Spacil, H. S., Mitoff, S. P.: G. E. Rep. No. 69-c-056 (1969).
387. Isenberg, A. O.: Ext. Abst. No 13, Electrochem. Soc. Atlantic City Meeting, Oct. 1970.
388. Möbius, H. H., Rohland, B.: Z. Chem. 4 (1966) 158.
389. Schottky, W.: Wiss. Veröff. Siemens & Halske 14 (1935) Nr. 1, 2.
390. Baur, E., Preis, H.: Z. Elektrochem. 43 (1937) 727 und 44 (1938) 695.
391. Nernst, W.: Z. Elektrochem. 6 (1899) 41.
392. Nernst, W., Wild, W.: Z. Elektrochem. 7 (1900) 373.
393. Weissbart, J., Ruka, R.: J. Electrochem. Soc. 109 (1962) 723.
394. Archer, D. H., Alles, J. J., English, W. A., Elikan, L., Sverdrup, E. F., Zahradnik, R. L.: Advances in Chemistry, Series No. 47, S. 332, American Chemical Society Washington 1965.
395. Zahradnik, R. L., Elikan, L., Archer, D. H.: wie 394, S. 343.
396. Archer, D. H., Elikan, L., Zahradnik, R. L.: wie 394, S. 51.
397. Antonson, O., Baukal, W., Fischer, W.: Brown Boveri Rev. 53 (1966) 21.
398. Fischer, W., Kleinschmager, H., Rohr, F. J., Steiner, R., Eysel, H. H.: Chem. Ing.-Techn. 43 (1971) 1227.
399. Tannenberger, H., Schachner, H., Kovacs, P.: Tagungsberichte Internat. Studientage Brüssel 1965.
400. Siegert, H., Tannenberger, H.: Tagungsberichte Internat. Studientage Brüssel 1967.
401. Binder, H., Köhling, A., Kuhn, W., Lindner, W., Sandstede, G.: Nature (London) 224 (1969) 1299.

402. Binder, H., Köhling, A., Kuhn, W., Sandstede, G.: Angew. Chem. 81 (1969) 748.
403. Möbius, H.-H., Rohland, R.: Rev. Energ. Primaire Brüssel 2 (1966) 27.
404. Möbius, H.-H.: Z. Elektrie 22 (1968) 387.
405. Binder, H., Krupp, H., Richter, K., Sandstede, G.: Electrochem. Acta 8 (1968) 781.
406. Schmalzried, H.: Z. Elektrochem. 66 (1962) 572.
407. Schmalzried, H.: Z. Phys. Chem. NF 38 (1963) 87.
408. Patterson, J. W.: J. Electrochem. Soc. 118 (1971) 1033.
409. Fischer, W. A., Janke, D.: Arch. Eisenhüttenw. 39 (1968) 89.
410. Rapp, R. A.: In: Thermodynamics of Nuclear Materials IAEA, Vienna (1968) S. 559.
411. Fischer, W. A., Janke, D.: Die Anwendbarkeit von $ZrO_2-Y_2O_3$-, ZrO_2—CaO- und $ThO_2-Y_2O_3$-Festelektrolyten bei 1000° bis 1600°C, Köln-Opladen: Forschungsber. des Landes NRW Nr. 2289, 1972.
412. Fischer, W. A., Janke, D.: Arch. Eisenhüttenw. 41 (1970) 1027.
413. Steele, B. C. H., Alcock, C. B.: Trans. Met. Soc. AIME 233 (1965) 1359.
414. Bauerle, J. E.: J. Chem. Phys. 45 (1966) 4162.
415. Ullmann, H.: Z. phys. Chem. 237 (1968) 274.
416. Tretyakov, J. D., Muan, A.: J. Electrochem. Soc. 116 (1969) 331.
417. Etsell, T. H., Flengas, S. N.: J. Electrochem. Soc. 119 (1972) 1.
418. Swinkels, D. A. J.: J. Electrochem. Soc. 117 (1970) 1267.
419. Hebb, M.: J. Chem. Phys. 20 (1952) 185.
420. Wagner, C.: Proc. Intern. Comm. Electrochem. Therm. Kinetics (CITCE), 7th meeting Lindau (1955), London: Butterworth 1957.
421. Patterson, J. W., Bogren, E. C., Rapp, R. A.: J. Electrochem. Soc. 114 (1967) 752.
422. Burke, L. D., Rickert, H., Steiner, R.: Z. Phys. Chem. NF 74 (1971) 146.
423. Friedman, L. M., Öberg, K. E., Boorstein, W. M., Rapp, R. A.: Metallurg. Trans 4 (1973) 69
424. Fischer, W. A., Pieper, Ch.: In: Proc. Advanced Study Institute: Fast Ion Transport in Solids Belgirate/Italy, Sept. 1972. Amsterdam: North-Holland 1973.
425. Tien, T. Y., Subbarao, E. C.: J. Am. Ceram. Soc. 46 (1963) 489.
425a. Middendorf, H. W., Pötschke, J., Frohberg, M. G.: Metall 24 (1970) 617.
426. Hayes, D., Budworth, D. W., Roberts, J. P.: Trans. Brit. Ceram. Soc. 60 (1961) 494.
427. Möbius, H.-H., Hartung, R.: Silikattechnik 16 (1965) 276.
428. Ullmann, H.: Z. phys. Chem. 237 (1968) 71.
428a. Koroušic, B.: Stahl u. Eisen 93 (1973) 446; siehe auch Rudarsko-Metalurski Zbornik (1971) 275.
429. Smith, A. W., Meszaros, F. W., Amati, C. D.: J. Am. Ceram. Soc. 49 (1966) 240.
430. Hartung, R., Möbius, H.-H.: Z. phys. Chem. 243 (1970) 133.
431. Heyne, L., Beekmans, N. M.: Proc. Brit. Ceram. Soc. 19 (1970) 229.
432. Fischer, W. A., Janke, D.: Arch. Eisenhüttenw. 41 (1970) 1027 und Extended Abstracts, 23rd Meeting Internat. Electrochem. Society Stockholm, Sept. 1972.
433. Čerkasov, P. A., Fischer, W. A., Pieper, C.: Arch. Eisenhüttenw. 42 (1971) 873.
434. Fischer, W. A., Pateisky, G.: Elektrochemische Messungen an Inertgas—Sauerstoff-Gemischen, Köln-Opladen Forschungsber. des Landes NRW Nr. 2154, 1970.
435. Etsell, T. H., Flengas, S. N.: Metallurg. Trans. 3 (1972) 27.
436. Wagner, C.: In: Advances in Electrochemistry and Electrochem. Engineering 4 (1966) 1.
437. Gotó, K., Pluschkell, W.: Oxygen Concentration Cells. In: Physics of Electrolytes, Ed.: J. Hladik, vol. 2, London/New York: Academic Press 1972.
437a. Pluschkell, W.: Arch. Eisenhüttenw. 40 (1969) 401.
438. Fischer, W. A., Janke, D.: unveröffentlichte Ergebnisse.
439. Fischer, W. A., Hoffmann, A.: Arch. Eisenhüttenw. 28 (1957) 771.

440. Fischer, W. A., Hoffmann, A.: Z. phys. Chem. NF 17 (1958) 30.
441. Fischer, W. A., Hoffmann, A.: Z. phys. Chem. NF 35 (1962) 95.
442. Fischer, W. A., Janke, D.: Arch. Eisenhüttenw. 42 (1971) 249.
443. Fischer, W. A., Janke, D.: Metall 26 (1972) 1123.
444. Fischer, W. A., Derenbach, M.: Arch. Eisenhüttenw. 35 (1964) 391.
445. Hartung, R., Möbius, H.-H.: Z. Chem. 9 (1969) 197.
446. Glassner, A.: The Thermochemical Properties of the Oxides, Fluorides, and Chlorides to 2500 °K, U. S. Atom. Energ. Commiss., Argonne Nat. Labor.
447. McDaniel, C. L.: J. Amer. Ceram. Soc. 55 (1972) 426.
447a. Worrell, W. L.: Persönliche Mitteilung.
448. Fischer, W. A., Pateisky, G.: Arch. Eisenhüttenw. 41 (1970) 661.
449. Fischer, W. A., Janke, D.: Arch. Eisenhüttenw. 41 (1970) 1027.
450. Fischer, W. A., Pieper, Ch.: Arch. Eisenhüttenw. 44 (1973) 483.

6. Zellen mit weiteren festen Elektrolyten

6.1. Reine und dotierte Oxide als Festelektrolyte in galvanischen Zellen

Der Anteil der Ionenleitfähigkeit in den hochtemperaturbeständigen Oxiden der Metalle der 2. und 3. Gruppe des Periodischen Systems ist, wie beispielsweise eine Durchsicht des Schrifttums für das Magnesiumoxid und das Aluminiumoxid zeigt, sehr umstritten. Die unterschiedlichen Auffassungen über den Leitungscharakter einzelner Oxide mögen dadurch begründet sein, daß die in Festleiterzellen bisher erprobten Oxidelektrolyte unterschiedliche Arten und Mengen an oxidischen Verunreinigungen aufwiesen. Besonders in früheren Arbeiten fehlt häufiger eine Angabe der Verunreinigungen. Geringe Mengen der in mineralischen Rohstoffen enthaltenen Beimengungen, hauptsächlich SiO_2, Al_2O_3, Eisenoxide, CaO und MgO, können eine Fremdfehlordnung des Oxidgitters und damit eine Änderung des Leitungsverhaltens herbeiführen. Voraussetzung hierfür ist eine beschränkte Löslichkeit des Wirtsgitters für die oxidischen Beimengungen. Diese ist nach neueren Erkenntnissen der Konstitutionsforschung fast immer gegeben. Erst in jüngster Zeit ist durch die Verfügbarkeit von hochreinen Einkristallen oder von Hochdruckpreßlingen aus Oxidpulvern hoher Reinheit eine unverfälschte Untersuchung der auf einer Eigenfehlordnung beruhenden Ionenleitung reiner Oxide möglich. Solche reinen oxidischen Ausgangsstoffe können wiederum mit höher- oder niederwertigen Fremdoxiden dotiert werden, um bestimmte Ionenfehlordnungen im Oxidwirtsgitter gezielt herzustellen.

6.1.1. Erdalkalioxide

Berylliumoxid

Zur Ermittlung der Ionenteilleitfähigkeit von Berylliumoxid wurden EMK-Messungen an den folgenden Sauerstoffkonzentrationszellen ausgeführt:

$$\mathrm{Pt|O_2\,\|\,BeO\,\|\,Luft|Pt}\ [1]$$

$$\mathrm{Pt|O_2\,\|\,BeO\,\|\,66\%\ CO + 34\%\ CO_2|Pt}\ [1]$$

$$\mathrm{Pt|O_2\,\|\,BeO\,\|\,Luft\ oder\ O_2{-}N_2|Pt}\ [2]$$

$$\mathrm{Ni, NiO\,\|\,BeO\,\|\,Co, CoO}\ [3]$$

Zur Herstellung der Elektrolyttabletten wurde in allen Fällen vielkristallines Material von p.a.-Qualität unter hohem Druck verpreßt. Die Berechnungen einer mittleren Überführungszahl der Ionen $\bar{t}_{ion} = E$ (gemessen)/E (berechnet) ergaben für eine Temperatur von 1200 °C die Werte 1,0 bzw. 0,98 [1]; 0,95 [2] bzw. 1,0 [3]. Reines Berylliumoxid ist somit bei Temperaturen um 1200 °C und Sauerstoffpartialdrücken zwischen 1 atm und dem Zersetzungsdruck des Kobaltoxids als überwiegender Ionenleiter zu betrachten. EMK-Messungen im Bereich höherer Temperaturen [2] lassen vermuten, daß die Ionenleitfähigkeit auch bei 1600 bis 1700 °C noch vorherrschend ist. Weitere Messungen in diesem Temperaturbereich, insbesondere bei sehr niedrigen Sauerstoffpartialdrücken, wären wünschenswert um zu klären, ob eine Anwendung von Berylliumoxid in Hochtemperaturzellen möglich ist. Von Vorteil ist die gute Temperaturwechselbeständigkeit des Berylliumoxids [4].

Magnesiumoxid

Magnesiumoxid wurde schon seit längerem als Festelektrolyt in Hochtemperaturzellen verwendet. Eine Reihe früherer Arbeiten stellt Versuche dar, durch EMK-Messungen an Konzentrationszellen mit MgO-Elektrolyten die Aktivität von Oxiden wie FeO, Cu_2O, SiO_2 und Al_2O_3 in Schlackenschmelzen [5, 6, 7, 8] sowie die Aktivität des Sauerstoffs in Eisenschmelzen [9, 10, 11] zu bestimmen. Von besonderem Interesse erscheint hier, im Vergleich mit ZrO_2(CaO)-Elektrolyten, die Messung der Sauerstoffaktivität in Eisenschmelzen mit MgO-Festelektrolytzellen. Die von M. Ohtani und K. Sanbongi [10] zur Messung an der Zelle

$$Fe_f|Fe{-}O{-}C\text{-Schmelze}\,\|\,MgO\,\|\,Fe{-}O{-}C\text{-Schmelze}|\text{Graphit}$$

verwendete Zellanordnung ist in Bild 6.1 wiedergegeben. Bezugselektrode ist die an Kohlenstoff gesättigte Fe—O—C-Schmelze. Die stark streuenden Meßergebnisse ließen eine überwiegende Ionenleitfähigkeit im verwendeten MgO-Elektrolyten erkennen, aus denen für die Ladungszahlen der potentialbestimmenden Ionen lediglich Werte zwischen 2 und 4 abzuleiten waren. Einen verhältnismäßig großen Streubereich haben auch noch die Meßwerte von V. P. Luzgin, A. F. Vischkarev und V. I. Javoiskij [11], die in einem Zweikammer-Tiegel aus Magnesiumoxid in der Anordnung

$$W|Fe{-}O\text{-Schmelze}\,\|\,MgO\,\|\,Fe{-}O{-}C_{(\text{gesättigt an C})}\text{-Schmelze}|W$$

erhalten wurden (Bild 6.2). Es ist zu vermuten, daß in beiden Arbeiten handelsüblicher Magnesit verwendet wurde.

W. A. Fischer und D. Janke [12, 13] konnten mit Festelektrolytrohrzellen aus Magnesiumoxid in Eisenschmelzen und Gasen EMK-Messungen ausführen, deren Genauigkeit und Wiederholbarkeit den Messungen mit stabilisiertem Zirkonoxid vergleichbar ist. Der MgO-Elektrolyt enthielt Beimengungen von

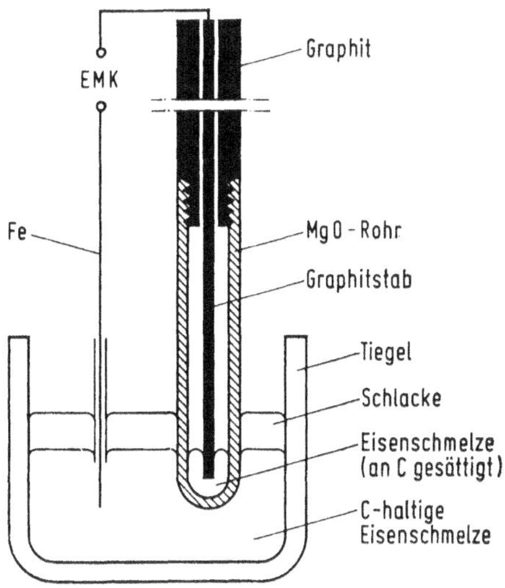

Bild 6.1. Sauerstoffmeßzelle mit einem Festelektrolytrohr aus Magnesiumoxid nach M. Ohtani und K. Sanbongi [10]

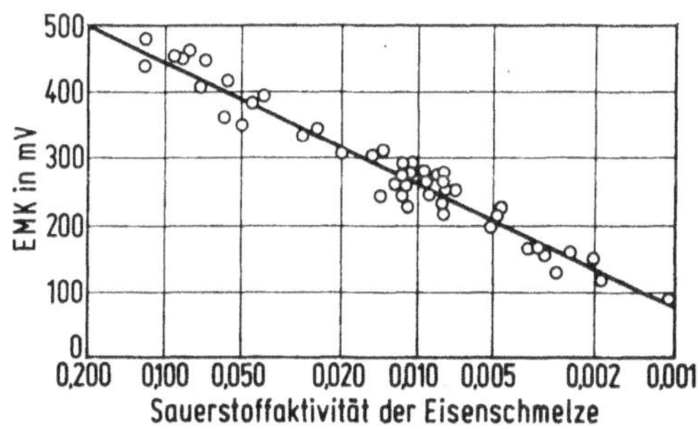

Bild 6.2. EMK der Zelle W|Eisenschmelze I**|**Magnesiumoxid**|**kohlenstoffgesättigte Eisenschmelze II|W in Abhängigkeit vom Sauerstoffgehalt der Schmelze I bei 1600°C nach V. I. Javoiskij und Mitarbeitern [11]

4,5% SiO_2, 2,7% CaO, 0,44% Al_2O_3, 0,25% Fe_2O_3 und 0,25% Alkalioxiden. Eine beschränkte Löslichkeit des Magnesiumoxids für Al_2O_3 [14] und SiO_2 [15] kann nach neueren Untersuchungen als gesichert gelten. Die verwendete Zelle besteht aus einem unten verschlossenen, bei Raumtemperatur gasdichten MgO-Rohr mit einer porösen MgO-Ummantelung und einer Pt-Luft-Innenelektrode. In der Anordnung

$$\text{Pt}|\text{Luft}\,\|\,\text{MgO}\,\|\,H_2O-H_2|\text{Ir}$$

wurden die in Bild 6.3 enthaltenen EMK-Abhängigkeiten vom Sauerstoffpartialdruck des strömenden H_2O-H_2-Mischgases bei 1200, 1400, 1600 und 1700 °C ermittelt [12]. Sie folgen den in der gleichen Zelle mit ZrO_2-CaO-Elektrolyten [16] erhaltenen linearen Beziehungen. Lediglich bei 1700 °C

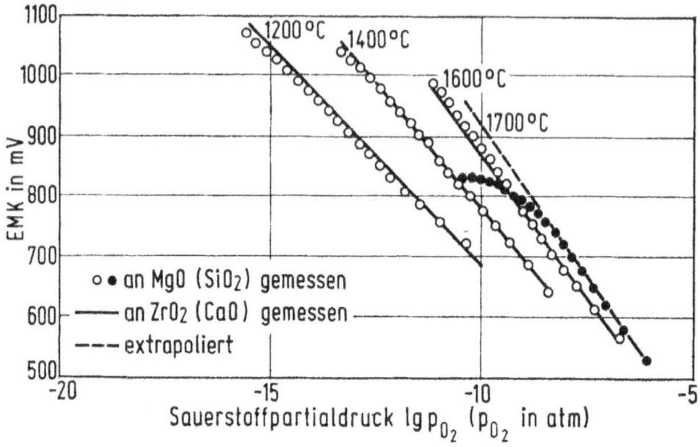

Bild 6.3. EMK der Zelle Pt|Luft ❙ $MgO(SiO_2)$ ❙ H_2O-H_2|Ir in Abhängigkeit von $\lg p_{O_2}$ im H_2O-H_2-Gas [12]

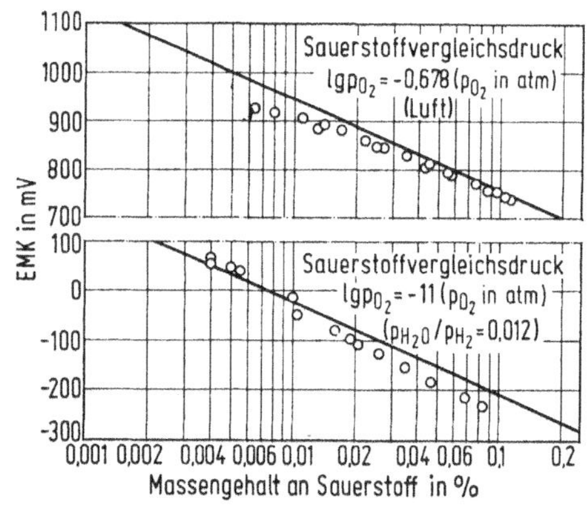

Bild 6.4. EMK der Zelle (a) Pt|Luft ❙ $MgO(SiO_2)$ ❙ Eisenschmelze und (b) Ir|H_2O-H_2 ($p_{O_2} = 10^{-11}$ atm) ❙ $MgO(SiO_2)$ ❙ Eisenschmelze bei 1600 °C in Abhängigkeit vom Sauerstoffgehalt der Schmelzen [12, 13]

werden nach dem Unterschreiten eines p_{O_2}-Wertes von 10^{-8} atm zu geringe EMK-Werte gemessen. Bild 6.4 gibt die EMK-lg [% O]-Geraden wieder, die in Reineisenschmelzen bei 1600 °C mit MgO-Zellen in der Anordnung

Pt oder Ir|Gas ❙ MgO ❙ Eisenschmelze

ermittelt wurden (oberes Teilbild für eine Pt-Luft-Vergleichselektrode, [12] unteres Teilbild für eine $Ir-H_2O-H_2$-Vergleichselektrode mit einem Sauerstoffdruck von 10^{-11} atm [13]. Die Ergebnisse zeigen, daß es möglich ist, bei geeigneter Dotierung MgO-Festelektrolyte mit einer nahezu vollständigen Ionenleitung herzustellen.

In *hochreinem* Magnesiumoxid läßt sich dagegen nach den bisher vorliegenden Messungen eine vollständige Ionenleitung nicht nachweisen. Alle Ergebnisse deuten auf eine gemischte Ionen- und Elektronenleitfähigkeit hin, wobei der Überführungsanteil der Elektronen t_e mit steigender Temperatur und sinkendem Sauerstoffpartialdruck zunimmt. An der Zelle

Fe, FeO **|** MgO **|** Ni, NiO

wurden bei 1100 °C für t_e Werte von 0,04 [17] bzw. 0,18 [18] ermittelt. An der Zelle

Pt|Luft **|** MgO **|** O_2|Pt

ergaben sich Überführungszahlen t_e von 0,41 [19] bzw. 0,13 [1] bei 1300 °C und 0,67 [19] bei 1500 °C.

Kalziumoxid

EMK-Messungen an Sauerstoff-Konzentrationszellen mit Kalziumoxid als Festelektrolyt wurden bisher nur vereinzelt durchgeführt [1, 3, 20]. Untersuchungen an der Zelle

Pt|O_2 **|** Kalziumoxid **|** 66% CO + 34% CO_2|Pt

ergaben für vielkristallines Kalziumoxid von p.a.-Qualität mittlere Überführungszahlen t_{ion} von 0,91 bei 1100 °C und 0,62 bei 1300 °C [1]. Die Zelle

Ni, NiO **|** Kalziumoxid **|** Co, CoO

lieferte bei der Verwendung eines Kalziumoxid-Einkristalls (0,02% Na, 0,02% Si) als Elektrolyt im Bereich von 900 bis 1100 °C EMK-Werte zwischen 10 und 30 mV entsprechend mittleren Überführungszahlen t_{ion} zwischen 0,05 und 0,15 [3].

Durch Beimengungen von Fremdoxiden läßt sich auch im Kalziumoxid ein erhöhter Ionenleitungsanteil erreichen. Messungen an der Zelle

Pt|Luft Kalziumoxid **|** Eisenschmelze mit 0,033 [% O]

bei 1600 °C ergaben eine EMK von 524 mV [20] gegenüber 830 mV in der gleichen Zelle bei der Verwendung des reinen Ionenleiters $ZrO_2(CaO)$. Als Meßzelle diente ein Zweikammertiegel aus gesintertem Kalziumoxid, das etwa 5% $Al_2O_3 + SiO_2 + Fe_2O_3 + MgO$ + Alkalioxide enthielt.

6.1.2. Aluminiumoxid

Parallel zu den erfolgreichen Messungen mit Zirkonoxidzellen wurde seit längerem auch versucht, Sauerstoffmeßsonden mit handelsüblicher Al_2O_3-Keramik als Festelektrolyt nutzbar zu machen. Wie schon im Abschnitt über MgO-Zellen erläutert, scheinen jedoch auch hier die Menge und Art der oxidischen Verunreinigungen sowie die thermische Vorbehandlung des Aluminiumoxids und die Wahl der Sauerstoffelektroden einen erheblichen Einfluß auf die meßbare EMK auszuüben.

Erste EMK-Messungen an einer Zelle

$$\text{Graphit}|\text{Fe}-\text{C-Schmelze I}\,\|\,Al_2O_3\,\|\,\text{Fe}-C_{\text{sätt.}}\text{-Schmelze II}|\text{Graphit}$$

wurden von W. A. Fischer und R. Schäfer [21] in einem zweigeteilten Aluminiumoxid-Tiegel bei 1500 °C durchgeführt. Die Anfangszellspannung Null bei Kohlenstoffsättigung beider Schmelzen I und II stieg nach stufenweiser Zugabe von Eisenoxid zur Schmelze I bis auf Werte von etwa 200 mV bei einer Erhöhung der Sauerstoffaktivität auf das 3,5fache an. Die für eine überwiegende Ionenleitfähigkeit zu erwartende EMK von etwa 600 mV wurde damit jedoch nicht erreicht. Das Aluminiumoxid enthielt bei diesen Versuchen etwa 0,9% Verunreinigungen (0,36% Na_2O, 0,27% SiO_2, 0,25% Fe). Weitere Messungen in Eisenschmelzen an der Zelle

$$\text{Pt}|\text{Gas}\,\|\,Al_2O_3\,\|\,\text{Eisenschmelze}$$

bei 1600 °C [22—24] unter Verwendung von einseitig geschlossenen Aluminiumoxid-Rohren mit einem Reinheitsgrad von 99,6 bis 99,9% (Hauptbeimengungen CaO und MgO) und Pt-Luft- bzw. $Ir-H_2O-H_2$-Bezugselektroden ergaben höhere Ionenüberführungszahlen von 0,5 bis 0,7. Dies Ergebnis wurde der Größenordnung nach durch andere Verfasser an ähnlich aufgebauten Zellen bestätigt [25—30].

An Al_2O_3-Elektrolyten gleicher Reinheit in Gas-Festleiter-Zellen des Typs

$$\text{Pt}|\text{Luft}\,\|\,Al_2O_3\,\|\,H_2O-H_2|\text{Ir oder } CO-CO_2|\text{Pt}$$

durchgeführte EMK-Messungen [23, 31] lassen erkennen, daß das Aluminiumoxid bei Temperaturen um 1000 °C als überwiegender Ionenleiter mit einer Überführungszahl nahe 1 gelten kann. Dies wird durch die in Bild 6.5 dargestellten Meßergebnisse für Sauerstoffpartialdrücke von 10^{-18} bis 10^{-13} atm belegt [23]. Auch für Aluminiumoxid mit einem Reinheitsgrad über 99,9% lassen EMK-Messungen an der Kette

$$\text{Pt}|O_2\,\|\,Al_2O_3\,\|\,\text{Luft}|\text{Pt}$$

bei 1000 bis 1200 °C eine überwiegende Ionenleitung als gesichert erscheinen [32—34]. Die von T. Matsumura [33] angegebenen mittleren Ionenüber-

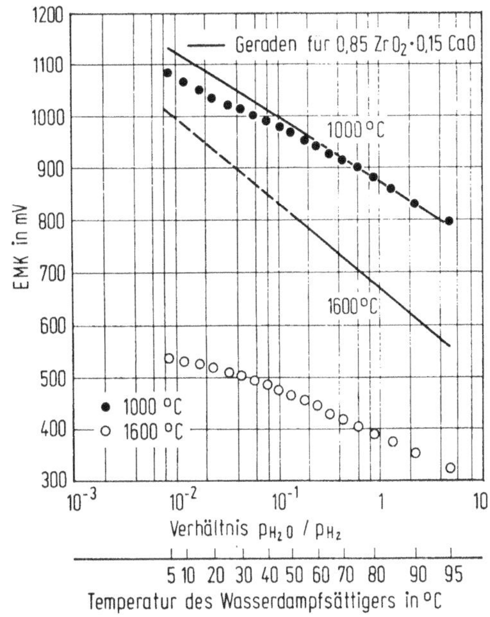

Bild 6.5. EMK der Zelle Pt|Luft‖Al_2O_3‖H_2O-H_2|Ir in Abhängigkeit vom Verhältnis p_{H_2O}/p_{H_2} bei 1000 und 1600 °C nach W. A. Fischer und D. Janke [23]

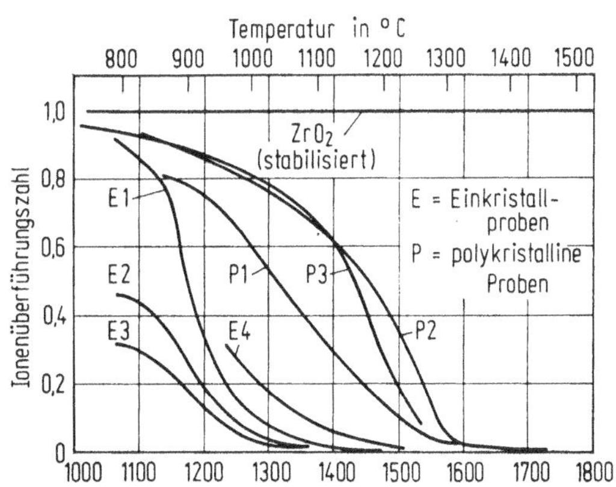

Bild 6.6. Ionenüberführungszahlen für einkristalline und vielkristalline Proben aus Aluminiumoxid nach T. Matsumura [33]

führungszahlen für einkristalline und vielkristalline Al_2O_3-Proben (Bild 6.6) verdeutlichen, mit welch großer Unsicherheit der Temperaturbereich für den Übergang von einer überwiegenden Ionenleitung zu einer überwiegenden Elektronenleitung experimentell zu bestimmen ist.

6.1.3. Sc_2O_3, Y_2O_3 und Oxide der Seltenen Erdmetalle

Auch an Sc_2O_3, Y_2O_3 und einigen Oxiden der Seltenen Erdmetalle wurde mit Hilfe von EMK-Messungen in Sauerstoffkonzentrationszellen der Anteil der Ionenleitfähigkeit an der elektrischen Gesamtleitfähigkeit bestimmt [31, 35—39]. Ergebnisse für diese hochfeuerfesten Oxide liegen jedoch nur in einem niedrigeren Temperaturbereich zwischen 700 und 1000 °C vor.

Das *Scandiumoxid* Sc_2O_3 (Reinheitsgrad 99,9%) wurde bei 900 °C im Sauerstoffdruckbereich zwischen 10^{-17} und 10^{-12} atm untersucht und als überwiegender Ionenleiter ausgewiesen [31].

Zu sehr unterschiedlichen Ergebnissen führten EMK-Messungen an Zellen mit Festelektrolyten aus Yttriumoxid Y_2O_3. Die aus den Messungen resultierenden mittleren Ionenüberführungszahlen des Yttriumoxids bei Temperaturen um 1000 °C und Sauerstoffpartialdrücken von 10^{-21} bis 10^{-1} atm schwanken je nach Verfasser [36—38] zwischen 0 und nahe 1.

Für das *Lanthanoxid* La_2O_3 (Reinheitsgrad 99,99%) bei 1000 °C wurden Ionenüberführungszahlen von 0,09 bei $p_{O_2} = 1$ atm und 0,91 bei $p_{O_2} = 10^{-8}$ atm ermittelt [39].

Untersuchungen an Zellen des Typs

$$\mathrm{Pt}|\mathrm{O_2}\ (1\ \mathrm{atm})\,\|\,\mathrm{Me_2O_3}\,\|\,\begin{matrix}\mathrm{N_2-O_2}\ \text{oder}\\ \mathrm{CO-CO_2}\ \text{oder}\\ \mathrm{H_2-H_2O}\end{matrix}|\mathrm{Pt}$$

lassen für die Oxide der Seltenen Erdmetalle *Samarium*, *Gadolinium* und *Dysprosium* auf eine nahezu vollständige Ionenleitfähigkeit schließen. In Tabelle 6.1 sind die Sauerstoffgrenzdrücke der Ionenleitung dieser Me_2O_3-

Tabelle 6.1. Gültigkeitsbereiche einer überwiegenden Ionenleitung für verschiedene Oxide Seltener Erden nach V. B. Tare, H. Schmalzried [36]

	Temperatur °C	Sauerstoffpartialdruck $\lg p_{\mathrm{h}^{\cdot}}$	Sauerstoffpartialdruck $\lg p_{\mathrm{e}'}$
Sm_2O_3	850	−4,1	−19,2
	785	−3,8	−21
	670	−2,6	−23
Gd_2O_3	930	−3,7	< -20
	805	−2,0	< -20
	730	−1,5	< -20
Dy_2O_3	860	−8,3	< -20
	770	−9,1	< -20
	665	−9,1	< -20

Oxide (Reinheitsgrad > 99,9%) für verschiedene Temperaturen zusammengestellt [36]. Auch für die Selten-Erdoxide *Neodymoxid* Nd_2O_3 und *Ytterbiumoxid* Yb_2O_3 wurde bei 900 °C und Sauerstoffpartialdrücken zwischen 10^{-17} und 10^{-12} atm eine vorwiegende Ionenleitung festgestellt [27].

6.2. Mischoxide und Oxidverbindungen als Festelektrolyte

6.2.1. Mischoxide auf der Basis von CeO_2, HfO_2 und La_2O_3

Neben den schon beschriebenen ZrO_2- und ThO_2-Mischoxiden wurden auch einige feste Lösungen auf der Basis von CeO_2, HfO_2 und La_2O_3 mit kubischen, monoklinen oder hexagonalen Strukturen als Festelektrolyte untersucht. Ihre Erprobung in Sauerstoff-Konzentrationszellen ist vorab von grundsätzlichem Interesse, zielt jedoch z. B. auf die Anwendung in Hochtemperatur-Brennstoffzellen hin, für die eine Entwicklung von Festelektrolyten mit einer möglichst hohen elektrischen Leitfähigkeit bei Ionenüberführungszahlen nahe 1 wünschenswert ist.

EMK-Messungen an Zellen mit $CeO_2-Y_2O_3$-, $CeO_2-La_2O_3$- und $CeO_2-Nd_2O_3$-Elektrolyten ergaben für Sauerstoffpartialdrücke nahe 1 atm und Temperaturen um 1000 °C eine überwiegende Ionenleitfähigkeit [35, 40]. Die Ionenüberführungszahl eines CeO_2-La_2O_3-Elektrolyten mit 11 % La_2O_3 beträgt bei 1000 °C für $p_{O_2} = 10^{-1}$ atm 0,93, verringert sich jedoch mit abnehmendem Sauerstoffpartialdruck, z. B. auf 0,54 bei $p_{O_2} = 10^{-8}$ atm [40]. Diese Abnahme des Ionenleitungsanteils ist auf die leichte Reduzierbarkeit des Wirtsoxids ($Ce^{4+} \rightarrow Ce^{3+}$) und den damit verbundenen Elektronenaustausch zurückzuführen. Überwiegend elektronenleitende CeO_2-ZrO_2-Mischoxide lassen sich durch den Zusatz von CaO in ionenleitende Mischphasen umwandeln. Untersuchungen an einem Festelektrolyten der Zusammensetzung $Ce_{0.75}Zr_{0.25}O_2$ mit 19% CaO ergaben bei 600 bis 1000 °C und Sauerstoffpartialdrücken nahe 1 atm Überführungszahlen t_{ion} von 0,96 bis 1 [41].

Auch in festen Lösungen des Hafniumoxids HfO_2 mit zwei- oder dreiwertigen Metalloxiden (z. B. MgO oder Y_2O_3) wurde durch EMK-Messungen an Festelektrolytzellen unter den bereits angegebenen Bedingungen eine vorherrschende Ionenleitfähigkeit nachgewiesen [42, 43].

Als brauchbare Festelektrolyte haben sich des weiteren La_2O_3-CaO-Mischoxide erwiesen. Messungen an La_2O_3-CaO-Proben mit 2% CaO bei 1000 °C erbrachten eine Erhöhung der Überführungszahl t_{ion} von 0,54 auf 0,99, wenn der Sauerstoffpartialdruck von etwa 1 atm auf 10^{-8} atm abgesenkt wurde. Auch bei $p_{O_2} = 10^{-21}$ atm wurde noch keine merkliche Überschußelektronenleitung beobachtet [39].

6.2.2. Aluminiumsilikate

Festelektrolyte auf der Basis von Zirkonoxid und Thoriumoxid weisen eine hohe Temperaturwechselempfindlichkeit und bei hohen Temperaturen und Sauerstoffdruckgradienten auch eine spürbare Sauerstoffpermeabilität auf. Auf der Suche nach Oxidelektrolyten mit einer besseren Temperaturwechselbeständigkeit und einer geringeren Sauerstoffpermeabilität wurden daher einige in der Feuerfest-Technik gebräuchliche Oxidverbindungen auf ihre Eignung als Festleiter in Sauerstoffzellen überprüft.

Die Verwendbarkeit von Porzellan, dessen wesentlicher Bestandteil das Aluminiumsilikat $3\,Al_2O_3 \cdot 2\,SiO_2$ (Mullit) ist, als Festelektrolyt in Sauerstoffzellen hat schon zu Beginn des Jahrhunderts F. Haber [44, 45] nachgewiesen. Für die an der Konzentrationszelle

$$\mathrm{Pt}|\mathrm{Luft}\,\|\,\mathrm{Porzellan}\,\|\,\begin{matrix}\mathrm{Co}-\mathrm{CO_2}\ \text{oder}\\ \mathrm{H_2}-\mathrm{H_2O}-\mathrm{N_2}\end{matrix}|\mathrm{Pt}$$

bei 500 bis 1000 °C durchgeführten EMK-Messungen wurden dünnwandige Porzellanrohre (67,4% SiO_2, 26,5 Al_2O_3, etwa 6% Alkalioxide) verwendet. Die Meßwerte zeigten eine gute Übereinstimmung mit theoretisch berechneten Zellspannungen und ließen auf eine überwiegende Ionenleitung des Porzellans schließen. In weiteren Arbeiten wurde das Porzellan schon frühzeitig als Festelektrolyt in Brennstoffzellen [46, 47] sowie in galvanischen Zellen zur Bestimmung der Freien Bildungsenthalpien von Metalloxiden [48, 49] erprobt.

Die an Porzellan vorgenommenen Untersuchungen ließen auch für das Aluminiumsilikat Mullit eine beträchtliche Ionenleitung vermuten. EMK-Messungen an einem $Al_2O_3-SiO_2$-Elektrolyten, der aus Mullit mit überschüssiger Kieselsäure und Alkalioxid-Beimengungen bestand, ergaben bei 1000 °C und Sauerstoffpartialdrücken von 10^{-16} bis 1 atm eine Überführungszahl $t_{\text{ion}} \approx 1$ [31].

Systematische Untersuchungen zur Anwendung von Aluminiumsilikat-Elektrolyten bei der Messung des Sauerstoffpotentials in Metallschmelzen wurden in jüngster Zeit von mehreren Bearbeitern gleichzeitig durchgeführt [13, 23, 50, 51, 52, 53, 54, 55]. Die Struktur und der mögliche Leitungsmechanismus von Aluminiumsilikaten der molaren Zusammensetzungen 3 : 2 bis 2 : 1 wurde in Abschnitt 3.5.2.3 behandelt. Auch auf die durch höhere SiO_2-Gehalte sowie durch Alkalioxid-Verunreinigungen begünstigte Bildung einer Glasphase ist in diesem Abschnitt hingewiesen. Die Untersuchungen von W. A. Fischer und D. Janke [13, 23, 55] zeigen, daß Aluminiumsilikate in einem Temperaturbereich von 800 bis 1600 °C und einem Sauerstoffdruckbereich von 10^{-20} bis 1 atm als Festleiter mit einer praktisch reinen Ionenleitung zu verwenden sind. Vorbedingung für dieses Leitungsverhalten ist eine vorausgehende Temperung des Aluminiumsilikats bei etwa 1500 °C.

EMK-Messungen an der Gas-Festleiter-Zelle

$$\mathrm{Pt|Luft}\,\|\,\mathrm{Aluminiumsilikat}^1\,\|\,\mathrm{H_2O-H_2|Ir}$$

sind in Bild 6.7 in Abhängigkeit vom Sauerstoffpartialdruck lg p_{O_2} der H_2O—H_2-Gasmischung wiedergegeben [23]. Sie werden im Bereich sehr niedriger Sauerstoffpartialdrücke durch Messungen ergänzt, bei denen anstelle der

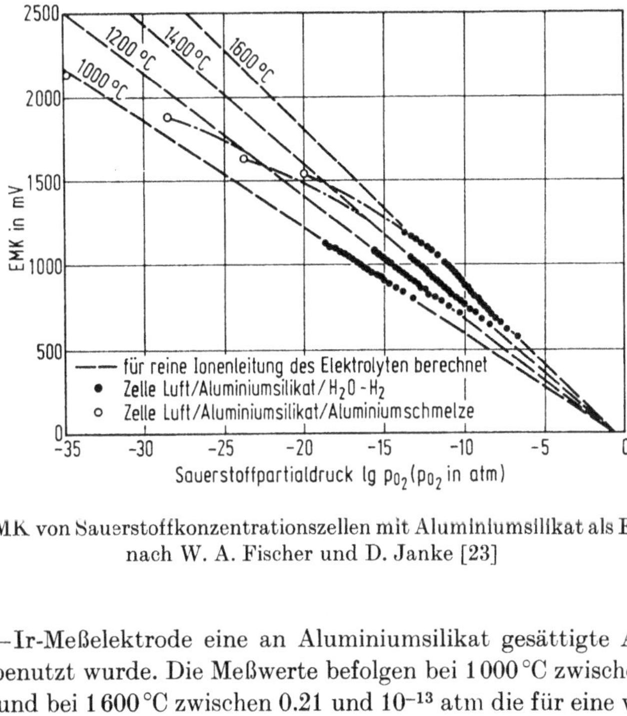

Bild 6.7. EMK von Sauerstoffkonzentrationszellen mit Aluminiumsilikat als Festelektrolyt nach W. A. Fischer und D. Janke [23]

H_2O—H_2—Ir-Meßelektrode eine an Aluminiumsilikat gesättigte Aluminiumschmelze benutzt wurde. Die Meßwerte befolgen bei 1000 °C zwischen 0.21 und 10^{-34} atm und bei 1600 °C zwischen 0.21 und 10^{-13} atm die für eine vollständige Ionenleitung berechneten Geraden. EMK-Messungen an Reineisenschmelzen bei 1600 °C an der Zelle

$$\left.\begin{array}{l}\mathrm{Pt|Luft}\\ \quad\mathrm{oder}\\ \mathrm{Ir|H_2O-H_2}\end{array}\right\|\,\mathrm{Aluminiumsilikat}\,\|\,\mathrm{Eisenschmelze}$$

bestätigen die Eignung von Aluminiumsilikat als Festelektrolyt in Sauerstoffmeßzellen [13]. Bei der Wahl sowohl von Platin-Luft- als auch von Ir—H_2O—H_2-Bezugselektroden ($p_{O_2} = 10^{-8}$ bis 10^{-11} atm) werden in Eisenschmel-

[1] Das Aluminiumsilikat in dieser und der folgenden Zelle hatte die Zusammensetzung 62,8% Al_2O_3, 33,2% SiO_2, etwa 4% $Na_2O + K_2O$.

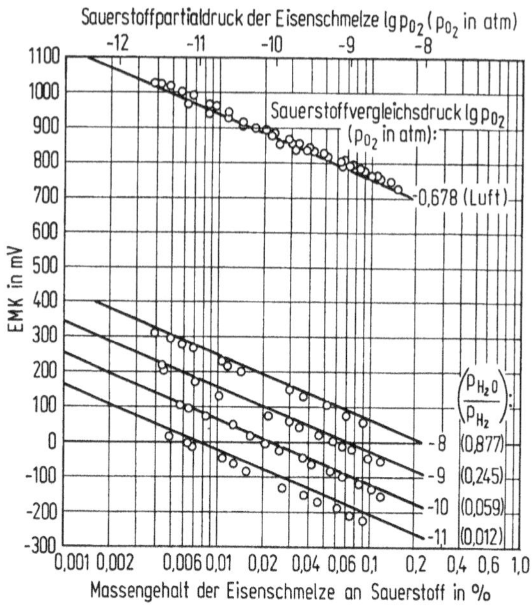

Bild 6.8. EMK der Zelle (a) Pt|Luft|Aluminiumsilikat|Eisenschmelze und (b) Ir|H_2O-H_2 ($p_{O_2} = 10^{-8}$, 10^{-9}, 10^{-10}, 10^{-11} atm)|Aluminiumsilikat|Eisenschmelze bei 1600°C in Abhängigkeit vom Sauerstoffgehalt der Schmelzen nach W. A. Fischer und D. Janke [13]

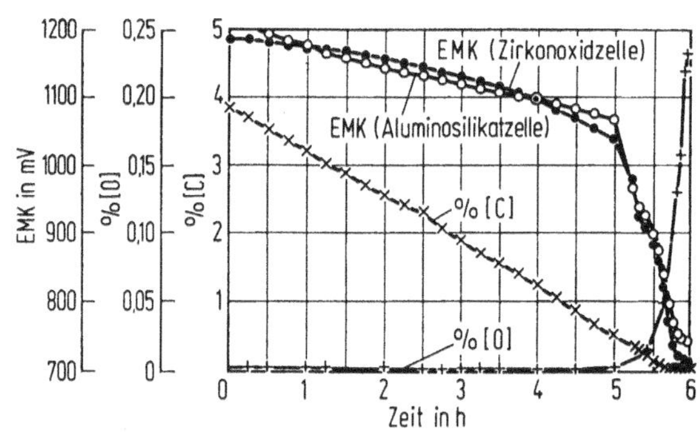

Bild 6.9. EMK-Verlauf einer Zirkonoxid- und Aluminiumsilikatzelle während der Entkohlung einer Eisenschmelze bei 1600°C nach W. A. Fischer und D. Janke [55]

zen gut reproduzierbare Zellspannungen gemessen (Bild 6.8). Die Anwendbarkeit von Aluminiumsilikat anstelle von Zirkonoxid in einer Festelektrolytzelle wird durch Bild 6.9 veranschaulicht, das den gleichzeitig gemessenen EMK-Verlauf einer Zirkonoxid- und einer Aluminiumsilikatzelle während der Entkohlung einer Fe—C-Schmelze bei 1600°C wiedergibt [55]. Die Darstellung läßt außerdem erkennen, daß mit Aluminiumsilikatzellen auch in Eisenschmelzen mit höheren Kohlenstoffgehalten eine korrekte EMK-Messung möglich ist. Die angeführten Untersuchungen [13, 23, 55] wurden sämtlich mit einseitig geschlossenen Rohrzellen durchgeführt. Sie hatten an ihrem unteren Ende eine aufgesinterte Aluminiumsilikatschicht.

In weiteren Arbeiten [50, 51, 53, 54] wurde versucht, das Sauerstoffpotential in Fe—C—Si-Schmelzen im Temperaturbereich von 1250 bis 1500 °C mit Hilfe von Aluminiumsilikatzellen elektrochemisch zu messen. Erwähnt seien auch Untersuchungen an Gas-Festleiter-Zellen der Art

$$\mathrm{Pt|Luft}\,\|\,\text{Aluminiumsilikat}\,\|\,\begin{matrix} N_2-O_2 \\ \text{oder} \\ CO-CO_2 \\ \text{oder} \\ H_2-H_2O \end{matrix}\,|\mathrm{Pt}$$

bei 1100 bis 1300 °C und $p_{O_2} = 10^{-16}$ bis 0,2 atm [52]. Die EMK-Messungen ergaben für technisch reines Aluminiumsilikat mit etwa 4% Alkalioxiden, aber auch für reineres Aluminiumsilikat mit maximal 0,4% Alkalioxiden und zwischen 51,2 und 74,5% variierten Al_2O_3-Gehalten hohe Ionenüberführungszahlen zwischen 0,88 und 0,93.

6.2.3. Magnesiumsilikat

An einer Sauerstoffkonzentrationszelle

$$\mathrm{Pt|Luft}\,\|\,\text{Magnesiumsilikat}\,\|\,\mathrm{Gas|Pt}$$

wurden die Zellspannungen bei unterschiedlichen Sauerstoffpartialdrücken im Gas gemessen [56]. Dieses Silikat (Forsterit) besitzt einen Schmelzpunkt von 1900 °C und eine Löslichkeit für SiO_2 im festen Zustand, die sich von der stöchiometrischen Zusammensetzung bei 33,3 mol-% bis etwa 34,4 mol-% erstreckt. Bei Anwesenheit eines SiO_2-Überschusses ist wie bei anderen Silikatverbindungen mit der Bildung eines bestimmten Anteils einer Glasphase zu rechnen. Die Löslichkeit von MgO im Mg_2SiO_4 beträgt weniger als 0,1 mol-% [15]. Bild 6.10 zeigt Meßergebnisse bei 1400 °C. Die für $t_{ion} = 1$ und einen Sauerstoffvergleichsdruck von 0,21 atm berechnete Abhängigkeit der EMK vom Sauerstoffpartialdruck wird in einer Mg_2SiO_4-Zelle mit geringem MgO-Überschuß bis zu einem Sauerstoffpartialdruck des Meßgases von 10^{-10} atm und in einer Mg_2SiO_4-Zelle mit SiO_2-Überschuß bis zu einem Sauerstoffpartialdruck von 10^{-13} atm exakt befolgt. Eine Anwendung von Mg_2SiO_4-Festelektrolyten mit SiO_2-Überschuß muß jedoch auf Temperaturen unter 1550 °C beschränkt

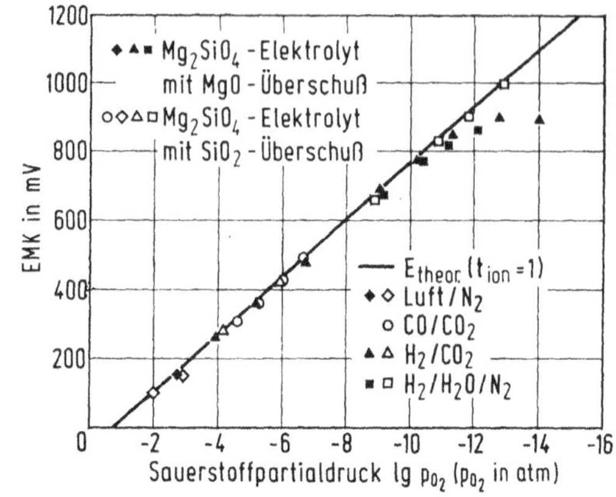

Bild 6.10. EMK der Zelle Pt|Luft ▌Magnesiumsilikat ▌Gas|Pt bei 1400 °C in Abhängigkeit vom Sauerstoffpartialdruck des Gases nach W. Pluschkell und H.-J. Engell [56]

bleiben, da Proben dieser Zusammensetzungen oberhalb dieser Temperatur einen zweiphasigen Zustandsbereich fest-flüssig durchlaufen. Häufig traten an den Zellen auch dann Spannungen auf, wenn der Festelektrolyt auf beiden Seiten von Luft bespült wurde. Die Ursache dieser *Untergrundspannungen*, die auch an Zellen mit $ZrO_2(CaO)$- [57] und Aluminiumsilikat-Festelektrolyten [52] beobachtet wurden, konnte bisher nicht eindeutig geklärt werden.

6.2.4. Magnesium-Aluminium-Spinell

Erste Hinweise auf eine beträchtliche Ionenleitung der Verbindung $MgAl_2O_4$ ergaben EMK-Messungen von W. A. Fischer und A. Hoffmann [58, 59] an Festkörperkonzentrationszellen, deren Aufbau folgendermaßen beschrieben werden kann:

$$O_2|Pt|MgO\,\|\,MgAl_2O_4\,\|\,Al_2O_3|Pt|O_2$$

Die EMK dieser Zelle ist durch die Differenz der chemischen Potentiale des reinen Aluminiumoxids $\mu^0_{Al_2O_3}$ und des Aluminiumoxids $\mu'_{Al_2O_3}$ an der Phasengrenze $MgO/MgAl_2O_4$ gegeben [60]:

$$E = -\frac{1}{6F}\int_{\mu'_{Al_2O_3}}^{\mu^0_{Al_2O_3}} (t_{Al^{3+}} - 3t_{Mg^{2+}})\, d\mu_{Al_2O_3} \qquad (6.1)$$

Die starke Änderung der EMK bei 1500 °C in einem Konzentrationsbereich zwischen 19,5 und 28,3% MgO (Bild 6.11) weist auf den breiten Existenzbereich einer $MgAl_2O_4$-Mischphase hin, der durch röntgenographische Messungen [61, 62] bestätigt wurde.

Eine nahezu vollständige Ionenleitung des Spinells $MgAl_2O_4$ bei Temperaturen zwischen 1000 und 1600 °C wurde durch spätere Messungen an Sauer-

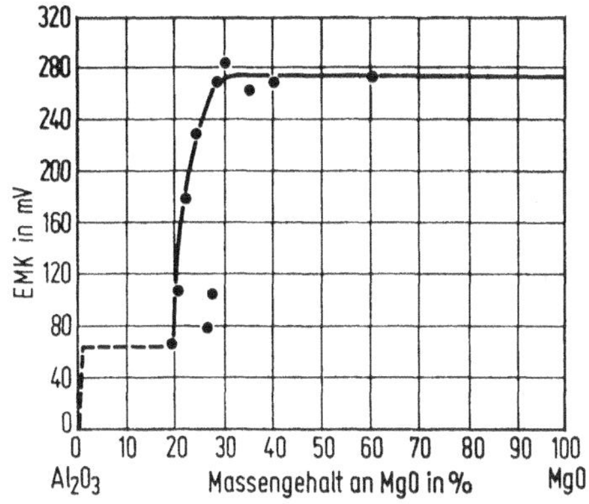

Bild 6.11. EMK der Zelle Pt|MgO ‖ $MgAl_2O_4$ ‖ Al_2O_3|Pt in Abhängigkeit vom MgO-Gehalt bei 1500 °C [58, 59]

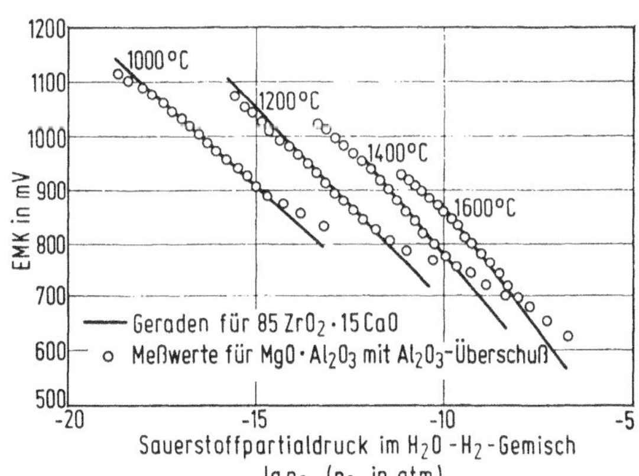

Bild 6.12. EMK der Zelle Pt|Luft ‖ $MgAl_2O_4$ ‖ H_2O-H_2|Ir in Abhängigkeit vom Verhältnis p_{H_2O}/p_{H_2} nach W. A. Fischer und D. Janke [12]

stoffkonzentrationszellen ermittelt [12, 30]. Wird die EMK an $MgAl_2O_4$-Zellen zwischen $Ir-H_2O-H_2$-Meßelektroden und einer Luft-Vergleichselektrode gemessen, so ergeben sich in bestimmten Bereichen des Sauerstoffpartialdrucks die für eine überwiegende Ionenleitung geforderten Abhängigkeiten (Bild 6.12). Zu den gleichen Ergebnissen einer nahezu vollständigen Ionenleitung führten EMK-Messungen in reinen Eisenschmelzen mit der Zelle [63]

$$\begin{matrix} \mathrm{Pt}|\mathrm{Luft} \\ \text{oder} \\ \mathrm{Ir}|\mathrm{H_2O-H_2} \end{matrix} \Big| \mathrm{MgAl_2O_4} \Big| \text{Eisenschmelze}$$

Die verwendeten Elektrolyte enthielten 73,4% Al_2O_3, 25,3% MgO, 0,24% Fe_2O_3, 0,23% SiO_2, 0,07% CaO und 0,08% Na_2O.

6.2.5. Kalziumphosphate

6.2.5.1. Elektrolyte aus Gemengen von CaO und Kalziumtetraphosphat $4\,CaO \cdot P_2O_5$

Gemenge aus Kalziumoxid und Kalziumtetraphosphat lassen sich durch wiederholte Mahl-, Preß- und Sintervorgänge zu dichten keramischen Formkörpern verarbeiten [64]. Ihre Eignung als Festelektrolyte in galvanischen Zellen wurde nachgewiesen [65]. Zur Messung der Aktivität des Phosphors in Eisen-

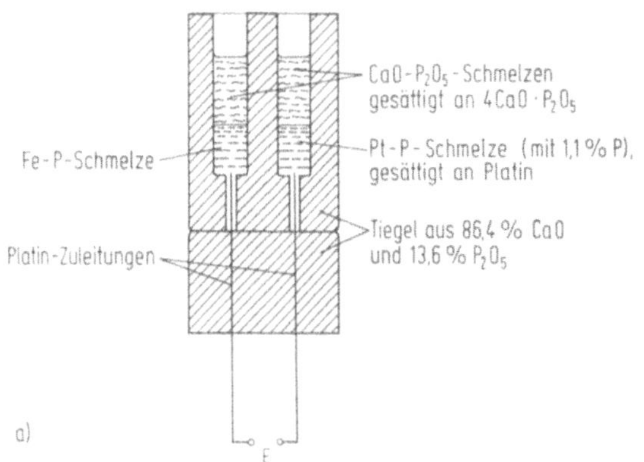

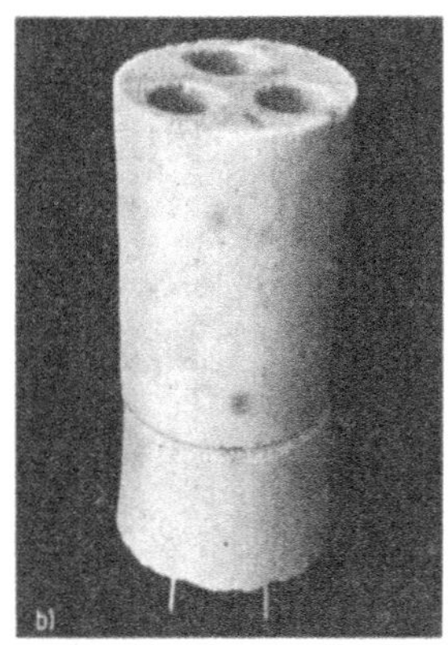

Bild 6.13a, b. Meßzelle zur Bestimmung der Phosphoraktivität in Eisenschmelzen nach W. A. Fischer, D. Janke und H.-J. Engell [65]

schmelzen bei 1650 °C wurden Zellen hergestellt, wie sie in Bild 6.13 schematisch dargestellt sind und als Phosphor-Konzentrationszellen folgendermaßen beschrieben werden können:

$$\mathrm{Pt}|\text{Fe}-\text{P-Schmelze}\,\Big|\,\mathrm{CaO} + 4\,\mathrm{CaO}\cdot\mathrm{P_2O_5}\,\Big|\,\text{Pt}-\text{P-Schmelze}|\mathrm{Pt}$$

Der Festelektrolyt ist aus 65% CaO und 35% $4\,CaO \cdot P_2O_5$ zusammengesetzt. Als Bezugselektrode dient eine an Platin gesättigte Pt—P-Schmelze konstanter

Phosphoraktivität. Mit der Annahme einer potentialbestimmenden Zellreaktion

$$[P]_{Fe-P-Schmelze} \rightleftharpoons [P]_{Pt-P-Schmelze} \tag{6.2}$$

wurden aus den gemessenen Zellspannungen über den Ansatz

$$\lg a_P \text{ (Fe-Schmelze)} = \frac{5FE}{2.303RT} \tag{6.3}$$

die Aktivitäten des Phosphors in der Eisenschmelze berechnet. Dabei wurde die Aktivität des Phosphors in der Pt-Schmelze willkürlich gleich 1 gesetzt.

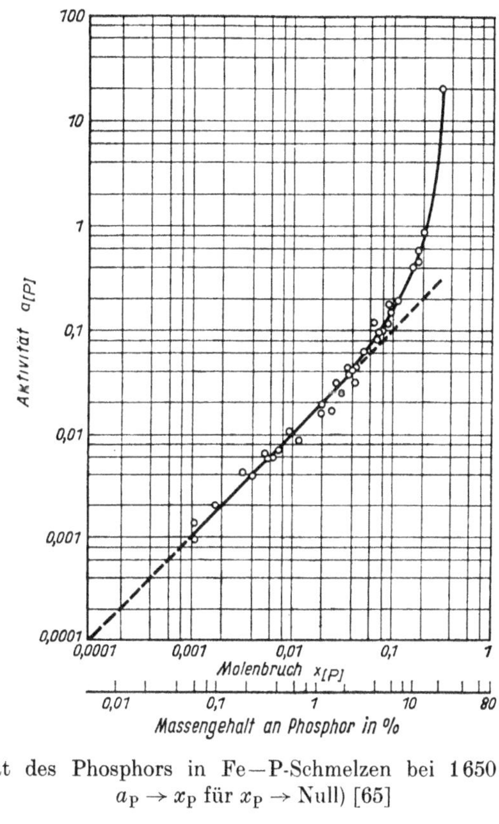

Bild 6.14. Aktivität des Phosphors in Fe—P-Schmelzen bei 1650 °C (Bezugszustand $a_P \to x_P$ für $x_P \to$ Null) [65]

In Bild 6.14 sind die berechneten Aktivitäten a_P in der Eisenschmelze im Konzentrationsbereich zwischen 0,06 und 20% P dargestellt. Die Richtigkeit der Annahme von $z = 5$ für die je Elementarvorgang umgesetzten Ladungen konnte experimentell im Bereich kleiner Phosphorgehalte nachgewiesen werden.

Die beschriebene Phosphorkonzentrationszelle kann jedoch auch als Sauerstoffkonzentrationszelle aufgefaßt werden:

$$\mathrm{Pt|Fe{-}O\text{-}Schmelze} \,\|\, \mathrm{CaO} + 4\,\mathrm{CaO} \cdot \mathrm{P_2O_5} \,\|\, \mathrm{Pt{-}O\text{-}Schmelze|Pt}$$

Mit der Annahme einer potentialbestimmenden Zellreaktion

$$[\mathrm{O}]_{\mathrm{Fe-P-Schmelze}} \rightleftharpoons [\mathrm{O}]_{\mathrm{Pt-P-Schmelze}} \tag{6.4}$$

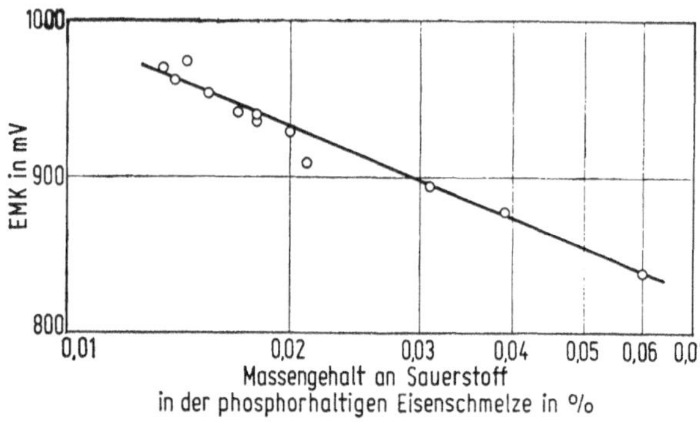

Bild 6.15. EMK der Zelle Pt|Pt—P-Schmelze‖CaO + 4CaO·P_2O_5‖Fe—P-Schmelze|Pt bei 1650 °C in Abhängigkeit vom Sauerstoffgehalt der Fe—P-Schmelze [65]

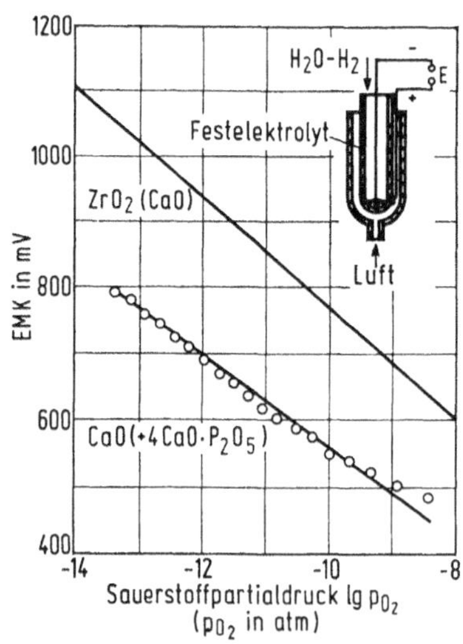

Bild 6.16. EMK der Zelle Pt|Luft‖CaO + 4CaO·P_2O_5‖H_2O—H_2|Ir bei 1400 °C in Abhängigkeit vom Sauerstoffpartialdruck im H_2O—H_2-Gas nach W. A. Fischer, D. Janke und K. Zielinski [70]

ergibt sich aus den gemessenen Zellspannungen und den Sauerstoffgleichgewichtsgehalten der Fe—P-Schmelze [65—68] eine Abhängigkeit der EMK vom Logarithmus des Sauerstoffgehalts, die das Steigungsmaß der Beziehung

$$E = \frac{2.303RT}{2F} \lg a_O \text{ (Fe-Schmelze)} \tag{6.5}$$

mit der Ionenüberführungszahl $z = 2$ aufweist (Bild 6.15). Die Aktivität a_O kann hier angenähert dem Sauerstoffgehalt gleichgesetzt werden, da der gelöste Phosphor die Sauerstoffaktivität nur schwach beeinflußt ($e_O^P = 0{,}014$ [69]).

Weitere EMK-Messungen an einer Festelektrolytzelle

$$\mathrm{Pt|Luft} \,\|\, \mathrm{CaO + 4CaO \cdot P_2O_5} \,\|\, \mathrm{H_2O—H_2|Ir}$$

bei 1400 °C zeigen, daß der verwendete Elektrolyt auch zur Bestimmung des Sauerstoffpotentials von Gasen geeignet ist (Bild 6.16) [70]. Die die Meßwerte beschreibende Gerade liegt unterhalb der Geraden, die in der gleichen Anordnung mit einem $ZrO_2(CaO)$-Elektrolyten ermittelt wurde. Aus ihrer Steigung ergibt sich eine Ladungszahl $z = 5{,}5$ gegenüber $z = 4$ für den $ZrO_2(CaO)$-Elektrolyten.

6.2.5.2. Kalziumtriphosphat $3\,CaO \cdot P_2O_5$

EMK-Messungen an der Zelle

$$\mathrm{O_2|Pt|3CaO \cdot P_2O_5(+CaO)} \,\|\, \mathrm{3CaO \cdot P_2O_5(+P_2O_5)|Pt|O_2}$$

führten zu dem Ergebnis, daß auch die Verbindung Kalziumtriphosphat (Schmelzpunkt 1800 °C) mit P_2O_5-Überschuß bei Temperaturen zwischen 1000 und 1500 °C überwiegend ionenleitend ist (Bild 6.17) [70]. Es ergaben sich Zellspannungen in der Größenordnung von 500 bis 600 mV. Im Gegensatz dazu ergaben Messungen an der Zelle

$$\mathrm{O_2|Pt|4CaO \cdot P_2O_5(+CaO)} \,\|\, \mathrm{4CaO \cdot P_2O_5(+P_2O_5)|Pt|O_2}$$

nur sehr geringe EMK-Werte.

Bei der Anwendung von Kalziumphosphat-Elektrolyten im Bereich niedriger Sauerstoffpartialdrücke muß auf die Möglichkeit einer Phosphatreduktion Rücksicht genommen werden. Bild 6.18 zeigt die Temperaturabhängigkeit der Sauerstoffgleichgewichtsdrücke für die Verbindungen $3CaO \cdot P_2O_5$ (obere Gerade) und $4CaO \cdot P_2O_5$ (untere Gerade) [70, 71].

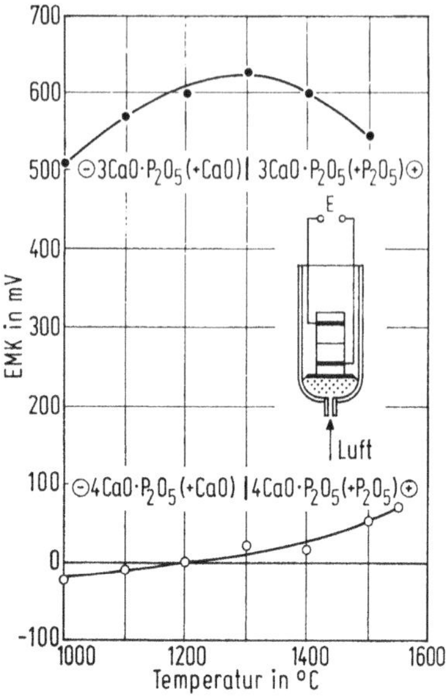

Bild 6.17. EMK von Festkörper-Konzentrationszellen [70]

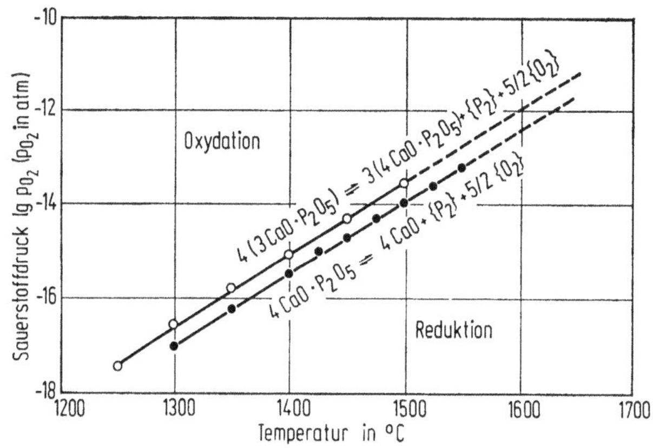

Bild 6.18. Sauerstoffgleichgewichtsdrücke der Verbindungen $3CaO \cdot P_2O_5$ und $4CaO \cdot P_2O_5$ bei 1200 bis 1550°C [70, 71]

6.2.6. Kalziumvanadat

In der Verbindung Kalziumvanadat $3CaO \cdot V_2O_5$ konnte bei Temperaturen zwischen 650 und 950°C eine vorwiegende Ionenleitfähigkeit nachgewiesen werden [72]. EMK-Messungen an der Zelle

$$Pt|O_2\,\|\,3CaO \cdot V_2O_5\,\|\,Luft|Pt$$

unter Verwendung eines stöchiometrisch zusammengesetzten $3CaO \cdot V_2O_5$-Einkristalls in Abhängigkeit von der Temperatur ergaben die in Bild 6.19 dargestellte Gerade. Das Bild enthält außerdem die an der gleichen Zelle mit einem ZrO_2(CaO)-Elektrolyten gemessene Gerade. Aus dem Verhältnis der

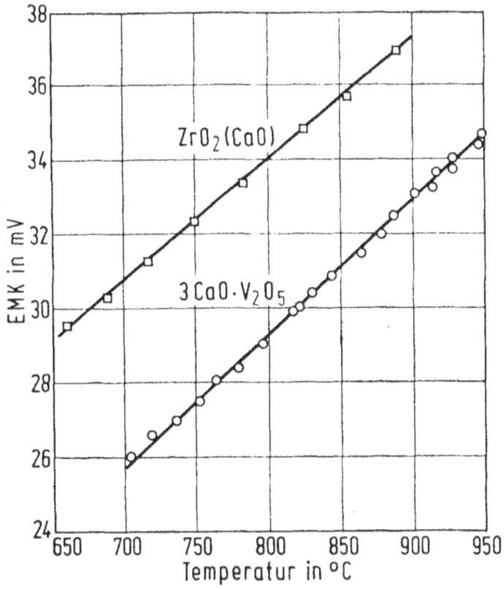

Bild 6.19. EMK der Zelle Pt|O_2(1 atm)|$3CaO \cdot V_2O_5$|Luft|Pt bei 650 bis 950°C nach M. Sayer, H. Erdogan, C. D. Cox [72]

ermittelten Zellspannungen errechnet sich für das Kalziumvanadat eine mittlere Überführungszahl $\bar{t}_{ion}$ von 0,90. Für die Aktivierungsenergie der elektrischen Leitfähigkeit in Luft wurde im angegebenen Temperaturbereich ein Betrag von 1,05 eV gefunden.

6.3. Feste Glaselektrolyte

Eine Elektrizitätsleitung im Glas, deren Stärke von der Zusammensetzung der jeweiligen Glassorte abhängig ist, wurde bereits von Cavendish 1774 festgestellt [73]. H. Buff [74] sowie W. Beetz [75] erkannten um die Mitte des vorigen Jahrhunderts, daß diese Leitfähigkeit von Gläsern elektrolytischen Charakter besitzt. Zur Anwendung in galvanischen Zellen wurde das Glas in Form von Platten oder Reagenzröhrchen beidseitig mit leicht schmelzenden Metallen in Berührung gebracht. Die Zelle

Quecksilber | Geräteglas | Braunstein

ergab z. B. eine EMK mit dem Pluspol auf der Seite des MnO_2 [74]. Gleichzeitig wurden in Gläsern auch thermoelektrische Ströme in Richtung von der heißeren zur kälteren Kontaktstelle beobachtet [74, 75].

Durch Versuche zur Elektrolyse von Na_2O-haltigem Thüringer Geräteglas an der Zelle

$$\oplus \text{ Na}-\text{Hg} \,|\, \text{Thüringer Glas} \,|\, \text{Hg} \ominus$$

konnte E. Warburg [76] nachweisen, daß die elektrolytische Leitung in diesem Glas vorwiegend auf der Wanderung von Na^+-Ionen beruht. Die durch das Glas transportierte Natriummenge war chemisch äquivalent der Silbermenge, die in einem eingeschalteten Silbercoulometer gleichzeitig abgeschieden wurde. Das Glas der Zusammensetzung 70,2% SiO_2, 15,1% Na_2O, 8,5% MgO, 4,3% K_2O, 1,8% Al_2O_3 blieb bei der Elektrolyse vollkommen klar. F. Tegetmeier [77] stellte bei der Elektrolyse von Li_2O-haltigem Glas an einer ähnlich aufgebauten Zelle eine elektrolytische Wanderung von Li^+-Ionen fest. Die 1 bis 2 mm dicken Elektrolytplatten hatten bei 150 bis 250 °C einen Widerstand von 10^6 bis 10^7 Ohm.

Weitere Erkenntnisse vermittelten die Untersuchungen von F. Haber und Mitarbeitern [78, 79], die Festelektrolyte aus Thüringer Glas in Sauerstoffkonzentrationszellen mit gasförmigen Elektroden bei Temperaturen um 500 °C erprobten. Als Beispiel sei die Zelle

$$\text{Pt}|\text{Luft} \,|\, \text{Thüringer Glas} \,|\, \text{CO}-\text{CO}_2|\text{Pt}$$

angeführt, deren Aufbau in Bild 6.20 skizziert ist. Die Zelle wurde über siedendem Schwefel (445 °C) oder siedendem P_2S_5 (518 °C) auf konstanter Temperatur gehalten. In Tabelle 6.2 sind einige EMK-Meßwerte den aus thermodynamischen Gleichgewichtsdaten berechneten EMK-Werten gegenübergestellt. Die Messungen wurden in der angegebenen Reihenfolge a) bis d) durchgeführt. Bemerkenswert ist das Auftreten einer galvanischen Restspannung bei der

Tabelle 6.2. EMK-Messungen an der Sauerstoffkonzentrationszelle $Pt|O_2$ | Thüringer Glas | $CO-CO_2|Pt$ bei 518 °C nach F. Haber und A. Moser [78]

Inneres Gas	Äußeres Gas	EMK gemessen Volt	EMK berechnet Volt
a) 96,1 Vol.-% CO_2 1,6 Vol.-% CO Rest N_2	O_2	0,960	0,964
b) O_2	O_2	0,016	0
c) O_2	97 Vol.-% CO_2 3 Vol.-% CO	0,977	0,964
d) O_2	O_2	0,002	0

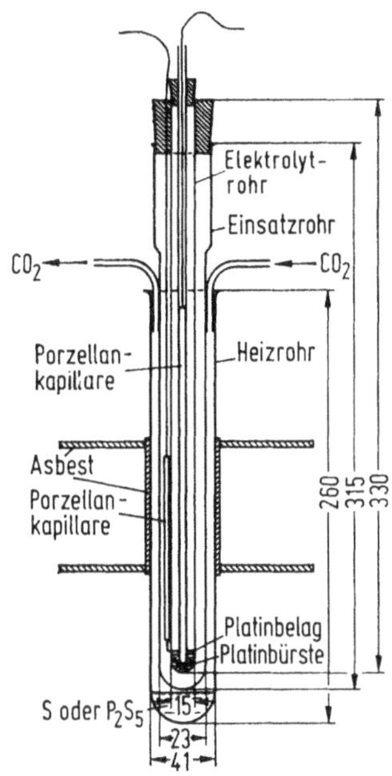

Bild 6.20. Aufbau einer Glaselektrolyt-Zelle nach F. Haber und A. Moser [78]

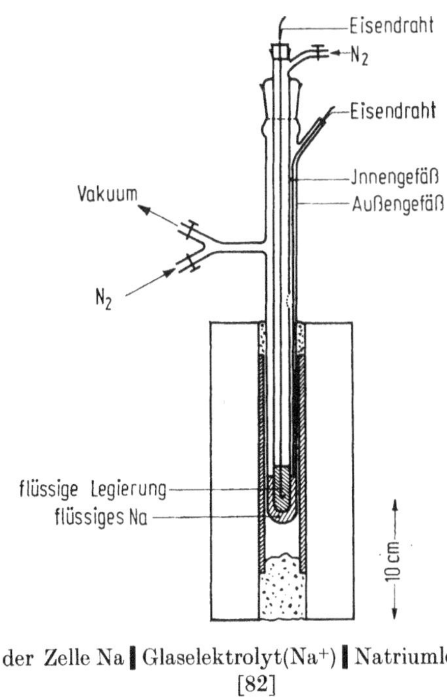

Bild 6.21. Aufbau der Zelle Na ∥ Glaselektrolyt(Na^+) ∥ Natriumlegierung nach K. Hauffe [82]

Begasung beider Elektrolytflächen mit reinem Sauerstoff. Zellen dieser Art wurden auch mit gasförmigen H_2—N_2-, O_2—N_2- und H_2O—H_2-Elektroden verwirklicht [78, 79].

Eine weitere Anwendung fanden ionenleitende Gläser als Diaphragmen zur Abtrennung der Elektrodenräume zweier reiner Salzschmelzen in Bildungs- und Daniellzellen [80, 81].

Die hohe Beweglichkeit einiger Kationenarten in leitenden Gläsern machten sich eine Reihe von Autoren zunutze, um die thermochemischen Eigenschaften niedrig schmelzender Metallegierungen mit Hilfe von Glaselektrolytzellen zu messen [82—87]. Die folgenden Zellen wurden in der grundsätzlich schon von E. Warburg [76] beschriebenen Weise zur Messung an flüssigen Natrium-, Kalium- und Thalliumlegierungen sowie an festen Silberlegierungen erprobt:

Na | Glas (Na^+) | Cd—Na oder Hg—Na [82]

Na | Glas (Na^+) | Cd—Hg—Na [87]

Na | Glas (Na^+) | Tl—Na oder Sn—Na oder Pb—Na [83]

K | Glas (K^+) | Hg—K [84]

Tl | Glas (Tl^+) | Bi—Tl oder Sn—Tl [85]

Ag | Glas (Ag^+) | Au—Ag [86]

Bild 6.21 zeigt die von K. Hauffe [82] benutzte gläserne Meßzelle. Innen- und Außenraum der rohrförmigen Zelle wurden mit Stickstoff gespült. Für die Zuleitungen zu den Metallschmelzen wurden Eisendrähte gewählt. An dieser Stelle seien die an Na—Cd-Schmelzen durchgeführten Messungen durch ein Aktivitätenschaubild belegt. Die im Phasendiagramm Na—Cd angedeutete Neigung zur Entmischung bei $x_{Na} = 0{,}6$ bis $0{,}7$ sowie zur Verbindungsbildung bei geringeren Na-Gehalten (Cd_2Na, Cd_6Na) wird durch den Aktivitätsverlauf des Natriums in Bild 6.22 kennzeichnend wiedergegeben.

Die früher durchgeführten Untersuchungen [83] an Na—Sn-Schmelzen wurden in einer neueren Arbeit [88] noch einmal aufgegriffen und zu sehr geringen Natriumgehalten hin bis $x_{Na} = 0{,}001$ ergänzt. Dabei diente das Borsilikatglas *Pyrex* als Festelektrolyt.

Über eine Kombination zweier verschieden zusammengesetzter Gläser mit gasförmigen Sauerstoff- oder Luftelektroden in galvanischen Zellen wurde mehrfach versucht, die *Basizität* oder *Azidität* von Glassorten zu bestimmen

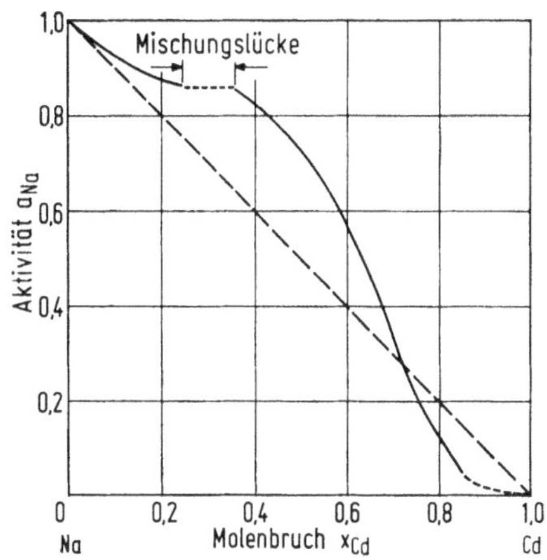

Bild 6.22. Aktivität des Natriums in Na—Cd-Schmelzen bei 395 °C nach K. Hauffe [82]

[89—91]. Diese ist durch die Aktivität der Sauerstoffionen gekennzeichnet, die je nach der chemischen Zusammensetzung unterschiedlich stark polarisiert sind. Die *Sauerstoffionenaktivität* kann in einer reversibel arbeitenden Zelle gegen Sauerstoffelektroden gemessen werden. Die bei Stromfluß ablaufende Zellreaktion läßt sich als eine Überführung der Sauerstoffionen von einem Zustand der Polarisierung in einen anderen beschreiben. Die stromlos ermittelte Zellspannung an einer Zelle der Art

$$\mathrm{Pt}|\mathrm{O_2}\,\|\,\text{Glas I}\,\|\,\text{Glas II}\,\|\,\mathrm{O_2}|\mathrm{Pt}$$

ist ein Maß für die relative Sauerstoffionenaktivität oder Basizität, wobei Glas I oder Glas II beliebig als Bezugssystem gewählt werden kann.

T. Forland und M. Tashiro [92] sowie G. S. Smith und G. E. Rindone [93] haben auf diese Weise eine Reihe wichtiger Gläser bei Temperaturen zwischen 250 und 500 °C untersucht. Ihr Zellaufbau kann allgemein durch die Zelle

$$\mathrm{Ag}|\mathrm{O_2}\,\|\,\text{Glas I }(\mathrm{Ag_2O})\,\|\,\text{Glas II }(\mathrm{Ag_2O})\,\|\,\mathrm{O_2}|\mathrm{Ag}$$

beschrieben werden, wobei in beiden Gläsern bei Stromdurchgang vorwiegend Alkaliionen transportiert werden. Die Vorgänge an der linken Elektrode sind:

$$2\,Ag \rightleftharpoons 2\,Ag^+ + 2\,e'$$

$$2\,Ag^+ + O^{2-} \rightleftharpoons 2\,Ag + \frac{1}{2}\,O_2$$

$$O^{2-}(I) \rightleftharpoons \frac{1}{2}\,O_2 + 2\,e' \qquad (6.6)$$

Entsprechend gilt für die rechte Elektrode

$$\frac{1}{2}\,O_2 + 2\,e' \rightleftharpoons O^{2-}(II) \qquad (6.7)$$

Summarisch ergibt sich aus den Reaktionen (6.6) und (6.7) und der Überführung z. B. von Natriumionen $Na^+(I) \rightleftharpoons Na^+(II)$ die Zellreaktion

$$Na_2O(I) \rightleftharpoons Na_2O(II) \qquad (6.8)$$

bzw. die EMK

$$E = \frac{RT}{2F} \ln \frac{a_{Na_2O(I)}}{a_{Na_2O(II)}} \qquad (6.9)$$

Die Zellspannung E ist ein Maß für die Reaktionsarbeit zur Überführung von Na_2O aus dem Glas I in das Glas II. Die gemessene Aktivität a_{Na_2O} gibt somit die relative Sauerstoffionenaktivität oder Basizität einer Glasphase an. Bild 6.23 gibt EMK-Messungen wieder, die an einem Glas der Zusammensetzung $Na_2O \cdot x\,SiO_2$ mit variierender Molzahl x bei 400 und 500 °C gegen ein Glas der Zusammensetzung $Na_2O \cdot 3\,SiO_2$ ausgeführt wurden [92].

Erwähnt seien ähnliche EMK-Messungen an Si—B—Al—Na—Ca—O-Gläsern gegen eine Alkaliborat-Schmelze [94]. Diese Gläser wurden zusätzlich mit geringen Mengen verschiedener Kationen dotiert, wobei sich in Anlehnung an das Periodische System systematische Zusammenhänge zwischen der EMK und der Ionenfeldstärke (Ionenladung/(Ionenradius)^2) ergaben (Bild 6.24).

In Anlehnung an die Messungen von F. Haber [78, 79] verfolgen D. Yuan und F. A. Kröger [95] in einer neueren Arbeit das Ziel, in einer Zelle mit einem festen Glaselektrolyten Sauerstoff- und Schwefelpartialdrücke in Gasphasen zu bestimmen. Als Elektrolyt für Meßtemperaturen von 200—500 °C wird das Borsilikatglas *Pyrex* mit einer vorherrschenden Natriumionenleitung verwendet. Zur Messung von Sauerstoffpartialdrücken in Gasen wurden die

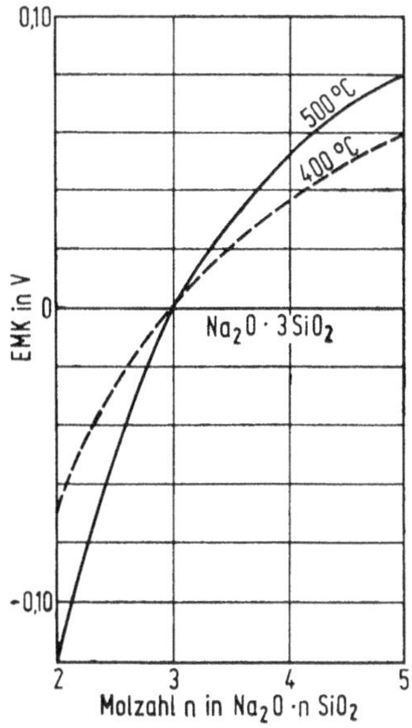

Bild 6.23. EMK der Zelle $Pt|O_2\|Na_2O \cdot 3SiO_2$(Glas I)$\|Na_2O \cdot xSiO_2$(Glas II)$\|O_2|Pt$ bei unterschiedlichen Molzahlen SiO_2 nach T. Forland und M. Tashiro [92]

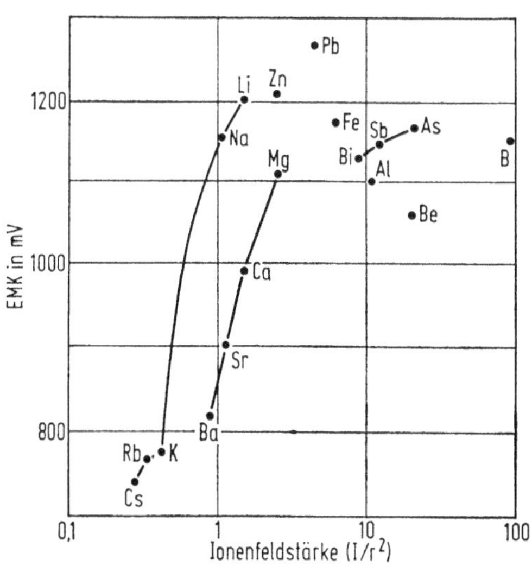

Bild 6.24. EMK der Zelle $Pt|O_2\|$festes Glas der Zusammensetzung$[Si_5B_2Al_{0,4}]O_{13,6}[Na_2Ca_{1,5}]O_{2,5}$ + 1,4 g-Atom Fremdkationen$\|$Alkaliboratschmelze mit 1% $Na_2O\|O_2|Pt$ bei 700 °C in Abhängigkeit von der Ionenfeldstärke (Ionenladung/(Ionenradius)^2) der zugesetzten Fremdkationen nach K. Kühne [94]

beiden folgenden galvanischen Zellen erprobt:

a) $W|Na_{fl}\|$Pyrex-Glas$\|O_2|Pt$

$$\text{Zellreaktion: } 2\,Na + \frac{1}{2}\,O_2 \rightleftharpoons Na_2O$$

b) $Pt|O_2(I)\|$Pyrex-Glas$\|O_2(II)|Pt$

$$\text{Zellreaktion: } O_2\ (\text{Glas I}) \rightleftharpoons O_2\ (\text{Glas II})$$

Auf der Seite der Gaselektroden wurde der Kontakt zum Glaselektrolyten durch eine Platinpaste mit einer Platindraht-Zuführung hergestellt. Bild 6.25 veranschaulicht die Fertigstellung einer Elektrode aus flüssigem Natrium.

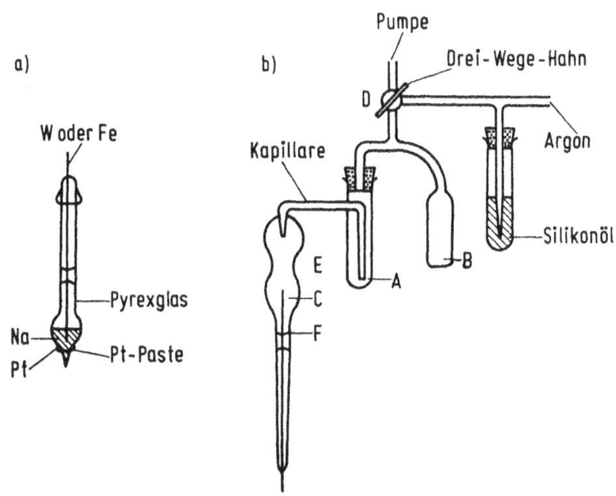

Bild 6.25. Herstellung einer Elektrode aus flüssigem Natrium nach D. Yuan und F. A. Kröger [95]: 1. Einfüllen von Natrium in Gefäß *A* unter Toluol, 2. Evakuieren der Gefäße *A* und *B* über den Hahn *D*, 3. Schließen des Hahns *D*, 4. Gefäß *B* auf $-180\,°C$ unterkühlen und Toluol von Gefäß *A* nach *B* abdestillieren, 5. Aufschmelzen des Natriums unter Argon und Vorheizen der Kapillare, 6. Argoneinlaß bei *D* öffnen und das Natrium von Gefäß *A* nach *C* drücken, 7. über Hahn *D* evakuieren, 8. Gefäß *C* an der Stelle *E* abschmelzen

Mit Zelle a) wurde bei 500 °C unter Verwendung von O_2-, N_2-O_2-, $Ar-O_2$-, $CO-CO_2$- und H_2-H_2O-Gaselektroden eine lineare Abhängigkeit der EMK von $\lg p_{O_2}$ ermittelt, die in einem weiten Bereich von 10^{-35} bis 1 atm der Nernstschen Beziehung folgt. Die Reversibilität der Zelle wurde durch Polarisierungen in beiden Stromrichtungen bei einer äußeren Spannung von 12 V überprüft. Nach der Entlastung erreichten die Zellspannungen in 90 bis 100 Minuten nahezu wieder ihre Ausgangswerte. Auch an der Zelle b) mit zwei Sauerstoffelektroden unterschiedlichen p_{O_2}-Niveaus ergaben sich EMK-Werte gemäß der Nernstschen Gleichung (Bild 6.26).

Schwefelpartialdrücke in Gasen wurden mit Hilfe der Zelle

c) W|Na$_{fl}$ ‖ Pyrex-Glas ‖ S_2|Graphit

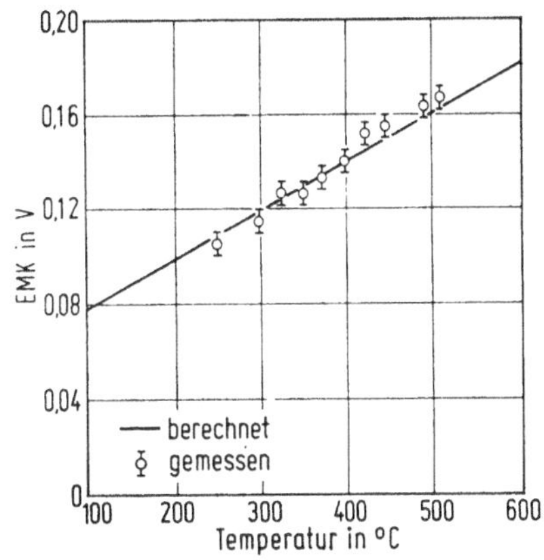

Bild 6.26. EMK der Zelle Pt|O_2(1 atm) ‖ Borsilikatglas „Pyrex" ‖ O_2(0,05 atm)|Pt bei 250 bis 500 °C nach D. Yuan und F. A. Kröger [95]

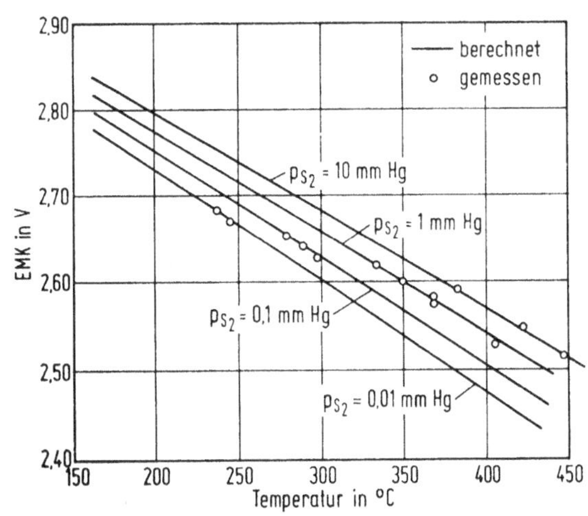

Bild 6.27. Berechnete und gemessene EMK der Zelle W|Na-Schmelze ‖ Borsilikatglas „Pyrex" ‖ S_2|Graphit bei unterschiedlichen Temperaturen und Schwefelpartialdrücken nach D. Yuan und F. A. Kröger [95]

gemessen. Als Zellreaktion wird die Bildung von Natriumsulfid $2\,Na + 1/2\,S_2 \rightleftharpoons Na_2S$ angenommen. Zur Einstellung unterschiedlicher Schwefelpartialdrücke an der Gaselektrode wurden zwei verschiedene Methoden angewandt. Höhere p_{S_2}-Werte wurden über ein beheiztes Schwefelbad erzeugt, das sich mit der Meßzelle im gleichen Ofen befand. Durch zwei getrennt regelbare Heizsysteme war es möglich, die Temperatur der Meßzelle konstant zu halten und gleichzeitig die Schwefeldampfdrücke über die Temperatur der Schwefelquelle zu variieren. Der Schwefeldampf wurde mit Hilfe von Argon-Trägergas an die Zelle herangeführt. Niedrigere Schwefelpartialdrücke resultierten aus der Anwendung von H_2—H_2S-Gemischen. Bild 6.27 zeigt EMK-Temperatur-Geraden, die für Schwefelpartialdrücke zwischen 0,01 und 10 mm Hg berechnet wurden. Die in das Diagramm eingetragenen Meßpunkte der Schwefel-Meßzelle c) folgen mit guter Annäherung dem Verlauf der berechneten p_{S_2}-Isobaren.

6.4. Feste Sulfidelektrolyte

Nur wenige Metallsulfide sind bei hohen Temperaturen thermisch stabil. Ihre Freien Bildungsenthalpien sind häufig weniger stark negativ als die der entsprechenden Metalloxide, so daß schon bei relativ geringen Sauerstoffpartialdrücken der Gasphase mit einer Sulfid-Oxid-Umsetzung zu rechnen ist.

Ionenleitende Verbindungen sind bisher nur bei den Alkali- und Erdalkalisulfiden aufgefunden worden. Ihre Schmelztemperaturen und Gittertypen sind in Tabelle 6.3 zusammengestellt. Für die Alkalisulfide mit relativ niedrigen

Tabelle 6.3. Schmelzpunkte und Strukturen der Alkali- und Erdalkalisulfide

Verbindung	Schmelzpunkt °C	Gittertyp
Li_2S	(950) oder höher	CaF_2
Na_2S	1169	CaF_2
K_2S	(835) oder höher	CaF_2
MgS	> 2000	NaCl
CaS	> 2000	orthorhombisch
SrS	> 2000	NaCl
BaS	> 2000	NaCl

Schmelzpunkten ist der obere Grenzwert der Anwendungstemperatur mit etwa 900 °C anzugeben. Die Erdalkalisulfide sind trotz hoher Schmelztemperaturen über 2000 °C ebenfalls nicht bei wesentlich höheren Temperaturen zu verwenden, da sie sich bereits bei geringen Restsauerstoffgehalten der Atmosphäre in die Erdalkalioxide umsetzen.

Die Alkalisulfide kristallisieren in der kubischen Antifluoritstruktur, die Erdalkalisulfide (mit Ausnahme des orthorhombischen CaS) in der kubischen NaCl-Struktur.

Eine überwiegende Ionenleitfähigkeit wurde erstmals an *Natriumsulfid* Na_2S nachgewiesen. H.-H. Möbius und Mitarbeiter [96] gingen bei ihren Untersuchungen von der Überlegung aus, daß in Ionenkristallen mit einer Antifluoritstruktur (im Gegensatz zu den anionenleitenden Festelektrolyten vom Fluorittyp) die Kationenleitfähigkeit vorherrschen müsse. Ihre Messungen der

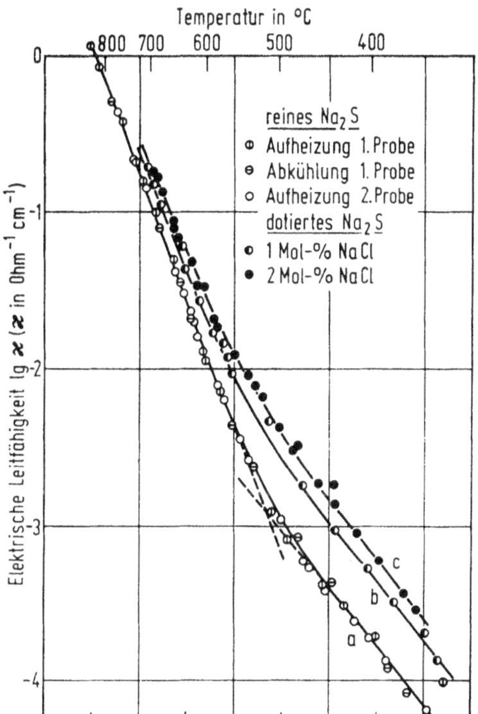

Bild 6.28. Elektrische Leitfähigkeit von Na_2S sowie Na_2S mit 1 und 2 mol-% NaCl in Abhängigkeit von der reziproken Temperatur nach H.-H. Möbius, H. Witzmann und R. Hartung [96]

elektrischen Leitfähigkeit sowie der Selbstdiffusion mit Hilfe von Na^{22} und S^{35} bestätigen diese Vermutung. Sie zeigen, daß wasserfreies Na_2S ein ausgezeichneter, praktisch reiner Natriumionenleiter ist.

Die logarithmische Auftragung der elektrischen Leitfähigkeit gegen $1/T$ ergibt zwei Geraden unterschiedlicher Neigung mit einem Übergangsbereich zwischen 500 und 600 °C (Bild 6.28, Kurve *a*):

$$\varkappa = 3{,}4 \cdot 10^7 \exp\left(-\frac{1{,}64}{kT}\right) \quad (> 520\,°\mathrm{C}) \tag{6.10}$$

$$\varkappa = 8{,}0 \cdot 10 \exp\left(-\frac{0{,}75}{kT}\right) \quad (< 520\,°\mathrm{C}) \tag{6.11}$$

Die Leitfähigkeit erreicht schon bei 800 °C den vergleichsweise hohen Wert von rd. 1 $\mathrm{Ohm}^{-1} \cdot \mathrm{cm}^{-1}$. Die Ergebnisse für Na_2S-Proben, die mit NaCl dotiert waren, sind in Bild 6.28 durch die Kurven b) und c) wiedergegeben. Für den Einbau des NaCl kann folgende Fehlordnungsgleichung angenommen werden:

$$\mathrm{NaCl} + \mathrm{Na_{Na}} + \mathrm{S_S} \rightleftharpoons \mathrm{Cl_S^{\cdot}} + \mathrm{V'_{Na}} + \mathrm{Na_2S} \tag{6.12}$$

wobei Chlorionen die etwa gleich großen Schwefelionen auf ihren Gitterplätzen substituieren[1] und zusätzlich Natriumionenleerstellen gebildet werden. Die bei Temperaturen unterhalb 520 °C ermittelte Aktivierungsenergie von 0,75 eV kann allein der Wanderung von Natriumionen über Natriumionenleerstellen zugeschrieben werden.

Die Temperaturabhängigkeit der Selbstdiffusionskoeffizienten des Natriums in reinem und NaCl-dotiertem Natriumsulfid folgt den Beziehungen:

$$D_{\mathrm{Na}} = 8{,}3 \cdot 10^2 \exp\left(-\frac{1{,}65}{kT}\right) \quad (> 520\,°\mathrm{C}) \tag{6.13}$$

$$D_{\mathrm{Na}} = 1{,}6 \cdot 10^{-3} \exp\left(-\frac{0{,}77}{kT}\right) \quad (< 520\,°\mathrm{C}) \tag{6.14}$$

Sie folgen mit guter Übereinstimmung den Kurven, die aus den gemessenen Leitfähigkeiten über die Nernst—Einstein-Gleichung berechnet wurden.

Für die Temperaturabhängigkeit der Selbstdiffusion des Schwefels ergab sich die Beziehung:

$$D_{\mathrm{S}} = 3{,}8 \cdot 10^{-3} \exp\left(-\frac{1{,}17}{kT}\right) \tag{6.15}$$

Der Anteil der S^{2-}-Ionen am Stromtransport wurde zu 0,2 bis 1% abgeschätzt. In Bild 6.29 wird der Temperaturverlauf der Selbstdiffusionskoeffizienten des Natriums und Schwefels miteinander verglichen. In dieses Bild sind außerdem die Selbstdiffusionskoeffizienten für O^{2-}, Ca^{2+} und Zr^{4+} in stabilisiertem Zirkonoxid eingetragen.

---

[1] Ionenradien: S^{2-} 1,85 Å; Cl^- 1,96 Å; Na^+ 0,93 Å

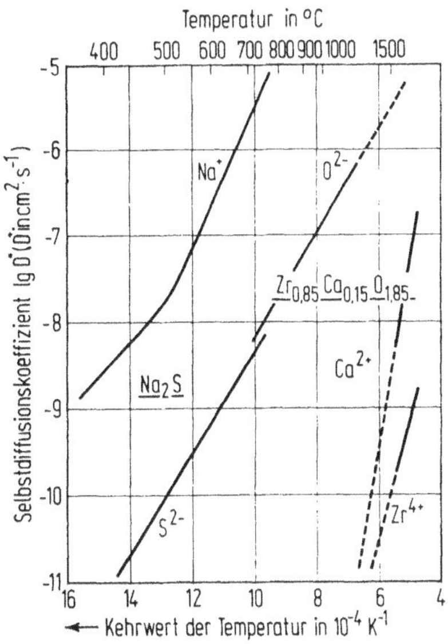

Bild 6.29. Selbstdiffusionskoeffizienten D^*_{Na} und D^*_S in Natriumsulfid Na_2S sowie D^*_{Zr}, D^*_{Ca} und D^*_O im Mischoxid $Zr_{0,85}Ca_{0,15}O_{1,85}$ in Abhängigkeit von der reziproken Temperatur nach H.-H. Möbius, H. Witzmann und R. Hartung [96]

Die Darstellung der Freien Bildungsenthalpien in Bild 6.30 zeigt, daß das Natriumsulfid gegenüber dem Natriumoxid stabil ist.

Weitere Untersuchungen liegen für das *Kalziumsulfid* CaS vor. W. L. Worrell und Mitarbeiter [97] gehen von der Annahme aus, daß auch im CaS (vor allem wegen des großen Radius der Schwefelionen, $r_{S^{2-}} = 1{,}85$ Å, $r_{Ca^{2+}} = 0{,}99$ Å) eine Kationenwanderung über Kationenleerstellen in Betracht kommt.

Kalziumsulfid ist gegenüber Kalziumoxid instabil (vgl. Bild 6.30). Ergebnisse von Leitfähigkeitsmessungen an Kalziumsulfid in Abhängigkeit von der Temperatur sind in Bild 6.31 enthalten (obere Gerade) [97]. Diese Messungen wurden bei 700 bis 1000 °C in H_2S-H_2-Gasatmosphären durchgeführt, deren Schwefelgleichgewichtsdruck $p_{S_2} = 10^{-6}$ atm betrug. Durch eine Dotierung des CaS mit Y_2S_3 sollte sich die Konzentration der Kalzium-Ionenleerstellen

$$Y_2S_3 + 2\,Ca_{Ca} + Ca_{Ca} \rightleftharpoons 2\,Y^{\cdot}_{Ca} + V''_{Ca} + 3\,CaS \tag{6.16}$$

und damit die Leitfähigkeit des Kalziumsulfids erhöhen. Diese Erwartung findet sich durch die Meßergebnisse an CaS mit 1 Gew.-% Y_2S_3 bestätigt (Bild 6.31, untere Gerade)[1]. Für reines und Y_2S_3-dotiertes CaS ergab sich eine Aktivierungsenergie von 0,45 eV. Die spezifische elektrische Leitfähigkeit

[1] Die maximale Löslichkeit von Y_2S_3 in CaS wurde aus röntgenographischen Bestimmungen der Gitterkonstanten bei 700 bis 900 °C zu 1,5 Gew.-% (0,4 mol-%) abgeschätzt.

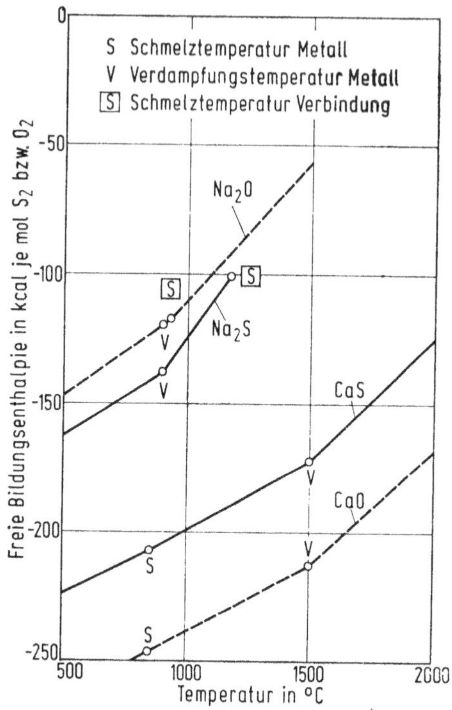

Bild 6.30. Freie Bildungsenthalpien von Natriumsulfid Na_2S, Natriumoxid Na_2O, Kalziumsulfid CaS und Kalziumoxid CaO in Abhängigkeit von der reziproken Temperatur [106]

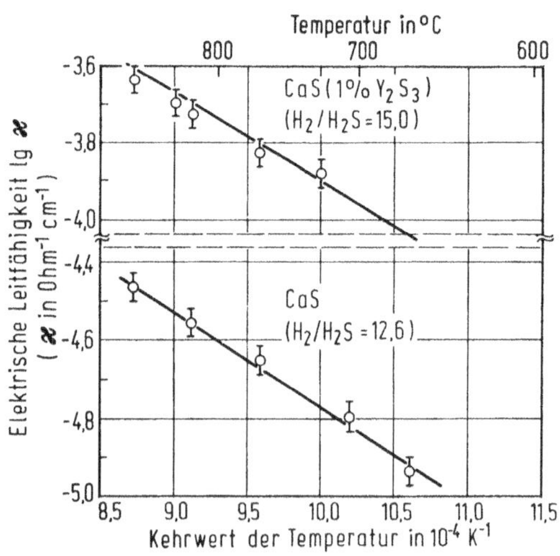

Bild 6.31. Elektrische Leitfähigkeit von CaS sowie CaS mit 1% Y_2S_3 in Abhängigkeit von der reziproken Temperatur nach W. L. Worrell, V. B. Tare und F. J. Bruni [97]

des Y_2S_3-dotierten CaS folgt der Beziehung

$$\varkappa = 4{,}1 \cdot 10^{-4} \exp\left(-\frac{0{,}45}{kT}\right) \tag{6.17}$$

Bild 6.32 zeigt die elektrische Leitfähigkeit von CaS und CaS (1% Y_2S_3) bei 725 °C in Abhängigkeit vom Schwefelpartialdruck der Gasphase. Der für eine vorherrschende Ionenleitfähigkeit typische, p_{S_2}-unabhängige Verlauf ergibt sich bei Schwefelpartialdrücken $\leqq 10^{-6}$ atm (CaS) bzw. $\leqq 10^{-5}$ atm (CaS mit 1% Y_2S_3). Für höhere Schwefelpartialdrücke wird eine Elektronendefektleitung angenommen.

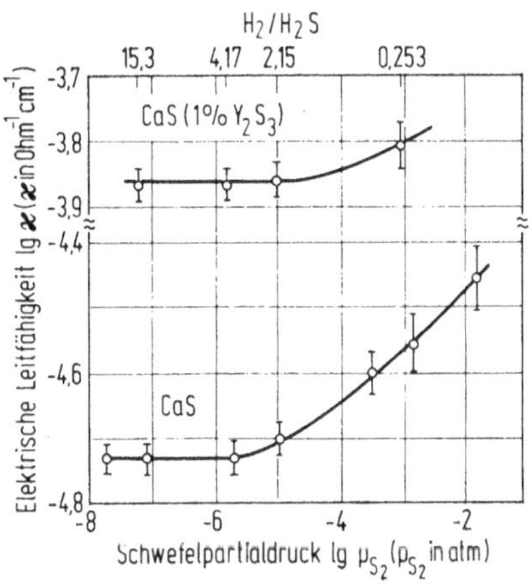

Bild 6.32. Elektrische Leitfähigkeit von CaS sowie CaS mit 1% Y_2S_3 bei 725 °C in Abhängigkeit vom Schwefelpartialdruck nach W. L. Worrell, V. B. Tare und F. J. Bruni [97]

Zu ähnlichen Ergebnissen für die p_{S_2}-Abhängigkeit der elektrischen Leitfähigkeit von Kalziumsulfid kommen K.Nagata und K.Gotó [98]. Sie führten außerdem EMK-Messungen an verschiedenen galvanischen Zellen mit CaS-Festelektrolyten durch:

a) H_2S—H_2 (Gas) | CaS | MoS_2—Mo (fest)

b) Cu_2S—Cu (fest) | CaS | MoS_2—Mo (fest)

c) Cu_2S—Cu (fest) | CaS | PbS—Pb (flüssig)

d) Cu_2S—Cu (fest) | CaS | FeS—Fe (fest)

Die Schwefelpartialdrücke lagen in allen Fällen unter der Grenze der beginnenden Elektronendefektleitung des Elektrolyten ($p_{S_2} \leqq 10^{-6}$ atm bei 980 °C,

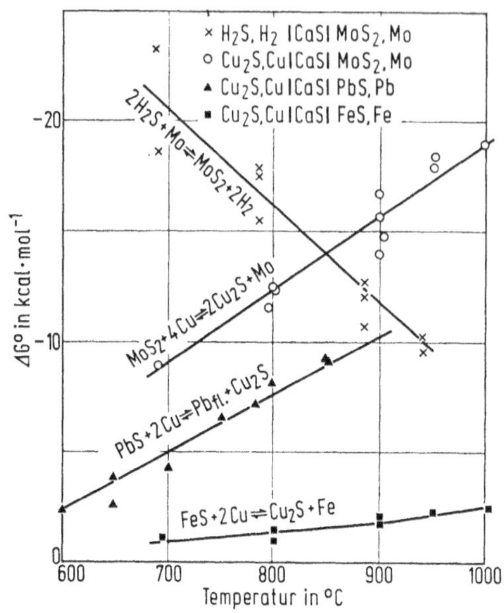

Bild 6.33. Freie Bildungsenthalpien einiger Zellreaktionen für Konzentrationszellen mit Schwefelüberführung nach K. Nagata und K. Gotó [98]

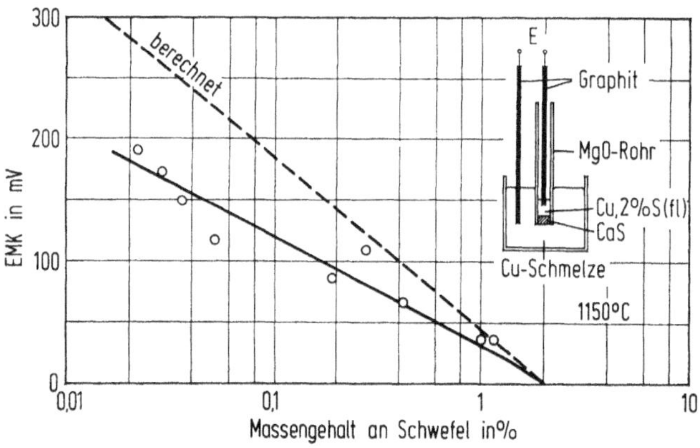

Bild 6.34. EMK der Zelle Graphit| Kupferschmelze I ‖ Kalziumsulfid ‖ Kupferschmelze II mit 2% S|Graphit in Abhängigkeit vom Schwefelgehalt der Schmelze I nach W. A. Fischer und D. Janke [99]

$\leqq 10^{-4}$ atm bei 790 °C und $\leqq 10^{-2}$ atm bei 690 °C). Die Meßergebnisse sind in Bild 6.33 in der Form der Freien Bildungsenthalpien für die Zellreaktionen (Metallverdrängungsreaktionen) dargestellt. Sie stimmen mit tabellierten thermodynamischen Daten zufriedenstellend überein.

Weitere orientierende EMK-Messungen mit einer CaS-Festelektrolytzelle wurden in schwefelhaltigen Kupferschmelzen bei 1150 °C ausgeführt [99]. Der Zellaufbau sowie die EMK in Abhängigkeit vom Schwefelgehalt der Kupferschmelzen sind in Bild 6.34 wiedergegeben:

Graphit|Cu (flüssig)|CaS|Cu mit 2% S (flüssig)|Graphit

Die Abweichung der gemessenen Zellspannungen von der für eine vollkommene Ionenleitfähigkeit berechneten Geraden[1] läßt vermuten, daß bei den hier vorliegenden Schwefelpartialdrücken der Schmelzen bereits eine beträchtliche Elektronenleitung auftritt.

6.5. Feste Nitridelektrolyte

Feste Metallnitride sind wie Metallsulfide bei hohen Temperaturen meist nur in sauerstofffreien Atmosphären stabil. Auch in einem neueren Aufsatz zur „Experimentellen Thermochemie bei hohen Temperaturen" wird von O. Kubaschewski [100] die Auffassung vertreten, daß „die Hoffnung, geeignete Stickstoffionenleiter für EMK-Messungen zu finden, gering sei". Experimentell gestützte Unterlagen über den Mechanismus des Stromtransports in ionenleitenden Metallnitriden liegen bisher nicht vor.

In neueren Arbeiten haben sich W. A. Fischer und B. Schuh mit den elektrolytischen Eigenschaften von *Aluminiumnitrid* AlN bei hohen Temperaturen beschäftigt. Hiernach ist im AlN eine überwiegende Ionenleitfähigkeit anzunehmen [101]. Das verwendete AlN enthielt im Anlieferungszustand etwa 2% Al_2O_3. Die Schmelztemperatur des Aluminiumnitrids liegt bei etwa 2200 °C. Wie aus dem Vergleich der Freien Bildungsenthalpien von AlN und Al_2O_3 in Bild 6.35 zu ersehen, bildet sich das Aluminiumnitrid bei erhöhten Temperaturen in Gegenwart von Sauerstoff zu Aluminiumoxid um:

$$2\,AlN + \frac{3}{2}\,O_2 \rightleftharpoons Al_2O_3 + N_2. \tag{6.18}$$

Die Reaktion verläuft jedoch verhältnismäßig langsam. An AlN-Festelektrolytzellen wurden in einem von reinem Stickstoff durchströmten Ofen nach Versuchszeiten von 1 Stunde weiße Oberflächenschichten von etwa 1 mm Dicke beobachtet. Untersuchungen des Zustandsschaubildes $AlN-Al_2O_3$ [102] ergaben oberhalb 1600 °C die Bildung einer Oxynitrid-Mischphase γ-AlN_xO_y, die einen breiten Homogenitätsbereich aufweist (Bild 6.36). Diese hat eine kubische

---

[1] Die Gerade wurde mit einer Ladungszahl $z = 2$ und der Annahme einer idealen Lösung des Schwefels im flüssigen Kupfer berechnet.

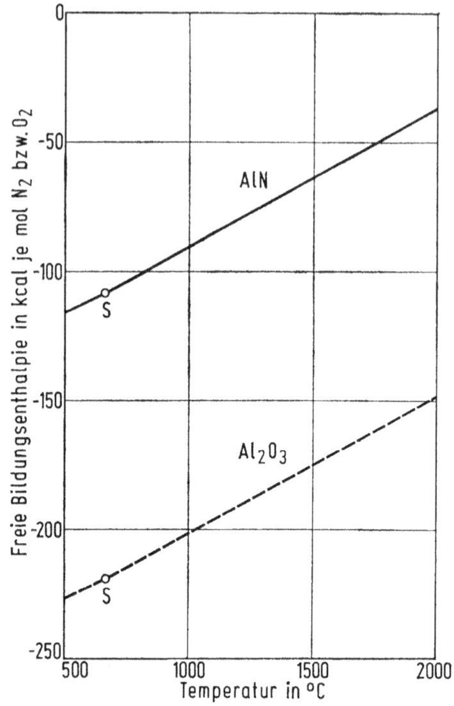

Bild 6.35. Freie Bildungsenthalpien von Aluminiumnitrid AlN und Aluminiumoxid Al_2O_3 in Abhängigkeit von der reziproken Temperatur [106]

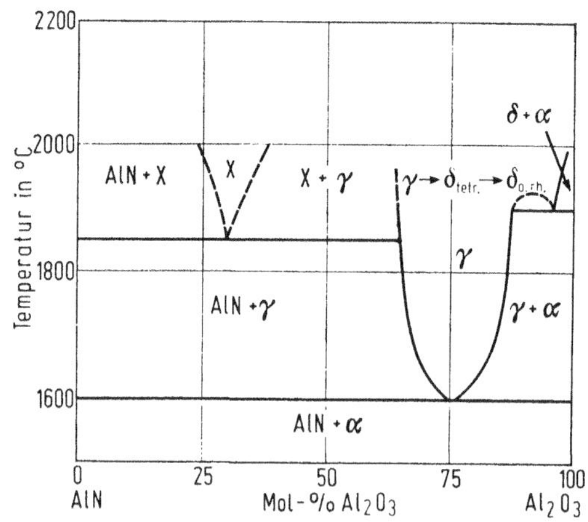

Bild 6.36. Entwurf eines Phasendiagrammes AlN—Al_2O_3 nach A. M. Léjus [102]

Spinellstruktur, deren Aluminiumionenteilgitter Leerstellen aufweist[1]. Reines Aluminiumnitrid kristallisiert dagegen im Wurtzitgittertyp, besitzt jedoch ebenfalls eine beschränkte Löslichkeit für das Aluminiumoxid [105].

Damit ist einschränkend zu bemerken, daß die Umsetzung des Aluminiumnitrids in sauerstoffhaltiger Atmosphäre zu Aluminiumoxid nach Gleichung (6.18) nicht unmittelbar, sondern nacheinander über zwei AlN_xO_y-Zwischenphasen verläuft. In der $AlN(Al_2O_3)$-Mischphase ist eine Gitterfehlordnung denkbar, die auf einer Substitution der Anionen beruht und eine Wanderung von Al^{3+}-Ionen über Al-Ionenleerstellen ermöglichen würde[2]:

$$Al_2O_3 + Al_{Al} + 3N_N \rightleftharpoons 3O_N^{\cdot} + V_{Al}''' + 3AlN \qquad (6.19)$$

Die Temperaturabhängigkeit der Leitfähigkeit von AlN ist in Bild 6.37 wiedergegeben [101]. Die Aktivierungsenergien der Leitfähigkeit betragen 2,7 eV (über 1450 °C) bzw. 2,1 eV (unter 1450 °C). Die elektrische Leitfähigkeit des AlN (Al_2O_3) ist außerdem bei Temperaturen zwischen 1400 und 1650 °C und $p_{N_2} = 10^{-6}$ bis 1 atm unabhängig vom Stickstoffpartialdruck der Gasphase, woraus sich ein weiterer Hinweis auf die Ionenleitfähigkeit des Nitridelektrolyten ergibt.

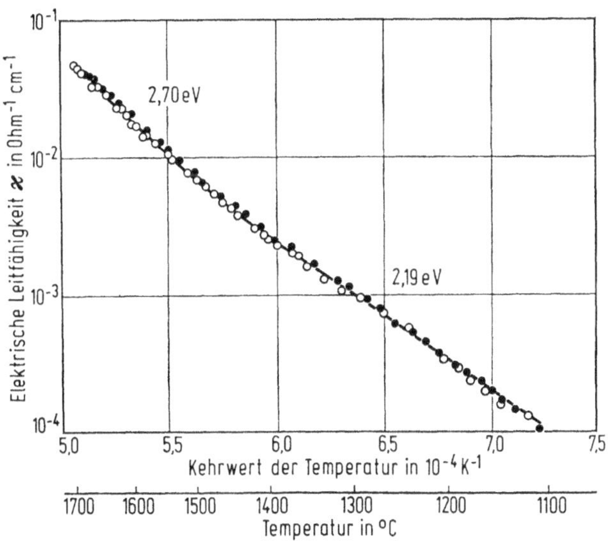

Bild 6.37. Elektrische Leitfähigkeit von Aluminiumnitrid in Stickstoff in Abhängigkeit von der reziproken Temperatur nach W. A. Fischer und B. Schuh [101]

[1] Auch im System $ZrN{-}ZrO_2$ ist die Existenz eines Oxynitrids ZrN_xO_y (β'-Phase) bekannt, das sich an Luft jedoch sehr schnell zu ZrO_2 umsetzt [103, 104].

[2] Ionenradien: Al^{3+} 0,51 Å; O^{2-} 1,32 Å; N^{3-} 1,71 Å. Eine Zelle mit einem solchen Festelektrolyten wurde grundsätzlich unterschiedliche Aluminium-, Stickstoff- und Sauerstoffpotentiale an den Phasengrenzen anzeigen können.

Literatur

1. Palguev, S. F., Neuimin, A. D.: Soviet Physics — Solid State 4 (1962) 629.
2. Cline, C. F., Carlberg, J., Newkirk, H. W.: J. Amer. Ceram. Soc. 50 (1967) 55.
3. Alcock, C. B., Stavropoulos, G. P.: J. Amer. Ceram. Soc. 54 (1971) 436.
4. Salmang, H., Scholze, H.: Die Keramik, 5. Aufl. Berlin, Heidelberg, New York: Springer 1968, darin bes. S. 336.
5. Esin, O. A., Lepinski, B. M., Musikhlim, V. J.: Izv. Akad. Nauk SSSR, OTN, Nr. 12 (1954) 120.
6. Esin, O. A., Lepinski, B. M.: Izv. Akad. Nauk SSSR, OTN, Nr. 12 (1954) 60.
7. Sergin, B. J., Esin, O. A., Lepinski, B. M.: Izv. Akad. Nauk SSSR, OTN Metallurgija i Kornoc Delo, Nr. 1 (1963) 87.
8. Sanbongi, K., Omori, Y.: Sci. Rep. Res. Inst. Tohoku Univ., Ser. A, 11 (1959) 244; 11 (1959) 339.
9. Ohnaka, T.: Tetsu-to-Haganė 30 (1944) 62; 34 (1948) 9; 36 (1950) 134.
10. Ohtani, M., Sanbongi, K.: Tetsu-to-Haganė 48 (1962) 534; 49 (1963) 22.
11. Luzgin, V. P., Vischkarev, A. F., Javoiskij, V. I.: Izv. Vyss. Ucebn. Zewed. Cern. Met. 6 (1963) 44; 6 (1963) 50.
12. Fischer, W. A., Janke, D.: Arch. Eisenhüttenwes. 40 (1969) 837.
13. Fischer, W. A., Janke, D.: Arch. Eisenhüttenwes. 41 (1970) 1027.
14. Alper, A. M., McNally, R. N., Ribbe, P. H., Doman, R. C.: J. Amer. Ceram. Soc. 45 (1962) 263.
15. Schlaudt, Ch. M., Roy, D. M.: J. Amer. Ceram. Soc. 48 (1965) 248.
16. Fischer, W. A., Janke, D.: Arch. Eisenhüttenw. 39 (1968) 89.
Kiukkola, K., Wagner, C.: J. Electrochem. Soc. 104 (1957) 379.
17. Schmalzried, H.: J. Chem. Phys. 33 (1960) 940.
18. Mitoff, S. P.: J. Chem. Phys. 33 (1960) 941.
19. Mitoff, S. P.: J. Chem. Phys. 41 (1964) 2561.
20. Fischer, W. A., Ertmer, W.: Arch. Eisenhüttenwes. 37 (1966) 427.
21. Schäfer, R.: Elektrochemische Untersuchungen metallurgischer Vorgänge an kohlenstoffhaltigen Eisenschmelzen und die Messung elektromotorischer Kräfte zwischen Metalloxyden bei hohen Temperaturen im System $FeO-Al_2O_3$, Dr.-Ing.-Dissert. Univ. Bonn 1952. Siehe auch: Fischer, W. A., Arch. Eisenhüttenwes. 38 (1967) 422.
22. Fischer, W. A., Ackermann, W.: Arch. Eisenhüttenwes. 39 (1968) 273.
23. Fischer, W. A., Janke, D.: Arch. Eisenhüttenwes. 40 (1969) 707.
24. Fischer, W. A., Janke, D.: unveröffentlichte Ergebnisse.
25. Javoijskij, V. J., Vischkarev, A. F., Luzgin, V. P.: Teor. Prakt. Intensifik. Protsessov Konverterakh Martenovsk. Pechakh 7 (1965).
26. Javoijskij, V. J., Vischkarev, A. F., Luzgin, V. P., Frolov, A. G. u. Panin, M. F.: Sb. Mosk. Inst. Stali Splavov, No. 41 (1966) 112; Optimizatsiya Met. Protsessov, No. 1 (1967) 66.
27. Baker, R., West, J. M.: J. Iron Steel Inst. 204 (1966) 213.

28. Mazurov, E. F., Salautin, V. A., Ponomarev, B. I., Gnuchev, S. M., Izmanova, T. A.: Zavod. Lab. 33 (1967) 982.

29. Čerkasov, P. A., Kuznetsov, E. M., Averin, V. V.: 2nd Japan-USSR Joint Symposium on Phys. Chem. of Metallurg. Processes. The ISIJ, 1969, Special Rep. No. 10.

30. Catoul, P., Tyou, P., Hans, A.: C.N.R.M. No. 11 (1967) 57.

31. Schmalzried, H.: Z. Phys. Chem. N.F. 38 (1963) 87.

32. Kröger, F. A.: Proc. Brit. Ceram. Soc. 1 (1964) 167.

33. Matsumura, T.: Canad. J. Phys. 44 (1966) 1685.

34. Brook, R. J., Yee, J., Kröger, F. A.: J. Amer. Ceram. Soc. 54 (1971) 444.

35. Neuimin, A. D., Palguev, S. F.: Tr. Inst. Elektrokhim. Akad. Nauk SSSR, Ural. Filial, 3 (1962) 133.

36. Tare, V. B., Schmalzried, H.: Z. phys. Chem. N.F. 43 (1964) 30.

37. Subbarao, E. C., Sutter, P. H., Hrizo, J.: J. Amer. Ceram. Soc. 48 (1965) 443.

38. Tallan, N. M., Vest, R. W.: J. Amer. Ceram. Soc. 49 (1966) 401.

39. Etsell, T. H., Flengas, S. N.: J. Electrochem. Soc. 116 (1969) 771.

40. Takahashi, T., Ito, K., Iwahara, H.: Rev. Energ. Primaire 2 (1966) 27.

41. Palguev, S. F., Karpachev, S. V., Neuimin, A. D., Volchenkova, Z. S.: Dokl. Phys. Chem. 134 (1960) 967.

42. Volchenkova, Z. S., Palguev, S. F.: Tr. Inst. Elektrokhim., Akad. Nauk SSSR, Ural. Filial 5 (1964) 133.

43. Besson, J., Deportes, C., Robert, G.: C. R. Acad. Sci., Paris, 262 (1966) 527.

44. Haber, F., Fleischmann, F.: Z. anorg. Chem. 51 (1906) 245.

45. Haber, F., Foster, G. W. A.: Z. anorg. Chem. 51 (1906) 289

46. Baur, E., Petersen, A., Füllemann, G.: Z. Elektrochem. 22 (1916) 409.

47. Baur, E., Preis, H.: Z. Elektrochem. 43 (1937) 727.

48. Treadwell, W. D.: Z. Elektrochem. 22 (1916) 414.

49. Treadwell, W. D., Terebesi, L.: Helv. Chim. Acta 16 (1933) 922.

50. Schuh, B., Korousic, B., Marinček, B.: Schweizer Arch. Dezember 1968, 380.

51. Löscher, W.: Arch. Eisenhüttenwes. 40 (1969) 479.

52. Löscher, W.: Hoesch Berichte aus Forschung und Entwicklung, H. 1 (1970) 30.

53. Mihajlovic, A., Korousic, B., Marinček, B.: Gießerei 17 (1970) 533.

54. Schuh, B., Marinček, B.: Schweizer Archiv 36 (1970) 379.

55. Fischer, W. A., Janke, D.: Arch. Eisenhüttenw. 42 (1971) 249.

56. Pluschkell, W., Engell, H.-J.: Ber. Dt. Keram. Ges. 45 (1968) 388.

57. Fischer, W. A., Pateisky, G.: Köln-Opladen: Forschungsber. des Landes NRW Nr. 2154, 1970.

58. Fischer, W. A., Hoffmann, A.: Arch. Eisenhüttenwes. 26 (1955) 63.

59. Fischer, W. A.: Electrical Measurements on Oxides and Solid Cells at Temperatures from 1200 to 1800 °C. In: The Physical Chemistry of Steelmaking, J. F. Elliott, Ed., Boston: Mass. Inst. of Techn. 1956.

60. Wagner, C.: The Electromotive Force of Galvanic Cells Involving Phases of Locally Variable Composition. In: Advances in Electrochemistry and Electrochemical Engineering. P. Delahay, Ed., New York: Wiley 4 (1966) 1/46.

61. Roy, D. M., Roy, R., Osborn, E. F.: J. Amer. Ceram. Soc. 36 (1953) 149.

62. Alper, A. M., McNally, R. N., Ribbe, P. G., Doman, R. C.: J. Amer. Ceram. Soc. 45 (1962) 264.

63. Fischer, W. A., Janke, D.: unveröffentlichte Ergebnisse.

64. Trömel, G., Oelsen, W.: Arch. Eisenhüttenw. 23 (1952) 17.

65. Fischer, W. A., Janke, D., Engell, H.-J.: Arch. Eisenhüttenw. 37 (1966) 853.

66. Trömel, G., Fix, W., Fritze, H. W.: Arch. Eisenhüttenwes. 32 (1961) 353.

67. Trömel, G., Fix, W.: Arch. Eisenhüttenw. 33 (1962) 745.

68. Schwerdtfeger, K., Engell, H.-J.: Arch. Eisenhüttenw. 34 (1963) 647.

69. Fischer, W. A., Ackermann, W.: Arch. Eisenhüttenw. 36 (1965) 695.

70. Fischer, W. A., Janke, D., Zielinski, K.: Radex-Rundschau H. 2 (1972) 98.

71. Bookey, J. B.: J. Iron Steel Inst. 172 (1952) 61.

72. Sayer, M., Erdogan, H., Cox, C. D.: J. Electrochem. Soc. 119 (1972) 265.

73. Cavendish: Franklin exper. and observ. London 1774, S. 411.

74. Buff, H.: Liebigs Ann. Chem. 90 (1854) 257.

75. Beetz, W.: Pogg. Ann. 92 (1854) 452.

76. Warburg, E.: Wied. Ann. 21 (1884) 622.

77. Tegetmeier, F.: Wied. Ann. 41 (1890) 18.

78. Haber, F., Moser, A.: Z. Elektrochem. 11 (1905) 593.

79. Haber, F., Foster, G. W. A.: Z. anorg. Chem. 51/52 (1906) 289.

80. Tammann, G.: Z. anorg. allg. Chem. 133 (1924) 267.

81. Grube, G., Rau, E. A.: Z. Elektrochem. 40 (1934) 352.

82. Hauffe, K.: Z. Elektrochem. 46 (1940) 348.

83. Hauffe, K., Vierk, A. L.: Z. Elektrochem. 53 (1949) 151.

84. Vierk, A. L., Hauffe, K.: Z. Elektrochem. 54 (1950) 383.

85. Vierk, A. L.: Z. Elektrochem. 54 (1950) 436.

86. Kubaschewski, O., Huchler, O.: Z. Elektrochem. 52 (1948) 170.

87. Frauenschill, H., Halla, F.: Z. Elektrochem. 53 (1949) 144.

88. Yuan, D., Kröger, F. A.: J. Phys. Chem. 73 (1969) 2390.

89. Lux, H.: Z. Elektrochem. 45 (1939) 303.

90. Csaki, P., Dietzel, A.: Glastechn. Ber. 18 (1940) 33.

91. Stegmaier, W., Dietzel, A.: Glastechn. Ber. 18 (1940) 297.

92. Forland, T., Tashiro, M.: The Glass Industry 37 (1956) 381.

93. Smith, G. S., Rindone, G. E.: The Glass Industry 37 (1956) 437.

94. Kühne, K;.: Silikattechnik 15 (1964) 139.

95. Yuan, D., Kröger, F. A.: J. Electrochem. Soc. 118 (1971) 841.

96. Möbius, H.-H., Witzmann, H., Hartung, R.: Z. Phys. Chem. 227 (1964) 40.

97. Worrell, W. L., Tare, V. B., Bruni, F. J.: High Temperature Technology, Proc. 3rd Intern. Symp. Asimolar, California, 1967, London: Butterworth 1969, p. 503.

98. Nagata, K., Gotó, K.: Bericht Ausschuß für metallurgische Grundlagen; Unterausschuß physikalische Chemie, VDEh, Düsseldorf, Okt. 1972; Metallurg. Trans. (1974) 5 (1974) 899.

99. Fischer, W. A., Janke, D.: unveröffentlichte Ergebnisse (1967).

100. Kubaschewski, O.: Naturwiss. 55 (1968) 525.

101. Fischer, W. A., Schuh, B.: Arch. Eisenhüttenw. 45 (1974) 757; 46 (1975) 101; s. auch B. Schuh: Dr.-Ing.-Dissert. TH Aachen 1973.

102. Léjus, A. M.: Rev. Int. Hautes Tempér. et Réfract. 1 (1964) 53.

103. Gilles, J. C.: Dissertation, Paris: 1965.

104. Michel, D.: Rev. Int. Hautes Tempér. et Réfract. 9 (1972) 225.

105. Adams, J., AuCoin, T. R., Wolff, G. A.: J. Electrochem. Soc. 109 (1962) 1050.

106. Elliott, J. F., Gleiser, M., Ramakrishna, V.: Thermochemistry for Steelmaking, Vol. 2, Reading/Mass.: Addison-Wesley (1963).

7. Zellen mit festen Halogenid-Elektrolyten

7.1. Grundlegende Untersuchungen an galvanischen Zellen mit Halogenid-Elektrolyten

Eine große Zahl von festen Halogen-Verbindungen besitzt eine vorherrschende Ionenleitfähigkeit (vgl. Tabelle 3.5). Ihre Anwendung als Festelektrolyte in galvanischen Zellen muß jedoch überwiegend auf niedrigere Temperaturen beschränkt bleiben. Alle Alkali- und Schwermetall-Halogenide schmelzen bereits in einem Temperaturbereich von etwa 400 bis 800 °C. Lediglich die Fluorverbindungen der Erdalkalimetalle mit Schmelzpunkten zwischen 1300 und 1400 °C stehen als Festelektrolyte für den Bereich höherer Temperaturen zur Verfügung.

Im Rahmen dieser Abhandlung sei auf einige Standardtypen häufiger angewandter Halogenid-Zellen eingegangen. An ihnen wurden grundlegende Erkenntnisse zur Theorie der elektrolytischen Leitfähigkeit fester Verbindungen, über den Ablauf elektrochemischer Reaktionen in Bildungs- und Konzentrationszellen sowie über den Zusammenhang zwischen Zellspannung und thermodynamischen Kennwerten gewonnen.

Eine elektrolytische Leitfähigkeit in festen Silberhalogeniden wurde von W. Kohlrausch [1] nachgewiesen. O. Lehmann [2, 3] folgerte aus der Elektrolyse an der Zelle

$$\mathrm{Ag} \,|\, \mathrm{AgJ} \,|\, \mathrm{Ag},$$

daß Silber in Stromrichtung wandert, ohne daß die Kristallstruktur des Silberjodids gestört wird. Verschiedene Grundtypen von festen Halogenid-Elektrolyt-Zellen wurden frühzeitig untersucht, so z. B. die Bildungszellen

$$\mathrm{Ag_f} \,|\, \mathrm{AgCl_f} \,|\, \mathrm{Cl_{2(Gas)}} \text{ oder}$$

$$\mathrm{Pb_f} \,|\, \mathrm{PbBr_{2f}} \,|\, \mathrm{Br_{2(Gas)}} \text{ [4]},$$

die Daniell-Zelle

$$\mathrm{Pb_f} \,|\, \mathrm{PbCl_{2f}} \,|\, \mathrm{AgCl_f} \,|\, \mathrm{Ag_f} \text{ [4, 5]}$$

und die Konzentrationszelle

$$\text{Pb-Amalgan}_\mathrm{f}\ \mathrm{I} \,|\, \mathrm{PbBr_{2f}} \,|\, \text{Pb-Amalgan}_\mathrm{f}\ \mathrm{II} \text{ [4]}.$$

Elektroden und Elektrolyte waren in U-förmig gebogenen Glasrohrzellen enthalten. Die zufriedenstellende Übereinstimmung der stromlos gemessenen

Zellspannungen mit EMK-Werten, die aus thermodynamischen Daten für die Zellreaktion berechnet wurden, lieferte die Bestätigung für die elektrolytische Leitfähigkeit der untersuchten Halogenverbindungen. Diese Erkenntnis wurde durch die Beobachtung von C. Tubandt unterstützt, daß die Faradayschen Gesetze bei der Elektrolyse von festen Silber- und Bleihalogeniden anwendbar sind [6, 7]. Mit der von ihm eingeführten Methode zur Messung der Überführungszahlen in ionenleitenden Halogeniden konnte C. Tubandt unterschiedliche Arten der elektrischen Leitfähigkeit nachweisen, so z. B. eine vorherrschende Ag^+-Ionenleitung im AgJ, eine vorherrschende Cl^--Ionenleitung im $PbCl_2$ oder eine gemischte Ag^+-Ionen- und Elektronenleitung im Ag_2S. Mit den Beiträgen von H. Reinhold [8] zur Untersuchung der Thermospannungen an Thermozellen der Art

$$\mathrm{Ag} \,|\, \mathrm{AgJ} \,|\, \mathrm{Ag}$$

$$T_1 < T_2$$

waren bereits um 1930 die wesentlichen Grundlagen zur erfolgreichen Anwendung von festen Halogenid-Elektrolyt-Zellen bereitgestellt.

Spätere Arbeiten, vor allem von C. Wagner [9, 10, 11, 12], zeigten jedoch, daß auch in festen Halogeniden nur in einem begrenzten Bereich des Halogenpartialdrucks bzw. der Metallaktivität eine reine Ionenleitung vorliegt. Die Einstellung eines Reaktionsgleichgewichtes der Verbindung mit dem reinen Metall oder dem reinen Halogen führt zu Abweichungen von der stöchiometrischen Zusammensetzung und somit zu einer Überschuß- oder Defektelektronenleitung. So macht sich in Silberjodid bei Gegenwart von Joddampf eine Defektelektronenleitung bemerkbar [13]. Für das Silberjodid im Gleichgewicht mit reinem Silber gilt jedoch die Überführungszahl $t_{Ag^+} = 1$. Demgegenüber weist Silberbromid in Gegenwart sowohl von Silber als auch von Bromdampf eine reine Ionenleitung auf [12]. Für das Kalziumfluorid wird bei Gegenwart von reinem Kalzium eine merkliche Überschußelektronenleitung erwartet [14].

7.2. Ermittlung thermodynamischer Kennwerte

7.2.1. Zellen mit Schwermetall-Halogeniden als Festelektrolyt

EMK-Messungen an galvanischen Zellen mit Silber- und Bleihalogeniden als Elektrolyte zur Bestimmung der Freien Bildungsenthalpien von Metall-Halogen-Verbindungen wurden schon seit längerem in großer Zahl ausgeführt [4, 5, 15 bis 25]. Diese Untersuchungen erstrecken sich über Temperaturbereiche, in denen die Halogenide sowohl im festen als auch im schmelzflüssigen Zustand vorliegen. Die Freie Bildungsenthalpie eines Metallhalogenids MeX kann unmittelbar an einer *Bildungszelle*

$$\mathrm{Me} \,|\, \mathrm{MeX} \,|\, \mathrm{X} \mid \mathrm{Pt}$$

gemessen werden, in der bei Stromfluß die Bildungsreaktion

$$\mathrm{Me} + \mathrm{X} \rightleftharpoons \mathrm{MeX} \tag{7.1}$$

elektrochemisch als Zellreaktion abläuft. Dieser Vorgang setzt sich aus einer anodischen Auflösung des Metalls und einer kathodischen Reduktion des Nichtmetalls zusammen.

Die stromlos gemessene Zellspannung E ist die maßgebende Größe für die zu bestimmende Freie Bildungsenthalpie

$$\Delta G^0_{\mathrm{MeX}} = -zFE \tag{7.2}$$

Dabei wird vorausgesetzt, daß die als Elektrolyt wirksame Verbindung MeX rein ionenleitend ist. Als Beispiel sei die Bildungszelle

$$\mathrm{Ag_f} \,|\, \mathrm{AgJ_f} \,|\, \mathrm{J_2(p_{J_2})_{Dampf}} | \mathrm{Pt}$$

angeführt, aus deren EMK sich die Freie Bildungsenthalpie für reines Silberjodid ergibt. Der Partialdruck des Joddampfes an der $Pt-J_2$-Elektrode sollte dabei auf Werte unter 1 atm abgesenkt werden, da das Silberjodid, wie bereits erwähnt, bei höheren Halogenpartialdrücken neben der Silberionenleitung eine nicht mehr vernachlässigbare Defektelektronenleitung aufweist. Niedrigere J_2-Partialdrücke können mit Hilfe von J_2-N_2- oder $HJ-H_2$-Gemischen eingestellt werden.

Für den Fall einer neben der Ionenleitung nicht mehr vernachlässigbaren Elektronenleitung im Elektrolyten MeX hat C. Wagner [11] eine Beziehung entwickelt, die den Zusammenhang zwischen der Freien Bildungsenthalpie und der gemessenen Spannung E in Gleichung (7.2) durch ein Korrekturglied ergänzt. Ausgehend von dem Ausdruck [26]

$$E = \frac{1}{z_{\mathrm{X}}F} \int_{\mu'_{\mathrm{X}}}^{\mu''_{\mathrm{X}}} (t_{\mathrm{Me}} + t_{\mathrm{X}})\, \mathrm{d}\mu_{\mathrm{X}} = \frac{1}{z_{\mathrm{X}}F} \int_{\mu'_{\mathrm{X}}}^{\mu''_{\mathrm{X}}} (1 - t_{\mathrm{e}})\, \mathrm{d}\mu_{\mathrm{X}} \tag{7.3}$$

ergibt sich über die Ansätze

$$\Delta G^0_{\mathrm{MeX}} = \mu^0_{\mathrm{MeX}} - \mu^0_{\mathrm{Me}} - \frac{z_{\mathrm{Me}}}{z_{\mathrm{X}}}\, \mu''_{\mathrm{X}} \tag{7.4}$$

$$\mu^0_{\mathrm{MeX}} = \mu^0_{\mathrm{Me}} + \frac{z_{\mathrm{Me}}}{z_{\mathrm{X}}}\, \mu'_{\mathrm{X}} \tag{7.5}$$

$$\mu_X'' - \mu_X' = \frac{z_X}{z_{Me}} \Delta G^0_{MeX} \tag{7.6}$$

$$E = \frac{1}{z_X F} (\mu_X'' - \mu_X') - \frac{1}{z_X F} \int_{\mu_X'}^{\mu_X''} t_e \, d\mu_X \tag{7.7}$$

für die Freie Bildungsenthalpie der Verbindung:

$$\Delta G^0_{MeX} = -z_{Me} F E - \frac{z_{Me}}{z_X} \int_{\mu_X'}^{\mu_X''} t_e \, d\mu_X \tag{7.8}$$

In Gleichung (7.3) bis (7.8) bedeuten

z_{Me}, z_X Absolutwerte der Zahl der Elementarladungen von Metall Me und Halogen X

t_{Me}, t_X, t_e Überführungszahlen der Ionen und Elektronen

μ_X', μ_X'' chemische Potentiale des Halogens X an der linken Phasengrenze (′) Me/MeX bzw. an der rechten Phasengrenze (″) MeX/X

ΔG^0_{MeX} Freie Enthalpie der Bildung von 1 mol MeX

μ^0_{MeX}, μ^0_{Me} chemische Potentiale der Verbindung MeX bzw. des Metalls Me im Standardzustand

Gleichung (7.8) ermöglicht unter Berücksichtigung eines nicht zu großen Überführungsanteils der Elektronen eine thermodynamische Zuordnung der gemessenen Zellspannung und der Freien Bildungsenthalpie. Anzumerken ist, daß bei einer elektronischen Teilleitfähigkeit z. B. im AgJ eine Permeation von Ag^+-Ionen stattfindet, die die in Gleichung (7.8) eingeführten chemischen Potentiale μ_X' und μ_X'' an den Phasengrenzen verändert. Vorgänge dieser Art wurden bei der Untersuchung der Reaktionen von Metallen mit Gasen (Halogenen, Schwefel, Sauerstoff) beobachtet [26].

Eine einfache Bildungszelle kann in der Weise erweitert werden, daß der Elektrolyt MeX durch eine homogene Elektrolytmischung Me_1X-Me_2X ersetzt wird. Durch Vergleich der EMK an der Zelle

$$Ag_f \,|\, AgCl-NaCl_f \,|\, Cl_{2Gas} | \text{Graphit}$$

mit variierendem AgCl—NaCl-Verhältnis und an der Zelle

$$Ag_f \,|\, AgCl_f \,|\, Cl_{2Gas} | \text{Graphit}$$

erhielten M. B. Panish u. a. [27] Meßwerte zur Berechnung der Aktivität a_{AgCl} in festen AgCl—NaCl-Mischungen. In ähnlicher Weise wurde die Aktivität des

Silberchlorids in festen AgCl—LiCl-Mischungen bestimmt [28]. In beiden Fällen wurde eine Neigung zur Entmischung festgestellt.

Eine Bildungszelle kann, wie im folgenden gezeigt wird, auch dazu dienen, die Freie Bildungsenthalpie fester Verbindungen mit überwiegend elektronischer Leitfähigkeit, z. B. für die Reaktion

$$2\,Ag_f + S_{fl} \rightleftharpoons Ag_2S_f \qquad (7.9)$$

zu ermitteln, wenn in die galvanische Zelle das ionenleitende Silberjodid als intermediärer Elektrolyt eingeschoben wird [29, 30]:

$$Ag_f \,\|\, AgJ_f \,\|\, Ag_2S_f | S_{fl} | Pt \text{ oder Graphit}.$$

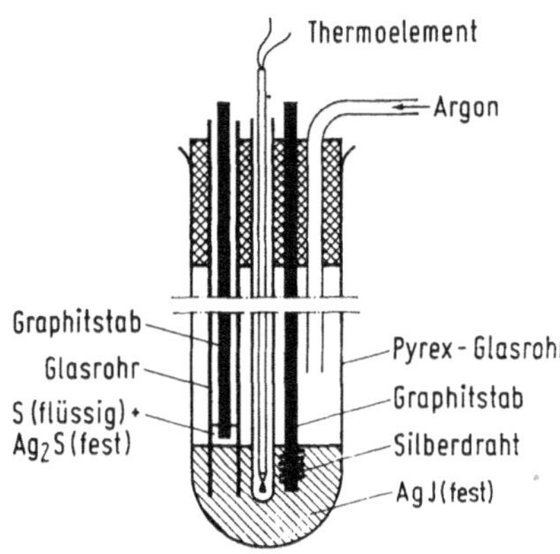

Bild 7.1. Aufbau der Zelle Ag ‖ AgJ ‖ Ag_2S|S|Graphit nach K. Kiukkola und C. Wagner [11]

Die EMK dieser Zelle ist durch die Beziehung

$$E = \frac{1}{F}\,(\mu'_{Ag} - \mu''_{Ag}) \qquad (7.10)$$

gegeben. Hierin sind μ'_{Ag} und μ''_{Ag} die chemischen Potentiale der Silberionen an den Phasengrenzen Ag/AgJ bzw. Ag_2S/S.

Bild 7.1 zeigt die verwendete Zellanordnung für Messungen im Temperaturbereich zwischen 150 und 425 °C und Tabelle 7.1 eine Zusammenstellung der Ergebnisse und der daraus berechneten Freien Bildungsenthalpie für das Silbersulfid [11]. In ähnlicher Weise wurden auch die Gleichgewichtskennwerte für die Bildungsreaktion von Ag_2Se bestimmt [11].

Die AgJ—Ag_2S-Zelle kann weiter zur Bestimmung von Gleichgewichtsdaten schwefelhaltiger Mischgase herangezogen werden [31]. In der Zelle

$$Pt | Ag \,\|\, AgJ \,\|\, Ag_2S | CO - COS | Pt$$

Tabelle 7.1. EMK der Zelle $Ag_f \| AgJ_f \| Ag_2S_f | S_{fl} | C_f$ und Änderung der Freien Enthalpie für die Reaktion $2Ag_f + S_{fl} \rightleftharpoons Ag_2S_f$

Temperatur °C	Zahl der Versuche	E mV	ΔG° kcal · mol⁻¹
150	3	220 ± 1	−10,15
178	3	224 ± 1	−10,35
200	3	228 ± 1	−10,52
250	3	236 ± 1	−10,89
300	5	244 ± 1	−11,24
350	5	252 ± 1	−11,62
400	5	260 ± 1	−11,99
425	3	264 ± 1	−12,18

wird die Schwefelaktivität der Gaselektrode durch die vorgegebenen Partialdrücke des Kohlenmonoxids und des Kohlenoxysulfids an der Phasengrenze $CO, COS/Ag_2S$ festgelegt:

$$\ln a_S = \frac{2F(E - E^0)}{RT} + \ln \frac{p_{COS}}{p_{CO}} \tag{7.11}$$

Hierin ist $2FE = -\Delta G$ die Freie Enthalpie der Reaktion

$$CO_{Gas} + S\ (\text{in } Ag_2S) \rightleftharpoons COS_{Gas} \tag{7.12}$$

und $2FE^0$ die Freie Standardenthalpie der Reaktion

$$CO_{Gas} + S_{fl} \rightleftharpoons COS_{Gas} \tag{7.13}$$

Über die Messung der Zellspannungen E und E^0 kann unter Benutzung von Standardwerten $\Delta G^0 = -1/2\ RT \ln p^0_{S_2}$ für den Sättigungsdruck über flüssigem Schwefel die Freie Enthalpie der Gasreaktion

$$CO_{Gas} + 1/2 S_{2Gas} \rightleftharpoons COS_{Gas} \tag{7.14}$$

berechnet werden. Für 300 °C ergab sich ein Wert $\Delta G^0_{COS} = -11\,840$ cal · mol⁻¹ Mit dem als reinem Anionenleiter bekannten $PbCl_2$ als Hilfselektrolyt wurde versucht, an der Zelle

$$Pb_f \| PbCl_{2f} \| PbS_f | Ag_2S_f | Ag_f$$

die Freie Bildungsenthalpie des Bleisulfids PbS zu bestimmen [11]. Die Einführung einer festen $Ag-Ag_2S$-Elektrode anstelle einer Schwefel-Graphit-Elektrode erwies sich als notwendig, da eine Diffusion von Schwefeldampf durch den porösen $PbCl_2$-Elektrolyten nicht vermieden werden konnte (Bild 7.2). Die gegenseitige Löslichkeit von festem PbS und Ag_2S bleibt auf Gehalte unter 1 mol-% beschränkt. Ein Zusatz von 0,5 Gew.-% KCl erhöht die Leitfähigkeit

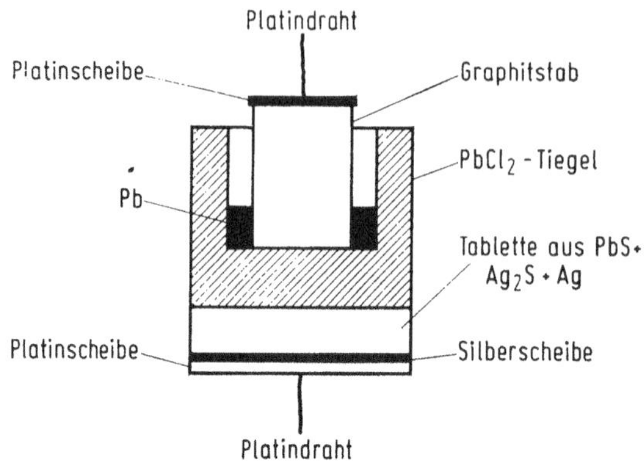

Bild 7.2. Aufbau der Zelle $Pb \| PbCl_2 \| PbS|Ag_2S|Ag$ nach K. Kiukkola und C. Wagner [11]

des $PbCl_2$-Elektrolyten beträchtlich. Die Meßergebnisse der Zelle sind in Tabelle 7.2 zusammengefaßt.

Tabelle 7.2. EMK der Zelle $Pb_{f \text{ oder } fl} \| PbCl_2(+ KCl)_f \| PbS_f|Ag_2S_f|Ag_f$ und Änderung der Freien Enthalpie für die Reaktion $Pb_{f \text{ oder } fl} + S_{fl} \rightleftharpoons PbS_f$

Temperatur °C	Zahl der Versuche	E mV	ΔG° kcal · mol^{-1}
250	7	254 ± 3	−22,60
300	7	240 ± 3	−22,33
327	7	232 ± 3	−22,14
350	6	226 ± 3	−22,05
400	6	211 ± 2	−21,73
427	2	203 ± 1	−21,54

Ergänzend zu den vorangehenden Ausführungen über einfache Bildungszellen seien auch *Doppelzellen* vom Typ des Daniell-Elements erörtert, die für Untersuchungen an festen Halogeniden benutzt wurden.

Eine Daniell-Zelle

$$Me_1 \| Me_1X \| Me_2X \| Me_2$$

stellt sich als Kombination zweier Bildungszellen

$$Me_1 \| Me_1X \| X$$

und

$$Me_2 \| Me_2X \| X$$

dar. Entsprechend ist ihre EMK der EMK-Differenz der beiden Bildungszellen gleichzusetzen. Die aus der EMK resultierende Freie Enthalpie entspricht der ΔG^0-Differenz für die Bildung der beiden Verbindungen Me_1X und Me_2X. Aus der EMK der Daniell-Zelle kann folglich z. B. der Wert $\Delta G^0_{Me_1X}$ berechnet werden, wenn der Wert $\Delta G^0_{Me_2X}$ bekannt ist. Die zugrunde liegende Zellreaktion wird im Schrifttum häufig als *Metallverdrängungsreaktion*

$$Me_1 + Me_2X \rightleftharpoons Me_2 + Me_1X \tag{7.15}$$

bezeichnet.
Mehrfach untersucht wurde die Zelle

$$Pb \,|\, PbCl_2 \,|\, AgCl \,|\, Ag$$ [4, 5, 8, 24, 25]

in der das anionenleitende Bleichlorid und das kationenleitende Silberchlorid zusammengestellt sind. Beim Durchgang von 2 Faraday durch diese Zelle läuft die Reaktion

$$Pb_f + 2\,AgCl_f \rightleftharpoons 2\,Ag_f + PbCl_{2f} \tag{7.16}$$

ab.

Messungen an einer *Konzentrationszelle* mit Hilfe eines AgJ-Elektrolyten wurden von A. G. Verduck und C. Wagner [32] durchgeführt:

$$Pt|Ag_2S|S_X \,|\, AgJ \,|\, Ag_2S{-}Sb_2S_3|S_X|Pt.$$

Die Zelle lieferte Meßwerte zur Bestimmung der Aktivität a_{Ag_2S} in der festen $Ag_2S{-}Sb_2S_3$-Lösung, wobei die Zellreaktion durch den Vorgang

$$Ag_2S_{rein} \rightleftharpoons Ag_2S_{feste\,Lösung} \tag{7.17}$$

beschrieben werden kann.

7.2.2. Zellen mit Erdalkali-Halogeniden als Festelektrolyt

Erste Versuche zur Verwendung von Erdalkali-Halogeniden als Festleiter in galvanischen Zellen finden sich bei W. D. Treadwell und Mitarbeitern [33]. Ihre Messungen wurden bei 635 bis 725 °C an der Zelle

$$Mg_{fl} \,|\, MgF_{2f} + MgO_f \,|\, O_{2Gas}|Pt$$

durchgeführt. Aus der gemessenen EMK wurde die Freie Enthalpie der Reaktion

$$Mg_{fl} + 1/2 O_{2Gas} \rightleftharpoons MgO_f \tag{7.18}$$

hergeleitet.

Stärkeres Interesse an den elektrischen Eigenschaften von Erdalkalifluoriden wurde durch die Arbeit von R. W. Ure jr. [34] geweckt, der aus Überführungsmessungen sowie Diffusionsmessungen mit Hilfe des Isotops Ca^{45} auf eine reine Anionenleitung im Kalziumfluorid schloß. Auf die hohe Ionenleitfähigkeit des festen CaF_2 hatten vorher bereits W. A. Fischer und H. vom Ende [35] hingewiesen. Galvanische Zellen mit CaF_2-Festelektrolyten können recht vielseitig zur Bestimmung thermodynamischer Kennwerte von Oxid- und Fluoridverbindungen angewandt werden. Besonders häufig wurde die Möglichkeit genutzt, Aktivitäten und freie Bildungsenthalpien in festen metallischen Zweistofflegierungen durch EMK-Messung an CaF_2-Zellen zu ermitteln.

7.2.2.1. Freie Bildungsenthalpien von Metallfluoriden

EMK-Messungen zur Bestimmung der thermodynamischen Daten für die Bildung von Metallfluoriden [36—38] wurden an Zellen ausgeführt, in denen sich der CaF_2-Elektrolyt zwischen zwei Metall-Metallfluorid-Elektroden befand, z. B.

$$\mathrm{Mg, MgF_2(I)} \,|\, \mathrm{CaF_2} \,|\, \mathrm{Al, AlF_3(II)}$$

Die bei einem Ladungstransport von 2 Faraday durch die Zelle ablaufende Gesamtreaktion kann wie folgt beschrieben werden:

$$\text{Elektrode I:} \quad \mathrm{Mg} + \mathrm{F_2} \rightleftharpoons \mathrm{MgF_2} \qquad \Delta G_{\mathrm{I}}$$

$$\text{Elektrode II:} \quad \frac{2}{3}\,\mathrm{Al} + \mathrm{F_2} \rightleftharpoons \frac{2}{3}\,\mathrm{AlF_3} \qquad \Delta G_{\mathrm{II}}$$

$$\text{Zelle:} \quad \mathrm{Mg} + \frac{2}{3}\,\mathrm{AlF_3} \rightleftharpoons \mathrm{MgF_2} + \frac{2}{3}\,\mathrm{Al} \quad \Delta G_{\mathrm{III}} \qquad (7.19)$$

Damit ist die Möglichkeit gegeben, aus der maximalen Reaktionsarbeit ΔG_{III} der Zelle beispielsweise die Freie Enthalpie ΔG_{II} der Elektrodenreaktion II zu berechnen, wenn die Freie Enthalpie ΔG_{I} der Elektrodenreaktion I bekannt ist.

In den bisher vorliegenden Arbeiten [36—38] wurde eine Meßtemperatur von 600 °C gewählt. Eine Übersicht der Schmelz- und Verdampfungstemperaturen der elektrochemisch untersuchten Metallfluoride (Tabelle 7.3) zeigt, daß diese größtenteils erst bei wesentlich höheren Temperaturen schmelzen bzw. verdampfen. Eine Beschränkung auf niedrigere Meßtemperaturen ist jedoch dadurch gegeben, daß im festen Zustand zwischen dem CaF_2-Elektrolyten und den Metall-Metallfluorid-Elektroden auftretende Reaktionen nach Möglichkeit vermieden werden müssen. Diese Forderung mußte besonders beachtet werden, da sich die Gleichgewichte an den Phasengrenzen Festelektrolyt/

Tabelle 7.3. Schmelz- und Verdampfungstemperaturen von Metallfluoriden (nach O. Kubaschewski, E. Ll. Evans, C. B. Alcock: Metallurgical Thermochemistry, 4. Aufl., Oxford: Pergamon Press, 1967)

Fluorid	Schmelztemperatur °C	Verdampfungstemperatur °C
AlF_3	—	1280 (sublimiert)
CoF_2	1250	
FeF_2	1020	1800
NiF_2	1450	(1740)
MgF_2	1263	2330
PbF_2	824	1293
UF_3		
UF_4	960	1480
	1036	1457
ThF_4	(1050)	(1700)

Festkörperelektrode erst nach 2 bis 3 Tagen einstellen und die gesamte Meßdauer auf 1 bis 2 Wochen ausgedehnt wurde. Eine merkliche Festkörperreaktion nach Ablauf dieser Zeit wurde bei 600 °C nur zwischen CaF_2 und ThF_4 beobachtet.

Bild 7.3 zeigt eine Zellanordnung zur Messung an Al—AlF_3-Gemengen gegen eine Mg—MgF_2-Vergleichselektrode [36]. Als Festelektrolyt dienten CaF_2-Einkristalle in Form von Scheiben mit einer Dicke von wenigen Millimetern. In Tabelle 7.4 sind die Ergebnisse aller von R. J. Heus und J. J.

Tabelle 7.4. Ergebnisse von EMK-Messungen an Zellen mit CaF_2-Festelektrolyten und festen Metall-Metallfluorid-Elektroden

Zellanordnung	EMK bei 600 °C V	Verfasser
Mg, MgF_2 ‖ CaF_2 ‖ Th, ThF_4	0,310 ± 0,005	R. J. Heus, J. J. Egan [36]
Th, ThF_4 ‖ CaF_2 ‖ Al, AlF_3	0,310 ± 0,003	dgl.
U, UF_3 ‖ CaF_2 ‖ Al, AlF_3	0,070 ± 0,003	dgl.
Th, ThF_4 ‖ CaF_2 ‖ Ni, NiF_2	1,980 ± 0,005	dgl.
Al, AlF_3 ‖ CaF_2 ‖ Pb, PbF_2	1,580 ± 0,003	dgl.
Al, AlF_3 ‖ CaF_2 ‖ Co, CoF_2	1,611	dgl.
Ni, NiF_2 ‖ CaF_2 ‖ Al, AlF_3	1,720 ± 0,003	T. L. Markin, R. J. Bones, V. J. Wheeler [38]
Ni, NiF_2 ‖ CaF_2 ‖ Mg, MgF_2	2,343 ± 0,003	dgl.
Ni, NiF_2 ‖ CaF_2 ‖ Fe, FeF_2	0,374 ± 0,003	dgl.
U, UF_3 ‖ CaF_2 ‖ Al, AlF_3	−0,078 ± 0,003	dgl.
UF_3, UF_4 ‖ CaF_2 ‖ Al, AlF_3	0,821 ± 0,004	dgl.
UF_3, UF_4 ‖ CaF_2 ‖ Mg, MgF_2	1,437 ± 0,003	dgl.
UF_3, UF_4 ‖ CaF_2 ‖ Ni, NiF_2	−0,905 ± 0,004	dgl.
UF_3, UF_4 ‖ CaF_2 ‖ U, UF_3	0,899 ± 0,002	dgl.

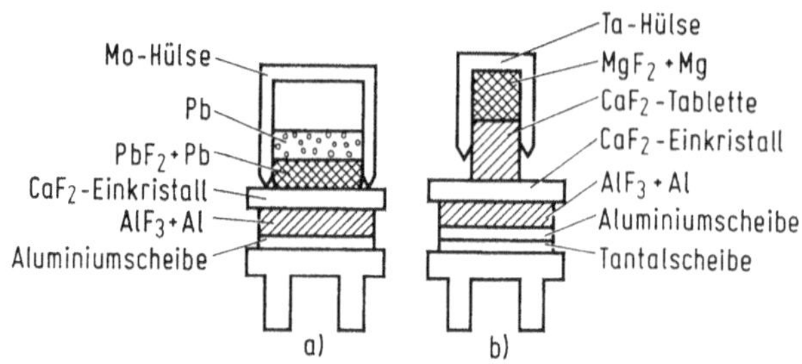

Bild 7.3. Aufbau der Zelle (a) Mo|Pb, PbF_2 ▌ CaF_2 ▌ Al, AlF_3|Mo und (b) Ta|Mg, MgF_2 ▌ CaF_2 ▌ Al, AlF_3|Ta nach R. J. Heus und J. J. Egan [36]

Egan [36] sowie von T. L. Markin, R. J. Bones und V. J. Wheeler [38] bei 600 °C untersuchten Fluorid-Zellen zusammengefaßt. Ein Vergleich der Meßergebnisse verschiedener Zellen kann durch Differenzbildungen vorgenommen werden. An der Zelle (7)

$$\text{Ni, NiF}_2 \,|\, \text{CaF}_2 \,|\, \text{Al, AlF}_3$$

wurde unmittelbar eine EMK von 1,720 V gemessen [38]. Die EMK-Differenz der Zellen (4) und (2) ergibt vergleichsweise einen Betrag von 1,670 V. Eine

Tabelle 7.5. Freie Bildungsenthalpien einiger Metallfluoride bei 600 °C [36] (berechnet aus EMK-Messungen an CaF_2-Festelektrolytzellen mit Bezugnahme auf einen ΔG^0-Wert von $-232{,}4$ kcal · mol^{-1} für die Reaktion $Mg + F_2 \rightleftharpoons MgF_2$ [39])

Fluorid	ΔG^0 kcal · mol^{-1}
NiF_2	−126,8
CaF_2	−129,6
PbF_2	−130,8
AlF_3	−305,7
UF_3	−310,5
ThF_4	−436,2

bessere Übereinstimmung bis auf 0,003 V ergibt sich für die Zelle

$$\text{Mg, MgF}_2 \,|\, \text{CaF}_2 \,|\, \text{Al, AlF}_3$$

durch Vergleich der Beträge $E_{(1)} + E_{(2)} = 0{,}620$ V und $E_{(8)} - E_{(7)} = 0{,}623$ V.

R. J. Heus und J. J. Egan [36] haben aus ihren EMK-Messungen die ΔG^0-Werte einiger Metallfluoride berechnet (Tabelle 7.5). Ihre Rechnung bezieht sich auf die Freie Standardenthalpie des Magnesiumfluorids MgF_2, die durch kalorimetrische Messungen zu $-232{,}4 \pm 0{,}6$ kcal · mol^{-1} [39] bestimmt wurde.

7.2.2.2. Thermodynamische Kennwerte binärer Metallegierungen

CaF_2-Festelektrolytzellen mit Metall-Metallfluorid-Elektroden bieten die Möglichkeit, die Freien Reaktionsenthalpien von intermetallischen Verbindungen und die thermodynamischen Aktivitäten in metallischen Mischphasen zu bestimmen. Mehrfach wurden nach dieser Methode binäre *Thoriumlegierungen*

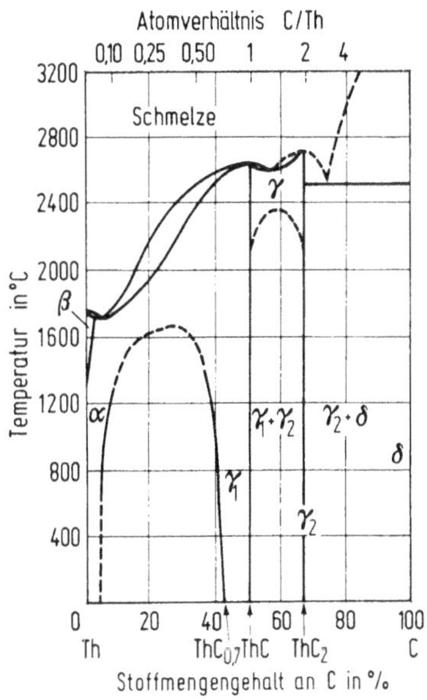

Bild 7.4. Phasendiagramm Thorium-Kohlenstoff [40, 43]

untersucht. EMK-Messungen an Thorium-Kohlenstoff-Verbindungen wurden von S. Aronson [40, 41] und J. J. Egan [42] durchgeführt. Das Zustandsschaubild Th–C [40, 43] in Bild 7.4 zeigt das Auftreten einer Verbindung ThC_2, einer Mischphase zwischen ThC und $ThC_{0,7}$ sowie einer kohlenstoffhaltigen Mischphase Th_α an. Folgende Zellen wurden zur Bestimmung der Freien Bildungsenthalpie von Thoriumkarbiden benutzt:

$$ThF_4, Th \,|\, CaF_2 \,|\, ThF_4, ThC_2, C$$

$$ThF_4, Th \,|\, CaF_2 \,|\, ThF_4, ThC, ThC_2$$

Die potentialbestimmenden Reaktionen sind

a) an der Bezugselektrode ThF_4, Th

$$Th \rightleftharpoons Th^{4+} + 4e' \qquad (7.20)$$

b) an den Meßelektroden ThF_4, ThC_2, C und ThF_4, ThC, ThC_2

$$ThF_4 + 2C + 4e' \rightleftharpoons ThC_2 + 4F^- \tag{7.21}$$

$$ThF_4 + ThC_2 + 4e' \rightleftharpoons 2ThC + 4F^- \tag{7.22}$$

Hieraus resultieren die beiden Brutto-Zellreaktionen

$$Th + 2C \rightleftharpoons ThC_2 \tag{7.23}$$

und

$$Th + ThC_2 \rightleftharpoons 2ThC \tag{7.24}$$

Die Auswertung der im Bereich von 800 bis 1000 °C ausgeführten EMK-Messungen ergab die in Tabelle 7.6 für die Verbindungen ThC_2 und ThC zusammengestellten ΔG^0-, ΔS^0- und ΔH^0-Daten. In einer weiteren Arbeit wurden die thermodynamischen Eigenschaften der ThC_{1-x}-Mischphase bei 800 bis 950 °C untersucht [41]. Diese erstreckt sich nach röntgenographischen Untersuchungen [41, 44] zwischen den Zusammensetzungen $ThC_{0,66}$ und $ThC_{0,96}$ (Bild 7.5). Die EMK der Zelle

$$Th, ThF_4 | CaF_2 | ThF_4, ThC_{1-x}$$

liefert über die Zellreaktion

$$Th_{rein} \rightleftharpoons Th(ThC_{1-x}\text{-Mischphase}) \tag{7.25}$$

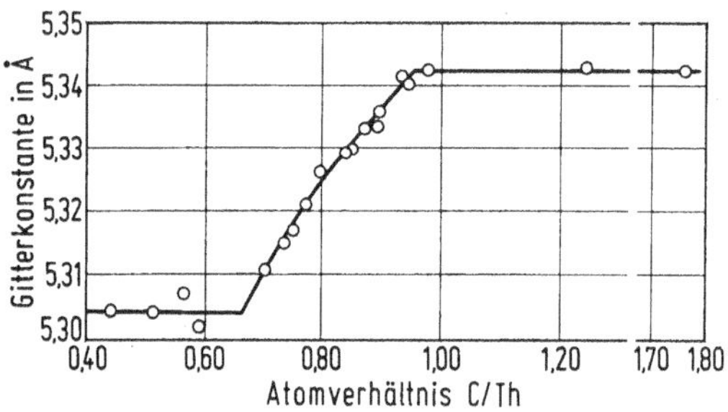

Bild 7.5. Gitterkonstante im Bereich der ThC_{1-x}-Mischphase [41, 44]

unmittelbar die partielle molare Freie Enthalpie des Thoriums in der ThC_{1-x}-Mischphase:

$$\Delta\overline{G} = RT \ln a_{Th} = -4FE. \tag{7.26}$$

In Bild 7.6 sind die $\Delta\overline{G}$-Werte des Thoriums und die nach der Gibbs-Duhem-Gleichung berechneten $\Delta\overline{G}$-Werte des Kohlenstoffs über dem C/Th-Verhältnis dargestellt.

Tabelle 7.6. Freie Enthalpie, Enthropie und Enthalpie der Bildung von Thoriumdikarbid und Thoriummonokarbid bei 900 °C

	nach S. Aronson [40]	nach J. J. Egan [42]
	Thoriumdikarbid ThC_2	
ΔG^0 (kcal/g-Atom Th)	$-27{,}7 \pm 2$	$-28{,}7$
ΔS^0 (cal/K/g-Atom Th)	-6 ± 3	$-7{,}2$
ΔH^0 (kcal/g-Atom Th)	-35 ± 4	$-37{,}1$
	Thoriummonokarbid ThC	
ΔG^0 (kcal/g-Atom Th)	$-23{,}8 \pm 2$	
ΔS^0 (cal/K/g-Atom Th)	-4 ± 2	
ΔH^0 (kcal/g-Atom Th)	-29 ± 4	

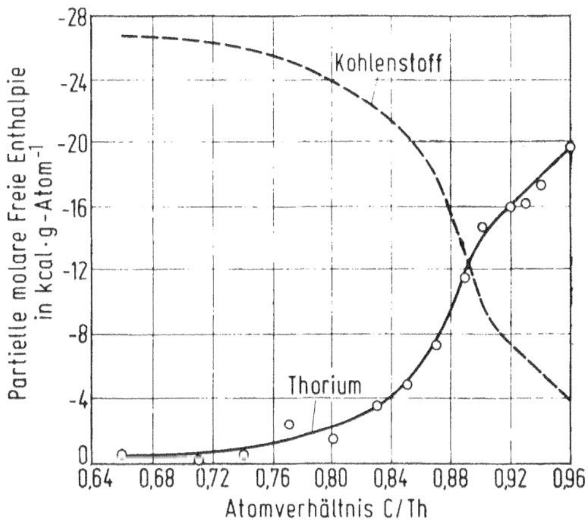

Bild 7.6. Partielle molare Freie Enthalpien von Thorium und Kohlenstoff in der ThC_{1-x}-Mischphase nach S. Aronson und J. Sadofsky [41]

An den Zellen

$$ThF_4, Th \,|\, CaF_2 \,|\, ThF_4, ThB_6, B$$

und

$$ThF_4, Th \,|\, CaF_2 \,|\, ThF_4, ThB_6, ThB_4$$

ermittelten A. Aronson und A. Auskern [45] bei 850 °C die Freien Bildungsenthalpien des Thoriumhexaborids

$$Th + 6B \rightleftharpoons ThB_6 \tag{7.27}$$

zu $\Delta G^0 = -54{,}5$ kcal/g-Atom und des Thoriumtetraborids

$$Th + 4B \rightleftharpoons ThB_4 \tag{7.28}$$

zu $\Delta G^0 = -52{,}0$ kcal/g-Atom.

Tabelle 7.7. Thermodynamische Kennwerte für die Bildung von Th—Ni- und Th—Co-Verbindungen (aus EMK-Messungen an CaF_2-Zellen [48, 49])

Festelektrolytzelle	Temperaturbereich °C	Bildungsreaktion	ΔG^0 kcal · mol^{-1}	
ThF_4, Th | CaF_2 | ThF_4, Ni, Th_2Ni_{17}	570—870	$2Th + 17Ni \rightleftharpoons Th_2Ni_{17}$	$-5{,}50 \pm 0{,}02$	(700 °C)
ThF_4, Th | CaF_2 | ThF_4, Th_2Ni_{17}, $ThNi_5$		$7/17\,Th + 5/17\,Th_2Ni_{17} \rightleftharpoons ThNi_5$	$-8{,}70 \pm 0{,}03$	(700 °C)
ThF_4, Th | CaF_2 | ThF_4, $ThNi_5$, $ThNi_2$		$3/5\,Th + 2/5\,ThNi_5 \rightleftharpoons ThNi_2$	$-9{,}93 \pm 0{,}09$	(700 °C)
ThF_4, Th | CaF_2 | ThF_4, $ThNi_2$, ThNi		$1/2\,Th + 1/2\,ThNi_2 \rightleftharpoons ThNi$	$-10{,}27 \pm 0{,}25$	(700 °C)
ThF_4, Th | CaF_2 | ThF_4, ThNi, Th_7Ni_3		$4Th + 3ThNi \rightleftharpoons Th_7Ni_3$	$-6{,}25 \pm 0{,}17$	(700 °C)
ThF_4, Th | CaF_2 | ThF_4, Co, Th_2Co_{17}	650—960	$2Th + 17Co \rightleftharpoons Th_2Co_{17}$	$-74{,}8 + 0{,}015\,T$	
ThF_4, Th | CaF_2 | ThF_4, Th_2Co_{17}, $ThCo_5$		$7/17\,Th + 5/17\,Th_2Co_{17} \rightleftharpoons ThCo_5$	$-42{,}8 + 0{,}013\,T$	
ThF_4, Th | CaF_2 | ThF_4, $ThCo_5$, Th_2Co_7		$3/5\,Th + 7/5\,ThCo_5 \rightleftharpoons Th_2Co_7$	$-89{,}8 + 0{,}031\,T$	
ThF_4, Th | CaF_2 | ThF_4, Th_2Co_7, ThCo		$5/7\,Th + 1/7\,Th_2Co_7 \rightleftharpoons ThCo$	$-22{,}4 + 0{,}007\,T$	
ThF_4, Th | CaF_2 | ThF_4, ThCo, Th_7Co_3		$4Th + 3ThCo \rightleftharpoons Th_7Co_3$	$-67{,}1 + 0{,}008\,T$	

Tabelle 7.8. Thermodynamische Kennwerte für die Bildung von Chrom-, Uran- und Mangankarbiden

Festelektrolytzelle	Temperaturbereich °C	Bildungsreaktion	ΔG^0 cal · mol^{-1}	
	Chromkarbide			
CrF_3, Cr ▌ CaF_2 ▌ CrF_3, Cr_2C_2, C	600—840	$3Cr + 2C \rightleftharpoons Cr_3C_2$	$-7200 - 8{,}0\,T$	[50]
	610—825		$-13300 - 4{,}15\,T$	[51]
CrF_3, Cr ▌ CaF_2 ▌ CrF_3, Cr_7C_3, Cr_3C_2	650—705	$7Cr + 3C \rightleftharpoons Cr_7C_3$	$-23750 - 8{,}5\,T$	[50]
	605—750		$-29450 - 7{,}03\,T$	[51]
	Urankarbide			
UF_3,F ▌ CaF_2 ▌ UF_3, UC_2, C	700—780	$U_\beta + 2C \rightleftharpoons UC_2$	$-15820 - 8{,}2\,T$	[52]
	780—910	$U + 2C \rightleftharpoons UC_2$	$-18980 - 5{,}2\,T$	[52]
UF_3,F ▌ CaF_2 ▌ UF_3, U_2C_3, C	680—810	$2U_\beta + 3C \rightleftharpoons U_2C_3$	$-43860 - 7{,}0\,T$	[52]
	Mangankarbide			
MnF_2, Mn ▌ CaF_2 ▌ MnF_2, Mn_7C_3, C	620—720	$7Mn + 3C \rightleftharpoons Mn_7C_3$	$-8540 - 16{,}52\,T$	[53]
	720—800		$-12040 - 12{,}88\,T$	[53]
MnF_2, Mn ▌ CaF_2 ▌ MnF_2, Mn_7C_3, C	730—930	$7Mn + 3C \rightleftharpoons Mn_7C_3$	$-30400 + 9{,}0\,T$	[54]
MnF_2, Mn ▌ CaF_2 ▌ MnF_2, Mn_7C_3, Mn_5C_2	730—930	$5Mn + 2C \rightleftharpoons Mn_5C_2$	$-21580 + 6{,}4\,T$	[54]
MnF_2, Mn ▌ CaF_2 ▌ MnF_2, Mn_5C_2, $Mn_{23}C_6$	730—930	$23Mn + 6C \rightleftharpoons Mn_{23}C_6$	$-92000 + 33{,}0\,T$	[54]

In ähnlicher Weise wurden auch thermodynamische Daten von Thoriumsulfiden [46] und Thoriumphosphiden [47] bestimmt.

Die Bildungsreaktionen für die in *Thorium-Nickel- und Thorium-Kobalt-Legierungen* auftretenden je fünf intermetallischen Verbindungen wurden ebenfalls an CaF_2-Festelektrolytzellen untersucht. Die benutzten Zellen sind in Tabelle 7.7 zusammen mit den aus der EMK berechneten ΔG^0-Werten wiedergegeben [48, 49].

Weitere EMK-Messungen an ähnlich aufgebauten CaF_2-Zellen wurden zur Festlegung der thermodynamischen Bildungsdaten von *Chromkarbiden* [50,

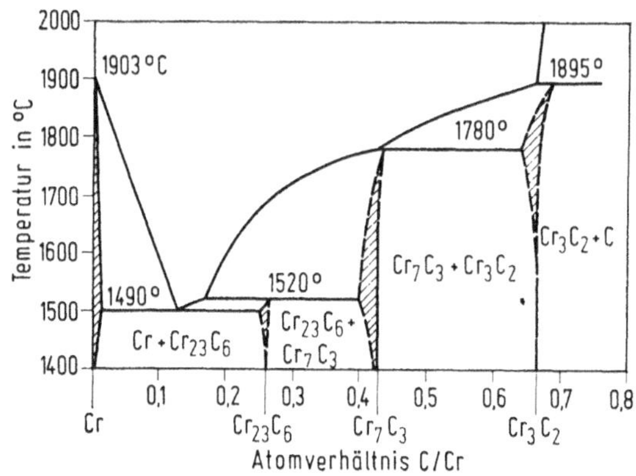

Bild 7.7. Phasendiagramm Chrom-Kohlenstoff nach E. K. Storms [55]

51], *Urankarbiden* [52] und *Mangankarbiden* [53, 54] durchgeführt. Die verwendeten Zellen sowie die erhaltenen ΔG^0-Werte sind Tabelle 7.8 zu entnehmen. Das Zustandsschaubild Chrom-Kohlenstoff ist in Bild 7.7 dargestellt [55].

7.2.2.3. Freie Bildungsenthalpien von Silikaten, Titanaten und Aluminaten

Die Anwendung von CaF_2-Zellen zur Bestimmung thermodynamischer Kennwerte von festen Oxidverbindungen wurde von C. Wagner [56] vorgeschlagen. Für die Zelle

$$Pt|O_2|CaO(I)\,\rule{2pt}{1em}\,CaF_2\,\rule{2pt}{1em}\,CaSiO_3, SiO_2(II)|O_2|Pt$$

wird bei einem Ladungstransport von 2 Faraday die Zellreaktion

$$CaO + SiO_2 \rightleftharpoons CaSiO_3 \qquad (7.29)$$

angenommen. Da die festen Phasen CaO, SiO_2 und $CaSiO_3$ bei Temperaturen unter 1000 °C sehr niedrige elektrische Leitfähigkeiten aufweisen, ist es zweckmäßig, die Leitfähigkeit der Meßanordnung durch Zusätze von CaF_2 in beiden Halbzellen zu erhöhen. Eine beschleunigte Einstellung der chemischen Gleichgewichte zwischen den festen Phasen ist durch geringe Zugaben eines Lösungsmittels, etwa einer eutektischen NaF—KF-Schmelze zu erreichen. Die Einstellung der elektrochemischen Gleichgewichte zwischen den festen Phasen und den Sauerstoffelektroden konnte durch die Anwendung von katalytisch wirkenden Stoffen wie Cr_2O_3, $K_2Cr_2O_7$ und PbO begünstigt werden [56].

Die Zellreaktion (7.29) kann auch als die Überführung von reinem CaO aus der linken Halbzelle in das Zwei-Phasen-Gemenge der rechten Halbzelle formuliert werden:

$$CaO_{rein} \rightleftharpoons CaO_{(CaSiO_3+SiO_2)} \qquad (7.30)$$

Damit läßt sich das chemische Potential des CaO in dem $CaSiO_3$—SiO_2-Gemenge, bezogen auf reines CaO, angeben. Dieses wurde auch für feste Gemenge $Ca_3Si_2O_7$ + $CaSiO_3$ und Ca_2SiO_7 + $Ca_3Si_2O_7$ bestimmt. Tabelle 7.9 gibt die partiellen molaren Freien Mischungsenthalpien in den zweiphasigen Bereichen des Systems CaO—SiO_2 sowie die integralen molaren Freien Mischungsenthalpien der *Kalziumsilikate* bei 700 °C wieder [56].

In gleicher Weise wurden die Freien Bildungsenthalpien der *Kalziumtitanate* $CaTiO_3$ und $Ca_4Ti_3O_{10}$, der *Strontiumtitanate* $SrTiO_3$ und $Sr_4Ti_3O_{10}$ und des *Spinells* $MgAl_2O_4$ ermittelt [57]. Die verwendeten Zellen und die aus der EMK errechneten ΔG^0-Werte sind in Tabelle 7.10 (S. 454) angegeben.

Tabelle 7.9. Thermodynamische Kennwerte für das System CaO—SiO_2 bei 700 °C [56] (aus EMK-Messungen an CaF_2-Zellen)

Phasen	Partielle molare Freie Mischungsenthalpien (kcal · mol⁻¹) Molenbruch x_{SiO_2}	$\Delta\bar{G}_{CaO}$	$\Delta\bar{G}_{SiO_2}$
CaO + Ca_2SiO_4	0 —0,33	0	—32,3 ± 0,5
Ca_2SiO_4 + $Ca_3Si_2O_7$	0,33—0,40	—2,8 ± 0,2	—26,7 ± 0,8
$Ca_3Si_2O_7$ + $CaSiO_3$	0,40—0,50	—19,3 ± 0,3	—2,0 ± 0,5
$CaSiO_3$ + SiO_2	0,50—1	—21,3 ± 0,2	0
Phasen	**Integrale molare Freie Mischungsenthalpien (kcal · mol⁻¹) Molenbruch x_{SiO_2}**	**ΔG_M**	
Ca_2SiO_4	0,33	—10,8 ± 0,1	
$Ca_3Si_2O_7$	0,40	—12,4 ± 0,15	
$CaSiO_3$	0,50	—10,6 ± 0,15	

7.3. Coulometrische Titration an Zellen mit festen Halogenid-Elektrolyten

Versuche zur Kennzeichnung und Abgrenzung der Homogenitätsbereiche fester Metall-Schwefel-, Metall-Selen- und Metall-Tellur-Verbindungen mittels coulometrischer Titration an Festelektrolytzellen gehen auf Anregungen von

C. Wagner [58] zurück. Für grundsätzliche Untersuchungen bot sich das Silbersulfid $Ag_{2+x}S$ mit einem hohen Wert des Diffusionskoeffizienten für das Silber ($D_{Ag} \approx 3 \cdot 10^{-2}\, cm^{-2} \cdot s^{-1}$ bei 220 °C) an. Die coulometrische Titration des Silbers wurde in einer Zelle mit dem silberionenleitenden Festelektrolyten AgJ ($t_{Ag^+} \approx 1$) durchgeführt:

$$Ag \,|\, AgJ \,|\, Ag_{2+x}S|Pt$$

Die Größe x kennzeichnet die Abweichung von der stöchiometrischen Zusammensetzung. Sie nimmt im Fall eines Silberüberschusses einen positiven, im Fall eines Silberdefizits einen negativen Wert an. Durch Anlegen einer äußeren Spannung an die Zelle kann je nach Wahl der Stromrichtung eine definierte Menge Silber aus dem $Ag_{2+x}S$ entfernt oder in das $Ag_{2+x}S$ hineintransportiert werden. Die dabei auftretende Änderung des Ag/S-Verhältnisses im Silbersulfid ist durch das Faradaysche Gesetz gegeben

$$\Delta x = \frac{I \cdot t}{z_S \cdot F} \tag{7.31}$$

I Titrationsstrom in A,
t Titrationszeit in s,
z_S Zahl der g-Atome Schwefel

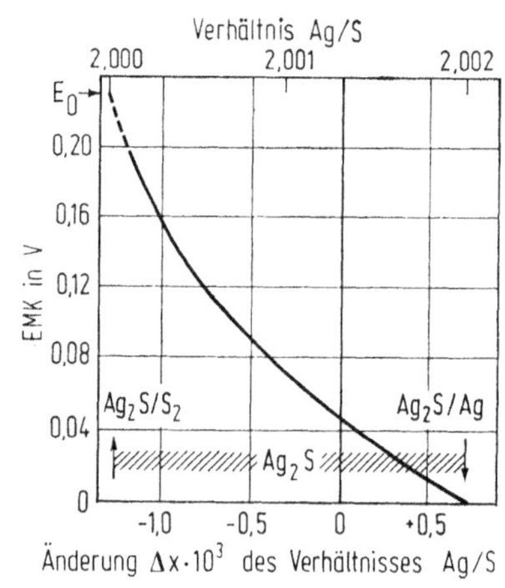

Bild 7.8. EMK der Zelle Ag | AgJ | $Ag_{2+x}S$|Pt bei 200 °C in Abhängigkeit vom Verhältnis Ag/S im Silbersulfid nach C. Wagner [58]

Anschließend wird im stromlosen Zustand die Gleichgewichts-EMK gemessen. Diese folgt aus der Zellreaktion für die Überführung des Silbers

$$Ag_{rein} \rightleftharpoons Ag \text{ (in } Ag_{2+x}S) \tag{7.32}$$

$$E = -\frac{\Delta G}{F} = -\frac{\mu_{Ag} - \mu_{Ag}^0}{F} = -RT \ln a_{Ag} \tag{7.33}$$

Tabelle 7.10. Thermodynamische Kennwerte für die Bildung von festen Titanaten und Aluminaten [57]

Festelektrolytzelle	Temperatur °C	Bildungsreaktion	ΔG^0 kcal · mol^{-1}
$Pt \vert O_2 \vert CaO \Vert CaF_2 \Vert CaTiO_3, TiO_2 \vert O_2 \vert Pt$	600	$CaO + TiO_2 \rightleftharpoons CaTiO_3$	$-20{,}0 \pm 1$
$Pt \vert O_2 \vert CaO \Vert CaF_2 \Vert Ca_4Ti_3O_{10}, CaTiO_3 \vert O_2 \vert Pt$	540	$CaO + 3\,CaTiO_3 \rightleftharpoons Ca_4Ti_3O_{10}$	$-15{,}0 \pm 1$
$Pt \vert O_2 \vert SrO \Vert SrF_2 \Vert SrTiO_3, TiO_2 \vert O_2 \vert Pt$	560	$SrO + TiO_2 \rightleftharpoons SrTiO_3$	$-28{,}1 \pm 1$
$Pt \vert O_2 \vert SrO \Vert SrF_2 \Vert Sr_4Ti_3O_{10}, SrTiO_3 \vert O_2 \vert Pt$	540	$SrO + 3\,SrTiO_3 \rightleftharpoons Sr_4Ti_3O_{10}$	$-21{,}6 \pm 1$
$Pt \vert O_2 \vert MgO \Vert MgF_2 \Vert MgAl_2O_4 + Al_2O_3 \vert O_2 \vert Pt$	530	$MgO + Al_2O_3 \rightleftharpoons MgAl_2O_4$	$-2{,}4 \pm 1$

Die Zellspannung E ist ein Maß für die Aktivität des Silbers im Silbersulfid mit dem Bezugszustand des reinen Silbers. Bild 7.8 zeigt die bei einer Temperatur von 200 °C aufgenommene Titrationskurve E gegen Δx [58]. Der Nullpunkt der unteren Abszisse markiert den Versuchsbeginn mit einer vorgegebenen Spannung E_{Anfang}. Die Kurve wurde in beiden Richtungen durchfahren. Das Zellpotential E bewegt sich zwischen den Werten $E \approx 0{,}230$ V für das

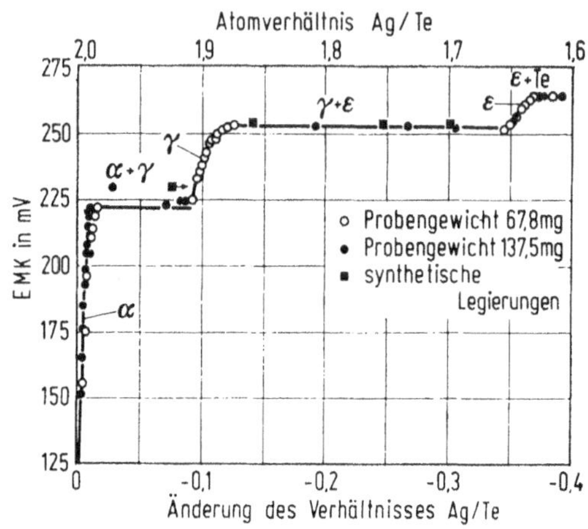

Bild 7.9. EMK der Zelle Ag | AgJ | Ag—Te bei 300 °C in Abhängigkeit vom Verhältnis Ag/Te nach K. Kiukkola und C. Wagner [11]

Gleichgewicht Ag_2S/S und $E = 0$ für das Gleichgewicht Ag_2S/Ag. Die Verhältnisse $Ag/S = 2 + x$ sind auf der oberen Abszisse abzulesen. Der Homogenitätsbereich des Silbersulfids hält sich bei 200 °C zwischen den Grenzen $Ag_{2,000}S$ und $Ag_{2,002}S$.

Weitere Messungen befassen sich mit dem Auftreten von Mischphasen im System Silber-Tellur [11]. Bild 7.9 gibt eine Titrationskurve für Ag—Te-Legierungen bei 300 °C wieder. Die treppenförmige EMK-Kurve zeigt deutlich die drei Homogenitätsbereiche einer α-, γ- und ε-Mischphase an.

Eine neuere ausführliche Untersuchung der stöchiometrischen Abweichungen in Silbersulfiden, -seleniden und -telluriden liegt von N. Valverde vor [59]. Sie stützt sich auf EMK-Messungen an Zellen, die wie vorher beschrieben aufgebaut sind, jedoch als Festelektrolyt die Verbindung Ag_4RbJ_5 benutzen, die bereits bei Raumtemperatur eine ungewöhnlich hohe elektrische Leitfähigkeit von 0,1 $Ohm^{-1} \cdot cm^{-1}$ besitzt und wie AgJ überwiegend silberionenleitend ist [60, 61]. Tabelle 7.11 gibt eine Übersicht der in dieser Arbeit ermittelten Existenzbereiche der Silberchalkogenide.

Die Methode der coulometrischen Titration wurde auch an Zellen mit fluorionenleitenden CaF_2-Elektrolyten zur Festlegung der Phasengrenzen der Verbindung UF_{3-x} erprobt [62]

Tabelle 7.11. Homogenitätsbereiche von Silberchalkogeniden (ermittelt durch EMK-Messungen an AgJ-Zellen)

Mischphase	Struktur	Temperatur °C	Existenzbereich $2 \pm x = Ag/X$	
α-Ag_2S	kubisch-raumzentriert	200	2–2,002	[58]
β-Ag_2S	monoklin	150	1,99997–2,00002	[59]
α-Ag_2Se	kubisch-raumzentriert	150	2–2,0036	[59]
β-Ag_2Se	orthorombisch	100	1,9998–2,0006	[59]
α-Ag_2Te	kubisch-flächenzentriert	160	1,9986–2,0001	[59]
β-Ag_2Te	orthorhombisch	100	1,9987–2,0002	[59]

7.4. Kinetische Untersuchungen

7.4.1. Schwefelverdampfung aus Metallsulfiden

Grundlegende Untersuchungen zur Abdampfung von Schwefel aus Silbersulfid wurden von H. Rickert [63] an der Zelle

$$Ag \,|\, AgJ \,|\, Ag_2S \,|\, Pt$$

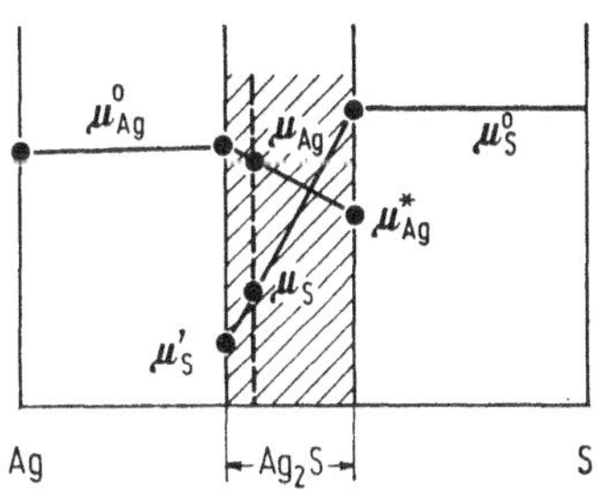

Bild 7.10. Verlauf der chemischen Potentiale μ_{Ag} und μ_S in der festen Ag_2S-Mischphase (schematisch)

unter Verwendung des Ag-ionenleitenden AgJ-Elektrolyten durchgeführt. Potentialbestimmend in dieser Zelle ist die Reaktion (7.32), deren Freie Enthalpie aus Gleichung (7.33) folgt. Die Silberaktivität an der Phasengrenze AgJ/Ag_2S (und bei schnellem Diffusionsausgleich über das gesamte Ag_2S) ist durch die gemessene EMK gegeben:

$$a_{Ag} = \exp\left[-\frac{EF}{RT}\right] \tag{7.34}$$

Wie der folgende Ansatz zeigt, ermöglicht die beschriebene Zelle jedoch auch eine Messung der Schwefelaktivität in der festen Silbersulfidmischphase, da die Größen a_{Ag} und a_S über die Gibbs—Duhem-Gleichung miteinander verknüpft sind. Für eine beliebige Zusammensetzung der Ag_2S-Mischphase seien die chemischen Potentiale μ_{Ag} und μ_S und für das Gleichgewicht Ag_2S/Ag die chemischen Potentiale μ^0_{Ag} und μ'_S gegeben (Bild 7.10):

$$2(\mu_{Ag} - \mu^0_{Ag}) = \mu'_S - \mu_S = -2FE \tag{7.35}$$

Für das Gleichgewicht Ag_2S/S gilt mit $\mu_{Ag} = \mu^*_{Ag}$ und $\mu_S = \mu^0_S$ die Gleichung

$$2(\mu^*_{Ag} - \mu^0_{Ag}) = \mu'_S - \mu^0_S = -2FE^* \tag{7.36}$$

Aus (7.35) und (7.36) folgt dann die maßgebende EMK-Differenz zur Bestimmung der Schwefelaktivität

$$\mu_S - \mu^0_S = RT \ln a_S = -2F(E-E^*) \tag{7.37}$$

$$a_S = \exp \frac{2F(E-E^*)}{RT} \tag{7.38}$$

Hierin ist E^* die galvanische Spannung der Zelle mit der Schwefelaktivität 1:

Ag | AgJ | Ag_2S|S|Pt

Über die Aktivität a_S im Silbersulfid kann der Schwefelpartialdruck in der Gasphase durch die EMK der Zelle gemessen werden, wenn sich die Gasphase und das Silbersulfid im Gleichgewicht befinden.

Eine Verdampfung des Schwefels in einen evakuierten Raum wurde auf elektrolytischem Wege herbeigeführt. Beim Anlegen einer äußeren Spannung an die eingangs beschriebene Zelle (mit dem Minuspol auf der Seite des reinen Silbers) wird Silber aus dem Silbersulfid entfernt, wobei gleichzeitig eine äquivalente Schwefelmenge verdampft. Der Elektrolysestrom durch die Zelle ist ein Maß für die transportierte Silbermenge und damit gleichzeitig für die Verdampfungsgeschwindigkeit des Schwefels:

$$j_S = \frac{I}{F \cdot q} \tag{7.39}$$

j_S Verdampfungsstromdichte des Schwefels in g-Äquivalenten je cm^2 und s
I Strom in A
q freie Ag_2S-Oberfläche in cm^2

In der in Bild 7.11 schematisch wiedergegebenen Meßanordnung kann eine getrennte Strom- und EMK-Messung vorgenommen werden. Stationäre Zustände werden jeweils durch eine konstante stromlos gemessene Spannung E angezeigt. Meßergebnisse für eine Temperatur von 300 °C sind in Bild 7.12 in der Auftragung der gemessenen Stromdichte I/q gegen die Zellspannung E

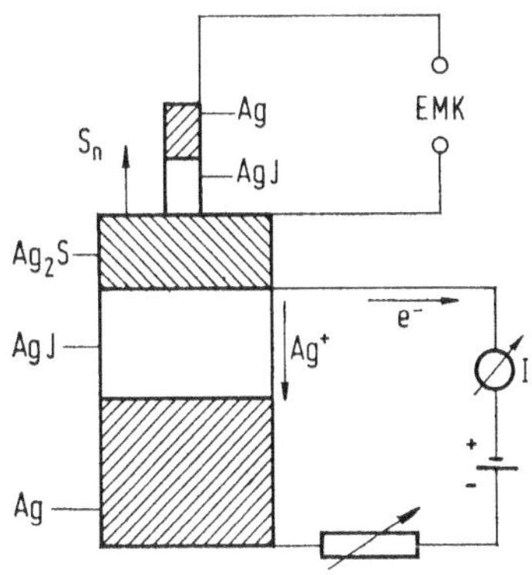

Bild 7.11. Anordnung für eine elektrochemische Messung der Verdampfungsgeschwindigkeit von Schwefel aus festem Ag_2S ins Vakuum nach H. Rikkert [63]

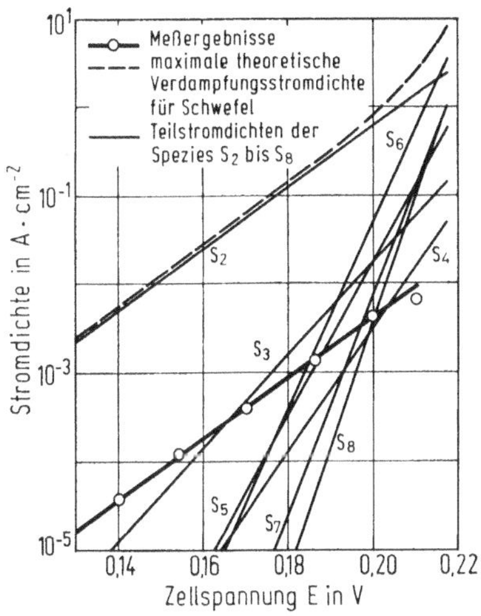

Bild 7.12. Verdampfung von Schwefel aus festem Silbersulfid. Gemessene Stromdichte, maximale theoretische Verdampfungsstromdichte und Teilstromdichten der verschiedenen Schwefelmolekülarten bei 300 °C nach H. Rickert und Mitarbeitern [65]

dargestellt. In Schwefelgasphasen wurden alle Molekülarten von S_2 bis S_8 nachgewiesen [64, 65]. Die eng benachbarte Lage der beiden oberen Kurven, die für S_2-Moleküle sowie für die Summe aller Molekülarten S_2 bis S_8 über Ansätze der kinetischen Gastheorie berechnet wurden, zeigt jedoch, daß die Molekülart S_2 dominiert. Die gemessenen Stromdichten (untere Gerade mit Meßpunkten) sind um etwa zwei Größenordnungen geringer als die berechnete Summe der Stromdichten aller S_x-Molekülarten. Daraus wird geschlossen, daß nicht die Schwefelverdampfung aus der Ag_2S-Oberfläche, sondern die Bildung von S_2-Molekülen an der Oberfläche die Geschwindigkeit des Verdampfungsvorgangs bestimmt.[1] Gleichartige Beobachtungen ergaben sich auch an der

[1] Neuere Messungen der Schwefelverdampfung aus Silbersulfid ergaben wesentlich höhere Verdampfungsstromdichten entsprechend einem Verdampfungskoeffizienten von etwa 0,5 [67].

Zelle

$$\mathrm{Pt|Cu}\,\|\,\mathrm{CuBr}\,\|\,\mathrm{CuJ|Pt}$$

für die Verdampfung von Jod aus Kupferjodid [66].

Die elektrochemische Meßmethode zur Untersuchung der Schwefelverdampfung aus Silbersulfid wurde durch Kombination der galvanischen Zelle mit einer Knudsenzelle (Bild 7.13) [68, 69] sowie mit einer Knudsenzelle

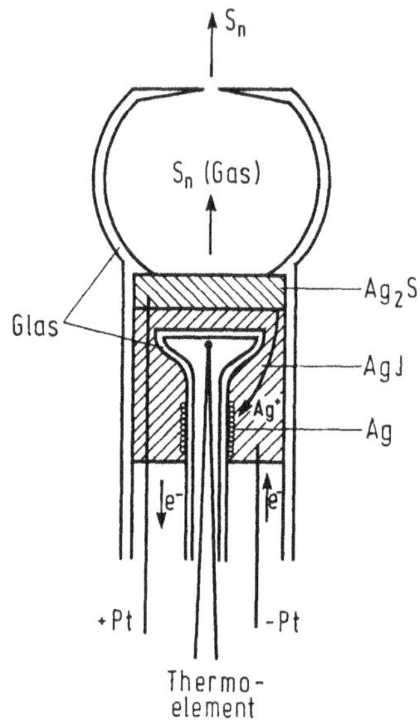

Bild 7.13. Kombination einer Festelektrolytzelle mit einer Knudsenzelle zur Untersuchung der Schwefelverdampfung aus festem Silbersulfid nach H. Rickert und Mitarbeitern [65, 68, 69]

und einem Massenspektrometer [64] weiter ausgebaut. Bei elektrolytischer Steuerung der Verdampfungsgeschwindigkeit tritt der Schwefeldampf aus der Ag_2S-Oberfläche in die gläserne Knudsenzelle und weiter durch deren eng dimensionierte Deckelöffnung in das Massenspektrometer. Dabei werden folgende Größen gemessen:

a) Die Verdampfungsstromdichte des Schwefels über den Elektrolysestrom der Zelle

$$i = \frac{I}{q_K} = \frac{\sum I_{S_x}}{q_K} = 2F \sum x \cdot j_{S_x} \tag{7.40}$$

i elektrische Stromdichte in $A \cdot cm^{-2}$
q_K Öffnungsquerschnitt der Knudsenzelle in cm^2
I_{S_x} Teilstrom der Molekülart S_x in A
x Atomzahl je Molekül S_x
j_{S_x} Effusionsstromdichte von S_x in $mol \cdot cm^{-2} \cdot s^{-1}$
$= p_{S_x}/\sqrt{2\pi \cdot M_{S_x} \cdot RT}$

b) Der Schwefeldampfdruck über die EMK der Zelle

$$p_{S_x} = a_S^x \cdot p_{S_x}^0 = \exp\left[\frac{2xF(E - E^*)}{RT} \cdot p_{S_x}^0\right] \tag{7.41}$$

c) Die Intensitäten $I_{S_x}^0$ der einzelnen Molekülarten S_x im Massenspektrometer

$$I^*_{S_x(\text{primär})} = \frac{A_{S_x}}{T} \cdot p_{S_x} \tag{7.42}$$

Hierin bedeuten: $I^*_{S_x(\text{primär})}$ Intensität der primär aus der Molekülart S_x gebildeten Ionen; A_{S_x} Empfindlichkeit des Massenspektrometers für die Molekülart S_x.
Die Intensität $I^*_{S_x}$ enthält primär gebildete S_x-Moleküle und teilweise auch S_x-Moleküle, die aus größeren Molekülen während der Ionisation gebildet wurden.

Durch Kombination der Gleichungen (7.41) und (7.42) ergibt sich die Funktion

$$\ln I^*_{S_x} = \frac{2xF}{RT}(E - E^*) - \ln \frac{T}{A_{S_x} \cdot p_{S_x}^0}, \tag{7.43}$$

deren Steigung charakteristisch für die primär gebildeten Ionen der Molekülart S_x sein sollte. Die Intensitäten der aus einer größeren Molekülart gebildeten Ionen folgen einer Beziehung mit einem größeren Anstieg $2xF/RT$. Auf diese

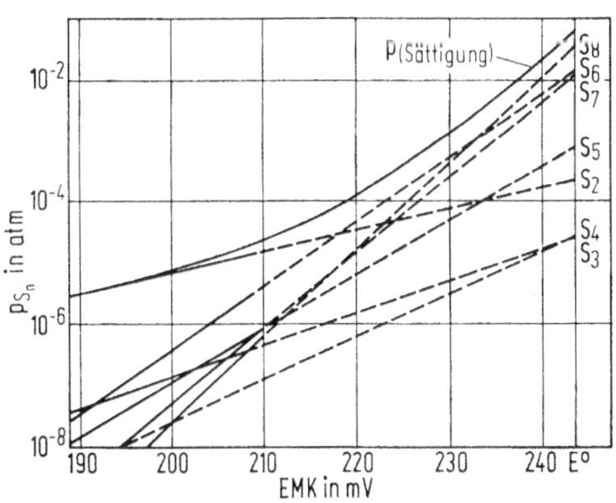

Bild 7.14. Partialdampfdrücke p_{S_x} verschiedener Schwefelmolekülarten bei 300°C nach D. Detry, J. Drowart, P. Goldfinger, H. Keller und H. Rickert [64]

Weise ist eine korrekte Zuordnung der gemessenen Intensitäten und der einzelnen Molekülarten S_x möglich. Ihre Dampfdrücke können mit der Kenntnis der Sättigungsdampfdrücke $p_{S_x}^0$ und der Empfindlichkeit A_{S_x} nach Gleichung (7.42) und (7.43) berechnet werden.

Bild 7.14 zeigt die Partialdampfdrücke der Molekülarten S_2 bis S_8 in Abhängigkeit von der vorgegebenen EMK (d. h. von der Schwefelaktivität des Silbersulfids) bei 300 °C.

7.4.2. Bildungsreaktion von Metallsulfiden

Die in Abschnitt 7.4.1 beschriebene Zelle ist auch dazu geeignet, die Bildung von Metallsulfiden elektrochemisch zu untersuchen. Messungen zur Bildung von Nickelsulfid auf metallischem Nickel wurden an der Zelle

$$\mathrm{Pt|Ag\,\|\,AgJ\,\|\,Ag_2S|NiS,\ Ni|Pt}$$

durchgeführt [70, 71], wobei der negative Pol der Stromquelle an der Silberelektrode lag. Dem elektrolytisch bewirkten Silberabbau im Silbersulfid entspricht eine äquivalente Sulfidbildung auf dem Nickel durch freigesetzten Schwefel. Die Methode beruht auf einer gleichzeitigen Erfassung des Stroms als Meßgröße der Reaktionsgeschwindigkeit und der EMK als Meßgröße der Silber- bzw. Schwefelaktivität im Silbersulfid.

7.4.3. Diffusion in festen Metallen

Von D. O. Raleigh [72—74] wurde eine Methode vorgeschlagen, die Diffusion von Silber in festen Ag—Au-Legierungen mit Hilfe der Anordnung

$$\mathrm{Ag\,\|\,AgBr\,\|\,Ag{-}Au}$$

elektrochemisch zu messen. Silberbromid ist in dieser Zelle als Silberionenleiter wirksam. Durch das Anlegen einer äußeren Spannung U mit dem Minuspol an der Silberelektrode wird an der Phasengrenze Silberbromid/Ag—Au eine Silberaktivität a_{Ag} vorgegeben. Wird die äußere Spannung anschließend auf einen Wert U' erniedrigt, so erhöht sich die Silberaktivität auf a'_{Ag}. Der resultierende, elektrisch meßbare Diffusionsstrom des Silbers in die feste Ag—Au-Probe hält an, bis die Silberkonzentration sich dem eingestellten Niveau a'_{Ag} angeglichen hat. Die Diffusionsstromdichte ist bei hinreichend dünnen Proben durch das 1. Ficksche Gesetz

$$j = -D \left.\frac{\mathrm{d}c}{\mathrm{d}x}\right|_{x=0} = -D(c_1 - c_0)\left[\frac{\mathrm{d}}{\mathrm{d}x}\,\mathrm{erf}\,c\,\frac{x}{2\sqrt{Dt}}\right] x = 0$$

$$= (c_1 - c_0)\left(\frac{D}{\pi t}\right)^{1/2} \tag{7.44}$$

und der elektrische Strom durch die Gleichung

$$I = F \cdot A(c_1 - c_0) \left(\frac{D}{\pi t}\right)^{1/2} \tag{7.45}$$

gegeben. Durch schrittweise Erhöhung der Silberaktivität an der Phasengrenze AgBr/Ag—Au können an einer einzelnen Ausgangsprobe die Diffusions-

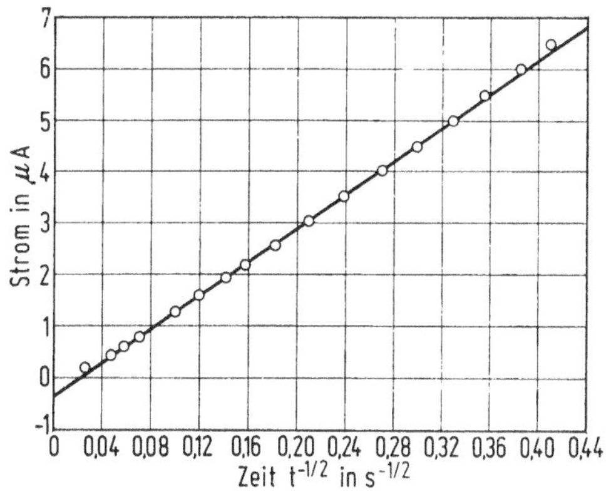

Bild 7.15. Elektrochemische Bestimmung der Diffusion von Silber in festen Ag—Au-Legierungen an der Zelle Ag|AgBr|Ag—Au nach D. O. Raleigh und H. R. Crowe [74]. Zusammenhang zwischen Diffusionsstrom und $t^{-1/2}$ bei 395 °C

koeffizienten einer ganzen Legierungsreihe untersucht werden. Nach Gleichung (7.45) besteht zwischen dem elektrischem Strom und der Größe $1/\sqrt{\text{Zeit}}$ ein linearer Zusammenhang (Bild 7.15), aus dem sich unmittelbar die Diffusionskoeffizienten D_{Ag} ergeben.

7.5. Stromliefernde Elemente

An der Entwicklung stromliefernder Elemente mit Halogenid-Festelektrolyten wird seit etwa zwei Jahrzehnten intensiv gearbeitet. Dieses Arbeitsgebiet sei hier kurz zusammengefaßt behandelt. Die Darstellung stützt sich im wesentlichen auf eine Schrifttumsübersicht von R. T. Foley [75], die 97 Veröffentlichungen und Patente referiert, jedoch noch keinen Anspruch auf Vollständigkeit erhebt, da eine Reihe von Industrieberichten nicht eingesehen werden können. Elemente mit Festelektrolyten haben gegenüber solchen mit schmelzflüssigen oder wässrigen Elektrolyten entscheidende Vorteile: Feste Elektrolyte sind korrosionsbeständiger und gewährleisten eine gas- und flüssigkeitsundurchlässige Abtrennung beider Elektrodenräume. Sie ermöglichen außerdem mit Hilfe moderner Fertigungsverfahren wie der Erzeugung von Anlaufschichten auf Metalloberflächen (z. B. AgJ auf Ag in Joddampf) oder der Herstellung dünner Filme durch Aufdampfen im Vakuum (z. B. Pb auf $PbCl_2$) eine Entwicklung kleiner und kleinster Einheiten (Miniaturisierung).

Stromliefernde Elemente mit festen Halogenid-Elektrolyten werden im Bereich zwischen Raumtemperatur und etwa 300 °C betrieben. Die Entwicklungsarbeiten konzentrieren sich auf die Ausschaltung einiger unerwünschter Eigenschaften dieser Festelektrolytzellen. Angestrebt werden eine möglichst hohe spezifische Leitfähigkeit des Festelektrolyten, eine möglichst vernachlässigbare Polarisation der Elektroden (Reversibilität der Zelle) und eine möglichst weitgehende Unterdrückung der Elektronenteilleitfähigkeit des Elektrolyten.

Als gut leitende Festelektrolyte kommen vor allem die silberionenleitenden Alkalihalogenide, daneben aber auch chlorionenleitende Verbindungen wie $BaCl_2$ oder $PbCl_2$ in Frage. Silberjodid AgJ besitzt eine gut leitende α-Phase im Bereich zwischen 145 und 552 °C. Ihre spezifische Leitfähigkeit beträgt bei 350 °C 2,6 $Ohm^{-1} \cdot cm^{-1}$ [76]. Eine hohe spezifische Leitfähigkeit bei Raumtemperatur weisen $AgJ-Ag_2S$-Mischkristalle der Zusammensetzung Ag_3SJ auf [77]. Sie beträgt nach Messungen von T. Takahashi und O. Yamamoto [78] etwa 10^{-2} $Ohm^{-1} \cdot cm^{-1}$ und beruht auf einer überwiegenden Ag^+-Ionenleitung. Noch höhere spezifische Leitfähigkeiten von 0,2 $Ohm^{-1} \cdot cm^{-1}$ bei Raumtemperatur wurden für AgJ—KJ- und AgJ—RbJ-Mischkristalle der Zusammensetzungen KAg_4J_5 bzw. $RbAg_4J_5$ gefunden [60, 61]. Ihre gut leitenden α-Modifikationen sind bis zu Temperaturen von —136 bzw. —155 °C beständig.

Versuche mit AgJ-Zellen [79—83], AgBr-Zellen [84, 85] und AgCl-Zellen [86] ließen Schwierigkeiten wie die Elektrodenpolarisation und den inneren Kurzschluß der Zellen nach längerer Laufzeit zu Tage treten. Der Aufbau einer reversibel arbeitenden Zelle gelang A. Sator [87—89] in der Anordnung

$$Ag|Pb\,\|\,PbCl_2\,\|\,AgCl|Ag,$$

wobei erstmalig die Technik der Dünnschicht-Herstellung (Schichtdicken 0,1 bis 1 μm) durch Aufdampfen im Vakuum angewandt wurde. Diese Zelle verhielt sich während neun Entladungs-Aufladungs-Zyklen reversibel. Ein reversibles Verhalten zeigte auch die von J. N. Mrgudich und Mitarbeitern [90] erprobte Zelle

$$Ag\,\|\,AgJ\,\|\,Pt \text{ oder } Pd.$$

D. M. Smyth und K. Lehovec [91, 92] entwickelten eine reversibel arbeitende Festleiter-Batterie mit dem Grundelement

$$Ag\,\|\,AgJ\,\|\,J_2, \text{ Graphit}$$

(Spannung 0,68 V, Kurzschlußstrom 2,5 mA/cm^2, effektive Kontaktfläche 20 cm^2). Bei einem Betriebsstrom von 5 mA konnte die angegebene Zellspannung gehalten werden.

Die bei 20 °C arbeitende Zelle von T. Takahashi und O. Yamamoto [93, 94]

$$Ag\,|\,Ag_3SJ\,|\,J_2, \text{ Graphit}$$

ließ bei einer konstanten Spannung von 0,675 V eine Stromentnahme von 0,1 mA/cm² zu. Durch Herabsetzung der Elektrolytdicke von 1,5 auf 0,02 mm konnte diese Stromentnahme auf ein Mehrfaches gesteigert werden.

Literatur

1. Kohlrausch, W., Wied. Ann. 17 (1882) 642.
2. Lehmann, O., Wied. Ann. 24 (1885) 1.
3. Lehmann, O., Wied. Ann. 38 (1889) 396.
4. Katayama, M.: Z. phys. Chem. 61 (1908) 566.
5. Haber, F., Tolloczko, St.: Z. Anorg. Chem. 41 (1904) 407.
6. Tubandt, C., Lorenz, E.: Z. phys. Chem. 87 (1914) 513.
7. Tubandt, C., Eggert, S.: Z. anorg. allg. Chem. 110 (1920) 196; s. auch C. Tubandt, Hdb. d. Exp.-Physik, Bd. XII, 1, Leipzig: 1932, S. 394ff.
8. Reinhold, H.: Z. anorg. allg. Chem. 171 (1928) 181.
9. Wagner, C.: Z. phys. Chem. 332 (1936) 417.
10. Wagner, C.: Z. Elektrochem. 60 (1956) 4.
11. Kiukkola, K., Wagner, C.: Z. Elektrochem. 104 (1957) 309.
12. Wagner, C.: Z. Elektrochem. 63 (1959) 1027.
13. Wagener, K.: Z. phys. Chem. N. F. 25 (1960) 135.
14. Wagner, C.: J. Electrochem. Soc. 115 (1968) 933.
15. Lorenz, R.: Die Elektrolyse geschmolzener Salze, Bd. 3, Halle: Knapp 1906.
16. Lorenz, R., Fox, M. G.: Z. phys. Chem. 63 (1908) 109.
17. Lorenz, R., Velde, H.: Z. anorg. allgem. Chem. 183 (1929) 81.
18. Hildebrand, J. H., Ruhle, G. C.: J. Amer. Chem. Soc. 49 (1927) 722.
19. Hildebrand, J. H., Wachter, A.: J. Amer. Chem. Soc. 52 (1930) 4641, 4650 u. 4655.
20. Salstrom, E. J.: J. Amer. Chem. Soc. 55 (1933) 4426.
21. Salstrom, E. J.: J. Amer. Chem. Soc. 56 (1934) 1272.
22. Salstrom, E. J., Kew, T. J., Powell, T. M.: J. Amer. Chem. Soc. 58 (1936) 1848.
23. Croatto, U., Bruno, C.: Ricerca Sci. 17 (1947) 1998.
24. Rose, B. A., Davis, G. J., Ellingham, H. J. T.: Disc. Faraday Soc. 4 (1948) 154.
25. Sator, A.: Compt. Rend. 234 (1952) 2283.
26. Wagner, C.: Z. phys. Chem. B 21 (1933) 25.
27. Panish, M. B., Blankenship, F. F., Grimes, W. R., Newton, R. F.: Z. phys. Chem. 62 (1958) 1325.
28. Panish, M. B., Newton, R. F., Grimes, W. R., Blankenship, F. F.: J. phys. Chem. 63 (1959) 668.
29. Reinhold, H.: Z. Elektrochem. 40 (1934) 361.
30. Wagner, C.: Z. Elektrochem. 40 (1934) 364.
31. Bechthold, E.: Ber. Bunsenges. phys. Chemie 69 (1965) 326.
32. Verduck, A. G., Wagner, C.: J. phys. Chem. 61 (1957) 558.
33. Treadwell, W. D., Ammann, A., Zürrer, Th.: Helv. Chim. Acta 19 (1936) 1255.
34. Ure jr., R. W.: J. Chem. Phys. 26 (1957) 1363.
35. Fischer, W. A., vom Ende, H.: Arch. Eisenhüttenw. 21 (1950) 217.
36. Heus, R. J., Egan, J. J.: Z. phys. Chem. N. F. 49 (1966) 38.

37. Lofgren, N. L., McIver, E. J.: U. K. A. E. A. Report AERE-R 5169 (1966).
38. Markin, T. L., Bones, R. J., Wheeler, V. J.: Proc. Brit. Ceram. Soc. 8 (1967) 51.
39. Rudzitis, E., Feder, H. M., Hubbard, W. N.: J. phys. Chem. 68 (1964) 2978.
40. Aronson, S.: In: International Conference on Compounds of Interest in Nuclear Reactor Technology, AIME, 1964, S. 247.
41. Aronson, S., Sadofsky, J.: J. Inorg. Nucl. Chem. 27 (1965) 1769.
42. Egan, J. J.: J. phys. Chem. 68 (1964) 978.
43. Rough, F. A., Bauer, A. A.: Constitutional Diagrams of Uranium and Thorium Alloys, Reading, Mass.: Addison-Wesley (1958).
44. Street, R. S., Waters, T. N.: The Variation with Carbon Content of the Lattice Parameter of Thorium Monocarbide, AERE-M 1114 Oct. (1962).
45. Aronson, S., Auskern, A.: Thermodynamics of Nuclear Materials IAEA, Vol. I, Vienna 1966, S. 165.
46. Aronson, S., J. Inorg. Nucl. Chem. 29 (1967) 1611.
47. Aronson, S., Gingerich, K. A.: Paper 6-RS-66, presented at 68th Meeting of American Ceramic Soc. 1966.
48. Skelton, W. H., Magnani, N. J., Smith, J. F.: Metallurg. Trans. 1 (1970) 1833.
49. Skelton, W. H., Magnani, N. J., Smith, J. F.: Metallurg. Trans. 1 (1971) 473.
50. Kleykamp, H., Ber. Bunsenges. phys. Chemie 73 (1969) 354.
51. Tanaka, H., Kashida, Y., Yamaguchi, A., Moriyama, J.: Nippon Kinzoku Gakkai-Shi 35 (1971) 523.
52. Behl, W. K., Egan, J. J.: J. Electrochem. Soc. 113 (1966) 376.
53. Tanaka, H., Kishida, Y., Yamaguchi, A., Moriyama, J.: Nippon Gokkai-Shi 35 (1971) 997.
54. Moattar, F., Anderson, J. S.: Trans. Faraday Soc. 67 (1971) Nr. 58, S. 230.
55. Storms, E. K.: The Refractory Carbides, New York: 1967.
56. Benz, R., Wagner, C.: J. phys. Chem. 65 (1961) 1308.
57. Taylor, R. W., Schmalzried, H.: J. phys. Chem. 68 (1964) 2444.
58. Wagner, C.: J. Chem. Phys. 21 (1953) 1819.
59. Valverde, N.: Z. phys. Chem. N. F. 70 (1970) 113.
60. Bradley, J. N., Greene, P. D.: Trans. Faraday Soc. 63 (1967) 424.
61. Owens, B. B., Argue, G. R.: Science 157 (1967) 308.
62. Markin, T. L., Bones, R. J.: U. K. A. E. A., A. E. R. E. R 4178 (1962).
63. Rickert, H.: Z. Elektrochem. 65 (1961) 463.
64. Detry, D., Drowart, J., Goldfinger, P., Keller, H., Rickert, H.: Z. phys. Chem. N. F. 55 (1967) 314.
65. Rickert, H.: In: EMF Measurements in High-Temperature Systems, C. B. Alcock, Ed., S. 59/90, London: Inst. Min. Metallurg. 1968.
66. Mrowec, S., Rickert, H.: Z. Elektrochem. 66 (1962) 14.
67. Rickert, H., Tostmann, K.-H.: Werkstoffe u. Korrosion 21 (1970) 965.
68. Birks, N., Rickert, H.: Ber. Bunsenges. phys. Chem. 67 (1963) 97.
69. Ratchford, R. J., Rickert, H.: Z. Elektrochem. 66 (1962) 497.
70. Mrowec, S., Rickert, H.: Z. phys. Chem., N. F. 28 (1961) 422.
71. Mrowec, S., Rickert, H.: Z. phys. Chem., N. F. 36 (1963) 329.
72. Raleigh, D. O.: J. Electrochem. Soc. 114 (1967) 493.
73. Raleigh, D. O.: Progress in Solid State Chem. 3 (1967) 83.
74. Raleigh, D. O., Crowe, H. R.: J. Electrochem. Soc. 116 (1969) 40.
75. Foley, R. T.: J. Electrochem. Soc. 116 (1969) 13 C.
76. Lieser, K. H.: Z. phys. Chem., N. F. 9 (1956) 216.
77. Reuter, B., Hardel, K.: Naturwiss. 48 (1961) 161.
78. Takahashi, T., Yamamoto, O.: Electrochem. Acta 11 (1966) 779.
79. Lehovec, K.: U. S. Pat. 2689876 (Sept. 21, 1954).

80. Broder, J. D.: U. S. Pat. 2690465 (Sept. 28, 1954).
81. Weininger, J. L.: U. S. Pat. 3003017 (Oct. 3, 1961).
82. Weininger, J. L.: J. Electrochem. Soc. 106 (1959) 475.
83. Louzos, D. V.: U. S. Pat. 2894052 (July 7, 1959).
84. van der Grinten, W. J.: U. S. Pat. 2793244 (May 21, 1957).
85. van der Grinten, W. J.: Final Report on Contract No. Da-36-039-sc-42716 (Jan. 1, 1954).
86. van der Grinten, W. J., Mohler, D.: U. S. Pat. 2928890 (March 15, 1960).
87. Sator, A.: Compt. Rend. 23 (1952) 2283.
88. Sator, A.: Publ. Sci. Univ. Alger, Ser. (B) 2 (1956) 115.
89. Perrot, M., Sator, A.: Compt. Rend. 234 (1952) 1883.
90. Mrgudich, J. N., Schwartz, A., Bramhall, P. J., Schwartz, G. M.: Proc. Amer. Power Sources Conf. 19 (1965) 86.
91. Smyth, D. M., Lehovec, K.: U. S. Pat. 2953620 (Sept. 20, 1960).
92. Lehovec, K., Smyth, D. M.: U. S. Pat. 2954417 (Sept. 27, 1960).
93. Takahashi, T., Yamamoto, O.: Denki Kagaku 33 (1965) 346.
94. Yamamoto, O., Takahashi, T.: Denki Kagaku 34 (1966) 833.

8. Schmelzelektrolytzellen

8.1. Schmelzelektrolytzellen in der Grundlagenforschung

8.1.1. Oxidschmelzen als Elektrolyte

Wie bei der EMK-Messung mit festen Elektrolyten sind auch bei der Messung mit schmelzflüssigen Elektrolyten die Forderungen zu stellen, daß die galvanische Zelle reversibel arbeitet, die Zellreaktion bekannt ist und störende Nebenreaktionen ausgeschaltet werden können. Darüber hinaus muß darauf geachtet werden, daß die Elektrolytschmelze keine örtlichen Konzentratationsunterschiede aufweist und Wertigkeitswechsel der Kationen nicht auftreten. Die Zellreaktion wird in Silikat-, Phosphat- und Aluminatschmelzen durch den Ladungstransport über leicht bewegliche Kationen und bei hohen Gehalten an basischen Metalloxiden gegebenenfalls auch über freie Sauerstoffionen bestimmt. Eine Beteiligung der schwer beweglichen Anionenkomplexe an der Zellreaktion ist dagegen weitgehend auszuschließen.

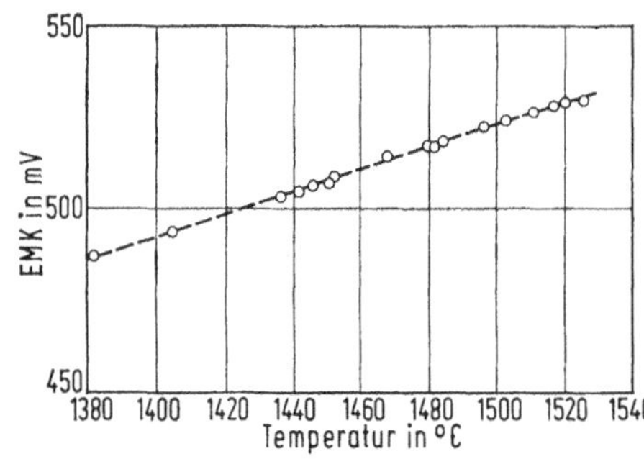

Bild 8.1. EMK der Zelle Graphit | Oxidschmelze (55% SiO_2, 25% CaO, 20% Al_2O_3 | SiC in Abhängigkeit von der Temperatur nach L. Ch. Chang und G. Derge [1]

Systematische Untersuchungen an einer galvanischen Zelle mit einer Schlackenschmelze als Elektrolyt wurden erstmals von L. Ch. Chang und G. Derge [1] durchgeführt. An den Zellen

$$\text{Graphit} \,|\, CaO - SiO_2\text{-Schmelze} \,|\, SiC$$

$$\text{Graphit} \,|\, CaO - SiO_2 - Al_2O_3\text{-Schmelze} \,|\, SiC$$

wurde die EMK in Abhängigkeit von der Zusammensetzung der Schlackenschmelzen und von der Temperatur gemessen. In Bild 8.1 ist der lineare Anstieg der Zellspannung mit der Temperatur für eine Schmelzzusammensetzung 55% SiO_2, 25% CaO, 20% Al_2O_3 wiedergegeben. Die EMK stieg außerdem bei vorgegebenem Al_2O_3-Gehalt und konstanter Temperatur mit abnehmendem CaO/SiO_2-Verhältnis geradlinig an. Eine unveränderliche EMK konnte bei

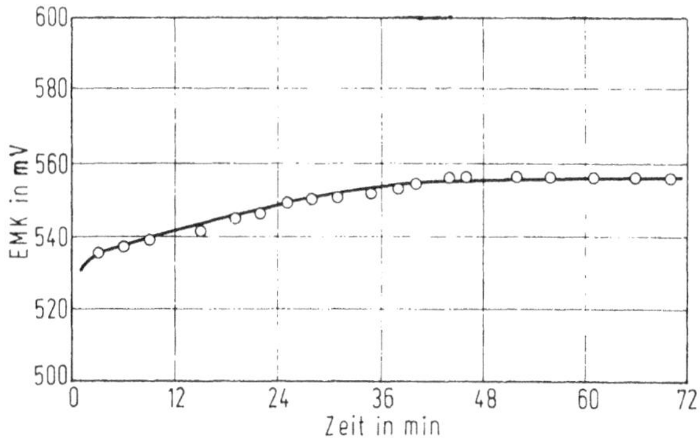

Bild 8.2. Zeitlicher EMK-Verlauf der Zelle Graphit | Oxidschmelze (55% SiO_2, 30%CaO, 15% Al_2O_3) | SiC bei 1450°C nach L. Ch. Chang und G. Derge [1]

diesen Versuchen, wie Bild 8.2 zeigt, nach einer Meßdauer von etwa 45 Minuten erreicht werden. Für die Bruttozellreaktion wurden von den Verfassern u. a. die folgenden Ansätze angenommen:

$$Si^{4+} + C + 4e' \rightleftharpoons SiC \text{ (Graphitelektrode)} \tag{8.1}$$

$$SiO_4^{4-} + SiC \rightleftharpoons 2SiO_2 + C + 4e' \text{ (SiC-Elektrode)} \tag{8.2}$$

$$2SiO_2 \text{ (Schmelze)} \rightleftharpoons 2SiO_2 \text{ (}\beta\text{-Cristobalit)} \tag{8.3}$$

Mit der Festlegung a_{SiO_2} (β-Cristobalit) = 1 als Standardzustand, ergibt sich die EMK als Maß für die relative SiO_2-Aktivität der Schmelze

$$E = \frac{RT}{4F} \ln a_{SiO_2} \tag{8.4}$$

Zum gleichen Ergebnis kommt man aber auch, wenn anstelle der SiO_4^{4-}-Ionen Ca^{2+}-Ionen als Ladungsträger angenommen werden:

$$2CaO + Si^{4+} + 4e' \rightleftharpoons 2Ca^{2+} + SiO_2 \tag{8.5}$$

$$Ca_2SiO_4 + 2Ca^{2+} \rightleftharpoons 4CaO + Si^{4+} + 4e' \tag{8.6}$$

$$Ca_2SiO_4 \rightleftharpoons 2CaO + SiO_2 \tag{8.7}$$

Die Zellreaktion (8.3) bzw. (8.7) kann als gleichbedeutend mit der Überführung von SiO_2 aus der Schmelze in den reinen Zustand β-Cristobalit angesehen werden.

Die Messungen von L. Ch. Chang und G. Derge [1] wurden später von R. Sakagami [2] wiederholt und auf quaternäre Schlackenschmelzen des Systems $CaO-Al_2O_3-MgO-SiO_2$ ausgedehnt.

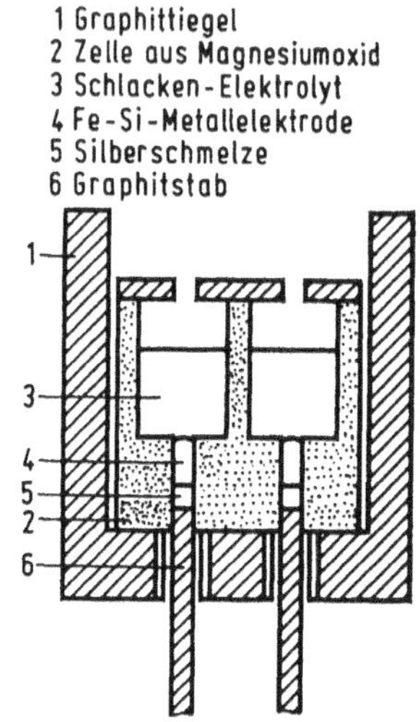

Bild 8.3. Aufbau einer zweigeteilten Magnesiumoxid-Zelle nach K. Sanbongi und Y. Omori [3]

K. Sanbongi und Y. Omori [3] führten erneut Untersuchungen zur Bestimmung der SiO_2-Aktivitäten in $CaO-Al_2O_3-SiO_2$-Schmelzen durch, wobei sie die einfache Zellkonstruktion ihrer Vorgänger [1, 2] durch eine Doppelzelle und die festen SiC-Elektroden durch Fe—Si-Schmelzen ersetzten. Ihr Aufbau entspricht der Kombination

$$\text{Fe—Si-Schmelze} \,|\, \text{Schlacke I} \,|\, \text{Graphit} \,|\, \text{Schlacke II} \,|\, \text{Fe—Si-Schmelze}$$

Die Zwischenphase Graphit (oder auch Magnesiumoxid) war als eine Sauerstoffelektrode gedacht, an der ein reversibler Austausch von Sauerstoffionen ablaufen sollte. Als potentialbestimmende Ladungsträger wurden in hochbasischen Schlacken O^{2-}- und SiO_4^{4-}-Ionen, in neutralen und sauren Schlacken SiO_4^{4-}-, SiO_3^{2-}- und $Si_2O_5^{2-}$-Ionen angenommen.

Der Aufbau dieser Graphitzelle ist aus Bild 8.3 zu ersehen. Die flüssigen Fe—Si-Elektroden waren durch Korundrohre in den Bohrungen des Graphittiegelbodens gegen eine Aufkohlung geschützt. Die metallischen Ableitungen von den Fe—Si-Schmelzen zu den Graphitstäben wurden über Silberschmelzen geführt. Die Bezugsschmelze II hatte die Zusammensetzung 45,2% CaO, 2,2% SiO_2, 52,6% Al_2O_3. Für binäre $CaO-SiO_2$-Schmelzen ist in Bild 8.4 die EMK zusammen mit dem Zustandsschaubild in Abhängigkeit vom SiO_2-

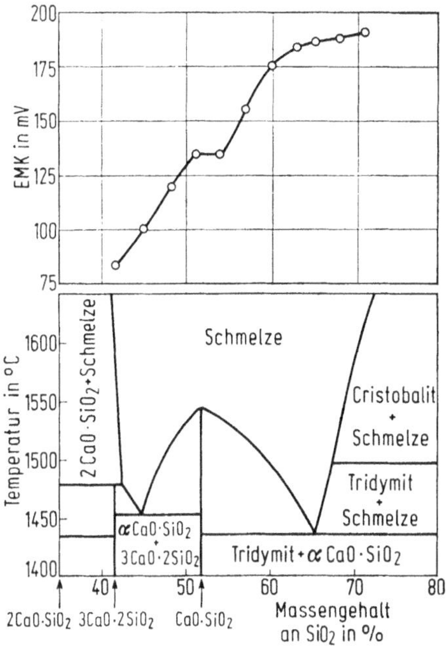

Bild 8.4.

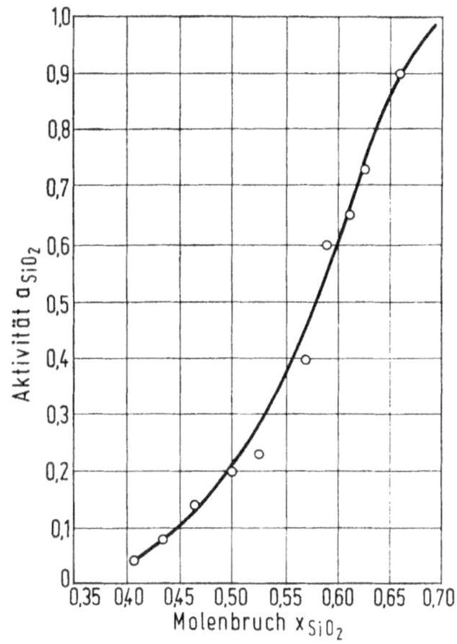

Bild 8.5.

Bild 8.4. Phasendiagramm $CaO-SiO_2$ (Teilbereich) und EMK der Zelle Fe—Si | Oxidschmelze I (45,2% CaO, 2,2% SiO_2, 52,6% Al_2O_3) | Graphit | Oxidschmelze II ($CaO-SiO_2$) | Fe—Si bei 1630 °C in Abhängigkeit vom SiO_2-Gehalt der Schmelze II [3]

Bild 8.5. Aktivität in $CaO-SiO_2$-Schmelzen bei 1630 °C nach K. Sanbongi und Y. Omori [3]

Gehalt bei 1630 °C wiedergegeben. Die EMK zeigt bei der Konzentration der Verbindung $CaO \cdot SiO_2$ eine Unstetigkeitsstelle. Den aus der EMK errechneten Verlauf der SiO_2-Aktivität in $CaO-SiO_2$-Schmelzen zeigt Bild 8.5.

Ähnliche EMK-Messungen wurden in einer weiteren Arbeit [4] an der Doppelzelle

Fe—Al—C-Schmelze | Schlacke I | Graphit | Schlacke II | Fe—Al—C-Schmelze

zur Bestimmung der Aktivität $a_{Al_2O_3}$ in $CaO-Al_2O_3$- und $CaO-Al_2O_3-SiO_2$-Schmelzen ausgeführt. Hierbei dienten kohlenstoffgesättigte Fe—Al-Schmelzen als metallische Elektroden. Die Bezugsschlacke II hatte die gleiche Zusammensetzung wie bei den Messungen zur Bestimmung der SiO_2-Aktivität. Der EMK-Verlauf im System $CaO-Al_2O_3$ ist in Bild 8.6 und der Verlauf der Al_2O_3-Aktivität in Bild 8.7 für 1630 °C dargestellt.

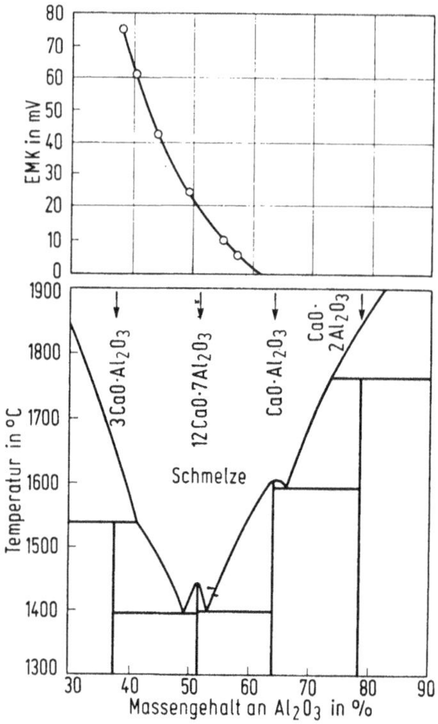

Bild 8.6. Phasendiagramm $CaO-Al_2O_3$ (Teilbereich) und EMK der Zelle Fe—Al—C | Oxidschmelze I (45,2% CaO, 2,2% SiO_2, 52,6% Al_2O_3) | Graphit | Oxidschmelze II ($CaO-Al_2O_3$) | Fe—Al—C bei 1630 °C in Abhängigkeit vom Al_2O_3-Gehalt der Schmelze II [3]

Bemerkenswert sind die Messungen von K. Sawamura [5] an einer Graphit-Doppelzelle

W | Ca | CaO-Schlacke I | Graphit | CaO-Schlacke II | Ca | W

zur Ermittlung der CaO-Aktivität in binären $CaO-SiO_2$-Schlacken und ternären $CaO-SiO_2-Me_xO_y$-Schlacken ($Me_xO_y = Al_2O_3$, MgO, MnO). Durch eine elektrolytische Abscheidung von Kalzium auf Wolframdrähten aus einer $CaO-SiO_2$-Schmelze bei einer Spannung von 15 V wurde die Herstellung von *Kalziumelektroden* angestrebt. Die Elektrodenpotentiale dieser präparierten Wolframdrähte wurden in einem Pyridin-Elektrolyten gegen eine Kalomelelektrode gemessen. Ein frisch präpariertes Kalziumelektrodenpaar ergab Meßwerte von —720 und —723 mV. Nach einer Wartezeit von 1 Stunde an Luft betrugen die Meßwerte noch —700 und —710 mV. Für die Zellreaktion wurde

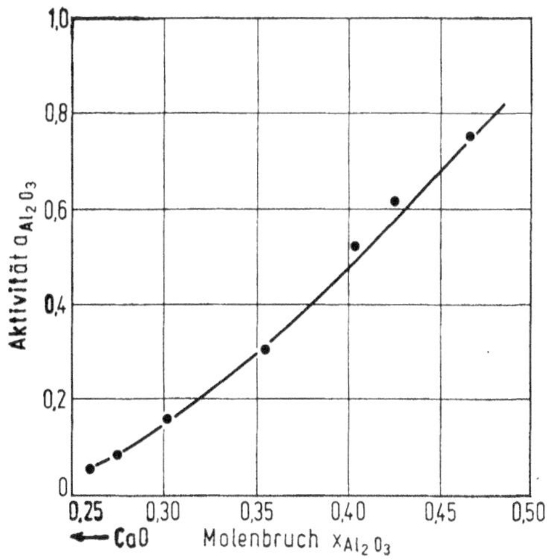

Bild 8.7. Aktivität $a_{Al_2O_3}$ in $CaO-Al_2O_3$-Schmelzen bei 1630°C nach K. Sanbongi und Y. Omori [3]

das folgende Schema zugrunde gelegt:

$$Ca \rightleftharpoons Ca^{2+} + 2e' \quad \text{(Kalziumelektrode)} \tag{8.8}$$

$$\frac{1}{2} O_2 + 2e' \rightleftharpoons O^{2-} \quad \text{(Graphitelektrode)} \tag{8.9}$$

$$Ca + \frac{1}{2} O_2 \rightleftharpoons CaO \quad \text{(Reaktion der Einzelzelle)} \tag{8.10}$$

Für die Gesamtreaktion der Doppelzelle folgt:

$$CaO \text{ (Schmelze I)} \rightleftharpoons CaO \text{ (Schmelze II)} \tag{8.11}$$

$$E = \frac{RT}{2F} \ln \frac{a_{CaO(I)}}{a_{CaO(II)}} \tag{8.12}$$

Als Standardschlacke mit der Aktivität $a_{CaO(II)} = 1$ wurde eine an CaO gesättigte 60% CaO-40% Al_2O_3-Schmelze gewählt. Der Verlauf der CaO-Aktivität in binären $CaO-SiO_2$-Schmelzen bei 1600 °C ist in Bild 8.8 dargestellt.

Bei späteren Untersuchungen an elektrolytisch leitenden Oxidschmelzen wurden zwei Zelltypen bevorzugt angewendet, und zwar die *Bildungszelle*

Metallschmelze | Metalloxidschmelze | O_2-Gas | Pt

und die *Konzentrationszelle*

$$\text{Metallschmelze I} \,|\, \text{Metalloxidschmelze} \,|\, \text{Metallschmelze II}$$

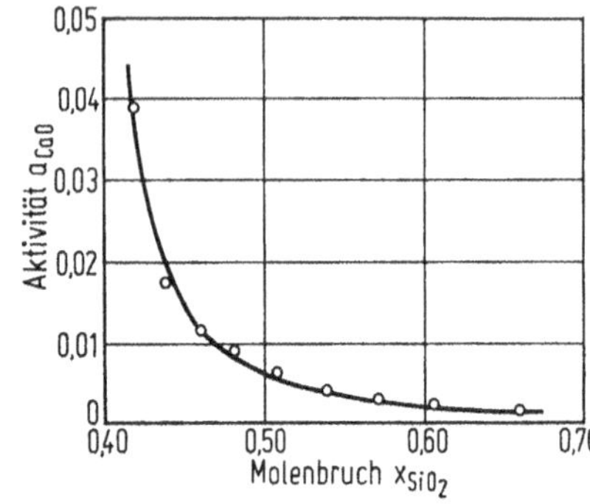

Bild 8.8. Aktivität a_{CaO} in $CaO-SiO_2$-Schmelzen bei 1600 °C nach K. Sawamura [5]

An der Bildungszelle kann die EMK in Abhängigkeit von der Zusammensetzung der Metallschmelze, von der Zusammensetzung der Metalloxidschmelze oder vom Sauerstoffdruck des O_2-Gases ermittelt werden. Der Pluspol liegt stets auf der Seite der Platin-Sauerstoff-Elektrode.

In der Konzentrationszelle wird üblicherweise die Zusammensetzung einer Metallschmelze konstant gehalten und die EMK in Abhängigkeit von der Zusammensetzung der anderen Metallschmelze gemessen. Dabei befindet sich der Pluspol auf der Seite der niedrigeren Aktivität des Legierungselements X.

8.1.1.1. Beispiele für Bildungszellen

Bildungszellen mit schmelzflüssigen Oxidelektrolyten wurden zur Bestimmung der Freien Bildungsenthalpie von Metalloxiden sowie zur Bestimmung des Aktivitätsverlaufs in binären Oxidschmelzen und Metallschmelzen herangezogen. Als besonders geeignete Elektrolyte erwiesen sich $CaO-P_2O_5$- und $CaO-SiO_2$-Schmelzen. Diese zeigten in der galvanischen Zelle sowohl gegenüber der Metallphase als auch gegenüber der Platin-Sauerstoff-Elektrode ein reversibles Verhalten.

An der Bildungszelle

$$Pt|Pt-P\text{-Schmelze} \,|\, CaO-P_2O_5 \,|\, O_2\ (1\ \text{atm})|Pt$$

wurden Untersuchungen zur Bestimmung der Aktivität $a_{P_2O_5}$ in $CaO-P_2O_5$-Schmelzen ausgeführt [6]. Bild 8.9 zeigt den Aufbau der Meßzelle. Je nach der Zusammensetzung der Phosphatschmelze wurden Tiegel aus 50% CaO und 50% $4CaO \cdot P_2O_5$, $3CaO \cdot P_2O_5$ oder SiO_2 verwendet. Die Aktivität des Phosphors in der Platin-Phosphor-Schmelze wurde durch die Sättigung an Platin bei 1% P festgelegt. Die Platin-Sauerstoff-Elektrode taucht etwa 0,5 mm in die Schlackenschmelze ein. Der Platinkontaktdraht zur Metallschmelze wurde durch eine Bohrung im Tiegelboden geführt und fest eingesintert.

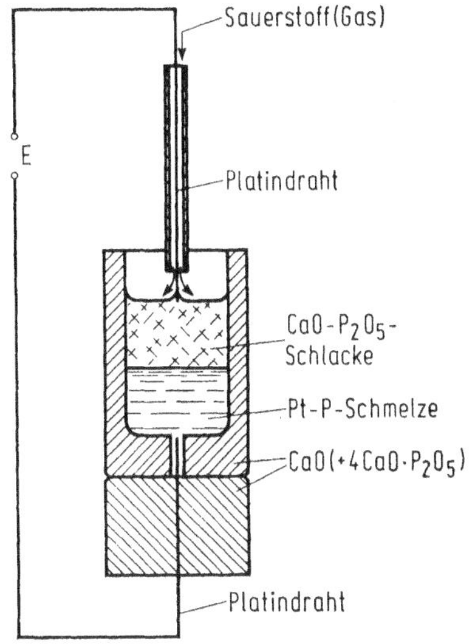

Bild 8.9. Schematischer Aufbau der Zelle Pt|Pt—P-Schmelze ▌CaO—P_2O_5-Schmelze ▌O_2 (1 atm)|Pt nach K. Schwerdtfeger und H.-J. Engell [6]

Die möglichen Elektrodenreaktionen wurden von den Verfassern für die Annahme von O^{2-}- und PO_4^{3-}-Ionen in der Phosphatschmelze wie folgt angegeben:

$$[P] + 4(O^{2-}) \rightleftharpoons (PO_4^{3-}) + 5e' \text{ (Pt—P-Elektrode)} \tag{8.13}$$

$$(O^{2-}) \rightleftharpoons \frac{1}{2}\, O_2 + 2e' \text{ (Pt—}O_2\text{-Elektrode).} \tag{8.14}$$

Hieraus folgen die Einzelpotentiale

$$\Delta\varphi_{\text{links}} = \frac{-\mu_{PO_4^{3-}} - 5\mu_{e'} + \mu_P + 4\mu_{O^{2-}}}{5F} \tag{8.15}$$

und

$$\Delta\varphi_{\text{rechts}} = \frac{\frac{1}{2}\,\mu_{O_2} + 2\mu_{e'} - \mu_{O^{2-}}}{2F} \tag{8.16}$$

Unter Berücksichtigung der Dissoziationsgleichgewichte

$$(P_2O_5) + 3(O^{2-}) \rightleftharpoons 2(PO_4^{3-}) \tag{8.17}$$

$$O_2 + 2e' \rightleftharpoons 2(O^{2-}) \tag{8.18}$$

ergibt sich aus der Summe der Einzelpotentiale (8.15) und (8.16) die Zellspannung

$$E = \frac{1}{10F}\left(2\mu_P + \frac{5}{2}\mu_{O_2} - \mu_{P_2O_5}\right) \tag{8.19}$$

entsprechend der Zellreaktion

$$2[P]_{\text{Metall}} + \frac{5}{2} O_{2(\text{Gas})} \rightleftharpoons (P_2O_5)_{(\text{Oxidschmelze})} \tag{8.20}$$

Bei der Annahme von Ca^{2+}- oder O^{2-}-Ionen in der Phosphatschmelze sind aber auch die Elektrodenreaktionen

$$[O] + (Ca^{2+}) + 2e' \rightleftharpoons (CaO) \tag{8.21}$$

$$(CaO) \rightleftharpoons (Ca^{2+}) + 2e' + \frac{1}{2} O_2 \tag{8.22}$$

bzw.

$$[O] + 2e' \rightleftharpoons (O^{2-}) \tag{8.23}$$

$$(O^{2-}) \rightleftharpoons \frac{1}{2} O_2 + 2e' \tag{8.24}$$

mit der resultierenden Zellspannung

$$E = \frac{1}{4F}\left(\mu_{[O]} - \frac{1}{2}\mu_{O_2}\right) \tag{8.25}$$

denkbar.

Die Auswertung der gemessenen Zellspannungen nach Gleichung (8.19) ergibt mit der Beziehung $\mu_{P_2O_5} = \mu^0_{P_2O_5} + RT \ln a_{P_2O_5}$ bei einer Festlegung der chemischen Potentiale μ_P (Pt—P-Schmelze) und μ_{O_2} (1 atm) für die P_2O_5-Aktivität den Ausdruck

$$\lg a_{P_2O_5} = \frac{10F(E^0 - E)}{2{,}303\, RT} \tag{8.26}$$

Hierin ist E die gemessene Zellspannung und E^0 die Zellspannung für die gewählten Standardbedingungen. Als Bezugsgröße für die P_2O_5-Aktivität wurde eine CaO—P_2O_5-Schmelze mit einem Zusatz von 3% CaF_2 gewählt, die an festem CaO und festem $4\,CaO \cdot P_2O_5$ gleichzeitig gesättigt war. In Bild 8.10 ist die bei 1650 °C gemessene EMK und die daraus berechnete Aktivität $a_{P_2O_5}$ gegen den Molenbruch $x_{P_2O_5}$ aufgetragen. Eine besonders starke Änderung der P_2O_5-Aktivität über mehrere Größenordnungen entsprechend einer EMK-Differenz von annähernd 300 mV findet im Phasenbereich der Verbindung $3\,CaO \cdot P_2O_5$ statt.

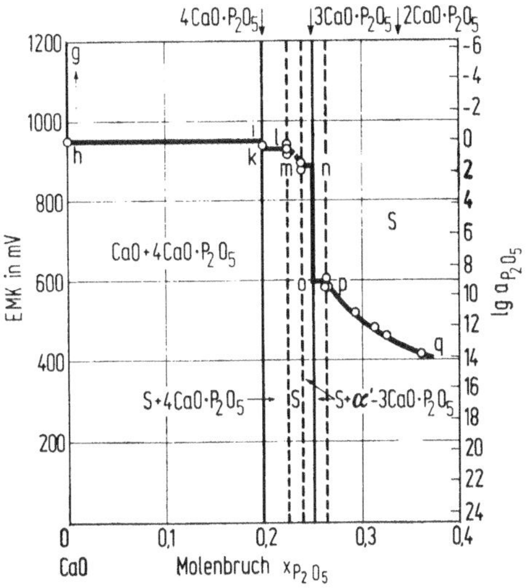

Bild 8.10. EMK der Zelle Pt|Pt—P-Schmelze ▌CaO—P_2O_5-Schmelze ▌O_2 (1 atm)|Pt und Aktivitätsverlauf $a_{P_2O_5}$ in der CaO—P_2O_5-Schmelze bei 1650 °C [6] (S = Schmelze)

Ein anderes Ziel verfolgten EMK-Messungen [7] bei 1650 °C an der Bildungszelle

Pt|Fe—P-Schmelze ▌CaO—P_2O_5 ▌O_2 (1 atm)|Pt

Hierin wurde die Zellspannung in Abhängigkeit vom Phosphorgehalt in der Fe—P-Schmelze gemessen. Das chemische Potential der Phosphorsäure in der CaO—P_2O_5-Schmelze wurde durch die Sättigung an $4\,CaO \cdot P_2O_5$ (bei geringen Eisenoxidgehalten) festgelegt. Die EMK der Zelle ist ein Maß für die Aktivität des Phosphors in der Eisenschmelze

$$E = \frac{1}{10F}\left(2\mu_P^0 + \frac{5}{2}\,\mu_{O_2}^0 - \mu_{P_2O_5}^0 + 2\,RT \ln a_P\right) \qquad (8.27)$$

$$\lg a_P = \frac{5F(E - E^0)}{2{,}303\,RT} \qquad (8.28)$$

Dabei ist $E^0 = 0{,}901$ V die EMK der als Bezugssystem gewählten Zelle Pt|Pt—P|CaO—P_2O_5|O_2 (1 atm)|Pt. In Bild 8.11 ist die gemessene EMK über dem Logarithmus des Phosphorgehalts aufgetragen. Die Abhängigkeit verläuft bei Phosphorgehalten zwischen 0,06 und 2% geradlinig. Die positive Abweichung bei höheren Phosphorgehalten zeigt eine Neigung der Fe—P-Schmelzen zur Verbindungsbildung an. Bei eingestelltem Gleichgewicht sind

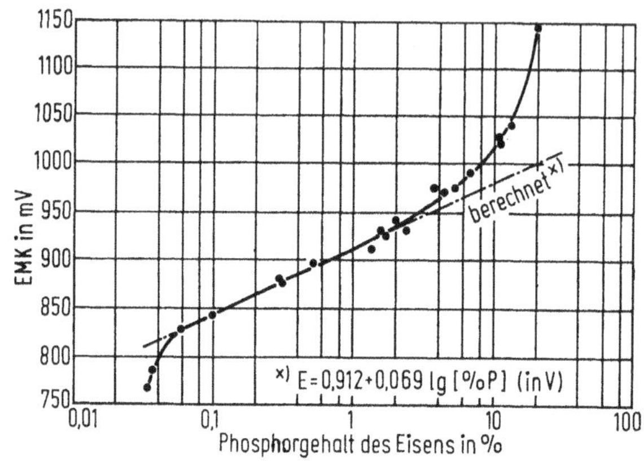

Bild 8.11. EMK der Zelle Pt|Fe—P-Schmelze|CaO—P_2O_5-Schmelze|O_2 (1 atm)|Pt bei 1650 °C in Abhängigkeit vom Phosphorgehalt der Eisenschmelze nach W. A. Fischer, D. Janke und H.-J. Engell [7]

mit abnehmenden Phosphorgehalten der Eisenschmelze steigende Eisenoxidgehalte der Phosphatschmelze in Rechnung zu stellen. Dabei können Diffusionspotentiale in der Zelle auftreten, die dadurch zustande kommen, daß das Eisen an der Phasengrenze Metall/Phosphatschmelze überwiegend zweiwertige, an der Phasengrenze Phosphatschmelze/Sauerstoff dagegen überwiegend dreiwertige Ionen bildet. Der Abfall der Zellspannung im Bereich kleiner Phosphatgehalte unter 0,06% ist möglicherweise auf solche Diffusionspotentiale zurückzuführen, da die Eisenoxidgehalte der Phosphatschmelze hier auf über 6% ansteigen.

Ähnlich aufgebaut waren Bildungszellen mit CaO—SiO_2-Schmelzen als Elektrolyt

Si- oder Si—X-Schmelze|CaO—SiO_2|O_2 (1 atm)|Pt

zur Bestimmung der Siliziumaktivität in Si—X-Schmelzen mit X = Fe, Co oder Ni [8, 9]. Die SiO_2-Aktivität der CaO—SiO_2-Schmelze wurde durch die Sättigung im Quarztiegel konstant gehalten und gleich 1 gesetzt. Bild 8.12 zeigt die elektrochemisch ermittelte Freie Enthalpie der Bildung von SiO_2

$$\Delta G^\circ = \mu^0_{SiO_2} - \mu^0_{O_2} - \mu^0_{Si} = -4FE^0 \quad (8.29)$$

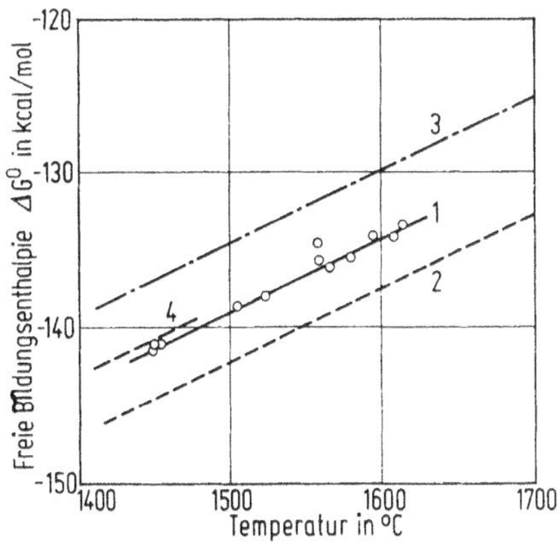

Bild 8.12. Freie Bildungsenthalpie von Siliziumdioxid in Abhängigkeit von der Temperatur nach **1.** K. Schwerdtfeger, H.-J. Engell [8], **2.** J. Chipman, R. Baschwitz [11], **3.** J. F. Elliott, M. Gleiser [10], **4.** H. F. Ramstad, F. D. Richardson, P. J. Bowles [12]

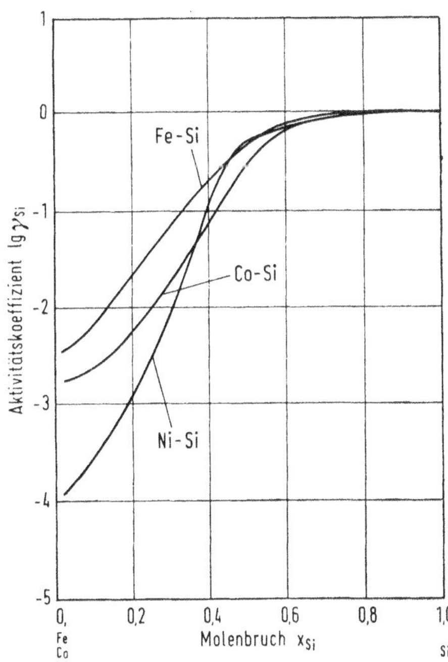

Bild 8.13. Aktivitätskoeffizienten γ_{Si} für Fe—Si-, Co—Si- und Ni—Si-Schmelzen bei 1610°C (Bezugszustand $\gamma_{Si} \to 1$ für $N_{Si} \to 1$) nach K. Schwerdtfeger und H.-J. Engell [8, 9]

in Abhängigkeit von der Temperatur bei 1450 bis 1615 °C im Vergleich zu Ergebnissen, die mit anderen Methoden gefunden wurden [10, 11, 12]. Für die elektrochemisch ermittelte Temperaturabhängigkeit der Freien Enthalpie gilt [8]:

$$\Delta G^0 = -222\,000\ (\pm 4000) + 46{,}2\ (\pm 2{,}2)\ T \tag{8.30}$$

Die Aktivitätskoeffizienten $\lg \gamma_{Si}$ in Fe—Si-, Co—Si- und Ni—Si-Schmelzen bei 1610 °C sind in Bild 8.13 dargestellt [8, 9].

R. E. Ranford und S. N. Flengas [13] untersuchten an der Bildungszelle

$$Ni_f \,|\, NiO-K_2O-Na_2O-SiO_2 \,|\, O_2|Pt$$

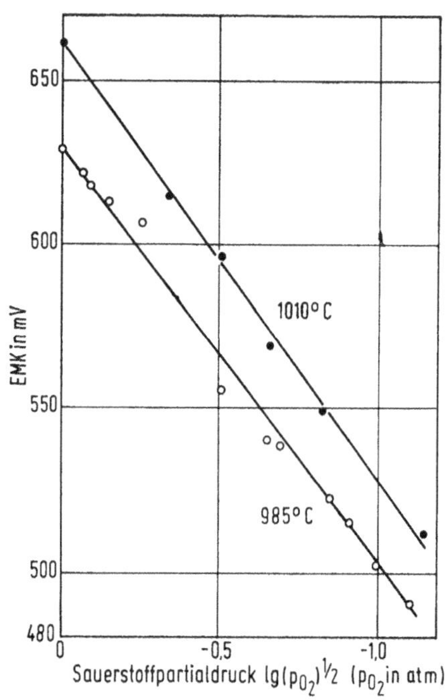

Bild 8.14. EMK der Zelle Ni | NiO—K_2O—Na_2O—SiO_2-Schmelze | O_2 (Gas)|Pt in Abhängigkeit vom Sauerstoffpartialdruck der Pt—O_2-Elektrode nach R. E. Ranford und S. Flengas [13]

bei 900 bis 1100 °C die Abhängigkeit der Zellspannung vom Sauerstoffpartialdruck der Pt—O_2-Elektrode. Sie fanden ein reversibles Verhalten der Pt—O_2-Elektrode bei Sauerstoffdrücken zwischen 0,005 und 1 atm (Bild 8.14).

Bildungszellen mit $PbO-SiO_2$-Schmelzen als Elektrolyt dienten zur Bestimmung der Aktivität a_{PbO} in den Silikatschmelzen [14—16]. Als Auswertungsbeispiel seien die Aktivitätsverläufe a_{PbO} und a_{SiO_2} in Bild 8.15 bei 1000 °C wiedergegeben [16]. Sie werden mit den Ergebnissen anderer Autoren verglichen [17—20]. K. Schwerdtfeger [21] untersuchte an der Zelle

$$\text{Pb- oder Pb}-\text{X-Schmelze} \,|\, PbO-SiO_2 \,|\, O_2|Pt$$

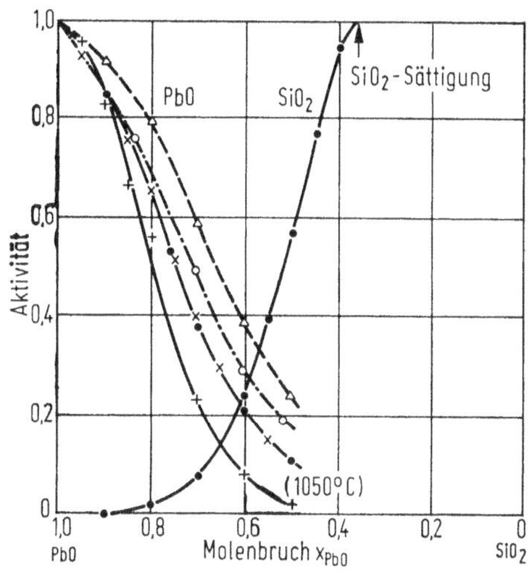

Bild 8.15. Aktivitäten a_{PbO} und a_{SiO_2} in $PbO-SiO_2$-Schmelzen bei 1000 °C ● [16], △ [17], ○ [18], × [19] und + [20].

bei 800 bis 1200 °C die Freie Bildungsenthalpie des Bleioxids sowie die Aktivitäten des Bleis in Pb—Pt- und Pb—Pd-Schmelzen.

Ähnliche Messungen liegen zur Bestimmung der PbO-Aktivität in $PbO-P_2O_5$-Schmelzen bei 975 bis 1125 °C an der Zelle [16, 22]

$$\text{Pb-Schmelze} \,|\, PbO-P_2O_5 \,|\, O_2|Pt$$

und in $PbO-B_2O_3$-Schmelzen bei 1000 °C an der Zelle [23, 24]

$$\text{Pb-Schmelze} \,|\, PbO-B_2O_3 \,|\, O_2|Pt$$

vor.

Für die Platin-Sauerstoff-Elektrode zur EMK-Messung in Oxidschmelzen wurden verschiedene Ausführungen erprobt, die in Bild 8.16 zusammengestellt sind. Die Elektrode (a) mit einem in die Schmelze hineinragenden Platindraht ergab eine oszillierende EMK, die Elektrode (b) dagegen mit einem in das Korundrohr zurückgezogenen Platindraht eine zeitlich konstante EMK [16, 23]. Die Elektrodenformen (c) und (d), ein Platinrohr mit feinen Bohrungen bzw.

ein Platindraht mit einer Schlaufe, lieferten eine korrekte, zeitlich unveränderliche EMK, wenn die Elektrode so weit wie möglich ohne ein Abreißen des Kontakts aus der Schmelze herausgezogen wurde [6—9].

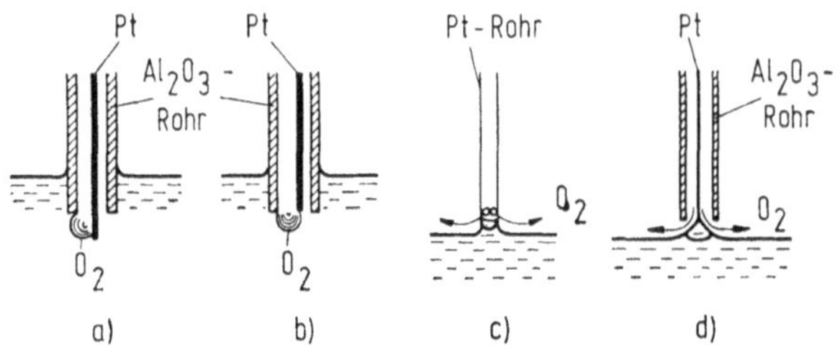

Bild 8.16. Verschiedene Ausführungen von Platin-Sauerstoff-Elektroden zur EMK-Messung in Oxidschmelzen. a) und b) J. H. E. Jeffes und R. Sridhar [16, 23]; c) K. Schwerdtfeger und H.-J. Engell [6, 8, 9]; d) W. A. Fischer, D. Janke und H.-J. Engell [7]

8.1.1.2. Beispiele für Konzentrationszellen

Das beispielgebende Experiment von L. Ch. Chang und G. Derge [1] zur Erprobung einer $CaO-Al_2O_3-SiO_2$-Schmelze als Flüssigelektrolyt in einer galvanischen Zelle wurde von O. A. Esin sowie K. Sanbongi und Mitarbeitern weiterentwickelt. Sie bezogen $CaO-Al_2O_3-SiO_2$- oder $CaO-MgO-SiO_2$-Schlacken als Elektrolyt in eine Zelle

Eisenschmelze I | Silikatschmelze | Eisenschmelze II

ein und ermittelten aus der EMK solcher Konzentrationszellen die thermodynamische Aktivität einzelner Legierungsbestandteile der Eisenschmelzen. Zunächst wurde die Aktivität des Siliziums in kohlenstoffgesättigten Fe—Si—C-Schmelzen [25] bzw. in kohlenstofffreien Fe—Si-Schmelzen [26] bestimmt. O. A. Esin und L. K. Gawrilow [25] verwendeten für die EMK-Messungen an der Zelle

Fe—C—Si-Schmelze I mit 43% Si | $CaO-MgO-SiO_2$ | Fe—C—Si-Schmelze II

einen 2-Kammer-Tiegel aus Schmelzmagnesia mit fest in den Boden eingelassenen Graphitstäben als Elektrodenableitungen. Sie erhielten bei 1480 °C den für Si-Gehalte der Eisenschmelze II von 0,65 bis 43% in Bild 8.17 dargestellten EMK-Verlauf. K. Sanbongi und M. Ohtani [26] bedienten sich für ihre Messungen an der Zelle

Si-Schmelze I | $CaO-Al_2O_3-SiO_2$ | Fe—Si-Schmelze II

der in Bild 8.18 wiedergegebenen Zellkonstruktion aus Quarzglas, die zwei getrennte Kammern für die Metallschmelzen I und II und eine gemeinsame

Kammer für die Schlackenschmelze vorsieht. Der Zellaufbau erlaubt eine Messung über zwei von oben eingeführte Molybdänkontaktdrähte. Bild 8.19 zeigt den aus der EMK berechneten Verlauf der Si-Aktivität bei 1520 °C zwischen 2,5 und 78% Si. Das Henrysche Gesetz gilt bis etwa 4% Si.

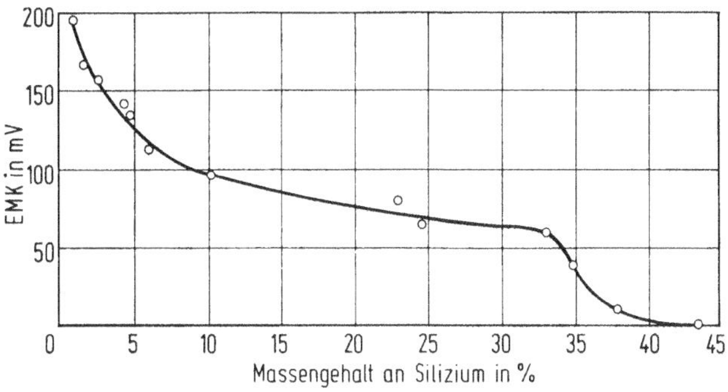

Bild 8.17. EMK der Zelle Fe—C—Si-Schmelze I | CaO—MgO—SiO_2-Schmelze | Fe—C—Si-Schmelze II bei 1480 °C in Abhängigkeit vom Siliziumgehalt der Schmelze II nach O. A. Esin und L. K. Gawrilow [25]

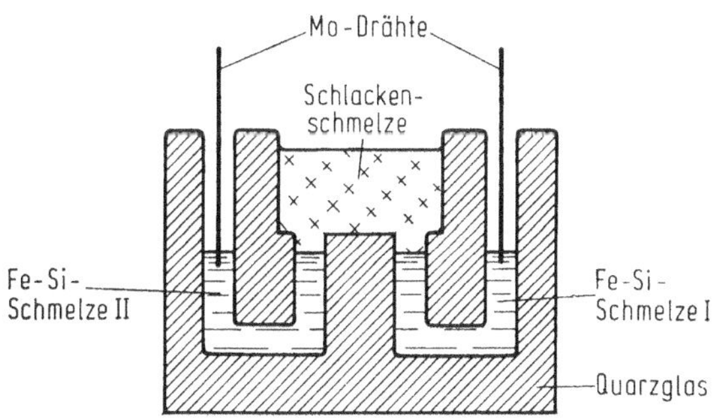

Bild 8.18. Aufbau einer Quarzglas-Zelle nach K. Sanbongi und M. Ohtani [26]

Als Reaktion bei Stromfluß wird in beiden Zellen die Überführung des Siliziums aus der Schmelze I in die Schmelze II angegeben:

$$[Si]_I \rightleftharpoons [Si]_{II} \tag{8.31}$$

Daraus resultiert die Zellspannung

$$E = \frac{RT}{4F} \frac{a_{Si}\,(I)}{a_{Si}\,(II)} \tag{8.32}$$

Eine elektrolytische Überführung des Siliziums als Si^{4+}- oder SiO_4^{4-}-Ionen ist jedoch weniger wahrscheinlich als ein Ladungstransport über Ca^{2+}- oder O^{2-}-Ionen (vgl. Gleichung (8.21) bis (8.24)). Die Siliziumkonzentrationszelle kann daher auch als eine Sauerstoffkonzentrationszelle aufgefaßt werden.

Weitere Messungen von K. Sanbongi und M. Ohtani an gleichartig aufgebauten Zellen führten zur Ermittlung der Größen a_{Mn} in Fe—Mn-Schmelzen [27], a_{Si} in Fe—C—Si-Schmelzen [28], a_{Cr} in Fe—C—Cr-Schmelzen [29] und a_{Mn} in Fe—C—Mn-Schmelzen [30].

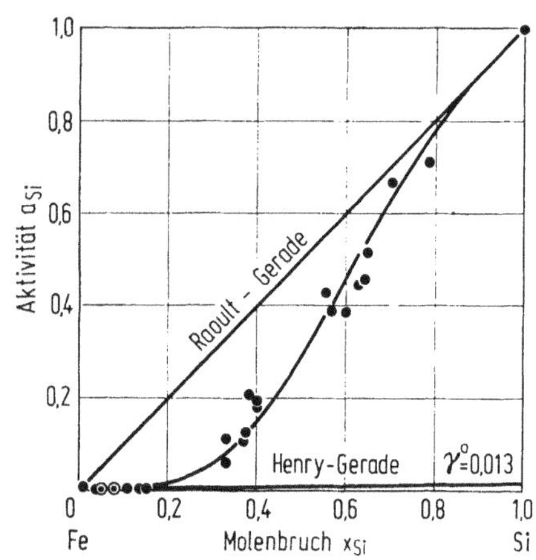

Bild 8.19. Aktivität des Siliziums in Fe—Si-Schmelzen bei 1530 °C nach K. Sanbongi und M. Ohtani [26]

Mit einem Schmelzelektrolyten aus 20% CaO, 30% Na_2O, 33% SiO_2, 15% Al_2O_3 und 2% NiO wurden von O. A. Esin und Mitarbeitern [31, 32] an der Zelle

$$Ni_f \,|\, \text{Oxidschmelze} + 2\%\ \text{NiO} \,|\, \text{Ni—X-Schmelze}$$

bei 1350 °C thermodynamische Kennwerte von Ni—Cu-, Ni—S- und Ni—Cu—S-Schmelzen bestimmt.

J. P. Hager und Mitarbeiter [33—35] ermittelten an der Zelle

$$\text{Pb-Schmelze} \,|\, \text{PbO—SiO}_2 \,|\, \text{Pb—X-Schmelze}$$

bei 750 bis 1000 °C Aktivitäten und thermodynamische Mischungsgrößen von Pb—Ag-, Pb—Au- und Pb—Ag—Au-Schmelzen. Der Aktivitätsverlauf ist für das System Pb—Ag in Bild 8.20 und für das System Pb—Au in Bild 8.21 dargestellt.

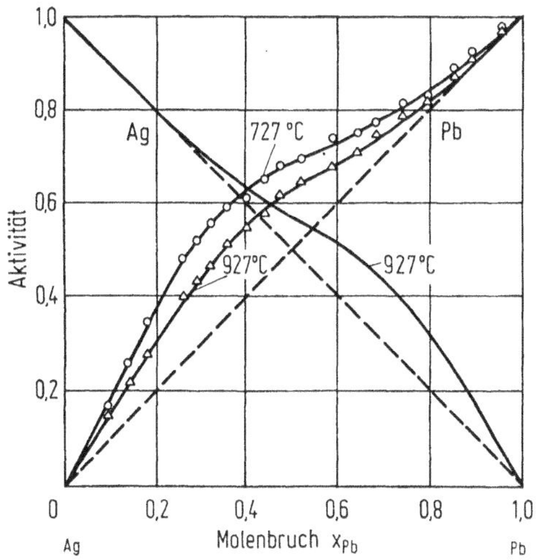

Bild 8.20. Aktivitäten a_{Ag} und a_{Pb} in Silber-Blei-Schmelzen bei 727 und 927 °C nach J. P. Hager und J. A. Wilkomirsky [33]

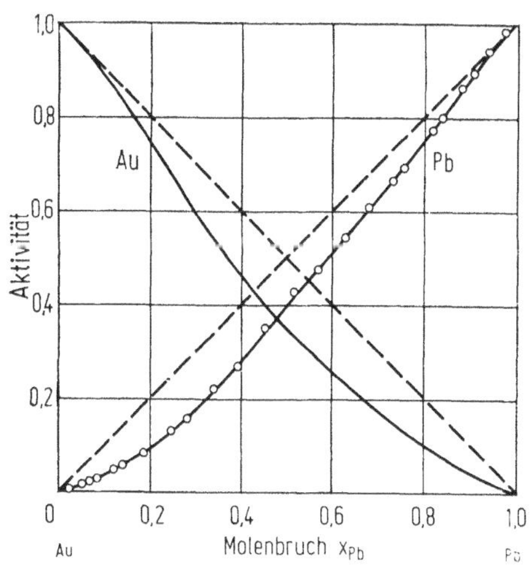

Bild 8.21. Aktivitäten a_{Au} und a_{Pb} in Gold-Blei-Schmelzen bei 927 °C nach J. P. Hager und R. A. Walker [34]

8.1.2. Sulfid-, karbid- und phosphidhaltige Schmelzen als Elektrolyte

O. A. Esin und Mitarbeitern [36—38] gelang es, mit Hilfe von Schmelzelektrolyten eine Schwefelkonzentrationszelle zu verwirklichen, an der die *Schwefelaktivitäten* in flüssigen Metallen gemessen werden konnten. Als Elektrolyt verwendeten sie $Na_2O—CaO—SiO_2$-Schmelzen mit einem Zusatz von etwa 2% Na_2S. Wahrscheinlich ist in diesem Elektrolyten eine hohe Na^+-Ionenbeweglichkeit vorhanden, so daß die Elektrodenpotentiale an den Grenzflächen Metallschmelze/Silikatschmelze durch die Reaktion

$$2(Na^{2+}) + 2e' + [S] \rightleftharpoons (Na_2S) \tag{8.33}$$

und der Gesamtvorgang in der Zelle durch die Reaktion

$$[S]_I \rightleftharpoons [S]_{II} \tag{8.34}$$

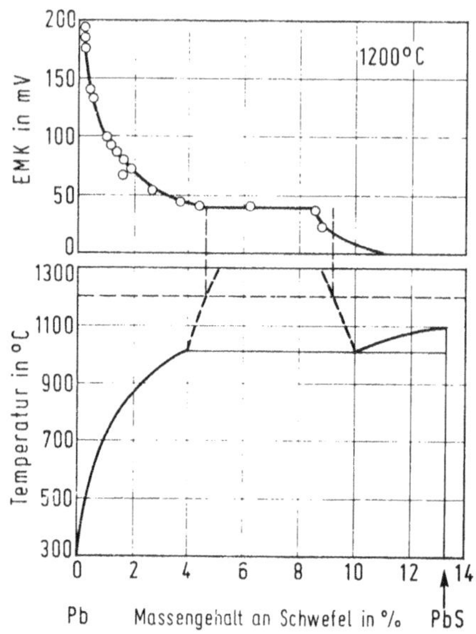

Bild 8.22. Phasendiagramm Blei-Bleisulfid und EMK der Zelle Pb—S-Schmelze I ❙ Na_2O—CaO—SiO_2—Na_2S-Schmelze ❙ Pb—S-Schmelze II bei 1200 °C in Abhängigkeit vom Schwefelgehalt der Schmelze I nach O. A. Esin und J. T. Srywalin [36]

beschrieben werden können.

Mit Hilfe der Zellen

Pb—S-Schmelze ❙ Na_2O—CaO—SiO_2—Na_2S ❙ Pb—S-Schmelze, gesättigt an S

und

Cu—S-Schmelze ❙ Na_2O—CaO—SiO_2—Na_2S ❙ Cu—S-Schmelze, gesättigt an S

wurden bei 1200 bis 1300 °C aus der gemessenen EMK die Schwefelaktivitäten in den flüssigen Metallen ermittelt [36]. In Bild 8.22 ist der EMK-Verlauf in schwefelhaltigen Bleischmelzen über dem Zweistoffsystem Pb—PbS dargestellt. Die im Zustandsdiagramm auftretende Mischungslücke wird durch einen konzentrationsunabhängigen EMK-Verlauf angezeigt. Ein entsprechender EMK-Verlauf ergab sich für die schwefelhaltigen Kupferschmelzen.

Weitere Untersuchungen beschäftigen sich mit der Bestimmung von Schwefelpotentialen in binären $Cu_2S-Ni_3S_2$- und Cu_2S-FeS-Schmelzen [37]. Von besonderem Interesse erschien eine elektrochemische Bestimmung der Schwefelaktivität in kohlenstoffgesättigten Eisenschmelzen mit Hilfe der Zelle [38]

$$\text{Fe-C-S-Schmelze I} \,|\, Na_2O-CaO-SiO_2-Na_2S \,|\, \text{Fe-C-S-Schmelze II mit } 35\%\ S$$

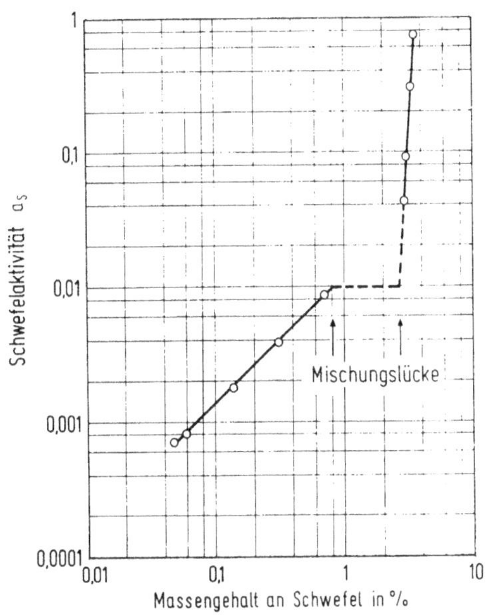

Bild 8.23. Aktivität des Schwefels in kohlenstoffgesättigten Eisenschmelzen bei 1250 °C nach J. T. Srywalin und O. A. Esin [37]

Im Verlauf der berechneten Aktivität a_S in Abhängigkeit vom Schwefelgehalt bei 1250 °C kommt die Neigung zur Entmischung im System Eisen—Schwefel deutlich zum Ausdruck (Bild 8.23).

J. Sodi y de la Tijera und J. F. Elliott [39] erprobten eine Schwefelkonzentrationszelle unter Verwendung einer an festem CaS gesättigten $CaCl_2$-Schmelze als Elektrolyt. Die Zelle

$$Pt|W,\ WS_2 \,|\, CaCl_2-CaS \,|\, Zr,\ Zr_3S_2|Pt \text{ oder } Hf,\ Hf_3S_2|Pt$$

deren Aufbau aus Bild 8.24 zu ersehen ist, ergab EMK-Werte zur Berechnung der Freien Enthalpie für den Übergang des Schwefels aus der Gasphase in die

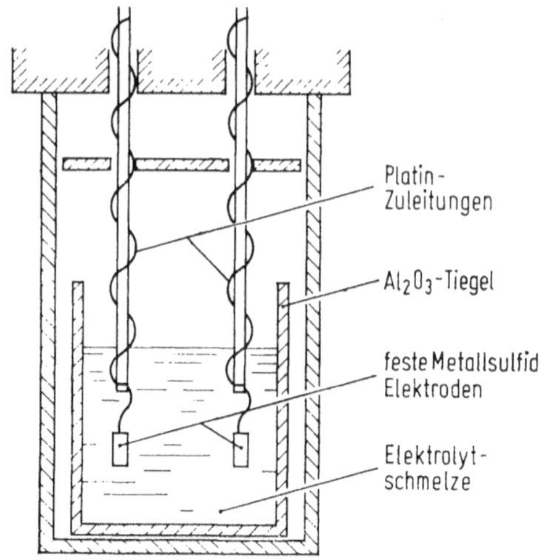

Bild 8.24. Aufbau einer Zelle zur Messung der Schwefelgleichgewichtsdrücke in festen Metall-Metallsulfid-Gemengen nach J. Sodi y de la Tijera und J. F. Elliott [39]

festen Metall-Metallsulfid-Gleichgewichtsgemenge (800—1050 °C):

$$\frac{1}{2}\ S_2\ (1\ \text{atm}) \rightleftharpoons S(Zr,\ Zr_3S_2) \tag{8.35}$$

$$\Delta G^0 = -31500\ (\pm 2200) - 3{,}0\ (\pm 1{,}9)\ T \tag{8.36}$$

$$\frac{1}{2}\ S_2\ (1\ \text{atm}) \rightleftharpoons S\ (Hf,\ Hf_3S_2) \tag{8.37}$$

$$\Delta G^0 = -34500\ (\pm 1900) - 2{,}0\ (\pm 1{,}6)\ T \tag{8.38}$$

O. A. Esin, L. K. Gawrilow und N. A. Watolin [40] verwendeten eine Phosphorkonzentrationszelle

Fe—C—P-Schmelze I | Silikatschmelze | Fe—C—P-Schmelze II mit 24% P

zur Messung der *Phosphoraktivität* in kohlenstoffgesättigten Eisenschmelzen bei 1470 °C. Die Silikatschmelze bestand aus 45% CaO, 14% MgO und 40% SiO_2. Als Zellreaktion wird der Vorgang

$$[P]_{II} \rightleftharpoons [P]_{I} \tag{8.39}$$

angenommen. Obwohl durch das reduzierende Vorschmelzen des Elektrolyten mit Phosphatzusatz in einem Graphittiegel ein Phosphidgehalt von $Ca_3P_2 + Mg_3P_2 = 0{,}5\%$ erreicht werden konnte, ist die getroffene Annahme einer überwiegenden P^{3-}-Ionenleitung jedoch nicht gesichert.

Auch eine elektrochemische Bestimmung der *Kohlenstoffaktivität* in flüssigen und festen Metallegierungen ist mehrfach versucht worden [41—43]. Für die Messungen an Fe—C-Schmelzen [41, 42] bei 1450 bis 1600 °C wurde die Zelle

Fe—C-Schmelze I | Schmelzelektrolyt | Fe—C-Schmelze II, gesättigt an C

mit Graphitkontaktstäben verwendet. Die als Elektrolyt dienenden $CaO-Al_2O_3$- oder $CaO-Al_2O_3-SiO_2$-Schlacken wurden bei 1700 °C im Graphittiegel vorgeschmolzen und stark anreduziert, wobei sich Karbidgehalte von $CaC_2 + Al_4C_3 = 8$ bis 16% einstellten. Auch hier bleibt die Frage ungeklärt, ob der Ladungstransport durch den Elektrolyten bei Stromfluß von Kohlenstoffionen, etwa der Ionenart C_2^{2-}-, oder von Ca^{2-}-, Al^{3+}- bzw. O^{2-}-Ionen übernommen wird. Für die Zellreaktion wurde der Vorgang

$$[C]_{II} \rightleftharpoons [C]_I \qquad (8.40)$$

angenommen und für die EMK der Ansatz

$$E = \frac{RT}{2F} \ln \frac{a_C(II)}{a_C(I)} \qquad (8.41)$$

zugrunde gelegt.

Der Aufbau einer Meßzelle ist aus Bild 8.25 zu ersehen [42]. Die Kohlenstoffaktivität (bezogen auf die gesättigte Fe—C-Schmelze) in Abhängigkeit

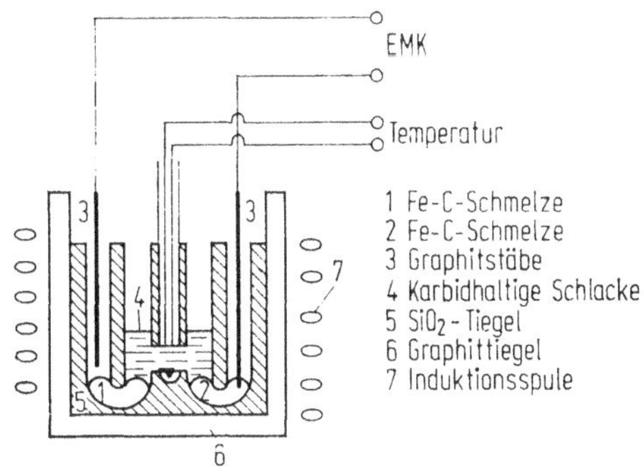

Bild 8.25. Aufbau einer Zelle zur Messung der Kohlenstoffaktivität in Fe—C-Schmelzen nach K. Sanbongi und M. Ohtani [42]

vom Molenbruch x_C der Schmelze I ist in Bild 8.26 für 1445, 1485 und 1550 °C dargestellt.

Zur Bestimmung der Kohlenstoffaktivität in der festen γ-Mischphase der Fe—C-Legierungen wurde die Zellanordnung

Fe—C-Mischphase | $CaCl_2-CaC_2$ | Graphit

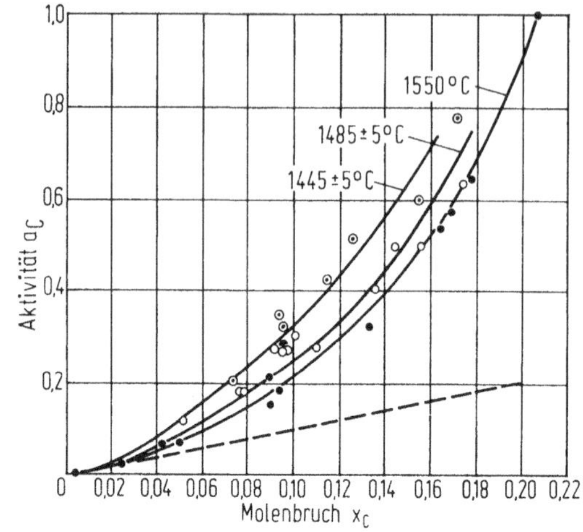

Bild 8.26. Aktivität des Kohlenstoffs in Fe—C-Schmelzen nach K. Sanbongi und M. Ohtani [42]

benutzt [43]. Der $CaCl_2$-Elektrolyt enthielt 5 bis 10 mol-% CaC_2. Die Metall- und die Graphitelektrode tauchten von oben in die Elektrolytschmelze ein, die durch ein Diaphragma in zwei Elektrodenräume aufgeteilt war. Die Auswertung ergab für die Aktivität a_C (bezogen auf a_C (Graphit) $= 1$) bei 800 bis

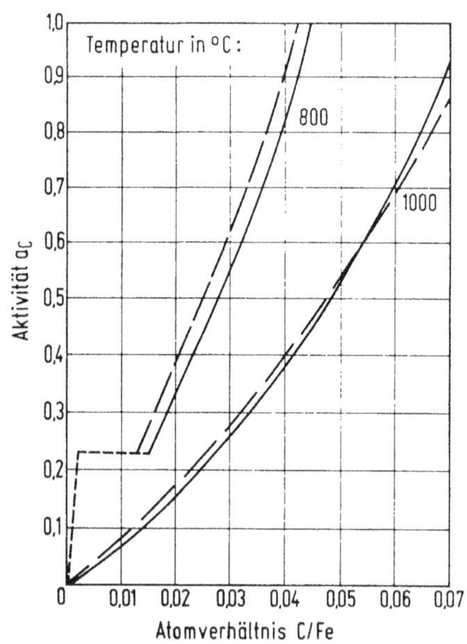

Bild 8.27. Aktivität des Kohlenstoffs in der Austenit-Mischphase nach G. L. Hawkes und D. R. Morris —— [43] sowie J. Chipman — — [44]

1000 °C die Beziehung

$$\ln a_C = \ln x_C + \frac{10560}{RT} + \left(10{,}02 + \frac{770}{T}\right) x_C - 2{,}350 \qquad (8.42)$$

Sie ist in Bild 8.27 im Vergleich mit Ergebnissen von J. Chipman [44] dargestellt, die über Hilfsgasgleichgewichte ermittelt wurden.

8.1.3. Halogenidschmelzen als Elektrolyte

Eine eingehende Behandlung der umfangreichen Literatur über Halogenidschmelzen als Elektrolyte in galvanischen Zellen würde über den Rahmen der hier beabsichtigten Darstellung hinausgehen. Viele der früheren grundlegenden Arbeiten sind heute überwiegend von historischem Interesse. Sie sind in Buchform von R. Lorenz [45], R. Lorenz und F. Haufler [46] und P. Drossbach [47] zusammenfassend dargestellt. Neuere Buchfassungen zur Elektrochemie geschmolzener Salze liegen von K. Delimarskij und B. F. Markov [48], B. R. Sundheim [49], M. Blander [50] und A. F. Alabyschew, M. F. Lantrov und A. G. Moraschewski [51] in englischer Sprache vor.

In dem vorliegenden Abschnitt werden Zellen behandelt, die für die metallurgische Grundlagenforschung zur Bestimmung thermodynamischer Mischungsgrößen in festen und flüssigen Metallegierungen von Bedeutung sind.

Die sehr zahlreich vorliegenden Untersuchungen zur Ermittlung der Aktivitäten und thermodynamischen Mischungsgrößen in Metallegierungen beruhen auf EMK-Messungen an Konzentrationszellen, die wie folgt beschrieben werden können:

$$\text{Metall}\,|\,\text{Halogenidschmelze}\ (Me^{z+})\,|\,\text{Metall (Legierung)}$$

Die Summe der Elektrodenreaktionen ergibt als Gesamtzellreaktion

$$\text{Me} \rightleftharpoons \text{Me (Legierung)} \qquad (8.43)$$

die Überführung des Metalls aus der reinen Phase in die Legierungsphase. Bild 8.28 und Bild 8.29 zeigen je eine Zellkonstruktion für eine Messung zwischen zwei festen Metallelektroden und eine Messung zwischen flüssigen Metallelektroden und einer festen Bezugselektrode [52]. Das Zellgefäß und die Schutzrohre für die Ableitungsdrähte aus Platin oder Wolfram bestehen aus Quarzglas. Der Zelle vorgeschaltet ist ein Behälter zur thermischen Vorbehandlung (Trocknung und Reduktion) der Halogenidschmelzen unter Vakuum bei einer Temperatur von etwa 500 °C. Nach dieser Vorbehandlung wird der schmelzflüssige Elektrolyt durch Einlassen von Heliumgas aus dem Vorschmelzbehälter in die Meßzelle hinübergedrückt, wo die Heliumatmosphäre

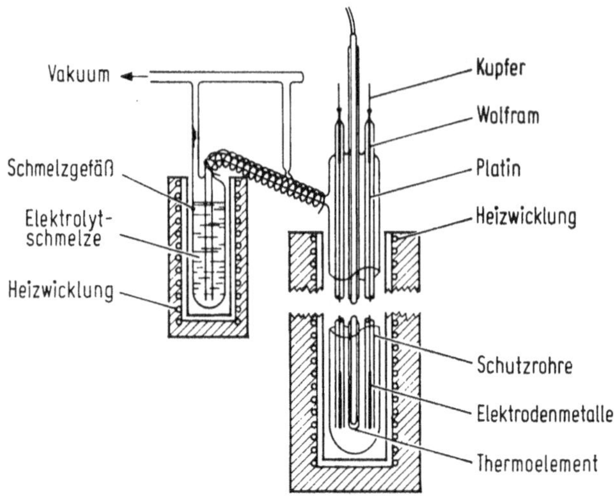

Bild 8.28. Zellaufbau zur EMK-Messung an einer Zelle festes Metall 1 | Salzschmelze | festes Metall 2 nach R. A. Oriani [52]

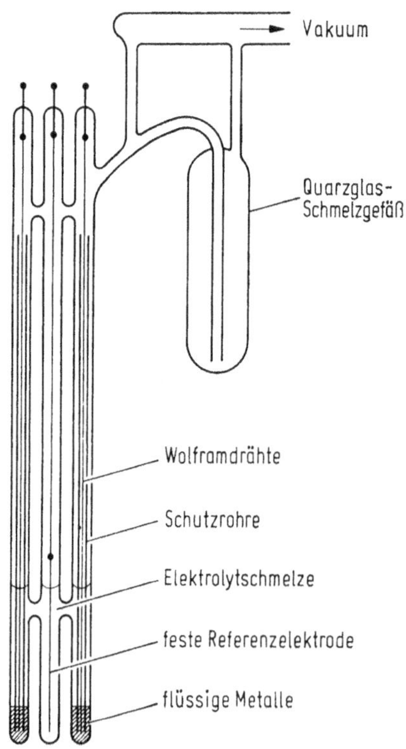

Bild 8.29. Zellaufbau zur EMK-Messung an einer Zelle flüssiges Metall 1 und 2 | Salzschmelze | festes Metall 3 nach R. A. Oriani [52]

zur Vermeidung von Verdampfungsverlusten aufrechterhalten bleibt. Die Einstellung einer gleichbleibenden EMK bei konstanter Temperatur kann je nach Temperaturniveau einen Zeitraum von einigen Stunden bis zu einigen Tagen beanspruchen.

In Tabelle 8.1 sind einige ausgewählte Meßzellen zur Bestimmung der thermodynamischen Eigenschaften metallurgisch wichtiger Metallegierungen zusammengestellt [53—75]. Die Meßtemperatuten liegen zwischen 400 und

Tabelle 8.1. Galvanische Zellen mit Halogenidschmelzen als Elektrolyt zur Bestimmung thermodynamischer Daten fester und flüssiger Metallegierungen

Galvanische Zelle	Temperatur °C	Autoren
Fe_f ❙ KCl—LiCl—$FeCl_2$ ❙ Fe—Co_f		Y. J. Gerassimow, A. A. Vecher, V. A. Geiderich [53]
Fe_f ❙ $CaCl_2$—NaCl—$FeCl_2$ ❙ Fe—Pt_f	600— 900	M. Sundaresen, Y. J. Gerassimow, V. A. Geiderich, Vasileva [54]
Fe_f ❙ KJ—NaJ—FeJ_2 ❙ Fe—Si_f	600— 800	A. A. Vecher, V. A. Geiderich, Y. J. Gerassimow [55]
Fe_f ❙ KCl—LiCl—$FeCl_2$ ❙ Fe—Sb_{fl}	850	A. A. Vecher, V. A. Geiderich, Y. J. Gerassimow [56]
Co_f ❙ KCl—LiCl—$CoCl_2$ ❙ Co—Pt_f	700— 900	R. A. Oriani [57]
Ni_f ❙ NaCl—KCl—$NiCl_2$ ❙ Ni—Au_f	700— 900	L. L. Seigle, M. Cohen, B. L. Averbach [58]
Cu_f ❙ NaJ—KJ—CuJ ❙ Cu—Ni_f	725	A. A. Vecher, Y. J. Gerassimow [59]
Cu_f ❙ KCl—LiCl—AgCl ❙ Ag—$Au_{f\,od.\,fl}$	850—1070	R. A. Oriani [60]
Cu_f ❙ KCl—LiCl—CuCl ❙ Cu—Pt_f	400— 700	F. Weibke, H. Matthes [61]
Ag_f ❙ KCl—AgCl ❙ Ag—Au_f	400— 625	A. Ölander [62]
Pb_{fl} ❙ KCl—$PbCl_2$ ❙ Pb—Bi_{fl}	475— 665	C. Wagner, G. Engelhardt [63]
Zn_{fl} ❙ KCl—LiCl—$ZnCl_2$ ❙ Zn—Pb_{fl}	440— 530	Z. Moser [64]
Zn_{fl} ❙ KCl—LiCl—$ZnCl_2$ ❙ Zn—Sn_{fl}	420— 550	Y. Nakamura, M. Shimoji, K. Niwa [65]
Zn_{fl} ❙ KCl—LiCl—$ZnCl_2$ ❙ Zn—Cd_{fl}	427— 572	N. W. Taylor [66]
Mg_f ❙ KCl—LiCl—$MgCl_2$ ❙ Mg—Al_f	370— 550	J. A. Brown, J. N. Pratt [67]
Mg_f ❙ KCl—LiCl—$MgCl_2$ ❙ Mg—$Ge_{f\,od.\,fl}$	500— 900	V. N. Eremenko, G. M. Lukaschenko [68]
Mg_{fl} ❙ NaCl—KCl—$MgCl_2$ ❙ Mg—$Sb_{f\,od.\,fl}$	710— 980	Y. K. Rao, B. V. Patil [69]
Al_{fl} ❙ NaCl—KCl—$AlCl_3$ ❙ Al—Ag_{fl}	700— 980	Th. C. Wilder, J. F. Elliott [70]
Al ❙ NaCl—KCl—$AlCl_3$ ❙ Al—Cu_{fl}	1100	Th. C. Wilder [71]
Al_{fl} ❙ NaCl—KCl—$AlCl_3$ ❙ Al—Zn_{fl}	690— 850	G. J. Batalin, E. A. Beloborodova [72]
Al_{fl} ❙ NaCl—KCl—$AlCl_3$ ❙ Al—Pb_{fl}	700—1000	Th. C. Wilder, J. F. Elliott [73]
Al_{fl} ❙ NaCl—$AlCl_3$ ❙ Al—Ga_{fl}	660— 900	B. Predel, U. Schallner [74]
Al_{fl} ❙ NaCl—KCl—$AlCl_3$ ❙ Al—Ge_{fl}	660— 985	Th. C. Wilder [75]
Al_{fl} ❙ NaCl—KCl—$AlCl_3$ ❙ Al—Bi_{fl}	700—1000	Th. C. Wilder, J. F. Elliott [73]

1000 °C. Bevorzugte Elektrolyte sind binäre NaCl–KCl- und LiCl–KCl-Schmelzen, denen zur Verwirklichung der angestrebten Zellreaktion (vgl. Gleichung (8.43)) einige Gewichtsprozent des entsprechenden Metallchlorids zugesetzt werden.

Zur Bestimmung der Aktivität einzelner Halogenide in schmelzflüssigen Halogenidgemischen wurden Doppelzellen wie z. B.

$$Ag \,|\, AgBr - NaBr \,|\, Br_2|C - C|Br_2 \,|\, AgBr \,|\, Ag$$

verwendet [76–83].

8.2. Anwendung von Schmelzelektrolytzellen in der industriellen Technik

8.2.1. Gewinnung und Raffination von Leichtmetallen durch die Schmelzflußelektrolyse

Die elektrolytische Gewinnung von Metallen aus dem Schmelzfluß wurde bereits im vorigen Jahrhundert erprobt und hat heute für die Darstellung der Leichtmetalle Aluminium, Magnesium und Beryllium sowie der Metalle der Seltenen Erden eine überragende Bedeutung erlangt. Eine ausführliche Beschreibung der in der Metallhüttentechnik bewährten Verfahren zur Erzeugung der Leichtmetalle [84–87] erübrigt sich an dieser Stelle. Dennoch sollte im Rahmen einer Monographie zur „Metallurgischen Elektrochemie" auf eine Darlegung der Grundlagen und des Prinzips nicht völlig verzichtet werden.

8.2.1.1. Aluminium

Die elektrolytische Gewinnung des Aluminium aus dem Schmelzfluß wurde 1886 gleichzeitig von P. Héroult in Frankreich [88] und Ch. M. Hall in USA [89] eingeführt. Das Verfahren ist dadurch gekennzeichnet, daß Aluminiumoxid in einem schmelzflüssigen Elektrolyten aufgelöst und zwischen zwei unlöslichen Kohleelektroden in flüssiges Aluminium und gasförmigen Sauerstoff zersetzt wird[1].

Als elektrolytisch leitendes Lösungsmittel für das Al_2O_3 wird Kryolith Na_3AlF_6 mit einem Überschuß an Aluminiumfluorid AlF_3 verwendet. Dieser

[1] Eine thermische Reduktion des Al_2O_3 mit Kohle würde wegen der notwendigen hohen Reaktionstemperaturen oberhalb 1950 °C verfahrenstechnisch nur schwer durchzuführen sein und außerdem zur Bildung von sehr stabilem Aluminiumkarbid Al_4C_3 führen.

besitzt bei der Betriebstemperatur von 950 °C eine hohe elektrische Leitfähigkeit von etwa 2 $Ohm^{-1} \cdot cm^{-1}$ und eine Löslichkeit für Al_2O_3 bis etwa 12% sowie eine geringere Dichte (2,15 $g \cdot cm^{-3}$) als das abgeschiedene flüssige Aluminium (2,3 bis 2,4 $g \cdot cm^{-3}$)[1]. Auch die Voraussetzung einer höheren Zersetzungsspannung des Elektrolyten gegenüber dem gelösten Aluminiumoxid ist gegeben (Tabelle 8.2). Die theoretische Zersetzungsspannung des Aluminiumoxids beträgt für die Elektrolyse etwa 2,1 V, die tatsächliche Zersetzungsspannung dagegen wegen depolarisierender Nebenreaktionen etwa 1,6 V.

Da nahezu alle anderen, edleren Metalle während der Elektrolyse mit abgeschieden würden, kann nur reinstes Aluminiumoxid zum Einsatz kommen.

Tabelle 8.2. Zersetzungsspannungen bei 950 °C nach V. Tafel [90]

Verbindung	Zersetzungsspannung in V älterer Wert	neuerer Wert
Al_2O_3	2,2	2,75
AlF_3	3,4 bis 3,7	4,37
NaF	4,4 bis 4,6	5,56

Dieses wird aus dem Mineral Bauxit durch Abtrennung von Eisenoxiden, SiO_2, TiO_2 und Hydratwasser nach dem Bayer-Verfahren gewonnen.

Die Anoden der Elektrolysezelle tauchen von oben in die Kryolithschmelze ein. Der anodisch abgeschiedene Sauerstoff reagiert mit dem Elektrodenkohlenstoff zu CO und CO_2. Der entsprechende Verzehr der Kohlenanoden muß

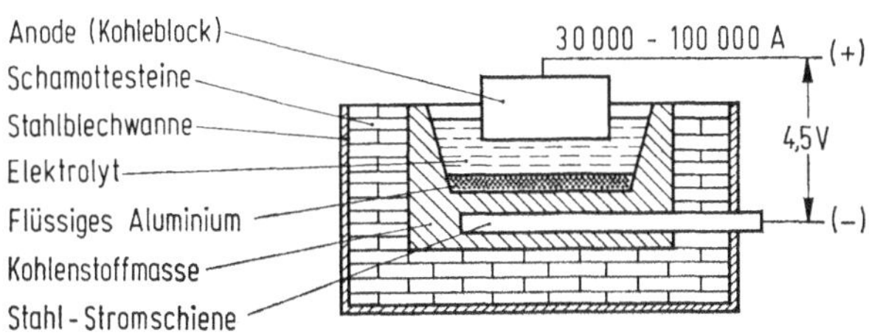

Bild 8.30. Elektrolysezelle zur Gewinnung von reinem Aluminium

laufend ausgeglichen werden. Man arbeitet kontinuierlich oder diskontinuierlich mit vorgebrannten, aneinander geklebten oder auswechselbaren Kohleblockanoden bzw. kontinuierlich mit aufgestampften, selbstbrennenden Söderberg-Anoden. Die Kathode bildet der mit einer Kohlenstoffmasse zugestellte Schmelzherd, in dessen Boden Stahlschienen zur Stromzuführung eingebettet sind. Bild 8.30 zeigt schematisch einen Querschnitt durch die gesamte Zelle (Zweischichten-Elektrolytzelle).

[1] Die Dichteangabe des Kryoliths bezieht sich auf die im Schmelzbetrieb eingestellte Konzentration von 5 bis 7% Al_2O_3.

Die Zellen werden mit einer äußeren Spannung von 4 bis 4,5 V und Stromstärken um 100000 A, heute schon bis zu 130000 A, betrieben. Für die anodische Stromdichte werden Werte zwischen 0,6 und 0,8 A/cm² eingestellt. Die elektrische Energie wird überwiegend als 3-Phasen-Wechselstrom bezogen und in Gleichrichtern umgeformt. Die angegebene Badspannung setzt sich aus einem kleineren Anteil für die elektrolytische Arbeit und einem größeren Anteil für die Joulesche Wärme zur Erzeugung der notwendigen Badtemperatur zusammen.

Da die Badoberfläche verkrustet und somit kaum Al_2O_3 nachgelöst werden kann, verarmt der Elektrolyt während des Elektrolysebetriebs an Aluminiumoxid. Unterhalb eines kritischen Al_2O_3-Gehaltes von etwa 2% setzt schließlich die Dissoziation des Kryoliths ein, die zur Bildung eines isolierenden Gaspolsters an der Anode führt. Dieser *Anodeneffekt* wird durch den plötzlichen Anstieg der Badspannung auf Werte zwischen 25 und 30 V angezeigt. Er ist das Zeichen für die notwendig gewordene Nachlieferung von Aluminiumoxid, das nach Aufbrechen der Elektrolytkruste in das Bad eingegeben wird.

Das über dem Zellenboden angesammelte Reinaluminium (oder Hüttenaluminium, Reinheitsgrad 99,0 bis 99,9%) wird von Zeit zu Zeit über einen Vakuumheber abgesaugt. Ein in der Zelle verbleibender Rest an flüssigem Aluminium schützt den Zellenboden gegen den Angriff der Kryolithschmelze und bildet gleichzeitig die eigentliche Kathode.

Für besondere Verwendungszwecke ist eine weitere Raffination des Hüttenaluminiums erforderlich. Diese wird in einer sogenannten Drei-Schichten-Elektrolyse (Anodenlegierung Al—Cu | Schmelzelektrolyt AlF_3—NaF—BaF_2—CaF_2 | Reinstaluminium) bei 750 °C durchgeführt[1]. Das Ergebnis ist ein Reinstaluminium der Güte 99,99 bis 99,999%. In Zellen dieser Art kann auch eine Raffination von legiertem Aluminiumschrott vorgenommen werden.

8.2.1.2. Magnesium und Beryllium

Der größte Teil des in der Welt erzeugten *Magnesiums* wird gegenwärtig ebenfalls durch die Schmelzflußelektrolyse gewonnen. Ausgangsstoff zur Durchführung der Elektrolyse bei 700 bis 800 °C ist entwässertes, meist künstlich hergestelltes Magnesiumchlorid $MgCl_2$ [2]. Dieses wird durch Chlorierung von Magnesiumoxid hergestellt, das aus Magnesit- und Dolomit-Lagerstätten oder durch die Aufbereitung von Meerwasser gewonnen wird [84]. Um eine hohe elektrische Leitfähigkeit und eine niedrigere Schmelztemperatur zu erzielen, wird das $MgCl_2$ in der Elektrolytschmelze mit $CaCl_2$, NaCl und KCl

---

[1] Dichten: Anodenlegierung Al mit 28 bis 30% Cu 3,4 bis 3,7 $g \cdot cm^{-3}$; Elektrolyt 2,8 $g \cdot cm^{-3}$; Reinstaluminium 2,3 $g \cdot cm^{-3}$.

[2] Bei Gegenwart von Wasser findet eine unerwünschte Hydrolyse $MgCl_2 + H_2O \rightleftharpoons MgO + 2HCl$ statt. Dabei geht Magnesium als MgO verloren, das sich als Bodenkörper absetzt.

versetzt. Eine typische Elektrolytzusammensetzung ist in Tabelle 8.3 enthalten [86]. Für die Zersetzungsspannungen der einzelnen Chloride bei 800 °C werden folgende Werte in V angegeben [84]: $MgCl_2$ (2,51), NaCl (3,22), $CaCl_2$ (3,23), KCl (3,37). Graphit-Anoden und Eisen-Kathoden werden von oben in die Elektrolytschmelze eingeführt, auf deren Oberfläche sich das flüssige, von

Tabelle 8.3. Typische Zusammensetzung eines $MgCl_2$-Elektrolyten für die Magnesium-Schmelzflußelektrolyse [86]

10–15%	$MgCl_2$
15–25%	KCl
25–35%	NaCl
30–40%	$CaCl_2$
2%	NaF

Dichte des Elektrolyten bei 750 °C: 1,8 g/cm³
Dichte des Magnesiums bei 750 °C: 1,5 g/cm³

Zeit zu Zeit abgeschöpfte Magnesium ansammelt. Das anodisch gebildete Chlorgas wird abgesaugt. Metallverluste infolge einer erneuten $MgCl_2$-Bildung lassen sich weitgehend dadurch vermeiden, daß die Anoden mit keramischen Trennwänden umgeben werden. Die Elektrolyse wird mit einer Badspannung von 4 bis 8 V, Stromstärken von 10000 bis 50000 A und anodischen Stromdichten zwischen 5 und 8 A/cm² ausgeführt.

Bei der Schmelzflußelektrolyse des *Berylliums* ist zu berücksichtigen, daß dieses Leichtmetall im Vergleich zu Aluminium (660 °C) und Magnesium (650 °C) einen wesentlich höheren Schmelzpunkt von 1285 °C besitzt. Als Elektrolyt dient eine Mischung von wasserfreiem $BeCl_2$ mit Alkalichloriden. Die gängigen Verfahren arbeiten bei Temperaturen um 400 °C und $BeCl_2$-Gehalten um 50%. Als Elektrolysezellen dienen Ni- oder NiCr-Tiegel, die gleichzeitig als Kathode geschaltet sind. An ihnen setzt sich das Beryllium in Form fester Metallflitter ab. Das Chlorgas wird an Graphit-Tauchanoden abgeschieden.

8.2.1.3. Metalle der Seltenen Erden (Ceritmetalle)

Ausgangsstoffe zur elektrolytischen Gewinnung der Ceritmetalle, vor allem Ce, La, Nd und Pr, sind die wasserfreien Metallchloride. Zur Darstellung der Metallchloride muß auf die entsprechenden Metalloxide zurückgegriffen werden, die als Mineralien im Monazitsand bis zu einem Grade angereichert sind, der eine wirtschaftliche Gewinnung zuläßt. Die Verbindungen der Ceritmetalle sind einander chemisch nahe verwandt, so daß eine Trennung der Metalle schwierig durchzuführen ist. Die Metallchloride werden durch einen H_2SO_4-Aufschluß und eine anschließende Ausfällung mit $CaCl_2$ gewonnen.

Die in der Zelle verwendete Elektrolytschmelze enthält im wesentlichen Ceritchloride und $CaCl_2$, daneben auch Verunreinigungen an Alkalichloriden und weiteren Erdalkalichloriden. Die Elektrolyse wird bei 800 bis 900 °C und einer Badspannung von 12 V zwischen Graphitanoden und Eisenkathoden durchgeführt. Eine typische Analyse des abgeschiedenen *Mischmetalls* erbringt (ohne Verunreinigungen): 55,7% Didym (Neodym + Praseodym), 33,0% Lanthan, 11,3% Cer [84].

8.2.2. Raffination von Schwermetallen durch die Schmelzflußelektrolyse

Parallel zur erfolgreichen Entwicklung der Verfahren der Leichtmetallgewinnung ist immer wieder versucht worden, auch Schwermetalle aus Salz- und Oxidschmelzen elektrolytisch abzuscheiden oder elektrolytisch zu raffinieren. Keine der in Laborversuchen erprobten Methoden hat sich jedoch — aus technologischen und wirtschaftlichen Gründen — bisher in der Praxis durchsetzen können. Dennoch sei hier kurz auf einige Versuche mit Modellcharakter hingewiesen.

Einige frühzeitige Untersuchungen zielen darauf ab, metallisches Eisen aus Eisenoxid-CaF_2-Schmelzen [91] und Eisensilikatschmelzen [92—94] elektrolytisch zu gewinnen. Noch älteren Datums (1888) sind Versuche zur Elektrolyse geschmolzenen Ferrochlorids $FeCl_2$, die eine kathodische Eisenabscheidung in Form kleiner Kristalle ergaben [95]. Auch in neuerer Zeit wurde die Schmelzflußelektrolyse des *Eisens* in Silikatschmelzen wieder aufgegriffen [96]. Als wichtiges Ergebnis ist anzumerken, daß die Stromausbeute mit steigendem Oxidationsgrad Fe^{3+}/Fe^{2+} der Silikatschmelzen stark abnimmt und die Zellen durch die Bildung von Metallfäden kurz geschlossen werden. Ähnliches gilt für die Schmelzflußelektrolyse des *Mangans* in Silikatschmelzen [97]. Auch Versuche zur Abscheidung des Mangans aus $MnCl_2$-haltigen Elektrolyten [98] sowie von *Kobalt* und *Nickel* aus $CoCl_2$- und $NiCl_2$-haltigen Elektrolyten [95, 99, 100] werden verschiedentlich beschrieben.

Einen Überblick der Literatur zur elektrolytischen Darstellung von Schwermetallen geben H. Eger [84] und H. Winterhager und R. Kammel [101].

Weiterhin erwähnenswert sind Versuche zur Elektrolyse schmelzflüssiger $FeO-P_2O_5$-Schlacken zwischen flüssigen Fe—P-Elektroden bei Temperaturen um 1300 °C und Stromdichten zwischen 5 und 10 A/cm² [102]. Dabei wurde eine bevorzugte Eisenabscheidung, aber auch eine vergleichsweise geringere Phosphorabscheidung an der Kathode erzielt.

Von besonderem Interesse schien zeitweise auch eine schmelzelektrolytische Raffination technisch wichtiger Metalle wie Eisen und Kupfer. Möglichkeiten zur elektrolytischen Entschwefelung von kohlenstoffhaltigem Eisen wurden eingehend untersucht [103—105]. Dabei war zur berücksichtigen, daß die verwendeten basischen Elektrolytschmelzen bereits bei abgeschaltetem Strom eine entschwefelnde Wirkung ausüben. Als Beispiel einer leistungsfähigen elektrolytischen Entschwefelung sind in Bild 8.31 Versuche wiedergegeben, die bei 1250 °C an Roheisenschmelzen (3,3% C; 0,02% S; 0,03% Mn; 0,02% P) mit einem $CaCl_2$-Elektrolyten (95% $CaCl_2$, 5% CaO) im Graphittiegel mit Mullit-Auskleidung durchgeführt wurden [105]. Die Zellspannung betrug

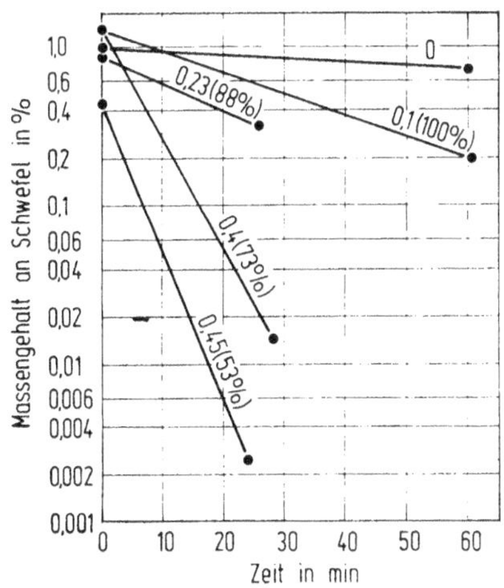

Bild 8.31. Elektrolytische Entschwefelung an Roheisenschmelzen bei 1250 °C nach P. M. Bills und R. Littlewood [105] (Schmelzflüssiger Elektrolyt: 95% $CaCl_2$, 5% CaO) (Dimensionslose Zahlen bedeuten: Stromdichte in $A \cdot cm^{-2}$; Angaben in % bedeuten: Stromausbeuten)

2,5 V, die Stromdichte wurde zwischen 0 und 0,45 A/cm^2 variiert (Schmelzgewicht 20 g).

Für die gleichzeitige Entschwefelung und Desoxydation von Konverterkupfer (Blasenkupfer) wurde eine Behandlung in einer Elektrolysezelle mit einem $BaCl_2$-Elektrolyten vorgeschlagen [106]. Dabei wurde vor allem an den elektrolytischen Abbau der Verunreinigungen gedacht, die als Cu_2S- und Cu_2O-Einschlüsse im Rohkupfer enthalten sind:

$$Cu_2S + BaCl_2 \rightleftharpoons 2\,Cu + BaS + Cl_2 \tag{8.44}$$

$$Cu_2O + BaCl_2 \rightleftharpoons 2\,Cu + BaO + Cl_2 \tag{8.45}$$

Diese Umsetzungen können jedoch bis zu einem gewissen Grade auch bei abgeschaltetem Zellenstrom auf rein chemischem Wege stattfinden.

Bild 8.32 zeigt Ergebnisse von Laborversuchen zur elektrolytischen Desoxydation von Eisenschmelzen im Gewicht von 500 g. Das Metall wurde zusammen mit einer elektrolytisch leitenden Schlacke der Zusammensetzung 45% CaF_2, 45% Al_2O_3, 10% CaO bei 1600 °C in einem Al_2O_3-Tiegel aufgeschmolzen. Es wurde mit einer Graphitplatte bzw. einer PtRh-Scheibe als

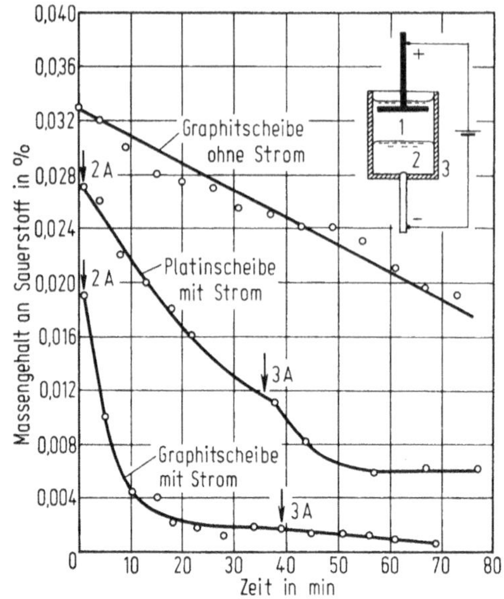

Bild 8.32. Elektrolytische Desoxydation von Eisenschmelzen nach W. A. Fischer und D. Janke [107]
(*1* Schlacke 45% CaF_2, 45% Al_2O_3, 10% CaO; *2* Reineisen; *3* Tiegel aus Sintertonerde)

Anode bei Spannungen von 1,4 und 2,0 V bzw. Stromdichten von 0,2 und 0,3 A · cm^{-2} gearbeitet. Eine schnelle Abnahme des Sauerstoffgehaltes von 0,019 auf 0,002% in 20 Minuten findet bei der Verwendung einer Graphitanode (untere Kurve) statt. Der Vergleich mit dem stromlosen Blindversuch (obere Kurve) und dem Elektrolyseverlauf bei Verwendung der PtRh-Scheibe zeigt zumindest qualitativ, daß sowohl der Elektrolysestrom als auch die Graphitplatte über die Schlacke desoxydierend auf das Eisen wirken.

Literatur

1. Chang, L. Ch., Derge, G.: Amer. Inst. Min. Metallurg. Engs., Metals Technology, Oct. 1946, Techn. Publ. No. 2101.
2. Sakagami, R.: Tetsu-to-Hagané 39 (1953) 587.
3. Sanbongi, K., Omori, Y.: Sci. Rep. Res. Inst. Tohoku Univ., Ser. A, 11 (1959) 244.
4. Sanbongi, K., Omori, Y.: Sci. Rep. Res. Inst. Tohoku Univ., Ser. A, 11 (1959) 339.
5. Sawamura, K.: Tetsu-to-Hagané Overseas 2 (1962) 219.
6. Schwerdtfeger, K., Engell, H.-J.: Arch. Eisenhüttenw. 34 (1963) 647.
7. Fischer, W. A., Janke, D., Engell, H.-J.: Arch. Eisenhüttenw. 37 (1966) 853.
8. Schwerdtfeger, K., Engell, H.-J.: Arch. Eisenhüttenw. 35 (1964) 533 u. 1037.
9. Schwerdtfeger, K., Engell, H.-J.: Trans. Met. Soc. AIME 233 (1965) 1327.
10. Elliott, J. F., Gleiser, M.: Thermochemistry for Steelmaking, vol. 1, London: Rading, Mass./London 1960.

11. Chipman, J., Baschwitz, R.: Trans. metallurg. Soc. AIME 227 (1963) 473.
12. Ramstad, H. F., Richardson, F. D., Bowles, P. J.: Trans. metallurg. Soc. AIME 221 (1961) 1021.
13. Ranford, R. E., Flengas, S. N.: Canad. J. Chem. 43 (1965) 2879.
14. Ito, H., Yaganese, T.: Trans. Japan Inst. Metals 1 (1960) 115.
15. Minenko, V. J., Ivanova, N. S.: Ukr. khim. Zh. 29 (1963) 1160.
16. Jeffes, J. H. E., Sridhar, R.: In: EMF Measurements in High-Temperature Systems, Ed.: C. B. Alcock, London: Inst. Min. Metallurg. 1968, S. 199/213.
17. Matsushita, Y., Gotó, K.: J. Fac. Engng. Tokyo Univ., ser. B, 27 (1964) 217.
18. Kozuka, S., Samis, C.: vgl. J. H. E. Jeffes u. R. Sridhar. In: EMF Measurements in High-Temperature Systems, Ed.: C. B. Alcock, London: Inst. Min. Metallurg., 1968, S. 199/213.
19. Richardson, F. D., Webb, L. E.: Trans. Inst. Min. Metallurg. 64 (1955) 529.
20. Callow, R. J.: Trans. Faraday Soc. 37 (1951) 370.
21. Schwerdtfeger, K.: Trans. Met. Soc. AIME 236 (1966) 32.
22. Delimarskii, Y. K., Andreeva, V. N.: Zh. neorg. Khim. 5 (1960) 1800. Russ. J. inorg. Chem. 5 (1960) 873.
23. Sridhar, R., Jeffes, J. H. E.: Trans. Inst. Min. Metallurg. (Sect. C: Mineral Process Extr. Metall.) 76, March 1967, C 44/60.
24. Lepinskij, B. M., Esin, O. A.: Zh. neorg. Khim. 6 (1961) 1223. Russ. J. Inorg. Chem. 6 (1961) 625.
25. Esin, O. A., Gawrilow, L. K.: Izv. Akad. Nauk SSSR, OTN, 8 (1951) 1234.
26. Sanbongi, K., Ohtani, M.: Sci. Rep. Tohoku Univ. 5 (1953) 350.
27. Sanbongi, K., Ohtani, M.: Sci. Rep. Tohoku Univ. 7 (1955) 204.
28. Ohtani, M.: Sci. Rep. Tohoku Univ. 7 (1955) 487.
29. Ohtani, M.: Sci. Rep. Tohoku Univ. 8 (1956) 337.
30. Ohtani, M.: Sci. Rep. Tohoku Univ. 9 (1957) 426.
31. Srywalin, J. T., Esin, O. A., Nikitin, J. P.: Izv. Vyssich Ucebn. Zaved. Cern. Metallurg. (1958) 66.
32. Nikitin, J. P., Srywalin, J. T.: Izv. Vyssich Ucebn. Zaved. Cern. Metallurg. (1960) 43.
33. Hager, J. P., Wilkomirsky, J. A.: Trans. Met. Soc. AIME 242 (1968) 183.
34. Hager, J. P., Walker, R. A.: Trans. Met. Soc. AIME 245 (1969) 2307.
35. Hager, J. P., Zambrano, A. R.: Trans. Met. Soc. AIME 245 (1969) 2313.
36. Esin, O. A., Srywalin, J. T.: Zhur. fiz. chim. 25 (1951) 1503.
37. Srywalin, J. T., Esin, O. A.: Zhur. fiz. chim. 26 (1952) 371.
38. Watolin, N. A., Esin, O. A.: Zhur. Obschej Chim. 24 (1954) 795. s. auch Chem. Abstr. 48 (1954) 13578d.
39. Sodi y de la Tijera, J., Elliott, J. F.: Metallurg. Trans. 2 (1971) 903.
40. Esin, O. A., Gawrilow, L. K., Watolin, N. A.: Dokl. Akad. Nauk SSSR 85 (1952) 87.
41. Esin, O. A., Gawrilow, L. K.: Izv. Akad. Nauk SSSR, OTN, (1950) 1040.
42. Sanbongi, K., Ohtani, M.: Sci. Rep. Tohoku Univ. 5 (1953) 263.
43. Hawkes, G. L., Morris, D. R.: Trans. Met. Soc. AIME 242 (1968) 1083.
44. Chipman, J.: Trans. Met. Soc. AIME 239 (1967) 2.
45. Lorenz, R.: Die Elektrolyse geschmolzener Salze, Halle: 1905.
46. Lorenz, R., Haufler, F.: Elektrochemie geschmolzener Salze. In: Handb. angew. phys. Chemie, Bd. II, Teil 1, Hrsg.: B. Bredig, Leipzig: Barth, 1909.
47. Drossbach, P.: Elektrochemie geschmolzener Salze, Berlin, Göttingen, Heidelberg: Springer 1948.
48. Delimarskij, J. K., Markov, B. F.: Elektrochemistry of Fused Salts, Washington, D. C.: Sigma Press 1961.
49. Sundheim, B. R., Ed.: Fused Salts, New York: McGraw-Hill 1964.
50. Blander, M., Ed.: Molten Salt Chemistry, New York: Interscience, 1964.

51. Alabyschew, A. F., Lantrov, M. F., Moraschewskij, A. G.: Reference Electrodes for Fused Salts, Washington, D. C.: Sigma Press 1965.
52. Oriani, R. A.: J. Eletrochem. Soc. 103 (1956) 194.
53. Gerassimow, Y. J., Vecher, A. A., Geiderich, V. A.: Dokl. Akad. Nauk SSSR Fiz. Khim. 122 (1958) 834.
54. Sundaresen, M., Gerassimow, Y. J., Geiderich, V. A., Vasileva, J. A.: Russ. J. Phys. Chem. 37 (1963) 1330.
55. Vecher, A. A., Geiderich, V. A., Gerassimow, Y. J.: Thermodynamics of Nuclear Materials, IAEA, Vienna 1966, vol. I, 171.
56. Vecher, A. A., Geiderich, V. A., Gerassimow, Y. J.: Russ. J. Phys. Chem. 35 (1961) 773.
57. Oriani, R. A.: Acta Met. 1 (1953) 144.
58. Seigle, L. L., Cohen, N., Averbach, B. L.: J. Metals (Trans. AIME 194) (1952) 1320.
59. Vecher, A. A., Gerassimow, Y. J.: Russ. J. Phys. Chem. 37 (1963) 254.
60. Oriani, R. A.: Acta Met. 4 (1956) 15.
61. Weibke, F., Matthes, H.: Z. Elektrochem. 47 (1941) 421.
62. Ölander, A.: J. Am. Chem. Soc. 53 (1931) 3577.
63. Wagner, C., Engelhardt, G.: Z. phys. Chem. A 159 (1932) 241.
64. Moser, Z.: Metallurg. Trans. 2 (1971) 2175.
65. Nakamura, Y., Shimoji, M., Niwa, K.: Trans. Japan. Inst. Metals 5 (1964) 28.
66. Taylor, N. W.: J. Amer. Chem. Soc. 45 (1923) 2865.
67. Brown, J. A., Pratt, J. N.: Metallurg. Trans. 1 (1970) 2743.
68. Eremenko, V. N., Lukaschenko, G. M.: Izv. Akad. Nauk SSSR, Neorg. Mat., 1 (1965) 1296.
69. Rao, Y. K., Patil, B. V.: Metallurg. Trans. 2 (1971) 1829.
70. Wilder, Th. C., Elliott, J. F.: J. Electrochem. Soc. 107 (1960) 628.
71. Wilder, Th. C.: Trans. Met. Soc. AIME 233 (1965) 1202.
72. Batalin, G. J., Beloborodova, E. A.: Russian Metallurg. (Metally) 4 (1968) 121.
73. Wilder, Th. C., Elliott, J. F.: J. Electrochem. Soc. 111 (1964) 352.
74. Predel, B., Schallner, U.: Z. Metallkde. 60 (1969) 869.
75. Wilder, Th. C.: Trans. Met. Soc. AIME 23 (1966) 88.
76. Hildebrand, J. H., Ruhle, G. C.: J. Amer. Chem. Soc. 49 (1927) 722.
77. Hildebrand, J. H., Salstrom, E. J.: J. Amer. Chem. Soc. 54 (1932) 4257.
78. Hildebrand, J. H., Wachter, A.: J. Amer. Chem. Soc. 52 (1930) 4655.
79. Salstrom, E. J.: J. Amer. Chem. Soc. 53 (1931) 1794, 3385; 54 (1932) 4252; 55 (1933) 1029.
80. Salstrom, E. J.: J. Amer. Chem. Soc. 56 (1934) 1272.
81. Salstrom, E. J., Hildebrand, J. H.: J. Amer. Chem. Soc. 52 (1930) 4641.
82. Salstrom, E. J., Hildebrand, J. H.: J. Amer. Chem. Soc. 52 (1930) 4650.
83. Salstrom, E. J., Kew, T. J., Powell, T. M.: J. Amer. Chem. Soc. 58 (1936) 1848.
84. Handbuch der Technischen Elektrochemie, Hrsg.: G. Eger, 3. Bd. Die technische Elektrolyse im Schmelzfluß, Leipzig: Akad. Verlagsges. Geest & Portig K. G., 1955.
85. Winnacker, K., Küchler, L.: Chemische Technologie, Bd. 5, Metallurgie Allgemeines, 2. Aufl., München: Hanser 1961.
86. Metallhüttenkunde für Eisenhüttenleute, Hrsg.: Verein Deutscher Eisenhüttenleute, Düsseldorf: Verlag Stahleisen m.b.H. 1965. Hierin: G. Lange, Chemische Technologie der Leichtmetalle, Abschnitt XII.
87. Fulda, W., Ginsberg, H.: Das Aluminium, Berlin: de Gruyter & Co 1953.
88. Héroult, P.: Französisches Patent 175 711 (23. 4. 1886).
89. Hall, Ch. M.: USA-Patent 400 766 (9. 7. 1886).
90. Tafel, V.: Lehrbuch der Metallhüttenkunde, Bd. III, Leipzig: Hirzel 1954.
91. Simon: DRP 131 414 (1900); G. Hofer, Gießerei-Ztg. 4 (1907) 140.

92. Aiken, R. H.: Electrochem. Met. Ind. 4 (1906) 191.
93. Sauerwald, F., Neuendorf, G.: Z. Elektrochem. 31 (1925) 643.
94. Geller, W.: Z. Elektrochem. 46 (1940) 277.
95. Hampe, W.: Chem.-Ztg. 12 (1888) 171.
96. Esin, O. A., Schurygin, P. M.: Dokl. Akad. Nauk SSSR 94 (1954) 11456.
97. Esin, O. A., Toposischchew, G. A., Schurygin, P. M.: Izv. Akad. Nauk SSSR, OTN, No. 5 (1957) 85.
98. Drossbach, P.: Z. Elektrochem. 56 (1952) 599.
99. Drossbach, P.: Z. Elektrochem. 56 (1952) 31.
100. Blikslager, H.-J.: Rec. Trav. Chim. Pays-Bas 46 (1927) 311.
101. Winterhager, H., Kammel, R.: Köln-Opladen: Forschungsber. des Landes NRW Nr. 1463, 1965.
102. Esin, O. A., Lepinskij, B. M.: The Electrolysis of Fused Slags. In: A. M. Samarin, Contemporary Problems of Metallurgy, Consultants Bureau New York 1960, p. 370.
103. Ward, R. G., Salmon, K. A.: J. Iron Steel Inst. 196 (1960) 393.
104. Ward, R. G., Salmon, K. A.: J. Iron Steel Inst. 201 (1963) 222.
105. Bills, P. M., Littlewood, R.: J. Iron Steel Inst. 203 (1965) 181.
106. Ward, R. G., Hoar, T. P.: J. Inst. Metals 90 (1961—62) 6.
107. Fischer, W. A., Janke, D.: unveröffentlichte Ergebnisse (1972).

Namenverzeichnis

Sachverzeichnis

721/14/75

GPSR Compliance

The European Union's (EU) General Product Safety Regulation (GPSR) is a set of rules that requires consumer products to be safe and our obligations to ensure this.

If you have any concerns about our products, you can contact us on ProductSafety@springernature.com

In case Publisher is established outside the EU, the EU authorized representative is:

Springer Nature Customer Service Center GmbH
Europaplatz 3
69115 Heidelberg, Germany

Batch number: 10704763

Printed by Printforce, the Netherlands